I0131669

Wolfgang Pfeiler
Experimentalphysik
De Gruyter Studium

Weitere empfehlenswerte Titel

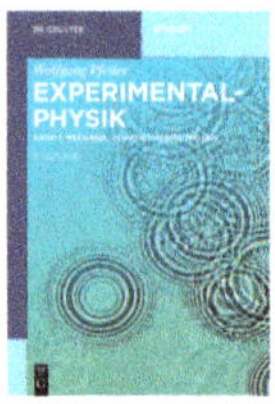

Experimentalphysik. Band 1
Mechanik, Schwingungen, Wellen
Wolfgang Pfeiler, 2020
ISBN 978-3-11-067560-3, e-ISBN (PDF) 978-3-11-067568-9,
e-ISBN (EPUB) 978-3-11-067586-3

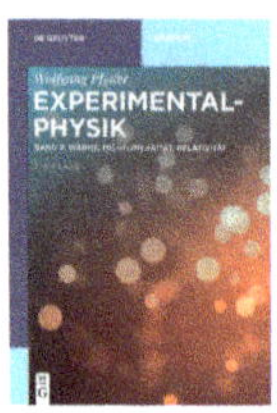

Experimentalphysik. Band 2
Wärme, Nichtlinearität, Relativität
Wolfgang Pfeiler, 2020
ISBN 978-3-11-067561-0, e-ISBN (PDF) 978-3-11-067569-6,
e-ISBN (EPUB) 978-3-11-067582-5

Experimentalphysik. Band 3
Elektrizität, Magnetismus,
Elektromagnetische Schwingungen und Wellen
Wolfgang Pfeiler, 2021
ISBN 978-3-11-067562-7, e-ISBN (PDF) 978-3-11-067570-2,
e-ISBN (EPUB) 978-3-11-067587-0

Experimentalphysik. Band 4
Optik, Strahlung
Wolfgang Pfeiler, 2021
ISBN 978-3-11-067563-4, e-ISBN (PDF) 978-3-11-067571-9,
e-ISBN (EPUB) 978-3-11-067589-4

Experimentalphysik. Band 6
Statistik, Festkörper, Materialien
Wolfgang Pfeiler, 2021
ISBN 978-3-11-067565-8, e-ISBN (PDF) 978-3-11-067573-3,
e-ISBN (EPUB) 978-3-11-067583-2

Set Experimentalphysik
Wolfgang Pfeiler, 2021
ISBN 978-3-11-068084-3

Wolfgang Pfeiler

Experimental-physik

Band 5: Quanten, Atome, Kerne, Teilchen

Unter Mitarbeit von Karl Siebinger

2. Auflage

DE GRUYTER

Autor
Ao. Univ.-Prof. (tit.) Dr. Wolfgang Pfeiler
Universität Wien
Fakultät für Physik
Boltzmanngasse 5
1090 Wien, Österreich
wolfgang.pfeiler@univie.ac.at

Oberrat Dr. Karl Siebinger leitete bis zu seinem Ruhestand im Jahr 2001 das „Physikalisches Praktikum für Vorgeschrittene" an der Fakultät für Physik der Universität Wien.

ISBN 978-3-11-067564-1
e-ISBN (PDF) 978-3-11-067572-6
e-ISBN (EPUB) 978-3-11-067584-9

Library of Congress Control Number: 2021940553

Bibliografische Information der Deutschen Nationalbibliothek
Die Deutsche Nationalbibliothek verzeichnet diese Publikation in der Deutschen Nationalbibliografie; detaillierte bibliografische Daten sind im Internet über http://dnb.dnb.de abrufbar.

Einbandabbildung: Artem_Egorov/iStock/Getty Images Plus
Satz/Datenkonvertierung: Meta Systems Publishing & Printservices GmbH, Wustermark
Druck und Bindung: CPI books GmbH, Leck

www.degruyter.com

Dieser Band ist meinem Vater, Ing. Josef Pfeiler (1918–2008) gewidmet. Er hat die Freude an der Physik und den Naturwissenschaften in mir geweckt und mir früh die Wichtigkeit und Bedeutung der Grundlagenforschung nahegebracht.

Geleitwort

Dem *Experiment* kommt in der Physik eine fundamentale Bedeutung zu. Das Experiment erlaubt uns eine Frage an die Natur zu stellen. Und wir erhalten immer eine Antwort, auch wenn wir sie vielleicht nicht immer gleich verstehen. So geschah es etwa Michelson 1881, als er feststellen musste, dass die erwartete Bewegung der Erde gegenüber dem damals selbstverständlich angenommenen Lichtäther im Experiment nicht auftritt. Die Lösung kam erst 1905 durch Einsteins Relativitätstheorie. Den Überlegungen Ernst Machs folgend hat er aufgezeigt, dass Newtons Annahme einer universellen Zeit und eines absoluten Raumes ohne Grundlage sind. So konnte er Michelsons Resultat erklären. Eine weitere wichtige Rolle von Experimenten ist es, Vorhersagen theoretischer Überlegungen zu überprüfen. Es ist eine Tradition von Vorlesungen zur Einführung in die Physik viele Experimente zu zeigen nach dem abgewandelten Motto: „Ein Experiment sagt mehr als tausend Worte“.

Die vorliegende sechsbändige Lehrbuchreihe „Experimentalphysik“ von Wolfgang Pfeiler, die jetzt in ihrer 2. Auflage erscheint, ist eine ausgezeichnete, ausführliche und ausgereifte Darstellung der Experimentalphysik: Sie schließt einerseits an die physikalischen Grundkenntnisse der höheren Schulbildung an, führt aber andererseits weit in die Tiefe der physikalischen Modelle und gibt so auch eine solide Basis für das Verständnis der Theoretischen Physik. Die Lehrbuchreihe liefert alle wesentlichen Grundlagen der Experimentalphysik, die es ermöglichen, die spätere ausführliche Beschreibung und Diskussion z. B. quantenoptischer und quantenmechanischer Experimente und daraus entwickelter Modelle – auch in der Festkörper- und Materialphysik – zu verstehen.

Als Quantenphysiker möchte ich Pfeilers zielgerichtete Vorbereitung und die verständliche und genaue Darstellung quantenphysikalischer Phänomene und ihrer Beschreibung besonders hervorheben. In dieser Reihe „Experimentalphysik“ wird den Studierenden also ein logisch aufgebauter, sehr gut lesbarer, mathematisch nachvollziehbarer Text in die Hand gegeben und darüber hinaus für die Vortragenden der einführenden Vorlesungen in die Physik bzw. die Experimentalphysik eine sehr nützliche Grundlage und hilfreiche Ergänzung für Ihren Vortrag geboten.

Es freut mich ganz besonders, dass diese wertvolle und wichtige Lehrbuchreihe „Experimentalphysik“ aus der Hand eines meiner Kollegen an der Fakultät für Physik der Universität Wien kommt. Für den außerordentlichen Arbeitsaufwand sind wir ihm alle sehr zu Dank verpflichtet.

Ich wünsche dieser Lehrbuchreihe „Experimentalphysik“ den großen Erfolg, den sie verdient.

Wien, 1. 6. 2020

Anton Zeilinger
Professor Emeritus,
Fakultät für Physik, Universität Wien,
Präsident der Österreichischen Akademie der Wissenschaften

https://doi.org/10.1515/9783110675726-201

Vorwort zur 2. Auflage

Die 1. Auflage dieses Lehrbuches „Experimentalphysik“ wurde sehr gut aufgenommen, sowohl bei den Studierenden der Physik und benachbarter Naturwissenschaften als auch bei den Dozenten einführender Vorlesungen in die Physik bzw. Experimentalphysik.

In dieser 2. Auflage wurde der Text aktualisiert, was besonders in Hinblick auf die Veränderungen im Internationalen Einheitensystem (Système international d'unités, *SI*) notwendig wurde, die seit 20. Mai 2019 in Kraft getreten sind: Aus 7 festgelegten Konstanten (Strahlung des Cs-Atoms $\Delta\nu_{Cs}$, Lichtgeschwindigkeit c, Plancksches Wirkungsquantum h, Elementarladung e, Boltzmannkonstante k, Avogadro-Konstante N_A und Photometrisches Strahlungsäquivalent K_{cd}) können jetzt alle 7 *SI*-Basiseinheiten ohne zusätzliche Festlegungen abgeleitet werden. So konnte die Definition der Masseneinheit „kg“ vom Prototyp des „Urkilogramm“ gelöst und die absolute Temperatur ohne zweiten Fixpunkt (bisher der Tripelpunkt von Wasser) definiert werden. 1 kg ist jetzt die Masse, deren Energie-Äquivalent dem $1{,}4755214 \cdot 10^{40}$-fachen der Energie eines Strahlungsquants der Frequenz $\Delta\nu_{Cs}$ entspricht (der 1 kg Prototyp wird nicht mehr benötigt); 1 Kelvin ist die Änderung der thermodynamischen Temperatur, die eine Änderung der thermischen Energie kT um $1{,}380649 \cdot 10^{-23}$ J verursacht (es ist kein zweiter Fixpunkt mehr neben dem absoluten Nullpunkt $T = 0$ K notwendig).

Die Neuauflage bot mir auch die Möglichkeit, viele kleinere und größere zweckmäßige Ergänzungen und Zwischenschritte in den Text einzubringen. Außerdem wurden einige kleinere Fehler und Ungenauigkeiten sorgfältig korrigiert, die sich in die 1. Auflage trotz der Bemühung um Genauigkeit eingeschlichen hatten.

Zu dieser Neuauflage hat mein Freund und Lehrer Karl Siebinger wieder ganz Essentielles beigetragen, indem er sinnvolle Verbesserungen und nützliche kleine Erweiterungen vorgeschlagen hat.

Wien und Hinterbrühl, im Mai 2020 *Wolfgang Pfeiler*

https://doi.org/10.1515/9783110675726-202

Vorwort zur 1. Auflage

Was ist der Grund, den vielen Lehrbüchern der Physik ein weiteres hinzuzufügen?

Das ist das Ziel des vorliegenden Lehrbuches: Es soll den Studierenden die Experimentalphysik in einer Art und Weise nahebringen, die Freude am Experimentieren weckt und gleichzeitig den Übergang zur Theoretischen Physik ebnet. Dieses Lehrbuch führt von elementaren Grundlagen zu einem tiefen Verständnis der physikalischen Modelle. Die so erworbenen Kenntnisse der Experimentalphysik erleichtern es dann auch, unterstützt durch genau erklärte Versuche und durch viele Abbildungen und Beispiele, die aktuelle theoretisch-abstrakte Beschreibung der Materie und der wirkenden Kräfte im Rahmen der Theoretischen Physik zu erfassen und zu verstehen.

Ausgangspunkt der Betrachtungen sind immer die physikalischen Phänomene, wobei aber auf ihre Beschreibung durch mathematische Gleichungen und ihre Ableitungen aus fundamentalen Postulaten bzw. Modellen nicht verzichtet wird, denn die mathematische Formulierung ist die eindeutige und daher unmissverständliche „Sprache" der Physik. Es werden aber nicht einfach „Endformeln" angegeben, sondern auch der mathematische Weg dorthin schrittweise gezeigt sowie eine entsprechende physikalische Interpretation gegeben. Dieses Lehrbuch bietet daher für Lehrende und Lernende der Physik sowie aller anderen Naturwissenschaften eine Brücke von den physikalischen Erscheinungen und Experimenten und der dadurch motivierten Modellbildung zu den weiterführenden Theorien.

Der Aufbau der Darstellung ist anschaulich, klar und übersichtlich, logisch strukturiert und so gestaltet, dass die Studierenden dem durchgehenden „roten Faden" durch die experimentelle Physik folgen können. Lernhilfen auf verschiedenen Ebenen unterstützen dies: Nach einer Vorstellung der Lerninhalte und Konzepte am Kapitelanfang werden im folgenden Text die Zusammenhänge deutlich gemacht, Formeln konsequent hergeleitet und mit vielen Abbildungen erläutert. Am Kapitelende werden die wichtigsten Erkenntnisse noch einmal zusammengefasst dargestellt. In den Text eingearbeitet sind Vorlesungsversuche mit detaillierten Erklärungen und sehr viele ausgearbeitete Beispiele, die die Darstellung ergänzen und mit Anwendungen erweitern. Wichtige Formeln, die „Lehrsätze" und die gezeigten Experimente sind blau hinterlegt. Die „Lehrsätze" sind zusätzlich mit einem i versehen, auf die Experimente lenkt ein Blitz ⚡ die Aufmerksamkeit. Beispiele und Übungen sind grau hinterlegt, die Übungen am Ende jedes Kapitels sind zusätzlich noch mit einem Schreibstift ✎ gekennzeichnet.

Für die Anordnung der physikalischen Themen wurde die klassische Methode gewählt. Sie orientiert sich weitgehend am historischen Verlauf der physikalischen Entdeckungen und den dazu entwickelten Modellvorstellungen, aber auch an deren Versagen und den dadurch erzwungenen Verbesserungen bzw. an der Entwicklung neuer Modelle. In dieser Darstellung zeigt sich am besten der „rote Faden",

https://doi.org/10.1515/9783110675726-203

der von der phänomenologischen Erfassung der mechanischen Bewegung und ihrer mathematischen Beschreibung bis zur modernen Quantenphysik führt.

So ist der erste Band (I) **Mechanik, Schwingungen, Wellen** den Bewegungen unter dem Einfluss von mechanischen Kräften gewidmet. Dies umfasst die Modelle des Massenpunktes und des starren Körpers, die Verformung fester Körper und die Bewegung von Fluiden. Einen wichtigen Teil stellen mechanische Schwingungen und Wellen dar.

Im zweiten Band (II) **Wärme, Nichtlinearität, Relativität** werden die thermisch bedingten Veränderungen an Gasen studiert und die Grundbegriffe der Thermodynamik vorgestellt. Weiters werden nichtlineare („chaotische") Systeme und ihre Eigenschaften betrachtet und die Grundzüge der speziellen Relativitätstheorie erarbeitet.

Im dritten Band (III) **Elektrizität, Magnetismus, Elektromagnetische Schwingungen und Wellen** werden dann die Grundlagen der Elektrizität und des Magnetismus sowie elektromagnetischer Schwingungen und Wellen unter Verwendung der Prinzipien der Relativitätstheorie besprochen.

Der vierte Band (IV) **Optik, Strahlung** enthält die Wellenoptik, die Strahlenoptik und überschreitet mit der Wärmestrahlung zum ersten Mal die Grenze von der klassischen Physik zur Quantenphysik: Die Vorstellung, dass sich die Strahlungsenergie, die ein (heißer) Körper abgibt oder aufnimmt kontinuierlich verändern kann, muss aufgegeben werden.

Im fünften Band (V) **Quanten, Atome, Kerne, Teilchen** geht es um die moderne Physik: Im atomaren und subatomaren Bereich sind die Größen und Vorgänge nicht mehr kontinuierlich, sondern gequantelt. Der Aufbau des Atoms und seines Kerns wird studiert und die kleinsten, nicht mehr weiter zerteilbaren „Fundamentalteilchen", aus denen sich alle Arten von Materie und Antimaterie zusammensetzen, werden vorgestellt. Der Band schließt mit einem kurzen Ausflug in die Kosmologie und die Entwicklung unseres Universums.

Der sechste Band (VI) **Statistik, Festkörper, Materialien** beschäftigt sich mit großen Vielteilchensystemen. Viele Bereiche aktueller physikalischer Forschung mit enormer Bedeutung für die technische Anwendung haben hier ihren Ausgangspunkt.

Die Inhalte der einzelnen Bände sind stark miteinander vernetzt und durch viele Querverweise verbunden: Die sechs Bände bilden eine Einheit.

Dieses Lehrbuch wird nicht nur den Studierenden bei ihrem Eindringen in die interessanten und für unser Leben und Wirken wichtigen Bereiche der Physik hilfreich sein, sondern auch für die Vortragenden eine gute Grundlage und Unterstützung bei der Vorbereitung ihrer Vorlesungen darstellen.

Wien, im August 2016 *Wolfgang Pfeiler*

Wirkliches Neuland in einer Wissenschaft kann wohl nur gewonnen werden,
wenn man an einer entscheidenden Stelle bereit ist, den Grund zu verlassen,
auf dem die bisherige Wissenschaft ruht, und gewissermaßen ins Leere zu springen.
Werner Heisenberg

Die Physik erklärt die Geheimnisse der Natur nicht,
sie führt sie auf tieferliegende Geheimnisse zurück.
Carl Friedrich von Weizsäcker

Danksagung

Mein ganz besonderer Dank gilt meinem Lehrer und Freund **Karl Siebinger**. Ohne seine Mithilfe – mehrfaches, kapitelweises Durchlesen des ganzen Manuskripts, Diskussionen und Reflexionen zum Inhalt, detaillierte Vorschläge von Anwendungsbeispielen und Ergänzungen – wäre dieses Lehrbuch nicht zustande gekommen. Seine fundamentale und breite Kenntnis in vielen Bereichen der Physik und ihrer Anwendungen in der Technik und in den Naturwissenschaften sowie seine Liebe zum Experiment und auch zur Genauigkeit haben sehr zum Gelingen der vorliegenden Darstellung beigetragen.

Für die Mithilfe danke ich herzlich:

Wolfgang Püschl – Für das Überlassen fast aller Übungsbeispiele, für viele gemeinsame fachliche Diskussionen, für das Durchlesen vieler Kapitel;

Franz Sachslehner – Für seine Hilfe bei den Experimenten und ihr Festhalten auf Bildern;

Reinhold A. Bertlmann – Für Verbesserungsvorschläge zum Kapitel „Quantenoptik";

Akira Tonomura (1942 – 2012), Hitachi, Ltd. – Für die Überlassung von Originalbildern der Beugung einzelner Elektronen am Doppelspalt;

Bogdan Sepiol – Für die Grafik zum Gauß-Lorentz-Profil;

Michael Czirkovits – Für einige Fotos für das Kapitel „Quantenoptik";

Harry Friedmann – Für Verbesserungsvorschläge zum Abschnitt „Kernphysik" des Kapitels „Subatomare Physik";

Walter Grimus – Für Verbesserungsvorschläge zum Abschnitt „Elementarteilchen" des Kapitels „Subatomare Physik";

Peter Christian Aichelburg – Für Verbesserungsvorschläge zum Abschnitt „Kosmologie" des Kapitels „Subatomare Physik";

Herbert Rohringer – Für letzte Verbesserungsvorschläge zum Kapitel „Subatomare Physik";

Harold T. Stokes, Department of Physics and Astronomy, Brigham Young University, Provo, Utah 84602, USA – Für sein Bild der Rotverschiebung von Spektrallinien im optischen Spektrum des Supergalaxiehaufens BAS11.

https://doi.org/10.1515/9783110675726-204

Frau Eva Deutsch danke ich für die Erstellung einer ersten, rohen Textversion nach meinem handschriftlichen Vorlesungsmanuskript; **Frau Andrea Decker** danke ich für das Scannen von Bildern.

Bedanken möchte ich mich auch bei den Studentinnen und Studenten meiner Vorlesungen für ihre positiven Rückmeldungen. Die geeignete Aufbereitung und Darstellung der meist nicht einfachen physikalischen Materie war mir immer ein Anliegen. Die größte Freude empfand ich, wenn ich von den Mienen der Hörer quasi im Gegenzug das Verstehen der oft komplexen Zusammenhänge ablesen konnte bzw. bei den mündlichen Prüfungen das grundlegende Verständnis für die angesprochene Problematik erkannte.

Sehr herzlich möchte ich mich bei **Edmund H. Immergut** (Brooklyn, New York City, USA) bedanken, der mir geholfen hat, mit De Gruyter einen passenden und international renommierten Verlag zu finden. Er war auch einer jener, die von Anfang an überzeugt waren, dass dieses Buch ein notwendiger Beitrag für Lehrende und Lernende der Physik darstellen wird und bestärkte mich deshalb ganz entscheidend in meinem Durchhaltevermögen.

Zuletzt gilt mein großer Dank **meiner lieben Frau Heidrun**, die mit viel Geduld die Mehrbelastung ertrug, die mein mehr als 10-jähriges Buchprojekt für sie und unsere ganze Familie bedeutete. Sie stand mir immer mit gutem Rat und bereitwilliger Hilfe zu Seite.

Zum Inhalt von Band V

Im vorliegenden fünften Band „Quanten, Atome, Kerne, Teilchen“ geht es um die moderne Physik. Im atomaren und subatomaren Bereich sind die Größen und Vorgänge nicht mehr kontinuierlich, sondern haben einen quantenhaften Charakter. Dies zeigen der Photo- und der Compton-Effekt für das elektromagnetische Strahlungsfeld, das in diesen Fällen als „körnig“, aus Photonen, kleinsten Portionen des elektromagnetischen Strahlungsfeldes bestehend, gedacht werden muss. Umgekehrt muss zur Erklärung der „Selbstinterferenz“ von Materieteilchen angenommen werden, dass diese mit – immateriellen – „Materiewellen“ verknüpft sind. Bei geeigneter Formulierung gibt das Absolutquadrat der Wellenfunktion dieser Materiewellen Auskunft über den Aufenthaltsort des Teilchens. Diese Vorstellung ermöglicht auch ein Verständnis der Vorgänge der stimulierten Emission beim Laser. Die Atomspektren und die Stoßexperimente von Franck und Hertz zeigen, dass auch beim Modell eines Atoms klassische Vorstellungen abgelegt werden müssen. Die Schrödingergleichung ist die Wellengleichung für die i. Allg. komplexen Materiewellen. Damit können der Aufbau und die Eigenschaften der Atome verstanden werden. Dies wird am Beispiel des Wasserstoffatoms gezeigt. Abschließend wird der Atomkern genauer betrachtet und die verschiedenen Modellvorstellungen dazu werden erläutert. Radioaktiver Zerfall, Kernspaltung und Kernfusion werden besprochen und ihre Anwendungen diskutiert. Schließlich werden die kleinsten, aus heutiger Sicht nicht mehr weiter teilbaren „Fundamentalteilchen“, aus denen sich alle Arten von Materie und Antimaterie zusammensetzen, vorgestellt und ihre Eigenschaften und Wechselwirkungen studiert. Der Band schließt mit einem kurzen Ausflug in die Kosmologie und zeigt die derzeitigen Vorstellungen über die Entwicklung unseres Universums.

https://doi.org/10.1515/9783110675726-205

Inhalt

Symbolverzeichnis Band V

(alphabetisch)

A	Massenzahl (Nukleonenzahl)
a	Gitterkonstante
A, $\tilde{A}$	Amplitude, komplexe Amplitude
$\vec{A}$	Vektorpotenzial
a_0	Bohrscher Radius ($a_0 = 5{,}291772 \cdot 10^{-11}$ m)
A_{mn}	Einsteinkoeffizient der spontanen Emission
amu = u	atomare Masseneinheit (*AME*, *atomic mass unit*, 1 u = $1{,}660\,539 \cdot 10^{-27}$ kg)
B	Balmer-Konstante, Baryonenzahl
b, $\bar{b}$	*bottom*-Quark, *antibottom*
B_{mn}, B_{nm}	Einsteinkoeffizienten der Absorption und der induzierten Emission
c	Vakuumlichtgeschwindigkeit (c = 299 792 458 m/s, exakt)
c, $\bar{c}$	*charm*-Quark, *anticharm*
CBR	kosmische Hintergrundstrahlung (*cosmic background radiation*)
CDM	kalte dunkle Materie (*cold dark matter*)
COBE	*Cosmic Background Explorer*
D, $\vec{D}$	Drehmoment
d, $\bar{d}$	*down*-Quark, *antidown*
DFT	Dichtefunktionaltheorie
E	effektive Dosis
e	Elementarladung
E, $\vec{E}$	elektrische Feldstärke
e^-, e^+	Elektron, Positron (Antielektron)
E_A	Anregungsenergie
E_B, E_b	Bindungsenergie, Bindungsenergie pro Nukleon
E_{kin}, E_{pot}	kinetische und potenzielle Energie
F	Faraday Konstante ($F = N_A \cdot e = 96485{,}332\,123\,310\,0184$ C/mol, exakt)
G, G_c	Gewinn- und Verlustfaktor (Lasergleichung)
GG	Gleichgewicht
gg-, *ug*-, *gu*-, *uu*-Kerne	Atomkerne mit Z und N beide gerade, ungerade und gerade, gerade und ungerade und beide ungerade
g_I	Kern-Landé-Faktor
$g_{L,S,J}$, $g(l,s,j)$	Landé-Faktor (gyromagnetischer Faktor, g-Faktor)
g_m, g_n	statistische Gewichte der Zustände E_m und E_n
$g(\nu;\nu_0)$, $g(\nu_0;\nu_0)$	normierte Linienformfunktion und ihr Maximalwert
GUT	große vereinheitlichte Theorie (*Grand Unified Theory*)
H	Äquivalentdosis
$\hat{H}$	Hamilton-Operator $\left(\hat{H} = -\frac{\hbar^2}{2m}\Delta + E_{\text{pot}}(\vec{r})\right)$
h, $\hbar$	Plancksches Wirkungsquantum ($h = 6{,}626\,070\,15 \cdot 10^{-34}$ Js, exakt), reduziertes Plancksches Wirkungsquantum $\hbar = \frac{h}{2\pi} = 1{,}054\,571\,817\ldots \cdot 10^{-34}$ Js, exakt
H_0	Hubblekonstante
HDM	heiße dunkle Materie (*hot dark matter*)
H_n	Hermitesches Polynom der Ordnung n

https://doi.org/10.1515/9783110675726-206

I	Intensität (Bestrahlungsstärke), elektrischer Strom, Isospin (Elementarteilchen)
$I, \vec{I}, i$	Eigendrehimpuls (Spin) der Nukleonen und des Atomkerns und Spinquantenzahl (Index p, n oder ohne Index beim Kern)
j	Gesamtdrehimpulsquantenzahl
$J, \vec{J}, J_z$	Gesamtdrehimpuls, z-Komponente des Gesamtdrehimpulses
K	Arbeit, Energie, integraler Absorptionskoeffizient, Kommutator
k	Boltzmannkonstante, Entartungsgrad eines Energiezustandes, Vermehrungsfaktor (Kernreaktor)
k_ν	Absorptionskoeffizient
$k, \vec{k}$	Wellenzahl $\left(k = \frac{2\pi}{\lambda}\right)$, Wellenvektor
kfz	kubisch-flächenzentriert
L	Länge des Laserresonators
$L, \vec{L}$	Drehimpuls
$\hat{\vec{L}}$	Bahndrehimpulsoperator $\left(\hat{\vec{L}} = -i\hbar(\vec{r} \times \vec{\nabla})\right)$
l	Bahndrehimpulsquantenzahl (Nebenquantenzahl)
l_P	Planck-Länge
LHC	*Large-Hadron-Collider* (Großer Hadronen-Speicherring, Teilchenbeschleuniger am Europäischen Kernforschungszentrum CERN)
L_i	Leptonenzahl
L-Welle	linkszirkular polarisiertes Licht
$L_{n+l}(\xi)$	Laguerresches Polynom
MACHOs	*Massive Astrophysical Compact Halo Objects*
m_e, m_n, m_p	Masse des Elektrons, des Neutrons, des Protons
m_j	magnetische Gesamtdrehimpulsquantenzahl
m_l	magnetische Bahndrehimpulsquantenzahl
m_{ph}	Ruhemasse des Photons ($m_{ph} = 0$)
m_s	magnetische Eigendrehimpulsquantenzahl (magnetische Spinquantenzahl)
N	Neutronenzahl ($N = A - Z$), Anzahl der radioaktiven Kerne
N_i, N_m, N_n	Photonenzahl
$n \equiv n(\nu) \equiv \bar{n}$	mittlere Photonenzahl pro Schwingungsmode
n	Hauptquantenzahl (Energiequantenzahl), Neutron
N_A	Avogadro-Zahl ($6{,}022\,140\,76 \cdot 10^{23}\ \text{mol}^{-1}$, exakt)
n_ν	spektrale Modendichte
OAM	Bahndrehimpuls des Photons (*orbital angular momentum*)
P	Druck, Wahrscheinlichkeit, Wahrscheinlichkeitsdichte (H-Atom), Laserleistung (ausgekoppelte Lichtleistung), Parität
p	Proton
$p, \vec{p}, \hat{\vec{p}}, \vec{p}_{\text{rel}}$	Impuls, Viererimpuls, relativistischer Impuls (Raumanteil)
$\hat{\vec{p}}, \hat{p}_x$	Impulsoperator ($\hat{\vec{p}} = -i\hbar\vec{\nabla}$), Impulsoperator in x-Richtung $\left(\hat{p}_x = -i\hbar\frac{\partial}{\partial x}\right)$
$P_l(\cos\theta)$	Legendresche Polynome
$p_m, \vec{p}_m$	magnetisches Dipolmoment
p_r, p_θ, p_φ	kanonisch konjugierte Impulskomponenten (Sommerfeldsche Erweiterung des Bohrschen Atommodells)
P-Welle	linear polarisiertes Licht
Q	Ladung, Ladungsquantenzahl, Energie (Bindungsenergie, Reaktionswärme)
$\hat{\vec{q}}$	Viererimpuls
QCD	Quantenchromodynamik

QED	Quantenelektrodynamik
QFT	Quantenfeldtheorie
QM	Quantenmechanik
QZ	Quantenzahl(en)
R	Reflexionsgrad, Gaskonstante ($R = k \cdot N_A$), Kernradius, Zerfallsrate, Reichweite $\left(R = \frac{1}{\mu}\right)$
$\bar{R}$	mittlere Reichweite
R_H, R_∞	Rydberg-Konstante
$R_{nl}(r)$	Radialteil der Wellenfunktion des Wasserstoffatoms
R_{sL}	Schwarzschild-Radius
R-Welle	rechtszirkular polarisiertes Licht
S	„Seltsamkeit“ (*strangeness*, Quantenzahl der Elementarteilchen)
s	Eigendrehimpulsquantenzahl (Spinquantenzahl)
s, $\bar{s}$	*strange*-Quark, *antistrange*
$S, \vec{S}, S_z$	Eigendrehimpuls (Spin), z-Komponente des Eigendrehimpulses
T	absolute Temperatur, Transmissionsgrad
t, $\bar{t}$	*top*-Quark, *antitop*
t_0	Lebensdauer im Lasermedium
$t_{1/2}$	Halbwertszeit
TEM	transversale elektromagnetische Welle (*transverse electromagnetic mode*)
TEM^H_{nm}, TEM^L_{nm}	Hermite-Gauß Strahl und Laguerre-Gauß Strahl
t_0	Alter des Universums (Zeit seit dem Urknall)
t_F	Friedmann-Alter
t_H	Hubble-Zeit
TOE	Theorie von Allem („Weltformel“, *Theory of Everything*)
T_P	Planck-Temperatur
t_P	Planck-Zeit
U	elektrische Spannung
u, $\bar{u}$	*up*-Quark, *anti-top*
V	Volumen
v	Geschwindigkeit
$v_{gr} = v_G$, v_{ph}, v_T	Gruppen-, Phasen-, Teilchengeschwindigkeit
W_A	Austrittsarbeit
w_ν	spektrale Energiedichte
$W(n)$	Wahrscheinlichkeitsverteilung (Poisson-Verteilung)
w, w_{EM}	Energiedichte, Energiedichte des elektromagnetischen Feldes
WIMPs	*Weakly Interacting Massive Particles*
WMAP	*Wilkinson Microwave Anisotropy Probe*
W_{mn}	Übergangswahrscheinlichkeit
w_R	Strahlungswichtungsfaktor (*RWF*, *RBW*-Faktor, Strahlenschutz)
w_T	Gewebewichtungsfaktor (Strahlenschutz)
WW	Wechselwirkung
Y	starke Hyperladung ($Y = B + S$)
$Y_{l,m_l}(\theta,\varphi)$	Kugelflächenfunktionen $\left(Y_{l,m_l}(\theta,\varphi) = \Theta_{l,m_l}(\theta) \cdot \Phi_{m_l}(\varphi)\right)$
Z	Zustandssumme, Kernladungszahl (Ordnungszahl)
z	Rotverschiebung $\left(z = \frac{\Delta\lambda}{\lambda}\right)$
Z_{ph}, z_{ph}	Photonenzahl, Photonenzahl pro Volumen
α	Feinstrukturkonstante
α_ν, $\alpha_{m,\nu}$	Verstärkungskoeffizient (Laser, $\alpha_\nu = -k_\nu$), Verstärkungskoeffizient für die Lasereinsatzbedingung ($\alpha_{m,\nu} = \gamma/L$)

Γ	Halbwertsbreite (Spektrallinie)
γ	Verlustfaktor (Laser), Lorentz-Faktor $\left(\gamma = \frac{1}{\sqrt{1 - v^2/c^2}} = \frac{1}{\sqrt{1-\beta^2}}\right)$
γ_L, γ_S	gyromagnetisches Verhältnis $\left(\gamma_L = \frac{\lvert\vec{\mu}_e^L\rvert}{\lvert\vec{L}\rvert}, \gamma_S = \frac{\lvert\vec{\mu}_e^S\rvert}{\lvert\vec{S}\rvert}\right)$
Δ	Laplace-Operator $\left(\Delta = \frac{\partial^2}{\partial x^2} + \frac{\partial^2}{\partial y^2} + \frac{\partial^2}{\partial z^2}\right)$
$\Delta\lambda$	Compton-Verschiebung
ΔM	Massendefekt
$\Delta\nu_G$, $\Delta\nu_L$	Halbwertsbreiten für Gauß- und Lorentz-Linienprofil
$\Delta\nu_{\mathrm{Mod}}$	Longitudinalmodenabstand
ε_F	Fermienergie
η	Wirkungsgrad
$\Theta_{l,m_l}(\theta)$	zugeordnete Kugelfunktionen (zugeordnete Legendresche Polynome, $\Theta_{l,m_l}(\theta) = P_l^{\lvert m_l\rvert}(\cos\theta)$)
$\Theta_{lm_l}(\theta), \Phi_{m_l}(\varphi)$	Winkelanteile der Wellenfunktion des Wasserstoffatoms
θ_D	Debye-Temperatur
κ	integrierter Absorptionsquerschnitt pro Atom
Λ	kosmologische Konstante
$\hat{\Lambda}$	Legendrescher Operator $\left(\hat{\Lambda} = -\left[\frac{1}{\sin\theta}\frac{\partial}{\partial\theta}\left(\sin\theta\frac{\partial}{\partial\theta}\right) + \frac{1}{\sin^2\theta}\frac{\partial^2}{\partial\varphi^2}\right]\right)$
λ	Wärmeleitfähigkeit, Wellenlänge, Zerfallskonstante (Zerfallswahrscheinlichkeit)
μ	reduzierte Masse $\left(\mu = \frac{mM}{m+M}\right)$, Absorptionskoeffizient
μ^-, μ^+	Myon, Antimyon
μ_B	Bohrsches Magneton
$\mu_e^L, \vec{\mu}_e^L, \mu_e^S, \vec{\mu}_e^S, \mu_e^J, \vec{\mu}_e^J$	magnetisches Bahnmoment, magnetisches Spinmoment und magnetisches Gesamtdrehimpulsmoment des Elektrons
μ_n, μ_p, μ_i	magnetisches Moment der Nukleonen und des Atomkerns
ν, ω	Frequenz, Kreisfrequenz ($\omega = 2\pi\nu$)
$\nu_e, \nu_\mu, \nu_\tau, \overline{\nu}_e, \overline{\nu}_\mu, \overline{\nu}_\tau$	Elektron-, Myon-, Tauonneutrino und ihre Antiteilchen
ρ	elektrische Ladungsdichte
ρ_c, ρ_u	kritische und tatsächliche Massendichte des Universums
ρ_P	Planck-Dichte
σ	elektrische Leitfähigkeit, Wirkungsquerschnitt
σ^--, σ^+-Licht	rechtszirkular (*R*-Zustand), linkszirkular polarisiertes Licht (*L*-Zustand)
σ_i, $\hat{\vec{\sigma}}$	Pauli-Spinmatrizen
$\overline{\tau}$	mittlere Lebensdauer, mittlere Stoßzeit (Lorentz-Linienprofil)
$\overline{\tau}_{\mathrm{sp}}$	mittlere Lebensdauer bei spontaner Emission
τ^-, τ^+	Tauon, Antitauon
τ_E	Einschlusszeit (Fusionsreaktor)
Φ	Strahlungsleistung, elektrostatisches Potenzial
Φ_A	Austrittspotenzial
χ^+, χ^-	Spin(eigen)funktion $\left(\chi^+ = \chi^\uparrow = \begin{pmatrix}1\\0\end{pmatrix}, \chi^- = \chi^\downarrow = \begin{pmatrix}0\\1\end{pmatrix}\right)$
Ψ, $\Psi(\vec{r},t)$	Materiewellen-Wellenfunktion (Wahrscheinlichkeitsamplitude)
$\psi(\vec{r})$	(nur) ortsabhängige Wellenfunktion

Ω_m	Dichteparameter (Verhältnis der tatsächlichen zur kritischen Massendichte des Universums) mit $\Omega_m = \Omega_b + \Omega_d + \Omega_\Lambda$ (Ω_b ... sichtbare „baryonische" Materie, Ω_d ... Dunkle Materie, Ω_Λ ... Dunkle Energie)
ω_L, $\vec{\omega}_L$	Larmorfrequenz, Larmor-Winkelgeschwindigkeit

Wichtige physikalische Größen, Band V

Elementarladung	$e = 1{,}602\,176\,634 \cdot 10^{-19}$ C, exakt
Lichtgeschwindigkeit	$c = 299\,792\,458$ m/s, exakt
Boltzmannkonstante	$k = \frac{R}{N_A} = 1{,}380\,649 \cdot 10^{-23}\ \mathrm{J \cdot K^{-1}} =$ $= 1{,}380\,649 \cdot 10^{-23}\ \mathrm{eV}/1{,}602\,176\,634 \cdot 10^{-19}$ K, exakt = $= 8{,}617\,333\,262 \ldots \cdot 10^{-5}\ \mathrm{eVK^{-1}}$
Avogadro-Zahl	$N_A = 6{,}022\,140\,76 \cdot 10^{23}\ \mathrm{mol^{-1}}$, exakt
Plancksches Wirkungsquantum	$h = 6{,}626\,070\,15 \cdot 10^{-34}$ Js = $= 6{,}626\,070\,15 \cdot 10^{-34}/1{,}602\,176\,634 \cdot 10^{-15}$, exakt = $= 4{,}135\,667\,696 \cdot 10^{-15}$ eV s
reduziertes Plancksches Wirkungsquantum	$\hbar = \frac{h}{2\pi} = 1{,}054\,571\,817 \ldots \cdot 10^{-34}$ Js = $= 6{,}582\,119\,569 \ldots \cdot 10^{-16}$ eV s, exakt
Compton-Wellenlänge des Elektrons	$\lambda_C = (2{,}426\,310\,238\,67 \pm 0{,}000\,000\,000\,73) \cdot 10^{-12}$ m
Masse des Elektrons	$m_e = (9{,}109\,383\,7015 \pm 0{,}000\,000\,0028) \cdot 10^{-31}$ kg = $= (0{,}510\,998\,950\,00 \pm 0{,}000\,000\,000\,15)\ \mathrm{MeV}/c^2 =$ $= (5{,}485\,799\,090\,65 \pm 0{,}000\,000\,000\,16) \cdot 10^{-4}$ u
Na-*D* Linie (NIST Database)	$\lambda_{D1} = (589{,}592\,424 \pm 0{,}000\,003)$ nm, $\lambda_{D2} = (588{,}995\,095 \pm 0{,}000\,003)$ nm
Energieumrechnung	1 eV = $1{,}602\,176\,634 \cdot 10^{-19}$ J, exakt 1 J = $6{,}241\,509\,074 \ldots \cdot 10^{18}$ eV, exakt
Wellenzahl-Energie-Äquivalent	$\frac{1}{\mathrm{m}} \cdot h \cdot c = 1{,}239\,841\,984 \ldots \cdot 10^{-6}$ eV
Faraday-Konstante	$F = N_A \cdot e = 96\,485{,}332\,123\,310\,0184$ C/mol, exakt
atomare Masseneinheit (amu)	1 u = $(1{,}660\,539\,066\,60 \pm 0{,}000\,000\,000\,50) \cdot 10^{-27}$ kg = $= (931{,}494\,102\,42 \pm 0{,}000\,000\,0028)\ \mathrm{MeV}/c^2$
Rydberg-Konstante	$R_\infty = (1{,}097\,373\,156\,8160 \pm 0{,}000\,000\,000\,0021) \cdot 10^7\ \mathrm{m^{-1}}$
Feinstrukturkonstante	$\alpha = (7{,}297\,352\,5693 \pm 0{,}000\,000\,0011) \cdot 10^{-3}$
Kehrwert	$\alpha^{-1} = 137{,}035\,999\,084 \pm 0{,}000\,000\,021$
Bohrscher Radius	$a_0 = (0{,}529\,177\,210\,903 \pm 0{,}000\,000\,000\,080) \cdot 10^{-10}$ m
Bohrsches Magneton	$\mu_B = (9{,}274\,010\,0783 \pm 0{,}000\,000\,0028) \cdot 10^{-24}\ \mathrm{JT^{-1}} =$ $= (5{,}788\,381\,8060 \pm 0{,}000\,000\,0017) \cdot 10^{-5}\ \mathrm{eVT^{-1}}$
Magnetisches Moment des Elektrons	$\left\|\mu_e^{S_z}\right\| = 9{,}284\,764\,7043 \pm 0{,}000\,000\,0028) \cdot 10^{-24}\ \mathrm{JT^{-1}} =$ $= (1{,}001\,159\,652\,181\,28 \pm 0{,}000\,000\,000\,000\,18)\ \mu_B$

Landé-Faktor (g-Faktor)	
für den Spin des Elektrons	$g_S = g = 2{,}002\,319\,304\,362\,56 \pm 0{,}000\,000\,000\,000\,35$
Kernmagneton	$\mu_N = (5{,}050\,783\,7461 \pm 0{,}000\,000\,0015) \cdot 10^{-27}\ \mathrm{JT^{-1}} =$
	$= (3{,}152\,451\,258\,44 \pm 0{,}000\,000\,000\,96) \cdot 10^{-8}\ \mathrm{eVT^{-1}}$
Proton:	
Masse	$m_p = (1{,}007\,276\,466\,621 \pm 0{,}000\,000\,000\,053)\ \mathrm{u} =$
	$= (938{,}272\,088\,16 \pm 0{,}000\,000\,29)\ \mathrm{MeV}/c^2 =$
	$= (1{,}672\,621\,923\,69 \pm 0{,}000\,000\,000\,51) \cdot 10^{-27}\ \mathrm{kg}$
magnetisches Moment	$\mu_p = (2{,}792\,847\,344\,63 \pm 0{,}000\,000\,000\,82)\ \mu_N =$
	$= (1{,}410\,606\,797\,36 \pm 0{,}000\,000\,000\,60) \cdot 10^{-26}\ \mathrm{JT^{-1}}$
Neutron:	
Masse	$m_n = (1{,}008\,664\,915\,95 \pm 0{,}000\,000\,000\,49)\ \mathrm{u} =$
	$= (939{,}565\,420\,52 \pm 0{,}000\,000\,54)\ \mathrm{MeV}/c^2 =$
	$= (1{,}674\,927\,498\,04 \pm 0{,}000\,000\,000\,95) \cdot 10^{-27}\ \mathrm{kg}$
magnetisches Moment	$\mu_n = (-1{,}913\,042\,73 \pm 0{,}000\,000\,45)\ \mu_N =$
	$= (-0{,}966\,236\,51 \pm 0{,}000\,000\,23) \cdot 10^{-26}\ \mathrm{JT^{-1}}$
Alter des Universums	$t_0 = (13{,}787 \pm 0{,}020) \cdot 10^9$ Jahre
Hubble Konstante	
(Planck Teleskop)	$H_0 = (67{,}4 \pm 0{,}5)\ (\mathrm{km/s})/\mathrm{Mpc}$

1 Quantenoptik

Einleitung: Wie bei der Erklärung der „schwarzen Strahlung“ versagt die klassische Physik auch bei der Erklärung des Photoeffekts und des Compton-Effekts. Zur Berechnung der spektralen Verteilung der thermischen Strahlung musste Planck annehmen, dass die Absorption und die Emission von Strahlungsenergie durch die Atome der Wandung des schwarzen Körpers nicht kontinuierlich erfolgt, sondern in ganzzahligen Vielfachen einer kleinsten Portion $h\nu$, eines Energiequants (Kapitel „Thermische Strahlung“). Einstein erweiterte diese Vorstellung, indem er das Strahlungsfeld selbst quantisierte: Die elektromagnetische Strahlung kann als Fluss von Lichtteilchen, den Photonen, betrachtet werden. Damit kann die Auslösung von Elektronen aus einem mit energiereichen Photonen bestrahlten Metall beim Photoeffekt mühelos mit der Energiebilanz verstanden werden; beim Compton-Effekt muss zusätzlich noch die Impulsbilanz herangezogen werden.

Photonen der Energie $h\nu$ sind die kleinsten Energieeinheiten des Strahlungsfeldes bei der Frequenz ν. Das Photon hat keine Ruhemasse, es bewegt sich daher mit Lichtgeschwindigkeit (im Vakuum $\upsilon_{ph} = c$, siehe Band II, Kapitel „Relativistische Mechanik“), aber es hat einen Impuls ($p_{ph} = \hbar k = \frac{h\nu}{c}$), einen Eigendrehimpuls (Spin) und einen Bahndrehimpuls.

Während also elektromagnetische Wellen mit – wenn auch masselosen – Teilchen (Impuls $p = h/\lambda$) in Verbindung gebracht werden können, werden mit Masse behaftete Materieteilchen (Impuls $p = m \cdot \upsilon$) mit Materiewellen verknüpft (Wellenlänge $\lambda = h/p$), die wie Lichtwellen interferieren können. So können an einem Kristall zur Strukturanalyse nicht nur Röntgenstrahlen, sondern auch Elektronen und Neutronen gebeugt werden. Diese Materiewellen werden als Wahrscheinlichkeitswellen interpretiert: Die komplexe Wahrscheinlichkeitsamplitude Ψ schwingt und wandert als Welle, die die Interferenzeffekte der Teilchen beschreibt. Das Absolutquadrat der Wellenfunktion $\left|\Psi(\vec{r},t)\right|^2$ gibt dabei die Aufenthaltswahrscheinlichkeitsdichte eines Teilchens im Volumselement dV um den Raumpunkt $\vec{r}$ zur Zeit t an. Diese Materiewellen zeigen auch im Vakuum Dispersion und für ihre Phasengeschwindigkeit gilt $\upsilon_{\mathrm{ph}} > c$.

Während in der klassischen Mechanik jedes Teilchen zu jedem Zeitpunkt einen genau definierten Ort im Raum einnimmt und gleichzeitig einen ganz bestimmten Impuls besitzt, ergeben sich hierfür aus der Wellennatur der Materieteilchen Beschränkungen: Für Teilchen können Ort und Impuls – und analog Zeit und Energie – nicht gleichzeitig beliebig genau angegeben werden (Unschärferelation).

Durch spontane Emission eines Photons kann ein angeregtes Atom unabhängig von einem ev. vorhandenen äußeren Strahlungsfeld in einen niedrigeren Energiezustand wechseln. Andererseits kann in einem äußeren Strahlungsfeld ein Atom durch Absorption eines Photons in einen höheren Energiezustand wechseln oder ein angeregtes Atom durch stimulierte Emission ein mit den anregenden Feldquan-

https://doi.org/10.1515/9783110675726-001

ten identisches Photon emittieren und seine Energie erniedrigen. Diese stimulierte Emission ist die Basis für den LASER (von Light Amplification by Stimulated Emission of Radiation): Wenn in einem Medium eine Besetzungsinversion vorliegt (durch optische Pumpen, Stoßanregung), d. h., sich mehr Atome in einem Zustand mit höherer Energie als mit niedrigerer – z. B. dem Grundzustand – befinden, kann durch stimulierte Emission eine annähernd monochromatische Strahlung hoher Kohärenz erzeugt werden. Die ausgesandten Lichtwellen sind alle von gleicher Energie, gleicher Phase und gleicher Polarisation, d. h., alle Photonen sind im gleichen Quantenzustand, die Strahlung ist räumlich und zeitlich völlig kohärent. Die extrem gute Fokussierung von LASERN ist mit einer hohen Leistungsdichte verbunden und ermöglicht zahlreiche Anwendungen in Medizin (Schneiden, Koagulieren, Steinzerstörung) und Technik (Bohren, Schneiden, Schweißen).

Im ausgehenden 19. Jahrhundert waren die Kenntnisse über Licht und elektromagnetische Wellen bereits sehr weit fortgeschritten. Fast alle optischen Erscheinungen konnten mit der Vorstellung des Wellencharakters von Licht verstanden werden. Im Jahr 1889 hielt Heinrich Hertz (Heinrich Rudolf Hertz, 1857–1894) einen berühmten Vortrag „Über die Beziehung von Licht und Elektrizität", wobei er sagte:

> Die Wellennatur des Lichts ist, menschlich gesprochen, Gewissheit; was aus derselben mit Sicherheit folgt, ist ebenfalls Gewissheit.

Er hatte allerdings schon zwei Jahre zuvor eine Beobachtung gemacht, die, wie sich später zeigte, die Wellennatur des Lichts in Frage stellte.

1.1 Das Versagen der klassischen Physik

Die beiden im Folgenden angeführten Erscheinungen konnten mit der elektromagnetischen Lichttheorie nicht erklärt werden.

1.1.1 Der (äußere) Photoeffekt (lichtelektrischer Effekt, *photoelectric effect*)

Heinrich Hertz versuchte, die Ausbreitung elektromagnetischer Wellen im Raum nachzuweisen. Als Sender benützte er die schwingende Entladung eines Funkeninduktors („Induktorium") über eine Funkenstrecke aus zwei Metallstäben eines Dipols, als Empfänger verwendete er eine offene Drahtschleife, an deren Enden eine kleine Messingkugel bzw. eine Kupferspitze angebracht waren: Ein kleiner Funken gab den Nachweis, dass vom Sender her einfallende Wellen empfangen worden waren. Im Jahr 1887 stellte Heinrich Hertz fest, dass der Empfängerfunken stärker wurde, wenn Kugel und Spitze des Empfängerkreises durch den starken

Funken des Sendekreises beleuchtet wurden. Er fand heraus, dass diese Wirkung auf das ultraviolette Licht der Funkenentladung zurückzuführen war.[1]

Wir betrachten folgendes Experiment zum Photoeffekt (Abb. V-1.1): Von zwei Metallelektroden (gleiches Material) in einem evakuierten Quarzglaskolben wird eine mit ultraviolettem Licht beleuchtet. Zwischen die Elektroden kann wahlweise ein negatives oder ein positives Potenzial unterschiedlicher Stärke über ein Potentiometer gelegt werden. Ist die beleuchtete Elektrode („Photokathode") negativ gegen die unbeleuchtete positive Anode, so wird ein Strom gemessen. Der Strom (= Photostrom) ist proportional zur Intensität des einfallenden Lichts. Wird das Potenzial zwischen den Elektroden verkleinert, nimmt der Strom ab, verschwindet aber nicht ganz, wenn die Potenzialdifferenz Null wird. Kehrt man die Polung um („negative Anode") und erhöht die Potenzialdifferenz, so gibt es genau einen Wert $-U_0$, bei dem der Photostrom verschwindet. Dieser Wert (= Haltepotenzial) *hängt nicht von der Intensität* des einfallenden Lichts, sondern *nur von seiner Frequenz* (bzw. seiner Wellenlänge) ab.

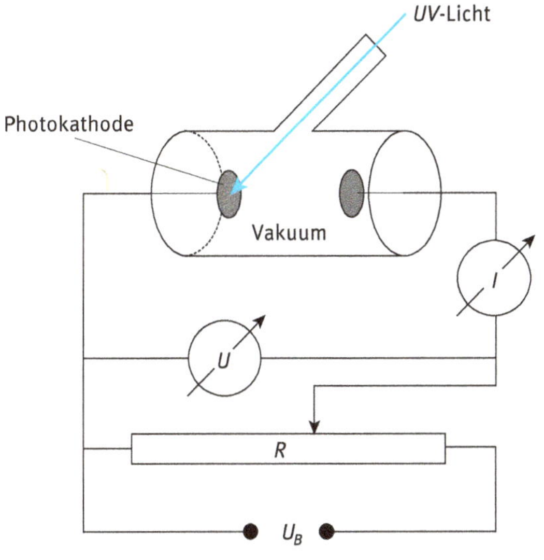

Abb. V-1.1: Versuchsanordnung zur Beobachtung des äußeren Photoeffekts.

1 Nach der Entdeckung, dass der Funken in einem zur besseren Beobachtung verdunkelten Gehäuse *schwächer* auftrat, begann er mit einer sehr ausführlichen Untersuchung des Effekts. Zuerst stellte er fest, dass nur die Abschirmung des starken Senderfunkens einen Einfluss hatte. Dann untersuchte er verschiedene Abschirmmaterialen und fand heraus, dass bei einer Abschirmung durch Quarz (Bergkristall) der Empfängerfunke unvermindert auftrat. Er benützte daher ein Quarzprisma, um das Licht des Senderfunkens zu zerlegen. Das Ergebnis war, dass von dem vom Senderfunken ausgehenden Licht nur der kurzwellige Anteil jenseits des sichtbaren Bereichs, also das ausgesandte UV-Licht, den Empfängerfunken verstärkte. Originalveröffentlichung: H. Hertz, Annalen der Physik, **267**, 983 (1887).

Die Erklärung dieses ursprünglich „Hallwachs-Effekt“[2] genannten Phänomens wurde 1888 von Hertz's Mitarbeiter Wilhelm Hallwachs (Wilhelm Ludwig Franz Hallwachs, 1859–1922, deutscher Physiker) gegeben und lautet (Abb. V-1.2):

Durch die Wirkung der *Strahlungsenergie* werden aus dem metallischen Material Elektronen freigesetzt. Man nennt dies den *äußeren photoelektrischen Effekt* = *äußerer Photoeffekt.*

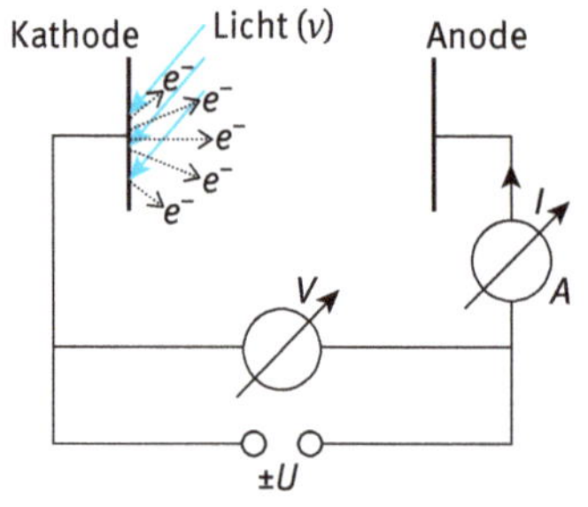

Abb. V-1.2: Durch das einfallende *UV*-Licht werden Elektronen aus der metallischen Kathode freigesetzt.

Das Haltepotenzial

Wenn *UV*-Licht auf eine Metallplatte fällt, treten Elektronen (e^-) mit Geschwindigkeiten zwischen 0 und $\upsilon_{\max}$ nach allen Richtungen aus. Ist die Anode positiv gegen die Kathode, so werden praktisch alle ausgelösten e^- zur Anode gezogen (abgesaugt) und es fließt ein konstanter Photostrom. Wird die Anode leicht negativ gegen die beleuchtete Kathode (= Photokathode), so können immer weniger e^- das Bremspotenzial überwinden – der Photostrom nimmt ab (Abb. V-1.3). Die in Richtung des Bremsfeldes austretenden e^- haben offensichtlich unterschiedliche kinetische Energie, auch wenn die einfallende Strahlung monochrom ist (nur eine Wellenlänge enthält). Dies ist verständlich, wenn man bedenkt, dass die Elektronen aus dem Inneren des Metalls befreit werden und auf dem Weg zur Oberfläche durch Zusammenstöße mit den Metallelektronen Energie verlieren und ihre Richtung dauernd ändern.

Bei einem gewissen Gegenpotenzial $-U_0$, dem *Haltepotenzial*, verschwindet der Photostrom.[3] Dann ist offenbar die maximale kinetische Energie $E_{\text{kin}}^{\max}$ der austre-

2 Hallwachs entdeckte 1888 die Entladung einer negativ geladenen Metallplatte bei Beleuchtung mit UV-Licht.

3 Der genaue Verlauf der Photostromcharakteristik, insbesondere der Sättigungsbereich, in dem die ausgetretenen e^- zur Anode „gesaugt“ werden, ist stark von der Elektrodengeometrie abhängig. Eine zentrale Kathode umgeben von einer kugelförmigen Anode ergibt eine ausgeprägte Sättigung des Photostroms schon für kleines $U > 0$.

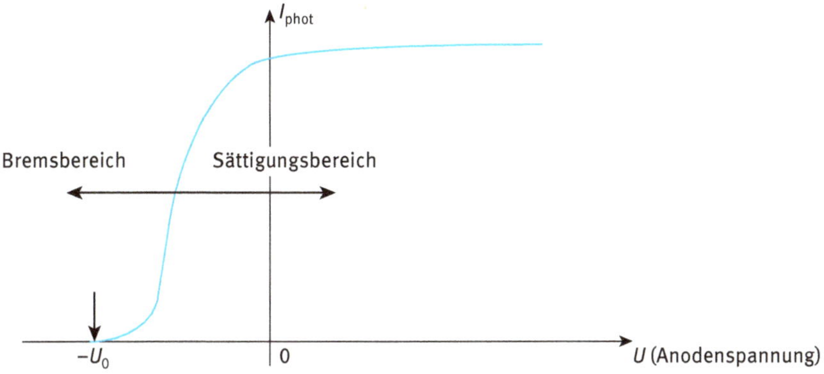

Abb. V-1.3: Strom-Spannungs-Charakteristik des Photostroms. Beim *Haltepotenzial* $-U_0$ (Anode negativ gegen die Kathode) verschwindet der Photostrom.

tenden e^- gerade gleich der gegen das Feld bei der Abbremsung geleisteten Arbeit und daher ihre Geschwindigkeit Null geworden, sodass sie die negative Auffangelektrode nicht mehr erreichen können. Es gilt also

$$E_{\text{kin}}^{\max} = \frac{1}{2} m_e v_{\max}^2 = eU_0. \qquad \text{(V-1.1)}$$

Ausführliche Untersuchungen von Philipp Lenard[4] (1900) ergaben:

1. Die maximale Geschwindigkeit der Photo-e^- ist unabhängig von der Intensität (= Bestrahlungsstärke, siehe Band III, Kapitel „Wellenoptik", Abschnitt 5.5.4, Gl. (III-5.150) und Band IV, Kapitel „Wärmestrahlung", Abschnitt 3.1.3, Gl. (IV-3.11)) der einfallenden Strahlung, sondern nur abhängig von der *Frequenz* der Strahlung und vom *Kathodenmaterial.*
2. Es gibt eine materialabhängige *Grenzfrequenz* ν_0, bei deren Unterschreitung ($\nu < \nu_0$) der Photoeffekt völlig verschwindet (langwellige Grenze).
3. Die Zahl der austretenden Photo-e^-, d. h. der Photostrom, ist proportional zur Lichtintensität (= Bestrahlungsstärke).
4. Der Photoeffekt ist praktisch *trägheitslos*: Es wird keine messbare Verzögerung zwischen Lichteinfall und e^--Austritt beobachtet.

Die quantitative Analyse des Photoeffekts erfolgt in Abschnitt 1.2.1.

4 Philipp Eduard Anton Lenard, 1862–1947. Für seine Arbeiten über Kathodenstrahlen erhielt er 1905 den Nobelpreis.

1.1.2 Der Compton-Effekt

1904 untersuchte C. G. Barkla[5] die Durchlässigkeit von Filtern für monochromatische, kurzwellige Röntgenstrahlung. Er beobachtete, dass die Durchlässigkeit der Filter kleiner wurde, wenn das Röntgenlicht bereits vorher gestreut worden war. Er schloss daraus: Da das Durchdringungsvermögen der Röntgenstrahlen mit größerer Wellenlänge kleiner wird, müssen die Wellenlängen durch den Streuprozess größer geworden sein. Der Effekt wurde von A. H. Compton[6] 1922 ausführlich untersucht: Er verwendete kurzwellige, monochromatische Röntgenstrahlung (MoK_{α}-Strahlung mit $\lambda_0 = 70{,}9$ pm) und Graphit als Streukörper (Abb. V-1.4).

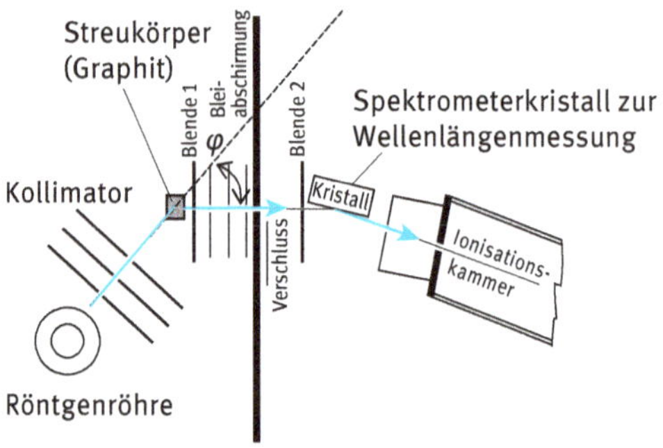

Abb. V-1.4: Messung der Wellenlänge der an Graphit um den Winkel φ gestreuten Röntgenstrahlung in der Anordnung von A. H. Compton.

Die seitlich austretende Streustrahlung enthielt bei spektraler Zerlegung neben der unverschobenen primären Wellenlänge λ_0 noch eine nach langen Wellenlängen verschobene Linie $\lambda_0 + \Delta\lambda$: Mit dem Streuwinkel φ nahm $\Delta\lambda(\varphi)$ zu (Abb. V-1.5, a. u.: *arbitrary units* = willkürliche Einheiten). Für $\lambda_0 = 70{,}9\,\text{pm} = 70{,}9 \cdot 10^{-12}\,\text{m}$ der $K_{\alpha 1}$-Linie (Mo-Antikathode) ist $\Delta\lambda(90°) = 2{,}42\,\text{pm}$. Es zeigte sich, dass die Resultate der Streuung – d. h. $\Delta\lambda(\varphi)$ – nicht vom Streumaterial abhängig sind!

i Im Rahmen der Wellentheorie der elektromagnetischen Strahlung können weder Photoeffekt noch Compton-Effekt gedeutet werden!

Die quantitative Berechnung des Compton-Effekts erfolgt in Abschnitt 1.2.2.

---

5 Charles Glover Barkla, 1877–1944. Für die Entdeckung der charakteristischen Röntgenstrahlung erhielt er 1917 den Nobelpreis.

6 Arthur Holly Compton, 1892–1962. Für seine Arbeiten erhielt er (zusammen mit C. T. R. Wilson) 1927 den Nobelpreis.

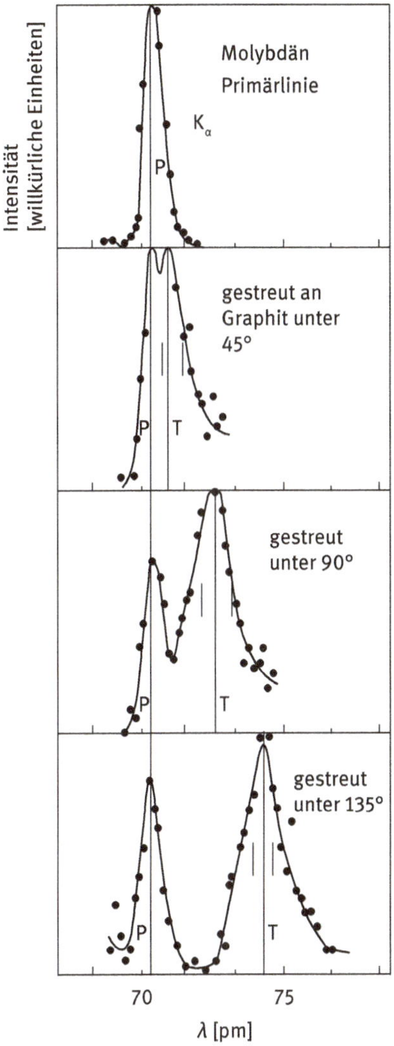

Abb. V-1.5: Streuung von Molybden K_α-Röntgenstrahlung an Graphit (A. H. Compton, Physical Review **22**, 409 (1923)). Gegen die Primärlinie (P) zu längeren Wellenlängen verschobene Streulinie (T) als Funktion des Streuwinkels (Compton-Effekt).

1.2 Einsteins korpuskulare Lichttheorie

Wie könnten Photo-e^- gemäß der klassischen Vorstellung ausgelöst werden? Die e^- des Kathodenmaterials werden durch die elektrische Feldstärke $\vec{E}$ des Lichts zu Schwingungen angeregt und ausgelöst, wenn die Schwingungsamplitude, also die Schwingungsenergie, groß genug ist, um die Bindungskräfte zu überwinden.

Wir erwarten daher:

1. Die E_{kin} der Photo-e^-, die nach dem Austritt vorhanden ist, sollte von der Bestrahlungsstärke, d. h. der Intensität $I = \langle |\vec{S}| \rangle \propto E_0^2$ des auffallenden Lichts abhängen $\rightarrow$ *falsch*!
2. Es muss eine bestimmte Zeit verstreichen, bis aus der Strahlung genügend Energie aufgenommen wird, damit der Auslöseprozess einsetzt $\rightarrow$ *falsch*![7]
3. Mit größerer Frequenz des einfallenden Lichts wird die aufgenommene Energie wegen der Massenträgheit kleiner. Es wird deshalb eine *kurzwellige* Grenze erwartet, unterhalb der keine Photo-e^- mehr ausgelöst werden $\rightarrow$ *ganz falsch*!

Die E_{kin} der Photo-e^- könnte auch aus dem Wärmeinhalt des Metalls stammen, sodass durch die Strahlung die Emission nur ausgelöst – „getriggert“ – wird. Damit wird aber der Zusammenhang zwischen E_{kin} und der Frequenz unverständlich und außerdem sollte die Geschwindigkeit der Photo-e^- größer sein, wenn das Material hoch erhitzt ist, was aber nicht beobachtet wird.

Beispiel: Das Licht einer 100 W Glühlampe (Lichtleistung etwa 9 W) fällt auf ein sehr lichtempfindliches Material (z. B. Na) im Abstand von 1 m. Daraus ergibt sich eine optische Bestrahlungsstärke I von $7 \cdot 10^{-5}$ W/cm² (9 W Strahlungleistung ergibt eine Bestrahlungsstärke im Abstand von $r = 1$ m von $I = 9\ \text{W}/(4\pi r^2) \approx 0{,}7\ \text{W/m}^2 = 7 \cdot 10^{-5}\ \text{W/cm}^2$). Wegen der hohen Reflexion dringt nur etwa 10 % des Lichts in das Metall ein und wird dort vollständig absorbiert, bis es eine Tiefe von $1{,}5 \cdot 10^{-6}$ cm erreicht hat, die Absorption erfolgt also pro cm² Oberfläche in einem Volumen von ca. $1{,}5 \cdot 10^{-6}$ cm³. Die absorbierte Energie wird an ‚freie‘ Metall-e^- abgegeben: Bei einem Atomgewicht A_{Na} von 23, einer Dichte von ca. 1 g/cm³, entsprechen diesem Volumen etwa $4 \cdot 10^{16}$ Atome[8] und ebenso viele freie e^- (Annahme: 1 Leitungs-e^- pro Atom). Die wirksame Strahlung besitzt bei einer langwelligen Grenze $< 0{,}542\,\mu\text{m}$ eine wirksame Leistung von ca. $5 \cdot 10^{-23}$ W/Atom ($\approx 1/4$ der gesamten auf ein Atom eingestrahlten Leistung). Aus einem Haltepotenzial der ausgelösten e^- von 2 V folgt eine $E_{\text{kin}}^{\text{max}} = 2\,\text{eV} = 3{,}2 \cdot 10^{-19}$ Ws. Damit ergibt sich eine Wartezeit von $6 \cdot 10^3$ s = 1,5 Stunden, bis ein e^- ausgelöst wird, was offensichtlich nicht stimmt.

Dieses falsche Ergebnis folgt unter der Annahme, dass die Energie des Strahlungsfeldes *gleichmäßig* auf die Wellenfläche verteilt ist.

---

7 Die Trägheitslosigkeit des Photoeffekts wurde 1928 von E. O. Lawrence und J. W. Beams (*Physical Review* **32**, 478 (1928)) mit gepulstem Licht gezeigt. Sie fanden die zeitliche Verzögerung der ausgelösten e^- kleiner als $3 \cdot 10^{-9}$ s.

8 $m_{\text{Na}} = A_{\text{Na}} \cdot 1\text{u} = 22{,}9898 \cdot 1{,}6605 \cdot 10^{-27}\ \text{kg} = 3{,}8176 \cdot 10^{-26}\ \text{kg} = 3{,}8176 \cdot 10^{-29}$ g. In $1{,}5 \cdot 10^{-6}$ cm³ Na-Oberfläche befinden sich daher etwa $4 \cdot 10^{16}$ Atome.

Zu einem Verständnis des Photoeffekts kommt man andererseits, wenn man annimmt, dass die Energie des Strahlungsfeldes statistisch schwankend auf kleine Bereiche mit atomaren Abmessungen konzentriert ist und so auf einzelne e^- des Metalls vergleichsweise große Energien übertragen werden können: Das ist die *korpuskulare Theorie des Lichts* (Licht ist ‚körnig').

Während *Planck* zur Erklärung seines Strahlungsgesetzes (siehe Band IV, Kapitel „Wärmestrahlung", Abschnitt 3.4.4) annehmen musste, dass die Atome in der Wand des schwarzen Körpers Energie nur in kleinsten Portionen (Quanten) absorbieren und emittieren können, ging *Einstein* einen Schritt weiter: *Das Strahlungsfeld selbst muss quantisiert werden*, seine Energie liegt in Form von Quanten $h\nu = \hbar\omega$ – den Photonen – vor, genau jenen Energieportionen, die nach Planck auch emittiert und absorbiert werden können.

Einsteins Annahmen (1905) waren:

1. Monochromatisches Licht der Frequenz $\nu = \omega/2\pi$ besteht aus einzelnen Lichtquanten (= Photonen), die sich mit Lichtgeschwindigkeit bewegen. Jedes Photon behält bei der Bewegung seine Energie $E_{ph} = h\nu = \hbar\omega$ bei.
2. Im Stoß mit einem getroffenen e^- übergibt das Photon seine Energie momentan an das e^-. Die Energie des Photons $h\nu = \hbar\omega$ dient dann dazu, ein e^- aus dem Metall auszulösen (*Austrittsarbeit* W_A), die überschüssige Energie wird dem e^- als E_{kin} mitgegeben.[9]

1.2.1 Einsteins Erklärung des Photoeffekts

Die Ablösearbeit W_A (= Austrittsarbeit, *work function*, siehe dazu Band VI, „Festkörperphysik", Abschnitt 2.6.1.2.5), die man zur Ablösung eines e^- aufbringen muss, ist eine Materialgröße:

$$W_A = e \cdot \Phi_A, \qquad \text{(V-1.2)}$$

Φ_A ... Austrittspotenzial.

9 Im Folgenden (siehe Besprechung des Compton-Effekts in Abschnitt 1.2.2 und weiter in Abschnitt 1.3) wird sich zeigen, dass das Lichtteilchen – das Photon – nicht nur Energie besitzt, sondern auch Impuls und Drehimpuls, sodass bei Stoßvorgängen mit Photonen auch die entsprechenden Impulserhaltungssätze erfüllt sein müssen. Der Einfachheit halber wollen wir uns beim Photoeffekt auf die Beobachtung der Energieerhaltung beschränken, da die wesentlichen Erkenntnisse schon dabei zu Tage treten. Es sei hier aber auf eine wesentliche Folgerung aus der Impulserhaltung hingewiesen: Ein Photon der Energie E kann seine gesamte Energie *niemals* in einem einzigen Zweierstoß an ein e^- übertragen. Es sind daher *immer* weitere Stoßpartner – meist das Kristallgitter als Ganzes – zur vollständigen Energieübertragung notwendig (siehe auch das Beispiel ‚Ein „blaues" Photon übergibt in einem Stoß seine gesamte Energie' in Abschnitt 1.3.2). Trotz Aufnahme des überschüssigen Photonenimpulses übernimmt das Gitter wegen seiner großen Masse M aber praktisch keine Energie, da $E_{\text{Gitter}} = \frac{p_{\text{Gitter}}^2}{2M}$ c.

Grenzfrequenzen des Photoeffekts und Austrittsarbeiten für einige Metalle:

Metall	**Grenzfrequenz ν_0 [10^{14} Hz]**	**Austrittsarbeit W_A [eV]**
Caesium	5,17	2,14
Kalium	5,55	2,30
Natrium	6,64	2,75
Titan	10,46	4,33
Beryllium	12,03	4,98
Quecksilber	11,48	4,49
Nickel	13,17	5,15
Platin	13,64	5,65

Damit ergibt sich für die Energiebilanz des Photoeffekts

$$h\nu = \hbar\omega = \underbrace{\frac{\upsilon_{\max}^2 m_e}{2}}_{E_{\text{kin}}^{\max}(e^-)} + \underbrace{W_A}_{\text{Austrittsarbeit}} \qquad \textit{Einstein-Gleichung.} \qquad \text{(V-1.3)}$$

Dabei ist $h = 6{,}6261 \cdot 10^{-34}$ Js das Plancksche Wirkungsquantum, das uns schon aus der Besprechung der schwarzen Strahlung bekannt ist (siehe Band IV, Kapitel „Wärmestrahlung", Abschnitt 3.4.4, Gl. IV-3.125). Es kann aus der Frequenzabhängigkeit der Energie der ausgelösten e^- bestimmt werden (siehe weiter unten Abb. V-1.6).

Wenn ein e^- unmittelbar aus der Metalloberfläche ausgelöst wird, ist nur W_A zur Ablösung notwendig und ein eventuell beim Stoß mit dem Photon darüber hinausgehender übertragener Energierest wird dem Photo-e^- als E_{kin} mitgegeben und führt daher zu einer maximalen Geschwindigkeit $\upsilon_{\max}$. Absorbiert ein e^- aus dem Metallinneren ein Photon, so verliert es dagegen bis zum Austritt aus der Metalloberfläche bereits Energie und tritt mit einer kleineren Geschwindigkeit aus.

Wird das Haltepotenzial angelegt, so treffen an der Anode nur mehr die e^- auf, die die Oberfläche mit $\upsilon_{\max}$ verlassen, ihre Energie beim Auftreffen ist im Grenzfall $E_{\text{kin}} = 0$, der Photostrom verschwindet. Ist bei den in der obersten Metallschicht *ausgelösten* e^- die $E_{\text{kin}} = 0$, werden sie von den Photonen der Strahlung also gerade noch über die Potenzialschwelle W_A gehoben, dann geht die Einstein-Gleichung über in

$$h\nu_0 = W_A, \qquad \text{(V-1.4)}$$

und wir erhalten

$$\nu_0 = \frac{W_A}{h} \quad \text{als } \textit{Grenzfrequenz}, \qquad \text{(V-1.5)}$$

bei der der Photoeffekt gerade einsetzt.

Wir setzen das in die Einstein-Gleichung ein und formen um

$$E_{\text{kin}}^{\max} = \frac{m_e v_{\max}^2}{2} = h\nu - h\nu_0\,. \tag{V-1.6}$$

Das ist eine Geradengleichung für die Variablen $E_{\text{kin}}^{\max}$ und ν. Wird daher die maximale Energie der austretenden Photo-e^- mit Hilfe des Haltepotenzials U_0 in Abhängigkeit von der Frequenz der einfallenden Strahlung für verschiedene Metalle gemessen, ergeben sich parallele Geraden mit Anstieg h und Ordinatenabschnitt $-W_A = -h\nu_0$ (Abb. V-1.6).

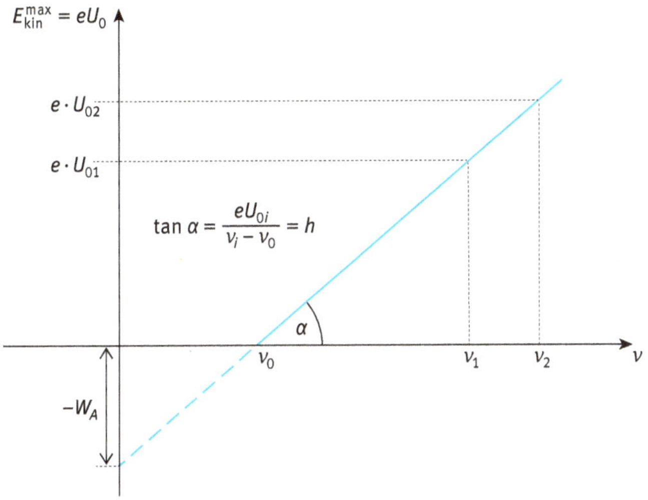

Abb. V-1.6: Die Auftragung von $E_{\text{kin}}^{\max}$ als Funktion der Frequenz ergibt für ein bestimmtes Kathodenmaterial eine Gerade mit Anstieg h und Achsenabschnitt $-W_A$. Da $E_{\text{kin}}^{\max}$ nicht negativ werden kann, beginnt die Gerade bei ν_0.

R. A. Millikan[10] untersuchte den äußeren Photoeffekt an einer ganzen Reihe von Metallen, eigentlich mit dem Ziel, die Einsteinsche Korpuskulartheorie des Lichts zu widerlegen, lieferte aber im Gegenteil gerade durch seine sehr genauen Messungen eine glänzende Bestätigung der Theorie und damit auch des Planckschen Ansatzes: Die Größe h des Photoeffekts war genau gleich mit der Größe h, dem Planckschen Wirkungsquantum der schwarzen Strahlung (Abb. V-1.7).

---

10 Robert Andrews Millikan, 1868–1953. Für die Bestimmung der Elementarladung und für seine Messungen zum Photoeffekt erhielt er 1923 den Nobelpreis.

Anlässlich Einsteins siebzigsten Geburtstags schrieb Millikan dazu[11]:

> I spent ten years of my life testing the 1905 equation of Einstein's and contrary to all my expectations, I was compelled in 1915 to assert its unambiguous experimental verification in spite of its unreasonableness since it seemed to violate everything that we knew about the interference of light.

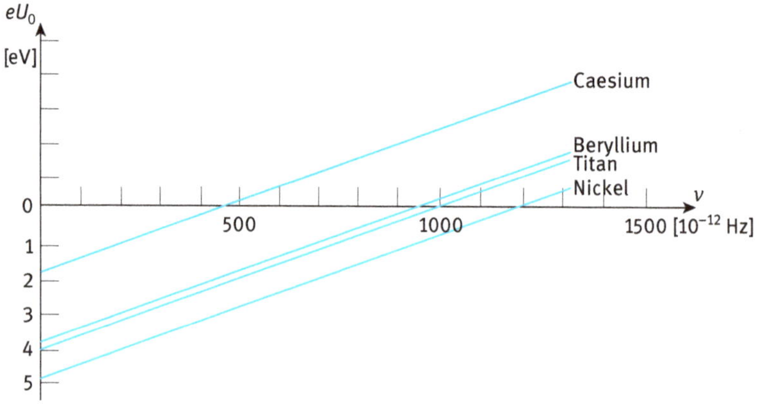

Abb. V-1.7: Messergebnisse von R. A. Millikan für einige Metalle.
Nach: E. Hecht, *Optics*, Addison-Wesley Publishing Company, Reading, MA, (1974).

Sind die Metalle für Kathode und Anode beim Photoeffekt unterschiedlich, so muss das zwischen beiden bestehende Kontaktpotenzial[12] $W_{\text{Kontakt}} = W_A^{\text{Anode}} - W_A^{\text{Kathode}}$ (siehe Band VI, Kapitel „Festkörperphysik", Abschnitt 2.6.1.2.5) berücksichtigt, nämlich zum angelegten Haltepotenzial addiert werden:

$$h\nu = \frac{m_e v_{\max}^2}{2} + \underbrace{W_A^K}_{\text{Kathode}} + W_{\text{Kontakt}} = \frac{m_e v_{\max}^2}{2} + W_A^K + (W_A^A - W_A^K) =$$
$$= \frac{m_e v_{\max}^2}{2} + W_A^A . \tag{V-1.7}$$

Es zeigt sich damit überraschenderweise, dass in diesem Fall die Austrittsarbeit des Anodenmaterials aufgebracht werden muss. Dies wird verständlich, wenn man bedenkt, dass für das Haltepotenzial nicht wirklich die mit $E_{\text{kin}}^{\max}$ *emittierten* e^- beitragen, sondern jene, die gerade noch zur *Anode* gelangen, dass also die *Potenzialverhältnisse mitgemessen* werden.

---

11 R. A. Millikan, *Reviews of Modern Physics* **21**, 343 (1949).

12 Der Index ‚A' bedeutet „Austrittsarbeit". Siehe dazu Band VI, Kapitel „Festkörperphysik", Abschnitt 2.6.1.2.5.

1.2.2 Berechnung des Compton-Effekts

Ein einfallendes Lichtquant (Photon) mit der Energie $h\nu_0$ und dem Impuls $h\nu_0/c$ [13] stößt auf ein e^- der Atomhülle eines Atoms des Streukörpers (Abb. V-1.8). Da die Ionisationsenergie eines Hüllen-e^- sehr viel kleiner ist als die Energie eines kurzwelligen Röntgenquants, wird das e^- als frei und ruhend angenommen.[14] Das Lichtquant überträgt beim Stoß Impuls und Energie auf das e^- und wird dabei abgelenkt. Während der Stoß am ganzen Atom daher *inelastisch* ist (das Atom ändert beim Stoß seine Konstitution), können wir den Stoß am e^- elastisch behandeln, das heißt: Alle beteiligten Teilchen bleiben erhalten und tauschen beim Stoß nur kinetische Energie und Impuls aus, deren Summe jeweils konstant ist.

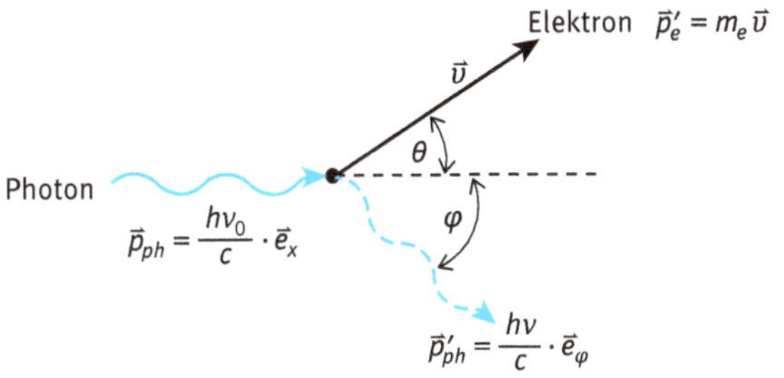

Abb. V-1.8: Zur Berechnung des Compton-Effekts. Das e^- (schwarzer Punkt) wird vor dem Stoß als frei und ruhend angenommen.

Wir betrachten Energie und Impuls der beiden Teilchen vor und nach dem Stoß:

	Photon		**Elektron**	
vor dem Stoß	$E_{kin}^{ph} = h\nu_0$	$\vec{p}_{ph} = \frac{h\nu_0}{c}\cdot\vec{e}_x$	$E_{kin}^{e} = 0$	$\vec{p}_e = 0$
nachher	$E_{kin}^{ph} = h\nu$	$\vec{p}'_{ph} = \frac{h\nu}{c}\cdot\vec{e}_\varphi$	$E_{kin}^{e} = \frac{m_e v^2}{2}$	$\vec{p}'_e = m_e\vec{v}$

Für die Energiebilanz gilt

$$h\nu_0 = h\nu + \frac{m_e}{2}v^2. \qquad \text{(V-1.8)}$$

13 Bezüglich des Impulses eines Photons siehe weiter unten Abschnitt 1.3.2 und in Band II, Kapitel „Relativistische Mechanik“ Abschnitt 3.9.4.

14 Der Stoß ist etwa so vorzustellen: Ein einfallendes Lichtquant tritt in *WW* mit einem Hüllen-e^-. Ein sehr kleiner Teil der Energie dieses Photons wird zum Ablösen des e^- verbraucht (hier vernachlässigt), ein bestimmter Teil wird ihm abhängig vom Streuwinkel φ übertragen. Den Rest nimmt das Lichtquant bei verkleinerter Frequenz wieder mit.

Für die Impulserhaltung betrachten wir die Impulskomponenten vor und nach dem Stoß jeweils in zwei Richtungen, in der Richtung $\vec{c}_x$ des Primärstrahls (Einfallsrichtung der Lichtquanten) und in der Richtung normal dazu. Es gilt

$$\frac{h\nu_0}{c} = \frac{h\nu}{c}\cos\varphi + m_e \upsilon \cos\theta \qquad \text{in } \textit{Primärstrahlrichtung} \tag{V-1.9}$$

und

$$0 = \frac{h\nu}{c}\sin\varphi + m_e \upsilon \sin\theta \qquad \perp \text{ zur } \textit{Primärstrahlrichtung} \tag{V-1.10}$$

Quadriert ergibt die Gl. (V-1.9)

$$m_e^2 \upsilon^2 \cos^2\theta = \frac{h^2\nu_0^2}{c^2} - \frac{2h^2\nu_0\nu}{c^2}\cos\varphi + \frac{h^2\nu^2}{c^2}\cos^2\varphi \tag{V-1.11}$$

und die Gl. (V-1.10)

$$m_e^2 \upsilon^2 \sin^2\theta = \frac{h^2\nu^2}{c^2}\sin^2\varphi\,. \tag{V-1.12}$$

Wir addieren beide Gleichungen und erhalten

$$m_e^2 \upsilon^2 = \frac{h^2}{c^2}\left(\nu_0^2 + \nu^2 - 2\nu_0\nu\cos\varphi\right). \tag{V-1.13}$$

In die Energiebilanz Gl. (V-1.8) eingesetzt folgt daraus

$$h\nu_0 = h\nu + \frac{h^2}{2m_e c^2}\left(\nu_0^2 + \nu^2 - 2\nu_0\nu\cos\varphi\right). \tag{V-1.14}$$

Da die beobachteten Frequenzverschiebungen sehr klein sind, d. h. $\nu_0 - \nu \ll \nu$, können wir dort, wo die Frequenz quadratisch vorkommt, ν durch ν_0 nähern. Wir setzen daher für den Klammerausdruck in Gl. (V-1.14)

$$2\nu_0^2 - 2\nu_0^2\cos\varphi = 2\nu_0^2(1 - \cos\varphi)\,. \tag{V-1.15}$$

Damit erhalten wir

$$h\nu_0 = h\nu + \frac{h^2\nu_0^2}{m_e c^2}(1 - \cos\varphi) \tag{V-1.16}$$

und unter Verwendung von $\sin^2\alpha = \frac{1}{2}(1 - \cos 2\alpha)$ ergibt sich die Frequenzverschiebung zu

$$\Delta\nu = \nu - \nu_0 = -\frac{2h\nu_0^2}{m_e c^2}\sin^2\frac{\varphi}{2} \tag{V-1.17}$$

und mit

$$\Delta\lambda = -\frac{c}{\nu^2}\Delta\nu \tag{V-1.18}$$

die Wellenlängenverschiebung zu

$$\Delta\lambda = 2\frac{h}{m_e c}\sin^2\frac{\varphi}{2} \qquad \textit{Compton-Verschiebung.} \tag{V-1.19}$$

$\frac{h}{m_e c}$ hat die Dimension einer Länge und vereint drei universelle Konstanten: das Plancksche Wirkungsquantum h, die Masse m_e des Elektrons und die Vakuumlichtgeschwindigkeit c. Diese Länge wird Compton-Wellenlänge λ_C des Elektrons genannt

$$\frac{h}{m_e c} \equiv \lambda_C = 2{,}426 \cdot 10^{-12}\,\mathrm{m} \qquad \textit{Compton-Wellenlänge des } e^-.^{15} \tag{V-1.20}$$

Der eigentliche Compton-Effekt bezeichnet das Auftreten einer zu längeren Wellenlängen hin verschobenen Streulinie. Für alle Streuwinkel tritt aber neben der verschobenen auch noch die unverschobene primäre Wellenlänge auf. Wie ist das zu erklären? Ein Teil der einfallenden Photonen wird am ganzen Atom gestreut (*elastische* Streuung am Atom). Dann ist im Ausdruck für $\Delta\lambda$ (Gl. V-1.19) an Stelle der Elektronenmasse m_e die Atommasse M_A einzusetzen. Für Kohlenstoff ist M_C = 21 890 m_e, das heißt, die Wellenlängenänderung wird unmessbar klein, es ergibt sich daher praktisch die unverschobene Komponente des Compton-Effekts.

---

15 Genauer Wert: $\lambda_C = (2{,}412\,631\,023\,867 \pm 0{,}000\,000\,000\,73) \cdot 10^{-12}$ m. Compton-Wellenlänge des Protons: $\lambda_{C,p} = (1{,}321\,409\,855\,39 \pm 0{,}000\,000\,000\,40) \cdot 10^{-15}$ m; Compton-Wellenlänge des Neutrons: $\lambda_{C,n} = (1{,}319\,590\,905\,81 \pm 0{,}000\,000\,000\,75) \cdot 10^{-15}$ m.

Die obige Herleitung der Wellenlängenverschiebung erfolgte auf klassischem, also nicht-relativistischem Wege. War das eigentlich gerechtfertigt? Für $h\nu \approx 17{,}479\,\text{keV}$ der Mo-$K_{\alpha 1}$-Strahlung, die von Compton bei seinen Versuchen verwendet wurde, beträgt die maximale Energieübertragung (Gl. (V-1.16), $\varphi = 180°$) an das e^- 1,2 keV. Bei einer Ruheenergie des e^- von 511 keV sind dies nur 0,2 %. Dies rechtfertigt die klassische Herleitung. Wir werden weiter unten sehen, dass die relativistische Rechnung dasselbe Ergebnis liefert.

1.3 Das Photon als Lichtteilchen

Die physikalische Erklärung von Photoeffekt und Compton-Effekt führt zur quantenhaften Beschreibung des Strahlungsfeldes und damit zur quantenhaften Beschreibung des elektromagnetischen Feldes, also zur *Quantenelektrodynamik* (*QED*). Das Strahlungsfeld verhält sich in manchen Fällen wie ein Teilchenstrom (Photonenstrom).

i Photonen der Energie $h\nu$ sind die kleinsten Energieeinheiten des Strahlungsfeldes bei vorgegebener Frequenz ν.

Wir fassen hier die Eigenschaften des Photons zusammen:

Energie des Photons:

$$E_{\text{kin}}^{ph} = h\nu = \hbar\omega \tag{V-1.21}$$

Ruhemasse (Abschätzung 1992: $m_{ph} < 5 \cdot 10^{-60}\,\text{g}$):

$$m_{ph} = 0 \tag{V-1.22}$$

Wie für alle masselose Teilchen muss daher gelten:

$$\left|\vec{v}_{ph}\right| = v_{ph} = c \tag{V-1.23}$$

Impuls (Raumanteil des Viererimpulses):

$$\left|\vec{p}_R^{\,ph}\right| = p_{ph} = \hbar k = \hbar \cdot \frac{2\pi}{\lambda} = \frac{h}{\lambda} = \frac{h\nu}{c} = \frac{\hbar\omega}{c} = \frac{E_{\text{kin}}}{c} \tag{V-1.24}$$

Viererimpuls (= Energie-Impulsvektor) bei Ausbreitung ($\vec{k}$) in x-Richtung:

$$\hat{\vec{p}}^{ph} = \left\{\frac{E}{c}, \vec{p}_R^{ph}\right\} \underset{E=E_{\text{kin}}}{\equiv} \left\{\frac{h\nu}{c}, \frac{h\nu}{c}, 0, 0\right\}. \tag{V-1.25}$$

Es gilt unter Beachtung der Rechenregeln für Vierervektoren (siehe dazu auch Band II, Kapitel „Relativistische Mechanik", Abschnitt 3.10.1):

$$\hat{\vec{p}}^2 = \hat{p}^2 = \hat{\vec{p}} \cdot \hat{\vec{p}} = \frac{E^2}{c^2} - \vec{p}_R^{\,2} = \left(\frac{h\nu}{c}\right)^2 - \left(\frac{h\nu}{c}\right)^2 - 0 - 0 = 0^{16} \tag{V-1.26}$$

Eigendrehimpuls $\vec{S}$ (= Spin), projiziert auf die Ausbreitungsrichtung $\vec{k}$ $\left(\left|\vec{k}\right| = \frac{2\pi}{\lambda}\right)$:

$$\vec{S}_{ph} = \pm\hbar \frac{\vec{k}}{k}, \tag{V-1.27}$$

und daher seine Komponente in $\vec{k}$-Richtung (= z-Richtung):

$$S_{\vec{k}} = S_z = \pm s \cdot \hbar = \pm\hbar \tag{V-1.28}$$

mit der Eigendrehimpulsquantenzahl $s = 1$ (Abb. V-1.9).[17]

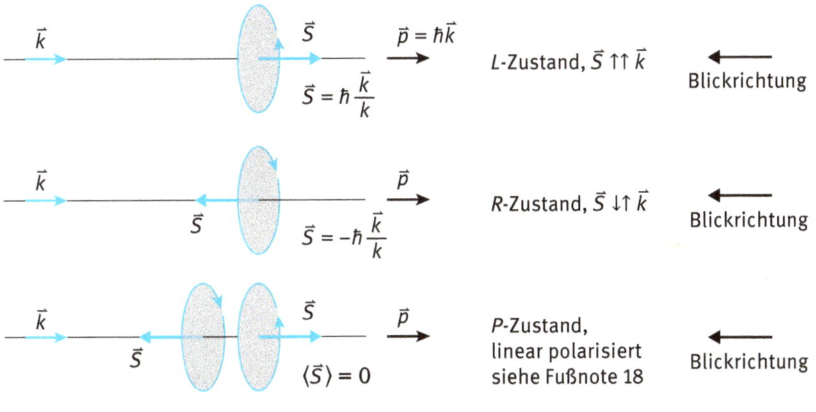

Abb. V-1.9: Polarisiertes Licht im Photonenmodell: linkszirkular polarisiert → *L*-Zustand (σ^+-Licht); rechtszirkular polarisiert → *R*-Zustand (σ^--Licht); linear polarisiert → *P*-Zustand, Überlagerung eines *L*- und eines *R*-Zustandes in einem Photon.

16 Vgl. dazu Band II, Kapitel „Relativistische Mechanik", Abschnitt 3.10.4.

17 Von vornherein könnte S_z eigentlich drei Werte annehmen: $-\hbar$, 0, $+\hbar$. Die spezielle Relativitätstheorie verlangt aber, dass der Drehimpuls masseloser Teilchen nur parallel oder antiparallel zu ihrem linearen Impuls liegen darf.

Vorstellung von linear polarisiertem Licht (P-Zustand):

Jedes Photon, das einzeln nachgewiesen wird, hat seinen Spin entweder ganz in oder ganz gegen die Ausbreitungsrichtung. Die einfachste Erklärung wäre daher, dass ein linear polarisierter Lichtstrahl aus der gleichen Anzahl von Photonen mit $S_z = -\hbar$ und $S_z = +\hbar$ besteht. Photonen sind aber *identische Teilchen*, die sich alle in einem bestimmten Quantenzustand befinden. Wir müssen daher annehmen, dass jedes Photon im linear polarisierten P-Zustand *gleichzeitig* in beiden Spinzuständen L und R mit gleicher Wahrscheinlichkeit ist. Bei einer Spin-Messung der einzelnen Photonen des Lichts würde sich dann genau die gleiche Anzahl mit $S_z = +\hbar$ und $S_z = -\hbar$ finden.

Wenn im Gegenteil nicht jedes Photon die gleiche Wahrscheinlichkeit für beide Spinzustände aufweist, ergibt sich insgesamt elliptisch polarisiertes Licht.[18]

1.3.1 Relativistische Berechnung des Compton-Effekts

Ausgangspunkt der Berechnung ist der Impulserhaltungssatz der Relativitätstheorie, der die Gleichheit des gesamten Viererimpulses vor und nach dem Stoß verlangt (vgl. Band II, Kapitel „Relativistische Mechanik", Abschnitt 3.10.2 und 3.10.4).

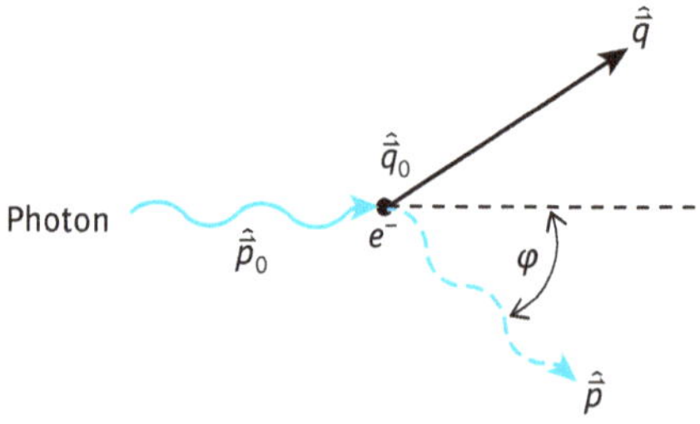

Abb. V-1.10: Zur Berechnung des Compton-Effekts mit Vierervektoren.

Wir betrachten die Viererimpulse (Energie-Impulsvektoren) $\hat{\hat{p}}$ des Photons und $\hat{\hat{q}}$ des Elektrons vor und nach dem Stoß (Abb. V-1.10):
Viererimpuls vor dem Stoß:

18 Wenn wir den L-Zustand eines Photons mit der Wellenfunktionen ψ_+ und den R-Zustand mit ψ_- beschreiben, d. h. $S_z\psi_+ = +\hbar\psi_+$ und $S_z\psi_- = -\hbar\psi_-$, so ist ein elliptisch polarisierter Lichtstrahl durch Linearkombination der beiden Zustände gegeben: $\psi = a\psi_+ + b\psi_-$. Bei einem linear polarisierten Strahl gilt $b = \pm a = \pm\frac{1}{\sqrt{2}}$.

Photon:

$$\hat{\vec{p}}_0 = \left\{ \frac{h\nu_0}{c}, \frac{h\nu_0}{c}, 0, 0 \right\} \tag{V-1.29}$$

ruhendes Elektron:

$$\hat{\vec{q}}_0 = \{ m_e c, 0, 0, 0 \}, \tag{V-1.30}$$

mit der Ruheenergie $m_e c^2$.

Viererimpuls nach dem Stoß:
Photon:

$$\hat{\vec{p}} = \left\{ \frac{h\nu}{c}, \frac{h\nu}{c} \cos\varphi, \frac{h\nu}{c} \sin\varphi, 0 \right\} \tag{V-1.31}$$

Elektron mit Geschwindigkeit $\vec{v}$ (siehe dazu Band II, Kapitel „Relativistische Mechanik", Abschnitt 3.10.1, Gl. II-3.186):

$$\hat{\vec{q}} = m_e \gamma \{ c, \vec{v} \} = \frac{m_e}{\sqrt{1 - \dfrac{v^2}{c^2}}} \{ c, \vec{v} \} \tag{V-1.32}$$

$$\Rightarrow \quad \hat{\vec{q}} \cdot \hat{\vec{q}} = \frac{m_e^2}{1 - \dfrac{v^2}{c^2}} (c^2 - v^2) = m_e^2 c^2, \tag{V-1.33}$$

unabhängig von $\vec{v}$ (siehe Band II, Kapitel „Relativistische Mechanik", Abschnitt 3.10.2, Gln. (II-3.185) und (II-3.188)).

Die Impulserhaltung lautet

$$\hat{\vec{p}}_0 + \hat{\vec{q}}_0 = \hat{\vec{p}} + \hat{\vec{q}}. \tag{V-1.34}$$

Zunächst wird der Impuls $\hat{\vec{q}}$ des Elektrons nach dem Stoß eliminiert, indem diese Beziehung (V-1.34) mit $\hat{\vec{p}}$ multipliziert wird

$$\hat{\vec{p}}_0 \hat{\vec{p}} + \hat{\vec{q}}_0 \hat{\vec{p}} = \underbrace{\hat{\vec{p}} \hat{\vec{p}}}_{0} + \hat{\vec{q}} \hat{\vec{p}} \,^{[19]} \tag{V-1.35}$$

---

19 Denn: $\hat{\vec{p}} \cdot \hat{\vec{p}} = \left(\dfrac{h\nu}{c} \right)^2 - \left(\dfrac{h\nu}{c} \right)^2 \cos^2\varphi - \left(\dfrac{h\nu}{c} \right)^2 \sin^2\varphi = 0$; (allgemein zeigt dies schon Gl. V-1.26).

und wir erhalten

$$\hat{\hat{p}}_0\hat{\hat{p}} + \hat{\hat{q}}_0\hat{\hat{p}} = \hat{\hat{q}}\hat{\hat{p}} \,. \tag{V-1.36}$$

Die Impulserhaltung Gl. (V-1.34) quadriert gibt

$$\underbrace{\hat{\hat{p}}_0\hat{\hat{p}}_0}_{0} + 2\hat{\hat{p}}_0\hat{\hat{q}}_0 + \underbrace{\hat{\hat{q}}_0\hat{\hat{q}}_0}_{m_e^2c^2} = \underbrace{\hat{\hat{p}}\hat{\hat{p}}}_{0} + 2\hat{\hat{p}}\hat{\hat{q}} + \underbrace{\hat{\hat{q}}\hat{\hat{q}}}_{m_e^2c^2} \tag{V-1.37}$$

und damit

$$\hat{\hat{p}}_0\hat{\hat{q}}_0 = \hat{\hat{p}}\hat{\hat{q}} \,. \tag{V-1.38}$$

Das setzen wir in Gl. (V-1.36) ein und eliminieren damit $\hat{\hat{q}}$

$$\hat{\hat{p}}_0\hat{\hat{p}} + \hat{\hat{q}}_0\hat{\hat{p}} = \hat{\hat{q}}_0\hat{\hat{p}}_0 \,. \tag{V-1.39}$$

Wir betrachten die drei Terme dieser Gleichung genauer und beachten, dass $\hat{\hat{a}}\hat{\hat{b}} = a_0b_0 - a_1b_1 - a_2b_2 - a_3b_3$ ist (Skalarprodukt von Vierervektoren):

$$\hat{\hat{p}}_0\hat{\hat{p}} = \frac{h\nu_0}{c}\frac{h\nu}{c} - \frac{h\nu_0}{c}\frac{h\nu}{c}\cos\varphi = \frac{h\nu_0}{c}\frac{h\nu}{c}(1-\cos\varphi) \tag{V-1.40}$$

$$\hat{\hat{q}}_0\hat{\hat{p}} = m_ec\frac{h\nu}{c} = m_eh\nu \tag{V-1.41}$$

$$\hat{\hat{q}}_0\hat{\hat{p}}_0 = m_ec\frac{h\nu_0}{c} = m_eh\nu_0 \,. \tag{V-1.42}$$

In Gl. (V-1.39) eingesetzt, erhält man

$$\frac{h^2\nu_0\nu(1-\cos\varphi)}{c^2} + m_eh\nu = m_eh\nu_0 \,. \tag{V-1.43}$$

Mit $\nu_0 = c/\lambda_0$ und $\nu = c/\lambda$ können wir auf λ umrechnen und erhalten

$$\frac{h^2(1-\cos\varphi)}{\lambda_0\lambda} + \frac{m_ehc}{\lambda} - \frac{m_ehc}{\lambda_0} = 0 \tag{V-1.44}$$

bzw.

$$h^2(1-\cos\varphi) + \lambda_0m_ehc - \lambda m_ehc = 0 \,. \tag{V-1.45}$$

Mit $\Delta\lambda = \lambda - \lambda_0$ ergibt sich schließlich wieder (Abschnitt 1.2.2, Gl. V-1.19)

$$\underline{\Delta\lambda} = \frac{h}{m_e c}(1 - \cos\varphi) = \underline{2\frac{h}{m_e c}\sin^2\frac{\varphi}{2}} \qquad \text{(V-1.46)}$$

Wichtig ist, dass mit den Vierervektoren eine Formel für $\Delta\lambda$ abgeleitet wurde, die relativistisch und ohne Näherungen gilt, also auch für große Frequenzverschiebungen![20]

1.3.2 Der Photonenimpuls

Beim Photoeffekt wird durch die Absorption des Photons dem absorbierenden Atom der Metalloberfläche nicht nur Energie übertragen und damit das Photo-e^- ausgelöst, sondern das Photon gibt auch linearen Impuls ab. Wir fragen uns, wie groß der Impuls des ausgelösten e^- im Verhältnis zum Impuls des einfallenden Photons ist.

Für den Gewinn an kinetischer Energie des e^- gilt, wenn das Photon der Energie $h\nu$ die Austrittsarbeit $h\nu_0$ leistet ($\nu > \nu_0$)

$$E_{\text{kin}} = \frac{1}{2} m_e v_e^2 = h(\nu - \nu_0) = \frac{p_e^2}{2m_e}\,. \qquad \text{(V-1.47)}$$

Daraus ergibt sich der Betrag des Impulses, den das ausgelöste e^- mitführt, wenn das Photon seine gesamte verbliebene Energie überträgt, zu

$$p_e = \sqrt{2hm_e(\nu - \nu_0)}\,. \qquad \text{(V-1.48)}$$

Für den Impuls des stoßenden Photons gilt

$$p_{ph} = \frac{h\nu}{c} = \frac{h}{\lambda}\,. \qquad \text{(V-1.49)}$$

Wir erhalten so für das Verhältnis der Impulsbeträge des e^- und des einfallenden Photons

---

20 Bei der klassischen Herleitung in Abschnitt 1.2.2, die das gleiche Ergebnis liefert, kompensieren sich die Fehler infolge der vorgenommenen Näherungen und der Vernachlässigung relativistischer Effekte vollständig!

$$\frac{p_e}{p_{ph}} = \sqrt{\frac{2hm_e(\nu - \nu_0)c^2}{h^2\nu^2}} = \sqrt{2\underbrace{\frac{m_e c^2}{h\nu}}_{E_{e^-}^{\text{Ruhe}}/E_{\text{Photon}}}\left(1 - \frac{\nu_0}{\nu}\right)}. \tag{V-1.50}$$

Setzen wir realistische Zahlen ein, etwa $\frac{m_e c^2}{h\nu} = 6{,}25 \cdot 10^4$, $\nu = 2 \cdot 10^{15}\,\text{Hz}$ (entspricht $\lambda = 150\,\text{nm}$), $\nu_0 = 1 \cdot 10^{15}\,\text{Hz}$, d. h. $\nu = 2\nu_0$, so folgt $\frac{p_e}{p_{ph}} = 250$, der Impuls des Photons kann demnach im *UV*-Bereich gegenüber dem Impuls des ausgelösten e^- vernachlässigt werden (Photoeffekt) und wird erst im kurzwelligen Röntgenbereich wichtig (Compton-Effekt). Der Impulserhaltungssatz beim Photoeffekt verlangt daher, dass das Metallgitter der emittierenden Atome insgesamt einen dem e^--Impuls äquivalenten Impuls aufnimmt, wobei die auf das Gitter übertragene Energie wegen dessen großer Masse verschwindend klein ist. Im Falle von Röntgenphotonen kann die Impulserhaltung auch im „Zweierstoß", also ohne Mitwirkung des Gitters, erfüllt werden, wenn das Photon nur einen Teil seiner Energie verliert und so nach dem Stoß erhalten bleibt (siehe Compton-Effekt).

Beispiel: Ein „blaues" Photon ($\lambda = 400\,\text{nm}$) übergibt in einem Stoß unter Zuhilfenahme des Kristallgitters seine gesamte Energie $E_{ph} = h\nu = h\frac{c}{\lambda}$ an ein e^-. Es gilt $E_{ph} = 6{,}626 \cdot 10^{-34} \cdot \frac{3 \cdot 10^8}{400 \cdot 10^{-9}} = 4{,}970 \cdot 10^{-19}\,\text{J} = 3{,}102\,\text{eV}$

$$p_{ph} = \frac{E_{ph}}{c} = \frac{4{,}970 \cdot 10^{-19}}{3 \cdot 10^8} = 1{,}657 \cdot 10^{-27}\,\text{kg}\,\text{m}\,\text{s}^{-1}.$$

Für die Geschwindigkeit des e^- nach dem Stoß ergibt sich

$$v_e = \sqrt{\frac{2 \cdot E_{ph}}{m_e}} = \sqrt{\frac{2 \cdot 4{,}970 \cdot 10^{-19}}{0{,}911 \cdot 10^{-30}}} = 1{,}045 \cdot 10^6\,\text{m}\,\text{s}^{-1}.$$

Damit gilt $v_e \ll c$, das heißt, die klassische Rechnung ist zulässig.

Für den Impuls des e^- erhalten wir

$$p_e = mv_e = 0{,}911 \cdot 10^{-30} \cdot 1{,}045 \cdot 10^6 = 9{,}520 \cdot 10^{-25}\,\text{kg}\,\text{m}\,\text{s}^{-1},$$

und damit

$$p_e = 575 \cdot p_{ph} \gg p_{ph}.$$

Wenn das beim Photoeffekt ausgelöste e^- entgegengesetzt zum einfallenden Photon austritt, dann muss aufgrund der Impulserhaltung das Gitter einen Impuls

$$p_{\text{Gitter}} = p_{ph} + p_e = p_{ph}\left(1 + \frac{p_e}{p_{ph}}\right) = p_{ph}(1 + 575)$$

in Richtung des einfallenden Photons aufnehmen: $p_{\text{vor}} = p_{ph}$; $p_{\text{nach}} = p_{\text{Gitter}} - p_e$; aus $p_{\text{vor}} = p_{\text{nach}}$ folgt $p_{\text{Gitter}} = p_{ph} + p_e$ (Impulse alle in Richtung des einfallenden Photons gerechnet).

Beim Compton-Effekt ist die Situation anders, da das stoßende Photon *nicht* verschwindet. Jetzt können Energie- und Impulssatz mit Hilfe der beiden Teilchen (Photon und e^-) nach dem Stoß gleichzeitig ohne Zuhilfenahme des Gitters erfüllt werden. Bei einem Stoß zweier Teilchen, bei dem das stoßende Teilchen nicht frei bleibt oder verschwindet (man denke an ein Geschoß, das in einem Sandsack stecken bleibt – *inelastischer Stoß*), bleibt zwar stets der Impuls erhalten, nicht immer aber die mechanische Energie, deren Differenz zur Ausgangsenergie in eine andere Form (z. B. Wärme) umgewandelt wird.

Wir sehen: Der Impulssatz gilt immer, der Energiesatz der Mechanik nicht!

Der experimentelle Nachweis eines Impulsübertrags bei der Absorption von Photonen gelang R. Frisch[21] 1933 mit folgendem Experiment (Abb. V-1.11):[22]

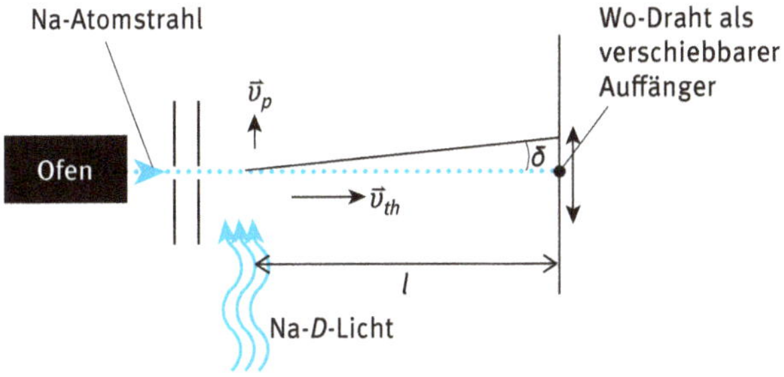

Abb. V-1.11: Experimentelle Anordnung zum Nachweis des Impulsübertrags bei der Absorption von Photonen.

21 Otto Robert Frisch, 1904–1979, österreichischer Physiker (Neffe von Lise Meitner), emigrierte 1933 nach London (ab 1943 englischer Staatsbürger), arbeitete von 1934 bis 1939 in Kopenhagen bei Niels Bohr und ab 1943 als Mitglied einer englischen Delegation am *Manhattan Projekt* in USA zur Entwicklung einer Atombombe. Frisch entdeckte mit O. Stern das anomale magnetische Moment des Protons und gab 1939 zusammen mit Lise Meitner (1878–1968) die erste theoretische Erklärung der von O. Hahn und F. Strassmann 1938 gefundenen Kernspaltung.

22 R. Frisch, *Zeitschrift für Physik* **86**, 42 (1933).

Flüssiges Na wird auf etwa 300° C erhitzt und ein Dampfstrahl aus Na-Atomen (thermische Geschwindigkeit der Atome $\upsilon_{th} = 9{,}0 \cdot 10^2$ m/s) ausgeblendet. Der Dampfstrahl wird von der Seite mit dem Licht einer Na-Dampflampe ($\lambda_{D1} = 589{,}6$ nm, $\lambda_{D2} = 589{,}0$ nm) beleuchtet. Die Na-Atome des Dampfstrahls können so durch Absorption eines „passenden" Photons einen seitlichen Impuls und damit eine seitliche Geschwindigkeitskomponente $\vec{\upsilon}_p$ normal zur thermischen $\vec{\upsilon}_{th}$ bekommen. Für den vom Na-Atom aufgenommenen Impuls gilt

$$p_{\mathrm{Na}} = m_{\mathrm{Na}}\upsilon_p = p_{ph} = \hbar k = \frac{h}{\lambda}\,, \tag{V-1.51}$$

also

$$\upsilon_p = \frac{h}{m_{\mathrm{Na}}\,\lambda} = 2{,}94 \cdot 10^{-2}\,\mathrm{m/s}\,. \tag{V-1.52}$$

Bei einer Strahllänge $l = 50$ cm von der Stelle der Bestrahlung bis zum Auftreffen am Auffänger ergibt sich ein Ablenkwinkel von $\delta = (2{,}94 \cdot 10^{-2})/(9{,}0 \cdot 10^2) = 3{,}27 \cdot 10^{-5}$ rad $= 6{,}7''$ (Bogensekunden), das entspricht einer Ablenkung von $\delta \cdot l = 3{,}27 \cdot 10^{-5} \cdot 5 \cdot 10^5\,\mu\mathrm{m} = 16{,}3\,\mu\mathrm{m}$ vom Auftreffpunkt ohne seitliche Beleuchtung.

Unter dem *Strahlungsdruck* verstehen wir den laufenden Impulsübertrag durch Photonen auf einen makroskopischen Gegenstand. Zum Nachweis des Strahlungsdrucks machen wir folgendes Experiment (Abb. V-1.12):

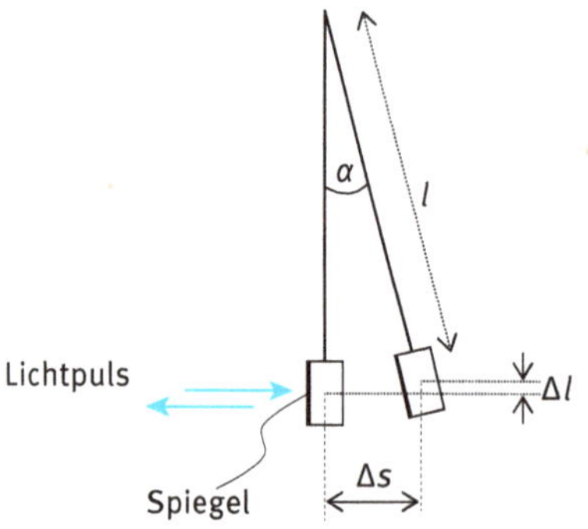

Abb. V-1.12: Anordnung um Nachweis des Strahlungsdrucks (schematisch).

Ein gepulster Laser (Pulslänge: 10^{-8} s, Leistung: 10^8 W, das ergibt eine Energie pro Puls von $E = 1\,\mathrm{Ws} = 1\,\mathrm{J}$) beleuchtet einen kleinen Spiegel mit der Masse m_S, der beweglich auf einem Faden aufgehängt ist, mit einem einzigen Lichtpuls.

Wie groß ist die Auslenkung Δs des Spiegels? Pro Puls gelangen $N = E/h\nu$ Photonen mit dem Impuls $|\vec{p}_{ph}| = p_{ph} = \frac{E}{c} = \frac{h\nu}{c}$ zum Spiegel und werden dort reflektiert. Wie beim Stoß gegen eine feste Wand nimmt der Spiegel den doppelten Impuls auf[23]:

$$p_S = m_S v_S = 2 \cdot N \cdot p_{ph} = 2 \cdot \frac{E}{h\nu} \cdot \frac{h\nu}{c} = 2\frac{E}{c} \tag{V-1.53}$$

und gewinnt aufgrund der Impulserhaltung die kinetische Energie

$$E^S_{\text{kin}} = \frac{m_S v_S^2}{2} = \frac{p_S^2}{2m_S} = \frac{2}{m_S}\left(\frac{E}{c}\right)^2 \tag{V-1.54}$$

in so kurzer Zeit ($\sim 10^{-8}$ s), dass er sich am Ende des Pulses praktisch noch in der Ruhelage befindet. Dadurch wird der Spiegel aus seiner Ruhelage so weit ausgelenkt, bis die gewonnene kinetische Energie vollständig in potentielle Energie durch die Spiegelhebung im Schwerefeld umgewandelt ist, d. h. bis $E_{\text{kin}} = E_{\text{pot}}$:

$$E^S_{\text{pot}} = m_S g\,\Delta l = E^S_{\text{kin}} = \frac{2}{m_S}\left(\frac{E}{c}\right)^2. \tag{V-1.55}$$

Für die Spiegelhebung gilt dann mit $\cos\alpha \cong 1 - \frac{\alpha^2}{2} + \dots$

$$\Delta l = \frac{2}{g}\left(\frac{E}{m_S c}\right)^2 = l(1-\cos\alpha) = l \cdot \frac{\alpha^2}{2}\,, \tag{V-1.56}$$

Damit erhalten wir (siehe Abb. V-1.12)

$$\alpha = \frac{\Delta s}{l} = \frac{2E}{m_S c} \cdot \frac{1}{\sqrt{l \cdot g}}\,. \tag{V-1.57}$$

23 Vgl. Band III, Kapitel „Wechselstromkreis und elektromagnetische Schwingungen und Wellen", Abschnitt 5.5.4, Beispiel ‚Berechnung des Strahlungsdrucks einer ebenen *EM*-Welle': $\Delta p = \frac{2\Delta E}{c}$ und $P_S = 2\frac{I}{c}$.

Zahlenbeispiel:
$E = 1\,\text{J}$,
$m_S = 2 \cdot 10^{-2}\,\text{g}$,
$l = 100\,\text{cm}$.
Für den Auslenkwinkel α ergibt sich damit $\alpha = 1{,}1 \cdot 10^{-4}\,\text{rad} \approx 31''$, das entspricht einer Auslenkung Δs von $\Delta s = \alpha \cdot l = 1{,}1 \cdot 10^{-4}\,\text{m} = 0{,}11\,\text{mm}$.

Ein Effekt, der zwar durch die Strahlungsenergie verursacht wird, aber *nicht* durch den Strahlungsdruck, ist die Rotation des *Crookesschen „Radiometers“*, auch „Lichtmühle“ genannt. Siehe dazu Band III, Kapitel „Wechselstrom und elektromagnetische Schwingungen und Wellen“, Abschnitt 5.5.4, Beispiel ‚Crookesches Radiometer‘.

1.3.3 Photonendrehimpuls

1.3.3.1 Der Eigendrehimpuls (Spin) des Photons

Der Polarisationszustand einer elektromagnetischen Welle ist gegeben durch die Komponenten des $\vec{E}$-Vektors normal zur Ausbreitungsrichtung, die hier in z-Richtung angenommen wird:

$$\vec{E} = \left\{\vec{E}_{0x} e^{i(\omega t - kz)}, \vec{E}_{0y} e^{i(\omega t - kz + \varphi)}, 0\right\}. \tag{V-1.58}$$

Der Polarisationszustand wird dabei durch die Phasendifferenz φ zwischen den beiden Komponenten $\vec{E}_{0x}$ und $\vec{E}_{0y}$ bestimmt:

$\varphi = 0$	$\rightarrow$ linear polarisiert,	P-Zustand	
$\varphi = -\pi/2$	$\rightarrow$ linkszirkular polarisiert,	L-Zustand,	σ^+-Licht
$\varphi = +\pi/2$	$\rightarrow$ rechtszirkular polarisiert,	R-Zustand,	σ^--Licht

In einer unpolarisierten Welle schwankt der Phasenwinkel φ im Laufe der Zeit in statistisch völlig ungeordneter Weise, sodass im zeitlichen Mittel jeweils die Hälfte der Energie auf den rechts- bzw. linkszirkular polarisierten Zustand entfällt.

Betrachten wir nun die Ausbreitung einer zirkular polarisierten Welle in einem Medium:

1. Wellenbild

In einem einfachen klassischen Modell kann das rotierende $\vec{E}$-Feld einer zirkular polarisierten elektromagnetischen Welle die mit der Frequenz ω_0 um die Atomrümpfe der Materie kreisenden e^- der Materie dann beschleunigen, wenn ihre Frequenz ω mit ω_0 übereinstimmt (siehe Band III, Kapitel „Wechselstromkreis und elektromagnetische Schwingungen und Wellen“, Abschnitt 5.5.4, Anhang 3).[24] Nimmt das e^- (eines mit einem Dipolmoment behafteten Moleküls) aus dem Feld die Gesamtenergie $dE = \theta\omega\, d\omega = \hbar\omega$ auf (siehe Fußnote 25), dann ändert sich sein Drehimpuls um $dL = \frac{\hbar\omega}{\omega} = \hbar$.[25] Damit muss nach dem Drehimpulserhaltungssatz dem Energiequant $\hbar\omega$ auch gleichzeitig der Drehimpuls $dL = \hbar$ zugeschrieben werden.

Sind die e^-, die mit der Welle in Wechselwirkung treten, mit ihren Atomen z. B. in einem kristallinen Festkörper fest mit der Substanz verbunden, so überträgt die Welle auf die Substanz pro absorbiertem Photon einen Drehimpuls der Größe $\hbar$ und insgesamt pro Zeiteinheit $\frac{dL}{dt} = \frac{dE}{dt}\frac{1}{\omega}$, wenn $\frac{dE}{dt}$ die von der Welle pro Zeiteinheit übertragene Energie ist.
Wenn die einfallende Welle in einem R-Zustand ist (rechtszirkular polarisiert), so rotiert der $\vec{E}$-Vektor im Uhrzeigersinn, wenn man in Richtung Strahlungsquelle blickt. In diese Richtung muss auch ein gebundenes e^- (Rotator) im Falle einer Energieaufnahme zirkulieren, denn nur dann wirkt das vom rotierenden $\vec{E}$-Feld erzeugte Drehmoment beschleunigend. Der Vektor des Photonendrehimpulses $\vec{S}_{ph}$ zeigt deshalb gegen die Ausbreitungsrichtung $\vec{k}$ (Abb. V-1.13).[26]

R-Welle = σ^--Licht:	$\vec{S}_{ph} = -\hbar\,\frac{\vec{k}}{k}$, zeigt zur Lichtquelle, also gegen die Ausbreitungsrichtung.
L-Welle = σ^+-Licht:	$\vec{S}_{ph} = +\hbar\,\frac{\vec{k}}{k}$, der Eigendrehimpuls zeigt in die Ausbreitungsrichtung.
P-Welle = linear polarisiertes Licht:	Überlagerung einer R- und einer L-Welle, die Photonen sind mit gleicher Wahrscheinlichkeit in den beiden Zuständen $S_z = +\hbar$ und $S_z = -\hbar$.

24 Der sich mit $\omega = \omega_0$ drehende E-Vektor übt dann auf den Rotator (e^- + Atomrumpf) ein relativ zu dessen Drehbewegung konstant bleibendes Drehmoment aus, das für eine kurze Zeitdauer τ die Drehbeschleunigung bewirkt.

25 Für eine Kreisbewegung – wie bei einem „Rotator“, z. B. einem in festem Abstand um ein Proton kreisendes e^- – gilt: $E = \frac{\theta\omega^2}{2}$ und $L = \theta \cdot \omega \quad \Rightarrow \quad dE = \theta\omega d\omega,\ dL = \theta d\omega \quad \Rightarrow \quad dL = dE/\omega$. Ist die Kreisfrequenz ω_0 der einfallenden Welle gleich der des rotierenden Systems ($\omega_0 = \omega$), wird demnach ein Quant der Energie $dE = \hbar\omega$ absorbiert, dann ändert sich der Drehimpuls des Rotators um $dL = \frac{dE}{\omega} = \frac{\hbar\omega}{\omega} = \hbar$. Siehe auch die Überlegungen zur Übertragung von Drehimpuls durch elektromagnetische Wellen in Band III, Kapitel „Wechselstromkreis und elektromagnetische Schwingungen und Wellen“, Anhang 3.

26 Mit der Energieaufnahme aus dem Feld ist eine Drehimpulserhöhung verbunden; deshalb zeigt der Photonendrehimpuls $\vec{S}_{ph}$ in die Richtung des Drehimpulses des Rotators, d. h. gegen die Ausbreitungsrichtung.

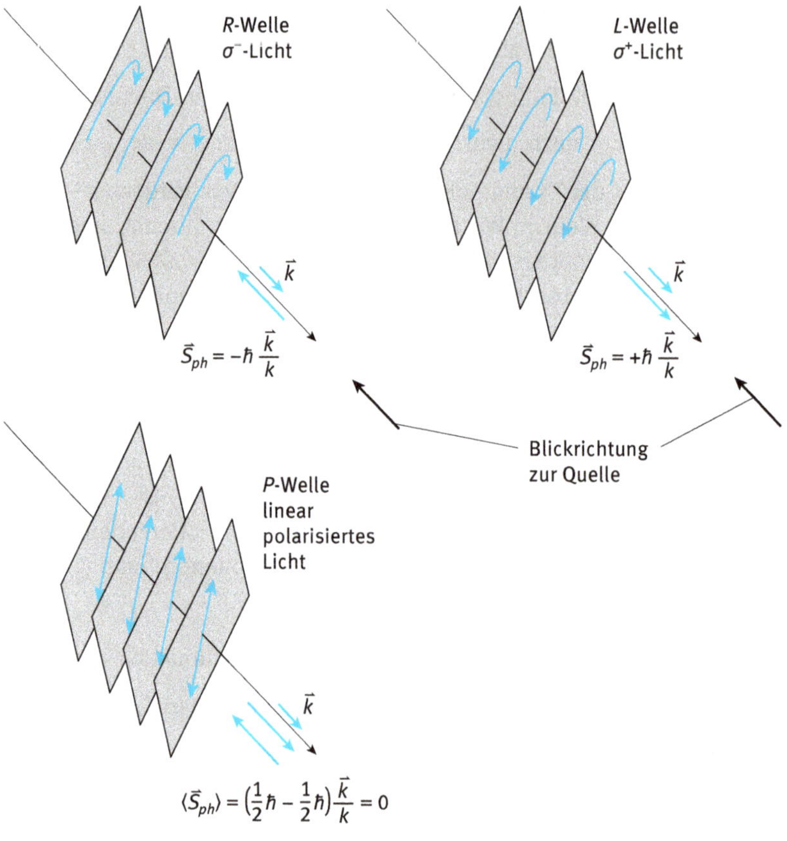

Abb. V-1.13: Orientierung des Drehimpulses $\vec{S}_{ph}$ der Photonen zur Ausbreitungsrichtung $\vec{k}$. *R*-Welle = σ^--Licht: $\vec{S}_{ph}\uparrow\downarrow\vec{k}$; *L*-Welle = σ^+-Licht: $\vec{S}_{ph}\uparrow\uparrow\vec{k}$; *P*-Welle = linear polarisiertes Licht: Überlagerung einer *R*- und einer *L*-Welle mit gleicher Amplitude, die Photonen sind mit gleicher Wahrscheinlichkeit $w = 1/2$ in den beiden Zuständen $S_z = +\hbar$ und $S_z = -\hbar$.[27] Ein einzelnes Photon hat immer einen Eigendrehimpuls (Spin) vom Betrag $\hbar$. Daher kann eine *P*-Welle nur in einem Kollektiv von Photonen existieren.

Elliptisch polarisiertes Licht enthält Photonen, die nicht alle die gleiche Wahrscheinlichkeit für beide Spinzustände aufweisen; es lässt sich aus dem Anteil einer *P*-Welle plus dem Anteil einer *R*- oder *L*-Welle darstellen.

---

27 Allgemein gilt: $\langle |S_{ph}| \rangle = \hbar(w_R - w_L)$ mit $0 \le w_R \le 1$ und $w_L = 1 - w_R$; für $0 < w_R < 1$ und $w_R \neq \frac{1}{2}$ ist das Licht elliptisch polarisiert.

Photonenbild

Die elektromagnetische Welle führt die transportierte Energie in kleinen Portionen (Photonen) mit sich: $E = h\nu = \hbar\omega$. Das ist auch genau die Energie, die vom Photon bei seiner Absorption an die Materie übertragen wird.

Der Eigendrehimpuls des Photons ist $L_{\text{eigen}} = S_z = \pm\hbar$ und beschreibt die *Helizität* des Photons. Bei der Absorption eines Photons wird dieser Drehimpuls ebenfalls auf den Absorber übertragen.

1.3.3.2 Der Nachweis des Eigendrehimpulses des Photons, der Versuch von Beth

Im Jahr 1936 gelang R. A. Beth (Richard A. Beth, 1906–1999) mit folgendem Experiment (Abb. V-1.14) der Nachweis, dass Photonen einen Eigendrehimpuls besitzen.[28]

Linear polarisiertes Licht aus einem Nicolschen Prisma (in Abb. V-1.14 links mit (*N*) bezeichnet, siehe dazu auch Band IV, Kapitel Wellenoptik, Abschnitt 1.4.5.1, Beispiel ‚Das Nicolsche Prisma') fällt von unten auf ein $\lambda/4$-Plättchen (siehe Band IV, Kapitel „Wellenoptik", Abschnitt 1.4.5.1, Beispiel ‚Das $\lambda/4$-Plättchen'). Dort wird aus dem linear polarisierten Licht (die beiden Komponenten $\vec{E}_{0x}$ und $\vec{E}_{0y}$ des elektrischen Feldvektors sind in Phase, $\varphi = 0$) durch Erzeugung einer Phasendifferenz $\varphi = \pi/2$ eine zirkular polarisierte Welle erzeugt, die weiter oben auf ein drehbar gelagertes $\lambda/2$-Plättchen fällt. Dieses macht aus der linkszirkular polarisierten Welle eine rechtszirkular polarisierte und umgekehrt, indem es zwischen den beiden Komponenten der zirkular polarisierten Welle eine zusätzliche Phasendifferenz von π erzeugt. Auf das Plättchen wird daher mit jedem auftreffenden Photon die Differenz der Drehimpulse übertragen: $\Delta L = \hbar - (-\hbar) = 2\hbar$. Nach Durchlaufen eines weiteren $\lambda/4$-Plättchens wird der Lichtstrahl (jetzt wieder linear polarisiert) an der Oberfläche des Plättchens reflektiert und durchläuft es ein zweites Mal, wobei er wieder zirkular polarisiert wird, und zwar im selben Umlaufsinn wie das einfallende Photon (in Abb. V-1.14 jedes Mal rechtszirkular polarisiert).[29] Jedes Photon überträgt daher dem drehbaren $\lambda/2$-Plättchen wieder einen Drehimpuls von $2\hbar$ pro Photon in der gleichen Richtung, wie beim ersten Durchlauf (man berücksichtige die entgegengesetzte Ausbreitungsrichtung). Der insgesamt an die bewegliche Scheibe abgegebene Drehimpuls pro Photon ist daher $\Delta L = 4\hbar$. Das mit der Drehimpulsaufnahme des beweglichen Plättchens verbundene Drehmoment $D = \frac{dL}{dt}$ wird durch die resultierende Fadentorsion gemessen.

28 Der Versuch geht zurück auf eine Überlegung von Poynting (1909), dass das durch Absorption von zirkular polarisiertem Licht erzeugte Drehmoment pro Flächeneinheit gleich $[(\lambda/2\pi)\cdot(\text{Lichtenergie/Volumen})]$ sein sollte.

29 Der $\vec{E}$-Vektor kehrt bei der Reflexion seine Richtung um!

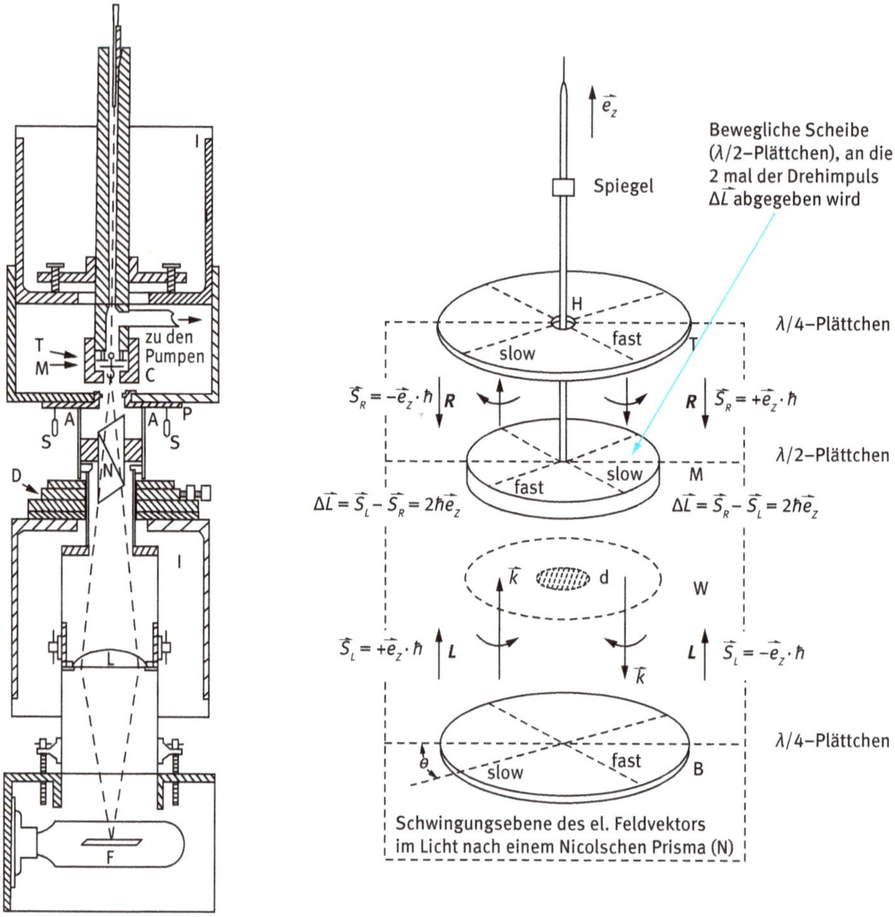

Abb. V-1.14: Apparatur von R. A. Beth (Physical Review **50**, 115 (1936)) zur mechanischen Messung des Eigendrehimpulses von Licht. Fast und slow bezeichnen die zueinander senkrechten Schwingungsebenen mit schnellerer bzw. langsamerer Ausbreitungsgeschwindigkeit, in die ein linear polarisierter Lichtstrahl aufgespalten wird, der senkrecht auf die $\lambda/4$- bzw. das $\lambda/2$-Plättchen auftrifft. Siehe dazu Band IV, Kapitel „Wellenoptik“, Abschnitt 1.4.5.1, Beispiel ‚Das $\lambda/4$-Plättchen‘.

1.3.3.3 Mögliche technische Anwendungen: Nanomotoren

Flüssigkristalle sind oft aus polaren Molekülen (diese besitzen ein elektrisches Dipolmoment) aufgebaut. Handelt es sich um organische Moleküle, so beträgt ihre Länge etwa 1000 nm (siehe dazu Band VI, Kapitel „Materialphysik“, Abschnitt 3.2).

Bringen wir ein polares Molekül in ein statisches elektrisches Feld, so entsteht ein ausrichtendes Drehmoment τ (es wirkt in Summe keine Kraft). Ebenso wirkt nur ein Drehmoment wechselnder Stärke, wenn wir es in einen linear polarisierten Lichtstrahl bringen. Bringen wir es dagegen in zirkular polarisiertes Licht, so wird bei der Absorption von Photonen deren Eigendrehimpuls übertragen und das Molekül rotiert um die Ausbreitungsrichtung (Nanomotor, Abb. V-1.15). Die Rotationsfrequenz in einer dämpfenden Flüssigkeit kann durch Änderung des Polarisationszustands (z. B. mehr R- als L-Anteil) gesteuert werden.

Eine andere Möglichkeit für einen Nanomotor stellt eine Anordnung wie beim Beth-Experiment dar, aber mit Lagerung des $\lambda/2$-Plättchens ohne rücktreibende Kraft. Eine solche freie Lagerung kann z. B. durch Levitation (Schweben) im Magnetfeld eines Supraleiters erfolgen.

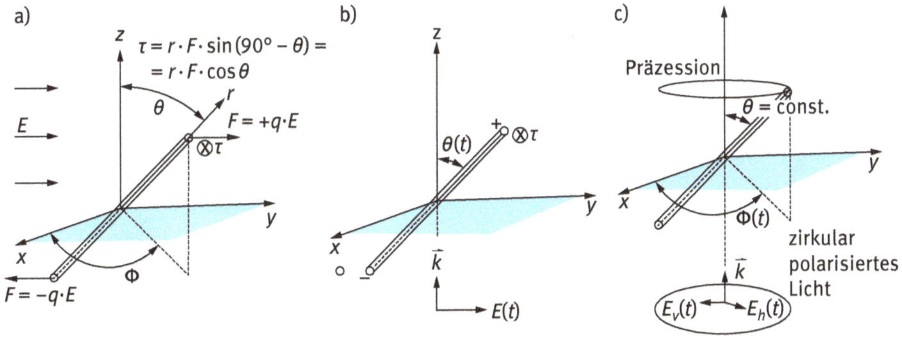

Abb. V-1.15: Ausrichtung eines polaren Moleküls a) im homogenen elektrischen Feld, b) im linear polarisierten Licht. c) Präzession im zirkular polarisierten Licht. (Nach: T. V. Galstian, in: Proceedings SPIE Vol. 3123, ‚Materials Research in Low Gravity', Narayanan Ramachandran Editor (https://doi.org/10.1117/12.277732), The International Society for Optical Engineering, July 1997.)

1.3.4 Der Bahndrehimpuls des Photons

Wir werden später noch genauer sehen, dass Photonen von Atomen ausgesandt werden, wenn diese von einem Zustand höherer Energie (angeregter Zustand) in einen Zustand niedererer Energie oder in den Grundzustand übergehen. Ob der Übergang von einem gewissen Quantenzustand in einen anderen ‚erlaubt' ist oder nicht, bestimmen sogenannte Auswahlregeln (siehe Kapitel „Atomphysik", Abschnitt 2.5.3). Auswahlregeln, den Drehimpuls betreffend, zeigten, dass manche Photonen nicht nur den Eigendrehimpuls $\pm\hbar$ tragen, sondern auch einen Bahndrehimpuls. Dass damit eventuell der gesamte Drehimpuls des Photons von $\pm\hbar$ abweicht, kann man sich so vorstellen:

Der Eigendrehimpuls des Photons entlang seiner Ausbreitungsrichtung $\vec{k}$ beschreibt seine Helizität. Die Ausbreitungsrichtung ist auch die Richtung, auf die der Gesamtdrehimpuls projiziert wird und die damit die Gesamt-Richtungsquantenzahl (= magnetische Gesamtdrehimpulsquantenzahl) m_j bestimmt. Der Vektor des resultierenden Gesamtdrehimpulses muss aber nicht in der Ausbreitungsrichtung liegen. Bis vor wenigen Jahren war die physikalische Bedeutung des Bahndrehimpulses des Photons unklar.

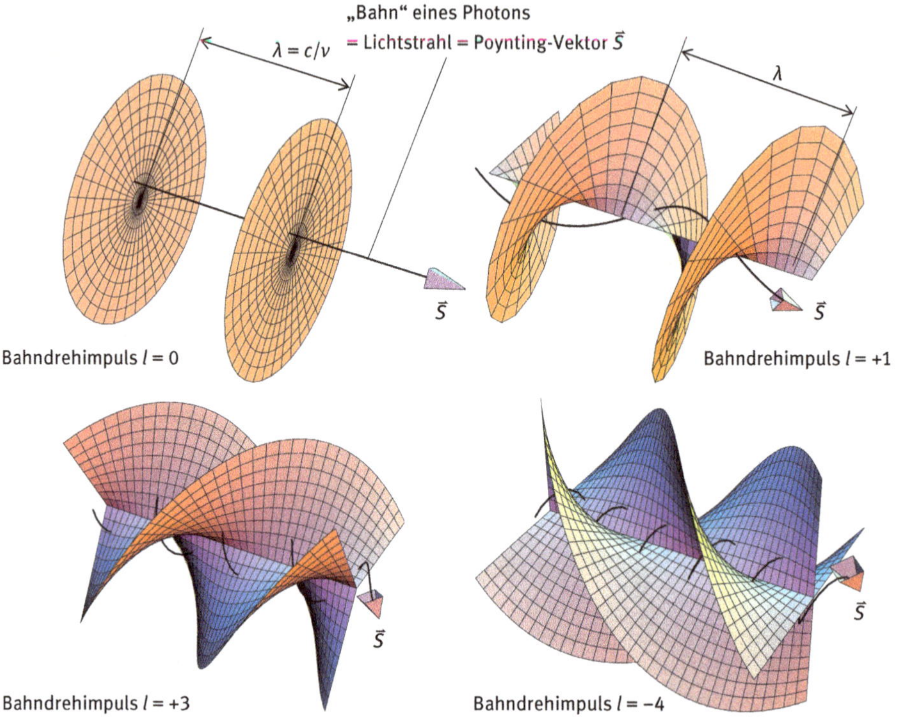

Abb. V-1.16: Wellenfronten (Flächen konstanter Phase des $\vec{E}$-Vektors) und Energiestromdichten (Poynting-Vektor $\vec{S}$) einer Lichtwelle für verschiedene Werte des Bahndrehimpulses (der Bahndrehimpulsquantenzahl l) der beteiligten Photonen. Wie die Abbildung zeigt, erhöht sich mit steigender Bahndrehimpulsquantenzahl l des Photons seine Rotationsfrequenz um die Ausbreitungsrichtung $\vec{k}$. Dies kann aber nicht durch „Zusammendrücken“ einer einfachen Wellenfront-Helix erreicht werden, da die „Ganghöhe“ durch λ festgelegt ist. Es müssen vielmehr weitere „Blätter“ in die Helix eingefügt werden, was zur Zweifach-Helix ($l = 2$), Dreifach-Helix ($l = 3$) usw. führt. (Nach University of Glasgow, School of Physics and Astronomy, Optics Research Group, M. J. Padgett group leader.)

Erst 1992 zeigten Allen, Beijersbergen, Spreeuw und Woerdman[30] dass spezielle Laser-Lichtstrahlen (Laguerre-Gauß Strahlen, siehe Abschnitt 1.7.4.6) mit einer symmetrischen Energieverteilung um die Ausbreitungsrichtung eine azimutale Phasenstruktur zeigen, die mit dem Bahndrehimpuls der Photonen zusammenhängt (J_z = Komponente des Gesamtdrehimpulses in Ausbreitungsrichtung, l = Bahndrehimpulsquantenzahl, Abb. V-1.16):

linear polarisierter Strahl: $J_z = l\hbar,\ l = 0, \pm 1, \pm 2, \ldots$
zirkular polarisierter Strahl: $J_z = (l + s)\hbar,\ l = 0, \pm 1, \pm 2, \ldots,\ s = \pm 1$

30 L. Allen, M. W. Beijersbergen, R. J. C. Spreeuw und J. P. Woerdman, *Physical Review A* 45, 8185 (1992).

Für $l = 0$ ergibt sich also wie bisher nur der Eigendrehimpuls $s \cdot \hbar$ mit einer ebenen Wellenfront senkrecht zur Ausbreitungsrichtung $\vec{k}$.

Für $l \neq 0$ ändert sich aber die Phase mit dem Umlauf um die Achse (= Ausbreitungsrichtung $\vec{k}$), das heißt, die Wellenfronten, also die Flächen konstanter Phase von $\vec{E}$, bilden eine Helix ($l = 1$), eine Doppelhelix ($l = 2$), eine dreifache Helix („Fusilli", für $l = 3$), usf. (Abb. V-1.16). Die Wellenfronten sind dann nicht mehr eben, obwohl der Ausbreitungsvektor $\vec{k}$ nur eine einzige Richtung besitzt!

Wie erzeugt man gedrehte Wellenfronten bzw. Licht mit Bahndrehimpuls $l \neq 0$? In einem Experiment (nach M. Padgett and L. Allen, *Contemporary Physics*, **41**, 275 (2000)) beleuchten wir mit einem Laser genau den Bereich einer ‚Gabelversetzung' in einem Strichgitter und beobachten das Beugungsbild auf einem Schirm (Abb. V-1.17).

Abb. V-1.17: Computer generiertes Hologramm (‚Gabelversetzung'), mit dem die ebene Wellenfront eines Laserstrahls, der senkrecht darauf einfällt, in eine helikale Form gebracht werden kann. Dazu ist die Verkleinerung des Bildes auf eine durchsichtige Folie mit den Maßen von ca. 5 mm · 5 mm notwendig.

Wir sehen Beugungserscheinungen, die mit der Bahndrehimpulsquantenzahl $l = 0$ unvereinbar sind:

Das Laserlicht hat eine ebene Wellenfront (Gaußscher Strahl = Laguerre-Gauß-Mode TEM^L_{00})[31], die an der Gabelversetzung gedreht wird. Das Beugungsmuster am Schirm zeigt daher nicht nur volle Intensitätspunkte, deren Stärke mit zunehmender Beugungsordnung abnehmen, sondern nur der Beugungspunkt nullter Ordnung (direkter Strahl) ist voll, die anderen Beugungspunkte zeigen eine ‚doughnut'-Struktur, das heißt, im Zentrum ist die Intensität gleich null (dort treten alle Phasen gleichzeitig auf und interferieren insgesamt zu 0), sie steigt zuerst in radialer Symmetrie nach außen und fällt dann wieder gegen null (Abb. V-1.18). Diese Strahlen haben daher gedrehte Wellenfronten (Strahlenmode $TEM^L_{0\,+1}$ und $TEM^L_{0\,-1}$).

31 Bezüglich der Bezeichnung der Laserstrahlen siehe Abschnitt 1.7.4.6)

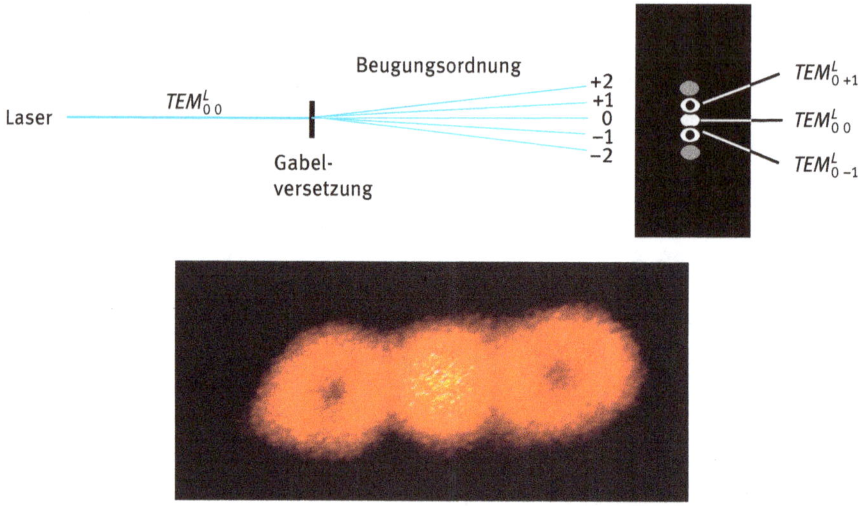

Abb. V-1.18: Experimentelle Anordnung (oben) und Beugungsbild (unten) bei Beugung eines Laserstrahls mit ebener Wellenfront (Gaußscher Strahl = Laguerre-Gauss-Mode TEM^L_{00}) an der Gabelversetzung der Abb. V-1.17.

1.3.4.1 Anwendungsmöglichkeiten unterschiedlicher Quantenzustände der Photonen

1. Quanteninformation: Quantenkryptographie, Quantencomputer

Der Polarisationszustand des Photons ist durch seine zwei Spinzustände gegeben, das entspricht einem einzigen Quanten-bit (single qubit) und gibt mit allen beliebigen Linearkombinationen der beiden Zustände einen zweidimensionalen Raum von Quantenzuständen.

Durch den Bahndrehimpuls des Photons (*orbital angular momentum = OAM*) ergibt sich eine unbegrenzte Zahl (orthogonaler) *OAM*-Zustände, d. h., das Photon kann viele bits an Information tragen. Die Möglichkeit der Erzeugung unterschiedlicher *OAM*-Zustände und ihrer Überlagerung ermöglicht so die Realisierung von quNits, das sind Quantenzustände einzelner Photonen im *N*-dimensionalen Raum.

Mair, Vaziri, Weihs und Zeilinger[32] zeigten 2001, dass *OAM* wirklich eine *Eigenschaft des einzelnen Photons* ist. In ihrem Experiment (*‚Entanglement of the orbital angular momentum states of photons‘*) gelang es ihnen erstmals einzelne Photonen mit einem ganz bestimmten *OAM* nachzuweisen. Diese Tatsache hat in

32 A. Mair, A. Vaziri, G. Weihs und A. Zeilinger, *Nature* **412**, 313 (2001).

der letzten Zeit zu Erfolgen bei der Verschlüsselung von Daten geführt (Quantenkryptographie) und soll auch als Basis für atomare Prozessoren dienen (Quantencomputer).

2. Astronomie

Das Licht aus dem Universum könnte auch gedrehte Wellenfronten aufweisen, z. B. nach Durchlaufen linsenartiger Dichteschwankungen im interstellaren Gas oder in der Umgebung ‚schwarzer Löcher' (dort ist die Raum-Zeit ‚verbogen'). *OAM* könnte mit speziellen Interferometern gemessen werden und so neue Information aus dem Universum liefern.

3. Optische Pinzette

Werden mikroskopische Teilchen in einen Lichtstrahl mit *OAM* gebracht, und wird vom Teilchen Licht absorbiert, so beginnt es zu rotieren und kann vom Lichtstrahl „gefangen" (‚getrapt') und um die Strahlachse gedreht werden (etwa wie ein Tischtennisball in einem starken Luftstrom). Man spricht von „optischer Levitation".[33]

1.3.5 Gedankenexperiment zur quantenhaften Aussendung von Licht

Eine Lichtquelle ist im Abstand R kreisförmig von Detektoren (D) umgeben (Abb. V-1.19).

Im klassischen Bild sendet die Quelle Q Kugelwellen aus (siehe Band I, Kapitel „Mechanische Schwingungen und Wellen", Abschnitt 5.5.3, Gl. I-5.196):

$$\vec{E} = \frac{\vec{A}}{r} e^{i(\omega t - kr)} \tag{V-1.59}$$

und alle Detektoren empfangen wegen der Kreissymmetrie pro Zeiteinheit die gleiche Strahlungsleistung

$$d\Phi = \frac{dW}{dt} = c\varepsilon_0 \frac{A^2}{R^2} \cdot \underbrace{F}_{\text{Empfänger-fläche}} .^{34} \tag{V-1.60}$$

33 Von *levis*, lat. „leicht", Levitation = Schwebe.

34 Denn die Energiedichte einer elektromagnetischen Welle beträgt (siehe Band III, Kapitel „Elektromagnetische Schwingungen und Wellen, Abschnitt 5.5.4, Gl. III-5.147) $w = \varepsilon_0 E^2 = \frac{1}{\mu_0} B^2$, wobei bei einer Kugelwelle gilt $E^2 = \vec{E} \cdot \vec{E}^* = \frac{E_0^2}{r^2}$.

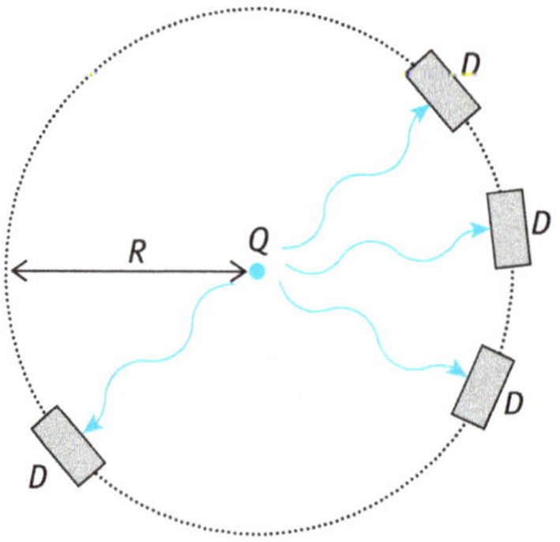

Abb. V-1.19: Gedankenexperiment zur quantenhaften Aussendung von Licht.

Für große Intensität der Strahlungsquelle stimmt dieses Resultat mit der Messung überein. Für sehr kleine Intensitäten aber ($\frac{dW}{dt} \approx \frac{h\nu}{\tau}$, τ ... mittlerer Zeitabstand bei der Emission eines Photons), sind die Signale zeitlich statistisch über die einzelnen Detektoren verteilt, wenn deren zeitliches Auflösungsvermögen kleiner als τ ist. Im Zeitintervall $\Delta t = \tau$ erreicht nämlich höchstens ein Photon einen Detektor, die anderen erhalten kein Signal.

Wir schließen daraus: Die Quantennatur des Lichts wird erst bei kleinen Intensitäten merkbar. Im obigen Experiment wird die Energie *nicht gleichzeitig in alle Richtungen* emittiert, sondern in Form von Energiequanten $h\nu$ in ganz bestimmten Richtungen, die statistisch verteilt sind.

Die klassische Beschreibung ist offenbar ein Grenzfall für große Photonenzahlen. Diese und ähnliche Beobachtungen fasste Niels Bohr[35] im *Korrespondenzprinzip* zusammen:

Jede neue Theorie muss mit den Ergebnissen der klassischen Theorie im Grenzfall großer Quantenzahlen übereinstimmen. *Bohrsches Korrespondenzprinzip.*

1.4 Das Materieteilchen als Welle

Wir haben gesehen, dass es Experimente und Erscheinungen gibt, die verlangen, dass die elektromagnetischen Wellen aus kleinsten Energiequanten bestehen, „gequantelt" sind, also Photonen, *Lichtteilchen* mit dem Impuls $p = h/\lambda$ (Abschnitt

35 Niels Henrik David Bohr, 1885–1962. Für seine Arbeiten zur Struktur der Atome und der von ihnen ausgehenden Strahlung erhielt er 1922 den Nobelpreis.

1.3.2, Gl. V-1.49) transportieren. 1924 schlug L. de Broglie[36] in seiner Dissertation auch die Umkehrung vor:

Materieteilchen sind mit Materiewellen verknüpft.
Photon: $p = h/\lambda$ Materieteilchen: $\lambda = h/p$

Dabei ist einem Teilchen mit dem Impuls p eine ebene, harmonische Welle mit der Wellenlänge

$$\lambda = \frac{h}{p} = \frac{h}{\sqrt{2mE_{\text{kin}}}} \quad \textit{de Broglie Wellenlänge in Newtonscher Näherung} \tag{V-1.61}$$

bzw. mit der Wellenzahl $k = \frac{2\pi}{\lambda} = \underbrace{\frac{2\pi}{h}}_{1/\hbar} p = \frac{p}{\hbar}$ im klassischen Energiebereich zugeordnet.

Für relativistische Teilchen der Masse m gilt

$$\vec{p}_{\text{rel}} = \frac{m}{\sqrt{1 - \frac{v^2}{c^2}}} \vec{v} = m \cdot \gamma \cdot \vec{v} \tag{V-1.62}$$

und daher

$$\lambda = \frac{h}{p_{\text{rel}}} = \frac{h}{m\gamma v} \quad \textit{de Broglie Wellenlänge für relativistische Teilchen} \tag{V-1.63}$$

mit dem Lorentzfaktor $\gamma = \frac{1}{\sqrt{1 - \frac{v^2}{c^2}}} = \frac{1}{\sqrt{1 - \beta^2}}$.

Beispiel 1: Wir werfen ein Steinchen mit der Masse 1 g und erteilen ihm eine Geschwindigkeit von $v = 1\,\text{cm/s}$. Damit ergibt sich eine de Broglie Wellenlänge $\lambda = 6{,}6 \cdot 10^{-29}$ m, das ist 10^{22} mal kürzer als rotes Licht.

36 Louis-Victor Pierre Raymond de Broglie, 1892–1987. Für seine Theorie der Materiewellen erhielt er 1929 den Nobelpreis.

Beispiel 2: Welche elektrische Spannung verleiht einem e^- die Wellenlänge 1 Å = 0,1 nm?
$e \cdot U = (1/2)mv^2$, $p = h/\lambda = m \cdot v$; damit: $v = h/(m\lambda)$ und $U = h^2/(2\,me\lambda^2) = 150$ V.[37]

Die Konsequenzen, die sich aus der Einführung der de Broglie Wellen (= Materiewellen) ergeben, werden später im Abschnitt 1.6, „Materiewellen", ausführlich behandelt.

Der experimentelle Beweis der Wellennatur von Materieteilchen gelang Davisson[38] und Germer (Lester Halbert Germer, 1896–1971, US-amerikanische Physiker) 1928 durch Beugungsexperimente von e^- an einem Ni-Kristall (Abb. V-1.20).[39] Ein e^--Strahl mit einer $E_{kin} = 54$ eV wurde an einem Ni-Einkristall reflektiert. Dabei war der Teilchenstrahl der einfallenden e^- in Richtung der Raumdiagonale des kubisch-flächenzentrierten (*kfz*) Gitters, d. h. senkrecht zu den (111)-Ebenen gerichtet (siehe Band VI, Kapitel „Festkörperphysik", Abschnitt 2.2.3)

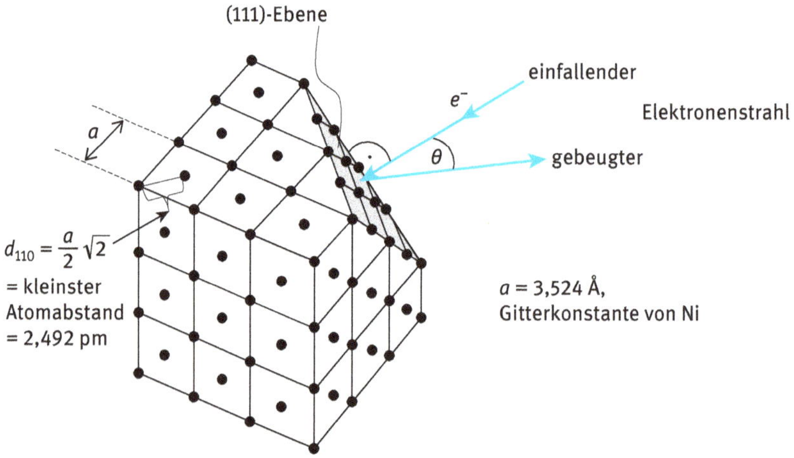

Abb. V-1.20: Zum Experiment von Davisson und Germer.

Im Vergleich zum Polykristall ergab sich ein starkes Beugungsmaximum unter $\theta = 50°$ gegen die Einfallsrichtung (Abb. V-1.21).

---

37 Bezüglich der relativistischen Berechnung von λ bei hohen Spannungen, wie sie im Elektronenmikroskop angewendet werden, vgl. Band II, Kapitel „Relativistische Mechanik", Abschnitt 3.9.3, Beispiel ‚Elektronenmikroskop').

38 Clinton Joseph Davisson, 1881–1958, für die Entdeckung der Beugung von Elektronen durch Kristalle erhielt er 1937 zusammen mit G. P. Thomson den Nobelpreis.

39 C. Davisson und L. H. Germer, *Physical Review* **30**, 705 (1927). Die Entdeckung der Beugungsmaxima war ein Zufallsergebnis, da die ursprünglich polykristalline Ni-Folie durch eine unbeabsichtigte Erwärmung rekristallisierte und sich große Kristalle gebildet hatten. Im Anschluss wurden die Versuche dann bewusst an Einkristallen durchgeführt.

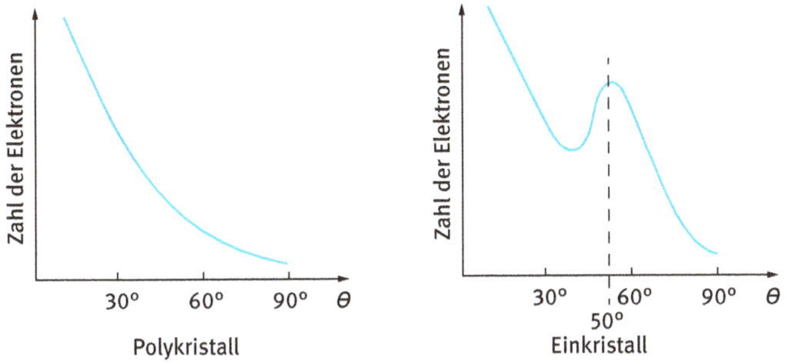

Abb. V-1.21: Messungen der Beugung eines 54 eV Elektronenstrahls an polykristallinem und einkristallinem Nickel. Orientierung der Einfallsrichtung normal (111).

Als de Broglie Wellenlänge ergibt sich für die e^- mit $E_{\text{kin}} = e \cdot U = 54\,\text{eV}$[40]

$$\lambda = \frac{h}{p} = \frac{h}{\sqrt{2m_e E_{\text{kin}}}} = \frac{6{,}63 \cdot 10^{-34}}{\sqrt{2 \cdot 9{,}1 \cdot 10^{-31} \cdot 54 \cdot 1{,}6 \cdot 10^{-19}}} =$$

$$= 1{,}67 \cdot 10^{-10}\,\text{m} = 167\,\text{pm}\,. \qquad \text{(V-1.64)}$$

Stimmt das mit der Beugungsbedingung an der Oberfläche der (111)-Ebene überein? Wegen der kleinen Energie der auf die (111)-Ebenen senkrecht auftreffenden e^- ist für die Beugung praktisch nur die erste Atomlage maßgebend, die darunter liegenden Ebenen modifizieren die Beugungsrichtung nur mehr geringfügig.[41] Die Atomreihen auf der obersten (111)-Ebene stellen für die auftreffenden Elektronenwellen ein Strichgitter dar (Abb. V-1.22), wie es auch in der Lichtoptik verwendet wird (vgl. Band IV, Kapitel „Wellenoptik", Abschnitt 1.5.2). Die Beugungsbedingung für senkrechten Einfall lautet

---

40 In dieser Form gilt die Beziehung zwischen λ und U ($E_{\text{kin}} = e \cdot U$) nur für genügend langsame, nichtrelativistische e^- ($v \ll c$). Im relativistischen Bereich ($v \approx c$) ändert sich die Formel auf die allgemein gültige Beziehung $\lambda = \dfrac{h}{p_{\text{rel}}} = \dfrac{h}{\sqrt{2m_e \cdot eU} \cdot \underbrace{\sqrt{1 + \dfrac{eU}{2m_e c^2}}}_{\text{relativist. Korrektur}}}$.

41 Die in vielen Büchern zu findende Erklärung mit Hilfe der Bragg-Gleichung ist unrichtig. Die extrem niederenergetischen e^- dringen nicht in den Kristall ein. Für höher energetische e^- ist zu beachten, dass ihre Wellenlänge im Kristall wegen der Bindungsenergie kleiner ist als im Vakuum (Brechzahl > 1), was zu einer Verschiebung der Bragg-Maxima führt. Bei genauen Berechnungen ist dieser Effekt zu berücksichtigen.

$$n \cdot \lambda = d \sin\theta \,, \qquad \text{(V-1.65)}$$

n ... Ordnung der Beugung, θ ... Beugungswinkel zur Einfallsrichtung, d ... Strichabstand.

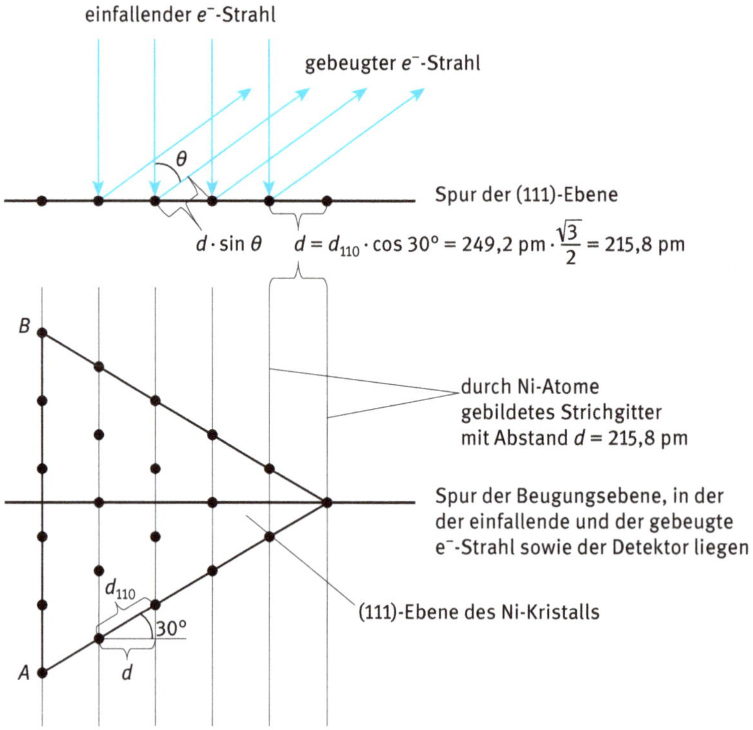

Abb. V-1.22: Beugung von e^- an einem Einkristall bei senkrechtem Einfall gegen die dichtest gepackten (111)-Ebenen: Beugung am Reflexions-Strichgitter der Atomreihen im Abstand von 215,8 pm. Oben: Aufriss der obersten (111)-Ebene, Striche des Gitters ⊥ zur Papierebene. Unten: oberste (111)-Ebene im Grundriss; von der Beugungsebene, die ⊥ zur Richtung $\overline{AB}$ liegt, ist die Spur zu sehen.

Der e^--Detektor ist so angebracht, dass er in der Beugungsebene jeden Winkel zur Kristalloberfläche überstreicht. Für den von Davisson und Germer beobachteten Beugungswinkel von $\theta = 50°$ ergibt sich in erster Ordnung ($n = 1$) eine e^--Wellenlänge von

$$\lambda = d \cdot \sin\theta = 215{,}8 \cdot \sin 50° = 165\,\text{pm}\,, \qquad \text{(V-1.66)}$$

was mit dem berechneten Wert der de Broglie Wellenlänge sehr gut übereinstimmt.

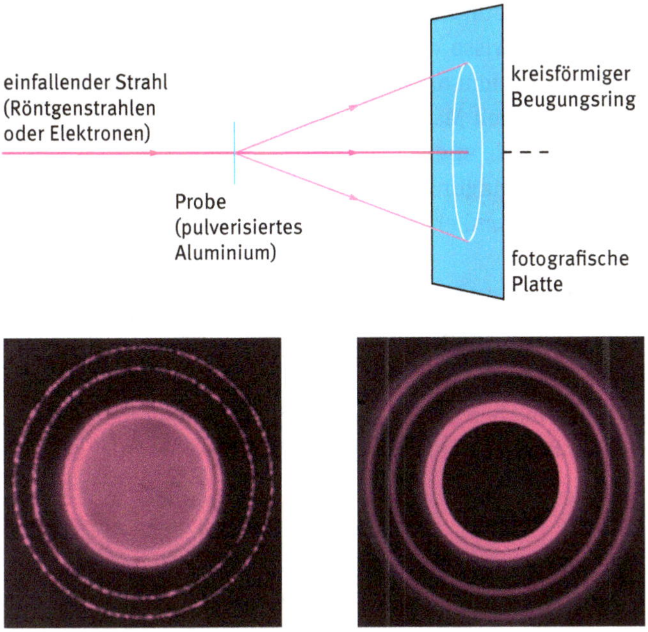

Abb. V-1.23: Beugung von Röntgenstrahlen und Elektronen an Al-Pulver. Oben: Experimentelle Anordnung. Unten: Beugungsbild (links Röntgenstrahlen, rechts Elektronen gleicher Materiewellenlänge. Man sieht ein identisches Ringmuster (nach: D. Halliday, R. Resnick und J. Walker, *Physik*, 1. Auflage, Wiley-VCH, Weinheim 2003).

Abb. V-1.23 zeigt einen Vergleich der Beugungsbilder von Röntgenstrahlen und Elektronen gleicher Materienwellenlänge an Al-Pulver: Man sieht identische Beugungsringe.

Beugungsexperimente unter Verwendung von Teilchen (e^- oder Neutronen) sind inzwischen wichtige Untersuchungsmethoden in der Festkörperphysik geworden.[42]

Bei der Untersuchung mit dem Durchstrahlungs-Elektronenmikroskop (*transmission electron microscope, TEM*), bei dem die Elektronenwellen in ähnlicher Weise wie die Lichtwellen zur Abbildung durchstrahlbarer, extrem dünner Proben verwendet werden, kann sowohl die Probe selbst infolge ihres Absorptions- bzw. Beugungskontrasts als auch – nach Wechsel der abbildenden Linsen – ihr Beu-

42 Die ersten Durchstrahlungs-Beugungsversuche mit e^- führte im Jahr 1927 G. P. Thomson durch (George Paget Thomson, 1892–1975, Sohn von J. J. Thomson, der 1899 das Elektron identifizierte. Für die Entdeckung der Beugung von Elektronen durch Kristalle erhielt er 1937 zusammen mit Davisson den Nobelpreis).

gungsbild betrachtet werden (Abbildung im reziproken Raum).[43] Beugungsuntersuchungen mit Neutronen haben gewisse Vorteile gegenüber den Röntgenstrahlen: Die Streuung erfolgt am Atomkern, nicht an der e^--Hülle, es ist zusätzlich zur elastischen Streuung wegen des günstigen Massenverhältnisses auch die inelastische Streuung (Abgabe von Energie an die streuenden Teilchen) möglich. Damit kann man Information über die Gitterschwingungen und damit über die spezifische Wärme des Festkörpers (*Phononenspektrum*) erhalten (siehe Band VI, Kapitel „Festkörperphysik“, Abschnitt 2.4.3).

Wir ziehen folgende Schlussfolgerung:

i Teilchen und Wellen sind in der makroskopischen Physik Konzepte, die einander ausschließen („entweder Teilchen oder Welle“). Im Bereich atomarer Größenordnungen ergänzen die beiden Konzepte einander („sowohl Teilchen als auch Welle“).[44]

Die heutige Sicht dieses Problems wird im sogenannten *Komplementaritätsprinzip* ausgedrückt (Niels Bohr 1927):

i Jedes Objekt atomarer oder subatomarer Größenordnung hat stets sowohl Wellen- als auch Teilcheneigenschaften, welche sich aber nie gleichzeitig beobachten lassen.

1.5 Wellenoptik oder Quantenoptik?

1.5.1 Das Doppelspaltexperiment (Youngscher Versuch) mit einzelnen Photonen

Wir lassen monochromatisches Licht auf einen Doppelspalt fallen, bei dem die Breite der beiden Spalte d viel kleiner als die Wellenlänge λ sei. Die Spalte verhalten sich dann wie Punktquellen, die Kugelwellen aussenden. Das hinter den Spalten entstehende Interferenzmuster messen wir auf einem Schirm, der die Intensität quer zu den Spalten zeigt: Mit dem Detektor D können wir die Modulation der

---

43 Als abbildende Linsen müssen natürlich auf bewegte e^- wirkende magnetische (sehr selten elektrische) Felder verwendet werden. Dafür genügt aber die klassische Rechnung: Da die de Broglie Wellenlänge genügend klein ist (einige pm), ist eine klassische Berechnung der Elektronenbahn gerechtfertigt (siehe auch Abschnitt 1.6.5, S. 73 Beispiel 2).

44 Je nach physikalischer Situation: Teilchen z. B. bei atomaren Wechselwirkungen, Wellen z. B. zur Beschreibung des Verhaltens großer Teilchenmengen.

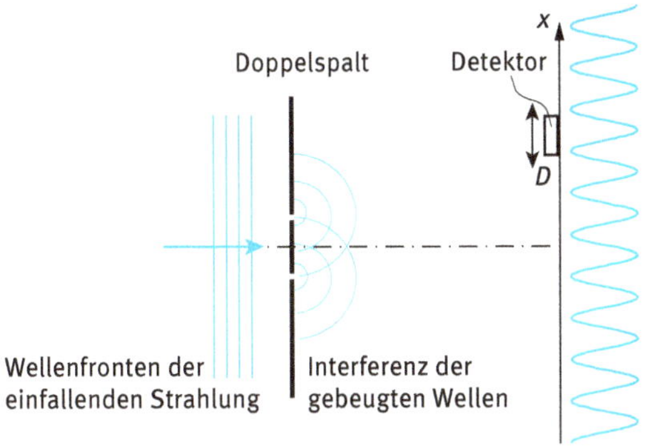

Abb. V-1.24: Doppelspaltexperiment (Youngscher Versuch) mit einzelnen Photonen.

Bestrahlungsstärke (= Intensität) I als Funktion des Beugungswinkels θ verfolgen (Abb. V-1.24). Dieses Interferenzphänomen galt uns bisher als *‚Beweis' für die Wellennatur des Lichts* (siehe Kapitel Band IV, Kapitel „Wellenoptik", Abschnitte 5.1.3, 5.1.5 und 5.2 und die Aussage von Heinrich Hertz am Beginn dieses Kapitels).

Wie können wir die Erscheinung im Photonenbild erklären? Wir können Photonen nur durch ihre Wechselwirkung (*WW*) mit Materie nachweisen, z. B. durch Absorption eines Photons beim Photoeffekt.

Wir verwenden jetzt einen ganz kleinen Photonendetektor D mit einer Messfläche dA. Mit diesem messen wir bei genügend kleiner Bestrahlungsstärke am gleichen Ort von Zeit zu Zeit ein Signal, nämlich immer dann, wenn ein Photon absorbiert wird. Wenn wir den Detektor auf und ab bewegen, bemerken wir Stellen, an denen wir mehr Signale pro Zeiteinheit messen und andere, an denen weniger passiert:

> i
>
> Wir wissen nicht, wann ein Photon an einem bestimmten Ort auf den Detektor auftreffen wird. Wir können aber voraussagen, dass die *Wahrscheinlichkeit*, ein Photon an einem bestimmten Ort zu einer bestimmten Zeit nachzuweisen, proportional zur klassisch berechneten Bestrahlungsstärke I an diesem Ort ist.

Die Strahlungsenergie dW, die auf das Flächenelement dA am Ort x des Detektors im Zeitintervall dt fällt, ist

$$dW = I(x) \cdot dA \cdot dt\,, \tag{V-1.67}$$

das entspricht einer Photonenzahl N_D ($E_{ph} = h\nu$) von

$$N_D = \frac{I(x) \cdot dA \cdot dt}{h\nu}\,. \tag{V-1.68}$$

In jedem Zeitintervall dt mögen N Photonen auf die gesamte, vom Detektor überstrichene Fläche treffen, damit hat jedes Photon die Wahrscheinlichkeit P, am Detektor aufzutreffen

$$P = \frac{N_D}{N} = \frac{I(x) \cdot dA \cdot dt}{N \cdot h\nu} \propto I(x)\,, \tag{V-1.69}$$

das heißt, die klassisch berechnete Bestrahlungsstärke entspricht der Wahrscheinlichkeit, ein Photon an einer bestimmten Stelle nachzuweisen.

Da $P \propto I \propto E_0^2$ (E_0 Amplitude des elektrischen Feldvektors) ist, gilt:

i Die Wahrscheinlichkeit, ein Photon in einem bestimmten Zeitintervall in einem kleinen Volumen um einen bestimmten Punkt in einer Lichtwelle nachzuweisen ist proportional zum Quadrat der Amplitude des elektrischen Feldstärkevektors der elektromagnetischen Welle in diesem Punkt.

Die elektromagnetische Strahlung ist also eine ‚körnige' elektromagnetische Welle bzw. ein Strom von Photonen, wobei eine *Wahrscheinlichkeitswelle*, die mit der klassisch berechneten Lichtwelle identisch ist, jedem Punkt des Photonenstroms eine numerische Wahrscheinlichkeit zuordnet, mit der in einem kleinen Volumen um den Punkt ein Photon nachgewiesen werden kann.

Schon J. J. Thomson (Joseph John Thomson, 1856–1940) entwickelte aus der Kenntnis der Ionisierung von Gasatomen durch Licht die Vorstellung, dass Licht nicht gleichmäßig über die Wellenfronten verteilt ist, sondern dass es kleine, voneinander getrennte Bereiche (*indivisible units*) maximaler Energie geben müsste[45]. Er erwartete, dass sich die Beugungserscheinungen änderten, wenn die Intensität bei einem Beugungsexperiment so reduziert würde, dass nur mehr einige dieser unteilbaren Energieeinheiten auf einer Wellenfläche vorhanden wären. G. I. Taylor (Geoffrey Ingram Taylor, 1886–1975, britischer Mathematiker und Physiker) führte dazu 1909 im Rahmen seiner Dissertation bei J. J. Thomson ein Beugungsexperiment so durch[46], dass er die Beugungserscheinungen im Schatten einer von einer Gasflamme beleuchteten Nadelspitze photographisch festhielt. Dabei reduzierte er das zur Beugung verwendete Licht von Aufnahme zu Aufnahme, indem er berußte Glasplatten zwischen die Nadel und die Lichtquelle stellte. Zum Ausgleich der sinkenden Intensität erhöhte er die Belichtungszeit so, dass die gesamte Lichtmenge, die auf die Photoplatte fiel, etwa gleich blieb. Das längste Experiment der Reihe dauerte 2000 Stunden, d. h. fast 3 Monate, und entsprach einer Distanz der Flamme

---

45 J. J. Thomson, *Proceedings of the Cambridge Philosophical Society* **14**, 417 (1907).

46 G. I. Taylor, „Interference fringes with feeble light", *Proceedings of the Cambridge Philosophical Society* **15**, 114 (1909).

von der Photoplatte von ca. 1,5 km. In diesem Fall konnte das Beugungsbild (aus heutiger Sicht) nur mehr durch zeitlich getrenntes Auftreffen einzelner Photonen verursacht worden sein. Das photographierte Beugungsbild blieb aber gleich, insbesondere gleich scharf. Eine Abschätzung der Obergrenze der kleinsten Wirkungseinheiten im Strahlungsfeld ergab $1{,}6 \cdot 10^{-23}$ Js (Plancksches Wirkungsquantum $h = 6{,}6 \cdot 10^{-34}$ Js).

i

Das Doppelspaltexperiment und das Beugungsexperiment von Taylor mit einzelnen Photonen können mit der klassischen Teilchenvorstellung nicht erklärt werden!

Ähnliche Experimente wurden vor einigen Jahren auch mit Materieteilchen durchgeführt. Abb. V-1.25 zeigt das Doppelspaltexperiment mit einzelnen, zeitlich getrennten Elektronen mit einer Gesamtzahl von: 10, 200, 6000, 40 000, 140 000. Bei genügend großer Teilchenzahl ist das Interferenzmuster des *Beugungseffekts an den zwei Spalten* zu erkennen, obwohl es aus der *Absorption einzelner Elektronen* aufgebaut ist. Dieses experimentelle Ergebnis muss so gedeutet werden: Wie bei Lichtwellen werden die Materieteilchen von einer Wahrscheinlichkeitswelle begleitet, die nach den Spalten ein Interferenzmuster (*Selbstinterferenz*[47]) zeigt, sich also ähnlich verhält wie die entsprechenden Lichtwellen: Absorption an den Stegen zwischen den Spalten, Gültigkeit des Huygenschen Prinzips etc! Diese Wahrscheinlichkeitswelle ist offensichtlich bereits im ganzen Raum vor den Spalten vorhanden, auch wenn sich nur ein einziges Teilchen nähert. Wo dieses am Schirm auftrifft, kann nicht vorausgesagt werden – nur für viele Teilchen gelten die Wahrscheinlichkeitsaussagen.

---

47 Wir wissen, dass elektromagnetische Wellen (Lichtwellen) interferieren, wenn sie kohärent sind. Damit sich für große Zahlen von Licht- bzw. Materieteilchen hinter den Spalten die beobachtete Verteilung (Interferenzbild) ergibt, muss angenommen werden, dass auch die Wahrscheinlichkeitswelle, die das *einzelne* Teilchen begleitet (Materiewelle), nach der Erzeugung des Teilchens den ganzen Raum als kohärentes Wellenfeld erfüllt und hinter den Spalten interferiert. Das wird manchmal als *Selbstinterferenz* bezeichnet. Anschließend wird das Teilchen *irgendwo* am Schirm nachgewiesen: Das Interferenzmuster ergibt sich erst nach Durchlauf einer *großen Zahl* von Teilchen. Wie wir weiter unten sehen werden (Abschnitt „Die Wahrscheinlichkeitsinterpretation der Wellenfunktion“, 1.6.4), können wir nach der allgemein akzeptierten „Kopenhagener Interpretation der Quantenmechanik“ Wahrscheinlichkeitsaussagen nur für Ereignisse an vielen identischen Teilchen unter gleichen Randbedingungen („Ensembles“) machen, nicht aber für einzelne Teilchen bzw. Ereignisse.

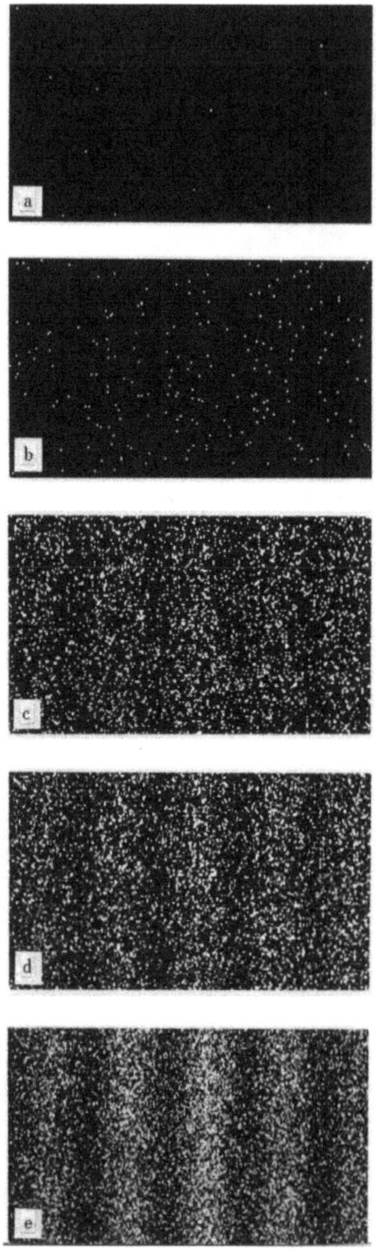

Abb. V-1.25: Beugungsexperiment am Doppelspalt (Youngscher Versuch) mit einzelnen Elektronen. (a) 10 Elektronen; (b) 200; (c) 6000; (d) 40 000 (e) 140 000 Elektronen. Die gesamte Bestrahlungszeit vom Beginn bis zur Stufe (e) ist 20 min. (A. Tonomura, J. Endo, T. Matsuda, T. Kawasaki und H. Ezawa, American Journal of Physics **57**, 117 (1989))

1.5.2 Weitere Experimente zur Selbstinterferenz von Teilchen

Schon 1974 zeigten Rauch, Treimer und Bonse, dass Selbstinterferenz auch mit Materieteilchen möglich ist (Abb. V-1.26).[48] In ihrem *Neutroneninterferometer* wurde die Neutronendichte so niedrig gehalten, dass sich *maximal ein Neutron im Interferometer befand*. Die Strahlwege I und II sind für die einfallenden Neutronen völlig gleich, sie werden z. B. für die gemessene Intensität I_O des *O-beams* im Strahl I transmittiert-reflektiert-reflektiert und in Strahl II reflektiert-reflektiert-transmittiert.

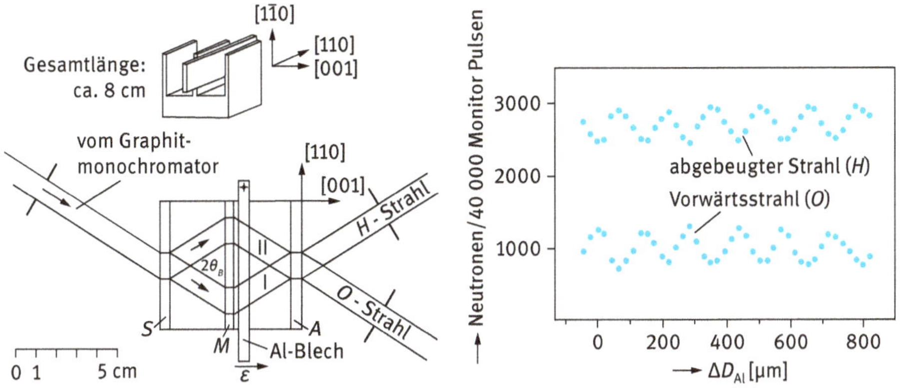

Abb. V-1.26: Einkristall-Neutroneninterferometer und Selbstinterferenz einzelner Neutronen (H. Rauch, W. Treimer, U. Bonse, Physics Letters **47A**, 369 (1974).

Wird ein Phasenschieber (ein Al-Blech) in die Strahlen gebracht und verdreht (Winkel ε), so ergibt sich durch die entstehende kontinuierliche Änderung der optischen Weglängen ΔD der beiden kohärenten Strahlen eine Intensitätsmodulation durch Selbstinterferenz. Jedes Neutron muss daher beide Wege „kennen".

Beim Experiment von M. Lai and J.-C. Diels (Abb. V-1.27) ist eine Lichtquelle („Molecule") so geartet, dass von einzelnen Molekülen einzelne Photonen emittiert werden, die zeitlich gut getrennt sind, sodass immer nur ein Photon ‚unterwegs' ist (entweder zum Spiegel 1 oder zum Spiegel 2).[49] Die Spiegel 1 und 2 können das ‚Licht' der Quelle reflektieren, das unter großen Winkeln θ (fast 180°) emittiert wurde. Die reflektierten Strahlen treffen auf eine sehr dünne, halbdurchlässige Substanz („Beamsplitter"), an der die halbe Intensität ungebrochen durchgelassen, die andere Hälfte reflektiert wird.

48 H. Rauch, W. Treimer, U. Bonse, *Physics Letters* **47A** 369 (1974).

49 Moleküle eines Farbstoffes werden durch einen Laserstrahl zur Emission angeregt. Die Intensität des Laserlichts ist dabei so gering, dass nur einzelne Photonen, zeitlich getrennt emittiert werden.

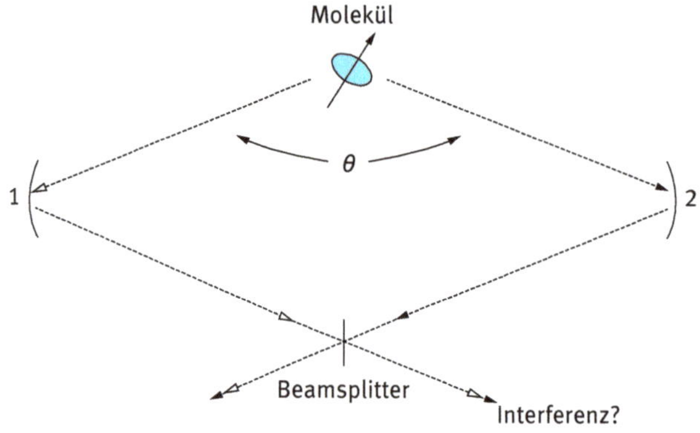

Abb. V-1.27: Ist das Verhalten eines einzelnen Photons nach einem Emissionsprozess wellenartig?

Im Detektor interferiert daher Licht von beiden Wegen, über Spiegel 1 (beim Beamsplitter durchgelassen) und über Spiegel 2 (beim Beamsplitter reflektiert). Wenn der Strahlteiler etwas bewegt wird, tritt zwischen den im Detektor interferierenden Wellen durch ihre Wegdifferenz eine Phasendifferenz auf, die sich durch Maxima und Minima des Detektorsignals bemerkbar macht (Abb. V-1.28). Trotz der nahezu diametralen Emission der einzelnen Photonen, die verwendet werden, kommt es offensichtlich zu einer Interferenz am Ort des Detektors. Das Photon „kennt" also beide Wege, es zeigt sich *eine Interferenz einzelner Photonen* (Selbstinterferenz).

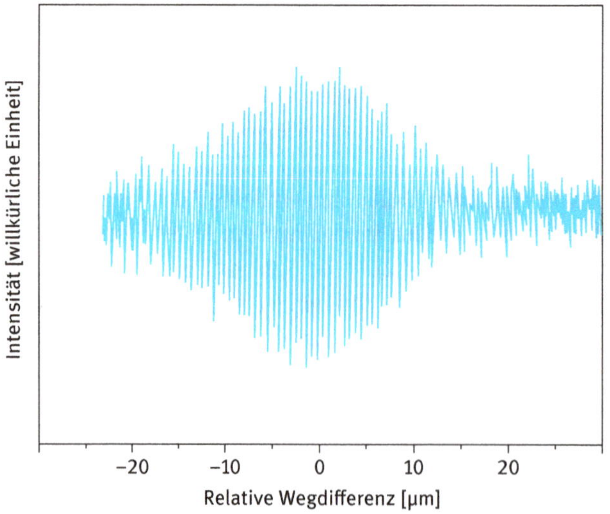

Abb. V-1.28: Interferenzeffekt *einzelner* Photonen nach spontaner Emission in nahezu diametraler Richtung. (M. Lai and J.-C. Diels, *Journal of the Optical Society of America* ***B*** **9**, 2290 (1992)

Abb. V-1.29 zeigt noch ein anderes Selbstinterferenzexperiment mit Photonen aus jüngster Zeit[50]:

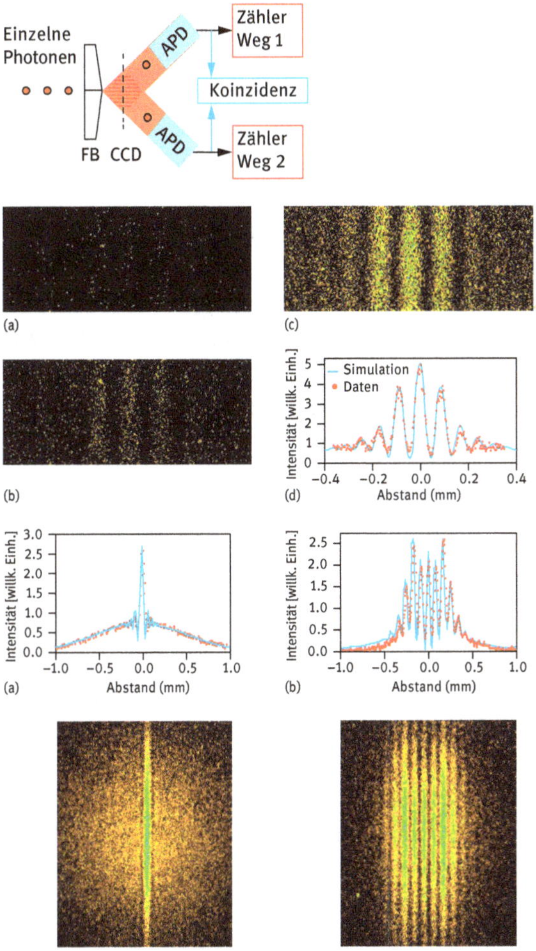

Abb. V-1.29: Selbstinterferenz einzelner Photonen nach einem Strahlteiler (V. Jacques, E. Wu, T. Toury, F. Treussart, A. Aspect, P. Grangier und J.-F. Roch, *European Physical Journal* ***D*** **35**, 561 (2005)). Oberes Bild: Messanordnung. Mitte: Interferenzbild nach (a) 272, (b) 2240 und (c) 19733 Photonen. Unten: Das Interferenzbild (a) 11 mm und (b) 98 mm nach dem Strahlteiler (Fresnelsches Biprisma, FB).

Die Wellenfronten eines „gepulsten Lichtstrahls" mit einer Pulslänge aus einzelnen Photonen werden durch einen Strahlteiler (ein Fresnelsches Biprisma, FB) geteilt (oberes Bild in Abb. V-1.29). Nach dem Strahlteiler wird die Selbstinterferenz der

50 V. Jacques, E. Wu, T. Toury, F. Treussart, A. Aspect, P. Grangier und J.-F. Roch, *European Physical Journal* ***D*** **35**, 561 (2005).

Photonen beobachtet. In einem zweiten Experiment wird in jeden Strahl nach dem Strahlteiler ein Zähler gebracht. Das Ergebnis zeigt in diesem Fall *keine* Koinzidenz (Gleichzeitigkeit) des Ansprechens der beiden Zähler und beweist damit, dass wirklich immer nur ein einziges Photon gemessen wird.

Dass Beugungseffekte auch mit größeren Molekülen beobachtet werden können, wurde 1999 durch die Beugung von C_{60}-Molekülen (Fullerenen) gezeigt, in jüngster Zeit auch durch Selbstinterferenz von Phthalocyanin-Molekülen (Massen bis zu 1300 amu) und Oligoporphyrin-Molekülen (aus bis zu 2000 Atomen und einer Masse von mehr als 25 000 amu).[51]

Wo liegt die Grenze zwischen Teilchen mit atomaren Abmessungen (Quanteneffekte) und den makroskopischen Erscheinungen (klassische Physik)? An der Fakultät für Physik der Universität Wien sind in der Arbeitsgruppe „Quantenoptik und Quanteninformation" um Prof. Anton Zeilinger und Prof. Markus Arndt zur Zeit Versuche in Planung, Beugungseffekte an Beugungsgittern (SiN-nanogratings mit 100 nm Spaltabstand und 50 nm Spaltöffnung) mit virenartigen Makro-Molekülen durchzuführen.

1.5.3 Die Amplitude der Wahrscheinlichkeitswelle

Da das Phänomen der Selbstinterferenz offensichtlich nicht nur bei Photonen, sondern auch bei massebehafteten Materieteilchen auftritt, ordnen wir *allen* mikroskopischen Teilchen eine Wahrscheinlichkeitswelle so zu, dass die Wahrscheinlichkeit dafür, dass sich das Teilchen an einem bestimmten Ort aufhält, dann am größten ist, wenn der Betrag der Amplitude der Welle maximal ist, und dass die Wahrscheinlichkeit dort Null ist, wo auch die Amplitude verschwindet. Da die Amplitude positiv, negativ oder ganz allgemein komplex sein kann, die Wahrscheinlichkeit aber immer positiv sein muss, wird die Wahrscheinlichkeit offenbar am einfachsten durch das Quadrat des Betrags der Amplitude festgelegt. Wir führen deshalb für die Wahrscheinlichkeitswelle eine komplexe Wahrscheinlichkeitsamplitude Ψ ein, sodass für die Aufenthaltswahrscheinlichkeit in der Volumeneinheit (= Wahrscheinlichkeitsdichte) gilt

$$P = |\Psi|^2 = \Psi^* \Psi . \qquad \text{(V-1.70)}$$

---

51 M. Arndt, O. Nairz, J. Vos-Andreae, C. Keller, G. van der Zouw und A. Zeilinger, *Nature* **401**, 680 (1999), T. Juffmann, A. Milic, M. Müllneritsch, P. Asenbaum, A. Tsukernik, J. Tüxen, M. Mayor, O. Cheshnovsky und M. Arndt, *Nature Nanotechnology* **7**, 297 (2012) und Y. Y. Fein, P. Geyer, P. Zwick, F. Kiałka, S. Pedalino, M. Mayor, S. Gerlich und M. Arndt, *Nature Physics* **15**, 1242 (2019). Zur atomaren Masseneinheit (atomic mass unit, amu: $1{,}66054 \cdot 10^{-27}$ kg) siehe Kapitel „Subatomare Physik", Abschnitt 3.1.2.1, Gl. V-3.10).

Das Betragsquadrat der Wahrscheinlichkeitsamplitude liefert die Wahrscheinlichkeitsverteilung:

Die Wahrscheinlichkeitsamplitude Ψ schwingt und wandert als Welle, die die Interferenzeffekte der Teilchen beschreibt.

Wir betrachten ein Photon oder ein Materieteilchen (z. B. ein e^-), das an einem Punkt A emittiert wurde und im Punkt B, z. B. hinter der Wand mit dem Doppelspalt, nachgewiesen wird. Wie kommen wir zur Gesamtamplitude im Punkt B und damit zur Wahrscheinlichkeit, das Teilchen dort nachzuweisen?

In der Wahrscheinlichkeitswelle schwingt die *komplexe* Wahrscheinlichkeitsamplitude mit einer bestimmten Phase. Die Phase hängt vom betrachteten Raumpunkt B und der Zeit ab. Im Prinzip sind viele Möglichkeiten für die Wahrscheinlichkeitswelle vorhanden, von A nach B zu gelangen, die aber durch die apparativen Gegebenheiten eingeschränkt sind.

Die *Quantenmechanik* (*QM*) sagt dazu:

Jede Möglichkeit der Wahrscheinlichkeitswelle, von A nach B zu gelangen, trägt zur Gesamtamplitude in B bei.[52]

So ergibt sich z. B. die Gesamtamplitude im Punkt B hinter den Spalten durch Aufsummierung der Wahrscheinlichkeitsamplituden für beide Möglichkeiten, Welle von Spalt 1 und Welle von Spalt 2

$$\Psi_B = \Psi_1 + \Psi_2 , \tag{V-1.71}$$

und die Wahrscheinlichkeit P des Nachweises in B ergibt daher

$$P_B = |\Psi_B|^2 = |\Psi_1 + \Psi_2|^2 \qquad (\neq |\Psi_1|^2 + |\Psi_2|^2\ !) \tag{V-1.72}$$

und führt daher zur Regel

Erst summieren, dann quadrieren!

Das bedeutet aber

Quantenmechanische Teilchen interferieren!

52 Die Wahrscheinlichkeitswelle (= Materiewelle) ist ja im ganzen Raum ausgebreitet!

Wird allerdings durch einen experimentellen ‚Kunstgriff' wie z. B. wechselweises Abdecken der beiden Spalte beim Doppelspaltexperiment festgestellt, durch welchen der Spalte das Teilchen seinen Weg genommen hat, so stellt man als Ergebnis eine Intensitätsverteilung fest, die der Summe der Intensitätsverteilungen für jeden der beiden Spalte entspricht. In diesem Fall gilt für die Wahrscheinlichkeit

$$P_B = |\Psi_1|^2 + |\Psi_2|^2 , \tag{V-1.73}$$

das heißt, es wird *keine Interferenz* beobachtet.

Das heißt also: Je nachdem, wie wir unser Experiment, d. h. *die Messung*, gestalten, können wir *entweder* die Wahrscheinlichkeit für das Auftreffen des Teilchens am Schirm in Form eines Interferenzmusters registrieren, wissen dann aber nicht, durch welchen Spalt das Teilchen gegangen ist, *oder* wir können angeben, welchen der beiden Spalte das Teilchen passiert hat, verlieren dann aber das Interferenzmuster am Schirm.

Die Erklärung der Selbstinterferenz beim Doppelspaltexperiment mit einzelnen Photonen oder Materieteilchen muss daher so verlaufen:

Einzelne Photonen werden emittiert und breiten sich als Wahrscheinlichkeitswelle aus. Diese Welle wird *an beiden Spalten gebeugt*, die gebeugten Wellen interferieren hinter den Spalten am Schirm. Es ergibt sich eine *Wahrscheinlichkeitsverteilung* für den Nachweis von Photonen am Schirm: An Stellen größerer Wahrscheinlichkeitsamplituden werden häufiger Photonen nachgewiesen als an solchen kleinerer Amplituden. Wenn wir das Experiment daher mit vielen Photonen *unter gleichen Bedingungen* (einem *Ensemble* vgl. dazu Band VI, Kapitel „Statistische Physik", Abschnitt 1.1.1) wiederholen, ergibt sich das erwartete Beugungsbild am Schirm. Vorausgesetzt wurde dabei, dass sich die Wahrscheinlichkeitswellen wie die bereits bekannten Lichtwellen verhalten, also die Wahrscheinlichkeitsdichte wie die Energiedichte der Lichtwelle variiert und das Huygenssche Prinzip erhalten bleibt.

1.5.4 Ergebnis und Zusammenfassung

Äußerer Photoeffekt und Compton-Effekt können nicht mit dem Wellencharakter der elektromagnetischen Strahlung erklärt werden. Sie führen auf die korpuskulare Lichttheorie. Andererseits sind Beugungseffekte von e^- und Neutronen an Kristallen sowie das Doppelspaltexperiment, das Taylor-Experiment mit einzelnen Photonen und andere Experimente der Selbstinterferenz von Materieteilchen nicht mit dem Teilchencharakter der Photonen bzw. der Materiestrahlung zu erklären. Licht und Materie besitzen *dualen Charakter*, bei Wechselwirkung im atomaren Bereich tritt der Teilchencharakter in Erscheinung, bei der Ausbreitung im Raum der Wellencharakter.

Wir beschreiben daher den „Weg“ eines Teilchens so:

1. Photonen oder Materieteilchen werden von einer Strahlungsquelle emittiert.
2. Die Photonen oder die Materieteilchen werden von einem Detektor absorbiert und dadurch an einem bestimmten Ort zu einem bestimmten Zeitpunkt registriert.
3. Zwischen der Quelle und dem Detektor bewegen sich Photonen und Materieteilchen als Wahrscheinlichkeitswelle.

Damit können die Grundprinzipien der *QM* formuliert werden:

i

1. Die Wahrscheinlichkeit P, ein Teilchen zu einem bestimmten Zeitpunkt t, an einem bestimmten Ort x, nachzuweisen, ist durch die Aufenthaltswahrscheinlichkeitsdichte (Gl. V-1.70)

$$P = |\Psi(x,t)|^2$$

gegeben, $\Psi(x,t)$ ist die komplexe Wahrscheinlichkeitsamplitude
2. Wenn mehrere gleichzeitig realisierbare Möglichkeiten für die Wahrscheinlichkeitswelle zu dem Ort führen, an dem das Teilchen nachgewiesen wird, so ist die Wahrscheinlichkeitsamplitude für den Nachweis die Summe der Wahrscheinlichkeitsamplituden jeder einzelnen Möglichkeit, wir beobachten dann Interferenz (Gln. (V-1.71) und (V-1.72))

$$\Psi = \Psi_1 + \Psi_2, \qquad P = |\Psi_1 + \Psi_2|^2.$$

3. Ist durch das Experiment entschieden, welchen der möglichen Wege das Teilchen in jedem Einzelfall genommen hat, so geht die Interferenz verloren (Gl. V-1.73)

$$P = P_1 + P_2 = |\Psi_1|^2 + |\Psi_2|^2.$$

1.6 Materiewellen

1.6.1 Die Wellenfunktion

Photonen können sich also abhängig von der experimentellen Situation wie Teilchen bzw. wie Wellen verhalten, aber auch massebehaftete Materieteilchen verhalten sich unter bestimmten Bedingungen wellenartig (z. B. Experiment von Davisson und Germer). Wir ordnen daher auch den Materieteilchen eine Wellenfunktion zu. Die Anwendung auf Elektronen im Atom führt zur Quantenmechanik.

Ganz analog zur Darstellung elektromagnetischer Wellen führen wir zur Wellenbeschreibung der Materieteilchen eine Wellenfunktion ein, z. B. eine ebene Welle in $\vec{k}$-Richtung für Teilchen, die sich in derselben Richtung mit einheitlichem Impuls $\vec{p}$ bewegen und in der Volumeneinheit im Raum mit der gleichen Wahrscheinlichkeit $\Psi^*\Psi = |C|^2$ anzutreffen sind

$$\Psi(\vec{r},t) = Ce^{i(\omega t - \vec{k}\vec{r})} \qquad \text{(V-1.74)}$$

ebene harmonische Materiewelle (plane harmonic matter wave)

oder, wenn die Welle in x-Richtung läuft

$$\Psi(x,t) = C \cdot e^{i(\omega t - kx)}. \qquad \text{(V-1.75)}$$

Mit Hilfe der Beziehungen (Planck/Einstein) $E = h\nu = \hbar\omega$ und (de Broglie) $p = \frac{h}{\lambda} = \hbar k$ kann diese Wellenfunktion umgeschrieben werden in

$$\Psi(\vec{r},t) = C \cdot e^{\frac{i}{\hbar}(Et - \vec{p}\vec{r})} \qquad \text{(V-1.76)}$$

für eine ebene Welle in $\vec{k}$-Richtung bzw. in

$$\Psi(x,t) = C \cdot e^{\frac{i}{\hbar}(Et - p_x x)}, \qquad \text{(V-1.77)}$$

wenn die Welle in x-Richtung läuft. Dem materiellen Teilchen wird nicht nur eine Wellenlänge $\lambda = \frac{h}{p}$, sondern auch eine Frequenz $\nu = \frac{E}{h}$ zugeordnet. E ist dabei die Gesamtenergie des Teilchens, d. h. Ruheenergie plus mechanische (kinetische und potenzielle) Energie, $E = \gamma mc^2$ und für den Impuls $\vec{p}$ gilt der relativistische Impuls $\vec{p} = \gamma m\vec{\upsilon}$.

Dabei sind $\frac{E \cdot t}{\hbar}$ und $\frac{\vec{p}\vec{r}}{\hbar}$ jeweils dimensionslos, Energie E und Zeit t sowie Impuls $\vec{p}$ und Ort $\vec{r}$ sind *duale Größen*.

Wir betrachten die Phasengeschwindigkeit $\upsilon_{\text{ph}} = \nu \cdot \lambda = \frac{\omega}{k}$. Für elektromagnetische Wellen im Vakuum gilt $\upsilon_{\text{ph}} = c = \text{const.}$, sie zeigen im Vakuum keine Dispersion, es gilt also $\frac{d\upsilon_{\text{ph}}}{d\lambda} = \frac{dc}{d\lambda} = 0$.

Für materielle Teilchen ($m \neq 0$) gilt dagegen (de Broglie Wellenlänge, Abschnitt 1.4, Gl. V-1.63)

$$\lambda = \frac{h}{p_{\mathrm{rel}}} = \frac{h}{\gamma m v_T}.$$

Mit $E = \hbar\omega$, $\omega = \frac{E}{\hbar}$ und $p_{\mathrm{rel}} = \hbar k$, $k = \frac{p_{\mathrm{rel}}}{\hbar}$ ergibt sich mit $E = \gamma mc^2$ (Band II, Kapitel „Relativistische Mechanik“, Abschnitt 3.9.3, Gl. II-3.157)

$$v_{\mathrm{ph}} = \frac{\omega}{k} = \frac{E}{p_{\mathrm{rel}}} = \frac{\gamma mc^2}{\gamma m v_T} = \frac{c^2}{v_T} \quad [53] \tag{V-1.78}$$

und daher

$$v_{\mathrm{ph}} \cdot v_T = c^2 . \tag{V-1.79}$$

Das hat zwei entscheidende Konsequenzen für Materiewellen:

1. Da nach der speziellen Relativitätstheorie für die Geschwindigkeit eines Masseteilchens $v_T < c$ gelten muss, folgt für Materiewellen

$$v_{\mathrm{ph}} > c , \tag{V-1.80}$$

die Phasengeschwindigkeit von Materiewellen ist daher größer als die Vakuumlichtgeschwindigkeit!

2. $$v_{\mathrm{ph}} = \frac{E}{p_{\mathrm{rel}}} = \frac{\gamma mc^2 \cdot \lambda}{h} = f(\lambda) , \tag{V-1.81}$$

Materiewellen zeigen immer Dispersion.

1.6.2 Dispersionsrelation von Materiewellen

Wir erinnern uns an die Dispersionsrelation elektromagnetischer Wellen. Um eine Verwechslung der elektrischen Feldstärke mit der Energie zu vermeiden, bezeichnen wir die maßgebliche Komponente der elektrischen Feldstärke normal zur Ausbreitungsrichtung mit u. Dann ergibt sich die Wellengleichung zu (siehe Band III,

---

53 Dabei ist $\gamma = \frac{1}{\sqrt{1 - v_T^2/c^2}} = \frac{1}{\sqrt{1 - \beta^2}}$ der Lorentz-Faktor.

Kapitel „Wechselstromkreis und elektromagnetische Schwingungen und Wellen“, Abschnitt 5.5.2, Gl. III-5.123)

$$\Delta u = \frac{1}{c^2}\frac{\partial^2 u}{\partial t^2} \tag{V-1.82}$$

und als Lösung z. B. ebene Wellen in $\vec{k}$-Richtung mit der Wellenfunktion (siehe Band III, Kapitel „Wechselstromkreis und elektromagnetische Schwingungen und Wellen“, Abschnitt 5.5.2, bei Ausbreitung in x-Richtung: Gl. III-5.125)

$$u = Ae^{i(\omega t - \vec{k}\vec{r})} = Ae^{i(\omega t - k_x x - k_y y - k_z z)} . \tag{V-1.83}$$

Wenn wir die Wellenfunktion in die Wellengleichung einsetzen, erhalten wir mit

$$\frac{\partial^2 u}{\partial x^2} = -k_x^2 u , \quad \frac{\partial^2 u}{\partial y^2} = -k_y^2 u , \quad \frac{\partial^2 u}{\partial z^2} = -k_z^2 u , \quad \frac{\partial^2 u}{\partial t^2} = -\omega^2 u$$

$$-u\left(k_x^2 + k_y^2 + k_z^2\right) = -u\frac{1}{c^2}\omega^2 \tag{V-1.84}$$

und damit

$$c^2 = \frac{\omega^2}{k_x^2 + k_y^2 + k_z^2} \quad \Rightarrow \quad \frac{\omega^2}{c^2} = k_x^2 + k_y^2 + k_z^2 \tag{V-1.85}$$

(vgl. mit Gl. V-1.90 für Materiewellen!) bzw. mit $k = \pm\sqrt{k_x^2 + k_y^2 + k_z^2}$

$$c = \frac{\omega}{k} , \tag{V-1.86}$$

d. h. eine *lineare* Dispersionsrelation $\omega(k) = c \cdot k$.

Um die Dispersionsrelation für Materiewellen zu erhalten, gehen wir von der relativistischen Beziehung zwischen Impuls und Energie, dem „relativistischen Energiesatz“, aus (vgl. Band II, Kapitel „Relativistische Mechanik“, Abschnitt 3.9.3, Gl. II-3.161)

$$E^2 = \left(\vec{p}_R c\right)^2 + \left(mc^2\right)^2 . \tag{V-1.87}$$

Wir dividieren durch c^2 und erhalten

$$\frac{E^2}{c^2} = m^2c^2 + \vec{p}_R^{\,2} = m^2c^2 + \left(p_x^2 + p_y^2 + p_z^2\right)^{54} \qquad \text{(V-1.88)}$$

Für unser Teilchen gilt $E = \hbar\omega$, $p_x = \hbar k_x$, $p_y = \hbar k_y$, $p_z = \hbar k_z$ und damit

$$\frac{\omega^2}{c^2} = \frac{m^2c^2}{\hbar^2} + \left(k_x^2 + k_y^2 + k_z^2\right). \qquad \text{(V-1.89)}$$

$\frac{mc^2}{\hbar}$ hat die Dimension einer Frequenz, es ist die Frequenz, die der Ruheenergie $E_0 = mc^2 = \hbar\omega_0$ entspricht, wir setzen daher $\frac{mc^2}{\hbar} \equiv \omega_0$ und erhalten mit $\frac{m^2c^2}{\hbar^2} = \frac{\omega_0^2}{c^2}$

$$\frac{\omega^2}{c^2} = \frac{\omega_0^2}{c^2} + \left(k_x^2 + k_y^2 + k_z^2\right) \quad \textit{Dispersionsrelation der Materiewellen.} \qquad \text{(V-1.90)}$$

In der nicht-relativistischen Rechnung (= Newtonsche Näherung), bei der als einziger Energieterm des freien Teilchens die kinetische Energie auftritt, ergibt sich mit $E_{\text{kin}} = \frac{\vec{p}^{\,2}}{2m} = \frac{1}{2m}\left(p_x^2 + p_y^2 + p_z^2\right) = \hbar\omega$ und $\vec{p} = \hbar\vec{k}$

$$\omega = \frac{E_{\text{kin}}}{\hbar} = \frac{\hbar}{2m}\left(k_x^2 + k_y^2 + k_z^2\right) = \frac{\hbar}{2m}k^2.^{55} \qquad \text{(V-1.91)}$$

---

54 Diese Beziehung folgt unmittelbar aus der Lorentz-Invarianz des Betrags eines Vierervektors. Viererimpuls im System 1: $\hat{\vec{p}}_1 = \left\{\frac{E}{c}, \vec{p}_R\right\}$; im System 2 ruhe das Teilchen:

$\hat{\vec{p}}_2 = \left\{\frac{E_0}{c}, 0\right\} \quad \Rightarrow \quad \frac{E^2}{c^2} - \vec{p}_R^{\,2} = \frac{E_0^2}{c^2} = \frac{m^2c^4}{c^2}$ und damit $\frac{E^2}{c^2} = m^2c^2 + \vec{p}_R^{\,2}$. (siehe dazu Band II, Kapitel „Relativistische Physik", Abschnitt 3.10.2)

55 Man beachte: Während in die relativistische Dispersionsrelation die *Gesamtenergie* $E = m\gamma c^2$ eingeht, wird bei der Newtonschen Näherung nur die *kinetische Energie* $E_{\text{kin}} = m(\gamma - 1)c^2 \cong \frac{p^2}{2m}$ berücksichtigt. Die Näherung der relativistischen Dispersionsrelation für den klassischen Bereich ($\frac{p^2}{2m} \ll mc^2 \Rightarrow (\hbar k)^2 \ll 2(mc)^2 \Rightarrow \hbar k \ll mc$) ergibt die Summe aus einem Term, der die Ruheenergie mc^2 des Teilchens enthält und einem Term mit der kinetischen Energie wie im Falle der Newtonschen Näherung

$$\omega = c\sqrt{\frac{m^2c^2}{\hbar^2} + k^2} = \frac{mc^2}{\hbar}\sqrt{1 + \frac{\hbar^2k^2}{m^2c^2}} \cong \frac{mc^2}{\hbar}\left(1 + \frac{1}{2}\frac{\hbar^2k^2}{m^2c^2}\right) = \underbrace{\frac{mc^2}{\hbar}}_{\omega_0 = E_0/\hbar} + \underbrace{\frac{\hbar k^2}{2m}}_{E_{\text{kin}}/\hbar}.$$

Die Newtonsche Näherung ergibt somit eine *quadratische Dispersionsrelation* für Materiewellen, die relativistische Beziehung ist komplizierter (Abb. V-1.30).

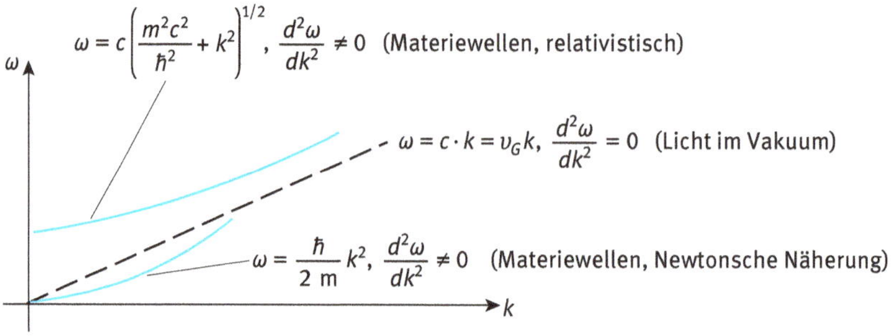

Abb. V-1.30: Graphische Darstellung der Dispersionsrelationen.

1.6.3 Das Wellenpaket

Einzelne harmonische Wellen als Materiewellen sind zur Beschreibung eines in einem gewissen Raumgebiet lokalisierten Teilchens aus zwei Gründen ungeeignet:

1. sie sind im ganzen Raum gleichmäßig ausgebreitet,[56]
2. sie können als Einzelwellen die Dispersion der Materiewellen, also den Zusammenhang zwischen ω und k, nicht wiedergeben.[57]

Wir versuchen daher eine Beschreibung der mehr oder weniger scharf lokalisierten Teilchen durch „Wellenpakete" (= Wellengruppen, *wave packets*), die wir z. B. durch Superposition ebener, harmonischer Wellen erhalten. Zunächst überlagern wir mehrere ebene harmonische Wellen, die in x-Richtung laufen, die benachbarte Frequenzen und die gemäß der Dispersionsrelation auch benachbarte Wellenzahlen besitzen:

$$\Psi(x,t) = \sum_j C_j e^{i(\omega_j t - k_j x)}. \tag{V-1.92}$$

56 Eine harmonische Welle läuft als periodische Funktion von $t = -\infty$ bis $t = +\infty$ und von $x = -\infty$ bis $x = +\infty$.

57 Für ein *freies, nicht lokalisiertes Teilchen* kann als Wellenfunktion eine harmonische, monochromatische Welle angesetzt werden, die im ganzen Raum ausgebreitet ist, es zeigt dann keine Dispersion. Beispiel: Elektronen im Elektronenmikroskop nach Durchlaufen der Beschleunigungsstrecke; diesen Elektronen kann als Wellenfunktion in sehr guter Näherung eine ebene monochromatische Welle mit einer definierten Wellenlänge zugeordnet werden. Im Allgemeinen aber sind die Materiewellen, die materiellen Teilchen in einem gewissen Raumbereich zugeordnet werden, ebenfalls auf einen kleinen räumlichen Bereich beschränkt und können *nicht* durch einzelne harmonische Wellen beschrieben werden.

Im Falle der Überlagerung von nur zwei Wellen und benachbarten Frequenzen ω_1 und ω_2 ergibt sich eine Schwebungswelle $\Psi_{\text{schw}}(x,t)$.[58]

Diese Schwebung ist das einfachste Beispiel für Wellengruppen (Wellenpakete), das heißt, sie hat an bestimmten Orten maximale Amplitude, die sich mit der Gruppengeschwindigkeit $v_G = \Delta\omega/\Delta k$ in x-Richtung bewegt, an anderen Stellen verschwindet die Amplitude (Abb. V-1.31):

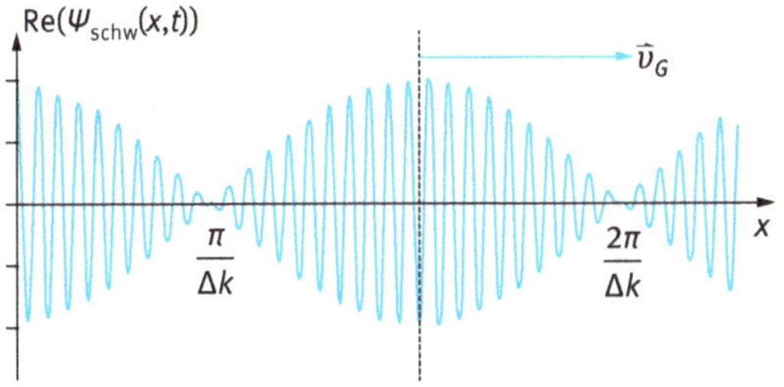

Abb. V-1.31: Schwebung. Einfachstes Beispiel einer Wellengruppe durch Überlagerung von zwei Wellen benachbarter Frequenz, dargestellt für $t = 0$ (siehe Fußnote 58).

Wir nehmen jetzt unendlich viele Wellen in einem Frequenzintervall $2\Delta\omega$ und dem zugehörigen Wellenzahlintervall $2\Delta k$. Dann geht die obige Summe in ein Integral über

$$\Psi(x,t) = \int_{k_0-\Delta k}^{k_0+\Delta k} C(k)e^{i(\omega t - kx)}dk. \qquad \text{(V-1.93)}$$

Entwickeln wir $\omega(k)$ in eine Taylorreihe um k_0, so folgt

$$\omega(k) = \omega_0 + \left(\frac{d\omega}{dk}\right)_{k_0}(k - k_0) + \frac{1}{2}\left(\frac{d^2\omega}{dk^2}\right)_{k_0}(k - k_0)^2 + \ldots \qquad \text{(V-1.94)}$$

mit $0 \le |k - k_0| \le \Delta k$ und $\omega_0 = \omega(k_0)$.

---

58 $\Psi_{\text{schw}}(x,t) = A\left[e^{i(\omega_1 t - k_1 x)} + e^{i(\omega_2 t - k_2 x)}\right] = Ae^{i(\omega_1 t - k_1 x)}\left[1 + e^{i(\omega_2 t - k_2 x) - i(\omega_1 t - k_1 x)}\right] =$

$$= e^{i(\omega_1 t - k_1 x)}\underbrace{A\left[1 + e^{i(\Delta\omega \cdot t - \Delta k \cdot x)}\right]}_{A_{\text{Schwebung}}}$$

$\Rightarrow$ die Schwebungsamplitude A_{schw} ist konstant, z. B. maximal, wenn $\Delta\omega \cdot t - \Delta k \cdot x = 0$ gilt. Daraus folgt für die Geschwindigkeit, mit der sich eine konstant vorgegebene Amplitude (z. B. die maximale) verschiebt (aus $\Delta\omega(t) \cdot t - \Delta k \cdot x = \text{const.}$ $\Rightarrow$ $\Delta\omega(t) \cdot dt - \Delta k \cdot dx = 0$):

$v_G = \frac{dx}{dt} = \frac{\Delta\omega}{\Delta k}$ mit $\Delta\omega = \omega_2 - \omega_2$ und $\Delta k = k_2 - k_1$.

Für $\Delta k \ll k_0$, d. h. $k - k_0$ sehr klein, können wir die Entwicklung in guter Näherung bereits vor dem quadratischen Glied abbrechen.[59] Wir müssen uns aber merken, dass gerade dieses quadratische Glied für das „Zerfließen" eines Wellenpaketes bei Dispersion verantwortlich ist. Ohne Dispersion, wenn also $\omega = v_{ph} \cdot k$ (siehe Gl. V-1.86) mit v_{ph} = const., dann gilt $\frac{d^2\omega}{dk^2} = 0$. Für Materiewellen ist aber immer $\frac{d^2\omega}{dk^2} \neq 0$, es liegt immer Dispersion vor. Wie sich zeigen wird, zerfließt dann das Wellenpaket im Laufe seiner Bewegung (Ausbreitung), es wird immer breiter.

Da wir nur ein kleines Intervall $\pm\Delta k$ betrachten, können wir annehmen, dass sich in diesem Bereich die Amplituden $C(k)$ der Teilwellen nicht wesentlich mit k ändern; wir setzen die Amplituden daher konstant $C(k) = C(k_0)$ = const.

Außerdem führen wir eine neue Variable κ ein mit $k - k_0 = \kappa$ und erhalten daher $k = k_0 + (k - k_0) = k_0 + \kappa$ mit $\kappa \ll k_0$. Dann lautet die Taylorreihe

$$\omega(k) = \omega_0 + \left(\frac{d\omega}{dk}\right)_{k_0} \kappa = \omega_0 + \omega'\kappa. \tag{V-1.95}$$

Für das Wellenpaket ergibt sich damit

$$\Psi(x,t) = C(k_0) \int_{-\Delta k}^{\Delta k} e^{i(\omega_0 + \omega'\kappa)t} e^{-i(k_0+\kappa)x} d\kappa = C(k_0) e^{i(\omega_0 t - k_0 x)} \int_{-\Delta k}^{\Delta k} e^{i(\omega' t - x)\kappa} d\kappa \tag{V-1.96}$$

Die Integration ergibt $2\,\frac{\sin\left[(\omega' t - x)\cdot\Delta k\right]}{(\omega' t - x)}$ und wir erhalten so für die Wellenfunktion ein Wellenpaket

$$\Psi(x,t) = A(x,t) e^{i(\omega_0 t - k_0 x)} \tag{V-1.97}$$

---

59 Genauer muss gelten: $\frac{1}{2}\left(\frac{d^2\omega}{dx^2}\right)_{k_0} \cdot \Delta k^2 \ll \left(\frac{d\omega}{dk}\right)_{k_0} \Delta k \quad \Rightarrow \quad \frac{\left(\frac{d^2\omega}{dk^2}\right)_{k_0}}{\left(\frac{d\omega}{dk}\right)_{k_0}} \Delta k \ll 1$, was nur für dispersionsfreie Wellen mit $\left(\frac{d^2\omega}{dk^2}\right) = 0$ für alle Δk erfüllt ist.

mit $A(x,t) = 2C(k_0)\dfrac{\sin[(\omega' t - x)\cdot \Delta k]}{(\omega' t - x)}$ und $\omega' = \left(\dfrac{d\omega}{dk}\right)_{k_0}$, d. h. eine nach x fortschreitende Welle $e^{i(\omega_0 t - k_0 x)}$, deren Amplitude $A(x,t)$ eine Funktion des Ortes und der Zeit ist.

Wenn wir die Amplitude mit Δk erweitern, ergibt sich

$$A(x,t) = 2C(k_0)\Delta k\,\frac{\sin\xi}{\xi} \qquad \text{mit} \qquad \xi = (\omega' t - x)\Delta k, \tag{V-1.98}$$

die Amplitude wird demnach durch $\dfrac{\sin\xi}{\xi}$ bestimmt (die konstante Amplitude $C(k_0)$ ist mit $\dfrac{\sin\xi}{\xi}$ „moduliert", siehe Abb. V-1.32).

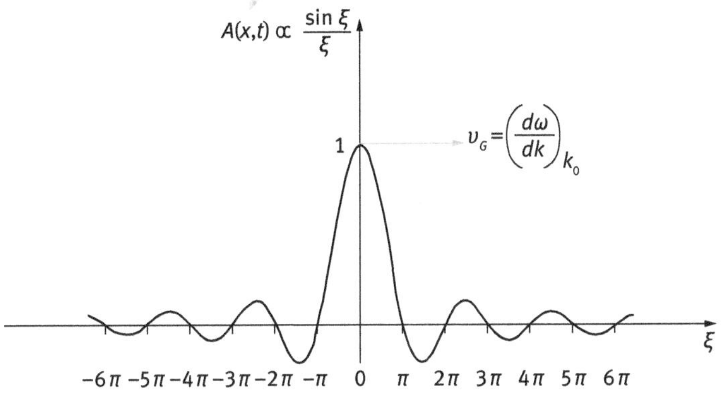

Abb. V-1.32: Das Bild zeigt für $t = 0$ die Funktion $\dfrac{\sin\xi}{\xi}(\xi)$ und damit die Veränderung der Amplitude $A(x,t)$ der Wellenfunktion mit dem Ort x.

Es gilt $\lim\limits_{\xi\to 0}\dfrac{\sin\xi}{\xi} = 1$ (vgl. die Beugung am Spalt in Band IV, Kapitel „Wellenoptik" Abschnitt 1.2.4 und 1.2.7), d. h., für $\xi = 0$ hat das Wellenpaket ein Maximum. Andererseits ist $\dfrac{\sin\xi}{\xi} = 0$ für $\xi = \pm n\cdot\pi$ (n ganz). Als „Ausdehnung" Δx des Wellenpakets kann die Ortsdifferenz der beiden ersten Nulldurchgänge bei $\xi = \pm\pi$ genommen werden: $\Delta x = 2\pi/\Delta k$.

Das eindimensionale Wellenpaket $\Psi(x,t)$ ist also eine ebene Welle mit einem Maximum der Amplitude A bei $\xi = \underbrace{(\omega' t - x)}_{0}\Delta k = 0$, d. h. bei $x_{max} = \omega' t = \left(\dfrac{d\omega}{dk}\right)_{k_0}\cdot t$.

Das Maximum des Wellenpakets (und auch alle anderen Amplitudenwerte) bewegt sich mit der Geschwindigkeit $v_{gr} = \frac{dx_{\max}}{dt} = \left(\frac{d\omega}{dk}\right)_{k_0} = v_G$ in x-Richtung: Die *Gruppengeschwindigkeit* ist gleich der Geschwindigkeit, mit der ein Signal transportiert werden kann, sie ist somit gleich der *Signalgeschwindigkeit*.

Wir wissen, dass für die Gruppengeschwindigkeit gilt (siehe Band I, Kapitel „Mechanische Schwingungen und Wellen“, Abschnitt 5.5.2, Gl. I-5.171)

$$v_{\text{gr}} \equiv v_G = \frac{d\omega}{dk} = v_{\text{ph}} - \lambda \frac{dv_{\text{ph}}}{d\lambda} . \qquad \text{(V-1.99)}$$

Mit $\lambda = \frac{2\pi}{k}$, $\frac{d\lambda}{dk} = -\frac{2\pi}{k^2}$ folgt $d\lambda = -\frac{2\pi}{k^2} dk$ und wir erhalten so für die Gruppengeschwindigkeit mit $\omega = v_{\text{ph}} \cdot k$

$$v_G = v_{\text{ph}} + \frac{2\pi}{k} \cdot \frac{k^2}{2\pi} \frac{dv_{\text{ph}}}{dk} = v_{\text{ph}} + k \frac{dv_{\text{ph}}}{dk} = \frac{d\omega}{dk} . \qquad \text{(V-1.100)}$$

Für die *Teilchengeschwindigkeit* ergibt sich in Newtonscher, also nicht-relativistischer Näherung mit

$E = \hbar\omega = \frac{p^2}{2m}$ und (siehe Abschnitt 1.6.2, Gl. V-1.91) $\omega = \frac{E}{\hbar} = \frac{1}{\hbar} \frac{p^2}{2m} = \frac{1}{\hbar} \frac{\hbar^2 k^2}{2m} = \frac{\hbar k^2}{2m}$

$$v_G = \frac{d\omega}{dk} = \frac{\hbar k}{m} = \frac{p}{m} = \frac{m v_T}{m} = v_T . \qquad \text{(V-1.101)}$$

i In der nicht-relativistischen Newtonschen Näherung ($v_T \ll c$) entspricht die Teilchengeschwindigkeit v_T der Gruppengeschwindigkeit v_G des Wellenpaketes.

1.6.4 Die Wahrscheinlichkeitsinterpretation der Wellenfunktion

Wir müssen aber feststellen:

i Teilchen selbst können *nicht* durch Wellenpakete einer reellen Funktion beschrieben werden.

Warum nicht?

1. Das Maximum des Wellenpaketes schreitet zwar mit der Gruppengeschwindigkeit = Teilchengeschwindigkeit fort, aber *Form und Abmessungen des Wellen-*

paketes ändern sich bei Dispersion, und Materiewellen zeigen ja immer Dispersion: Das Wellenpaket verbreitert sich und flacht allmählich ab, es *„zerfließt"* (Abb. V-1.33). Dafür ist der Term $\frac{d^2\omega}{dk^2} \neq 0$ verantwortlich.[60]

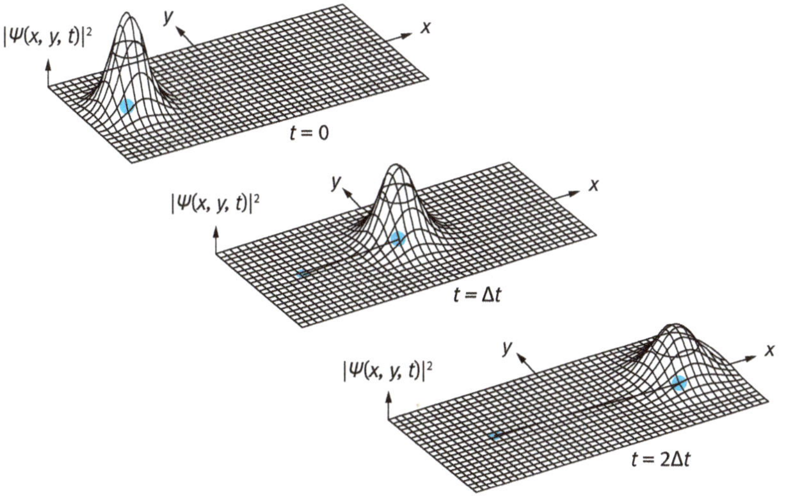

Abb. V-1.33: „Zerfließen" eines Wellenpaketes. (Nach Paul A. Tipler, *Physik*, Spektrum Akademischer Verlag, Heidelberg 1994.)

Beispiel 1: Wir nehmen ein Steinchen der Masse $m = 1\,\text{g}$ mit einem Durchmesser von 2 mm. Die Ausdehnung verdoppelt sich nach $6 \cdot 10^{17}$ Jahren, sie ist daher nicht messbar.

Beispiel 2: Jetzt betrachten wir ein e^-: $m_e = 9{,}1 \cdot 10^{-31}$ kg, wir nehmen eine Halbwertsbreite des e^- von $\sim 10^{-14}$ m an. Das führt zu einer Verdopplung der Ausdehnung in $1{,}6 \cdot 10^{-20}$ s, das e^- zerfließt damit augenblicklich, was nicht mit der experimentellen Beobachtung übereinstimmt.

2. Wie sich später herausstellen wird, muss die ein Teilchen oder ein System von Teilchen beschreibende Wellenfunktion eine komplexe Größe sein, damit sie der entsprechenden Wellengleichung (der *Schrödingergleichung*) genügt – sie kann daher nicht unmittelbar mit reellen Messgrößen (realen Teilchen) verknüpft werden, denn Messungen ergeben immer reelle Zahlen.

60 Das vollständige „Zerfließen" des Wellenpaketes könnte durch Hinzunahme eines nichtlinearen Terms in der Schrödingergleichung (in einer nichtlinear modifizierten *QM*) aufgehalten werden.

Außerdem sind Elementarteilchen[61] unteilbar, sie können nicht direkt durch eine Welle beschrieben werden, die an mehreren Spalten gebeugt oder durch Strahlteiler geteilt werden kann, wie dies noch de Broglie glaubte.

Wir müssen also hinnehmen, dass die Wellenfunktion selbst keine unmittelbar anschauliche Bedeutung hat. Aber das Absolutquadrat der Wellenfunktion (das Quadrat der „Wahrscheinlichkeitsamplitude“) $|\Psi|^2 = \Psi^* \Psi$ gibt Auskunft über die Aufenthaltswahrscheinlichkeit des Teilchens. Dazu ist noch die Normierung der Wellenfunktion notwendig, die besagt, dass das Teilchen irgendwo im Raum zu finden sein muss. Ψ muss außerdem überall stetig, eindeutig und differenzierbar sein:

$$\int_{-\infty}^{+\infty} \Psi^* \Psi \, dV = 1. \qquad \text{(V-1.102)}$$

[62]

Damit ergibt sich für die Wahrscheinlichkeit $dP(\vec{r},t)$, das Teilchen im Volumselement dV um $\vec{r}$ zu finden

$$dP(\vec{r},t) = \Psi^* \Psi dV = |\Psi(\vec{r},t)|^2 dV; \qquad \text{(V-1.103)}$$

$|\Psi(\vec{r},t)|^2$ ist die *Aufenthaltswahrscheinlichkeitsdichte* des Teilchens.

i Die Wahrscheinlichkeit $dP(\vec{r},t)$, dass sich ein Teilchen zur Zeit t im Volumselement dV um $\vec{r}$ befindet, ist proportional zum Absolutquadrat der normierten Materiewellenfunktion $|\Psi(\vec{r},t)|^2 \cdot dV$.

$|\Psi(\vec{r},t)|^2$ ist die Aufenthaltswahrscheinlichkeitsdichte (Max Born[63] 1926).

Mit dieser statistischen Interpretation der komplexen Wellenfunktion kann man Wellenpakete zur Teilchenbeschreibung benützen: Das komplexe Wellenpaket nimmt zu einem bestimmten Zeitpunkt ein Raumgebiet ein, in dem sich z. B. das e^- befindet. Zu jedem Zeitpunkt gibt das Quadrat seiner Amplitude an einem be-

---

61 Gemeint sind die manchmal auch *Fundamentalteilchen* genannten, unteilbaren, kleinsten Bausteine der Materie.

62 Diese Bedingung bedeutet, dass die Wellenfunktion „quadratintegrabel“ und normierbar sein muss.

63 Max Born, 1882–1970. Für seine fundamentalen Untersuchungen zur Quantenmechanik, insbesondere seine statistische Interpretation der Wellenfunktion erhielt er 1954 (zusammen mit Walter Bothe) den Nobelpreis.

stimmten Ort die Wahrscheinlichkeitsdichte, das e^- dort zu finden. Das Auseinan-
derfließen des Wellenpakets bedeutet daher nur, dass wir immer weniger genau
wissen, wo sich das e^- gerade befindet.

Diese statistische Deutung der Wellenfunktion ist die Basis der *Kopenhagener
Interpretation* der Quantenmechanik und geht auf einen intensiven Kontakt von
Niels Bohr und Werner Heisenberg[64] in Kopenhagen zurück. Wir fassen sie noch-
mals zusammen (Abb. V-1.34):

Der Detektor absorbiert
das Teilchen an einem
Die Quelle emittiert   bestimmten Ort, zu einer
ein Mikroteilchen   bestimmten Zeit

„System als Teilchen"   „System als Welle"   „System als Teilchen"

dazwischen bewegt sich eine
Wahrscheinlichkeitswelle (Wellenpaket)
mit $dP(\vec{r},t) = |\Psi(\vec{r},t)|^2 dV$
wenn $\int\limits_{-\infty}^{+\infty} \Psi^* \Psi dV = 1$

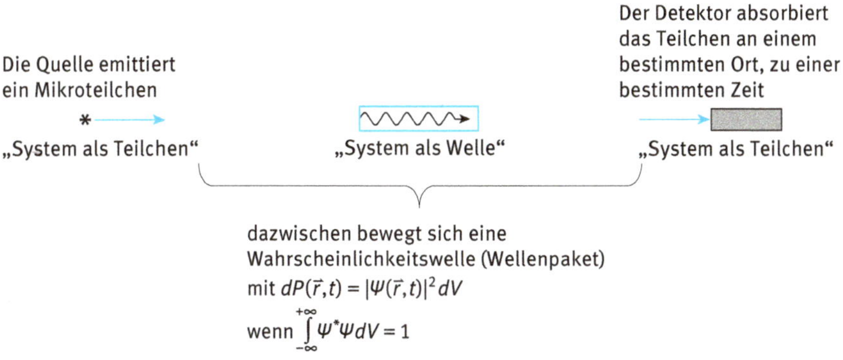

Abb. V-1.34: Zur Kopenhagener Interpretation der Quantenmechanik.

Unsere Alltagserfahrung sagt: Ein punktförmiges Teilchen befindet sich stets an
einem bestimmten Ort. In der Kopenhagener Deutung gibt die Quantenmechanik
(*QM*) den Ort des Teilchens aber nicht an, man könnte sagen: „Es gibt diesen Ort
gar nicht!" Erst die Messung ‚zwingt das Teilchen zur Annahme eines bestimmten
Orts zur Zeit *t*' (Kollaps der Wellenfunktion). Die Wellenfunktion beschreibt daher
nur Möglichkeiten und deren Wahrscheinlichkeiten, erst die Messung schafft Reali-
täten, der Charakter mikroskopischer Naturvorgänge ist daher unbestimmt, *nicht-
determiniert*, dabei aber *nicht willkürlich*! Die Wahrscheinlichkeitsaussagen sind determiniert.

Von einem *realistischen*[65] Standpunkt aus könnte man auch sagen: Das Teilchen befindet sich stets an einem bestimmten Ort, aber die *QM* kann die sich stets
ändernden Variablen nicht angeben und ist daher keine vollständige Theorie. Es
muss zur vollständigen Beschreibung noch sogenannte „verborgene Parameter"
(*hidden variables*) geben. Diese verborgenen Parameter könnten auch vom grund-

---

64 Werner Karl Heisenberg, 1901–1976. Für die Entwicklung der Quantenmechanik erhielt er 1932
den Nobelpreis.
65 Als *realistisch* bezeichnet man eine physikalische Theorie, wenn jeder physikalischen Größe
auch ein Element der realen Welt entspricht. Dies ist gleichbedeutend mit der Forderung, dass
physikalische Objekte ihre Eigenschaften schon vor der Messung haben.

sätzlichen Indeterminismus der Wahrscheinlichkeitsinterpretation zu einer deterministischen Naturbeschreibung führen.

Die Kopenhagener Interpretation der *QM* ist daher *nicht die allein mögliche Interpretation*!

Eine von de Broglie 1927 entwickelte Theorie wurde 1952 von Bohm (David Joseph Bohm, 1917–1992, US-amerikanischer Quantenphysiker und Philosoph) neu erarbeitet: Die Wahrscheinlichkeitswelle ist nur eine (nicht-lokale) „Führungswelle", die das Teilchenverhalten mitbestimmt. Dies führt zu einer *deterministischen* und *realistischen QM*: Das Teilchen hat immer einen bestimmten Ort und eine von der Führungswelle bestimmte Teilchenbahn (Abb. V-1.35).[66]

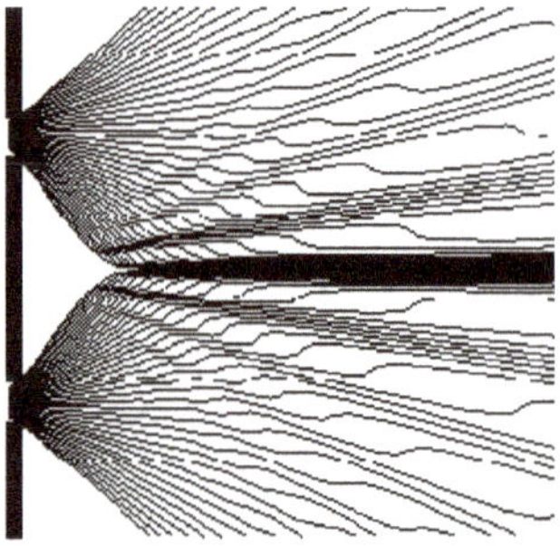

Abb. V-1.35: Selbstinterferenz von Teilchen am Doppelspalt in Bohmscher Interpretation: Die Teilchen werden durch die Wellenfunktion „geführt", die hinter dem Doppelspalt interferiert und so den Auftreffpunkt des Teilchens bestimmt. Bei einem Ensemble aus vielen Teilchen ergibt sich das experimentell beobachtete Interferenzmuster.

Das Einstein-Podolsky-Rosen-Experiment[67]

Wichtig ist, dass sich kein Problem für die Interpretation der *QM* ergibt, solange Ensembles von Teilchen betrachtet werden. Das Absolutquadrat der normierten Wellenfunktion gibt dann die Wahrscheinlichkeitsdichte für die Beobachtung eines bestimmten Ereignisses, z. B. den Aufenthaltsort eines Mikroteilchens aus einem Ensemble gleichartiger Teilchen zu einem bestimmten Zeitpunkt. Erst wenn nach

---

66 Neben einigen anderen Interpretationen der *QM* ist in letzter Zeit viel von der „Viele-Welten" Interpretation von Everett (Hugh Everett, 1930–1982) die Rede. Diese Interpretation beruht auf Feynmans (Richard Phillips Feynman, 1918–1988) Pfadintegralformalismus der *QM*, dessen Basis das *Prinzip der kleinsten Wirkung* ist. In dieser Interpretation wird angenommen, dass die *universelle Wellenfunktion* selbst eine physikalische Realität besitzt und dass daher jeder mögliche Pfad des Teilchens von der Quelle zum Detektor auch wirklich realisiert ist, der messende Beobachter aber nur einen der Pfade wahrnimmt. Die Messung führt in dieser Interpretation so nicht zum „Kollaps" der Wellenfunktion, da ohnehin „jede Welt", d. h. jeder mögliche Pfad des Teilchens, realisiert ist.

67 Nach Albert Einstein (1879–1955), Boris Podolsky (1896–1966) und Nathan Rosen (1909–1995). Eine verständliche Darstellung findet man in R. A. Bertlmann: „Bell's Theorem and the Nature of Reality", *Foundations of Physics* **20**, 1191 (1990).

dem Verhalten *einzelner Teilchen* bzw. *einzelner Ereignisse* gefragt wird, ergeben sich gedankliche Schwierigkeiten.

Die Autoren wollten 1935 Mängel der Kopenhagener Deutung aufzeigen, nämlich die Unvollständigkeit der *QM* als physikalische Theorie: Bei der Messung wird die vorher nicht lokalisierte Wellenfunktion *plötzlich lokalisiert*, überall anders im Raum gilt aber $\Psi = 0$. Man spricht vom „Kollaps der Wellenfunktion". In einem Gedankenexperiment (*EPR-Experiment*) versuchten Einstein, Podolsky und Rosen daher zu zeigen, dass die *QM* entweder nichtlokal oder unvollständig sein muss.

Das Gedankenexperiment wurde später von Bohm in eine klarere und einfacher verständliche Form gebracht, die hier wiedergegeben wird (Abb. V-1.36).

Ein ruhendes π^0-Meson mit Eigendrehimpuls (Spin) $S = 0$ zerfällt in ein Elektron (e^-) und ein Positron (e^+). Die Impulserhaltung verlangt, dass die neuen Teilchen gegengleiche Impulse aufweisen, dass sie daher diametral auseinanderfliegen. Außerdem verlangt die Erhaltung des Drehimpulses, dass sie entgegengesetzte Spins (= Eigendrehimpulse) besitzen.

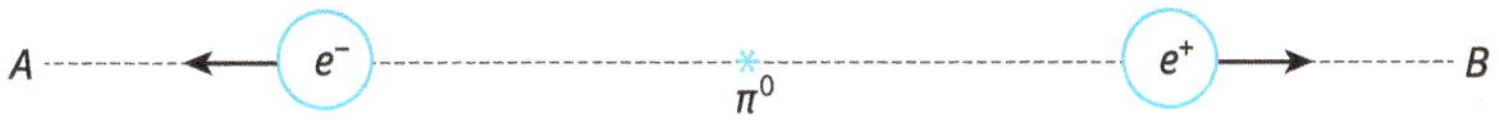

Abb. V-1.36: Zum Einstein-Podolsky-Rosen-Experiment nach Bohm.

Die *QM* kann nicht voraussagen, welche der beiden Möglichkeiten für den Spin ($e^-\uparrow$, $e^+\downarrow$) bzw. ($e^-\downarrow$, $e^+\uparrow$) bei der Messung auftreten wird, sie gibt 50 % Wahrscheinlichkeit für beide Möglichkeiten bei der Messung an einem bestimmten Ort.

Wir lassen jetzt die beiden Teilchen (e^- und e^+) weit auseinander fliegen und dann ihren Spinzustand durch zwei Beobachter *A* und *B* messen. Das entscheidende ist nun: Wenn Beobachter *A* für den Spin „seines" Teilchens (eigentlich: die Projektion des Eigendrehimpulses gegen eine vorgegebene Richtung, z. B. die *z*-Richtung) $\uparrow$ misst (Spin „auf": $S_z = +\frac{1}{2}\hbar$), so weiß er, dass *B* $\downarrow$ misst (Spin „ab": $S_z = -\frac{1}{2}\hbar$), gleichgültig wie groß die Entfernung auch ist. Durch die Messung von *A* wird also die Messung von *B* festgelegt (Quantenkorrelation), obwohl dieser 50 % Wahrscheinlichkeit für sein Ergebnis haben sollte.

Diese Tatsache ist inzwischen durch Messung an „verschränkten"[68] Photonen, durch Proton-Proton-Streuung und auch von Neutronen, ein *gesicherter Sachverhalt.*

---

68 Zwei oder mehr Teilchen bezeichnet man als verschränkt, wenn sie nicht unabhängig voneinander beschrieben werden können. Genau das ist beim obigen *EPR*-Experiment der Fall: Zum Zeitpunkt ihrer Entstehung ist der Eigendrehimpuls der beiden Photonen zwar unbestimmt, durch die Erhaltungssätze (die *nicht* nur statistisch gelten!) ist aber bereits eine entsprechende Korrelation gegeben. Durch die Messung an *einem* Teilchen, wird die entsprechende Eigenschaft am anderen Teilchen festgelegt.

Schwierigkeiten bei der Kopenhager Interpretation des *EPR*-Experiments:
A „zwingt" das e^- durch die Messung in einen bestimmten Spinzustand. Dadurch wird das e^+, auch in großer Entfernung, sofort gezwungen, den entgegengesetzten Spin anzunehmen, es handelt sich somit um eine *Fernwirkung* verschränkter Teilchen.[69]

Die *QM* ist somit *keine lokale Theorie*[70] und es bleibt die Frage: Steht die *QM* in Widerspruch zur speziellen Relativitätstheorie?

Realistische Position beim *EPR*-Experiment:
Beide Teilchen haben bereits seit ihrer Entstehung die später gemessenen Spinwerte, „verborgene" Parameter, die in der derzeitigen *QM* nicht enthalten sind, bestimmen sie.

1964 fand John Bell (John Stuart Bell, 1928–1990), dass jede *lokale Theorie mit versteckten Parametern* Ergebnisse liefert, die der *QM* widersprechen, dass sie also mit der *QM* nicht vereinbar ist (*Bellsches Theorem*). Dies zeigt, dass die *QM keine lokal-realistische Theorie* sein kann: Sie ist entweder nicht-lokal (Bohmsche Theorie) oder nicht realistisch oder beides, wie bei der Kopenhagener Interpretation.

Die Annahme, dass die *QM* eine nicht-lokale Theorie ist, widerspricht nicht der speziellen Relativitätstheorie, da beim *EPR*-Experiment keine *Information* übertragen wird: Das Ergebnis der einzelnen Messung kann nicht vorhergesagt werden, die Korrelation der beiden Beobachtungen kann nur durch „klassische" Informationsübertragung von *A* und *B* mit Übertragungsgeschwindigkeiten festgestellt werden, die nicht größer als die Vakuumlichtgeschwindigkeit sind.

Wir sprechen daher von einer *Einstein-Lokalität* und meinen damit, dass jede Signalübertragung maximal nur mit Lichtgeschwindigkeit erfolgen kann. Und wir sprechen von *quantenmechanischer Nichtlokalität* als besonderer Eigenschaft der Wellenfunktion. Hier wird aber *keine echte Information* übertragen.

1.6.5 Ort und Impuls quantenmechanischer Teilchen: Die Heisenbergschen Unschärferelationen (*uncertainty principles*)

Aus der Wellennatur von Materieteilchen ergeben sich Beschränkungen für die Begriffe der klassischen Mechanik. Klassisch nimmt jedes Teilchen zu jedem Zeit-

69 Den Ausgang des *EPR*-Experiments bezeichnete Albert Einstein als „spukhafte Fernwirkung" (*spooky action at a distance*) und nahm ihn als Beweis für die Unvollständigkeit der *QM* als physikalische Theorie.

70 Unter *Nicht-Lokalität* versteht man die *Fernwirkung*, d. h. *sofortige* Wirkungsübertragung über große Distanzen. Da eine Signalübertragung mit Überlichtgeschwindigkeit im Widerspruch zur speziellen Relativitätstheorie steht (vgl. Kapitel „Relativistische Mechanik" Abschnitt 3.1), verlangt die spezielle Relativitätstheorie eigentlich die *Lokalität* jeglicher Wirkung. Vergleiche hiezu auch die Einführung des elektrischen Feldes im Kapitel „Elektrostatik", Abschnitt 1.1.3).

punkt einen genau definierten Ort im Raum ein (z. B. die Koordination seines Schwerpunktes) und besitzt einen bestimmten Impuls $\vec{p} = m\vec{v}$, d. h. eine bestimmte Geschwindigkeit $\vec{v}$. Die Möglichkeit der gleichzeitigen Bestimmung von Lage und Impuls ist eine charakteristische Eigenschaft makroskopischer Teilchen in der klassischen Mechanik.

Wir betrachten jetzt ein Mikroteilchen, das sich auf der x-Achse zwischen x_0 und $x_0 + \Delta x$ befindet, anhand des Wellenbildes. Die Amplitude seiner Wellenfunktion ist dann nur im Intervall Δx von Null verschieden. Dann ist die Wellenfunktion aber eine Superposition vieler harmonischer Wellen und selbst *keine* harmonische Welle mehr und hat daher *keine* bestimmte Frequenz ω und Wellenzahl k, sondern ist ein Wellenpaket

$$\Psi(x,t) = 2C(k_0)\,\Delta k \underbrace{\frac{\sin[(\omega' t - x)\Delta k]}{(\omega' t - x)\Delta k}}_{\frac{\sin\xi}{\xi}}. \tag{V-1.104}$$

Wir betrachten das Wellenpaket zum Zeitpunkt $t = 0$. Dann ist der die Wellenfunktion bestimmende Faktor (beachte: $\sin(-x) = -\sin x$)

$$\frac{\sin(x\,\Delta k)}{x\,\Delta k} = \frac{\sin\xi_0}{\xi_0} \tag{V-1.105}$$

mit $\xi_0 = x\Delta k$. Für $\xi_0 = 0$ gilt $\frac{\sin\xi_0}{\xi_0} = 1$. Für $\xi_0 = \pm\pi$ gilt für diesen Faktor $\frac{\sin\xi_0}{\xi_0} = 0$. Wir legen den Koordinatenursprung in das Hauptmaximum bei $\xi_0 = 0$ und bezeichnen die Koordinaten der ersten Nulldurchgänge rechts und links vom Maximum (das sind die Stellen $|\Psi|^2 = 0$, also die Minima in der Wahrscheinlichkeitsdichte des Teilchens) mit $-\Delta x/2$ und $+\Delta x/2$. Die Amplituden der weiteren Maxima sind (siehe Beugung am Spalt) sehr gering gegen das Hauptmaximum, wir nehmen daher als Länge des Wellenpakets die Länge Δx zwischen den ersten beiden Nulldurchgängen der Wellenfunktion. Beim Nulldurchgang muss gelten

$$\frac{\Delta x}{2}\Delta k = \pi \qquad \text{bzw.} \qquad \Delta x\,\Delta k = 2\pi \tag{V-1.106}$$

oder, bei Berücksichtigung weiterer Nulldurchgänge (etwas größere räumliche Ausdehnung des Wellenpakets) und $\Delta k \equiv \Delta k_x$

$$\Delta k_x \cdot \Delta x \geq 2\pi. \tag{V-1.107}$$

Mit $\hbar k_x = p_x$ ergibt sich so für das Produkt der Unschärfen von Ort Δx und Impuls Δp in der x-Richtung

$$\Delta x \cdot \Delta p_x \geq h \qquad \text{(„mindestens von der Größenordnung von } h\text{“)}. \tag{V-1.108}$$

und analog für die anderen Raumrichtungen

$$\Delta y \cdot \Delta p_y \geq h \quad \text{und} \quad \Delta z \cdot \Delta p_z \geq h. \tag{V-1.109}$$ [71]

Im Konzept des Wellenpaketes liegt damit eine gewisse Unschärfe: Kennt man den Ort des Teilchens recht genau (Δx sehr klein), so ist der erforderliche Wellenlängenbereich des Teilchens sehr groß und daher sein Wellenvektor und damit sein Impuls ziemlich unbestimmt, „verschmiert“ (Δp sehr groß). Es ergibt sich daher eine Beschränkung für die Anwendung klassischer Begriffe auf quantenmechanische Teilchen:

i Ein Wellenfeld kann auf keinen Fall begrenzte Ausdehnung besitzen und gleichzeitig als Welle mit einer bestimmten Wellenlänge λ darstellbar sein!

Ganz analog gilt, dass ein Wellenzug, der auf ein zeitliches Intervall Δt beschränkt ist, nicht monochromatisch sein kann, sondern eine spektrale Breite $\Delta \nu$ zeigen muss.

Betrachten wir dazu das Wellenpaket am Ort $x = 0$. Dann ist der die Wellenfunktion bestimmende Faktor (siehe Abschnitt 1.6.3, Gl. V-1.98)

$$\frac{\sin \omega' t \Delta k}{\omega' t \Delta k}. \tag{V-1.110}$$

Mit $\omega' = \frac{d\omega}{dk}$ (Abschnitt 1.6.3, Gl. V-1.97) ist $\Delta\omega = \frac{d\omega}{dk}\Delta k = \omega' \Delta k$ und damit

---

71 Die Unschärferelation wird in quantenmechanisch strenger Form mit Hilfe der mittleren Schwankungsquadrate $\overline{\Delta x^2} = \overline{(x - \bar{x})^2} = \int_{-\infty}^{+\infty} \Psi^*(x)(x - \bar{x})^2 \Psi(x) dx$ und $\overline{\Delta p_x^2} = \overline{(p_x - \bar{p}_x)^2} = -\hbar^2 \int_{-\infty}^{+\infty} \Psi^*(x) \frac{\partial^2 \Psi(x)}{\partial x^2} \Psi(x)\, dx$ berechnet (siehe dazu z. B. W. Schpolski, *Atomphysik*, Teil 2. Deutscher Verlag der Wissenschaften (1967), S. 36). Die Auswertung ergibt die Heisenbergsche Unschärferelation in der Form: $\sqrt{\overline{\Delta x^2}} \cdot \sqrt{\overline{\Delta p_x^2}} \geq \frac{\hbar}{2}$; alle anderen Darstellungen sind mehr oder weniger willkürlich. Eine analoge Relation gilt auch für andere kanonisch-konjugierten Observablenpaare wie z. B. L_x und φ oder E und t, ihr Produkt muss immer eine „Wirkung“ = Energie · Zeit sein.

$$\frac{\sin \omega' t \, \Delta k}{t \, \omega' \, \Delta k} = \frac{\sin t \, \Delta\omega}{t \, \Delta\omega} = \frac{\sin \hat{\xi}_0}{\hat{\xi}_0} \,, \qquad \text{(V-1.111)}$$

wie im Falle für das Paar x und Δk. Daher ergibt sich auch hier für die „Breite“ des Pakets auf der Zeitachse: $\frac{\Delta t}{2} \cdot \Delta\omega = \pi$ bzw. $\Delta t \cdot \Delta\omega = 2\pi$.

Damit erhalten wir

$$\Delta t \cdot \hbar \Delta\omega = \Delta t \cdot \Delta E = \hbar \cdot 2\pi = h \qquad \text{(V-1.112)}$$

bzw. bei Berücksichtigung weiterer Nullstellen

$$\Delta t \cdot \Delta E \geq h \quad \text{(„mindestens von der Größenordnung } h\text{“)}.[72] \qquad \text{(V-1.113)}$$

Je kürzer demnach das Zeitintervall Δt (z. B. die Emissionszeit) ist, desto unschärfer wird das zugehörige Energieintervall ΔE (z. B. die Energie des emittierten Photons).

Beispiel: Beugung einer e^--Welle am Spalt.

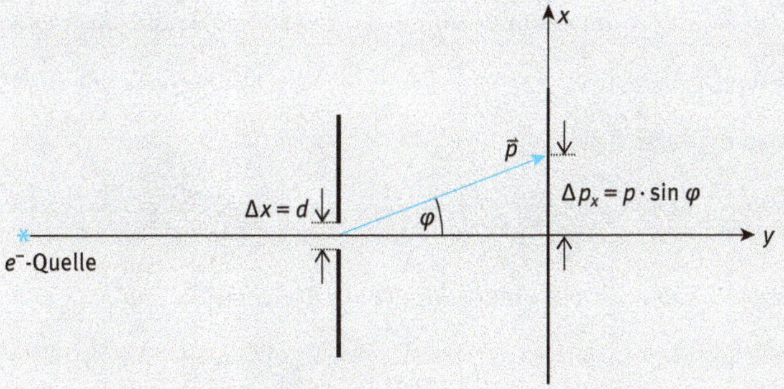

Ein e^- fliegt horizontal in y-Richtung. Wir lassen den Strahl durch einen schmalen Spalt der Breite d fallen. Die Ortsunschärfe Δx des e^- beim Durchfliegen des Spalts, an dem die Beugung auftritt, ist daher $\Delta x = d$. Wir wollen die Unschärfe

72 Aus der Darstellung einer ebenen Welle in der Form $\Psi = A \cdot e^{i(\omega t - kx)}$ ist ersichtlich, dass ωt und kx in völlig analoger Weise eingehen und damit auch analoge Konsequenzen nach sich ziehen: Mit $\Delta x \cdot \Delta k \geq 2\pi$ für eine zu einer bestimmten Zeit auf Δx beschränkte Welle muss auch $\Delta t \, \Delta\omega \geq 2\pi$ für eine an einem bestimmten Ort auf Δt beschränkte Welle gelten. Die strenge quantenmechanische Rechnung ergibt in diesem Fall $\sqrt{\overline{\Delta t^2}} \cdot \sqrt{\overline{\Delta E^2}} \geq \frac{\hbar}{2}$.

der zur Flugrichtung senkrechten Impulskoordinate Δp_x mittels des Konzepts der Materiewellen bestimmen. Wenn $\vec{p}$ der Gesamtimpuls eines e^- ist, so gilt für seine Komponente in x-Richtung $p_x = p \cdot \sin\varphi$. Der überwiegende Teil der e^- ist im Bereich des ersten Beugungsmaximums, also zwischen den ersten Beugungsminima zu erwarten. Wir wissen von unserer Betrachtung der Beugung am Spalt (vergleiche Band IV, Kapitel „Wellenoptik“, Abschnitt 1.2.4, Gl. IV-1.62), dass das erste Beugungsminimum beim Winkel $\sin\varphi = \frac{\lambda}{d}$ auftritt. Wir können daher setzen

$$\Delta p_x = p\sin\varphi = \frac{p\lambda}{d} \quad \Rightarrow \quad \frac{\Delta p_x}{p} = \frac{\lambda}{d}.$$

Mit $p = h/\lambda$ und $\Delta x = d$ erhalten wir damit

$$\frac{\Delta p_x \cdot \lambda}{h} = \frac{\lambda}{\Delta x}$$

und weiter

$$\Delta x \Delta p_x = h.$$

Der bis auf die Größe Δx in der Blende örtlich festgelegte e^--Strahl *muss* eine Impulsunschärfe von mindestens $\Delta p_x = \frac{h}{\Delta x}$ besitzen. Berücksichtigen wir noch weitere Minima, so ergibt sich wieder

$$\Delta x \cdot \Delta p_x \geq h.$$

Welche Unschärfe ergibt sich für ein makroskopisches Teilchen?

Aus $\Delta x \cdot \Delta p_x \geq h$ folgt $(\Delta p_x = m\,\Delta v_x)$ $\Delta v_x = \frac{h}{m\,\Delta x}$. Da die Plancksche Konstante h sehr klein ist ($\cong 6{,}6 \cdot 10^{-34}$ Js), ergibt sich Δv_x für makroskopische Massen zu $\Delta v_x \to 0$. Damit ergibt sich im obigen Beispiel $\sin\varphi = p_x/p = v_x/v \to 0$.

Beispiel 1: Wir nehmen für ein Steinchen der Masse 1 g eine Ortsunschärfe (Messgenauigkeit) von $\Delta x \approx 10^{-6}$ m = 1 µm an. Damit ergibt sich eine Unschärfe für die Geschwindigkeit Δv_x von

$$\Delta v_x = \frac{6{,}6 \cdot 10^{-34}}{10^{-3} \cdot 10^{-6}} = 6{,}6 \cdot 10^{-25}\,\text{m/s},$$

die offensichtlich keine Rolle spielt.

Beispiel 2: Für ein Elektron (e^-) der Masse $m_e = 9 \cdot 10^{-31}$ kg $\approx 10^{-30}$ kg, das einem Atom zugeordnet ist, nehmen wir eine Ortsunschärfe $\Delta x \approx 10^{-10}$ m an (ein Atomdurchmesser ist etwa 10^{-10} m). Damit ergibt sich eine Unschärfe der Geschwindigkeit dieses gebundenen e^- von

$$\Delta v_x = \frac{6{,}6 \cdot 10^{-34}}{10^{-30} \cdot 10^{-10}} \approx 7 \cdot 10^6 \text{ m/s}.$$

Wenn wir annehmen, dass die kinetische Energie des e^- $E_{e^-} = 10$ eV ist, ergibt sich für seine Geschwindigkeit (1 eV = $1{,}6 \cdot 10^{-19}$ J)

$$v = \sqrt{\frac{2 \cdot 16 \cdot 10^{-19}}{10^{-30}}} \approx 2 \cdot 10^6 \text{ m/s}.$$

Die Unschärfe Δv_x ist also etwa dreimal größer als die Geschwindigkeit v selbst!

Ist andererseits die Energie des e^- genügend groß, dann wird die Geschwindigkeitsunschärfe Δv gegenüber der Geschwindigkeit v vernachlässigbar und es wird seine de Broglie-Wellenlänge sehr klein (sehr kleine Beugungswinkel), sodass sich eine Teilchenbahn wie bei klassischen Teilchen ergibt (etwa analog wie sich die geometrische Optik aus der Wellenoptik ergibt, wenn die Wellenlänge des Lichts klein gegen die Abmessung der beugenden Öffnung wird, siehe Band IV, Kapitel „Geometrische Optik“, Abschnitt 2.1.1).

Die Gültigkeit der Heisenbergschen Unschärferelation wurde in jüngster Zeit auch für die Beugung eines Strahls von C_{70}-Molekülen (Fullerenen) am Spalt gezeigt (O. Nairz, M. Arndt, und A. Zeilinger, Phys. Rev. A **65**, 032109 (2002)).

1.7 Absorption, spontane und induzierte (stimulierte) Emission (LASER)

1.7.1 Atome im Strahlungsfeld

Atome, die einer Strahlung ausgesetzt sind, können Licht streuen und/oder es absorbieren oder auch Energie als Licht (Photonen) an das elektromagnetische Feld übertragen.

a) Elastische Streuung: Die einfallenden Lichtwellen (Photonen) werden ohne Energieänderung vom Atom gestreut, sie ändern nur ihre Richtung.

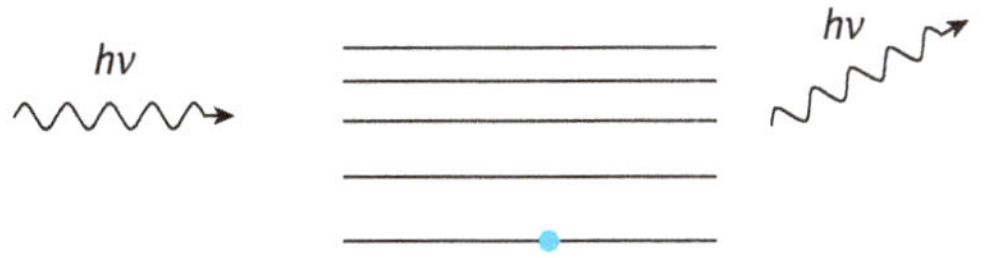

Ist die Wellenlänge groß gegen den Atomdurchmesser, so spricht man von *Rayleigh-Streuung*. Diese ist verantwortlich für das Himmelblau und das Abendrot. Dabei wird angenommen, dass die äußeren e^- der streuenden Luftmoleküle zu Dipolschwingungen angeregt werden (Oszillatormodell). Der Dipol strahlt dann vorwiegend in der Einfallsrichtung mit einer Intensität proportional zu ω^4 ($I \propto E^2 \propto \omega^4$) und damit proportional zu $1/\lambda^4$ ab (vgl. Band III, Kapitel „Wechselstromkreis und Elektromagnetische Schwingungen und Wellen", Abschnitte 5.3 und 5.4).[73] Steht die Sonne hoch am Himmel, erhält unser Auge überwiegend Streulicht, dem die Rotanteile des weißen Lichts fehlen, der Himmel erscheint blau („Tyndall-Effekt"). Steht die Sonne am Abend tief, enthält das ins Auge gelangende Licht von der Sonne infolge bevorzugter Seitwärtsstreuung der kurzwelligen Anteile einen erhöhten Anteil an langwelliger Strahlung, der Himmel sowie beleuchtete Wolken erscheinen rot.

Ist die Wellenlänge in der Größenordnung der Teilchen oder klein gegen den Teilchendurchmesser, spricht man von Mie-Streuung. Die elektromagnetischen Wellen werden jetzt an der Oberfläche der Teilchen gestreut, wobei keine ausgeprägte Abhängigkeit von der Wellenlänge mehr besteht. Deshalb erscheint der neblige Himmel weiß, ebenso wie kondensierter Wasserdampf („Lokomotivdampf").

b) inelastische Streuung = Raman Streuung[74]
($\nu' < \nu \rightarrow$ „Stokes Linie" oder $\nu' > \nu \rightarrow$ „Antistokes Linie")

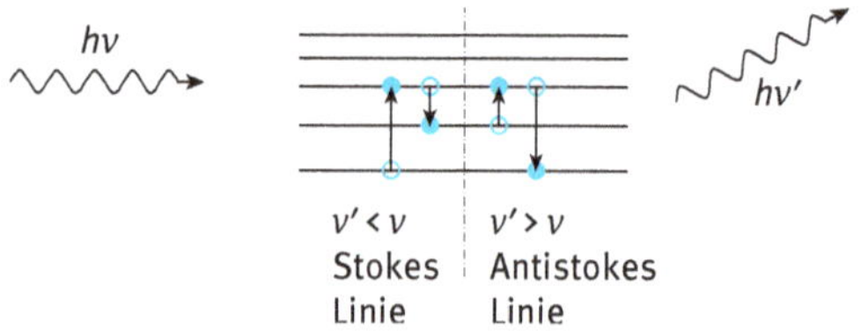

Bei inelastischer Streuung geht ein Teil der Energie der einfallenden Strahlung in Schwingungsenergie des ganzen Moleküls oder des Kristalls über (Erzeugung von Phononen, siehe Band VI, Kapitel „Festkörperphysik", Abschnitt 2.4.2) oder der Streukörper gibt einen Teil seiner Energie an das einfallende Photon ab.

c) Resonanzabsorption: Das Atom absorbiert ein einfallendes Photon und geht in einen angeregten Zustand über, es strahlt aber nach kurzer Zeit[75] durch spontane Emission wieder ein Photon mit gleicher Frequenz ab und kehrt so in den Grundzustand zurück.

---

73 Die an den statistisch verteilten Streuzentren gestreute Strahlung ist – wie das einfallende Licht – inkohärent, hat folglich keine feste Phasenbeziehung.

74 Nach Chandrasekhara Venkata Raman, 1888–1970, indischer Physiker. Für seine Arbeiten zur Lichtstreuung erhielt er 1930 den Nobelpreis.

75 Normalerweise nach ca. 10^{-8} s, Ausnahmen ergeben sich bei sogenannten „verbotenen" Übergängen (siehe dazu Kapitel „Atomhysik", Abschnitt 2.5.3).

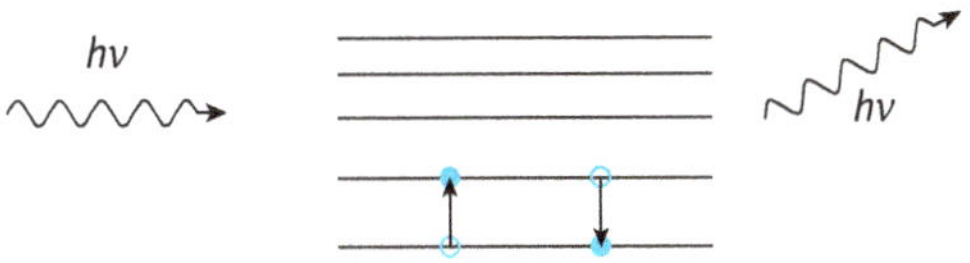

d) Fluoreszenz: Ein Atom wird durch die hohe Energie des einfallenden Photons (oder eines anderen Teilchens) hoch angeregt und gibt die Energie anschließend durch spontane Emission in mehreren Übergängen wieder ab. Die Lebensdauer des angeregten Zustandes ist meist nur kurz (~ 10^{-8} s), manchmal aber auch lang (bei „verbotenen" Übergängen) ms, s oder Minuten), man spricht dann von *Phosphoreszenz.*

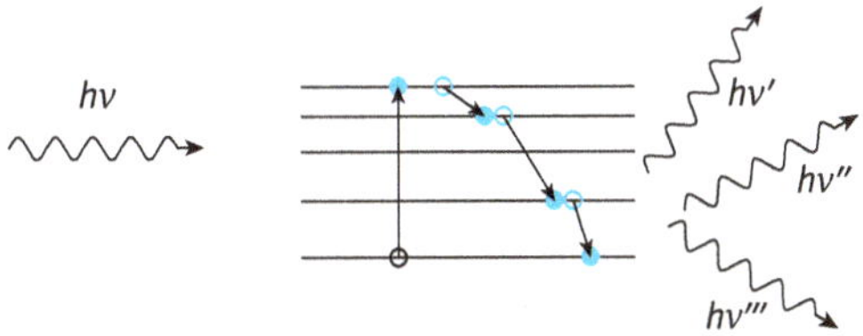

e) Photoeffekt:

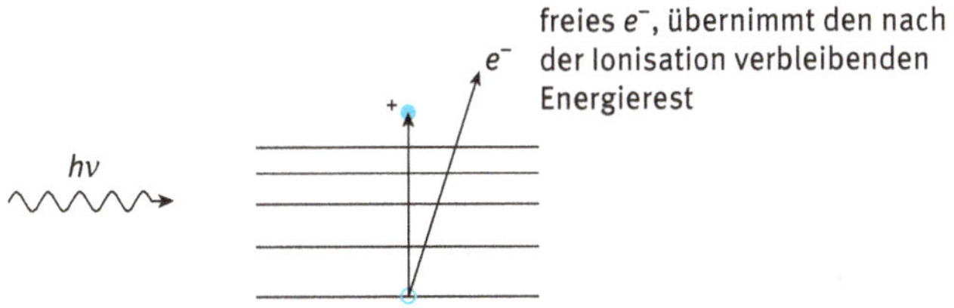

Das e^- wird in einem Schritt freigesetzt, das Atom wird ionisiert, das einfallende Quant $h\nu$ vollständig absorbiert.

f) Comptoneffekt:

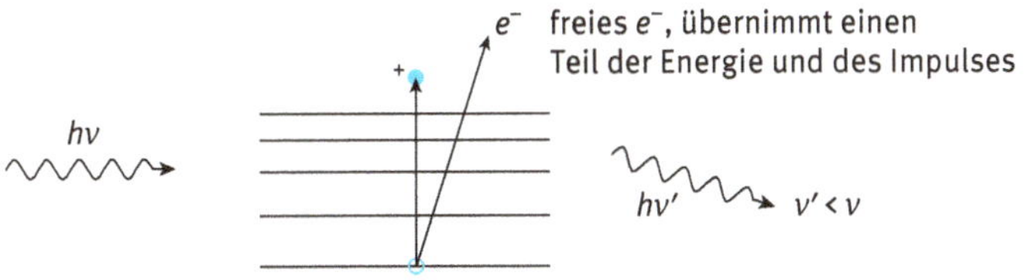

Das ganze Atom ändert seinen Energiezustand (inelastische Streuung am Atom) infolge der Ablösung eines äußeren e^- (Ionisierung), das gestreute Quant $h\nu'$ besitzt eine geringere Energie als das einfallende $h\nu$.

g) Induzierte (stimulierte) Emission: Ein Atom im angeregten Zustand wird durch ein einfallendes Photon mit einer Energie gleich der Anregungsenergie zur Emission eines Photons gleicher Energie und Phase stimuliert.

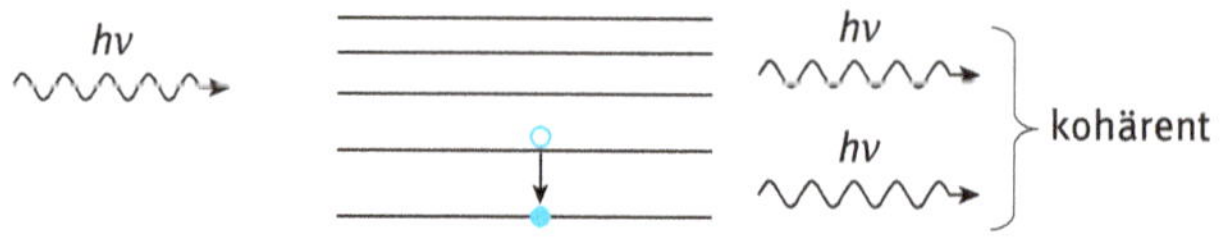

h) Brillouin-Streuung[76] (eng verwandt mit der Raman-Streuung):
Ein Photon ($E = \hbar\omega, \vec{p} = \hbar\vec{k}$) überträgt Energie und Impuls an ein *Phonon* (= Energiequant einer Schallwelle, $E = \hbar\Omega, \vec{p} = \hbar\vec{q}$) in einer Flüssigkeit oder in einem Festkörper.

1.7.2 Die Einsteinkoeffizienten der Strahlungsübergänge

1.7.2.1 Absorption (*absorption*)

Ein Atom befinde sich in einem stationären Zustand mit dem Energieniveau E_m in einem Strahlungsfeld mit der spektralen Energiedichte $w_\nu(\nu)$. Wir erinnern uns an die *spektrale Energiedichte* (siehe Band IV, Kapitel „Wärmestrahlung“, Abschnitt 3.3.1, Gl. (IV-3.25) und Band III, Kapitel „Wechselstromkreis und Elektromagnetische Schwingungen und Wellen“, Abschnitt 5.5.4, Gl. (III-5.147)):

$$w_\nu(\nu) = \frac{dw_{EM}}{d\nu}\,, \qquad \left[w_\nu(\nu)\right] = \frac{\mathrm{J \cdot s}}{\mathrm{m}^3}\,, \tag{V-1.114}$$

mit

$$< w_{EM} > = \frac{1}{2}\,\varepsilon_0\left(E^2 + c^2B^2\right) = \frac{1}{2}\left(\varepsilon_0 E^2 + \frac{B^2}{\mu_0}\right) = \frac{E \cdot B}{\mu_0 c} = \frac{I}{c} = \frac{< |\vec{S}| >}{c}\,. \tag{V-1.115}$$

Das Atom kann ein Photon $h\nu$ aus dem Strahlungsfeld absorbieren und in den angeregten Zustand $E_n = E_m + h\nu$ übergehen. Die Wahrscheinlichkeit pro Zeiteinheit (= Rate) für einen solchen Absorptionsübergang eines Atoms ist

$$W_{mn} = B_{mn} w_\nu(\nu) = B_{mn} \cdot z_{ph}(\nu) \cdot h\nu\,, \tag{V-1.116}$$

wobei $z_{ph}(\nu)$ die Zahl der Photonen pro Volumeneinheit in der Frequenzintervalleinheit ist, d. h. die spektrale Photonendichte, und B_{mn} der *Einsteinkoeffizient der Absorption*. B_{mn} gibt die Wahrscheinlichkeit für einen Absorptionsübergang für ein Atom pro Zeiteinheit und Einheit der spektralen Energiedichte an. $[W_{mn}] = 1/\mathrm{s} \Rightarrow [B_{mn}] = [W_{mn}]/[w_\nu(\nu)] = \mathrm{m}^3/(\mathrm{J \cdot s}^2)$

76 Nach Léon Nicolas Brillouin, 1889–1969. Französischer Physiker mit bedeutenden Arbeiten zur Festkörperphysik, Quantenphysik und Quantenmechanik.

Sind insgesamt N_m Atome im Energiezustand E_m im Strahlungsfeld, so gilt für die entsprechende Abnahme der Zahl der Atome in E_m durch Absorption eines Photons der Energie $h\nu$

$$-\frac{dN_m}{dt} = N_m B_{mn} w_\nu \,. \tag{V-1.117}$$

Auch daraus folgt wieder $[B_{mn}] = 1/([t] \cdot [w_\nu]) = \mathrm{m}^3/(\mathrm{J} \cdot \mathrm{s}^2)$. Jeder Absorptionsvorgang vermindert außerdem die Zahl der Photonen mit der Energie $h\nu$ und dem Impuls $h\nu/c$ des Strahlungsfeldes um eins.

1.7.2.2 Induzierte Emission (*stimulated emission*)[77]

Ganz analog kann das Strahlungsfeld ein bereits angeregtes Atom im Zustand E_n dazu veranlassen, unter Emission eines Photons $h\nu = E_n - E_m$ wieder in den tieferen Zustand E_m überzugehen. Die Wahrscheinlichkeit pro Zeiteinheit für diesen Vorgang der induzierten Emission eines Atoms ist

$$W_{nm} = B_{nm} w_\nu(\nu) = B_{nm} z_{ph}(\nu) \cdot h\nu \tag{V-1.118}$$

bzw. die Änderung der Anzahl der Atome N_n im Energiezustand E_n

$$-\frac{dN_n}{dt} = N_n B_{nm} w_\nu \,. \tag{V-1.119}$$

B_{nm} ist der *Einsteinkoeffizient der induzierten Emission*. B_{nm} bzw. B_{mn} werden in den Einheiten $[B_{nm}] = \mathrm{m}^3\mathrm{J}^{-1}\mathrm{s}^{-2}$ angegeben.

Das emittierte Photon erhöht die Photonenzahl mit der Energie $h\nu$ im Strahlungsfeld um eins.

1.7.2.3 Spontane Emission (*spontaneous emission*)

Lichtemission eines Atoms kann auch ohne äußere Veranlassung, also *ohne äußeres Feld* (auch in Anwesenheit eines äußeren Strahlungsfeldes, aber unabhängig von diesem) erfolgen, d. h. „von selbst" (= spontan).

Die Wahrscheinlichkeit pro Zeiteinheit für einen solchen Übergang eines Atoms von E_n nach E_m ist

$$W_{nm} = A_{nm} \tag{V-1.120}$$

77 1928 von Ladenburg (siehe Fußnote 102) und Mitarbeitern in Gasen nachgewiesen.

und die Änderung aller Atome N_n im Energiezustand E_n infolge spontaner Übergänge ist somit

$$-\frac{dN_n}{dt} = N_n A_{nm} \,. \tag{V-1.121}$$

A_{nm} ist der *Einsteinkoeffizient der spontanen Emission*, der auch als *Übergangswahrscheinlichkeit* bezeichnet wird. Die Einheit von A_{nm} ist $[A_{nm}] = 1/\mathrm{s}$.

Sehr häufig wird zur Charakterisierung des Übergangs eines Atoms zwischen verschiedenen Zuständen die *Lebensdauer* verwendet, die mit der Übergangswahrscheinlichkeit W zwischen den Zuständen verknüpft ist. Ist $W \cdot dt$ die Wahrscheinlichkeit dafür, dass ein Atom seinen augenblicklichen Zustand während des kurzen Zeitintervalls dt verlässt ($Wdt \ll 1$), dann nimmt die Zahl der Atome in diesem Zustand bei konstantem W[78] (ganz analog zum Gesetz des radioaktiven Zerfalls, siehe Kapitel „Subatomare Physik" Abschnitt 3.1.4.1) exponentiell mit der Zeit ab. Von N Atomen verlassen dN Atome in der Zeit dt den augenblicklichen Zustand mit $-dN = N \cdot Wdt$; die Integration liefert mit $N = N_0$ für $t = 0$ sofort

$$N(t) = N_0 e^{-Wt} \,. \tag{V-1.122}$$

Damit ist die Zahl der Atome, die den Zustand im Zeitintervall $(t,\, t + dt)$ verlassen oder, anders betrachtet, die Lebensdauer t besitzen, gleich dem Betrag der Abnahme von $N(t)$ im gleichen Zeitintervall dt

$$-dN(t,t + dt) = W \cdot N_0 e^{-Wt} dt = W \cdot N(t) \cdot dt \tag{V-1.123}$$

und wir erhalten für die *mittlere Lebensdauer* $\bar{\tau}$ eines Atoms in diesem Zustand

$$\bar{\tau} = \frac{1}{N_0} \int_0^\infty t \cdot W \cdot N_0 \cdot e^{-Wt} dt = \frac{1}{W} \,.^{79} \tag{V-1.124}$$

---

78 Die Übergangswahrscheinlichkeit W ist völlig unabhängig von der Vorgeschichte des Atoms, insbesondere davon, wie lange sich ein Atom schon im angeregten Zustand befindet.

79 Lösung durch partielle Integration: $\bar{\tau} = W \int_0^\infty \underbrace{t}_{u(t)} \cdot \underbrace{e^{-Wt} dt}_{dv(t)} \Rightarrow du = dt;\ v(t) = -\frac{1}{W} e^{-Wt}$

$$\Rightarrow \bar{\tau} = W \underbrace{\left(\left[u(t) \cdot v(t) \right]_0^\infty - \int_0^\infty v(t) du \right)}_{\text{partielle Integration}} = W \left(\underbrace{\left[-\frac{t}{W} e^{-Wt} \right]_0^\infty}_{=0} + \underbrace{\frac{1}{W} \int_0^\infty e^{-Wt} dt}_{=\frac{1}{W^2}} \right) = \frac{1}{W}$$

$$\Rightarrow \bar{\tau} = \frac{1}{W}.$$

Der Reziprokwert der Übergangswahrscheinlichkeit eines bestimmten Zustands in einen anderen ist somit gleich seiner mittleren Lebensdauer. Wenn mehrere, statistisch unabhängige Prozesse mit unterschiedlichen Lebensdauern zu einer Änderung des atomaren Zustands beitragen, addieren sich die Reziprokwerte der Lebensdauern der einzelnen Prozesse zu einem Reziprokwert der tatsächlichen Lebensdauer des Zustands, da sich die einzelnen Übergangswahrscheinlichkeiten addieren („entweder Prozess 1 oder Prozess 2 oder ...“).

Für die Lebensdauer eines Zustands, der nur durch spontane Emission verändert wird, gilt daher

$$\frac{1}{\bar{\tau}_{sp}} = A_{nm} \,. \qquad \text{(V-1.125)}$$

Wir betrachten jetzt ein System mit zwei korrespondierenden Energieniveaus („Zweiniveau-System“), das sich im Gleichgewicht (*GG*) mit seiner Umgebung befindet (Abb. V-1.37). In diesem Fall muss die Besetzung der Energiezustände E_m und E_n zeitlich konstant sein und damit muss auch gelten, dass die Emissionsrate durch spontane und induzierte Emission gleich der Absorptionsrate ist

$$\underbrace{N_n A_{nm}}_{\text{spontane Em.}} + \underbrace{N_n B_{nm} \cdot w_\nu(\nu)}_{\text{induzierte Emission}} = \underbrace{N_m B_{mn} \cdot w_\nu(\nu)}_{\text{Absorption}} \qquad \text{(V-1.126)}$$

$$\Rightarrow \quad N_n = N_m \underbrace{\left(\frac{B_{mn} \cdot w_\nu(\nu)}{A_{nm} + B_{nm} \cdot w_\nu(\nu)} \right)}_{<1} \qquad \text{(V-1.127)}$$

$$\Rightarrow \quad N_n < N_m \,. \qquad \text{(V-1.128)}$$

Das heißt aber, mit $B_{nm} = B_{mn}$ (siehe nächster Abschnitt 1.7.3) kann im Zweiniveau-System keine stabile Besetzungsinversion ($N_n > N_m$) erzielt werden.

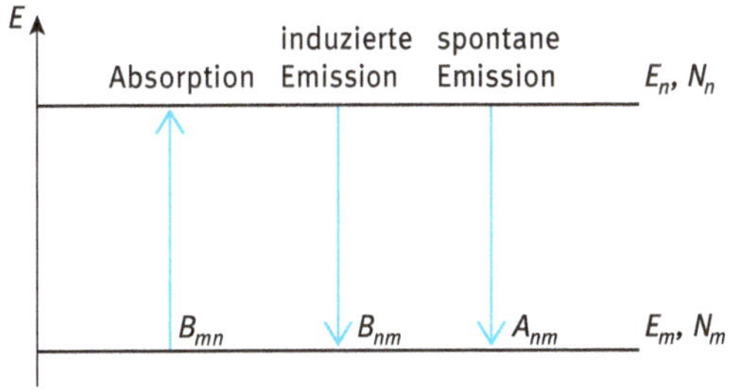

Abb. V-1.37: Absorption, spontane Emission und induzierte Emission in einem Zweiniveau-System.

1.7.3 Herleitung des Planckschen Strahlungsgesetzes nach Einstein

Für ein kleines System im thermischen *GG* mit seiner Umgebung (einem großen System) gilt die „kanonische Verteilung“, das heißt, die Wahrscheinlichkeit P_i dafür, das kleine System im Zustand i mit der Energie E_i zu finden, ist (siehe dazu Band VI, Kapitel „Statistische Physik“, Abschnitt 1.3.4)

$$P_i = \frac{1}{Z} g_i e^{-E_i/kT}, \qquad Z = \sum_i g_i e^{-E_i/kT}. \tag{V-1.129}$$

Wir wenden das auf die Besetzungszahlen $N_i = N_0 \cdot P_i$ der Energiezustände der Atome an und erhalten für das Verhältnis der Besetzungszahlen von zwei Zuständen mit den Energien E_m und E_n

$$\frac{N_n}{N_m} = \frac{g_n}{g_m} e^{-\overbrace{(E_n - E_m)}^{h\nu}/kT}. \tag{V-1.130}$$

Dabei sind g_m und g_n die „statistischen Gewichte“ der Zustände E_m und E_n; sie haben mit der *Entartung* der betreffenden Zustände, ihrer „Multiplizität“ (Anzahl der verschiedenen Zustände bei gleicher Energie), zu tun.

Ist $E_n > E_m$, so gilt im Normalfall im *GG* daher $N_n < N_m$.

Aus der *GG*-Bedingung für Absorptions- und Emissionsraten (Gl. V-1.127) folgt

$$\frac{N_n}{N_m} = \frac{B_{mn} w_\nu}{A_{nm} + B_{nm} w_\nu} = \frac{g_n}{g_m} e^{-h\nu/kT} \tag{V-1.131}$$

$$\Rightarrow \quad B_{mn} w_\nu = A_{nm} \frac{g_n}{g_m} e^{-h\nu/kT} + B_{nm} w_\nu \frac{g_n}{g_m} e^{-h\nu/kT} \tag{V-1.132}$$

$$\Rightarrow \quad w_\nu \left(B_{mn} - B_{nm} \frac{g_n}{g_m} e^{-h\nu/kT} \right) = A_{nm} \frac{g_n}{g_m} e^{-h\nu/kT} \tag{V-1.133}$$

$$\Rightarrow \quad w_\nu(\nu) = \frac{A_{nm}}{B_{mn} \frac{g_m}{g_n} e^{h\nu/kT} - B_{nm}}. \tag{V-1.134}$$

Zwischen den Einsteinkoeffizienten B_{mn} und B_{nm} kann nun aus der Grenzbedingung, dass für $T \to \infty$ auch $w_\nu \to \infty$ gelten muss, eine einfache Beziehung erhalten werden. Demnach muss für $T \to \infty$ der Nenner von w_ν verschwinden, also $\lim\limits_{T\to\infty} \left(B_{mn} \frac{g_m}{g_n} \underbrace{e^{h\nu/kT}}_{=1 \text{ für } T\to\infty} - B_{nm} \right) = 0$. Dies ist nur erfüllt für

$$B_{mn}\frac{g_m}{g_n} = B_{nm} \quad \text{bzw.} \quad B_{mn} = \frac{g_n}{g_m} B_{nm} \quad \text{oder} \quad g_n B_{nm} = g_m B_{mn} \,. \qquad \text{(V-1.135)}$$

Für nicht-entartete Zustände gilt insbesondere $g_n = g_m = 1$ und damit

$$B_{mn} = B_{nm} = B \,. \qquad \text{(V-1.136)}$$

Wir setzen dieses Ergebnis in die Formel für die spektrale Energiedichte w_ν ein und erhalten (unter Beibehaltung der Entartungskoeffizienten)

$$w_\nu = \frac{A_{nm}}{\frac{g_m}{g_n} B_{mn}\left(e^{h\nu/kT} - 1\right)} \,. \qquad \text{(V-1.137)}$$

Für $\frac{h\nu}{kT} \ll 1$ muss das Strahlungsgesetz von Rayleigh-Jeans gelten. Wir entwickeln daher die Exponentialfunktion im Nenner für $\frac{h\nu}{kT} \ll 1$ ($e^{h\nu/kT} = 1 + h\nu/kT + \ldots$) und setzen für w_ν den Wert $\frac{8\pi\nu^2}{c^3} kT$ aus der Herleitung des Strahlungsgesetzes von Rayleigh und Jeans ein (siehe Band IV, Kapitel „Wärmestrahlung", Abschnitt 3.4.2, Gl. IV-3.114)

$$w_\nu = \frac{A_{nm}}{\frac{g_m}{g_n} B_{mn}} \cdot \frac{kT}{h\nu} = \underbrace{\frac{8\pi\nu^2}{c^3}}_{= n_\nu} kT = n_\nu \cdot kT \,, \qquad \text{(V-1.138)}$$

mit n_ν = Zahl der Photonen der Frequenz ν in der Volumeneinheit.

Daraus ergibt sich

$$\frac{A_{nm}}{\frac{g_m}{g_n} B_{mn}} = \frac{8\pi h\nu^3}{c^3} \qquad \text{(V-1.139)}$$

und damit nach Gl. (V-1.137)

$$w_\nu(\nu) = \frac{8\pi h\nu^3}{c^3} \frac{1}{e^{h\nu/kT} - 1} \qquad \textit{Plancksches Strahlungsgesetz}^{80} \qquad \text{(V-1.140)}$$

80 Zur Erinnerung: $[w_\nu(\nu)] = \mathrm{J \cdot s/m^3}$.

Für den Einsteinkoeffizienten A_{nm}, die Übergangswahrscheinlichkeit in der Zeiteinheit, ergibt sich mit $B_{mn} = \frac{g_n}{g_m} B_{nm}$ folgender wichtiger Zusammenhang mit dem entsprechenden Koeffizienten für die stimulierte Emission B_{nm}[81]

$$A_{nm} = \frac{8\pi h\nu^3}{c^3} B_{nm}\text{,}^{82} \tag{V-1.141}$$

bzw. ohne Entartung mit für $g_n = g_m = 1$

$$A_{nm} = \frac{8\pi h\nu^3}{c^3} B \tag{V-1.142}$$

1.7.4 Der Laser

1.7.4.1 Aufbau eines Lasers

Eine gewöhnliche Lichtquelle sendet Licht aus, das durch spontane Emissionen unterschiedlicher Atome entsteht, die Strahlung ist daher nicht in Phase, sie ist inkohärent. Dies gilt nicht nur für die Strahlung unterschiedlicher (Licht-) Quellen, sondern auch für die von verschiedenen Stellen einer ausgedehnten Quelle emittierte Strahlung.

Ein Laser (*Light **A**mplification by **S**timulated **E**mission of **R**adiation*) dient zur *Lichtverstärkung* bzw. Lichtaussendung durch induzierte (= stimulierte) Emission von Strahlung. Dazu wird ein System aus vielen Atomen (Lasermedium), das sich

---

81 A_{nm} kann quantenmechanisch für jede Art des Übergangs (Dipolstrahlung, Quadrupolstrahlung usw.) aus der Überlappung der Wellenfunktionen des Ausgangs- und des Endzustandes im gesamten Raum berechnet werden: Für die Dipolstrahlung ergibt sich mit $\vec{\mu}(n,m) = e\int \psi_n^* \vec{r} \psi_m dV$ als Dipolmoment für $A_{nm} = \frac{64\pi^4\nu^3}{3hc^3}\left|\vec{\mu}(n,m)\right|^2$ (e = Elementarladung). Verschwindet $\left|\vec{\mu}(n,m)\right|$ für zwei Zustände (n,m), dann findet kein spontaner Übergang zwischen ihnen statt, der Dipolübergang zwischen den beiden Zuständen ist *verboten*.

82 Eigentlich müsste es hier heißen $A_{nm} = \frac{8\pi h\nu^3 n^3}{c^3} B_{nm}$, d. h. c durch c/n ersetzt werden, wobei n der Brechungsindex des Materials ist, in dem die Strahlungsübergänge stattfinden. Wir setzen im Weiteren überall $n = 1$.

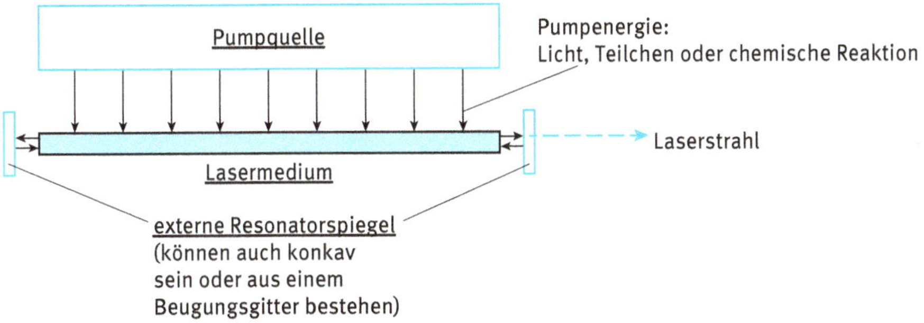

Abb. V-1.38: Die drei Hauptkomponenten eines Lasers: Pumpquelle zur Erzeugung der Besetzungsinversion, Lasermedium (Resonator) und Resonatorspiegel.

in einem Hohlraumresonator[83] befindet (z. B. ein mit Fremdatomen, dem aktiven Lasermedium, dotierter Kristall), in einen angeregten Zustand mit *Besetzungsinversion* der Fremdatome gebracht, d. h. in einen Zustand, in dem sich mehr Fremdatome im höheren Niveau befinden als im korrespondierenden niedrigeren. Die sich im Resonator aufbauende Strahlung stimuliert die angeregten Atome dazu, unter Strahlungsemission in das niedrigere Energieniveau zurückkehren. Die Lichtverstärkung im Resonatormedium erfolgt durch den *Rückkoppelmechanismus* aufgrund der vielfachen Reflexion an den beiden Spiegeln.

Die wesentlichen Bestandteile eines Lasers (genauer: Laseroszillators) sind (Abb. V-1.38):

1. Das Lasermedium, das als Hohlraumresonator gestaltet ist.[84]
2. Ein hochwirksames Reflexionssystem (Spiegel), innerhalb dessen die Lichtverstärkung erfolgt. Einer der beiden reflektierenden Spiegel ist teilweise durch-

83 Für einen Festkörperlaser (z. B. Rubinlaser) ist der Resonator analog dem Hohlraum von Rayleigh und Jeans zur Herleitung ihrer Strahlungsformel (Band IV, Kapitel „Wärmestrahlung", Abschnitt 3.4.2) aufgebaut. Allerdings tragen jene Schwingungsmoden, die gegen die Laserachse merklich geneigt sind, nichts zur Laserwirkung bei, da ihre Photonen nur kurze Zeit im Verstärkungsbereich um die optische Achse des Lasers verweilen. Beim Gaslaser (z. B. He-Ne-Laser) sind nur die beiden Endflächen des Hohlraums verspiegelt (bzw. teilweise verspiegelt); dies ergibt einen Fabry-Pérot Resonator, dessen Schwingungsmoden komplizierter aufgebaut sind als im allseits verspiegelten Hohlraum. Bei der für Messzwecke fast ausschließlich verwendeten TEM_{00}-Transversalmode variiert die Intensität des Laserstrahls über den Durchmesser nach eine Gaußkurve („Gaußscher Strahl"). Andere Transversalmoden führen zu Strahlen, deren Querschnitt von Knotenlinien mit verschwindender Intensität durchzogen ist. Das Indexpaar in der Bezeichnung TEM_{nm} für die Transversalmoden gibt die Zahl der Knotenlinien in der x- und y-Richtung an (bzw. in der r- und φ-Richtung bei kreisförmigem Querschnitt). Vgl. die Abbildungen V-1.47 und V-1.48 im Abschnitt 1.7.4.6.

84 Werden die Spiegel nicht selbst zum Abschluss des Lasermediums verwendet (externe Spiegel, bequemere Justierbarkeit und Austauschbarkeit), dann werden die Enden des Mediums zur Minimierung der Reflexionsverluste unter dem Brewsterwinkel (siehe Band IV, Kapitel „Wellenoptik",

lässig, durch ihn wird der Laserstrahl ausgekoppelt. Die Spiegel können wellenlängenselektiv verspiegelt sein, um bestimmte Linien auszuwählen.[85]
3. Ein kontinuierlich oder intermittierend arbeitendes ‚Pumpsystem', das die Energie zur Herstellung und Aufrechterhaltung der Besetzungsinversion liefert, z. B. eine Blitzlichtlampe hoher Leistung.

Als Lasermedium finden Verwendung:
- dotierte Festkörper (Kristalle); Beispiel: Rubinlaser, Nd:YAG-Laser.[86] Gläser, womit sehr große Laser hergestellt werden können; Beispiel: Nd:Glas-Laser
- Gasmischungen; Beispiel; He-Ne-Laser
- Flüssigkeiten (gelöste organische Farbstoffe, großer Frequenzbereich) ergeben durchstimmbare Farbstofflaser (*Dye Laser*); Beispiel: Rhodamin 6G (555–585 nm)

Bei Halbleiterlasern werden stromdurchflossene *p*-*n*-Übergänge in Halbleitern zur Herstellung der Besetzungsinversion verwendet (Laserdioden). Ihre Leistung ist i. Allg. gering (< 1 W).

Laser können entweder im Dauerstrich (*continuous wave (cw) mode*) oder gepulst (*pulsed mode*) betrieben werden.

Erzielbare Lichtleistung (mittlere Leistung bei Dauerstrich (*cw*) bzw. Pulsenergie)

Lasermaterial	**Wellenlänge (µm)**	**Leistung (W)**
He-Ne Gas	0,63; 1,15; 3,39	0,05 (*cw*)
HF Gas	2,5–4	100 (*cw*), 10 000 (Puls)
CO_2 Gas	9–11	10 (*cw*), 15 000 (Puls)
Rubin ($Cr:Al_2O_3$)	0,6943	400 (Puls)
YAG-Laser (Nd:YAG)	1,06	1000 (*cw*), 400 (Puls)
Farbstofflaser	0,4–0,8 (mit Frequenzumsetzung 0,05–12)	1 (*cw*), 25 (Puls)
Halbleiterlaser	0,38–30	10^{-3}–10 (*cw*)

Durch die induzierte (stimulierte) Emission sind die von den unterschiedlichen, angeregten Atomen ausgesandten Lichtwellen alle von gleicher Energie (gleicher

Abschnitt 1.4.2) abgeschlossen. Die Laserstrahlung ist dann linear polarisiert, da der Brewsterwinkel nur für eine Polarisationsrichtung wirkt.

85 Die Spiegel können auch konkav oder als Beugungsgitter gestaltet sein. Konkave Spiegel in konfokaler Aufstellung (gemeinsamem Brennpunkt in der Lasermitte) ergeben eine viel kleinere Strahldivergenz und eine einfachere Justierbarkeit. Blazed-Beugungsgitter (das Strichprofil ist so gestaltet, dass die gebeugte Energie vorwiegend in eine bestimmte Richtung fällt) dienen zum Durchstimmen von Farbstofflasern.

86 Neodym-dotierter Yttrium-Aluminium-Granat-Laser

Frequenz), gleicher Phase und gleicher Polarisation,[87] d. h., alle Photonen sind im gleichen Quantenzustand, die Strahlung ist also im Idealfall räumlich und zeitlich völlig kohärent. Dies ist deshalb erlaubt, da Photonen als Bosonen (ganzzahliger Spin $\pm\hbar$) der Bose-Einstein- und nicht der Fermi-Dirac-Statistik gehorchen und daher nicht dem *Pauli-Verbot* unterliegen (siehe Band VI, Kapitel „Statistische Physik", Abschnitt 1.4.1). Wegen seiner hohen Kohärenz kann der Laserstrahl zur Erzeugung von Beugungseffekten (Interferenz) direkt verwendet werden, im Gegensatz zu normalen Lichtquellen, bei welchen Hilfsmaßnahmen, wie Strahlteilung, große Entfernung der Lichtquelle usw., notwendig sind. Dies kann durch die Beugungserscheinung am Strichmuster einer Schublehre (siehe Band I, Kapitel „Einleitung", Abschnitt 1.3.4, Beispiel ‚Messung mit einer Mikrometerschraube und einer Schublehre') gezeigt werden (Abb. V-1.39).

Die Laserstrahlung ist nahezu monochromatisch mit einer außerordentlich kleinen spektralen Breite. Die Lichtverstärkung im Laser ist ein Resonanzprozess im Hohlraumresonator (Fabry-Pérot-Resonator), wodurch nur sehr scharfe Frequenzbänder innerhalb der Linienbreite des Laserübergangs entstehen. Die maximale Intensität der abgegebenen Strahlung tritt im Maximum des Frequenzprofils des relativ breiten Laserübergangs auf, wobei die Breite der Frequenzverteilung mit zunehmender Lichtverstärkung (vgl. Abschnitt 1.7.4.3, Gl. V-1.157) immer kleiner wird. Die spektrale Breite der Laserstrahlung ist daher wesentlich kleiner (nur ca. 1/500!) als die natürliche Linienbreite von Spektrallinien. Damit in Zusammenhang stehen Kohärenzlängen von ca. 100 km (Spektrallampen: ca. 1 m).

Die **Frequenzunschärfe** beträgt $\Delta\nu = 10^8 - 10^9$ Hz bei einer Laserfrequenz von etwa 10^{15} Hz. Mit speziellen Stabilisierungsmaßnahmen kann $\Delta\nu$ auf ~1000 Hz gesenkt werden, wodurch die genaueste Darstellung der Metereinheit gegeben ist (Ersatz der ^{86}Kr-Lampe).

Die Laserstrahlung weist aufgrund des Fabry-Pérot-Resonators eine extrem **kleine Strahldivergenz** auf. Während der Strahl eines normalen Scheinwerfers mit einer Winkeldivergenz von 1° in einer Entfernung von 1 km einen Durchmesser von ca. 17 m aufweist, so ist der Durchmesser eines Laserstrahls, wie er etwa in jedem Labor verwendet wird, noch am Mond nicht größer als etwa 1,6 km! Die verbleibende Divergenz ist eine Folge der Beugung am Rand des Laserstrahls. Ein Laserstrahl mit einer Divergenz von ca. 1 Bogenminute kann mit einer Linse auf eine Fläche von etwa λ^2 Größe (λ = Laserwellenlänge) fokussiert werden. Dabei können mit den größten Lasern (Raumbedarf: großes Gebäude; die kleinsten Laser sind dagegen nur so groß wie der Kopf einer Stecknadel) für die Kernfusionsforschung (siehe Kapitel „Subatomare Physik", Abschnitt 3.1.5.3.3) in extrem kurzer Zeit Leistungsdichten von $I = 10^{15}\,\mathrm{Wcm^{-2}}$ erzielt werden ($P = 10^{14}$ W bei $T = 10^{-12}$ s Pulsdauer).

87 Der Laserstrahl besitzt aber i. a. nur bei Vorliegen einer geeigneten Polarisationseinrichtung (z. B. Brewsterplatte) eine bestimmte Polarisation!

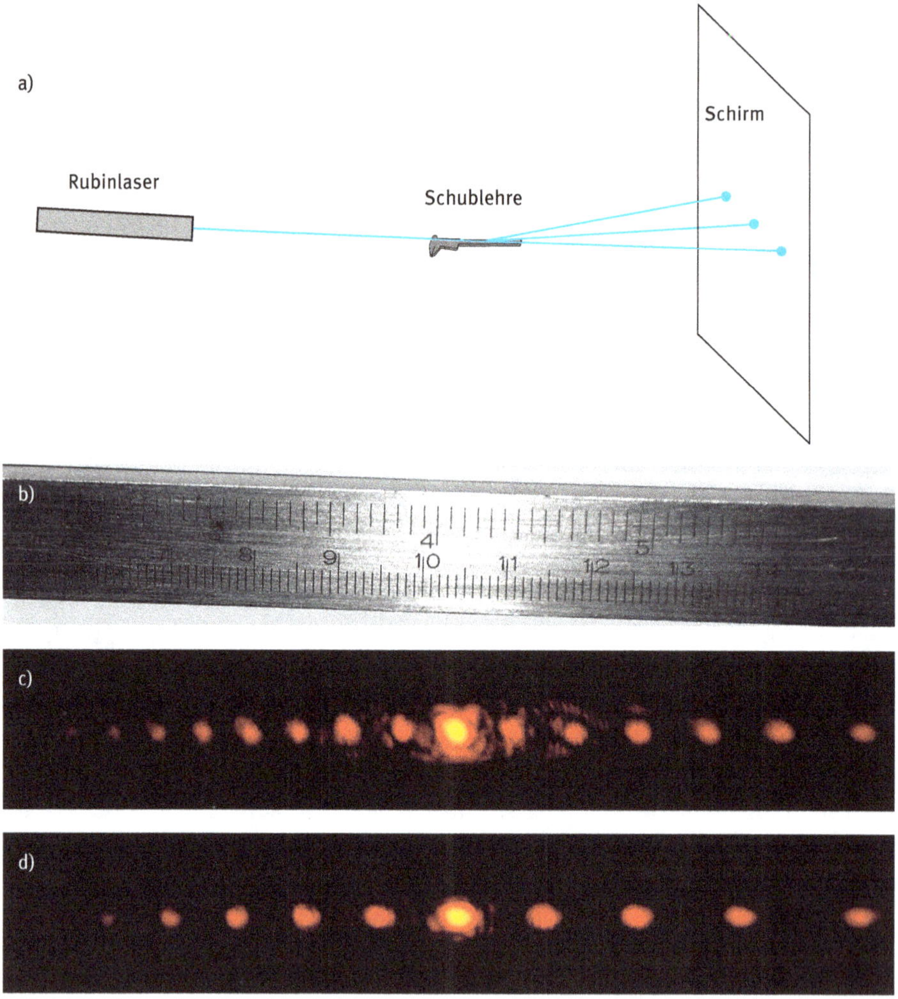

Abb. V-1.39: Beugung eines Laserstrahls am Strichmuster einer Schublehre. a) Die hohe Kohärenz des Laserstrahls erlaubt eine ganz einfache Versuchsanordnung; b) Zoll-Skala (oben) und mm-Skala der Schublehre (unten); c) Beugungsmaxima an der Zolleinteilung; d) Beugungsmaxima an der mm-Einteilung. Die Beugungsbilder zeigen den Zusammenhang der Beugung mit der Fouriertransformation: Der große Abstand der Striche der Zoll-Skala führt zu einem kleineren Abstand der Beugungspunkte als der kleinere Abstand der Striche der mm-Skala.

Die Ausgangsleistung der üblichen Laborlaser (He-Ne-Laser, Rubinlaser) reicht im kontinuierlichen Betrieb (*cw*-Betrieb) vom mW- bis in den W-Bereich. Die höchsten Ausgangsleistungen im *cw*-Betrieb werden mit dem CO_2-Laser (ca. 1 kW) und dem HF-Laser (Fluorwasserstofflaser, ca. 100 W) erreicht.

Die mit der außerordentlich guten Fokussierbarkeit verbundene hohe Leistungsdichte ermöglicht zahlreiche **Anwendungen** in Medizin (Schneiden mit CO_2-

Lasern, Koagulieren mit Nd:YAG-Lasern, Verdampfen, Steinzertrümmerung durch laserinduzierte Schockwellen) und Technik (Bohren, Schneiden, Schweißen auch der härtesten Materialien und bei äußerst kleinen Dimensionen).

1.7.4.2 Besetzungsinversion und Laserbedingung

Wir haben oben gesehen (Abschnitt 1.7.3, Gl. V-1.130), dass im *GG* gilt $\frac{N_n}{N_m} \propto e^{-(E_n - E_m)/kT}$; im Normalfall sind daher mehr Atome im Zustand mit der kleineren Energie E_m als im angeregten Zustand E_n. Befinden sich dagegen in einem Nicht-Gleichgewichtszustand mehr Atome im energetisch höheren Niveau E_n als im Niveau E_m, so liegt eine *Besetzungsinversion* vor.

Ohne Strahlungsfeld erfolgt die Atomanregung nur durch thermische Stöße. Im Strahlungsfeld dagegen verschwinden Photonen aus dem Strahlungsfeld auch durch Absorption und entstehen neben der spontanen auch durch induzierte (= stimulierte) Emission, wobei die induzierte Strahlung mit der einfallenden *kohärent* ist (Abb. V-1.40).

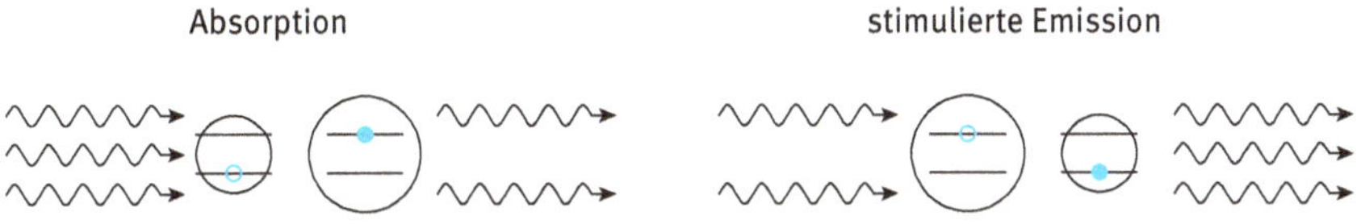

Abb. V-1.40: Atome im Strahlungsfeld. Photonen verschwinden aus dem Strahlungsfeld durch Absorption und entstehen durch stimulierte Emission.

Für eine Lichtverstärkung braucht man also eine *Besetzungsinversion*, d. h. mehr Atome im angeregten Zustand mit der höheren Energie E_n als im Zustand E_m.

Wir nehmen im folgenden zwei aktive Laserniveaus 1 und 2 an, mit $E_2 > E_1$, sodass *nur* zwischen diesen beiden Niveaus Strahlungsübergänge stattfinden sollen. Im *GG* muss bei nicht-entarteten Zuständen gelten (siehe Absctehnitt 1.7.2.3, Gl. V-1.126)

$$N_2 A_{21} + N_2 B w_\nu = N_1 B w_\nu \qquad \text{bzw.} \qquad (N_2 - N_1) B w_\nu + N_2 A_{21} = 0 \,. \qquad \text{(V-1.143)}$$

Zur Vereinfachung setzen wir für $A_{21} = A$.

Wir nehmen jetzt einen Nicht-Gleichgewichtszustand an (Zunahme oder Abnahme von Photonen), bei dem bei jedem atomaren Übergang ein Photon der Frequenz $\nu = \frac{E_2 - E_1}{h}$ emittiert oder absorbiert wird. Für die Änderungsrate der Photonenzahl ergibt sich daher

$$\frac{dZ_{ph}(\nu)}{dt} = (N_2 - N_1) \cdot B \cdot w_\nu + N_2 A \,. \qquad \text{(V-1.144)}$$

Wir betrachten zunächst die Gesamtzahl der Photonen $Z_{ph} = Z(\nu)$ im Volumen V des Lasers, die in einem kleinen Frequenzintervall $\Delta\nu$ vorhanden sind. Diese ergibt sich aus der spektralen Modendichte $n_\nu(\nu)$ des resonierenden Laservolumens und der mittleren Anzahl der Photonen $\bar{n}(\nu) \equiv n(\nu) \equiv n$ pro Schwingungsmode im Intervall $\Delta\nu$ zu

$$Z(\nu) = z_{ph} V \Delta\nu = n_\nu(\nu) \cdot n(\nu) \cdot V \cdot \Delta\nu .^{88} \qquad \text{(V-1.145)}$$

$[n_\nu(\nu)] = \dfrac{\mathrm{s}}{\mathrm{m}^3}$; $[n(\nu)] = 1$.

Dabei ist $z_{ph} = n_\nu(\nu) \cdot n(\nu)$ die mittlere spektrale Photonendichte mit $[z_{ph}] = \dfrac{\mathrm{s}}{\mathrm{m}^3}$.

Daraus berechnen wir die Änderung der Photonenzahl pro Schwingungsmode $\dfrac{dn}{dt}$:

$$\frac{dZ(\nu)}{dt} = n_\nu(\nu) \cdot \Delta\nu \cdot V \cdot \frac{dn}{dt} \qquad \text{und damit} \qquad \frac{dn}{dt} = \frac{1}{n_\nu(\nu) \cdot \Delta\nu \cdot V} \frac{dZ(\nu)}{dt} \qquad \text{(V-1.146)}$$

und erhalten so für die Änderung (Zunahme) der Photonenzahl pro Volumeneinheit einer Schwingungsmode, indem wir die obige Bilanzgleichung (V-1.144) für $\dfrac{dZ(\nu)}{dt}$ einsetzen

$$\frac{dn}{dt} = (N_2 - N_1) \frac{B \cdot w_\nu}{n_\nu \cdot \Delta\nu \cdot V} + N_2 \frac{A}{n_\nu \cdot \Delta\nu \cdot V} . \qquad \text{(V-1.147)}$$

Aus der Einsteinschen Herleitung der Planckschen Strahlungsformel kennen wir die allgemeingültige Beziehung zwischen A und B (Abschnitt 1.7.3, Gl. (V-1.142) und 1.7.2.3, Gl. (V-1.125)):

$$A = \frac{8\pi h\nu^3}{c^3} B = n_\nu \cdot h\nu \cdot B = \frac{1}{\bar{\tau}_{sp}} ,^{89} \qquad \text{(V-1.148)}$$

wobei für $n_\nu = \dfrac{8\pi\nu^2}{c^3}$ die Modendichte eines Hohlraumresonators verwendet wurde (siehe Band IV, Kapitel „Wärmestrahlung“, Abschnitt 3.4.2, Gl. IV-3.110). Es ergibt sich die Beziehung

88 $Z(\nu)$ ist eine differentiell kleine Größe und sollte daher besser mit $dZ(\nu)$ bezeichnet werden, der Einfachheit halber bleiben wir aber bei $Z(\nu)$.

89 $\bar{\tau}_{sp}$ ist die mittlere Lebensdauer aufgrund der spontanen Übergänge (siehe Abschnitt 1.7.2.3).

$$B = \frac{A}{n_\nu \cdot h\nu} = \frac{1}{n_\nu \cdot h\nu \cdot \overline{\tau}_{sp}} \,. \tag{V-1.149}$$

Zur Berechnung der mittleren spektralen Energiedichte w_ν bei der Frequenz ν benützen wir die Beziehung der schwarzen Strahlung (siehe Band IV, Kapitel „Wärmestrahlung“, Abschnitt 3.4.4)

$$w_\nu(\nu) = \frac{8\pi h\nu^3}{c^3}\frac{1}{e^{h\nu/kT}-1} = \underbrace{\frac{8\pi\nu^2}{c^3}}_{n_\nu} \cdot h\nu \cdot \underbrace{\frac{1}{e^{h\nu/kT}-1}}_{\bar{n}\equiv n} = n_\nu \cdot \underbrace{\bar{n}(\nu)}_{\equiv n} \cdot h\nu =$$
$$= z_{ph} \cdot h\nu \,, \tag{V-1.150}$$

also

$$w_\nu(\nu) = n_\nu \cdot n \cdot h\nu \,.^{90} \tag{V-1.151}$$

Damit ergibt sich die Änderungsrate $\frac{dn}{dt}$ der Photonen aus Gl. (V-1.145) unter Verwendung der Gln. (V-1.144), (V-1.149) und (V-1.148) zu

$$\begin{aligned}\frac{dn}{dt} &= (N_2 - N_1)\frac{n_\nu \cdot n \cdot h\nu}{n_\nu \cdot h\nu \cdot \overline{\tau}_{sp} \cdot n_\nu \cdot \Delta\nu \cdot V} + N_2\frac{1}{n_\nu \cdot \Delta\nu \cdot V \cdot \overline{\tau}_{sp}} = \\ &= (N_2 - N_1)\frac{1}{n_\nu \cdot \Delta\nu \cdot V \cdot \overline{\tau}_{sp}} \cdot n + N_2\frac{1}{n_\nu \cdot \Delta\nu \cdot V \cdot \overline{\tau}_{sp}} = \\ &= (N_2 - N_1) \cdot W \cdot n + N_2 W\end{aligned} \tag{V-1.152}$$

mit $W = \frac{1}{n_\nu \cdot \Delta\nu \cdot V \cdot \overline{\tau}_{sp}} = \frac{B}{V}\frac{h\nu}{\Delta\nu}$ und n als mittlerer Photonenzahl in einer Schwingungsmode der Frequenz ν. W ist jetzt die Wahrscheinlichkeit pro Zeiteinheit und Atom ($[W] = 1/\text{s}$),[91] dass in der Volumeneinheit pro Frequenzintervalleinheit ein Photon einer bestimmten Schwingungsmode stimuliert oder spontan entsteht bzw. durch Absorption verschwindet.

Berücksichtigt man noch den Verlust von Photonen im Resonatorsystem, z. B. durch Auskopplung, Wandabsorption und dergleichen, indem man ihnen eine

---

90 Zur Erinnerung: $[w_\nu(\nu)] = \text{J} \cdot \text{s/m}^3$.

91 $[W] = \frac{1}{[n_\nu] \cdot [\Delta\nu] \cdot [V] \cdot [\tau_{sp}]} = \frac{\text{m}^3}{\text{s}} \cdot \text{s} \cdot \frac{1}{\text{m}^3} \cdot \frac{1}{\text{s}} = \frac{1}{\text{s}}$

mittlere Verweildauer im Laser (= Lebensdauer im Lasermedium) t_0 zuordnet, so ergibt sich für die Änderung der Photonenzahl einer Mode in der Zeiteinheit

$$\frac{dn}{dt} = W(\underbrace{N_2}_{\text{ind. Em.}} - \underbrace{N_1}_{\text{Abs.}})n + \underbrace{WN_2}_{\text{spont. Em.}} - \underbrace{\frac{n}{t_0}}_{\text{Verlust}}. \tag{V-1.153}$$

Mit zunehmender Zahl der Photonen aus induzierter Emission wird die spontane Emission vernachlässigbar klein, was erwünscht ist, da sie nur zum Rauschen beiträgt, denn sie besitzt ja keine Kohärenzeigenschaften. Als Bedingung für eine zeitliche Zunahme der Photonen erhalten wir daher unter Vernachlässigung von WN_2

$$\frac{dn}{dt} = W(N_2 - N_1)n - \frac{n}{t_0} > 0 \quad \text{oder} \quad \frac{N_2 - N_1}{n_\nu \cdot \Delta\nu \cdot V \cdot \bar{\tau}_{sp}} > \frac{1}{t_0}. \tag{V-1.154}$$

Daraus ergibt sich für das Einsetzen der Photonenvervielfachung (= Lichtverstärkung) als minimale Besetzungsinversion pro Volumeneinheit des aktiven Lasermaterials

$$\frac{N_2 - N_1}{V} > \underbrace{\frac{8\pi\nu^2}{c^3}}_{n_\nu} \frac{\Delta\nu \cdot \bar{\tau}_{sp}}{t_0} \quad \text{als } \textit{Laserbedingung} \text{ (= } \textit{Schwellwertbedingung}\text{) für das Zweiniveausystem.} \tag{V-1.155}$$

Es zeigt sich somit, dass eine bestimmte *Besetzungsinversion* pro Volumeneinheit $\frac{N_2 - N_1}{V}$ für die Lichtverstärkung notwendig ist, es müssen andauernd ausreichend viele Atome aus einem niederen Energieniveau in ein höheres angeregt werden. Dieses „Pumpen“ kann optisch (beim Festkörperlaser, z. B. Lichtblitze) oder durch Teilchenstöße (beim Gaslaser, z. B. e^-, Ionen) erfolgen. Die Laserbedingung kann leichter für eine kleine Frequenz[92] und eine kurze Lebensdauer des angeregten Zustands (bedeutet nach Gl. (V-1.149) einen großen B-Koeffizienten), aber für große Verweildauer der Photonen im System erfüllt werden.

---

92 Dies erklärt die Tatsache, dass die ersten Verstärker dieses Typs im Mikrowellenbereich arbeiteten, die als MASER (**M**icrowave **A**mplification by **S**timulated **E**mission of **R**adiation) bezeichnet wurden. Der erste Maser wurde 1954 von Townes (Charles Hard Townes, 1915–2015, Nobelpreis 1964) mit Ammoniak Molekülen als Masermedium verwirklicht. Rubidiumatom-Maser und Wasserstoff-Maser werden in Atomuhren als Mikrowellenverstärker eingesetzt.

Anmerkung

Bei Besetzungsinversion ($N_2 > N_1$) ist der Absorptionskoeffizient k_ν in Gl. (V-1.156) bei der Frequenz $\frac{E_2 - E_1}{h}$ negativ und es liegt ein Nichtgleichgewichtszustand vor (siehe nächster Abschnitt 1.7.4.3).

Aus $\frac{N_2}{N_1} = e^{-(E_2 - E_1)/kT}$ folgt $T = -\frac{E_2 - E_1}{k \ln \frac{N_2}{N_1}}$.

Bei $E_2 > E_1$ ergibt sich für $N_1 > N_2$ (im GG) $T > 0$.
Ist aber $N_2 > N_1$ (Besetzungsinversion), so wird $T < 0$!
Diese „negative" absolute Temperatur weist jedoch nur auf die Nicht-Gleichgewichtsverteilung hin, für die die Temperatur ja gar nicht definiert ist (siehe dazu auch Band VI, Kapitel „Statistische Physik", Abschnitt 1.3.6).

1.7.4.3 Absorption, minimal notwendige Lichtverstärkung und Linienprofil

Ein Lichtstrahl der Intensität $I(x)$ und der Frequenz ν werde zwischen zwei Spiegeln mit den Reflexionsgraden R_1 und R_2 hin- und herreflektiert (Abb. V-1.41). Aufgrund der Absorption (Absorptionskoeffizient k_ν) wird er auf der Stecke x entsprechend dem Lambert-Beerschen Absorptionsgesetz (vgl. Band IV, Kapitel „Wellenoptik", Abschnitt 1.3.3, Gl. IV-1.120 mit $k = \alpha$)

$$I(x) = I_0 e^{-k_\nu x} \tag{V-1.156}$$

geschwächt ($k_\nu > 0$) oder verstärkt ($k_\nu < 0$).

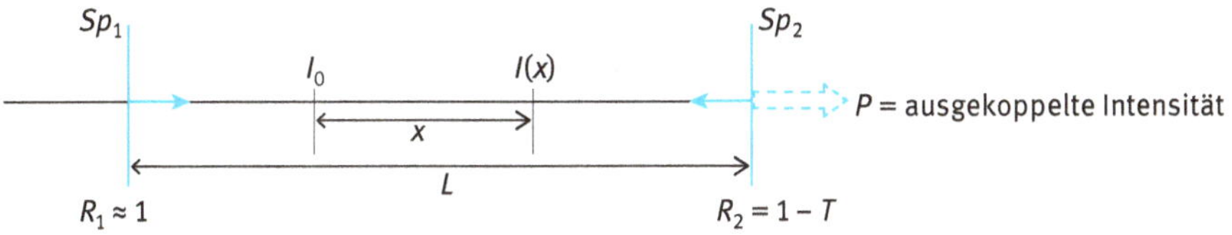

Abb. V-1.41: Zur Absorption und Lichtverstärkung zwischen zwei Spiegeln. R_1, R_2 Reflexionsgrade der Spiegel Sp_1, Sp_2; T Transmissionsgrad von Spiegel Sp_2.

Nach einem vollständigen Hin- und Hergang ($x = 2L$) beträgt die Intensität

$$I(2L) = I_0 R_1 R_2 e^{2\alpha_\nu L} \tag{V-1.157}$$

mit $\alpha_\nu = -k_\nu$ als Verstärkungskoeffizient. Mit $R_1 R_2 = e^{-2\gamma}$ ($\gamma = -\ln\sqrt{R_1 R_2}$ = Verlustfaktor > 0) gilt schließlich

$$I(2L) = I_0 e^{2(\alpha_\nu L - \gamma)}. \tag{V-1.158}$$

Nach n Lichtumläufen verbleibt die Intensität

$$I(2nL) = I_0 e^{2n(\alpha_\nu L - \gamma)} . \tag{V-1.159}$$

Das heißt aber: Für $\alpha_\nu = \frac{\gamma}{L} = \alpha_{m,\nu}$ bleibt die Intensität im Resonator auch nach sehr vielen Zyklen (d. h. für $n \to \infty$) konstant gleich I_0, was nur aufgrund der ständig zugeführten Pumpleistung zur Aufrechterhaltung der Besetzungsinversion möglich ist.

$$\alpha_{m,\nu} = \frac{\gamma}{L} \quad \text{ist daher die} \quad \textit{Lasereinsatzbedingung (threshhold condition)}. \tag{V-1.160}$$

Für $\alpha < \alpha_m$ verschwindet die Intensität, für $\alpha > \alpha_m$ steigt sie (theoretisch) über alle Grenzen (Abb. V-1.42). Da bei jeder Reflexion an Sp_2 der Anteil $T = 1 - R_2$ ausgekoppelt wird, beträgt die gesamte ausgekoppelte Lichtleistung (= Laserleistung) P:

$$P = I_0 T(1 + e^{2(\alpha_\nu L - \gamma)} + e^{4(\alpha_\nu L - \gamma)} + \dots) = \frac{I_0 T}{1 - e^{2(\alpha_\nu L - \gamma)}} = \frac{nh\nu cT}{1 - e^{2(\alpha_\nu L - \gamma)}} \tag{V-1.161}$$

mit $I_0 = nh\nu c$ als der bei Sp_1 eingespeisten Intensität.[93]

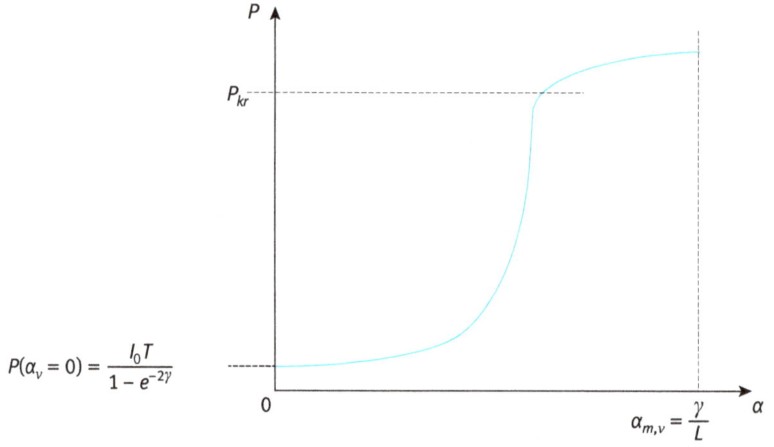

Abb. V-1.42: Zur Lasereinsatzbedingung. $\alpha_\nu = 0$: absorptionsfreies Medium ($k_\nu = 0$). $\alpha_{m,\nu} = \gamma/L > 0$: Die Verluste werden durch die Verstärkung gerade kompensiert.

93 Für $\alpha\nu = \gamma/L$ würde die ausgekoppelte Leistung $P = \infty$ werden, was aber nur durch unendlich große Pumpleistung gedeckt werden könnte: $P_{\text{pump}} = I_0 \cdot T \cdot \infty = \infty$.

Nach Erreichen einer kritischen Leistung P_{kr} steigt die Leistung des Lasers nur mehr wenig an, da nun die gleich bleibende Pumpleistung die steigende Entleerung des oberen Niveaus nicht mehr decken kann (Abb. V-1.42).

Der Absorptionskoeffizient k_v in der Umgebung einer Spektrallinie v_0 ist ebenso wie die emittierte Intensität I eine Funktion der Frequenz v in der Umgebung von v_0, die von der Art der Beeinflussung des absorbierenden bzw. emittierenden Atoms abhängt und das Linienprofil bestimmt: *Stoßverbreiterung* (*broadening by collisions*)[94] und *Dopplerverbreiterung* (*Doppler broadening*)[95]. Die Stoßverbreiterung gibt ein *Lorentzprofil* der Linie[96], die Dopplerverbreiterung ein *Gaußprofil*[97]. Die entsprechenden Halbwertsbreiten sind Δv_L und Δv_G (Abb. V-1.43).

Dopplerverbreiterung → *Gaußprofil*
Linienformfunktion:

$$g(v;v_0) = P_0 \cdot e^{-\beta(v-v_0)^2/v_0^2}$$

$$\Delta v_G = \frac{2v}{c}\sqrt{\frac{2kT\ln 2}{m}}$$

Stoßverbreiterung → *Lorentzprofil*
Linienformfunktion:

$$g(v;v_0) = \frac{\Delta v_L}{2\pi} \cdot \frac{1}{(v-v_0)^2 + (\Delta v_L/2)^2}$$

$$\Delta v_L = \frac{1}{\pi\bar\tau}; \ \bar\tau = \text{mittlere Stoßzeit}$$

$$\frac{k_v}{K} = g(v;v_0)$$

$$0{,}939/\pi\,\Delta v_G$$

$$\frac{2}{\pi\Delta v_L} = \frac{0{,}637}{\Delta v_L}$$

Halbwertsbreiten

Δv_G

Δv_L

v_0

v

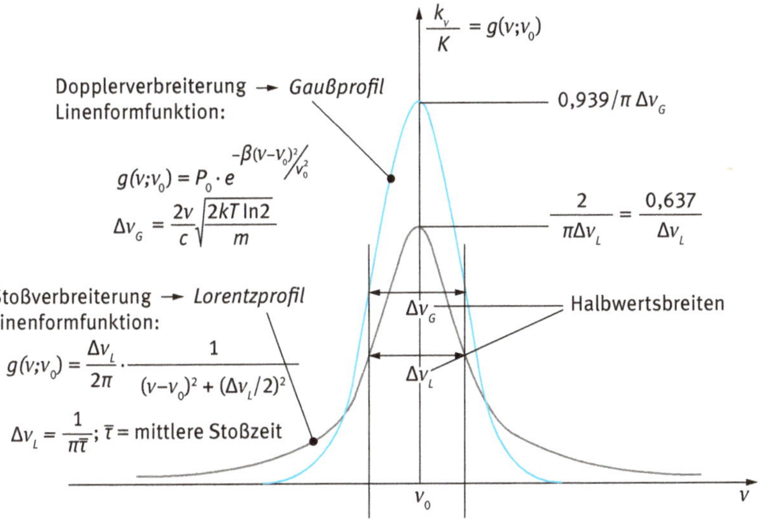

Abb. V-1.43: Auf gleiche Halbwertsbreite (Linienbreite) normierte Linienformfunktion für Gauß- und Lorentzprofil.

---

94 Im Falle der Stoßverbreiterung spricht man auch von „homogener" Linienverbreiterung, da hier alle Atome zum entsprechenden Frequenzbereich der Linie beitragen. Dies trifft auch für die natürliche Linienbreite zu (Lorentzprofil).

95 Die Dopplerverbreiterung wird auch als „inhomogene" Linienverbreiterung bezeichnet, da die Verbreiterungseffekte auf die verschiedenen Atome unterschiedlich wirken. Neben den unterschiedlichen Geschwindigkeiten der Atome, die zur Dopplerverbreiterung führen, sind dies z. B. auch die unterschiedlichen Plätze im Kristallgitter eines Festkörpers.

96 Die Stöße beenden den Emissionsvorgang vorzeitig, wodurch ein kürzerer Wellenzug entsteht. Die Fouriertransformierte (das Spektrum) eines endlichen Wellenzuges ergibt aber gerade das Lorentzprofil mit einer Halbwertsbreite $\Delta v_L = 1/\pi\bar\tau$, wenn $\bar\tau$ die zeitliche Länge des Wellenzuges ist, die auch gleich der dem Gasdruck P umgekehrt proportionalen mittleren Stoßzeit ist.

97 Die Dopplerverbreiterung resultiert aus der Maxwellschen Geschwindigkeitsverteilung der emittierenden Atome der Masse m (siehe Band II, Kapitel „Physik der Wärme", Abschnitt 1.2.5), die eine mit der Temperatur wachsende Verbreiterung zeigt. Für die Halbwertsbreite gilt in diesem Fall:

$K = \int k_\nu d\nu$ ist die integrierte Absorption (siehe dazu auch nächster Abschnitt 1.7.4.4) der gesamten Absorptionslinie (= Fläche unter der Absorptionslinie). Die auf 1 normierte *Linienformfunktion* (*normalized lineshape*)

$$g(\nu;\nu_0) = \frac{k_\nu}{K} \qquad \text{(V-1.162)}$$

beschreibt das Linienprofil unabhängig von der jeweiligen Größe des integralen Absorptionskoeffizienten K. Es gilt

$$k_\nu = K \cdot g(\nu;\nu_0) \quad \text{und} \quad \int g(\nu;\nu_0)d\nu = \frac{1}{K}\int k_\nu d\nu = \frac{K}{K} = 1. \qquad \text{(V-1.163)}$$

In der vereinfachten Optik werden räumlich eingeschränkte ebene Wellen als Näherung zugelassen; das elektromagnetische Feld zwischen den Resonatorspiegeln kann daher als Überlagerung von ebenen Wellen verstanden werden, die hin und her laufen. Jene ebenen Wellen, die sich *longitudinal* ausbreiten, also senkrecht zu den Spiegeln laufen, bilden stehende Wellen aus (*longitudinale Moden*), die zu einer Verstärkung beitragen, wenn die Resonanzbedingung für ihre Wellenlänge λ_n erfüllt ist:

$$n \cdot \frac{\lambda_n}{2} = L \quad \Rightarrow \quad \nu_n = n \cdot \frac{c}{2L}, \qquad \text{(V-1.164)}$$

wobei ν_n innerhalb der Linienbreite der laserwirksamen Spektrallinie ν_0 liegen muss. Der Abstand zweier aufeinanderfolgender Moden beträgt:

$$\Delta\nu_{\text{Mod}} = (n+1)\frac{c}{2L} - n\frac{c}{2L} = \frac{c}{2L} \qquad \textit{Longitudinalmodenabstand} \qquad \text{(V-1.165)}$$

Für eine durchschnittliche Resonatorlänge von L = 60 cm folgt für $\Delta\nu_{\text{Mod}} = 2{,}5 \cdot 10^8\ \text{s}^{-1}$. Dies ist ca. 500 mal kleiner als die gewöhnliche Linienbreite $\Delta\nu_L$ beim Rubinlaser![98] Obwohl sich also innerhalb der Halbwertsbreite einer Laserlinie

---

$\Delta\nu_G = \frac{2\nu}{c}\sqrt{\frac{2kT\ln 2}{m}}$. Scharfe Spektrallinien eines emittierenden Gases erfordern demnach geringen Druck bei tiefer Temperatur. Dies führte zur Entwicklung von Lasermedien, die mit flüssigem N_2 ($T \approx 77$ K) gekühlt werden.

98 Die natürliche Linienbreite beträgt etwa $\Delta\nu_{\text{nat}} \approx 1/\bar{\tau} = 1/10^{-7}\ s^{-1} = 10^7\ s^{-1}$. $\bar{\tau}$ ist die mittlere Lebensdauer des angeregten Zustands. Durch thermische Stöße und die Geschwindigkeit erfolgt noch eine Verbreiterung auf etwa $\Delta\nu_L \approx 10^9 - 10^{11}\ \text{s}^{-1}$, zum Beispiel beim Rubinlaser: $\Delta_{\nu L}$(Rubin) $\approx 1{,}2 \cdot 10^{11}\ \text{s}^{-1}$.

sehr viele longitudinale Moden ausbilden können, werden tatsächlich aber nur jene verstärkt, die sich in der Umgebung von ν_0 befinden (Abb. V-1.44). Das liegt daran, dass der Fabry-Pérot-Resonator der Länge $L = \frac{n \cdot c}{2\nu_0}$ (siehe Gl. V-1.164) nur in der Nähe von ν_0 wirksam ist, da dann konstruktive Interferenz der vielfach reflektierten Wellen vorliegt. Dies ist ein wesentlicher Grund dafür, dass die ausgebildete, emittierte Laserlinie eine so hohe Frequenzschärfe (Monochromasie) besitzt.

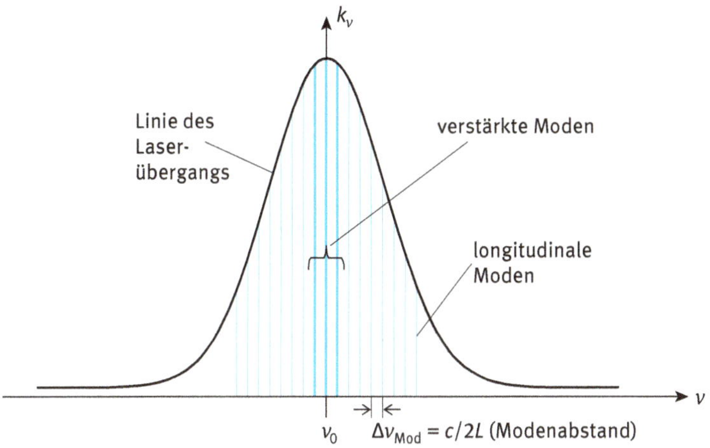

Abb. V-1.44: Ausbildung von Schwingungsmoden innerhalb der Linie des Laserübergangs.

1.7.4.4 Negativer Absorptionskoeffizient und erforderliche Besetzungsinversion

Mit Hilfe der Einsteinkoeffizienten B_{12} und B_{21} für die beiden aktiven Laserniveaus 1 und 2 (wie in Abschnitt 1.7.4.2) kann der Absorptionskoeffizient k_ν bzw. der integrale Koeffizient $K = \int k_\nu \, d\nu$ berechnet werden.[99]

Ist I_ν die spektrale Strahlintensität ($I_\nu d\nu$ = Intensität eines Strahls mit Frequenzen zwischen ν und $\nu + d\nu$ um ν_0) eines in x-Richtung einfallenden Parallelstrahls am Ort x, dann gilt für die Änderung der Energiedichte $d(w_\nu d\nu)$ bzw. der Intensität $d\left(I_\nu \, d\nu\right)$ beim Fortschreiten im Medium um dx aufgrund der (stimulierten) Absorption und der stimulierten Emission mit $\frac{I_\nu}{c} = w_\nu$ und $dx = c \cdot dt$ sowie unter Beachtung von $-\frac{dN_\nu}{dt} = N_\nu B w_\nu$ (siehe Abschnitt 1.7.2.1, Gl. V-1.117), also der Änderung der an der Absorption/Emission beteiligten Atome $-dN_\nu = N_\nu dt B w_\nu = N_\nu \frac{dx}{c} B w_\nu$

99 Wir wollen nun wieder die Multiplizitäten (= Entartungskoeffizienten) g_1 und g_2 berücksichtigen.

$$-\,d(w_\nu d\nu) = h\nu \cdot N_\nu \frac{dx}{c} B w_\nu \Big| \cdot c$$

$$-\,d(I_\nu d\nu) = h\nu \cdot N_\nu \cdot dx \cdot B \cdot \frac{I_\nu}{c}.\text{[100]} \tag{V-1.166}$$

N_ν ist der Anteil der Atome pro Volumeneinheit, der im Frequenzintervall (ν, $d\nu$) absorbiert oder stimuliert emittiert, wobei zwischen Emission und Absorption noch nicht unterschieden ist. Wenn jetzt davon $dN_{1,\nu}$ Atome pro Volumeneinheit absorbieren und $dN_{2,\nu}$ Atome pro Volumeneinheit emittieren („negativ absorbieren"),[101] so ändert sich die Intensität $I_\nu d\nu$ beim Fortschreiten von x nach $x + dx$ um

$$-d(I_\nu d\nu) = h\nu(B_{12}\, dN_{1,\nu} dx - B_{21}\, dN_{2,\nu}\, dx) \cdot \frac{I_\nu}{c}\,. \tag{V-1.167}$$

Damit ergibt sich mit Gl. (V-1.156)

$$\underbrace{-\frac{1}{I_\nu} \cdot \frac{dI_\nu}{dx}}_{k_\nu} d\nu = \frac{h\nu}{c}\,(B_{12}\, dN_{1,\nu} - B_{21}\, dN_{2,\nu}) = k_\nu d\nu \tag{V-1.168}$$

und, nach Anwendung des Mittelwertsatzes der Differential- und Integralrechnung für die über die gesamte Absorptionslinie integrierte Absorption (unter Vernachlässigung der geringfügigen Variation der Frequenz ν über die Linie)

$$K = \int k_\nu d\nu = \frac{h\nu_0}{c}(B_{12}N_1 - B_{21}N_2)\,. \tag{V-1.169}$$

ν_0 ist dabei die Frequenz im Zentrum der Absorptionslinie. Unter Verwendung der Beziehung $g_1 B_{12} = g_2 B_{21}$ mit den statistischen Gewichten g_1 und g_2 der Niveaus 1 und 2 folgt

100 Bei jedem Absorptionsvorgang wird die Zahl der Photonen mit der Energie $h\nu$ um eins vermindert, bei der induzierten Emission um eins erhöht.

101 Die spontane Emission spielt hier keine Rolle, da sie im Resonator nicht gebündelt wird; sie spielt aber später eine Rolle, wenn es um die Berechnung der Besetzungsinversion geht!

$$K = \int k_\nu d\nu = \frac{h\nu_0}{c} B_{21}\left(\frac{g_2}{g_1} N_1 - N_2\right) = \frac{h\nu_0}{c} B_{21}\left(N_1 - \frac{g_1}{g_2} N_2\right) \underbrace{=}_{A_{21} = \frac{8\pi h\nu_0^3}{c^3} B_{21}}$$

vgl. 1.7.3, Gl. (V.-1.141)

$$= \underbrace{\frac{c^2}{8\pi\nu_0^2} A_{21} \cdot \frac{g_2}{g_1}}_{-\kappa}\left(N_1 - \frac{g_1}{g_2} N_2\right), \qquad \text{(V-1.170)}$$

also ergibt sich für den integrierten Absorptionskoeffizienten für den Übergang $1 \rightarrow 2$

$$K = \int k_\nu d\nu = \kappa\left(N_1 - \frac{g_1}{g_2} N_2\right) = \kappa N_1\left(1 - \frac{g_1}{g_2}\frac{N_2}{N_1}\right) \qquad \textit{Füchtbauer-Ladenburg Formel.}^{102} \qquad \text{(V-1.171)}$$

$\kappa = \frac{c^2}{8\pi\nu_0^2} A_{21} \cdot \frac{g_2}{g_1}$ ist der integrierte Absorptionsquerschnitt pro Atom und hat für eine vorgegebene Laserlinie ν_0 einen festen Wert. In einem stark angeregten Lasermedium ist der zweite Term in Gl. (V-1.171) nicht vernachlässigbar. Wenn aber nur die Absorption aus dem Laserlicht selbst für die Anregung von Atomen im Medium verantwortlich ist, dann kann das Verhältnis N_2/N_1 von der Größenordnung 10^{-4} oder kleiner sein und der zweite Term in Gl. (V-1.171) kann vernachlässigt werden. Es gilt dann $K = \kappa N_0$, wobei jetzt $N_1 = N_0$ die Gesamtzahl der vorhandenen Atome bedeutet. In diesem Fall bleibt der integrierte Absorptionskoeffizient konstant, wenn N_0 konstant ist, und zwar völlig unabhängig von der Form der Absorptionslinie, das heißt unabhängig vom zugrunde liegenden physikalischen Prozess.

Wir sehen aus Gl. (V-1.171): Bei Vorliegen einer Besetzungsinversion, d. h. $g_1N_2 > g_2N_1$ mit $E_2 > E_1$, wird der Absorptionskoeffizient negativ und es kommt zur Verstärkung der entsprechenden elektromagnetischen Welle. Mit Hilfe der Füchtbauer-Ladenburg-Beziehung für die integrierte Absorption kann nun aufgrund des oben geforderten minimalen Verstärkungskoeffizienten (negativen Absorptionskoeffizienten, siehe Abschnitte 1.7.4.2 und 1.7.4.3) $\alpha_{m,\nu} = -k_{m,\nu} = \frac{\gamma}{L}$ die erforderliche Besetzungsdifferenz $\frac{g_1}{g_2} N_2 - N_1$ berechnet werden (vgl. Abb. V-1.43):

---

102 Nach Christian Füchtbauer (1877–1959), deutscher Experimentalphysiker und Rudolf Ladenburg (1882–1952), nach seiner Emigration amerikanischer Physiker (siehe auch Abschnitt 1.7.2.2, Fußnote 77.

$$\alpha_{m,\nu} = -k_{m,\nu} = -K \cdot \underbrace{g(\nu_0;\nu_0)}_{\substack{\text{Maximalwert der}\\ \text{Linienformfunktion}}} = \kappa\left(\frac{g_1}{g_2} N_2 - N_1\right) \cdot g(\nu_0;\nu_0) =$$

$$= \begin{cases} \kappa \cdot g_1 \cdot \underbrace{\dfrac{2}{\pi \Delta\nu_L}}_{=g_L(\nu_0;\nu_0)} \left(\dfrac{N_2}{g_2} - \dfrac{N_1}{g_1}\right) = \dfrac{\gamma}{L} & \textit{für Lorentzprofil} \\ \kappa \cdot g_1 \cdot \underbrace{\dfrac{0{,}939}{\pi \Delta\nu_G}}_{=g_G(\nu_0;\nu_0)} \left(\dfrac{N_2}{g_2} - \dfrac{N_1}{g_1}\right) = \dfrac{\gamma}{L} & \textit{für Gaußprofil} \end{cases} \qquad \text{(V-1.172)}$$

Die Formeln zeigen, dass scharfe Laserlinien (kleines $\Delta\nu_L$ bzw. $\Delta\nu_G$), z. B. durch Kühlung des Lasermediums, eine kleinere Besetzungsinversion ermöglichen und dass Longitudinalmoden, die nicht in der Nähe des Absorptionsmaximums bei $g(\nu_0;\nu_0)$ liegen, nicht genügend verstärkt werden.

1.7.4.5 Erzeugung der Besetzungsinversion durch ‚Pumpen'

Die bisher betrachteten zwei Energieniveaus (vgl. Abschnitt 1.7.4.2) reichen für eine Lichtverstärkung nicht aus (siehe Abschnitt 1.7.2.3). Ist nur eine direkte Anregung vom Niveau E_1 auf das Niveau E_2 möglich, so kann keine weitere Erhöhung der Besetzungszahl N_2 durch Pumpen erfolgen, sobald $N_2 = N_1$ erreicht ist: In diesem Fall werden $W \cdot N_1$ Photonen pro Sekunde emittiert[103] und erhöhen damit die Zahl der Photonen im Strahlungsfeld, es werden aber ebenso $W \cdot N_1$ Photonen pro Sekunde aus dem Strahlungsfeld absorbiert und gehen daher verloren. Die Realisierung eines Laseroszillators kann mit einem Dreiniveau-System (weniger gut geeignet, da im Grundniveau E_1 immer sehr viele Atome sind; Beispiel: Rubinlaser) oder einem Vierniveau-System (Beispiel: He-Ne-Laser, Nd:YAG-Laser) erfolgen (Abb. V-1.45).

Es soll nun anhand eines vereinfachten Dreiniveau-Lasersystems (Rubinlaser) die Erzeugung der geforderten Besetzungsinversion für die beiden aktiven Laserniveaus 1 und 2 gezeigt werden (Abb. V-1.46). Die Laserniveaus gehören zu den im Al_2O_3-Gitter eingelagerten Cr^{3+}-Ionen von Cr_2O_3e.

Die Übergangsraten W_{ij} sind das Produkt der Übergangswahrscheinlichkeiten pro Atom und Zeiteinheit B_{ij} mit den Energiedichten w_{ij} sowie den statistischen Gewichten g_i. Im Falle von Rubin gilt: $g_1 = g_2 = 4$, $g_3 = 12$, d. h. $W_{12} = W_{21}$.

---

103 Bezüglich der Definition von W siehe Abschnitt 1.7.2.1 und 1.7.2.2. Dort wurde in den Gln. (V-1.116) und (V-1.118) gezeigt: $W_{mn} = B_{mn} \cdot w_\nu$ bzw. $W_{nm} = B_{nm} \cdot w_\nu$, mit $\nu = \frac{1}{h}(E_n - E_m)$; also gilt: $\left|\frac{dN}{dt}\right| = N \cdot B \cdot w_\nu = N \cdot W$.

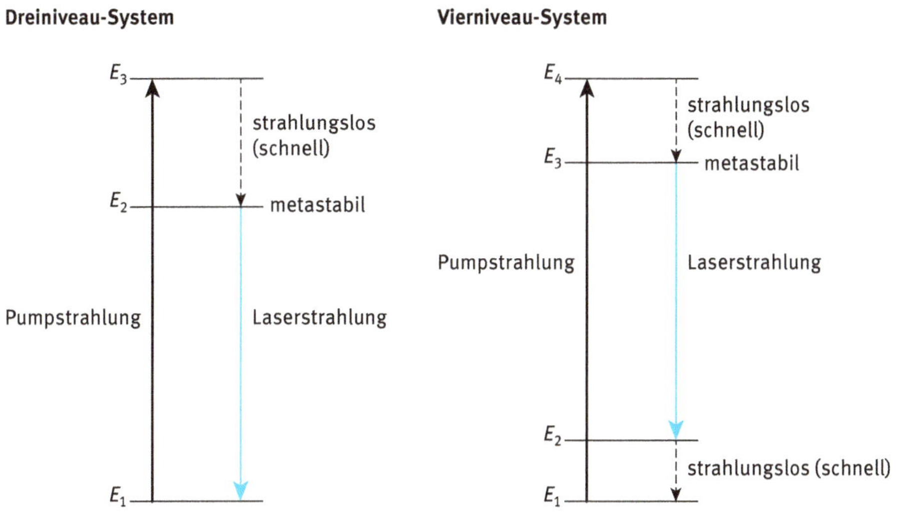

Abb. V-1.45: Erzeugung einer Besetzungsinversion im Dreiniveau- und Vierniveau-System.

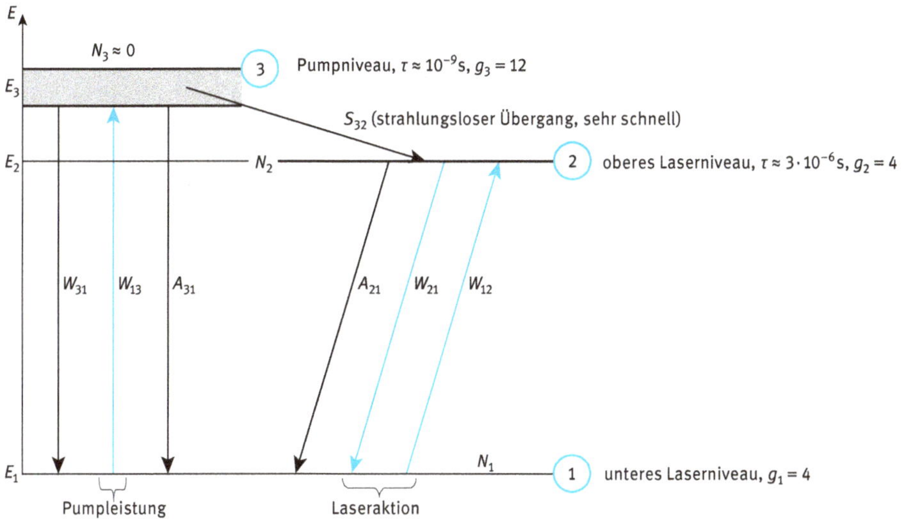

Abb. V-1.46: Vereinfachtes 3-Niveau Lasersystem (Rubinlaser). Übergangswahrscheinlichkeiten: *W* für stimulierte Übergänge, *A* spontaner Strahlungsübergang, *S* strahlungsloser Übergang.

Die Besetzungszahlen N_i können grundsätzlich aus den *Ratengleichungen* bestimmt werden. Im vorliegenden Fall lauten sie im Gleichgewicht

$$\frac{dN_3}{dt} = W_{13} \cdot N_1 - (W_{31} + A_{31} + S_{32})N_3 = 0 \qquad \text{(V-1.173)}$$

$$\frac{dN_2}{dt} = W_{12} \cdot N_1 - (W_{21} + A_{21})N_2 + S_{32}N_3 = 0 \tag{V-1.174}$$

$$N_1 + N_2 + N_3 = N_0 \,. \tag{V-1.175}$$

N_0 ist die Gesamtzahl der teilnehmenden Atome und somit konstant. Da das Niveau 3 sehr schnell entleert wird, ist $N_3 \approx 0$ und $N_1 + N_2 = N_0$.

Im Falle einer stabilen Laserwirkung verschwinden die Zeitableitungen. Da $N_3 A_{31}$ gegen die anderen Übergangsraten vernachlässigt werden kann, erhält man aus den ersten beiden Gleichungen nach Elimination von $N_3 \cdot S_{32}$ unter Beachtung von $N_3 \cdot W_{31} \approx 0$ [104]

$$\frac{N_2}{N_1} = \frac{W_{12} + W_{13}}{W_{12} + A_{21}} \tag{V-1.176}$$

mit $W_{21} = W_{12}$, da $g_1 = g_2$, und so

$$\frac{N_2 - N_1}{\underbrace{N_2 + N_1}_{N_0}} = \frac{\frac{N_2}{N_1} - 1}{\frac{N_2}{N_1} + 1} = \frac{\frac{W_{12} + W_{13}}{W_{12} + A_{21}} - 1}{\frac{W_{12} + W_{13}}{W_{12} + A_{21}} + 1} = \frac{W_{13} - A_{21}}{W_{13} + A_{21} + 2W_{12}} \,. \tag{V-1.177}$$

Damit eine Besetzungsinversion erreicht wird, muss daher gelten

$$W_{13} > A_{21} \,. \tag{V-1.178}$$

Ist die erforderliche Besetzungsdifferenz $N_2 - N_1$ von oben bekannt[105], so kann die erforderliche *Pumpleistung* W_{13} berechnet werden. Diese wird dem Lasermedium z. B. von allen Seiten mit Hilfe einer Hochdrucklampe zugeführt, die annähernd *schwarze Strahlung* liefert, von welcher aber nur der bei der Pumpfrequenz ν_{13} =

---

104 Bei manchen atomaren Übergängen wird die Differenzenergie nicht abgestrahlt, sondern für einen anderen Anregungsprozess verwendet („strahlungsloser Übergang“). Ein Beispiel dafür ist der Auger-Effekt, bei dem die Energie für die Freisetzung eines e^- verwendet wird. Im vorliegenden Fall des Rubinlaserkristalls ist $S_{32} = 2 \cdot 10^7\ \text{s}^{-1}$.

105 Sie ergibt sich für das Lorentz- bzw. Gaußprofil (oder auch für beide) bei bekanntem Verlustfaktor γ und bekannter Resonatorlänge L aus den beiden aus der Füchtbauer-Ladenburg abgeleiteten Beziehungen (siehe 1.7.4.4, Gl. V-1.172).

E_3/h liegende Anteil genützt wird. Mit $A_{31} = \frac{8\pi h\nu_{13}^3}{c^3} B_{31}$ nach Abschnitt 1.7.4.2, Gl. (V-1.148) folgt mit $g_1 B_{31} = g_3 B_{13}$ aus Gl. (V-1.150)

$$W_{13} = B_{13} w(\nu_{13}) = \frac{g_3}{g_1} \cdot B_{31} \cdot \frac{8\pi h\nu_{13}^3}{c^3} \cdot \frac{1}{e^{h\nu_{13}/kT} - 1} = \frac{g_3}{g_1} \cdot \frac{A_{31}}{e^{h\nu_{13}/kT} - 1}. \tag{V-1.179}$$

Für Lasereinsatz muss gelten

$$W_{13} > A_{21} \quad \Rightarrow \quad \frac{g_3 A_{31}}{g_1 A_{21}} > \left(e^{h\nu_{13}/kT} - 1\right). \tag{V-1.180}$$

Hieraus kann die erforderliche Mindesttemperatur T_L der Blitzlampe abgeschätzt werden.

Beispiel: Nach Maiman (Theodore Harold Maiman, 1927–2007; US-amerikanischer Physiker, der den ersten funktionstüchtigen Laser baute) gilt für den Rubinlaser (Al_2O_3 mit 0,05 Gewichts% Cr_2O_3, das Cr liegt in Form von Cr^{3+}-Ionen vor):

$E_3 - E_1 = h\nu_{13} = 3{,}6 \cdot 10^{-19}$ J, das entspricht grünem Licht mit $\lambda \cong 550$ nm. Weiters gilt $A_{31} = 3 \cdot 10^5\,\mathrm{s}^{-1}$; $A_{21} = 232\,\mathrm{s}^{-1}$; $g_1 = 4$; $g_3 = 12$

$$\Rightarrow \quad \frac{g_3}{g_1} \cdot \frac{A_{31}}{A_{21}} = 3880$$

$$\Rightarrow \quad T_L > \frac{h\nu_{13}}{k \cdot \ln\left(1 + \frac{g_3}{g_1}\frac{A_{31}}{A_{21}}\right)} = \frac{3{,}6 \cdot 10^{-19}}{1{,}38 \cdot 10^{-23} \cdot \ln(3881)} \cong 3160\,\mathrm{K}.$$

1.7.4.6 Die Schwingungsmoden

Entsprechend den Überlegungen zur Ausbildung stehender elektromagnetischer Wellen im Hohlraum (= Hohlraumresonator) des schwarzen Körpers nach Rayleigh und Jeans (siehe Band IV, Kapitel „Wärmestrahlung“, Abschnitt 3.4.2) sind auch im Resonatorsystem des Lasermediums viele Schwingungsmoden möglich. Man spricht hier von *longitudinalen Moden* (*longitudinal modes* oder auch *axialen Moden*, *axial modes*), wenn die Ausbreitungsrichtung der Schwingung genau in der Achsenrichtung des Lasers liegt (siehe Abschnitt 1.7.4.3, insbesondere Abb. V-1.44). Die zusätzlich auftretenden *transversalen Moden* (*transverse modes*) haben im Gegensatz dazu eine Ausbreitungsrichtung, die von der Laserachse abweicht.

Ein Resonatorsystem aus parallelen Spiegeln bildet ein *Fabry-Pérot* Interferometer (siehe Band IV, Kapitel „Wellenoptik“, Abschnitt 1.5.4.2). Wird dieses Resonanz-

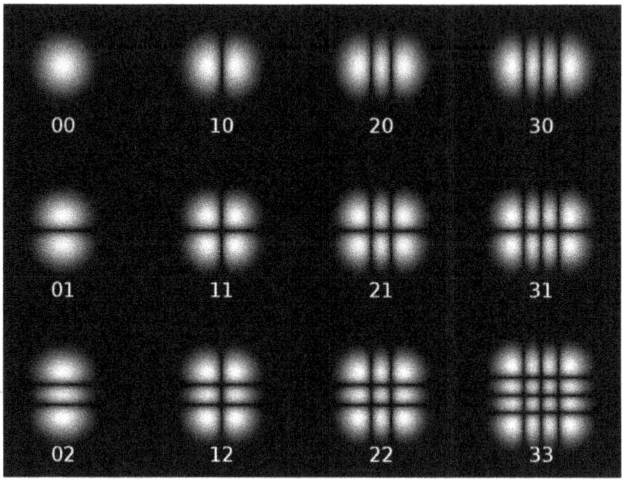

Abb. V-1.47: Strahl mit Hermite-Gauß Schwingungsmoden TEM^H_{nm}: transversale Schwingungsmoden mit rechteckiger Symmetrie entlang der Ausbreitungsrichtung. (Nach Wikipedia.)

system *von außen* kontinuierlich mit ebenen Wellen in Achsenrichtung gespeist, so können auch die Felder im Inneren im Wesentlichen nur ebene Wellen in Achsenrichtung sein. Beim Laser wird die Leistung dagegen *nur im Inneren* des Interferometers erzeugt und die Verluste und Beugungseffekte sowie die Tatsache räumlich beschränkter Wellen führen zu Abweichungen von der Wellenausbreitung nur in Achsenrichtung. Während Strahlen mit großen Winkeln zur longitudinalen Resonatorachse kaum Verstärkung erfahren, spricht man von *transversalen Moden*, wenn das Feld nach einem Lauf mit sehr geringer Abweichung von der Laserachse von einem Spiegel zum anderen und zurück mit gleicher Phase und Amplitudenverteilung zurückkommt. Für jede dieser transversalen Moden gibt es eine Reihe longitudinaler Moden, für die die Phasenverschiebung durch einen Hin- und Herlauf gerade 2π beträgt. Alle diese zu *selbst-reproduzierenden Feldverteilungen* (*self-reproducing field configurations*) an den Reflektoren führenden Schwingungsmoden des Fabry-Pérot Interferometers werden *TEM-Moden* (*transverse electromagnetic mode*) genannt, da bei ihnen elektrisches und magnetisches Feld überwiegend normal zur longitudinalen Achse des Interferometers (Laserachse) schwingen. Sie ähneln daher alle den gleichmäßigen, ebenen transversalen elektromagnetischen Wellen in Achsenrichtung. Abhängig von der Symmetrie des Interferometers (Resonators) unterscheiden wir Hermite-Gauß Strahlen TEM^H_{nm} mit rechteckiger Strahlsymmetrie für quaderförmige Laserresonatoren und Laguerre-Gauß Strahlen TEM^L_{nm} mit Rotationssymmetrie des Strahls für zylinderförmige Laserresonatoren mit kreisförmigen Spiegeln (Abbn. V-1.47 und V-1.48). Die fundamentale Schwingung des Laserresonators (*fundamental Gauß mode*), das ist der üblicherweise aus dem Laser austretende Strahl, ist für Hermite-Gauß und Laguerre-Gauß Strahlen identisch, d. h. $TEM^H_{00} = TEM^L_{00} = TEM_{00}$ und hat eine Amplitudenverteilung über

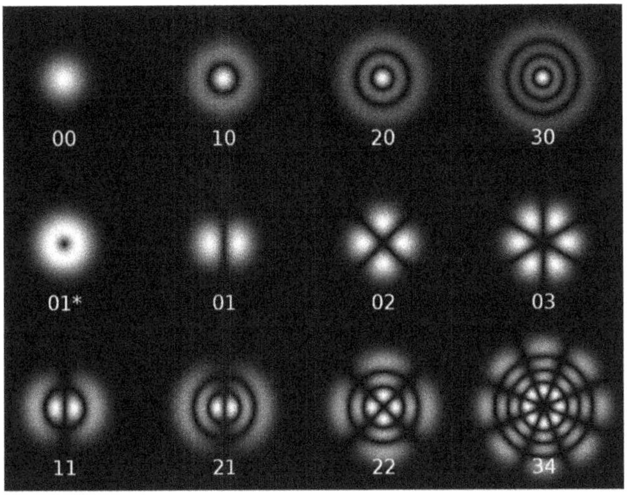

Abb. V-1.48: Strahl mit Laguerre-Gauß Schwingungsmoden TEM_{nm}^{L}: transversale Schwingungsmoden mit Rotationssymmetrie entlang der Ausbreitungsrichtung. (Nach Wikipedia.)

den Strahlquerschnitt entsprechend einer Gaußkurve (*Gaußscher Strahl*, *Gaussian beam*) mit einem zentralen Maximum. Der Laserstrahl setzt sich also aus unendlich vielen ebenen Wellen zusammen, aber diese weisen eine weitgehend feste Phasenbeziehung zueinander auf, sodass das aus dem Laser austretende Licht eine nahezu ebene Wellenfront besitzt und nahezu völlig kohärent ist.

Der Laguerre-Gauß Strahl ist uns schon bei der Besprechung des Bahndrehimpulses des Photons begegnet (siehe Abschnitt 1.3.4): Die Strahlen mit $n,m \neq 0$ haben helikale Wellenfronten und können aus dem Gaußschen Strahl durch Drehung der Wellenfront z. B. an der Verzweigung eines Strichmusters (‚Gabelversetzung‘) erzeugt werden.

Ohne spezielle Maßnahmen (wie z. B. Setzen einer Lochblende im Laserrohr) schwingen viele Longitudinal- und Transversalmoden entweder gleichzeitig oder in unregelmäßiger Folge („spiking“) an. Da aber die TEM_{00}-Mode die geringste Querausdehnung besitzt, sind auch ihre Verluste kleiner als bei den anderen Moden, sodass sie im Allgemeinen bevorzugt auftritt, was für messtechnische Anwendungen von Vorteil ist. Zur Selektion einer bestimmten Longitudinalmode („Frequenzreinheit“) werden extrem schmalbandige Interferenzfilter oder Fabry-Pérot-Interferometer verwendet.

1.7.4.7 Die Lasergleichung

Wir wollen uns noch kurz der Zeitabhängigkeit der Amplitude E der elektrischen Feldstärke (*Lichtfeldamplitude*) zuwenden, also der Beschreibung der nichtstationären Lichtverstärkung im Wellenbild. Dies führt wegen des in der Laserverstärkung enthaltenen Rückkoppeleffektes (Wellen der geeigneten Frequenz und Phase verändern die Besetzungsdifferenz $N_2 - N_1$ entsprechend der vorhandenen Energiedichte proportional zu E^2) auf eine nichtlineare Gleichung, die *Lasergleichung*.

Wir betrachten dazu wieder die Laserwirkung des Dreiniveau-Rubinlasers. Die Lichtfeldamplitude E wird durch die induzierte Emission verstärkt, durch Absorption geschwächt. Die Verstärkung ist proportional zur Amplitude E und zur Zahl der angeregten Atome N_2, während die Schwächung durch Absorption proportional zu $E \cdot N_1$ ist. Der Zuwachs ist daher proportional zur Besetzungsinversion $(N_2 - N_1) \cdot E$. Mit den Proportionalitätskonstanten g für den Zuwachs und G_c für die Verluste setzen wir zunächst für die zeitliche Änderung der Intensität

$$\frac{dI}{dt} = \underbrace{\left[2g(N_2 - N_1) - 2G_c\right]}_{=\alpha} \cdot I. \tag{V-1.181}$$

Die Integration dieser Gleichung ergibt ein exponentielles Anwachsen der Intensität:

$$I = I_0 e^{\alpha t} \qquad \text{oder} \qquad E^2 = E_0^2 e^{\alpha t} \qquad \left(\text{da } I = \text{const.} \cdot E^2\right)$$

bzw.

$$E = E_0 e^{\frac{\alpha}{2} t}. \tag{V-1.182}$$

Damit erhalten wir

$$\frac{dE}{dt} = E \cdot \frac{\alpha}{2} \tag{V-1.183}$$

und für die Änderung der Lichtfeldamplitude

$$\frac{dE}{dt} = g \cdot (N_2 - N_1) \cdot E - G_c \cdot E. \tag{V-1.184}$$

Dabei ist G_c gleich der *kritischen Pumpleistung*, die sich ergibt, wenn sich der Zuwachs und der Verlust der Feldamplitude E gerade ausgleichen, denn wenn

$$g(N_2 - N_1) = G_c, \tag{V-1.185}$$

so ist

$$\frac{dE}{dt} = 0\,. \tag{V-1.186}$$

Während des Laserprozesses wird aber die Besetzungsinversion $(N_2 - N_1)$ geändert:

1. Das Pumpen führt zu einem gewissen Wert von $(N_2 - N_1)_{\text{Pumpen}}$, man nennt ihn *ungesättigte Inversion.*
2. Durch die stimulierte Emission und Absorption beim Laserprozess gehen Atome vom höheren Niveau in den niedrigeren Zustand und umgekehrt; dieser Vorgang ist in erster Näherung proportional zur Intensität der Strahlung im Lasermedium und damit zu E^2.

Wir können so für die tatsächliche Besetzungsinversion während des Laserprozesses, die *gesättigte Inversion* ansetzen:

$$N_2 - N_1 = (N_2 - N_1)_{\text{Pumpen}} - \text{const.} \cdot E^2\,. \tag{V-1.187}$$

In die Ratengleichung (Gl. V-1.184) für die Lichtfeldamplitude eingesetzt ergibt das

$$\frac{dE}{dt} = g \cdot (N_2 - N_1)_{\text{Pumpen}} \cdot E - g \cdot \text{const.}\, E^3 - G_c \cdot E\,. \tag{V-1.188}$$

Mit den Abkürzungen $G = g \cdot (N_2 - N_1)_{\text{Pumpen}}$ (*Gewinnfaktor*) und $\beta = g \cdot \text{const.}$ ergibt sich

$$\frac{dE}{dt} = \underbrace{(G - G_c)}_{\text{Kontrollparameter}} \cdot E - \beta E^3 \quad \textit{nichtlineare Lasergleichung.} \tag{V-1.189}$$

Die Differenz von Gewinn- und Verlustfaktor $G - G_c$ ist der *Kontrollparameter* des nichtlinearen Lasersystems (vgl. Band II, Kapitel „Nichtlineare Dynamik", Abschnitt 2.4.2, Beispiel ‚Der Laser').

1.7.4.8 Praktische Ausführung von Lasern

Die Erzeugung der Besetzungsinversion kann unterschiedlich erfolgen, mit allen Methoden wird jedenfalls geeignet Energie in das System gepumpt, um die Inversion zu erzeugen und aufrecht zu erhalten.

Festkörperlaser werden durch Blitzlampen oder kontinuierlich arbeitende Lampen gepumpt, Gaslaser auch durch elektrische Entladungen, Farbstofflaser meist durch einen anderen Laser, chemische Laser durch eine chemische Reaktion und Halbleiterlaser direkt durch die an einen *pn*-Übergang angelegte Spannung.

1. Optisches Pumpen

Ein Beispiel dafür ist der Dreiniveau-Rubinlaser, der erste, 1960 von Maiman gebaute Lichtverstärker (Abb. V-1.49). Wegen der kurzen Lebensdauer des oberen Laserniveaus arbeitet er nur im Pulsbetrieb. Bezüglich des Termschemas siehe Abschnitt 1.7.4.5, Abb. V-1.46.

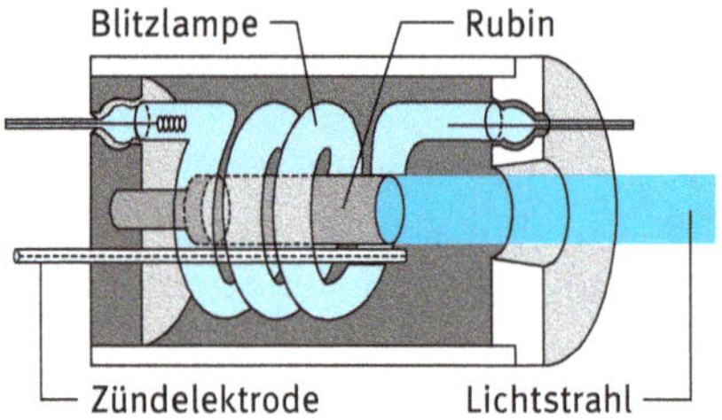

Abb. V-1.49: Schematische Darstellung des ersten, 1960 von T. H. Maiman hergestellten Rubin-Lasers (links). Das rechte Bild zeigt Maiman mit seinem aus dem Gehäuse genommenen Laser.

Das Lasermedium besteht aus einem geeignet dotierten, das heißt mit Fremdatomen versetzten, stabförmigen Rubinkristall (Al_2O_3-Grundgitter mit eingelagerten Cr^{3+}-Ionen), dessen Oberfläche poliert und der an einem Ende total verspiegelt, am anderen Ende teilverspiegelt ist. Zum optischen Pumpen dient eine Blitzlampe, die ursprünglich spiralförmig um den Kristall gewickelt war.

2. Stoßanregung

Als Beispiel dient der Vierniveau-He-Ne-Laser (zweiter funktionierender Lasertyp, gebaut von A. Javan[106] 1960). Er arbeitet auch im Dauerstrich (*cw*-mode) und besitzt einen qualitativ hochwertigen Strahl, der auch für Messzwecke geeignet ist. Das Verhältnis He:Ne ist 10 : 1, der Druck im Resonator etwa 500 Pa. Die Ausgangsleistung beläuft sich auf ca. 1 mW, der Wirkungsgrad ist $\eta = 0{,}1\,\%$. Als Pumpgas dient He, als Lasermedium Ne (Abb. V-1.50, genaues Termschema siehe z. B. D. Röss, *Laser, Lichtverstärker und Oszillatoren*. Akademische Verlags-Gesellschaft, Frankfurt am Main, 1966).

Die He-Atome werden durch Stöße 1. Art[107] mit e^- angeregt und geben anschließend die Energie in Stoßprozessen 2. Art[108] an die Ne-Atome mit einem sehr ähnlichen angeregten Niveau ab.

106 Ali Javan, (1926–2016). Entwickelte gemeinsam mit William R. Bennett, Jr. (1930–2008) und Donald R. Harriott (1928–2007) den ersten Gaslaser.

107 Bei Stößen 1. Art wird die kinetische Energie der stoßenden Teilchen, hier der e^-, in Anregungsenergie der gestoßenen Atome, hier der He-Atome verwandelt.

108 Bei Stößen 2. Art wird die Anregungsenergie der stoßenden Atome, hier der He-Atome, entweder in kinetische oder wieder in Anregungsenergie der gestoßenen Atome, hier der Ne-Atome, umgewandelt. Die beiden Energieniveaus dürfen keinen großen Energieunterschied besitzen.

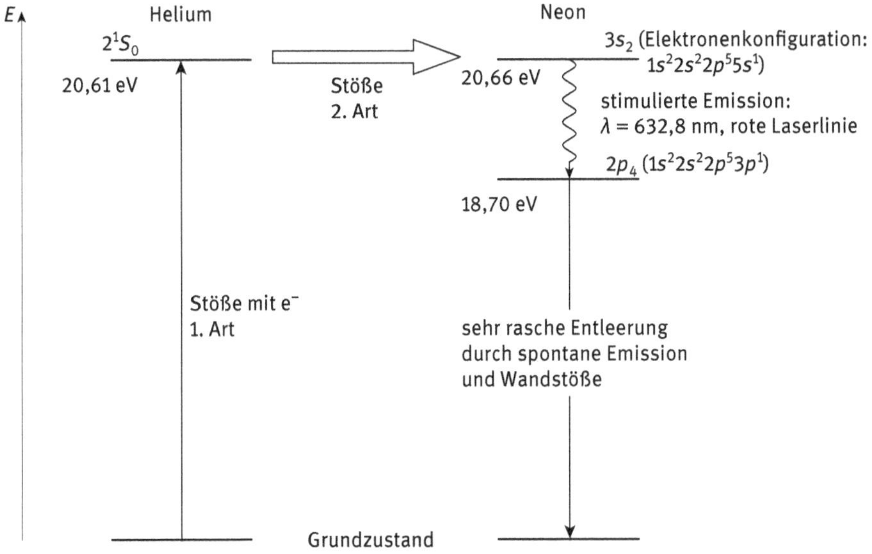

Abb. V-1.50: Vereinfachte Darstellung der Energieniveaus von He und Ne, die für den He-Ne-Laser mit λ = 632,8 nm Bedeutung haben. Für Helium ($1s^2$) ist die „normale" Termbezeichnung für Vielelektronensysteme angegeben (2^1S_0 bedeutet den ersten angeregten Singulettzustand mit der Elektronenkonfiguration $1s^12s^1$). Für Neon ist die ‚Termbezeichnung nach Paschen' angegeben, die Elektronenkonfiguration steht in Klammern. Bei der Termbezeichnung nach Paschen wird der erste erreichbare Zustand für ein angeregtes e^- mit $1s$, der zweite mit $2p$ usw. bezeichnet und die durch die Spin-Bahn-Kopplung entstehenden unterschiedlichen Energieniveaus durchnummeriert. Damit ergeben sich folgende Termbezeichnungen für Neon: $1s^22s^22p^6 \rightarrow$ Grundzustand; $1s^22s^22p^53s^1 \rightarrow 1s$ (Paschen); $1s^22s^22p^53p^1 \rightarrow 2p$; $1s^22s^22p^54s^1 \rightarrow 2s$; $1s^22s^22p^54p^1 \rightarrow 3p$; $1s^22s^22p^55s^1 \rightarrow 3s$. Siehe dazu J. R. Schmitz, *Computational and Experimental Investigations Concerning Rare Gas and DPAL Lasers and a Relaxation Kinetics Investigation of the* $Br_2 + 2NO = 2BrNO$ *Equilibrium*, Thesis at Wright State University, Dayton OH, 2017. https://corescholar.libraries.wright.edu/etd_all/1727, S. 78 ff.

3. Farbstofflaser (*Dye-Laser*)

Bei dieser Art von Laser, die von P. P. Sorokin und J. R. Lankard, sowie Fritz Peter Schäfer (1931–2011) entwickelt wurden, dient ein Fluoreszenz-Farbstoff als laseraktives Medium.[109] Farbstofflaser zeichnen sich durch einen breiteren, durchstimmbaren Wellenlängenbereich aus, der von einigen 10 nm bis zu mehr als 100 nm Breite um die jeweilige, durch den Farbstoff gegebene, Wellenlänge reicht. Ein Beispiel ist der Rhodamin 6G Laser mit einer Frequenzbreite von 555 bis 585 nm. Durch geeignete Wahl der Farbstoffe kann das gesamte sichtbare Spektrum mit Laserfrequenzen abgedeckt werden. Bei Verwendung entsprechender frequenzselektiver Dispersionselemente (Filter, Quarzplatten, Gitter, spezielle Resonatoren usw.) in-

109 Die Laserübergänge finden zu den sehr dicht liegenden und sich daher in der Flüssigkeit überlappenden Schwingungsniveaus ($\Delta E_S \approx 0{,}02$ eV) der Farbstoffmoleküle statt.

nerhalb des Laserresonators wird nur ein kleiner Frequenzbereich aus dem breiten Laserspektrum ausgewählt (*durchstimmbarer Laser*, *tunable Laser*).

Die Anregung von Farbstofflasern erfolgt meist optisch durch einen anderen leistungsstarken Laser, z. B. einen Nd:YAG-Laser (neodymium-doped yttrium aluminium garnet; Nd:$Y_3Al_5O_{12}$, synthetisches Mischoxid, mit Nd^{3+}-Ionen dotiert, 1064 nm, oder, frequenzverdoppelt, 532 nm, *cw*-Betrieb und Pulsbetrieb).[110]

1.7.4.9 Die Laserkühlung

Wenn sich ein Atom im Laserstrahl auf den Laser zubewegt oder sich entfernt, so „merkt" es die Doppler-Verschiebung der Frequenz der Laserstrahlung. Bewegt es sich z. B. auf den Laser zu, so ist die Lichtfrequenz ν im Atomsystem (Bezugssystem des bewegten Atoms) auf ν' erhöht (Abb. V-1.51).

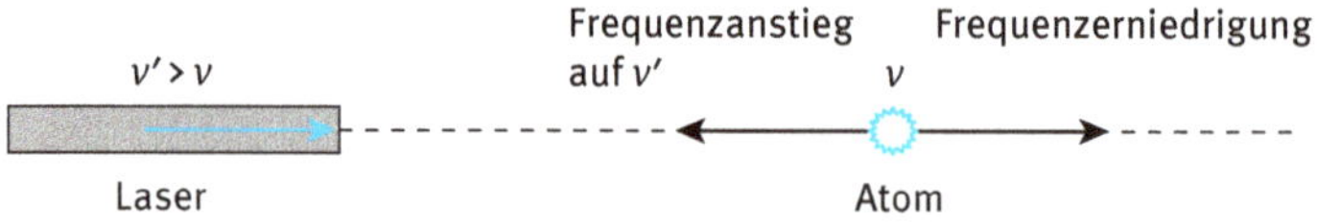

Abb. V-1.51: Anordnung zur Laserkühlung von Atomen.

Ein Atom kann durch Absorption der entsprechenden Energie $E = h\nu$ vom Niveau E_1 auf das Niveau E_2 übergehen, wobei zu beachten ist, dass das Niveau eine gewisse kleine Breite $\Delta\nu$ hat. Das Atom kann daher aus einem schmalen Frequenzbereich Photonenenergien absorbieren.

Der „Trick" bei der Laserkühlung ist nun folgender: Die Laserfrequenz wird etwas oberhalb des Absorptionsmaximums ν der zu kühlenden Atome auf ν' eingestellt (Abb. V-1.52). Dadurch werden bevorzugt jene Atome Photonen absorbieren, die sich auf den Laser zu bewegen, die Doppler-Verschiebung bringt das Absorptionsmaximum zur Laserfrequenz.

Der bei der Absorption aus dem Laserlicht aufgenommene Impuls verlangsamt das Atom.

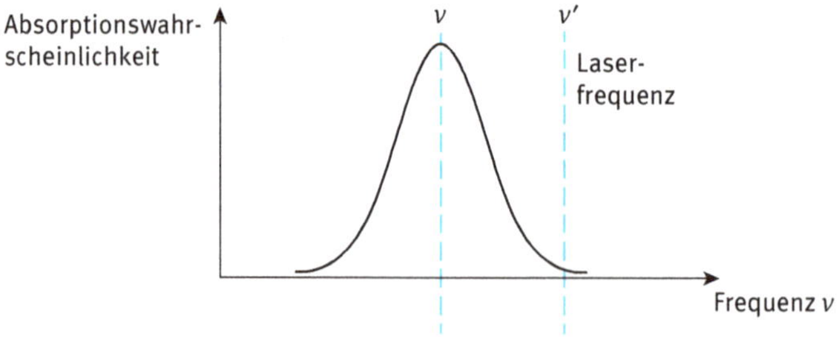

Abb. V-1.52: Absorptionsmaximum der zu kühlenden Atome bei ν und Laserfrequenz ν'.

110 Die Frequenzverdopplung (oder auch Verdreifachung und mehr) tritt als nichtlinearer Effekt in durchstrahlten Medien bei extrem großer Strahldichte auf.

Innerhalb ~ 10^{-8} s nach der Photonenabsorption emittiert das Atom spontan ein Photon gleicher Energie und kehrt damit in den Grundzustand zurück. Der Impuls des spontan emittierten Photons ist bei einer größeren Atomzahl aber statistisch über alle Raumrichtungen verteilt. Bei Mehrfachabsorption der zu kühlenden Atome bleibt als *Nettoeffekt* eine *Verlangsamung* der absorbierenden Atome, die Atome werden „kälter".

Zusammenfassung

1. Zur Erklärung des Photoeffekts quantisierte Einstein das elektromagnetische Strahlungsfeld: Licht ist (auch) ein Photonenstrom. Damit ergibt sich der Photoeffekt zwanglos aus der Energiebilanz, wenn das einfallende Photon verschwindet

$$\underbrace{h\nu}_{E(\text{Photon})} = \underbrace{\frac{v_{\max}^2 m_e}{2}}_{E_{\text{kin}}^{\max}(e^-)} + \underbrace{W_A}_{\text{Austrittsarbeit}} \qquad \textit{Einstein-Gleichung.}$$

2. Die Compton-Verschiebung

$$\Delta\lambda = 2\frac{h}{m_e c}\sin^2\frac{\varphi}{2}$$

folgt aus der Energie- und der Impulsbilanz des einfallenden Röntgenquants (Photons) und des gestoßenen Hüllenelektrons, das als freies e^- angenommen werden kann.

3. Eigenschaften des Lichtteilchens (Photon):

Energie: $E_{\text{kin}}^{ph} = h\nu = \hbar\omega$

(Ruhe)Masse: $m_{ph} = 0 \quad \Rightarrow \quad v_{ph} = c$

Impuls: $\left|\vec{p}_R^{\,ph}\right| = p_{ph} = \hbar k = \frac{\hbar\omega}{c} = \frac{E_{\text{kin}}}{c}$

Viererimpuls in x-Richtung: $\hat{\vec{p}}^{ph} = \left\{\frac{E}{c}, \vec{p}_R^{\,ph}\right\} = \left\{\frac{h\nu}{c}, \frac{h\nu}{c}, 0, 0\right\}$

Eigendrehimpuls (= Spin): $\vec{S}_{ph} = \pm\hbar\frac{\vec{k}}{k}$

Komponente in $\vec{k}$-Richtung (= z-Richtung, Bewegungsrichtung):

$S_{\vec{k}} = S_z = \pm s \cdot \hbar = \pm\hbar$

mit der Eigendrehimpulsquantenzahl $s = 1$.

4. Als „Umkehrung“ zum Impuls $p = \hbar k = \frac{h}{\lambda}$ eines Photons postulierte de Broglie die Wellenlänge $\lambda = \frac{h}{p}$ für ein Materieteilchen.
5. Bohrsches Korrespondenzprinzip:

   Jede neue Theorie muss mit den Ergebnissen der klassischen Theorie im Grenzfall großer Quantenzahlen übereinstimmen.

6. Bohrsches Komplementaritätsprinzip (Welle-Teilchen-Dualismus):

   Jedes Objekt atomarer oder subatomarer Größenordnung hat stets sowohl Wellen- als auch Teilcheneigenschaften, welche sich aber nie gleichzeitig beobachten lassen.

7. Mikroteilchen interferieren: Es wird ihnen daher eine komplexe Wellenfunktion Ψ zugeordnet, die die Interferenzeffekte der Teilchen beschreibt (Materiewelle). Die Wahrscheinlichkeit $dP(\vec{r},t)$, dass sich ein Teilchen zur Zeit t im Volumselement dV um $\vec{r}$ befindet, ist proportional zum Absolutquadrat der normierten Materiewellenfunktion $\left|\Psi(\vec{r},t)\right|^2 \cdot dV$. $P = \left|\Psi(\vec{r},t)\right|^2 = \Psi^\star(\vec{r},t) \cdot \Psi(\vec{r},t)$ ist die Aufenthaltswahrscheinlichkeitsdichte.
8. In Newtonscher Näherung ist die Teilchengeschwindigkeit v_T von Mikroteilchen gleich der Gruppengeschwindigkeit v_G des ihnen zugeordneten Wellenpakets aus Materiewellen: $v_T = v_G$. Für die Phasengeschwindigkeit der Materiewellen gilt $v_{\mathrm{ph}} > c$, sie zeigen immer Dispersion und es gilt die Dispersionsrelation

$$\frac{\omega^2}{c^2} = \frac{\omega_0^2}{c^2} + \left(k_x^2 + k_y^2 + k_z^2\right) \qquad \text{mit } \omega_0 \equiv mc^2/\hbar \quad \text{bzw. } \nu_0 = \frac{E_0}{h}.$$

9. Kopenhagener Interpretation: Ein Teilchen wird von einer Quelle emittiert, bewegt sich als Materiewellenpaket im Raum und wird von einem Detektor absorbiert und damit als Teilchen registriert.
10. Die Heisenbergschen Unschärferelationen folgen unmittelbar aus dem Welle-Teilchen-Dualismus: Ein Wellenfeld kann keinesfalls begrenzte Ausdehnung besitzen und gleichzeitig als Welle mit einer bestimmten Wellenlänge λ darstellbar sein. Daraus ergibt sich eine Unschärfe für die gleichzeitige Bestimmung von Ort und Impuls bzw. für die Zeitdauer und die währenddessen beobachtete Energie eines Mikroteilchens. Es gilt

$$\Delta x \cdot \Delta p_x \geq h,\, \Delta y \cdot \Delta p_y \geq h,\, \Delta z \cdot \Delta p_z \geq h \qquad \text{und} \qquad \Delta t \cdot \Delta E \geq h$$

(jeweils „mindestens von der Größenordnung von h").

11. Die Einsteinkoeffizienten der Absorption B_{mn}, der induzierten Emission B_{nm} und der spontanen Emission A_{nm} beschreiben die entsprechenden Übergangswahrscheinlichkeiten eines Atoms zwischen den Zuständen n und m bezogen auf die Einheit der spektralen Energiedichte w_ν:

$$W_{mn} = B_{mn} w_\nu(\nu) = B_{mn} \cdot z_{ph}(\nu) \cdot h\nu\,,\ [B_{mn}] = \mathrm{m^3J^{-1}s^{-2}}$$
$$W_{nm} = B_{nm} w_\nu(\nu) = B_{nm} z_{ph}(\nu) \cdot h\nu\,,\ [B_{nm}] = \mathrm{m^3J^{-1}s^{-2}}$$
$$W_{nm} = A_{nm}\,,\ [A_{nm}] = \mathrm{s^{-1}}$$

wobei $z_{ph}(\nu)$ die Zahl der Photonen pro Volumeneinheit in der Frequenzintervalleinheit ist, d. h. die spektrale Photonendichte, und $A_{nm} = \frac{8\pi h\nu^3}{c^3} B_{nm} = \frac{1}{\overline{\tau}_{nm}}$ gilt mit $\overline{\tau}_{mn} = \overline{\tau}_{sp}$ als mittlere Lebensdauer bezüglich des Übergangs $n \to m$.
Für ein System mit zwei korrespondierenden Energieniveaus (Zweiniveau-System) im *GG* mit seiner Umgebung gilt

$$\underbrace{N_n A_{nm}}_{\text{spontane Em.}} + \underbrace{N_n B_{nm} \cdot w_\nu(\nu)}_{\text{induzierte Emission}} = \underbrace{N_m B_{mn} \cdot w_\nu(\nu)}_{\text{Absorption}}.$$

12. Ein Laser besteht aus einem Lasermedium in einem Hohlraumresonator mit einem hochwirksamen Reflexionssystem zur Lichtverstärkung und einem Pumpsystem zur Erzeugung und Aufrechterhaltung einer Besetzungsinversion.
13. Für die Besetzungsinversion muss die Laserbedingung (Schwellwertbedingung) erfüllt sein:

$$\frac{N_2 - N_1}{V} > \frac{8\pi\nu^2}{c^3} \frac{\Delta\nu \cdot \overline{\tau}_{sp}}{t_0}\,.$$

Das bedeutet für den Verstärkungskoeffizienten $\alpha_\nu = -k_\nu$ mit L als Resonatorlänge und $\gamma = -\ln\sqrt{R_1 R_2}$ als Verlustfaktor an den Resonatorspiegeln beim Einsetzen der Laserwirkung

$$\alpha_\nu = \alpha_{m,\nu} = \frac{\gamma}{L}$$

und $I(2nL) = I_0 e^{-2n(\alpha\nu - \gamma)} = I_0$ für die Intensität nach n-maliger Reflexion.
Für die integrierte Absorption K muss die Füchtbauer-Ladenburg Formel erfüllt sein

$$K - \int k_\nu d\nu = \kappa \left(N_1 - \frac{g_1}{g_2} N_2 \right)$$

mit $\kappa = \dfrac{c^2}{8\pi\nu_0^2} A_{21} \cdot \dfrac{g_2}{g_1}$, dem integrierten Absorptionsquerschnitt pro Atom.

14. Ein Zweiniveau-System reicht nicht für die Erzeugung einer stabilen Besetzungsinversion aus. Bei einem Dreiniveau-Lasersystem muss

$$W_{13} > A_{21} \text{ und } \frac{g_3 A_{31}}{g_1 A_{21}} > (e^{h\nu_{13}/kT} - 1)$$

sein, damit eine Besetzungsinversion erreicht wird.

15. Der Laser ist wegen der in der Laserverstärkung enthaltenen Rückkopplung ein nichtlineares System. Für die Amplitude E der elektrischen Feldstärke (Lichtfeldamplitude) gilt die nichtlineare Lasergleichung

$$\frac{dE}{dt} = \underbrace{(G - G_c)}_{\text{Kontrollparameter}} \cdot E - \beta E^3 .$$

Die Differenz von Gewinn- und Verlustfaktor $G - G_c$ ist dabei der Kontrollparameter.

Übungen:

1. Eine Photozelle wird nacheinander mit monochromatischem Licht der Wellenlänge 410 nm und 530 nm bestrahlt. Bei Gegenspannungen von 1,526 V und 0,841 V zeigt das Instrument gerade keinen Photostrom mehr an. Welcher Wert ergibt sich aus diesem Experiment für die Planck-Konstante h?
2. Welche Wellenlänge haben die durch den Comptoneffekt um den Winkel 150° gestreuten Röntgenquanten, wenn sie anfangs 10^{-12} m beträgt? Welche Energie haben die ausgelösten Elektronen?
3. Ein Photon, das von einem Atom ausgesandt wird, überträgt auf dieses einen Rückstoßimpuls.
   a) Wie groß ist die kinetische Energie, die dabei an das Atom abgegeben wird, wenn ν die Frequenz des Photons und M die Masse des Kerns ist?
   b) Wie groß ist die Rückstoßenergie, die bei der Aussendung der Quecksilberspektrallinie $\lambda = 253{,}7$ nm auf das Hg-Atom übertragen wird? (M_{Hg} = 200,6 u)

c) Wie groß ist die entsprechende Rückstoßenergie bei der Aussendung von γ-Quanten der Energie 1,33 MeV durch ^{60}Ni ? ($M_{\mathrm{Ni}} = 58{,}7\,\mathrm{u}$).

Eine atomare Masseneinheit entspricht 1/12 der Atommasse ^{12}C: $1\,\mathrm{u} = 1{,}66054 \cdot 10^{-27}$ kg (siehe Kapitel „Subatomare Physik", Abschnitt 3.1.2.1)

4. Wie groß ist der Strahlungsdruck, wenn paralleles Licht der Intensität $1\,\mathrm{W\,m^{-2}}$ senkrecht auf eine völlig reflektierende Fläche auftrifft?
5. Berechne den Zusammenhang zwischen der de Broglie-Wellenlänge und der kinetischen Energie in eV
   a) für langsame Neutronen
   b) für Teilchen relativistischer Energie.
6. Für die zeitliche Änderung $\Delta b(t)$ der Halbwertsbreite $b(t)$ eines Gaußschen Wellenpaketes (Wellenpaket mit der Form einer Gauß-Kurve) lässt sich folgende Beziehung ableiten:

   $\Delta b(t) = \frac{1}{b}\sqrt{b^4 + \left(\frac{\hbar}{m}t\right)^2}$. Nach welcher Zeit hat sich die Breite eines Wellenpaketes verdoppelt? Schätze mit dieser Beziehung die Verdoppelungszeiten folgender Wellenpakete ab:

   a) makroskopischer Körper mit $m = 1$ g, Durchmesser $\varnothing = 2$ mm,
   b) Elektron, Masse $m_e = 9{,}1 \cdot 10^{-31}$ kg, angenommener Durchmesser (Halbwertsbreite) $\varnothing = 10^{-14}$ mm.

   Warum verbreitert sich das Wellenpaket? Was bedeutet dieses „Zerfließen"?
7. Beugung eines Atomstrahls: Ein Strahlenbündel von Teilchen mit dem Impuls p fällt normal auf einen Spalt der Breite b. Der Teilchenstrahl wird in einem Abstand l hinter dem Spalt auf einem Schirm aufgefangen. Wie groß ist etwa die Bündelbreite B am Schirm? (Benütze die Heisenbergsche Unschärferelation!). Vergleiche das Ergebnis mit dem Beugungsbild, das man erhält, wenn man die Teilchen als Materiewellen auffasst.
8. Wie groß ist die natürliche Linienunschärfe folgender Spektrallinien, wenn die Lebensdauer der Zustände, von denen sie ausgesandt werden, Δt beträgt:
   a) Quecksilberspektrallinie $\lambda = 253{,}7$ nm, $\Delta t = 10^{-8}$ s.
   b) Aussendung von γ-Quanten der Energie 1,33 MeV durch ^{60}Ni ? $\Delta t = 10^{-14}$ s.

   Drücke die Linienunschärfe in Wellenlängen aus und vergleiche diese mit der Wellenlänge der Spektrallinie.
9. Laser: Berechne den Einsteinkoeffizienten B ($B_{ik} = B_{ki}$) für folgende Laserdaten (Rubin): Volumen $V = 62{,}8\,\mathrm{cm^3}$, Frequenz $\nu = 4{,}32 \cdot 10^{14}$ Hz, Linienbreite $\Delta\nu = 2{,}49 \cdot 10^{13}$ Hz, Lebensdauer des Überganges $\tau = 3$ ms.

2 Atomphysik

Einleitung: In Band IV, Kapitel „Thermische Strahlung“, begegneten wir zum ersten Mal dem quantenhaften Charakter im mikroskopischen Bereich: Zur Erklärung der schwarzen Strahlung mit der Planckschen Strahlungsformel ist es notwendig anzunehmen, dass die Absorption und die Emission elektromagnetischer Strahlung durch die Atome der Wände des schwarzen Körpers nicht kontinuierlich, sondern in Vielfachen einer kleinsten Portion $h\nu = \hbar\omega$ erfolgt. Zur Erklärung des Photoeffekts erweiterte Einstein (Kapitel „Quantenoptik“) diese Vorstellung, indem er annahm, dass das gesamte elektromagnetische Feld aus solchen kleinsten Portionen, den Photonen, besteht. Bei der modernen Beschreibung des Atoms im Rahmen der „Quantenmechanik“, treffen wir jetzt auf weitere, nicht kontinuierlich veränderliche Größen: Energie, Drehimpuls (Betrag und Richtung), Eigendrehimpuls (Spin: Betrag und Richtung).

Die Lösung der Schrödingergleichung unter den gegebenen Randbedingungen des betrachteten Systems ermöglicht die Ermittlung der den Mikroteilchen zugeordneten Wellenfunktionen $\Psi(\vec{r},t)$ (Kapitel „Quantenoptik“) und damit die Bestimmung der möglichen Energiewerte des Systems als Eigenwerte des Hamilton-Operators (= Energie-Operator) und der Aufenthaltswahrscheinlichkeitsdichte $|\Psi(\vec{r},t)|^2$ der Teilchen mit Hilfe der zugehörigen Eigenfunktionen. Wir können daher nicht mehr wie in der klassischen Mechanik sagen, wo sich ein Teilchen gerade befindet und damit seine „Teilchenbahn“ angeben, sondern nur mehr die Aufenthaltswahrscheinlichkeiten der Teilchen an den möglichen Orten im System („Teilchenwolke“). Beispiele solcher Teilchensysteme sind: das Mikroteilchen im Potenzialtopf, der (quantenmechanische) harmonische Oszillator und schließlich das Wasserstoffatom als Teilchen (Elektron) im Coulombpotenzial des Atomkerns (Proton), dessen Zustände durch die 3 Quantenzahlen n, l und m_l beschrieben werden können.

Die Erweiterung der Vorstellungen vom Einelektronenatom auf Atome mit vielen Elektronen und die Entdeckung des Spins (Eigendrehimpuls) der Elektronen erklärt schließlich die Periodizität der chemischen Elemente im Periodensystem aufgrund von vier Quantenzahlen (n, l, m_l und m_s) und dem Pauli-Prinzip. Letzteres besagt, dass die Wellenfunktion der Elektronen im Atom antisymmetrisch sein muss, woraus das Ausschließungsprinzip folgt, nach dem sich zwei Elektronen in einem System nicht im gleichen Quantenzustand (gleicher Satz der vier Quantenzahlen) befinden dürfen.

2.1 Klassische Atomvorstellungen und offene Fragen

2.1.1 Klassische Atomvorstellungen

Von Demokrit (460–361 v. Chr., griechischer Philosoph) wurde schon im antiken Griechenland die Vorstellung entwickelt, dass die Materie aus kleinsten, unteilba-

https://doi.org/10.1515/9783110675726-002

ren Teilchen (atomos, gr.: unteilbar) aufgebaut sei. Diese Idee wurde erst am Beginn des 19. Jahrhunderts von John Dalton (1766–1844) wieder aufgegriffen und das Atom als kleinster chemischer Baustein in der Chemie als Arbeitshypothese für das Verständnis der Mengenverhältnisse der an Reaktionen beteiligten Substanzen[1] verwendet. In der Physik setzte sich der Atomismus dagegen erst mit den grandiosen Erfolgen der *kinetischen Gastheorie* James Clerk Maxwells (1831–1879) und Ludwig Boltzmanns (1844–1906, neues und tieferes Verständnis der Eigenschaften von Gasen, Diffusion, Wärmeleitfähigkeit usw.) durch (siehe Band II, Kapitel „Physik der Wärme", Abschnitt 1.2). Damit gelang die Bestimmung der Avogadro-Zahl[2] zu $N_A = 6{,}022 \cdot 10^{23}$ Atome/mol (Band II, Kapitel „Physik der Wärme", Abschnitt 1.1.2) durch Josef Loschmidt (Johann Josef Loschmidt, 1821–1895, bestimmte die Größe der Luftmoleküle, womit die Avogadro-Zahl berechnet werden kann).

Von J. J. Thomson[3], der als erster die spezifische Ladung des Elektrons (e^-) bestimmte, stammt ein erstes physikalisches Modell des Atoms, das sog. „Rosinenkuchenmodell": Die positiven elektrischen Ladungen sind kontinuierlich und unbeweglich im kugelförmigen Atomvolumen von etwa 10^{-10} m ausgebreitet, die negativen e^- sind darin im Grundzustand mit gleichem Abstand symmetrisch verteilt (Minimum der elektrischen potenziellen Energie), sodass das Atom insgesamt elektrisch neutral ist. Im angeregten Zustand schwingen die e^- um ihre Gleichgewichtslagen, und können so Strahlung emittieren bzw. absorbieren. Schon Streuversuche von Philip Lenard (Philipp Eduard Anton Lenard, 1862–1947) mit e^- unterschiedlicher Energien zeigten durch eine starke Abnahme des Streuvermögens mit der Geschwindigkeit der e^-, dass der wirklich von Materie, also von den e^- und den positiven Ladungen innerhalb des Atoms eingenommene Raum, verschwindend klein sein muss. Die Vorstellung einer gleichförmigen Ladungsverteilung über das gesamte Atomvolumen wurde aber durch die Experimente von Ernest Rutherford (Sir Ernest Rutherford, 1. Baron Rutherford of Nelson, 1871–1937), Hans Geiger (Johannes Wilhelm Geiger, 1882–1945; er entwickelte zusammen mit seinem Dissertanten Walther Müller den „Geigerzähler" (Geiger-Müller-Zählrohr)) und Ernest Marsden (1889–1970) schließlich völlig widerlegt.

1909 beschossen Geiger und Marsden dünne Goldfolien mit α-Teilchen, das sind He-Atomkerne, bestehend aus 2 Protonen p und 2 Neutronen n ($m_\alpha = 2m_p + 2m_n = 7300\, m_e$, $q_\alpha = +2e$), die von *Radon* mit einer Energie von 5,5 MeV emittiert werden (Abbn. V-2.1 und V-2.2). Gemessen wurde die Zahl der durchgelassenen Teilchen als Funktion des Streuwinkels (Abb. V-2.3): Die meisten Teilchen kommen

1 „Gesetz der konstanten und der multiplen Proportionen".

2 Amadeo Avogadro, 1776–1856. In seiner Molekularhypothese schlug er vor, dass gleiche Volumina verschiedener idealer Gase bei gleicher Temperatur und gleichem Druck die gleiche Anzahl von Molekülen enthalten sollen. Genauer Wert der Avogadro-Zahl: $6{,}022\,140\,76 \cdot 10^{23}\ \mathrm{mol}^{-1}$, exakt.

3 Sir Joseph John Thomson, 1856–1940. Für seine theoretischen und experimentellen Untersuchungen zur Elektrizitätsleitung in Gasen erhielt er 1906 den Nobelpreis.

zwar fast ungestreut durch die Metallfolie, es gibt aber einige wenige α-Teilchen, die um *fast 180° rückgestreut* werden![4]

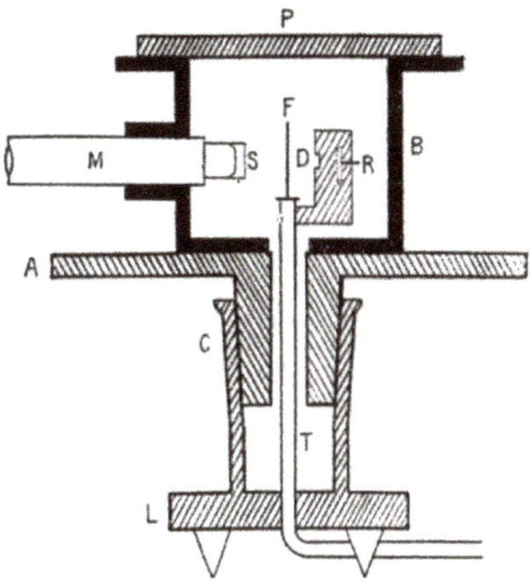

Abb. V-2.1: Schnitt durch die Originalapparatur von Geiger und Marsden (*Philosophical Magazine Series 6* **25**, 604 (1913)). Die Radon-Quelle *R* der α-Teilchen befand sich in einer evakuierbaren (*T*), zylindrischen Kammer *B*, *F* ist die streuende Metallfolie und *S* ein Szintillationsschirm, der mit einem Mikroskop *M* starr verbunden war. Die auf der Platte *A* montierte Kammer mit dem Mikroskop konnte im Konus *C* gedreht werden, während die Lagen der Streufolie und der Quelle unverändert blieben.

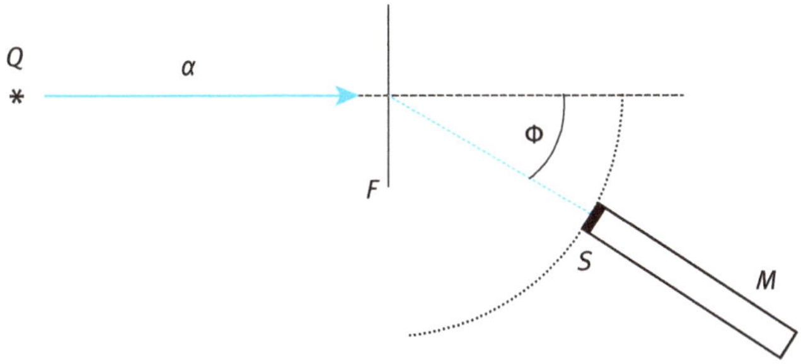

Abb. V-2.2: Die α-Teilchen verlassen die Radon-Quelle ($Q = R$), durchdringen die Goldfolie (F) und werden um den Winkel Φ auf den Szintillationsschirm (S) gestreut.

Rutherford meinte zu dem völlig unerwarteten Ergebnis: "*It was almost as incredible as if you fired a fifteen-inch shell at a piece of tissue paper and it came back and hit you*".

1911 fasste Rutherford die Erklärung, dass eine *starke positive Ladung mit großer Masse* (im Vergleich zur α-Teilchenmasse) *im Zentrum des Atoms konzentriert sein muss*, im „Rutherfordschen Planetenmodell" zusammen (Abb. V-2.4): Um einen annähernd punktförmigen Atomkern, der fast die gesamte Masse und die positive Ladung $Z \cdot e$ enthält, kreisen die viel leichteren Z Elektronen wie die Planeten um die Sonne.

---

4 H. Geiger and E. Marsden, *Proceedings of the Royal Society* **32**, 495 (1909).

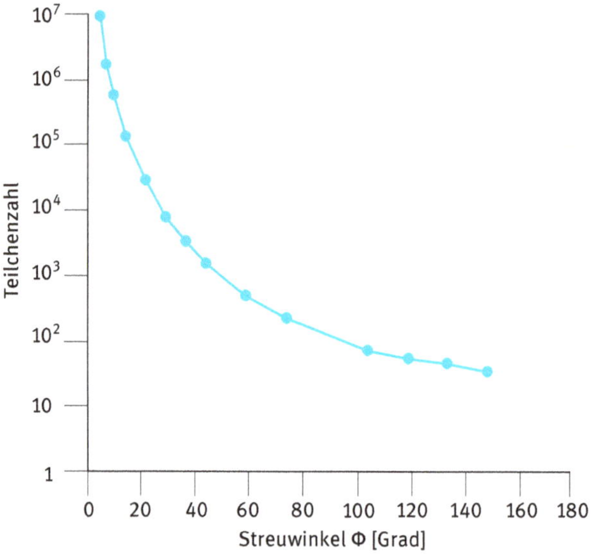

Abb. V-2.3: Ergebnis des Streuexperiments: Anzahl der gestreuten Teilchen als Funktion des Streuwinkels. Es treten auch sehr große Streuwinkel auf.

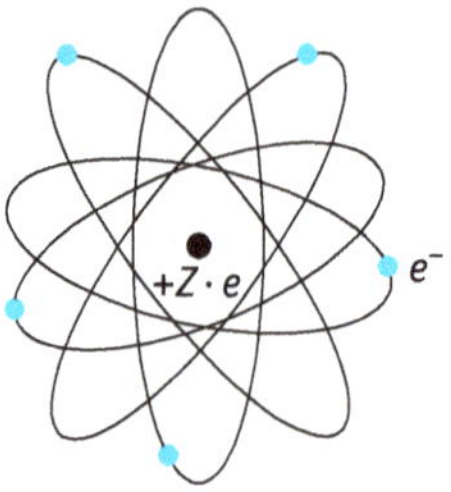

Abb. V-2.4: Rutherfordsches Planetenmodell des Atoms.

2.1.2 Ionen und freie Elektronen

Die Untersuchungen des Elektrizitätsdurchgangs durch Flüssigkeiten und Gase zeigte bereits, dass die Teilung des vorher für „unteilbar" gehaltenen elektrisch neutralen Atoms in abgegebene oder aufgenommene e^- und geladene Atomrümpfe, die Ionen, möglich war. Freie Elektronen konnten in der Gasentladung mit einem Fluoreszenzschirm „sichtbar" gemacht werden.

Durch die Ablenkung von Kathodenstrahlen in elektrischen und magnetischen Feldern (J. J. Thomson 1897) wurden die Kathodenstrahlteilchen als negativ geladen und mit dem gleichen Verhältnis e/m (Ladung/Masse) wie das Teilchen der Photoemission identifiziert (vgl. gekreuzte elektrische und magnetische Felder in

Band III, Kapitel „Statische Magnetfelder“, Abschnitt 3.1.4.1): In beiden Fällen handelt es sich um e^-.

Für die Beschleunigungsarbeit am e^- im elektrischen Feld ergibt sich

$$eU = E_{\text{kin}} = \frac{1}{2} m v^2 \qquad \Rightarrow \qquad \frac{e}{m} = \frac{v^2}{2U} \,. \tag{V-2.1}$$

Daraus kann das Verhältnis von Ladung zu Masse e/m des e^- aus der Messung der Beschleunigungsspannung U und der Geschwindigkeit v der e^- – z. B. aus dem Krümmungsradius der Elektronenbahn in einem konstanten Magnetfeld (siehe Band III, Kapitel Statische Magnetfelder, Abschnitt 3.1.4.1) – gewonnen werden. Das Experiment wurde von Emil Wiechert (1861–1928) ausgeführt und im selben Jahr 1897 publiziert wie die Arbeit von J. J. Thomson, die später zum Nobelpreis führte.

Zwischen 1901 und 1906 beobachtete Walter Kaufmann (1871–1947), dass ab $U = 1000\,\text{V}$ die gemessenen Geschwindigkeiten hinter dem berechneten Wert zurückbleiben. Er stellte fest, dass die Ladung sich mit der Geschwindigkeit nicht änderte, dass aber e/m abnahm. Während er in seiner Analyse des Experiments einen Widerspruch zu Einsteins spezieller Relativitätstheorie sah, zeigte Max Planck 1907, dass die Ergebnisse Kaufmanns die Relativitätstheorie bestätigten.

Wir erinnern uns dazu an die Definition der relativistischen Gesamtenergie (siehe Band II, Kapitel „Relativistische Mechanik“, Abschnitt 3.9.3, Gl. II-3.157)

$$E = m\gamma c^2 = E_{\text{kin}} + E_0 \qquad \textit{relativistische Gesamtenergie,} \tag{V-2.2}$$

aus der sich mit der Ruheenergie $E_0 = mc^2$ für die kinetische Energie

$$E_{\text{kin}} = E - mc^2 \tag{V-2.3}$$

ergibt. Damit verändert sich aber die obige Formel für die Beschleunigungsarbeit zu

$$eU = E_{\text{kin}} = mc^2(\gamma - 1) \,. \tag{V-2.4}$$

Die hieraus mit dem Lorentz-Faktor $\gamma = \left(1 - \frac{v^2}{c^2}\right)^{-1/2}$ berechnete Geschwindigkeit v stimmt mit Kaufmanns Beobachtungen vollständig überein (m = Masse des e^-).[5]

1910 gelang Millikan (und Fletcher) die Bestimmung der Elementarladung aus Schwebeversuchen von Öltröpfchen im Kondensatorfeld (siehe Band III, Kapitel „Elektrostatik", Abschnitt 1.1.2). Bei Kenntnis der Elementarladung kann die Avogadro-Zahl unabhängig von der Gaskinetik aus dem Ladungstransport in Elektrolyten bestimmt werden

$$F = N_A \cdot e\,, \tag{V-2.5}$$

mit F als Faraday-Konstante, die aus der von einer abgeschiedenen einwertigen Stoffmenge von n Mol transportierten Ladungsmenge Q bestimmt wird ($F = Q/n$ = 96 485 C/mol, siehe Band III, Kapitel „Stationäre Ströme", Abschnitt 2.3.2, Gl. III-2.70; heutiger genauer Wert: 96 485,332 123 310 0184 C/mol, exakt.).

2.1.3 Elektronen in Metallen

Schon früh zeigte sich, dass die Stromleitung in Metallen mit keinem Materietransport wie bei der Elektrolyse verbunden ist, sondern dass dafür offenbar die mehr oder weniger frei beweglichen, leichten e^- verantwortlich sein mussten. 1900 entwickelte Paul Drude (1863–1906) eine Elektronentheorie der elektrischen Leitfähigkeit der Metalle (siehe Band VI, Abschnitt 2.6.1.1), die später von Arnold Sommerfeld (1868–1951) und Hans Bethe (1906–2005) weiterentwickelt wurde (Band VI, Abschnitt 2.6.1.2). Er nahm an, dass sich die e^- im Metall wie die Atome eines idealen Gases frei bewegen können und sich im thermischen Gleichgewicht mit den

---

5 Das von der Beschleunigungsspannung U unabhängige Verhältnis e/m folgt hieraus unter der Voraussetzung $v \ll c$ zu $\frac{e}{m} = \frac{c^2}{U}(\gamma - 1) = \frac{c^2}{U}\left(\frac{1}{\sqrt{1 - \frac{v^2}{c^2}}} - 1\right)$. Für $\frac{v^2}{c^2} \ll 1$, den klassischen Bereich, gilt $\sqrt{1 - \frac{v^2}{c^2}} \cong 1 - \frac{1}{2}\frac{v^2}{c^2} \quad \Rightarrow \quad \frac{1}{\sqrt{1 - \frac{v^2}{c^2}}} \cong 1 + \frac{1}{2}\frac{v^2}{c^2} \quad \Rightarrow \quad \frac{e}{m} = \frac{c^2}{U}\left(\frac{1}{\sqrt{1 - \frac{v^2}{c^2}}} - 1\right) \cong$ $\cong \frac{c^2}{U}\left(1 + \frac{1}{2} \cdot \frac{v^2}{c^2} - 1\right) = \frac{v^2}{2U}$, also die klassische Beziehung (Gl. V-2.1).

Ionen des Kristallgitters befinden. Beim Anlegen eines Feldes stellt sich durch „Reibungsprozesse" (Streuung an *Phononen*[6] und Gitterdefekten) eine konstante Geschwindigkeit der e^- ein (siehe Band III, Abschnitt 2.3.1 und Band VI, „Festkörperphysik", Abschnitt 2.6.1.2.4). Damit konnte die Temperaturabhängigkeit des elektrischen Widerstandes und das Verhältnis von Wärmeleitfähigkeit zu elektrischer Leitfähigkeit (Wiedemann-Franzsches Gesetz: $\frac{\lambda}{\sigma} = a \cdot T$, λ ... Wärmeleitfähigkeit, σ ... elektrische Leitfähigkeit) erklärt werden.

Ein Beweis für Elektronen als Ladungsträger in Metallen ergab sich aber erst 1916 durch das Experiment von Richard Chace Tolman (1881–1948) und Thomas Dale Stewart (1890–1958).[7] Die zugrunde liegende Idee ist die folgende:

Wird ein langer Metallstab in seiner Längsrichtung beschleunigt, so sammeln sich die freien Ladungen infolge der Trägheit am Ende des Stabes an und es kommt zu einer Aufladung. Bei der anschließenden Abbremsung kommt es zur umgekehrten Aufladung.

Zur Ausführung wurde eine Spule mit sehr vielen engen Windungen aus dünnem Draht um ihre vertikale Achse in rasche Drehung versetzt (Abb. V-2.5). Die im Leiterdraht befindlichen e^- rotieren mit und setzen aus Trägheitsgründen die Bewegung auch noch weiter fort, wenn die Spule plötzlich angehalten wird. Dies ergibt einen Spannungsstoß, der in einem empfindlichen Strommesser (Galvanometer) einen vorübergehenden Ausschlag während der Abbremsung bewirkt.

Eines der Probleme des Versuches war die Kontaktierung der schnell rotierenden Spule. Dies wurde durch sehr lange Kontaktdrähte gelöst, die sich während der Rotation einfach verdrillen konnten.

Abb. V-2.5: Rotierendes „Rad" (∅: 25 cm) des Tolman-Stewart-Experiments:[7] Zwischen zwei Platten aus Buchenholz (A, C) waren 466 m isolierter Cu-Draht gewickelt. Bei B waren die Spulenenden über eine verdrillbare Messleitung mit einem empfindlichen Spiegelgalvanometer (Lichtweg: 10 m) verbunden.

Als Ergebnis zeigte sich erstens eine den negativen e^- entsprechende negative Aufladung und zweitens ein Wert für die Masse der beteiligten Ladungsträger, der um weniger als 20 % von der Masse freier e^- abwich.

6 Als *Phononen* bezeichnet man die in ihrer Energie und ihrem Impuls quantisierten Gitterschwingungen eines Kristalls. (siehe Band VI, Kapitel „Festkörperphysik", Abschnitt 2.4)

7 R. C. Tolman and T. D. Stewart, *Phys. Rev.* **8**, 97 (1916).

2.1.4 Offene Fragen am Beginn des 20. Jahrhunderts

Obwohl mit der Zusammenfassung der Elektrodynamik in den Maxwell Gleichungen und dem damit möglichen Verständnis der elektromagnetischen Wellen ein Höhepunkt der klassischen Physik erreicht war, blieben eine Reihe offener Fragen am Beginn des 20. Jahrhunderts noch unbeantwortet:

- Wie sind die Ladungen verschiedenen Vorzeichens im neutralen Atom gebunden? Das Rutherfordsche Planetenmodell widerspricht ja den klassischen Gesetzen: Wenn e^- sich auf einer Kreisbahn bewegen, so vollführen sie eine beschleunigte Bewegung, sie erfahren eine Zentripetalbeschleunigung, sie müssen daher elektromagnetische Strahlung aussenden („beschleunigte Ladungen strahlen“, siehe auch Synchrotron-Strahlung, Band III, Kapitel „Wechselstromkreis und elektromagnetische Schwingungen und Wellen“, Abschnitt 5.4). Die e^- müssen somit durch Strahlung Energie verlieren und schließlich in den Atomkern stürzen.
- Wieso senden Gase einer Gasentladungsröhre kein kontinuierliches Spektrum aus wie ein heißer Körper, sondern ein Linienspektrum? Wodurch sind die Wellenlängen bzw. Frequenzen dieser Spektrallinien festgelegt?
- Wodurch ist das spezifische chemische Verhalten der verschiedenen chemischen Elemente bedingt?
- Welche Kräfte binden die Atome in einem Molekül oder im Festkörper, d. h. im Kristall?
- Wie kann man den Ferromagnetismus mit seiner spontanen Magnetisierung erklären?
- Die Dulong-Petitsche Regel, das klassische Resultat für die spezifische Wärme eines Festkörpers, liefert den temperaturunabhängigen Wert $C_V = 3Nk = 3R$ entsprechend den $6N$ Freiheitsgraden für die Schwingung der N Metallatome ($E_{\text{kin}} + E_{\text{pot}}$) und der mittleren Energie $\frac{1}{2}kT$ pro Freiheitsgrad (siehe Band VI, Kapitel „Festkörperphysik“, Abschnitt 2.3.2). Dies gilt auch für Metalle. Die Experimente zeigen aber, dass $C_V \to 0$ für $T \to 0$ und dass die $3N$ Freiheitsgrade der freien Metallelektronen offensichtlich keinen Beitrag zur spezifischen Wärme liefern!
- Wie ist die Struktur der „Elementarteilchen“ z. B. des e^-, zu verstehen? Entweder sie haben eine „Struktur“, also Volumen, Masse- und Ladungsverteilung etc., dann müssen sie aus weiteren Strukturelementen zusammengesetzt sein und sind nicht eigentlich „elementar“ („fundamental“) bzw. unteilbar. Sind sie andererseits punktförmig, dann haben sie keine Struktur, aber eine unendlich große Massen- und Ladungsdichte.

2.2 Atomspektren, Stoßanregung, Bohrsches Atommodell

2.2.1 Strahlungsspektren von Atomen

Gustav Kirchhoff (1824–1887) und Robert Bunsen (1811–1899) stellten 1859 fest, dass das Licht, das von einer Gasentladung stammt, nicht einem kontinuierlichen Spektrum entspricht, sondern nur diskrete Wellenlängen aufweist, es ist ein *Linienspektrum* mit ganz bestimmten *Spektrallinien* (Abb. V-2.6).

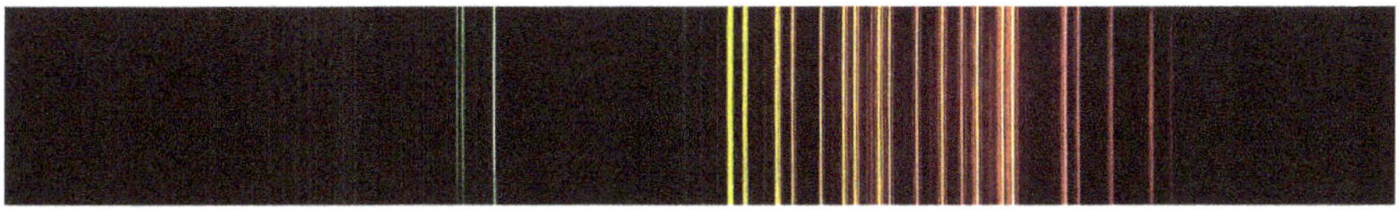

Abb. V-2.6: Linienspektrum einer Gasentladung in Neon-Gas im sichtbaren Bereich. (nach Wikipedia, Jan Homann)

Bringt man andererseits ein kühles Gas oder Dampf in die kontinuierliche Strahlung eines schwarzen Körpers (thermische Strahlung eines glühenden Körpers, z. B. Sonnenstrahlung[8]), so bemerkt man bei einer Untersuchung mit dem Spektralapparat, dass gewisse Frequenzen fehlen: Es ergibt sich ein diskretes *Absorptionsspektrum*, das für die chemischen Elemente des absorbierenden Gases charakteristisch ist. Die dunklen Linien im Spektrum der Sonne, die durch Absorption in den untersten Schichten der etwa 10 000 km dicken, an die Photosphäre nach oben angrenzenden Chromosphäre (~1000 K kälter als die Photosphäre) entstehen, nennt man *Fraunhofersche Linien*.[9]

Für das Linienspektrum der Gase kann es nur folgende Erklärung geben:

Atome können nur Licht (elektromagnetische Wellen) ganz bestimmter Wellenlänge emittieren und absorbieren.

Wir fassen die experimentellen Ergebnisse der Untersuchung der Spektrallinien zusammen:

- Jede Wellenlänge, die absorbiert wird, kann auch in Emission auftreten, wenn dem Atom genügend Energie zugeführt wird.
- Absorptions- und Emissionsspektrum sind für jedes Atom charakteristisch und eindeutig, mit Hilfe der *Spektralanalyse* kann daher die chemische Zusammen-

---

8 Aus der 5780 K heißen, 400 km dicken Photosphäre der Sonne.

9 Nach Joseph von Fraunhofer, 1787–1826. Fraunhofer bemerkte 1802 im Strahlungsspektrum der Sonne die nach ihm benannten dunklen Linien, die später von Kirchhoff und Bunsen den Absorptionseigenschaften der Chromosphäre zugeschrieben wurden.

setzung z. B. der Sterne festgestellt werden (siehe dazu auch Band IV, Kapitel „Wellenoptik“, Abschnitt 1.5).

– Spektrallinien sind auch bei Verwendung eines äußerst schmalen Eintrittsspalts nicht völlig scharf, sondern zeigen eine gewissen Linienbreite, sie sind nicht völlig monochromatisch.[10]

Johann Jakob Balmer (1825–1898) untersuchte die Spektrallinien des Wasserstoffatoms im sichtbaren Bereich (Abb. V-2.7).

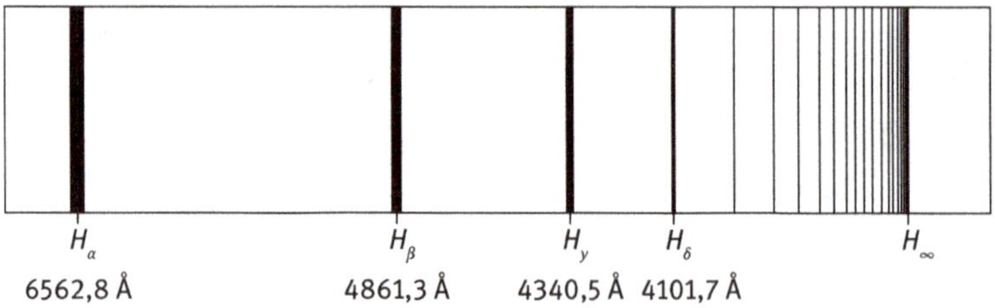

Abb. V-2.7: Emissionsspektrum von Wasserstoff im sichtbaren Bereich: die Balmer-Serie.

1885 fand er heraus, dass die Wellenlängen einer ganzen Serie dieser Linien (er nannte die Linien $H_\alpha, H_\beta, H_\gamma, H_\delta$) durch eine einzige Formel beschrieben werden können, in der nur ganze, „magische“ Zahlen auftreten:

$$\lambda = B \frac{n^2}{n^2 - 4} \qquad \text{mit } n = 3, 4, 5, 6. \tag{V-2.6}$$

B ist die *Balmer-Konstante* (H_∞) und wurde von ihm aus den vorliegenden spektroskopischen Messungen zu $B = 3647{,}1 \cdot 10^{-10}\,\text{m}$ bestimmt.

Als Reziprokwert von λ erhalten wir

$$\frac{1}{\lambda} = \frac{1}{B}\frac{n^2 - 4}{n^2} = \frac{4}{B}\left(\frac{1}{4} - \frac{1}{n^2}\right) \tag{V-2.7}$$

---

10 Die *Spektrallinien* sind die optischen Bilder des Eintrittsspalts eines Spektralapparats in der Bildebene (= Filmebene bzw. Messebene des Okulars) für Licht mit verschiedener Wellenlänge (siehe Band IV, Kapitel „Wellenoptik“, Abschnitt 1.5). Wird der Eintrittsspalt verengt, dann werden auch die Spektrallinien enger, das heißt „schärfer“. Ab einer bestimmten Spaltbreite verändert sich jedoch die Schärfe der Linien bei einer weiteren Verengung des Spalts nicht mehr, dann ist die natürliche Linienbreite der betreffenden Spektrallinie erreicht und es wird die *Struktur* der Linie sichtbar (siehe Kapitel „Quantenoptik“, Abschnitt 1.7.4.3 und Kapitel „Subatomare Physik“, Anhang A1.1). In den üblicherweise abgebildeten Spektren ist die Breite der Linien größer als die natürliche Breite. Spektrallinien von Interferenzspektrographen (Michelson-Interferometer, Fabry-Perot-Interferometer, Lummer-Gehrcke-Platte) zeigen von vornherein die inhärente Struktur der Linien.

und mit $R_H = \frac{4}{B} = 1{,}09677584 \cdot 10^7\,\mathrm{m}^{-1}$, der aus spektroskopischen Messungen bestimmten *Rydberg-Konstanten* für das H-Atom (nach Johannes Robert Rydberg, 1854–1919)

$$\frac{1}{\lambda} = R_H\left(\frac{1}{2^2} - \frac{1}{n^2}\right) \quad \text{mit } n = 3, 4, 5, 6 \quad \textit{Balmer-Formel.} \qquad \text{(V-2.8)}$$

Wir sehen sofort, dass $1/\lambda$ für $n \to \infty$ gegen den Grenzwert $1/H_\infty = R_H/4$ geht, man nennt ihn die *Seriengrenze*. Die Abstände der Linien nehmen mit wachsendem n ständig ab.

Später wurden im Wasserstoff neben der „Balmer"-Serie noch weitere Serien von Spektrallinien entdeckt, deren Abfolge mit „magischen Zahlen" erklärt werden konnte:[11]

$$\text{Lyman:} \quad \frac{1}{\lambda} = R_H\left(\frac{1}{1^2} - \frac{1}{n^2}\right) \quad n = 2, 3, \ldots \qquad \text{(V-2.9)}$$

$$\text{Balmer:} \quad \frac{1}{\lambda} = R_H\left(\frac{1}{2^2} - \frac{1}{n^2}\right) \quad n = 3, 4, \ldots \qquad \text{(V-2.10)}$$

$$\text{Paschen:} \quad \frac{1}{\lambda} = R_H\left(\frac{1}{3^2} - \frac{1}{n^2}\right) \quad n = 4, 5, \ldots \qquad \text{(V-2.11)}$$

$$\text{Brackett:} \quad \frac{1}{\lambda} = R_H\left(\frac{1}{4^2} - \frac{1}{n^2}\right) \quad n = 5, 6, \ldots \qquad \text{(V-2.12)}$$

$$\text{Pfund:} \quad \frac{1}{\lambda} = R_H\left(\frac{1}{5^2} - \frac{1}{n^2}\right) \quad n = 6, 7, \ldots. \qquad \text{(V-2.13)}$$

1890 verallgemeinerte Rydberg die Balmer-Formel so, dass damit alle beobachteten Serien des atomaren Wasserstoffs beschrieben werden konnten

$$\frac{1}{\lambda} = R_H\left(\frac{1}{m^2} - \frac{1}{n^2}\right) \quad \textit{Rydberg-Formel.} \qquad \text{(V-2.14)}$$

11 Nach Theodore Lyman, 1874–1954, US-amerikanischer Physiker; Friedrich Louis Carl Heinrich Paschen, 1865–1947, deutscher Physiker; Frederick Sumner Brackett, 1896–1988, US-amerikanischer Physiker; August Herman Pfund, 1879–1949, US-amerikanischer Physiker.

Dabei bestimmt m den „Charakter" (das Wellenlängengebiet) der Serie ($m = 1 \rightarrow$ Lyman-Serie, $m = 2 \rightarrow$ Balmer-Serie usf.), während die Laufzahl $n = m + 1$, $m + 2, \ldots$ die jeweilige Linie innerhalb der Serie angibt.

2.2.2 Der Franck-Hertz Versuch: Stoßanregung

Aus den diskreten Spektren der Gasentladungen folgt also die Tatsache, dass Gasatome offenbar nur gewisse Wellenlängen der Strahlungsenergie aufnehmen oder abgeben können. Daraus ergibt sich die Frage, ob diese „Quantelung" der Energieaufnahme oder Energieabgabe von Atomen auf die Absorption oder Emission im *Strahlungsfeld* beschränkt oder allgemein gültig ist. Wie geschieht z. B. die Energieübertragung beim Stoß von e^- mit Gasatomen? Diese Frage versuchten James Franck und Gustav Hertz[12] 1914 mit folgendem Experiment zu beantworten (Abb. V-2.8):

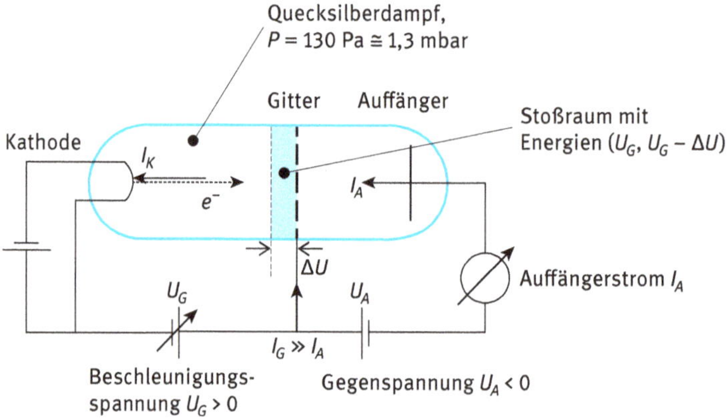

Abb. V-2.8: Mit Hg-Dampf (Dampfdruck etwa 10^{-3}–10^{-2} bar) gefüllte Elektronenröhre von Franck und Hertz zur Untersuchung der Anregung von Hg-Atomen beim Stoß mit Elektronen.

Eine Elektronenröhre ist mit Hg-Dampf (Dampfdruck etwa 10^{-3}–10^{-2} bar) gefüllt. Von einer Glühkathode werden e^- emittiert und durch eine Elektrode (das „Gitter" mit Potenzial U_G gegen die Kathode) auf die Energie $e \cdot U_G$ beschleunigt. Die Anode (hier der „Auffänger" der e^-) wird nun auf ein Potenzial $U_A < 0$ gegen das Gitter gebracht, das die e^- nach Durchlaufen des Gitters abbremst, sodass sie nur dann den Auffänger erreichen und zum Anodenstrom beitragen können, wenn ihre Ener-

12 James Franck, 1882–1964, Gustav Ludwig Hertz, 1887–1975, Neffe von Heinrich Hertz. Für ihre Elektronenstoßversuche erhielten Franck und Hertz 1925 den Nobelpreis. Hertz entwickelte 1932 das Isotopentrennverfahren mittels Gasdiffusion.

gie hinter dem Gitter $E_{\text{kin}} \geq e \cdot U_A$ beträgt. (Die meisten emittierten e^- landen allerdings bereits am Gitter selbst (I_G), sodass der Anodenstrom I_A sehr klein ist).

Es wird der Anodenstrom (Auffängerstrom) I_A als Funktion der Beschleunigungsspannung U_G gemessen (Abb. V-2.9).

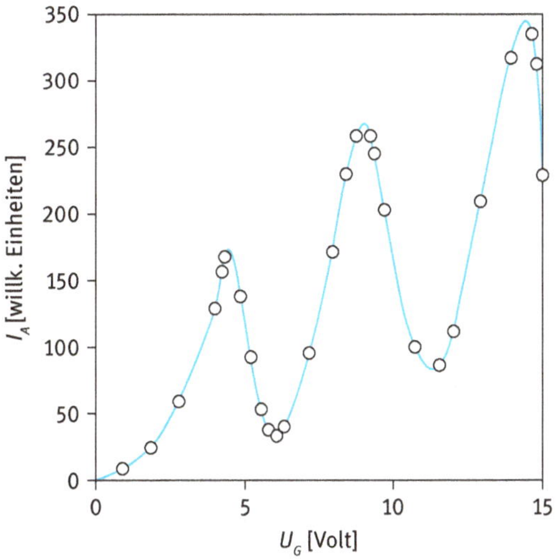

Abb. V-2.9: Auffängerstrom I_A als Funktion der Beschleunigungsspannung U_G. Messungen von J. Franck und G. Hertz (*Verhandlungen der Deutschen Physikalischen Gesellschaft* **16**, 457 (1914).)

Die beobachtete Zunahme des Auffängerstromes I_A mit steigender Beschleunigungsspannung U_G erfolgt zunächst parabolisch nach dem Langmuir-Schottkyschen Raumladungsgesetz wie in einer normalen Röhrendiode (vgl. Band III, Kapitel „Stationäre elektrische Ströme“, Abschnitt 2.3.3, Gl. III-2.73). Ab einer Spannung von 4,9 V beginnt I_A abzunehmen. Bei weiterer Erhöhung von U_G treten dann nach Durchlaufen eines Minimums *periodisch weitere Maxima* des Stromes im Abstand von 4,9 V auf. Das Experiment zeigt, dass die Gasatome, mit denen die Elektronenröhre gefüllt ist, offensichtlich auch bei Stoßprozessen nur ganz gewisse Energien aufnehmen können. Ist die Energie der e^- kleiner als 4,9 eV, „passt“ somit der Energiewert nicht, kommt es nur zu *elastischen* Stößen der e^- mit den Gasatomen.[13] Die e^- geben dann am Beginn der Beschleunigung beim Stoß keine Energie ab, sodass

13 Der genaue Wert der Energiedifferenz zwischen dem Grundzustand des Hg-Atoms und dem mittleren der drei nächsten Anregungsniveaus beträgt $E_A = 4{,}86$ eV. Bei den elastischen Stößen der e^- mit den viel schwereren Hg-Atomen ändert sich nur ihre Flugrichtung, Energie verlieren sie praktisch keine. Sie sind für den Versuch störend, da sie die Breite der Maxima und Minima in der Stromkurve bewirken. Aus diesem Grund muss der Hg-Dampfdruck durch eine geeignet gewählte Temperatur der Röhre (~ 200 °C) niedrig gehalten werden ($P_{\text{Hg}}(200\,°\text{C}) \approx 13$ mbar = 9,75 Torr = 12 hPa).

mit steigender Beschleunigungsspannung immer mehr von ihnen aus dem Raumladungsgebiet zwischen Kathode und Gitter abgesaugt und ein kleiner Teil von ihnen am Auffänger aufgenommen wird. Sobald aber die Energie der e^- jener Energie entspricht, die die Gasatome aufnehmen können, d. h., die einer *Differenz von Energieniveaus* des Atoms entspricht, kommt es zu *inelastischen* Stößen, die e^- geben Energie an die Gasatome ab (*Anregungsenergie*) und erreichen daher bei entsprechender Gegenspannung den Auffänger nicht mehr, der Auffängerstrom nimmt ab. Bei weiterer Erhöhung der Beschleunigungsspannung wiederholt sich der Vorgang periodisch, wobei die erste Front inelastischer Stöße immer näher zur Kathode zu jenem Feldbereich rückt, an dem die Spannung $U = 4{,}9\,\text{V}$ beträgt.

Wesentlich ist, dass die Energieübertragung an die Gasatome nur für eine ganz gewisse Beschleunigungsspannung U_G auftritt, und zwar für diejenige, für die gilt

$$e \cdot U_G = \Delta E_{\text{kin}} = n \cdot E_A \,. \tag{V-2.15}$$

Nach der Energieabgabe beim ersten inelastischen Stoß ist $E_{e^-} = 0$ geworden und das e^- kann im Feld wieder so lange Energie aufnehmen (es erfolgen ja dann wieder nur elastische Stöße), bis sie zu einem neuerlichen inelastischen Stoß ausreicht. Die folgenden Maxima besitzen daher den konstanten Abstand von 4,9 V. Die Energie $E_A = 4{,}9\,\text{eV}$ ist offenbar eine Anregungsenergie des Hg-Atoms.

i Die Elektronenstoßanregung zeigt, dass Atome Energie nur in bestimmten Energiebeträgen ΔE_i aufnehmen können, deren Größe von der Struktur des Atoms und vom angeregten Zustand abhängt. Die Energiezustände des Atoms sind *gequantelt.*

Aus der Quantenoptik (siehe Kapitel „Quantenoptik“, Abschnitte 1.2 und 1.3) wissen wir, dass die kleinsten Energieeinheiten des elektromagnetischen Feldes die Photonen mit der Energie $E_{ph} = h \cdot \nu$ sind. Die Vorstellung bei der Atomanregung durch elektromagnetische Strahlung ist daher: Photonen mit einer Energie $E_{ph} = h\nu$, die einer Anregungsenergie des Atoms entspricht, können absorbiert werden, andere nicht. Die Frage ist nun: Kann dieser Ansatz auch hier bei der Energieübertragung durch Elektronenstöße (allgemein: durch Teilchenstöße) verwendet werden? Wir setzen also die Energie eines in der Röhre auf 4,9 eV beschleunigten Elektrons gleich der Energie eines absorbierten (oder emittierten) Photons

$$h \cdot \nu = h \frac{c}{\lambda} = e \cdot U \tag{V-2.16}$$

und erhalten für die zugehörige, absorbierbare Wellenlänge

$$\lambda = \frac{h \cdot c}{e \cdot U} = \frac{6{,}626 \cdot 10^{-34} \cdot 2{,}9979 \cdot 10^{8}}{1{,}6 \cdot 10^{-19} \cdot 4{,}9} = 2{,}533 \cdot 10^{-7} = 253{,}3 \cdot 10^{-9}\,\mathrm{m}. \qquad \text{(V-2.17)}$$

Das stimmt exzellent mit der Beobachtung überein, dass im Spektrum des Quecksilberdampfs nach der Stoßanregung mit e^- von 4,9 eV eine einzige Spektrallinie, die sog. Quecksilber-Resonanzlinie,[14] im Ultravioletten bei λ = 253,7 nm gefunden wird. Franck und Hertz verifizierten dies bei ihren Stoßversuchen an Hg-Atomen mit e^- der Energie ≥ 4,9 eV. Sie konnten tatsächlich ultraviolette Strahlung mit λ = 253,7 nm nachweisen.

Später wurde die experimentelle Anordnung von James Franck und Paul Knipping (1883–1935) (eigentlich zur Messung der Energieniveaus von Helium) durch Anbringung eines zweiten Gitters verfeinert (Abb. V-2.10).[15]

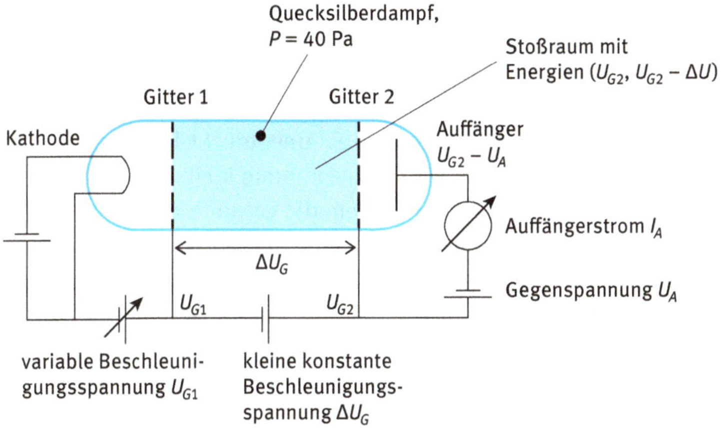

Abb. V-2.10: Zweigitterröhre, wie sie von Franck und Knipping benützt wurde.

Damit kann der „Stoßraum" zwischen Gitter 1 und Gitter 2 für kleine Spannungsdifferenzen $\Delta U_G = U_{G2} - U_{G1}$ gegenüber der Eingitteranordnung stark vergrößert werden, wodurch auch weitere „erlaubte" Anregungsniveaus von Hg beobachtet werden können, die bei der Eingitteranordnung wegen der Dominanz (= Anregungs-

14 Unter einer „Resonanzlinie" versteht man eine Spektrallinie, die durch den Übergang vom ersten angeregten Zustand in den Grundzustand entsteht; daher ist ihre Wellenlänge gerade gleich der absorbierten Wellenlänge bei optischer Anregung. Das untere Niveau einer Resonanzlinie ist daher immer das dicht besetzte Grundniveau des Energietermschemas eines Atoms (siehe z. B. Abschnitt 2.2.4, Abb. V-2.13 und Abschnitt 2.5.3, Abb. V-2.31), wobei der Übergang den Auswahlregeln genügen muss (siehe dazu Abschnitt 2.5.3); auch die beiden *D*-Linien von Na sind Resonanzlinien. Beachte aber: Die Auswahlregeln gelten *nur* für Strahlungsübergänge, nicht für Stoßvorgänge!

15 J. Franck und P. Knipping, *Physikalische Zeitschrift* **20**, 481 (1919).

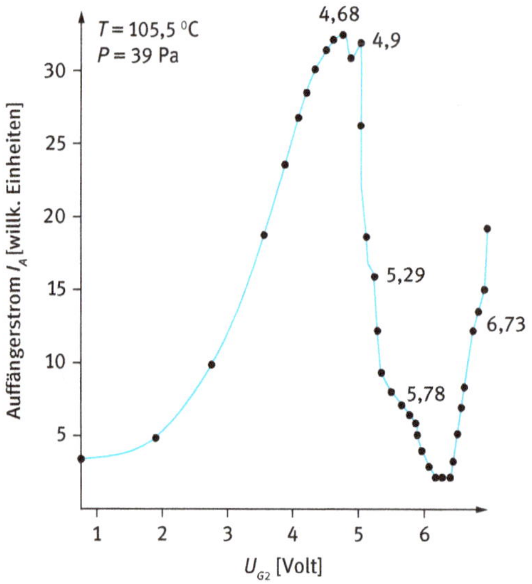

Abb. V-2.11: Verfeinerte Messung der Anregungsniveaus von Quecksilber (nach W. deGroot und F. M. Penning in: Handbuch für Physik (H. Geiger und K. Scheel, Herausgeber), Band 23/1, p. 50).

wahrscheinlichkeit) des Resonanzniveaus bei 4,9 eV unentdeckt bleiben. Bei der Eingitteranordnung nimmt der Stoßraum für eine bestimmte kleine Spannungsänderung ΔU nur jenen kleinen Raumanteil ein, in dem die gesamte zwischen Kathode und Gitter angelegte Spannung U_G um ΔU wächst, während bei der Zweigitteranordnung ein großer Teil der Gesamtspannung U_{G2} bereits zwischen Kathode und dem sehr nahe gelegenen Gitter G_1 abfällt. Das Auflösungsvermögen für den Energieverlust der e^- wird dadurch bei entsprechend verringertem Dampfdruck stark erhöht und es können aus der Struktur der Strom-Spannungskurven zahlreiche Anregungsniveaus bestimmt werden (Abb. V-2.11).

Der Franck-Hertz-Versuch lässt sich sehr schön mit Neongas[16] demonstrieren (Abb. V-2.12).

In einer Zweigitterröhre (Kathode, Gitter G_1, Gitter G_2, Auffänger) befindet sich Neongas mit einem Gasdruck von ca. 10 hPa. Beim Hochziehen der Spannung am Gitter G_1 werden die Neonatome durch inelastische Stöße mit Elektronen angeregt. Anschließend gehen sie durch Abstrahlung von rotem Licht in einen niedereren Energiezustand über. Dadurch sind die inelastischen Stöße „sichtbar".[17]

---

16 Für den Franck-Hertz-Versuch eignen sich nur einatomige Gase (Metalldämpfe, Edelgase), da die dicht liegenden Schwingungsniveaus mehratomiger Moleküle praktisch ein Absorptionskontinuum ergeben.

17 Durch die Stoßanregung werden die Neonatome in eines der zehn $3p$ Niveaus ($1s^2\,2s^2\,2p^5\,3p^1$) zwischen 18,4 und 19 eV gehoben und fallen dann durch Strahlungsemission auf eines der vier $3s$ Niveaus ($1s^2\,2s^2\,2p^5\,3s^1$ mit 16,6 bis 16,9 eV) zurück. Siehe dazu C. E. Moore, *Atomic Energy Levels.* National Bureau of Standards, Washington, D.C., 1949, Vol. I, p. 76–77.

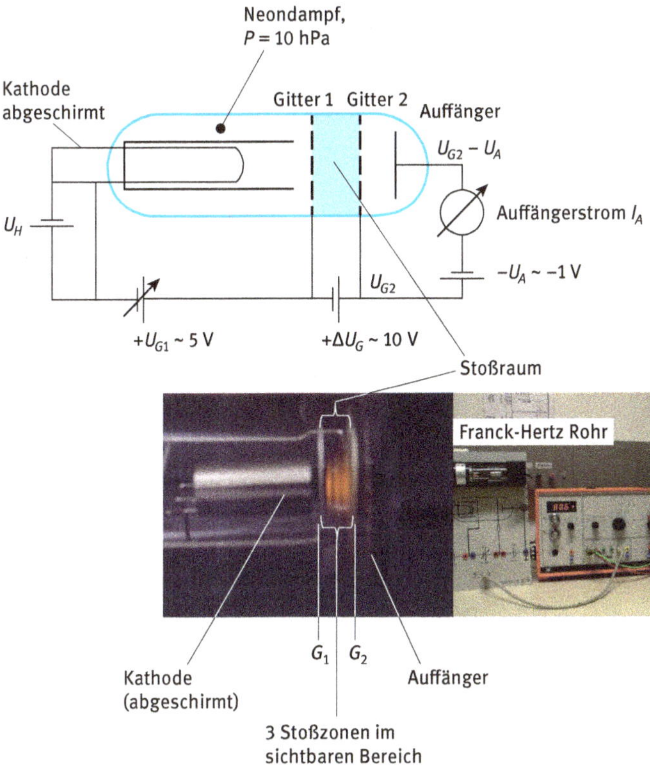

Abb. V-2.12: Das Franck-Hertz-Experiment als Demonstrationsversuch.

2.2.3 Die Bohrschen Postulate

Niels Bohr[18] ging vom Rutherfordschen Planetenmodell aus, erkannte aber, dass die Strahlungsabsorption und -emission *klassisch nicht zu erklären* ist:

1. Die Kreisbahn von Ladungen ist nicht stabil, die Energieabstrahlung führt unter ständiger Erhöhung der Kreisfrequenz zum Sturz des e^- in den Kern.
2. Die Vielzahl der diskreten Frequenzen der auftretenden Spektrallinien kann nicht erklärt werden.[19]

Bohr stellte daher 1913 zur Lösung des Dilemmas zwei Postulate auf:

---

18 Niels Henrik David Bohr, 1885–1962. Für seine Arbeiten zur Struktur der Atome und der von ihnen ausgesandten Strahlung erhielt er 1922 den Nobelpreis.

19 Ein stabil um den Kern kreisendes e^- sollte nur die der Umlauffrequenz entsprechende Spektrallinie emittieren, da das von Kern und e^- gebildete Dipolmoment sich mit dieser Frequenz zeitlich ändert. Ein in den Kern stürzendes e^- würde daher ein kontinuierliches Spektrum erzeugen.

1. Für jedes Atom gibt es eine Anzahl stationärer Zustände, in denen sich die e^- auf Kreisbahnen bewegen und das Atom trotzdem nicht strahlt. Diese Zustände sind stabil und Energieänderungen des Atoms infolge Absorption oder Emission von Strahlung oder infolge von Stößen können nur bei einem Übergang zwischen solchen Zuständen erfolgen. Die Energiewerte dieser stationären Zustände bilden eine diskrete Folge E_1, E_2, ... E_n.
2. Erfolgt der Übergang zwischen zwei stationären Energiezuständen E_m und E_n des Atoms durch Strahlungsabsorption oder -emission, so ist die Strahlung an bestimmte Frequenzen gebunden:

$$h\nu = E_m - E_n \qquad (E_m > E_n \text{ mit } n, m = 1, 2, 3, \ldots) \qquad \text{(V-2.18)}$$

Bohrsche Frequenzbedingung.

Beim Strahlungsübergang zwischen stationären Zuständen wird also ein Lichtquant der entsprechenden Frequenz absorbiert oder emittiert.

Aus dem zweiten Bohrschen Postulat ergibt sich aber noch keine Bedingung für die möglichen Kreisbahnen eines den Atomkern umkreisenden e^-. Klassisch ist ja jede Bahn möglich und damit ein Kontinuum von Energiewerten des e^-. Offenbar gibt es aber, wie die Spektrallinien zeigen, eine ganz bestimmte Folge diskreter Energieniveaus und damit eine entsprechende Folge diskreter Kreisbahnen. Während Planck zur Erklärung der Hohlraumstrahlung annehmen musste, dass im Inneren der Atome elektrische Dipole (lineare Oszillatoren) mit Energien $E_n = nh\nu$ schwingen, musste Bohr nun zur Bestimmung der zulässigen Kreisbahnen in einer zusätzlichen Quantisierungsregel fordern, dass für die e^- auf ihrer Kreisbahn um den Kern *nur bestimmte Werte des Drehimpulses* möglich sind. Damit kommt er zu den diskreten Energiewerten des kreisenden e^-. Diese zulässigen („gequantelten") Drehimpulse sind ganze Vielfache von $\hbar = \frac{h}{2\pi}$

$$\left|\vec{L}_n\right| = mr_n^2\omega = n\frac{h}{2\pi} = n\hbar \qquad (n = 1, 2, 3, \ldots).^{20} \qquad \text{(V-2.19)}$$

Dies deckt sich mit der später (1924) von L. de Broglie eingeführten Materiewelle (Wellenlänge λ) für e^- (siehe Kapitel „Quantenoptik", Abschnitt 1.4, Gl. V-1.61). Die-

20 Im Falle eines endlich schweren Kerns mit Masse M („Kernmitbewegung") gilt die Drehimpuls-Quantelungsregel für den Gesamtdrehimpuls von Kern und e^-. Dies läuft darauf hinaus, bei feststehendem Kraftzentrum an Stelle von m_e die reduzierte Masse $\mu = \frac{m_e \cdot M}{m_e + M}$ des Zweikörpersystems zu verwenden (siehe Abschnitt 2.2.4 Gl. V-2.37).

se kann nur dann stationär sein, wenn der Bahnumfang ein ganzzahliges Vielfaches der Wellenlänge ist, wenn also gilt $2\pi r_n = n \cdot \lambda$. Mit $\lambda = \frac{h}{p}$ und $r_n = \frac{n\lambda}{2\pi}$ sowie $|\vec{L}| = |\vec{r} \times \vec{p}| = r \cdot p$ als Betrag des Drehimpulses folgt

$$|\vec{L}_n| = r_n \cdot p = n\frac{\lambda}{2\pi} \cdot \frac{h}{\lambda} = n\frac{h}{2\pi} = n\hbar \qquad \textit{Quantelungsregel für den Bahndrehimpuls des } e^-. \tag{V-2.20}$$

Diese Beziehung gibt eine „Quantelungsregel" (= Auswahlregel) für die möglichen Kreisbahnen eines e^- um den Kern: *Nur ganz gewisse Werte des Bahndrehimpulses sind im Atom erlaubt!*[21]

2.2.4 Das Bohrsche Atommodell (1913)

Das Bohrsche Modell für das einfachste Atom, den atomaren Wasserstoff[22], kombiniert die klassische Mechanik mit den Bohrschen Postulaten und kann das Auftreten der zu Serien zusammengefassten Spektrallinien (vgl. Abschnitt 2.2.1) erklären.

Das e^- bewegt sich auf einer Kreisbahn mit Radius r um den Kern. Wir wollen zunächst annehmen, dass die Masse des Kerns so groß ist, dass seine Bewegung unberücksichtigt bleiben kann. Das e^- wird durch die Coulombkraft als Zentripetalkraft auf der Kreisbahn gehalten, es muss daher gelten

$$\underbrace{m_e r\omega^2}_{\text{Zentripetalkraft}} = \underbrace{\frac{e^2}{4\pi\varepsilon_0 r^2}}_{\text{Coulombkraft}} \quad \text{und damit} \quad \omega^2 = \frac{e^2}{4\pi\varepsilon_0 m_e r^3}. \tag{V-2.21}$$

Aus der Stabilitätsbedingung der Bahn folgt nach der Quantelungsregel für den Bahndrehimpuls

$$|\vec{L}| = m_e r v = m_e r^2 \omega = n\hbar \tag{V-2.22}$$

und damit in „klassischer Rechnung"

$$\omega = \frac{n\hbar}{m_e r^2} \quad \text{bzw.} \quad \omega^2 = \frac{n^2\hbar^2}{m_e^2 r^4}. \tag{V-2.23}$$

---

21 Diese Quantisierungsregel wird oft auch als 3. Bohrsches Postulat bezeichnet.

22 Nur für diesen und seine Isotope sowie für wasserstoffähnliche Ionen (nur ein einziges Außenelektron) war das Modell erfolgreich!

Diesen Wert für ω^2 setzen wir in Gl. (V-2.21) ein und lösen nach r auf

$$4\pi\varepsilon_0 m_e r^3 n^2\hbar^2 = m_e^2 r^4 e^2 \tag{V-2.24}$$

$$\Rightarrow \quad r_n = n^2\frac{4\pi\varepsilon_0\hbar^2}{m_e e^2} = n^2 a_0 \quad \textit{Radius der n-ten Bahn des Elektrons.} \tag{V-2.25}$$

Die den Bahnradius bestimmende Quantenzahl n nennt man Hauptquantenzahl (*principal quantum number*) oder auch *Energiequantenzahl.*

Aus der obigen Formel ergibt sich beim H-Atom für $n = 1$ als kleinster Bahnradius:

$$a_0 = r_B = \frac{4\pi\varepsilon_0\hbar^2}{m_e e^2} = 5{,}29177\cdot 10^{-11}\,\text{m} = 52{,}9177\,\text{pm} \approx 0{,}5\,\text{Å} \tag{V-2.26}$$

Bohrscher Radius.[23]

Wir wollen jetzt die Energie des n-ten Zustands des e^- im Atom berechnen und bestimmen dazu zunächst sowohl die potenzielle Energie im Feld der Coulombkraft des Kerns mit der Ladung $+e$ als auch die kinetische Energie beim Umlauf auf der Kreisbahn, wobei wir für ω den Wert von Gl. (V-2.23) einsetzen:

$$E_{\text{pot}} = -\frac{e^2}{4\pi\varepsilon_0 r_n} \tag{V-2.27}$$

$$E_{\text{kin}} = \frac{1}{2}m_e r_n^2\omega^2 = \frac{m_e r_n^2 n^2\hbar^2}{2m_e^2 r_n^4} = \frac{n^2\hbar^2}{2m_e r_n^2}\,. \tag{V-2.28}$$

Für r_n setzen wir Gl. (V-2.25) ein und erhalten

$$E_n^{\text{pot}} = -\frac{e^2\cdot m_e e^2}{(4\pi\varepsilon_0)^2\hbar^2 n^2} = -\frac{m_e e^4}{(4\pi\varepsilon_0)^2\hbar^2 n^2} \tag{V-2.29}$$

$$E_n^{\text{kin}} = \frac{n^2\hbar^2\cdot m_e^2 e^4}{2m_e(4\pi\varepsilon_0)^2\hbar^4 n^4} = \frac{m_e e^4}{2(4\pi\varepsilon_0)^2\hbar^2 n^2} = -\frac{E_n^{\text{pot}}}{2} \tag{V-2.30}$$

---

23 1 Å (Ångstrom) = 10^{-10} m = 0,1 nm = 100 pm; nach Anders Jonas Ångström, 1814–1874, schwedischer Physiker. Derzeit genauester Wert des Bohrschen Radius: $(5{,}291\,772\,109\,03 \pm 0{,}000\,000\,000\,80)\cdot 10^{-11}$ m.

$$E_n^{\text{ges}} = E_n^{\text{kin}} + E_n^{\text{pot}} = \frac{m_e e^4}{2(4\pi\varepsilon_0)^2\hbar^2 n^2} - \frac{m_e e^4}{(4\pi\varepsilon_0)^2\hbar^2 n^2} \qquad \text{(V-2.31)}$$

$$\Rightarrow \quad E_n = -\left(\frac{1}{4\pi\varepsilon_0}\right)^2 \frac{m_e e^4}{2\hbar^2} \cdot \frac{1}{n^2} = -E_n^{\text{kin}} \quad \textit{gequantelte Energieniveaus.} \qquad \text{(V-2.32)}$$

Die Energie des e^- und damit des Atoms ist also „gequantelt", die Energiestufen sind durch eine einzige Quantenzahl n, die *Hauptquantenzahl*, bestimmt.

Es gilt

$$E_{\text{ges}} = -E^{\text{kin}} = \frac{1}{2} E^{\text{pot}} < 0\,. \qquad \text{(V-2.33)}$$

Mit der Bohrschen Frequenzbedingung (Abschnitt 2.2.3, Gl. V-2.18) $\nu = \frac{1}{h}(E_m - E_n) = \frac{1}{2\pi\hbar}(E_m - E_n)$ ergibt sich für die Frequenz der Spektrallinien bei einem „Quantensprung" vom Zustand m in den Zustand n ($m > n$)

$$\nu_{nm} = \left(\frac{1}{4\pi\varepsilon_0}\right)^2 \frac{m_e e^4}{4\pi\hbar^3}\left(\frac{1}{n^2} - \frac{1}{m^2}\right). \qquad \text{(V-2.34)}$$

Mit $\nu_{nm} = \frac{c}{\lambda_{nm}}$ folgt daraus für die Wellenzahl $1/\lambda_{nm}$

$$\frac{1}{\lambda_{nm}} = \left(\frac{1}{4\pi\varepsilon_0}\right)^2 \frac{m_e e^4}{4\pi\hbar^3 c}\left(\frac{1}{n^2} - \frac{1}{m^2}\right) = R_\infty\left(\frac{1}{n^2} - \frac{1}{m^2}\right), \qquad \text{(V-2.35)}$$

die Rydberg-Formel.

Die Rydberg-Konstante ergibt sich auf diese Weise zu

$$R_\infty = \left(\frac{1}{4\pi\varepsilon_0}\right)^2 \frac{m_e e^4}{4\pi\hbar^3 c} = 1{,}09737316 \cdot 10^7\,\text{m}^{-1}.^{24} \qquad \text{(V-2.36)}$$

24 Genauer derzeitiger Wert: $(1{,}097\,373\,156\,8160 \pm 0{,}000\,000\,000\,0021) \cdot 10^7\,\text{m}^{-1}$.

Zwischen der so berechneten Rydberg-Konstanten R_∞ (Kernmasse unendlich) und ihrem aus spektroskopischen Messungen bestimmten Wert R_H für das H-Atom (Abschnitt 2.2.1) besteht ein geringfügiger Unterschied, der darauf zurückgeführt werden kann, dass die Masse des Atomkerns nicht unendlich groß ist und sich daher Kern und Elektron um ihren gemeinsamen Schwerpunkt bewegen. Es muss daher die Masse des e^- durch die *reduzierte Masse* μ

$$\mu = \frac{m_e M}{m_e + M} \qquad \text{(V-2.37)}$$

ersetzt werden, wobei M die Masse des Kerns (hier des Protons) ist.[25] Damit ergibt sich für die Rydberg-Konstante[26]

$$\begin{aligned} R_H &= \left(\frac{1}{4\pi\varepsilon_0}\right)^2 \frac{\mu e^4}{4\pi\hbar^3 c} = \left(\frac{1}{4\pi\varepsilon_0}\right)^2 \frac{\frac{m_e M e^4}{m_e + M}}{4\pi\hbar^3 c} = \left(\frac{1}{4\pi\varepsilon_0}\right)^2 \frac{M}{m_e + M}\,\frac{m_e e^4}{4\pi\hbar^3 c} = \\ &= \frac{1}{1+\frac{m_e}{M}} \cdot R_\infty = \frac{1}{1+\frac{5{,}48579903\cdot 10^{-4}\,\mathrm{u}}{1{,}00727647\,\mathrm{u}}} \cdot R_\infty = \frac{1}{1+5{,}44617014\cdot 10^{-4}} \cdot R_\infty = \\ &= 1{,}09677584 \cdot 10^7\,\mathrm{m}^{-1}. \end{aligned} \qquad \text{(V-2.38)}$$

Hiermit ist auch ersichtlich, dass sich die Spektrallinien der H-Isotope D (Deuterium) und T (Tritium) mit jenen von H *nicht* decken können, da die Rydberg-Konstanten R_D und R_T verschieden sind ($M_D = 2{,}013553\,\mathrm{u}$, $M_T = 3{,}015501\,\mathrm{u}$). Aus der Verschiebung der Linien kann auf die Isotopenmasse geschlossen werden.

Insgesamt ergibt sich folgendes Bild für die Strahlung des H-Atoms im Bohrschen Modell:

Eine Emission elektromagnetischer Strahlung erfolgt, wenn das Atom von einem Zustand mit höherer Energie (größere Quantenzahl m) in einen solchen mit niedrigerer Energie (kleinere Quantenzahl n) übergeht. Dabei ist zu beachten, dass die Energien als Bindungsenergien negativ sind; die Energie wird Null für

---

25 Dadurch wird das Zweikörperproblem auf die Bewegung *eines* Teilchens mit der Masse μ um den festen Schwerpunkt im Abstand r der beiden Teilchen reduziert (siehe Band I, Kapitel „Mechanik des Massenpunktes", Anhang A1.2, Fußnote 47 und A2.1), wobei die Kraft zwischen den Teilchen die Bewegung von μ bestimmt. Es bleiben daher alle oben abgeleiteten Beziehungen bestehen, es ist nur an Stelle von m_e die reduzierte Masse μ zu setzen.

26 1 u (atomare Masseneinheit) $= \frac{1}{12} M^{C^{12}} = 1{,}660540 \cdot 10^{-27}$ kg (siehe Kapitel „Subatomare Physik", Abschnitt 3.1.2.1).

$n = \infty$, $E_\infty - E_1 = -E_1$ ist daher die positive *Ionisierungsenergie* des Atoms. Für den niedrigsten Energiewert des e^-, d. h. den stabilsten Zustand des Atoms, gilt[27]

$$E_1 = -\left(\frac{1}{4\pi\varepsilon_0}\right)^2 \frac{m_e e^4}{2\hbar^2} = -R_\infty \cdot 2\pi\hbar c =$$
$$= -1{,}097373 \cdot 10^7\,\mathrm{m}^{-1} \cdot 2\pi \cdot 1{,}054573 \cdot 10^{-34}\,\mathrm{Js} \cdot 2{,}997925 \cdot 10^8\,\mathrm{ms}^{-1} =$$
$$= -2{,}179875 \cdot 10^{-18}\,\mathrm{J} = -\frac{2{,}179875 \cdot 10^{-18}\,\mathrm{J}}{1{,}602177 \cdot 10^{-19}\,\mathrm{J/eV}} = -13{,}60571\,\mathrm{eV}\,. \quad \text{(V-2.39)}$$

Von diesem Zustand E_1 mit der stärksten Bindung an den Kern kann keine weitere Energieabgabe mehr erfolgen, es ist der *Grundzustand* des H-Atoms. Die Geschwindigkeit v_1 des e^- im Grundzustand ergibt sich aus $\underbrace{m_e\frac{v_1^2}{2}}_{=E_1^{\mathrm{kin}}} = -E_1 = R_\infty 2\pi\hbar c$ mit Gl. (V-2.32) zu

$$v_1 = \sqrt{\frac{2R_\infty hc}{m_e}} =$$
$$= \sqrt{\frac{2 \cdot 1{,}097373 \cdot 10^7\,\mathrm{m}^{-1} \cdot 6{,}626076 \cdot 10^{-34}\,\mathrm{Js} \cdot 2{,}997925 \cdot 10^8\,\mathrm{ms}^{-1}}{9{,}109390 \cdot 10^{-31}\,\mathrm{kg}}} =$$
$$= 2{,}187691 \cdot 10^6\,\mathrm{m/s} \ll c\,! \quad \text{(V-2.40)}$$

Dies rechtfertigt die bisherigen klassisch-mechanischen Rechnungen. Die dimensionslose Verhältniszahl $\alpha = \frac{v_1}{c}$ heißt *Feinstrukturkonstante*. Sie spielt bei der relativistischen Korrektur der Spektrallinien und als Kopplungskonstante der elektromagnetischen Wechselwirkung[28] eine große Rolle. Ihr Wert berechnet sich mit der Bohrschen Drehimpuls-Quantelungsregel (Gl. V-2.20) für $n = 1$ und dem Bohrschen Radius a_0 (Gl. V-2.26) zu $L_1 = m_e v_1 a_0 = \hbar$

$$\Rightarrow \quad \frac{v_1}{c} = \frac{\hbar}{c m_e a_0} = \frac{\hbar}{c \cdot m_e \frac{4\pi\varepsilon_0\hbar^2}{m_e e^2}} = \frac{e^2}{4\pi\varepsilon_0 \cdot \hbar c} = \alpha\,,$$

das heißt

---

27 Der spektroskopisch genaue Wert ist etwas kleiner, da R_∞ durch R_H zu ersetzen ist.

28 Die Kopplungskonstante α bestimmt die Stärke der elektromagnetischen Kraft auf ein e^-. Zum Vergleich der Kopplungskonstanten der vier fundamentalen Wechselwirkungen siehe Band I, Kapitel „Mechanik des Massenpunktes“, Abschnitt 2.2.

$$\alpha = \frac{e^2}{4\pi\varepsilon_0\hbar c} = \frac{1}{137{,}036} \qquad \textit{Feinstrukturkonstante.}^{29} \tag{V-2.41}$$

(im *cgs*-System fällt der Term $4\pi\varepsilon_0$ weg). Der Betrag folgt aus

$$\alpha = \frac{\left(1{,}6020\cdot 10^{-19}\,\mathrm{C}\right)^2}{4\pi\cdot 8{,}8543\cdot 10^{-12}\,\mathrm{C\,V^{-1}\,m^{-1}}\cdot 1{,}0546\cdot 10^{-34}\,\mathrm{C}\,V s\cdot 2{,}9979\cdot 10^{8}\,\mathrm{ms^{-1}}} =$$
$$= 7{,}29735\cdot 10^{-3}$$
$$\Rightarrow \quad \frac{1}{\alpha} = 137{,}036\,.$$

Durch Energiezufuhr, z. B. durch Absorption von Strahlung der Frequenz ν_{n1} oder durch Übertragung einer entsprechenden Stoßenergie, kann das e^- in einen *angeregten Zustand* (*excited state*) mit einer höheren Quantenzahl n übergeführt werden. Von dort aus ist wieder der Übergang in tiefer gelegene Zustände durch entsprechende Strahlungsemission möglich.[30]

Die stationären Energiewerte E_n eines Atoms werden in einem Energieniveauschema (Termschema) dargestellt. Für das H-Atom ergibt sich das Termschema der Abb. V-2.13.

Der niedrigste Energiewert des Wasserstoffatoms ist –13,6 eV und entspricht der Mindestenergie, die zur Ionisierung, d. h. zur vollständigen Entfernung des e^-, aufgewendet werden muss (Gl. V-2.39). Die Anregungsenergien werden von diesem tiefsten Niveau aus positiv gerechnet.

Wir haben weiter oben gesehen (Gl. V-2.38), dass die Rydberg-Konstante von der Masse des Kerns M abhängt. Dies führte zu einer glänzenden Bestätigung des Bohrschen Atommodells durch den Nachweis des schweren Wasserstoffisotops *Deuterium*, dessen Kern aus einem Proton und einem Neutron besteht. Aston[31] bestimmte mit seinem Massenspektrographen das Atomgewicht (heute: Atommasse) von

---

29 Derzeitiger genauer Wert: $(7{,}297\,352\,5693 \pm 0{,}000\,000\,0011)\cdot 10^{-3}$.

30 Wir wissen heute, dass das Photon einen Eigendrehimpuls $|S_{ph}| = \hbar$ besitzt (vgl. Kapitel „Quantenoptik", Abschnitt 1.3.3.1). Bei einem Übergang des „Bohrschen" Atoms von E_n zu E_m ändert sich sein Eigendrehimpuls um $(n-m)\hbar \Rightarrow$ alle Übergänge mit $|n-m| \geq 2$ verletzen daher den Drehimpulssatz. Erst die Erweiterung des Bohrschen Modells durch Sommerfeld (siehe Anhang 1) konnte diese Schwierigkeit dadurch beseitigen, dass zu jeder Hauptquantenzahl n verschieden schlanke Ellipsenbahnen mit den Drehimpulswerten $\hbar$, $2\hbar$, ... $n\hbar$ postuliert wurden. Geeignete „Auswahlregeln" für die Drehimpulse bei einem Quantensprung ($\Delta l = \pm 1$) „retteten" den Drehimpulssatz bei der Photonenemission auch für Übergänge mit $(n-m) \neq \pm 1$.

31 Francis William Aston, 1877–1945. 1922 erhielt er für seinen massenspektroskopischen Nachweis von Isotopen den Nobelpreis für Chemie.

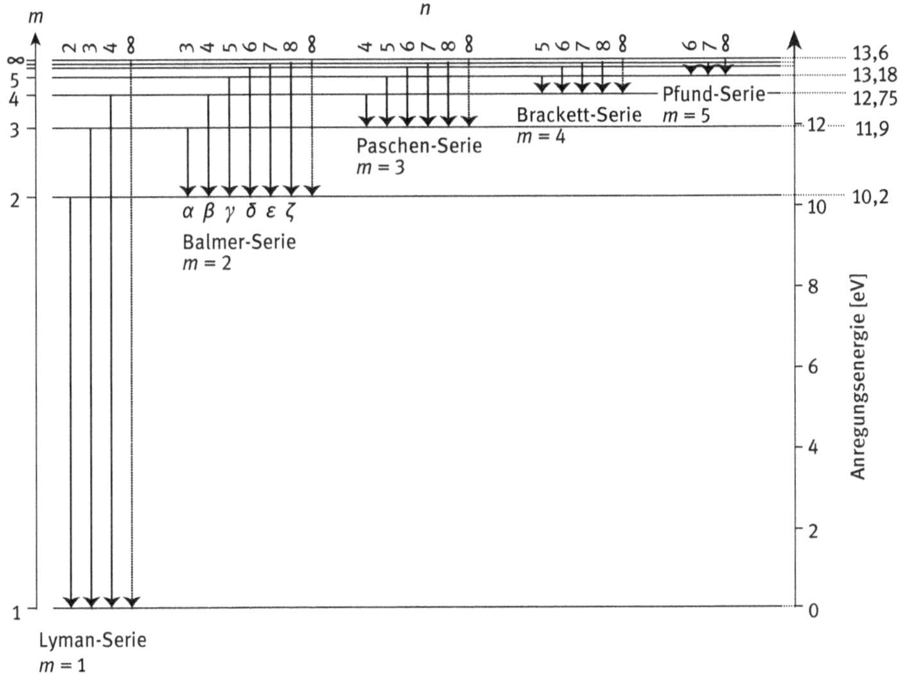

Abb. V-2.13: Termschema des Wasserstoffatoms: Erklärung der „Serien" der Spektrallinien und damit der Rydberg-Formel $\frac{1}{\lambda} = R_H\left(\frac{1}{m^2} - \frac{1}{n^2}\right)$.

Wasserstoff bezogen auf natürlichen Sauerstoff mit einem Atomgewicht von 16 zu 1,00778 ± 0,00015, einen Wert, der sehr gut mit dem chemisch bestimmten Atomgewicht von 1.00777 ± 0,00002 übereinstimmte. Als jedoch 1929 W. F. Giauque[32] und H. L. Johnston (1898–1965) die stabilen Sauerstoffisotope ^{17}O and ^{18}O mit einer relativen Häufigkeit von 0,04 und 0,2 % entdeckten, verringerte sich der im Spektrographen auf den nunmehr größeren Wert des mittleren Atomgewichts von O bezogene Wert für das Atomgewicht von Wasserstoff auf 1.00756. Um die kleine Diskrepanz von 0,000 21 zur chemisch bestimmten Masse des Wasserstoffatoms zu erklären, sagten Birge (Raymond Thayer Birge, 1887–1980, US-amerikanischer Physiker) und Menzel (Donald Howard Menzel, 1901–1976, US-amerikanischer Astronom) 1931 die Existenz eines stabilen Wasserstoffisotops der Masse 2 mit einer relativen Häufigkeit von 1 : 4500 voraus. Da die Rydberg-Konstante massenabhängig ist, sollten die Spektrallinien des schweren Wasserstoffisotops gegen Wasserstoff mit

32 William Francis Giauque, 1895–1982. Für seine Tieftemperaturuntersuchungen erhielt er 1949 den Nobelpreis für Chemie.

Masse 1 verschoben sein.[33] Noch im selben Jahr wurde der schwere Wasserstoff von Urey[34] und Mitarbeitern spektroskopisch nachgewiesen[35], die beobachtete Wellenlängenverschiebung stimmte genau mit der aus dem Bohrschen Atommodell folgenden überein.

Trotz aller Erfolge weist das Bohrsche Atommodell schwerwiegende Mängel auf:

- Es werden zwar „Quantenansätze" gemacht, aber es wird klassisch gerechnet. Es besteht daher ein innerer Widerspruch: Das Modell ist weder vollständig klassisch noch konsequent quantentheoretisch.
- Nur die Frequenz der Spektrallinien kann berechnet werden, nicht aber ihre Intensität.
- Das Modell versagt bereits bei der Beschreibung des He-Atoms.
- Eine genauere Messung der Serienspektren von Wasserstoff zeigt eine Aufspaltung der Linien, die nur durch Einführung weiterer Quantenzahlen erklärt werden kann.
- Die scharf bestimmten, diskreten Energien des e^- im Atom widersprechen der später entdeckten „Unschärferelation": Wenn die Energie (der Impuls) eines Mikroteilchens scharf bestimmt ist, so ist sein Aufenthaltsort völlig unbestimmt (siehe Kapitel „Quantenoptik", Abschnitt 1.6.5).

  Die „Quantenmechanik (*QM*)" sagt daher (siehe weiter unten Abschnitt 2.3.1 und Kapitel „Quantenoptik", Abschnitt 1.6.4): Es gibt nur eine *Wahrscheinlichkeit* dafür, das e^- an einem bestimmten Ort anzutreffen, sie berechnet daher immer nur *Wahrscheinlichkeitsverteilungen* des e^-.

Sommerfeld erweiterte 1916 das Bohrsche Atommodell dadurch, dass er in Analogie zu den Planetenbahnen auch für die e^- des Atoms Ellipsenbahnen zuließ (siehe Anhang 1). Zu jeder Hauptquantenzahl n ergaben sich n verschiedene Ellipsen mit gleich langer großer Achse, aber unterschiedlichen kleinen Achsen, die durch die *Bahndrehimpulsquantenzahl* $l = 1, 2, \ldots, n$ unterschieden wurden. Da diese n Ellipsen die gleiche Energie besitzen – die Gesamtenergie E eines Teilchens auf einer Keplerellipse hängt ja nur von der Länge der großen Achse ab (vgl. Band I, Kapitel „Mechanik des Massenpunktes", Anhang A1.2) – ist jeder zu den n Ellipsenbahnen

---

33 Der Kern des schweren Wasserstoffisotops Deuterium (D) besitzt eine Masse von $M_D = 2{,}0141022\,\mathrm{u}$, $\Rightarrow$ die Spektrallinien des Deuteriums sind gegenüber dem Wasserstoff um $\frac{R_D}{R_H} = \frac{1{,}0970744 \cdot 10^7\,\mathrm{m}^{-1}}{1{,}0967758 \cdot 10^7\,\mathrm{m}^{-1}} = 1{,}0002722 \mathrel{\widehat{=}} 0{,}272\,‰$ zu höheren Frequenzen verschoben (spektroskopische Nachweismöglichkeit von D).

34 Harold Clayton Urey, 1893–1981. Für seine Entdeckung des schweren Wasserstoffs erhielt er 1934 den Nobelpreis für Chemie.

35 H. C. Urey, F. G. Brickwedde, and G. M. Murphy, *Physical Review* **39**, 164 (1932).

gehörige Zustand des e^- mit n als Hauptquantenzahl n-fach *entartet*, d. h., er gehört zur gleichen Energie. Die Bohrschen Kreisbahnen sind dann nur Spezialfälle.

2.3 Die Schrödingergleichung (*Schrödinger equation*)

2.3.1 Die Schrödingergleichung für ein freies Teilchen

Zur Entwicklung der quantenmechanischen Beschreibung von physikalischen Systemen, die aus Mikroteilchen bestehen, betrachten wir zunächst ein freies Teilchen der Masse m, das sich mit gleichförmiger Geschwindigkeit in x-Richtung bewegt. Wir ordnen dem nicht lokalisierten Teilchen eine Materiewelle bzw. dem beschränkt lokalisierten Teilchen ein Wellenpaket zu.[36] Für seinen Impuls und seine kinetische Energie (in klassischer Näherung) gilt

$$\vec{p} = \hbar\vec{k}, \quad E_{\text{kin}} = \hbar\omega = \frac{p^2}{2m} \,. \tag{V-2.42}$$

Damit können wir die durch ω und k bestimmte Materiewelle z. B. so schreiben

$$\Psi(x,t) = Ae^{i(\omega t - \vec{k}\vec{r})} = Ae^{\frac{i}{\hbar}(E_{\text{kin}} \cdot t - \vec{p}\cdot\vec{r})} \,.^{37} \tag{V-2.43}$$

In Newtonscher Näherung (also nicht-relativistisch) ergibt sich mit der kinetischen Energie

$$E_{\text{kin}} = \frac{\vec{p}^{\,2}}{2m} = \frac{1}{2m}\left(p_x^2 + p_y^2 + p_z^2\right) \tag{V-2.44}$$

---

36 Ein Wellenpaket ist eine Überlagerung von unendlich vielen Wellen geeigneter Phasendifferenz; es besitzt nur in einem kleinen Raumbereich eine von Null verschiedene Amplitude (siehe Kapitel „Quantenoptik", Abschnitt 1.6.3).

37 In der überwiegenden Mehrzahl der Bücher wird die konjugiert-komplexe Funktion $\Psi(x,t) = Ae^{i(\vec{k}\vec{r} - \omega t)} = Ae^{\frac{i}{\hbar}(\vec{p}\vec{r} - E_{\text{kin}} \cdot t)}$ verwendet, wodurch in der Schrödingergleichung die Vorzeichen der kinetischen und der potenziellen Energie sowie der Energieoperator $-i\hbar\frac{\partial}{\partial t}$ geändert erscheinen (siehe Abschnitt 2.3.3, Anmerkung 1). Aus Gründen der Konsistenz mit der Darstellung der mechanischen und elektromagnetischen Wellen (Band I, Kapitel „Mechanische Schwingungen und Wellen" und Band III, „Wechselstromkreis und Elektromagnetische Schwingungen und Wellen") wurde hier die obige Schreibweise gewählt. Es ist unwesentlich, ob Ψ oder Ψ^* für die Rechnungen benützt wird, da nur $\Psi^*\Psi$ physikalische Bedeutung besitzt.

und den Impulskomponenten

$$p_x = \hbar k_x, \qquad p_y = \hbar k_y, \qquad p_z = \hbar k_z \tag{V-2.45}$$

für die Dispersionsrelation (siehe Kapitel „Quantenoptik" Abschnitt 1.6.2, Gl. V-1.91)

$$\frac{E_{\text{kin}}}{\hbar} = \omega = \frac{\hbar}{2m}\left(k_x^2 + k_y^2 + k_z^2\right). \tag{V-2.46}$$

Wir suchen jetzt nach einer *Wellengleichung* für die Wellenfunktion Ψ, deren Lösungen dieser Dispersionsrelation genügen. Damit beschränken wir uns auf eine *nicht-relativistische Quantenmechanik* (*QM*).

Wir bilden die einfache Ableitung der Wellenfunktion $\Psi = A \cdot e^{i\omega t} e^{-i\vec{k}\vec{r}}$ nach der Zeit um ω darzustellen

$$\frac{\partial \Psi}{\partial t} = i\omega\,\Psi \tag{V-2.47}$$

und die zweifachen Ableitungen nach den Ortskoordinaten für die Darstellung der Quadrate der Impulskomponenten

$$\frac{\partial \Psi}{\partial x} = -ik_x\Psi, \qquad \frac{\partial^2 \Psi}{\partial x^2} = -k_x^2\Psi, \tag{V-2.48}$$

$$\frac{\partial \Psi}{\partial y} = -ik_y\Psi, \qquad \frac{\partial^2 \Psi}{\partial y^2} = -k_y^2\Psi,$$

$$\frac{\partial \Psi}{\partial z} = -ik_z\Psi, \qquad \frac{\partial^2 \Psi}{\partial z^2} = -k_z^2\Psi. \tag{V-2.48}$$

Damit erhalten wir

$$\omega = \frac{1}{i\Psi}\frac{\partial \Psi}{\partial t} \quad \text{und} \quad k_x^2 = -\frac{1}{\Psi}\frac{\partial^2 \Psi}{\partial x^2}, \quad k_y^2 = -\frac{1}{\Psi}\frac{\partial^2 \Psi}{\partial y^2}, \quad k_z^2 = -\frac{1}{\Psi}\frac{\partial^2 \Psi}{\partial z^2}. \tag{V-2.49}$$

Eingesetzt in die Dispersionsrelation (V-2.46) ergibt das

$$\frac{1}{i\Psi}\frac{\partial \Psi}{\partial t} = -\frac{\hbar}{2m}\frac{1}{\Psi}\left(\frac{\partial^2 \Psi}{\partial x^2} + \frac{\partial^2 \Psi}{\partial y^2} + \frac{\partial^2 \Psi}{\partial z^2}\right) \tag{V-2.50}$$

und umgeformt (Laplace-Operator $\Delta = \partial^2/\partial x^2 + \partial 2/\partial y2 + \partial^2/\partial z^2$)

$$\frac{\hbar^2}{2m}\Delta\Psi(\vec{r},t) = i\hbar\frac{\partial\Psi(\vec{r},t)}{\partial t} \quad \textit{zeitabhängige Schrödingergleichung für ein freies Teilchen.}^{38} \tag{V-2.51}$$

Vergleichen wir die Schrödingergleichung mit der Wellengleichung für elektromagnetische Wellen der klassischen Physik:

Die klassische Wellengleichung hat reelle Lösungen der Form $A\cos\left[(\omega t - \vec{k}\vec{r}) + \varphi\right]$. Dies sind *keine Lösungen* der Schrödingergleichung. Die Schrödingergleichung verlangt *komplexe Lösungen* für das freie Teilchen von der Form $\Psi = Ae^{i(\omega t - \vec{k}\vec{r})}$, wobei die Amplitude i. Allg. komplex sein wird: $A = |A| \cdot e^{i\varphi}$.

Die Ursache dafür ist, dass in der Dispersionsrelation (V-2.46), von der wir bei der Konstruktion einer Wellengleichung für Materiewellen ausgegangen sind, ω die 1. Potenz, die Wellenzahlen k_x, k_y und k_z aber die 2. Potenz aufweisen, d. h. quadratisch eingehen. Damit bleibt bei der 1. Ableitung nach der Zeit und damit auch in der Schrödingergleichung die imaginäre Einheit i erhalten. Daher beschreibt die Schrödingergleichung im Unterschied zur klassischen Wellengleichung nicht wirklich die Ausbreitung von Wellen einer reellen Größe. Die Lösungen der Schrödingergleichung werden statistisch interpretiert (Max Born 1926). $\Psi^*\Psi dV$ gibt die Wahrscheinlichkeit, dass sich das Teilchen mit der Wellenfunktion Ψ zur Zeit t im Volumenelement dV aufhält (also zwischen x und $x + dx$, y und $y + dy$, z und $z + dz$). Dazu muss Ψ stetig, eindeutig und differenzierbar sein und normiert werden können, d. h. quadratisch integrierbar („quadratintegrabel“) sein (siehe Kapitel „Quantenoptik“, Abschnitt 1.6.4 und dort Fußnote 62): Die Wahrscheinlichkeit, das Teilchen im gesamten Volumen zu finden, ist gewiss („irgendwo muss das Teilchen ja sein!“), somit gilt die Normierungsbedingung

$$\int_{-\infty}^{+\infty} \Psi^*\Psi dV = 1. \tag{V-2.52}$$

Wesentlich für die Anwendung der Schrödingergleichung und damit der *Quantenmechanik* (*QM*) ist, dass die Lösungen, die die Schrödingergleichung erfüllen, mit den im konkreten Fall geforderten Randbedingungen nur mit ganz bestimmten Pa-

38 Die obige Entwicklung der Schrödingergleichung soll diese nur plausibel machen und eine Gedankenstütze sein, sie darf nicht als Herleitung verstanden werden. Es wurden ja bereits am Anfang Ergebnisse der Wellenmechanik vorausgesetzt ($\vec{p} = \hbar\vec{k}, E = \hbar\omega$), und die Wellengleichung in Hinblick auf das Ergebnis in komplexer Form verwendet. Die Schrödingergleichung kann so wenig wie die Newtonsche Bewegungsgleichung aus „höheren“ Prinzipien abgeleitet werden.

rametern vereinbar sind, z. B. nur für bestimmte, diskrete Energiewerte, wie wir gleich beim Teilchen im Potenzialtopf sehen werden (Abschnitt 2.4.1). Hierin ist die tiefere Ursache für die „Quantelung“ physikalischer Größen in der Mikrophysik zu suchen.[39]

2.3.2 Die stationäre Schrödingergleichung

Wir nehmen jetzt ein stationäres Problem an, der Impuls $\vec{p}$ und die Energie E_{kin} des freien Teilchens sollen also nicht von der Zeit abhängen. In diesem Fall kann die Wellenfunktion durch einen Produktansatz in einen rein ortsabhängigen und einen rein zeitabhängigen Anteil separiert werden:[40] Die Ortsabhängigkeit für ein freies Teilchen ist durch $\psi(\vec{r}) = Ae^{-i\vec{k}\vec{r}}$ gegeben, die Zeitabhängigkeit durch den monochromen Phasenfaktor $e^{i\omega t}$, wobei $\vec{k}$ nicht von t abhängt und $\omega = \text{const.}$ ist, also nicht von $\vec{r}$ abhängt. Damit kann die Wellenfunktion so geschrieben werden

$$\Psi(\vec{r},t) = \psi(\vec{r})e^{i\omega t} = \psi(\vec{r})e^{\frac{i}{\hbar}E_{\text{kin}}\cdot t}\,.\text{[41]} \tag{V-2.53}$$

Wir bilden die erste Ableitung nach der Zeit

$$\frac{\partial\Psi}{\partial t} = \psi(\vec{r})\frac{i}{\hbar}E_{\text{kin}}e^{\frac{i}{\hbar}E_{\text{kin}}\cdot t} = \psi(\vec{r})\frac{i}{\hbar}E_{\text{kin}}e^{i\omega t} = \frac{i}{\hbar}E_{\text{kin}}\Psi \tag{V-2.54}$$

und erhalten damit

$$i\hbar\frac{\partial\Psi}{\partial t} = -E_{\text{kin}}\Psi = -E_{\text{kin}}\psi(\vec{r})e^{i\omega t}\,. \tag{V-2.55}$$

---

39 Diejenigen freien Parameter, für die eine *DG* die Randbedingungen erfüllt, werden als *Eigenwerte* bezeichnet. Daher der Titel der entscheidenden Arbeit Schrödingers aus dem Jahre 1926 „Quantisierung als Eigenwertproblem“. Die zu einem bestimmten Eigenwert gehörende Lösung der *DG* wird *Eigenfunktion* genannt (vgl. Band I, Kapitel „Mechanische Schwingungen und Wellen“, Abschnitt 5.6.2).

40 Dies bedeutet, dass sämtliche Ortskoordinaten – in Analogie zu stehenden Wellen und im Gegensatz zu fortschreitenden Wellen – gleichphasig schwingen.

41 Dies entspricht der Separation der Variablen durch einen Produktansatz bei der Lösung der Wellengleichung für die schwingende Saite in Band I, Kapitel „Mechanische Schwingungen und Wellen“, Abschnitt 5.6.2.

Wir setzen das in die Schrödingergleichung (V-2.51) ein

$$\frac{\hbar^2}{2m}\Delta\psi(\vec{r})\cdot e^{i\omega t} = -E_{\text{kin}}\psi(\vec{r})\cdot e^{i\omega t} \qquad \text{(V-2.56)}$$

und erhalten

$$\Rightarrow \quad \Delta\psi(\vec{r}) + \frac{2m}{\hbar^2}E_{\text{kin}}\psi(\vec{r}) = 0 \qquad \text{(V-2.57)}$$

stationäre (zeitunabhängige) Schrödingergleichung für ein freies Teilchen.

Betrachten wir jetzt die Teilchenbewegung in einem zeitunabhängigen Potenzialfeld und setzen auch für diesen Fall die Gültigkeit der obigen Beziehung voraus. Für ein freies Teilchen ist die Gesamtenergie gleich der kinetischen Energie ($E_{\text{pot}} = 0$), es gilt daher $E_{\text{ges}} = E_{\text{kin}}$. Für ein Teilchen im Potenzialfeld gilt $E_{\text{ges}} = E = E_{\text{kin}} + E_{\text{pot}}$, also $E_{\text{kin}} = E - E_{\text{pot}}$ und damit

$$\Delta\psi(\vec{r}) + \frac{2m}{\hbar^2}[E - E_{\text{pot}}(\vec{r})]\psi(\vec{r}) = 0 \qquad \text{(V-2.58)}$$

stationäre (zeitunabhängige) Schrödingergleichung für ein Teilchen im Potenzialfeld.

$E_{\text{pot}}(\vec{r})$ ist dabei die potenzielle Energie des Teilchens. Umgeschrieben ergibt sich

$$-\Delta\psi(\vec{r}) + \frac{2m}{\hbar^2}E_{\text{pot}}\psi(\vec{r}) = \frac{2m}{\hbar^2}E\psi(\vec{r}) \qquad \text{(V-2.59)}$$

bzw.

$$-\frac{\hbar^2}{2m}\Delta\psi(\vec{r}) + E_{\text{pot}}\psi(\vec{r}) = E\psi(\vec{r})\,. \qquad \text{(V-2.60)}$$

Der *Hamilton-Operator* (Energie-Operator)

$$\hat{H} = -\frac{\hbar^2}{2m}\Delta + E_{\text{pot}}(\vec{r}) \qquad \text{(V-2.61)}$$

bestimmt aus der Eigenwertgleichung (V-2.62) die Gesamtenergie des Systems, wenn er auf die Wellenfunktion „angewendet“ wird, dementsprechend ist $-\frac{\hbar^2}{2m}\Delta$

der Operator für die kinetische Energie und es gilt $-\frac{\hbar^2}{2m}\Delta\psi = E_{\text{kin}}\,\psi$.[42] Unter Benützung des Hamilton-Operators $\hat{H}$ erhalten wir so als stationäre (zeitunabgängige) Schrödingergleichung

$$\hat{H}\psi(\vec{r}) = E\psi(\vec{r})\,. \qquad \text{(V-2.62)}$$

Die zeitabhängige Schrödingergleichung für ein Teilchen, das sich in einem Kraftfeld mit *zeitunabhängiger* potenzieller Energie $E_{\text{pot}}(\vec{r})$ bewegt, erhält man, indem in der zeitabhängigen Gleichung für ein freies Teilchen (Gl. V-2.51) anstelle von $-E_{\text{kin}}\Psi(\vec{r},t) = \frac{\hbar^2}{2m}\Delta\Psi(\vec{r},t)$ der gesamte negative Energieoperator $\hat{H}$, d. h. der Ausdruck $\left(\frac{\hbar^2}{2m}\Delta - E_{\text{pot}}(\vec{r})\right)\Psi(\vec{r},t)$ gesetzt wird:

$$\left(\frac{\hbar^2}{2m}\Delta - E_{\text{pot}}(\vec{r})\right)\Psi(\vec{r},t) = i\hbar\,\frac{\partial\Psi(\vec{r},t)}{\partial t} \qquad \text{(V-2.63)}$$

zeitabhängige Schrödingergleichung für ein Teilchen in einem Kraftfeld mit der zeitunabhängigen potenziellen Energie $E_{\text{pot}}(\vec{r})$.[43]

Diese Gleichung kann stets durch den Ansatz $\Psi(\vec{r},t) = \psi(\vec{r}) \cdot \varphi(t)$ – durch Separation der Variablen – gelöst werden, wobei die Zeitfunktion $\varphi(t)$ immer die Form $\varphi(t) = A \cdot e^{i\omega t} = A \cdot e^{i\frac{E}{\hbar}t}$ (mit der Separationskonstanten E als der Gesamtenergie

---

42 Da $\left(-\frac{\hbar^2}{2m}\Delta\right)$ der Operator der kinetischen Energie des Teilchens ist, so folgt aus $E_{\text{kin}} = \frac{\vec{p}^{\,2}}{2m}$ für den Operator des Impulsquadrates $\hat{\vec{p}}^{\,2} = -\hbar^2\Delta = -\hbar^2\vec{\nabla}^2$ und daraus $\hat{\vec{p}} = \pm i\hbar\vec{\nabla}$. Bei Verwendung des negativen Vorzeichens folgt für den Operator des linearen Impulses $\hat{\vec{p}} = -i\hbar\left(\vec{e}_x\frac{\partial}{\partial x}, \vec{e}_y\frac{\partial}{\partial y}, \vec{e}_z\frac{\partial}{\partial z}\right)$, d. h. für die x-Komponente $\hat{p}_x = -i\hbar\,\frac{\partial}{\partial x}$ usw. Dabei haben wir das Theorem verwendet, dass für die Operatoren der *QM* die gleichen Beziehungen gelten wie für die entsprechenden klassischen Größen.

43 Diese Gleichung folgt sofort aus Gl. (V-2.60) nach Multiplikation mit $e^{i\omega t}$ (denn $\Psi(\vec{r},t) = \psi(\vec{r}) \cdot e^{i\omega t}$) und mit $E = -\frac{i\hbar}{\Psi}\cdot\frac{\partial\Psi}{\partial t}$ aus Gl. (V-2.54); E_{kin} ist ja jetzt durch die gesamte Energie $E = \hbar\omega$ zu ersetzen.

des Teilchens) annimmt (sogenannter „Phasenfaktor"). Für den Raumanteil $\psi(\vec{r})$ ergibt sich die zeitunabhängige Schrödingergleichung $\hat{H}\psi(\vec{r}) = E\psi(\vec{r})$.[44]

Anmerkungen zur Schrödingergleichung:

1. Wie die Newtonsche Bewegungsgleichung (*Newton 2*, siehe Band I, Kapitel „Mechanik des Massenpunktes", Abschnitt 2.2.1) der Mechanik oder wie auch die Maxwell-Gleichungen der Elektrodynamik (siehe Band III, Kapitel „Zeitlich veränderliche Felder und Maxwell Gleichungen", Abschnitt 4.4), so kann auch die Schrödingergleichung, die Grundgleichung der Quantenmechanik, nicht aus allgemeinen Prinzipien abgeleitet, sondern nur postuliert werden, wobei sich ihre Sinnhaftigkeit aus den experimentell verifizierbaren Folgerungen aus der Gleichung ergibt.
2. Die Schrödingergleichung ist eine lineare, homogene Differentialgleichung (*DG*), es gilt daher das *Superpositionsprinzip*: Wenn Ψ_1 und Ψ_2 Lösungen der Schrödingergleichung sind, so sind auch alle Linearkombinationen $\Psi_i = a\Psi_1 + b\Psi_2$ Lösungen.[45]
3. Für *elektromagnetische Wellen* im Vakuum gilt $c_0 = \frac{\omega}{k}$ und damit $\omega(k) = c_0 \cdot k$, eine lineare Dispersionsrelation. Für *Materiewellen* gilt im nicht-relativistischen Fall $\omega = \frac{\hbar k^2}{2m}$, d. h. $\omega(k) = \frac{\hbar}{2m}k^2$, eine quadratische Dispersionsrelation.[46]
4. Die zeitabhängige Schrödingergleichung ist komplex und verlangt komplexe Lösungen $\Psi(\vec{r}, t)$.[47] Nur $|\Psi|^2 = \Psi^*\Psi$, die Aufenthaltswahrscheinlichkeitsdichte des Teilchens ist immer reell.

---

44 Einsetzen von $\Psi(\vec{r},t) = \psi(\vec{r}) \cdot \varphi(t)$ in die zeitabhängige Schrödingergleichung $-\hat{H}\Psi = i\hbar \frac{\partial \Psi(\vec{r},t)}{\partial t}$ liefert: $\left(\hat{H}\psi(\vec{r})\right) \cdot \varphi(t) = -i\hbar\psi(\vec{r})\frac{d\varphi(t)}{dt} \quad \Rightarrow \quad \frac{\left(\hat{H}\psi(\vec{r})\right)}{\psi(\vec{r})} = -\left(\frac{i\hbar}{\varphi(t)}\right) \cdot \frac{d\varphi(t)}{dt}$. Da die linke Seite nur von $\vec{r}$, die rechte nur von t abhängt, müssen beide Seiten einer Konstanten gleich sein, die wir mit E bezeichnen wollen; wir erhalten damit: $\frac{\left(\hat{H}\psi(\vec{r})\right)}{\psi(\vec{r})} = E$ und $\frac{-i\hbar}{\varphi(t)}\frac{d\varphi(t)}{dt} = E$. Die erste Beziehung liefert die zeitunabhängige Schrödingergleichung $\hat{H}\psi(\vec{r}) = E\psi(r)$, womit gezeigt ist, dass die Separationskonstante E die Gesamtenergie des Teilchens bedeutet; die zweite Beziehung kann unmittelbar integriert werden, denn es gilt: $\frac{d\varphi(t)}{\varphi(t)} = -\frac{E}{i\hbar}dt = i\frac{E}{\hbar}dt \quad \Rightarrow \quad \ln\varphi(t) = \frac{i}{\hbar}E \cdot t$ oder $\varphi(t) = e^{i\frac{E}{\hbar}t}$.

45 Dies wird bei der Bildung von Wellenpaketen verwendet.

46 Damit zeigen die Materiewellen stets Dispersion, denn die Phasengeschwindigkeit $v_{ph} = \frac{\omega}{k} = \frac{\hbar k}{2m}$ ist eine Funktion von k, d. h. der Wellenlänge ($k = 2\pi/\lambda$). Siehe Kapitel „Quantenoptik", Abschnitt 1.6.1).

47 Wenn der Raumanteil der Lösung (wie z. B. bei der stationären Gleichung für ein freies Teilchen (Gl. V-2.57) reell sein kann, dann ist jedenfalls die Zeitabhängigkeit, also der Phasenfaktor, imaginär.

2.3.3 Die allgemeine Schrödingergleichung und relativistische Formulierungen

Im Falle einer Erweiterung der Schrödingergleichung auf nichtstationäre Probleme wird durch die Zeitabhängigkeit $E = E\,(t)$ und $p = p(t)$ auch ω zeitabhängig mit $\omega = \dfrac{E(t)}{\hbar} = \omega(t)$ und daher $\dfrac{\partial \Psi}{\partial t} \neq i\omega\Psi$. Trotzdem postulierte Erwin Schrödinger[48] 1926, dass die Gleichung (V-2.63) für ein zeitunabhängiges Potenzial auch bei einem *zeitabhängigen* Potenzial $E_{\text{pot}}(\vec{r},t)$ gilt:

$$\frac{\hbar^2}{2m}\Delta\Psi(\vec{r},t) - E_{\text{pot}}(\vec{r},t)\Psi(\vec{r},t) = i\hbar\frac{\partial\Psi(\vec{r},t)}{\partial t} \quad \text{bzw.}$$

$$\left[\frac{\hbar^2}{2m}\Delta - E_{\text{pot}}(\vec{r},t)\right]\cdot\Psi(\vec{r},t) = i\hbar\frac{\partial\Psi(\vec{r},t)}{\partial t} \qquad \text{(V-2.64)}$$

allgemeine, zeitabhängige Schrödingergleichung – Grundgleichung der QM.

Die umfassende Bedeutung der Schrödingergleichung für nahezu alle Bereiche der modernen Physik, insbesondere der Festkörperphysik, wurde anfänglich nicht gleich erkannt. Dies wurde besonders dadurch erschwert, dass die Wellenfunktion als Lösung der Schrödingergleichung keine eigentliche physikalische Bedeutung besitzt, wie der nachfolgende Vierzeiler von Erich Hückel (1896–1980, deutscher Chemiker und Physiker) humorvoll zeigt:

Gar Manches rechnet Erwin schon
Mit seiner Wellenfunktion
Nur wissen möcht' man gerne wohl,
Was man sich dabei vorstell'n soll.

Anmerkung 1: Für die Wellenfunktion des freien Teilchens kann entweder $\Psi = Ae^{i(\omega t - kx)}$ oder $\Psi^\star = Ae^{-i(\omega t - kx)} = Ae^{i(kx - \omega t)}$ geschrieben werden. Wir haben für die Wellenfunktion der Materiewellen wie früher für die Wellenfunktion der elektromagnetischen Wellen $\Psi = Ae^{i(\omega t - kx)}$ genommen. Mit $\Psi^\star = Ae^{i(kx - \omega t)}$ ergibt sich eine „andere" Schrödingergleichung

$$-\frac{\hbar^2}{2m}\Delta\Psi^\star = i\hbar\frac{\partial\Psi^\star}{\partial t} \qquad \text{(V-2.65)}$$

bzw.

48 Erwin Rudolf Josef Alexander Schrödinger, 1887–1961. Für seine Beschreibung der Atomtheorie erhielt er zusammen mit Paul Dirac 1933 den Nobelpreis.

$$-\frac{\hbar^2}{2m}\Delta\Psi^\star + E_{\text{pot}}\Psi^\star = i\hbar\frac{\partial\Psi^\star}{\partial t} \qquad \text{oder} \qquad i\hbar\dot{\Psi}^\star = \hat{H}\Psi^\star.^{49} \tag{V-2.66}$$

Da nur $\Psi^\star\Psi$ eine physikalische Bedeutung besitzt, ist es völlig gleichgültig, welche der beiden Formen der Wellenfunktion man benützt.

Anmerkung 2: In diesem Abschnitt wurde die Schrödingergleichung, die Wellengleichung für die Materiewellen, aufgestellt. Sie wird weiter unten im Abschnitt 2.4 auf einfache Beispiele (Potenzialtopf, Tunneleffekt, harmonischer Oszillator, Wasserstoffatom) angewendet. Der systematische Aufbau der *Quantenmechanik* in der *Theoretischen Physik* geht jedoch vom Vergleich mit der *klassischen Mechanik* aus: Den messbaren Größen der Mechanik (den *Observablen*), wie Ort $x(t)$, Impuls $p(t)$, Drehimpuls $L(t)$, Gesamtenergie E usw., werden in der Quantenmechanik *lineare Operatoren* zugeordnet (*Ortsoperator, Impulsoperator, Drehimpulsoperator, Hamiltonoperator*). Wird einer dieser Operatoren, nennen wir ihn $\hat{F}$, auf eine Wellenfunktion ψ angewendet und liefert er dabei das Produkt aus einem festen Wert λ und der Wellenfunktion ψ (also $\hat{F}\psi = \lambda\psi$), dann heißt λ *Eigenwert* und ψ *Eigenfunktion* des die Messgröße (Observable) repräsentierenden Operators $\hat{F}$ („Operator · Eigenfunktion = Eigenwert · Eigenfunktion"). Wird umgekehrt bei der oft wiederholten Messung einer mechanischen Größe jedes Mal der gleiche Wert λ gefunden, dann gilt zwischen dem Operator $\hat{F}$, der den Systemzustand charakterisierenden Wellenfunktion ψ und dem Messwert (= Zahl) λ die Beziehung $\hat{F}\psi = \lambda\psi$. Das heißt, wenn die Wellenfunktion ψ *Eigenfunktion* des Operators einer mechanischen Größe ist, so hat diese Größe einen bestimmten Wert, nämlich den *Eigenwert* des Operators und umgekehrt. Bei der Rechnung mit quantenmechanischen Operatoren sind nun zwei Fälle zu unterscheiden:

a) Es sollen die Eigenfunktionen und die Eigenwerte eines Operators $\hat{F}$ gefunden werden. Falls $\hat{F}$ ein Differentialoperator ist, bedeutet dies die Lösung der *DG* $\hat{F}\psi = \lambda\psi$ unter den für alle Wellenfunktionen gültigen Bedingungen (Eindeutigkeit, Stetigkeit, quadratische Integrierbarkeit[50]). Ist etwa $\hat{F} = \hat{H}$ (Hamilton-Operator mit zeitunabhängiger Potenzialfunktion $E_{\text{pot}}(\vec{r})$), dann liefert die Gleichung $\hat{H}\psi = E\psi$ – die zeitunabhängige Schrödingergleichung – die zu dem Energieoperator $\hat{H}$ (Hamilton-Operator) gehörenden Energieeigenwerte E_n (Eigenwertspektrum) und die zugehörigen Eigenfunktionen ψ_n. Die stationäre Schrödingergleichung $\hat{H}\psi = E\psi$ ist daher eine Gleichung zur Bestimmung der

49 Wird jetzt statt $\Psi^\star$ wieder Ψ geschrieben, dann ergibt sich die in der Literatur überwiegend verwendete Form der Schrödingergleichung: $i\hbar\dot{\Psi} = \hat{H}\Psi$. Dies ist die Form der allgemeinen Schrödingergleichung, die auf Schrödingers Büste im Arkadenhof der Universität Wien und auf seinem Grabstein in Alpbach in Tirol steht.

50 Wenn das Absolutquadrat der Wellenfunktion als Aufenthaltswahrscheinlichkeitsdichte interpretiert werden soll.

Eigenwerte des Energieoperators. Ist $\hat{p}_x = -\,i\hbar\,\dfrac{\partial}{\partial x}$ der Impulsoperator für die x-Richtung (siehe Abschnitt 2.3.2, Fußnote 42), dann liefert die Lösung der Gleichung $\hat{p}_x\psi_p = p_x\psi_p$ die Eigenwerte des linearen Impulses p_x in der x-Richtung und die zugehörigen Eigenfunktionen ψ_p (in diesem Fall ist das Eigenwertspektrum kontinuierlich, aber nur mehr in einem endlichen x-Bereich quadratisch integrierbar).

b) Es liegt bereits die Wellenfunktion ψ eines bestimmten Problems vor – z. B. als Lösung der Schrödingergleichung $\hat{H}\psi = E\psi$ – und es soll untersucht werden, ob der Operator $\hat{F}$ für diese Wellenfunktion (also diesen „Systemzustand") einen festen Wert (Eigenwert) der zugehörigen mechanischen Größe besitzt. Ohne Beweis sei hier angegeben, dass dies immer dann der Fall ist, wenn die beiden Operatoren $\hat{H}$ und $\hat{F}$ vertauschbar sind, d. h. wenn gilt: $\hat{H}(\hat{F}\psi) = \hat{F}(\hat{H}\psi)$ oder in Operatorschreibweise: $\hat{H}\hat{F} = \hat{F}\hat{H}$ bzw. $K = [\hat{H}\hat{F} - \hat{F}\hat{H}] = 0$; *$K$ heißt „Kommutator" der beiden Operatoren* $\hat{H}$ und $\hat{F}$. Der Impulsoperator $\hat{p}_x = -i\hbar\,\dfrac{\partial}{\partial x}$ „kommutiert" (vertauscht) mit dem Energieoperator des freien Teilchens $\hat{H}_{\text{frei}} = -\dfrac{\hbar^2}{2m}\left(\dfrac{\partial^2}{\partial x^2} + \dfrac{\partial^2}{\partial y^2} + \dfrac{\partial^2}{\partial z^2}\right)$, sodass die Energie und der lineare Impuls eines freien Teilchens gleichzeitig feste Werte besitzen.

Andererseits kann eine Observable eines physikalischen Systems in einem bestimmten Zustand ψ, der *kein Eigenzustand* der Observablen ist, unter identischen Bedingungen auch *verschiedene Werte* annehmen, nämlich das *Eigenwertspektrum* des die Observable bestimmenden Operators. In diesem Fall liefert die Rechnung einen *Erwartungswert* für die Messgröße (Observable): Wird das System im gleichen Zustand, d. h. unter identischen Bedingungen, einer großen Zahl von Messungen unterzogen, so gibt der *Erwartungswert* den *Mittelwert* der mit gewissen Wahrscheinlichkeiten auftretenden Eigenwerte des Operators der Observablen. Diese Wahrscheinlichkeiten sind den Absolutquadraten der Entwicklungskoeffizienten gleich, wenn die den Systemzustand beschreibende ψ-Funktion nach den orthogonalen Eigenfunktionen des Operators der Observablen entwickelt wird (analog zu den Fourierkoeffizienten in der Fourierdarstellung einer periodischen Funktion, vgl. Band I, Kapitel „Mechanische Schwingungen und Wellen, Abschnitt 5.1.3).

Eine Einführung in die Quantenmechanik in einer Darstellung, wie sie in der Theoretischen Physik üblich ist, findet man z. B. in C. Cohen-Tannoudji, B. Diu, and F. Laloë, „Quantum Mechanics", Wiley-VCH, New York 2005.

Die Schrödingergleichung ist nicht Lorentz invariant,[51] sie erfüllt ja (nur) die nichtrelativistische Dispersionsrelation. Zur Entwicklung einer relativistischen Wellen-

---

51 Da die Zeit- und die Ortskoordinaten in der Relativitätstheorie gleichwertig sind, müssen in einer relativistisch invarianten Wellengleichung die Zeit- und Ortsableitungen von der gleichen Ordnung sein, d. h. entweder nur erste oder nur zweite Ableitungen.

gleichung für die Materiewellen muss man von der relativistischen Dispersionsrelation ausgehen, die, wie wir früher gesehen haben (siehe Kapitel „Quantenoptik" 1.6.2, Gln. (V-1.89) und (V-1.90)) aus dem relativistischen Energiesatz folgt.[52] Sie lautet (vgl. damit die nicht-relativistische Beziehung von Gl. V-2.46)

$$\omega^2 = \left(k_x^2 + k_y^2 + k_z^2\right)c^2 + \frac{m^2c^4}{\hbar^2}\,. \qquad \text{(V-2.67)}$$

Da ω hier quadratisch eingeht, brauchen wir in der entsprechenden Wellengleichung jetzt auch die 2. Ableitung nach der Zeit (vgl. Abschnitt 2.3.1, Gl. V-2.47)

$$\frac{\partial^2\Psi}{\partial t^2} = -\omega^2\Psi \qquad \text{(V-2.68)}$$

und erhalten damit für ein kräftefreies Teilchen der Masse m mit den Ableitungen der Gl. (V-2.49) analog zu Gl. (V-2.51)

$$-\frac{1}{\Psi}\frac{\partial^2\Psi}{\partial t^2} = -\frac{1}{\Psi}c^2\Delta\Psi + \frac{m^2c^4}{\hbar^2} \qquad \text{(V-2.69)}$$

bzw.

$$-\hbar^2\frac{\partial^2\Psi}{\partial t^2} = -\,\hbar^2c^2\Delta\Psi + m^2c^4\Psi \qquad \text{(V-2.70)}$$

„relativistische Schrödingergleichung für ein freies Teilchen",
relativistische Wellengleichung 2. Ordnung für Materiewellen
(Schrödinger 1926), heute *Klein-Gordon-Gleichung* genannt.[53]

Man beachte: Diese Gleichung ist sowohl in den Raumkoordinaten als auch in der Zeitkoordinate von zweiter Ordnung! Als Lösungen für ein freies Teilchen setzen wir ebene Wellen $e^{i(\omega t - \vec{k}\vec{r})}$ an mit $\omega = \frac{E}{\hbar}$. Damit ergibt sich für die Energie E eines bewegten, freien Teilchens die relativistische Gesamtenergie

---

52 Aus der Invarianz der „Länge" des Energie-Impulsvektors folgt sofort die angegebene Relation: $\left(\frac{E}{c},\vec{p}_R\right)^2 = \text{const.} = \left(\frac{E_0}{c},0\right)^2 \Rightarrow \frac{E^2}{c^2} - p^2 = \frac{E_0^2}{c^2} = m^2c^2 \Rightarrow \frac{\hbar^2\omega^2}{c^2} - \hbar^2k^2 = m^2c^2 \Rightarrow \omega^2 = k^2c^2 + \frac{m^2c^4}{\hbar^2}$.

53 Nach Oskar Benjamin Klein, 1894–1977, schwedischer Physiker, und Walter Gordon, 1893–1939, deutscher Physiker, der 1933 nach Schweden emigrierte.

$$E = \hbar\omega = \pm\sqrt{\hbar^2\vec{k}^2c^2 + m^2c^4}\,, \qquad \text{(V-2.71)}$$

die 3 Probleme aufwirft:

1. Problem: Das Vorzeichen der Energie kann positiv oder negativ sein; für klassische, freie Teilchen sind aber nur positive Energien möglich (siehe aber weiter unten Anmerkung 2).

2. Problem: Es zeigt sich, dass die Aufenthaltswahrscheinlichkeitsdichte $\Psi^*\Psi$ auch negativ werden kann; das ist ein unphysikalisches Ergebnis. Wolfgang Pauli[54] und Victor Weisskopf (1908–2002) fanden einen Ausweg: Wenn man die *Teilchendichte* mit der Elementarladung e multipliziert, erhält man die *Ladungsdichte*; diese aber *kann* positiv und negativ sein.

3. Problem: Es stellt sich heraus, dass in der Klein-Gordon-Gleichung (nur) der Spin mit Spinquantenzahl 0 enthalten ist (zur Spinquantenzahl des Elektrons siehe Abschnitt 2.5.6). In der nicht-relativistischen Schrödingergleichung ist der *Teilchenspin*, der ein relativistischer Effekt ist, nicht enthalten, er wird beim Wasserstoff-Atom als vierte Quantenzahl „von außen" eingeführt, um die Feinstruktur des Strahlungsspektrums zu erklären. Unter Verwendung der Ladungsdichte ist die Klein-Gordon-Gleichung daher eine wichtige Gleichung der *Quantenfeldtheorie* für Teilchen mit Spinquantenzahl 0.

Die korrekte Form für die relativistische Wellengleichung der Materiewellen wurde von Paul Dirac[55] angegeben, indem er zunächst für ein freies Teilchen eine relativistisch invariante Form mit nur einfachen partiellen Ableitungen nach t und x_i aufstellte, für die die bisherige Definition der Wahrscheinlichkeitsdichte $\Psi^*\Psi$ aufrecht bleibt und die 3 oben angeführten Probleme wegfallen. Zur Rückführung auf eine einfache Zeitableitung und einfache Ortsableitungen ging er von der analogen Darstellung der quadratischen Form $x^2 + y^2 = (x + iy) \cdot (x - iy)$ mit $i^2 = -1$ mittels linearer Faktoren aus und erhielt so für das Quadrat der Gesamtenergie E^2 der Gl. (V-2.71) („relativistischer Energiesatz", vgl. Band II, Kapitel „Relativistische Mechanik", 3.9.3, Gl. II-3.161) den „bifaktoriellen" Ausdruck ($\vec{p} = \hbar\,\vec{k}$)

$$E^2 - p_x^2c^2 - p_y^2c^2 - p_z^2c^2 - m^2c^4 = \left(E - \alpha_1 p_x c - \alpha_2 p_y c - \alpha_3 p_z c - \beta mc^2\right) \cdot$$
$$\cdot \left(E + \alpha_1 p_x c + \alpha_2 p_y c + \alpha_3 p_z c + \beta mc^2\right) \equiv 0\,. \qquad \text{(V-2.72)}$$

54 Wolfgang Ernst Pauli, 1900–1958. Für seine Entdeckung des „Ausschließungsprinzips", des „Pauli-Verbots", erhielt er 1945 den Nobelpreis.

55 Paul Adrien Maurice Dirac, 1902–1984, britischer Physiker. Für seine Beschreibung der Atomtheorie erhielt er 1933 zusammen mit Erwin Schrödinger den Nobelpreis.

Daraus ergeben sich folgende Beziehungen für die Koeffizienten, deren Produkt nicht kommutativ[56] ist (wie die beiden letzten Beziehungen der folgenden Gl. (V-2.73) zeigen)

$$\alpha_i^2 = 1, \quad \beta^2 = 1, \quad \alpha_i\alpha_j + \alpha_j\alpha_i = 0, \quad \alpha_i\beta + \beta\alpha_i = 0 \qquad \text{mit } i,j = 1,2,3. \quad \text{(V-2.73)}$$

Diese Bedingungen können im komplexen Zahlenbereich nicht erfüllt werden, wohl aber von geeignet gewählten, quadratischen Matrizen mit den Elementen ±1 bzw. ±*i*, sogenannten „hyperkomplexen" Koeffizienten[57]. Die kleinsten geeigneten Matrizen besitzen den Rang 4, also 4 Zeilen und 4 Spalten, von welchen Dirac bei Auszeichnung der *z*-Komponente die folgenden 4 Matrizen auswählte:

$$\alpha_1 = \begin{pmatrix} \begin{matrix}0 & 0\\ 0 & 0\end{matrix} & \overbrace{\begin{pmatrix}0 & 1\\ 1 & 0\end{pmatrix}}^{\sigma_x} \\ \underbrace{\begin{pmatrix}0 & 1\\ 1 & 0\end{pmatrix}}_{\sigma_x} & \begin{matrix}0 & 0\\ 0 & 0\end{matrix} \end{pmatrix}, \quad \alpha_2 = \begin{pmatrix} \begin{matrix}0 & 0\\ 0 & 0\end{matrix} & \overbrace{\begin{pmatrix}0 & -i\\ i & 0\end{pmatrix}}^{\sigma_y} \\ \underbrace{\begin{pmatrix}0 & -i\\ i & 0\end{pmatrix}}_{\sigma_y} & \begin{matrix}0 & 0\\ 0 & 0\end{matrix} \end{pmatrix},$$

$$\alpha_3 = \begin{pmatrix} \begin{matrix}0 & 0\\ 0 & 0\end{matrix} & \overbrace{\begin{pmatrix}1 & 0\\ 0 & -1\end{pmatrix}}^{\sigma_z} \\ \underbrace{\begin{pmatrix}1 & 0\\ 0 & -1\end{pmatrix}}_{\sigma_z} & \begin{matrix}0 & 0\\ 0 & 0\end{matrix} \end{pmatrix}, \quad \beta = \begin{pmatrix} 1 & 0 & 0 & 0\\ 0 & 1 & 0 & 0\\ 0 & 0 & -1 & 0\\ 0 & 0 & 0 & -1 \end{pmatrix}. \qquad \text{(V-2.74)}$$

Die 2 × 2 Untermatrizen sind die *Pauli-Spinmatrizen* (siehe dazu auch Abschnitt 2.5.8, Fußnoten 121 und 123). Die Zahl 1 in Gl. (V-2.73) ist jetzt durch die Einheitsmatrix *I* zu ersetzen:

$$I = \begin{pmatrix} 1 & 0 & 0 & 0\\ 0 & 1 & 0 & 0\\ 0 & 0 & 1 & 0\\ 0 & 0 & 0 & 1 \end{pmatrix} = I^2.$$

56 Kommutatives Gesetz: Die Argumente der Operation können vertauscht werden. Für ein Produkt gilt dann $a \cdot b = b \cdot a$ mit *a*, *b* als komplexe Zahlen.

57 „Hyperkomplexe" Zahlen sind Erweiterungen der komplexen Zahlen, d. h. Vektoren, Matrizen etc., die komplexe Zahlen enthalten.

Da die beiden faktoriellen Ausdrücke in der Aufspaltung von Gl. (V-2.72) physikalisch gleichwertig sind (wegen $\alpha_i^2 = I$ und $\beta^2 = I$), genügt es, etwa mit dem ersten Faktor weiterzuarbeiten:

$$E = c(\alpha_1 p_x + \alpha_2 p_y + \alpha_3 p_z) + \beta mc^2 . \tag{V-2.75}$$

Aus dieser Beziehung folgt nun automatisch durch Quadrieren die Gültigkeit der Ausgangsbeziehung $E^2 - p_x^2c^2 - p_y^2c^2 - p_z^2c^2 - m^2c^4 = 0$ (das ist die „Hamiltonfunktion" eines freien Teilchens). Ersetzt man nun wie üblich die Energie E und die Impulskomponenten p_i durch die entsprechenden Operatoren $\left(\hat{E} = i\hbar \frac{\partial}{\partial t}, \hat{p}_i = -\, i\hbar \frac{\partial}{\partial x_i}\right)$, so erhält man nach Multiplikation mit Ψ die Lorentz-invariante Dirac-Gleichung für ein freies Teilchen mit α_1, α_2, α_3 und β als die Matrizen der Gl. (V-2.74)

$$i\hbar \frac{\partial \Psi}{\partial t} = \frac{\hbar}{i} c \left(\alpha_1 \frac{\partial \Psi}{\partial x} + \alpha_2 \frac{\partial \Psi}{\partial y} + \alpha_3 \frac{\partial \Psi}{\partial z} \right) + \beta mc^2 \Psi \tag{V-2.76}$$

Lorentz-invariante Dirac-Gleichung für ein freies Teilchen.

Anmerkung 1: Da die α_i und die β Matrizen sind, kann Ψ kein Skalar mehr sein, sondern muss ein Vektor mit 4 Komponenten werden (bzw. eine Matrix mit vier Zeilen und einer Spalte, ein *Spinor*):

$$\Psi = \begin{pmatrix} \psi_1(\vec{r},t) \\ \psi_2(\vec{r},t) \\ \psi_3(\vec{r},t) \\ \psi_4(\vec{r},t) \end{pmatrix} . \tag{V-2.77}$$

Damit gilt für die Wahrscheinlichkeitsdichte

$$\Psi^* \Psi = \psi_1 \psi_1^* + \psi_2 \psi_2^* + \psi_3 \psi_3^* + \psi_4 \psi_4^* . \tag{V-2.78}$$

Dies bedeutet, dass die Dirac-Gleichung vier gekoppelten, skalaren partiellen Differentialgleichungen 1. Ordnung für die einzelnen Komponenten ψ_i (i = 1,2,3,4) von Ψ äquivalent ist, die linear und homogen in ψ_i sind. Das heißt aber andererseits: Die Funktion Ψ besteht aus vier verschiedenen Funktionen $\psi_1, \psi_2, \psi_3, \psi_4$ (z. B. ebene Wellen). Deshalb kann man auch sagen, dass die vier Anordnungen der Funktionen $\psi_1, \psi_2, \psi_3, \psi_4$ mögliche Formen einer einzigen Funktion $\Psi(\vec{r},t,\sigma)$ der diskreten Variablen σ sind, die nur die Werte 1,2,3,4 annehmen kann und als *Spinvariable* bezeichnet wird. Die Matrizen α_i und β bewirken bei Multiplikation mit Ψ Vertauschungen der ψ_i, sie sind daher Operatoren, die auf die Spinvariable σ wirken. Werden aus den vier simultanen Gleichungen die drei Komponenten ψ_2, ψ_3 und ψ_4

durch ψ_1 ausgedrückt, dann zeigt sich, dass ψ_1 der relativistischen Schrödingergleichung (Klein-Gordon-Gleichung) genügt, die aber nicht Lorentz-invariant ist. Das Gleiche gilt für die drei anderen Funktionen ψ_2, ψ_3, ψ_4, nur ihre Kombination in der Form der Dirac-Gleichung erfüllt alle Anforderungen. Dass die Dirac-Gleichung die letztlich „richtige" Gleichung zur Beschreibung der Elektronen ist, kann aber nur durch die experimentell nachprüfbaren Folgerungen entschieden werden, sie ist wie die einfachere Schrödingergleichung nicht aus „höheren Prinzipien" ableitbar!

Anmerkung 2: Für die *klassische Gesamtenergie* eines freien Teilchens gilt

$$E = E_{\text{kin}} = \frac{mv^2}{2} = \frac{p^2}{2m}. \tag{V-2.79}$$

Für die *relativistische Gesamtenergie*, die ja der Ausgangspunkt der Diracschen Entwicklung ist, gilt aber (Gl. V-2.71)

$$E = \pm\sqrt{p^2c^2 + (mc^2)^2} = \pm(m)\underbrace{\gamma c^2}_{>0}. \tag{V-2.80}$$

Das negative Vorzeichen entspricht offenbar Teilchen mit negativer Energie und negativer Masse. Diese Tatsache muss in der *QM* berücksichtigt werden, da es möglich sein sollte, dass ein geladenes Teilchen im Prinzip von einem Zustand positiver Energie durch Strahlung in einen Zustand negativer Energie – so vorhanden – übergehen kann. Da diese Übergänge aber üblicherweise nicht zu beobachten sind, schlug Dirac deshalb vor anzunehmen, dass alle Zustände negativer Energie bereits voll besetzt sind, sodass das Pauli-Verbot (siehe Abschnitt 2.6.2 und Band VI, Kapitel „Statistische Physik", Abschnitt 1.4.1) einen Übergang in diese besetzten Zustände verhindert. Das bedeutet, dass der normale Zustand des Vakuums eine unbestimmte Zahl von Elektronen mit negativer Energie $-m_ec^2$ enthält. Es muss angenommen werden, dass diese Elektronen weder elektromagnetische noch gravitative Effekte hervorrufen. Andererseits muss sich ein *fehlendes* Elektron mit negativer Energie und negativer Masse wie ein *positives* Teilchen mit positiver kinetischer Energie und der positiven Masse des Elektrons verhalten, d. h. wie ein *Positron*.[58] Für die Erzeugung eines solchen Positrons muss ein Elektron aus einem negativen Energieniveau auf ein unbesetztes positives Energieniveau $+m_ec^2$ energetisch „gehoben" werden. Für diese Erzeugung eines Elektron-Positron-Paares (*Paarerzeugung*) muss daher, z. B. von einem sehr energiereichen Photon, eine Mindestener-

58 Man denke an das Verhalten eines fehlenden e^- in einem sonst voll besetzten Energieband eines Halbleiters (positives „Loch" mit allen Eigenschaften eines beweglichen Teilchens, siehe Band VI, Kapitel „Festkörperphysik", Abschnitt 2.6.2.6).

gie von $2m_ec^2 \triangleq 1{,}02\,\mathrm{MeV}$ aufgebracht werden. Diese so genannte *Paarerzeugung* wurde 3 Jahre nach ihrer Vorhersage durch Dirac (1929) von Anderson[59] 1933 experimentell nachgewiesen.

Für eine detaillierte, aber einfache Darstellung der Entwicklung der Dirac-Gleichung und ihrer Anwendung auf das H-Atom sei auf E. W. Schpolski, *Atomphysik II*, VEB Deutscher Verlag der Wissenschaft, Berlin 1967, § 202 verwiesen. Theoretisch aufwendiger ist die Darstellung von L. I. Schiff, *Quantum Mechanics*, McGraw-Hill, New York 1968, chapter 13.

2.4 Anwendungen der Schrödingergleichung

2.4.1 Das Teilchen im Kastenpotenzial (*square well potential*)

Wir erinnern uns an eine Seilwelle bzw. eine schwingende Saite (Band I, Kapitel „Mechanische Schwingungen und Wellen", Abschnitt 5.6.2): Ist das Seil sehr lang, im Grenzfall unendlich lang, so können sich laufende Wellen mit praktisch jeder Frequenz darauf ausbreiten. Ist das Seil an beiden Seiten eingespannt und daher nur endlich lang (Saite mit Länge l), so können sich nur stehende Wellen mit diskreten Wellenlängen ausbreiten

$$l = n\frac{\lambda_n}{2} \tag{V-2.81}$$

und damit (Band I, Kapitel „Mechanische Schwingungen und Wellen", Abschnitt 5.6.2, Gl. I-5.238)

$$\lambda_n = \frac{2l}{n} \quad \text{bzw.} \quad \nu_n = \frac{n}{2l}\,v_{ph} = \frac{n}{2l}\sqrt{\frac{\sigma}{\rho}} \quad \text{mit } n = 1,2,3,\ldots . \tag{V-2.82}$$

σ ist die Spannkraft und ρ die Masse pro Längeneinheit.

Die Einschränkung der Welle auf einen beschränkten Bereich des Raumes führt also zu einer „Quantelung" der Bewegungsformen, d. h. zu diskreten Zuständen der Welle mit scharf definierter Wellenlänge bzw. Frequenz.

Dasselbe gilt auch für die immateriellen Materiewellen:

i Die *räumliche Einschränkung* einer Welle führt zu einer Quantenbedingung, d. h. zur Existenz von diskreten Zuständen mit diskreten Energiewerten.
Prinzip der räumlichen Einschränkung.

---

59 Carl David Anderson, 1905–1991. Für seine Entdeckung der Paarerzeugung mit einer Wilsonschen Nebelkammer im Jahre 1933 erhielt er 1936 (zusammen mit Viktor Hess) den Nobelpreis.

Wir betrachten jetzt wieder Materiewellen. Für ein freies Teilchen, z. B. ein freies e^-, kann die Energie beliebige Werte annehmen. Ein gebundenes e^- dagegen, z. B. ein Valenzelektron im Atom, das durch die Coulombkraft festgehalten wird und dadurch in seiner freien Bewegung eingeschränkt ist, kann nur in diskreten Zuständen mit diskreten Energiewerten existieren.

2.4.1.1 Unendlich tiefer Potenzialtopf (*infinite square well potential)*

Wir sperren nun ein e^- in einem gewissem Raumgebiet ein, z. B. in einem eindimensionalen Potenzialkasten mit unendlich hohen Potenzialwänden (Abb. V-2.14):

Raumbereich	**elektrisches Potenzial U**	**potenzielle Energie $E_{pot} = e \cdot U$**
$x < 0$	$-\infty$	$+\infty$
$0 \leq x \leq l$	0	0
$x > l$	$-\infty$	$+\infty$

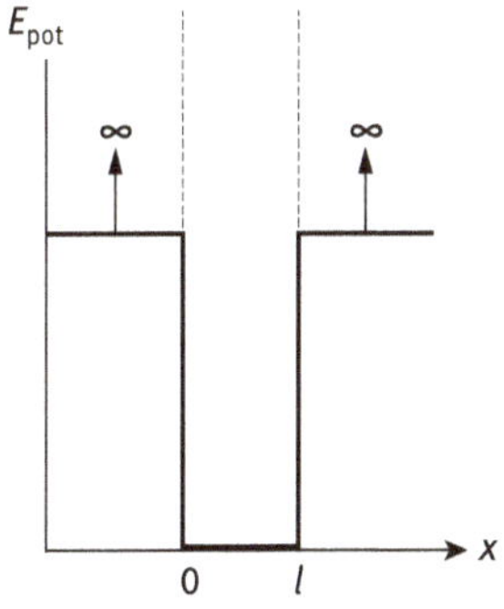

Abb. V-2.14: Unendlich tiefer „Potenzialtopf" („Kastenpotenzial", *infinite square well potential*).

Es stellt sich nun die Frage: *Wie kommt man zur Wellenfunktion?*

Dazu müssen wir die stationäre Schrödingergleichung (V-2.58) für die gegebene Funktion der potenziellen Energie (im offenen Intervall $(0,l)$ gilt $E_{pot} = 0$ und überall anders $E_{pot} = \infty$) lösen:

$$\frac{d^2\psi}{dx^2} + \frac{2m}{\hbar^2}(E - E_{pot})\psi = 0\,. \tag{V-2.83}$$

Die Materiewelle eines eingesperrten Teilchens muss bei $x = 0$ und $x = l$ Knoten haben, da die Wellenfunktion im gesamten Bereich $x \leq 0$ und $x \geq l$ verschwinden muss. Andernfalls würde das e^- unendlich große Energie besitzen, was physikalisch unmöglich ist. Da die Wellenfunktion überall endlich und stetig sein muss (vgl. Kapitel „Quantenoptik", Abschnitt 1.6.4), muss gelten

$$\psi(x)_{x\to 0} = 0 \qquad \text{und} \qquad \psi(x)_{x\to l} = 0\,,^{60} \tag{V-2.84}$$

$\psi(x)$ verschwindet daher außerhalb des offenen Intervalls $(0,l)$. Im Inneren des Potenzialtopfes dagegen gilt die Schrödingergleichung des *freien Teilchens* (Gl. V-2.57)

$$\frac{d^2\psi}{dx^2} + \frac{2m}{\hbar^2}E\psi = 0 \tag{V-2.85}$$

mit den Randbedingungen $\psi(0) = 0$ und $\psi(l) = 0$. Dies ist analog zum Problem der beidseitig eingespannten, schwingenden Saite (Band I, Kapitel „Mechanische Schwingungen und Wellen“, Abschnitt 5.6.2, Gl. I-5.245)

$$\frac{d^2w}{dx^2} + k^2 w = 0 \qquad \text{mit} \qquad k = \omega\sqrt{\frac{\rho}{\sigma}} \tag{V-2.86}$$

bzw. im vorliegenden Fall

$$\frac{d^2\psi}{dx^2} + k^2\psi = 0 \qquad \text{mit} \qquad k = \frac{1}{\hbar}\sqrt{2mE}\,. \tag{V-2.87}$$

Die allgemeine Lösung dieser *DG* lautet

$$\psi(x) = A\sin kx + B\cos kx\,, \tag{V-2.88}$$

wobei die Konstanten A und B aus den Randbedingungen $\psi(0) = \psi(l) = 0$ bestimmt werden müssen. Daraus folgt aber unmittelbar

$$\psi(0) = 0 = A\sin(0) + B\cos(0) = 0 + B\,, \qquad \text{also} \qquad B = 0 \tag{V-2.89}$$

und damit als Lösung

$$\psi(x) = A \cdot \sin kx\,. \tag{V-2.90}$$

---

60 Die Ableitung von $\psi(x)$ an den Stellen $x = 0$ und $x = l$ ist in diesem speziellen Fall – Sprung von E_{pot} von 0 auf ∞ – unstetig (siehe Abb. V-2.15 weiter unten). Dies ist der Grenzfall einer stetigen Ableitung für $E_{pot} \to \infty$ (siehe Abschnitt 2.4.2.1 und Fußnote 68).

An der Stelle l muss gelten ($B = 0$):

$$\psi(l) = 0 = A \sin kl \,. \qquad \text{(V-2.91)}$$

Das ist für alle Werte $kl = n\pi$ mit $n = 1,2,3, \ldots$ erfüllt:

$$k = \frac{n\pi}{l} = k_n. \qquad \text{(V-2.92)}$$

Damit ergeben sich für die gesuchte Wellenfunktion, die *Eigenfunktionen*

$$\psi_n(x) = A \sin\left(\frac{n\pi}{l} x\right) \qquad n = 1,2,3, \ldots . \qquad \text{(V-2.93)}$$[61]

Wie bei der schwingenden Saite sehen wir, dass sich als Lösung der Schrödingergleichung, der „Schwingungsgleichung für die Materiewellen", *diskrete Lösungsfunktionen* ergeben, die *Eigenfunktionen* ψ_n mit den diskreten Werten k_n. Aus $k_n = \frac{1}{\hbar}\sqrt{2mE_n} = \frac{n\pi}{l}$ folgen *diskrete Energieeigenwerte* E_n, das *Eigenwertspektrum*:

$$E_n = \frac{\hbar^2\pi^2}{2ml^2} \cdot n^2 \qquad n = 1,2,3, \ldots . \qquad \text{(V-2.94)}$$

Da das e^- im Potenzialtopf eingesperrt ist, die Schrödingergleichung daher den Randbedingungen $\psi(0) = \psi(l) = 0$ genügen muss, ist sie nur mit diskreten Energiewerten (Energieniveaus) vereinbar. n ist die *Energiequantenzahl.*[62]

Beispiel: Ein Elektron (Masse $m_e = 9{,}11 \cdot 10^{-31}$ kg sei in einem Kasten der Länge $l = 1$ cm eingesperrt. Daraus erhalten wir seine möglichen Energiewerte

$$E_n = \frac{(1{,}05 \cdot 10^{-34})^2 \cdot (3{,}14)^2}{2 \cdot 9{,}11 \cdot 10^{-31} \cdot (1 \cdot 10^{-2})^2} \cdot n^2\,\text{J} = 6{,}05 \cdot 10^{-34} \cdot n^2\,\text{J} = 3{,}78 \cdot 10^{-15} \cdot n^2\,\text{eV}.$$

---

61 Die Lösung der Schrödingergleichung konnte deshalb so einfach ermittelt werden, da im vorliegenden Fall die zweite Bedingung für eine gültige Wellenfunktion – die sogenannte „Anschlussbedingung", d. i. die Stetigkeit der Ableitung von $\psi(x)$ an den Potenzialgrenzen – nicht berücksichtigt werden musste, da für $x \leq 0$ und $x \geq l$ keine Wellenfunktion existiert (siehe wieder Abschnitt 2.4.2.1).
62 Beachte: Die möglichen Energiewerte E_n wachsen mit dem Quadrat der Quantenzahl n, während im Fall des unendlich hohen Parabelpotenzials (Abschnitt 2.4.3, Gl. V-2.149) die möglichen Energiewerte E_n nur linear mit n anwachsen (Gl. V-2.157).

Damit wird der Abstand benachbarter Energieniveaus ($\Delta n = 1$)

$$\Delta E_n = \left[(n+1)^2 - n^2\right] \cdot 3{,}78 \cdot 10^{-15} \approx 2n \cdot 3{,}78 \cdot 10^{-15}\,\text{eV},$$

das ist sehr klein, die Energie ist praktisch kontinuierlich veränderlich.

Ist das Elektron dagegen in einem *Atom*, d. h. in einem Topf der Länge $l \approx 1\,\text{Å} = 0{,}1$ nm eingesperrt, ergeben sich die möglichen Energiewerte zu

$$E_n = 37{,}8 \cdot n^2\,\text{eV und } \Delta E_n = n \cdot 75{,}2\,\text{eV},$$

das sind gut messbare Energiestufen!

Energieniveauschema eines Elektrons in einem Potenzialtopf der Länge $l = 0{,}1$ nm (links) und eines doppelt so breiten Topfes (rechts, $l = 0{,}2$ nm).

Für die *Grundzustandsenergie* eines Teilchens im Potenzialtopf, die Energie des niedrigsten erlaubten Zustands, ergibt sich demnach

$$E_1 = \frac{h^2}{8ml^2} = \frac{\hbar^2\pi^2}{2ml^2} \qquad \textit{Grundzustandsenergie für } n = 1 \qquad \text{(V-2.95)}$$

und damit für die erlaubten Zustände im Kastenpotenzial (Potenzialtopf)

$$E_n = n^2 E_1 \qquad \textit{erlaubte Zustände im Kastenpotenzial.} \qquad \text{(V-2.96)}$$

Wichtig ist die Wahrscheinlichkeitsdichte, die den Aufenthalt des Teilchens im Potenzialtopf liefert

$$\left|\psi_n(x)\right|^2 = A^2 \sin^2\left(\frac{n\pi}{l}\cdot x\right) \qquad n = 1,2,3,\ldots. \tag{V-2.97}$$

Die Amplitude A folgt aus der Normierungsbedingung

$$\int_{-\infty}^{+\infty} |\psi|^2 dx = \int_0^l \left[A^2 \sin^2\left(\frac{n\pi x}{l}\right)\right] dx = 1. \tag{V-2.98}$$

Wir verwenden die Substitution $\theta = \frac{n\pi x}{l} \quad \Rightarrow \quad \frac{d\theta}{dx} = \frac{n\pi}{l}$ und damit $dx = \frac{l}{n\pi}\, d\theta$.

Für $x = 0$ ist $\theta = 0$, für $x = l$ ist $\theta = n\pi$ und daher

$$\int_0^l A^2 \sin^2\left(\frac{n\pi x}{l}\right) dx = A^2 \frac{l}{n\pi} \int_0^{n\pi} \sin^2\theta\, d\theta = 1. \tag{V-2.99}$$

Die Integration ergibt

$$\int_0^{n\pi} \sin^2\theta\, d\theta = \left[\frac{\theta}{2} - \frac{\sin 2\theta}{4}\right]_0^{n\pi} = \frac{n\pi}{2}. \tag{V-2.100}$$ [63]

Damit erhalten wir

$$A^2 \frac{l}{n\pi} \frac{n\pi}{2} = 1 \tag{V-2.101}$$

und schließlich

$$A = \sqrt{\frac{2}{l}}. \tag{V-2.102}$$

Die normierten Wellenfunktionen für das Kastenpotenzial sind daher

$$\psi_n = \sqrt{\frac{2}{l}} \sin\left(\frac{n\pi}{l} x\right) \quad \text{mit der } \textit{Quantenzahl } n = 1, 2, 3, \ldots, \tag{V-2.103}$$

63 Mit $\sin^2 x = \frac{1}{2}(1 - \cos 2x)$, $\sin \frac{2n\pi}{4} = 0$.

d. h. $\psi_1(x) = \sqrt{\frac{2}{l}} \sin \frac{\pi x}{l}$, $\psi_2(x) = \sqrt{\frac{2}{l}} \sin\left(2\frac{\pi x}{l}\right)$, … .

Diese Zustände hängen über den monochromen Faktor $e^{i\omega t} = e^{\frac{i}{\hbar}Et}$ noch von der Zeit ab (siehe Abschnitt 2.3.2). Die gesamte Wellenfunktion für den Zustand eines Teilchens der Energie E_n im Potenzialtopf für einen beliebigen Zeitpunkt ist damit

$$\Psi_n(x,t) = \psi_n(x) \cdot e^{\frac{i}{\hbar}E_n t} = \sqrt{\frac{2}{l}} \sin\left(\frac{n\pi}{l} x\right) e^{\frac{i}{\hbar}E_n \cdot t} = \\ = \sqrt{\frac{2}{l}} \sin\left(\frac{n\pi}{l} x\right) e^{i\frac{\hbar\pi^2}{2ml^2} n^2 \cdot t} . \tag{V-2.104}$$

Der Zeitfaktor muss komplex sein, es genügt nicht sein Realteil![64] Physikalische Bedeutung hat aber nur das Absolutquadrat, die Aufenthaltswahrscheinlichkeitsdichte, die in den von uns betrachteten stationären Zuständen *nicht* von der Zeit abhängt

$$\left|\Psi_n(x,t)\right|^2 = \Psi_n^\star(x,t)\Psi_n(x,t) = \frac{2}{l}\,\psi_n^2(x) = \frac{2}{l}\sin^2\frac{n\pi}{l}x . \tag{V-2.105}$$

Abb. V-2.15 zeigt die Eigenfunktionen $\psi(x)$ und die Aufenthaltswahrscheinlichkeitsdichten $\left|\psi(x)\right|^2$ für ein Teilchen im unendlich tiefen Potenzialtopf für die ersten vier Quantenzahlen.

Wir sehen: Ein Teilchen im Grundzustand mit $n = 1$ hält sich am wahrscheinlichsten in der Mitte des Potenzialtopfes auf, im 1. angeregten Zustand ($n = 2$) dagegen nie in der Mitte, denn für $x = l/2$ gilt $\sin\pi = 0$ und damit $\psi = 0$ und auch $\left|\psi\right|^2 = 0$.

Im Grenzfall sehr großer n wird die Aufenthaltswahrscheinlichkeit in jedem kleinen Intervall des Potenzialtopfes, das dann immer noch sehr viele Maxima und Minima enthält, gleich groß, es ergibt sich ein Ergebnis wie in der klassischen Mechanik. Das stimmt mit dem *Bohrschen Korrespondenzprinzip* überein (vgl. Kapitel „Quantenoptik“, Abschnitt 1.3.5), nach dem im Grenzfall großer Quantenzahlen die *QM* dasselbe Resultat liefert wie die klassische Theorie.

---

64 Die Lösungen der Schrödingergleichung müssen komplex sein (siehe Abschnitt 2.3.1 und die Anmerkungen am Ende von Abschnitt 2.3.2); da der Ortsanteil $\psi_n(x)$ reell ist, muss der Zeitfaktor komplex sein.

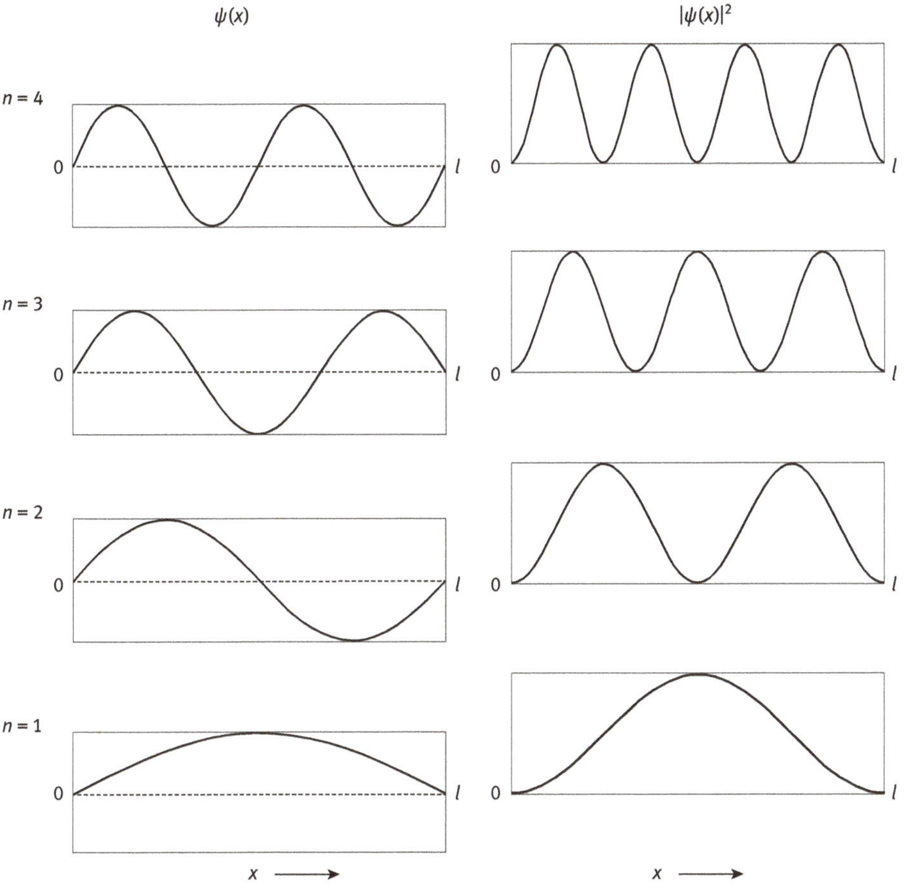

Abb. V-2.15: Eigenfunktionen $\psi(x)$ (links) und Aufenthaltswahrscheinlichkeitsdichten $|\psi(x)|^2$ (rechts) für ein Teilchen im Potenzialtopf.

Da *stationäre Zustände* vorliegen, kann ein Teilchen im Kastenpotenzial, z. B. ein Elektron, seine möglichen Energieniveaus nur dann wechseln, wenn dem Teilchen, z. B. durch *Absorption oder Emission eines Photons*, dessen Energie $E_{ph} = h\gamma = \hbar\omega$ gleich der Energiedifferenz zwischen zwei Energieniveaus ist, Energie zugeführt oder entzogen wird. Ein solcher Energiewechsel endlicher Größe eines Quantensystems (z. B. der Elektronen im Atom) wird als *Quantensprung* bezeichnet.

2.4.1.2 Dreidimensionaler Potenzialtopf

Der dreidimensionale, unendlich tiefe Potenzialtopf stellt eine sehr einfache Näherung für das Elektron im Kristallverband eines Metalls dar (Sommerfeld-Modell, siehe Band VI, Kapitel „Festkörperphysik, Abschnitt 2.6.1.2). Die potenzielle Energie sei jetzt überall unendlich groß, außer in einem Gebiet, das wir einfachheitshalber würfelförmig mit einer Kantenlänge l annehmen, in dem sie völlig verschwindet. In diesem würfelförmigen Topf genügt der Ortsanteil der Wellenfunktion eines Teilchens folgender Schrödingergleichung

$$\frac{\partial^2 \psi}{\partial x^2} + \frac{\partial^2 \psi}{\partial y^2} + \frac{\partial^2 \psi}{\partial z^2} + \frac{2m}{\hbar^2} E \cdot \psi = 0 . \qquad \text{(V-2.106)}$$

Wir zerlegen diese partielle Differentialgleichung mit dem Produktansatz $\psi(x,y,z) = \psi_1(x) \cdot \psi_2(y) \cdot \psi_3(z)$ in drei gewöhnliche *DG*'s (vgl. das Vorgehen bei der Hohlraumstrahlung nach Rayleigh und Jeans in Band IV, Kapitel „Wärmestrahlung", Abschnitt 3.4.2). Einsetzen des Produktansatzes in Gl. (V-2.106) ergibt

$$\frac{1}{\psi_1} \frac{d^2 \psi_1}{dx^2} + \frac{1}{\psi_2} \frac{d^2 \psi_2}{dy^2} + \frac{1}{\psi_3} \frac{d^2 \psi_3}{dz^2} = -\frac{2m}{\hbar^2} E . \qquad \text{(V-2.107)}$$

Die Terme auf der linken Seite der Gleichung hängen jeweils *nur* von x, von y bzw. von z ab und die Summe der drei Terme ist konstant. Jeder Term auf der linken Seite muss daher gleich einer Konstanten sein:

$$\frac{1}{\psi_1} \frac{d^2 \psi_1}{dx^2} = C_1 , \qquad \frac{1}{\psi_2} \frac{d^2 \psi_2}{dy^2} = C_2 , \qquad \frac{1}{\psi_3} \frac{d^2 \psi_3}{dz^2} = C_3 \qquad \text{(V-2.108)}$$

mit

$$C_1 + C_2 + C_3 = -\frac{2m}{\hbar^2} E = -\frac{2m}{\hbar^2} (E_x + E_y + E_z) . \qquad \text{(V-2.109)}$$

Damit erhalten wir drei *DG*'s

$$\frac{d^2 \psi_1}{dx^2} + \frac{2m}{\hbar^2} E_x \cdot \psi_1 = 0 , \qquad \frac{d^2 \psi_2}{dy^2} + \frac{2m}{\hbar^2} E_y \cdot \psi_2 = 0 ,$$
$$\frac{d^2 \psi_3}{dz^2} + \frac{2m}{\hbar^2} E_z \cdot \psi_3 = 0 . \qquad \text{(V-2.110)}$$

Diese Gleichungen sind ganz analog zum eindimensionalen Fall mit analogen Randbedingungen. Die Lösungen lauten daher nach Gl. (V-2.103)

$$\psi_1^n = \sqrt{\frac{2}{l}}\sin\left(\frac{n_x\pi}{l}\,x\right), \qquad \psi_2^n = \sqrt{\frac{2}{l}}\sin\left(\frac{n_y\pi}{l}\,y\right), \qquad \psi_3^n = \sqrt{\frac{2}{l}}\sin\left(\frac{n_z\pi}{l}\,z\right)$$

mit $n_x, n_y, n_z = 1, 2, 3 \ldots$ und (V-2.111)

$$k_x = \frac{n_x\pi}{l} = \frac{1}{\hbar}\sqrt{2mE_x^n}, \qquad k_y = \frac{n_y\pi}{l} = \frac{1}{\hbar}\sqrt{2mE_y^n}, \qquad k_z = \frac{n_z\pi}{l} = \sqrt{2mE_z^n}$$

also

$$E_x^n = \frac{\hbar^2\pi^2}{2ml^2}\cdot n_x^2, \qquad E_y^n = \frac{\hbar^2\pi^2}{2ml^2}\cdot n_y^2, \qquad E_z^n = \frac{\hbar^2\pi^2}{2ml^2}\cdot n_z^2. \tag{V-2.112}$$

Die Lösungen der Schrödingergleichung eines Teilchens im dreidimensionalen, unendlich hohen, würfelförmigen Potenzialtopf sind somit

$$\psi_n(x,y,z) = \sqrt{\frac{8}{l^3}}\sin\left(\frac{n_x\pi}{l}\,x\right)\sin\left(\frac{n_y\pi}{l}\,y\right)\sin\left(\frac{n_z\pi}{l}\,z\right) \tag{V-2.113}$$

mit den gequantelten Energiewerten

$$E_n(n_x,n_y,n_z) = E_x^n + E_y^n + E_z^n = \frac{\hbar^2\pi^2}{2ml^2}\left(n_x^2 + n_y^2 + n_z^2\right)$$

mit $n_x, n_y, n_z = 1, 2, 3 \ldots$. (V-2.114)

2.4.1.3 Endlich tiefer Potenzialtopf (*finite square well potential)*

Der endlich tiefe Potenzialtopf (Abb. V-2.16) ist die einfachste Näherung für das Potenzial des Atomkerns.[65]

Zuerst wird die Schrödingergleichung für die Bereiche 1, 2, 3 gelöst (siehe auch den folgenden Abschnitt 2.4.2, „Der Tunneleffekt“). Ist die Energie E des Teilchens kleiner als die Tiefe des Potenzialtopfes U, also $U - E > 0$, dann ergibt sich mit der Schrödingergleichung (V-2.58) und dem Ansatz $\psi(x) = A \cdot e^{kx}$ und $E_{\text{pot}}(x) = U(x)$ in den Bereichen 1 und 3 eine exponentiell abfallende Wellenfunktion $\psi_1 = A^{+k_1 x}$ (für $x < 0$), $\psi_3 = De^{-k_1 x}$ (für $x > 0$) mit $k_1 = \frac{1}{\hbar}\sqrt{2m(U-E)}$, während die ψ-Funktion im Bereich 2 „schwingend“ ist und mathematisch am bequemsten in der Form

65 Tiefe des Topfes beim Atomkern $U \approx 50\,\text{MeV}$; Breite $\approx 10^{-14}\,\text{m}$.

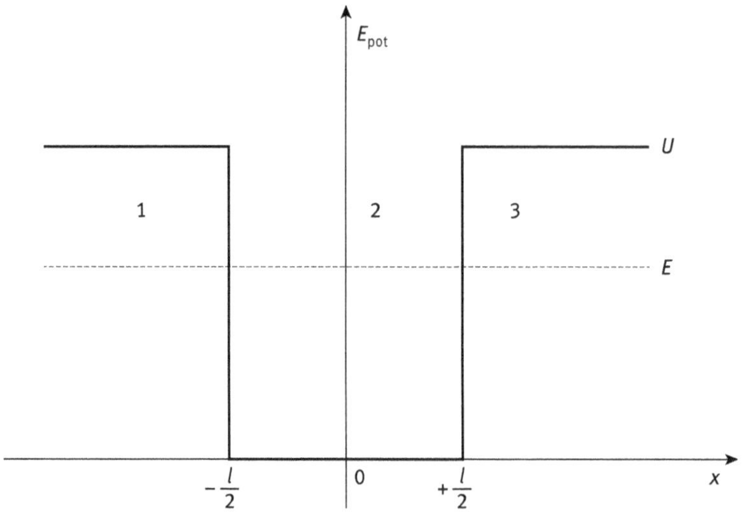

Abb. V-2.16: Endlich tiefer Potenzialkasten.

$\psi_2 = B\sin k_2x + C\cos k_2x$ mit $k_2 = \frac{1}{\hbar}\sqrt{2mE}$ angesetzt wird. Die Konstanten A, B, C, D werden aus der Stetigkeit von ψ und $\frac{d\psi}{dx}$ an den beiden Bereichsgrenzen berechnet[66], wobei sich zwei unabhängige Beziehungen zwischen k_1 und k_2 ergeben, nämlich $k_2 \cdot \tan\left(k_2 \cdot \frac{l}{2}\right) = k_1$ (für $B = 0$ und $D - A = 0$) sowie $k_2 \cdot \cot\left(k_2 \cdot \frac{l}{2}\right) = -k_1$ (für $C = 0$ und $D + A = 0$). Da k_1 und k_2 Funktionen von E sind, können aus diesen Beziehungen die Energieeigenwerte (Energiespektrum) des Teilchens im endlich hohen Potenzialtopf berechnet werden. Die erste Beziehung liefert mit $B = 0$ die geraden Eigenfunktionen ($\psi(-x) = \psi(x)$, Energieeigenwerte E_1, E_3, E_5, ...), die zweite liefert mit $C = 0$ die ungeraden Eigenfunktionen ($\psi(-x) = -\psi(x)$, Energieeigenwerte E_2, E_4, E_6, ...). Da die Beziehungen zwischen k_1 und k_2 transzendent sind[67], können die Energieeigenwerte E_i nur mit einem graphischen oder numerischen Verfahren bestimmt werden. Wegen der endlichen Tiefe des Potenzialtopfes treten nur endlich viele Energiewerte auf, deren Abstand wie beim unendlich tiefen Topf nach oben hin zunimmt (aber nicht quadratisch wie beim unendlich tiefen Topf).

66 Die Rechnung ist mathematisch einfach, wird hier aber weggelassen. Sie ist vollständig wiedergegeben in R. Eisberg und R. Resnick, *Quantum Physics of Atoms, Molecules, Solids, Nuclei, and Particles*, John Wiley & Sons, 1985.

67 Eine transzendente Gleichung zwischen Variablen lässt deren Abhängigkeit *nur* implizit darstellen und erlaubt keine algebraische Lösung. Transzendente Gleichungen können daher nur graphisch oder numerisch, aber nicht analytisch gelöst werden.

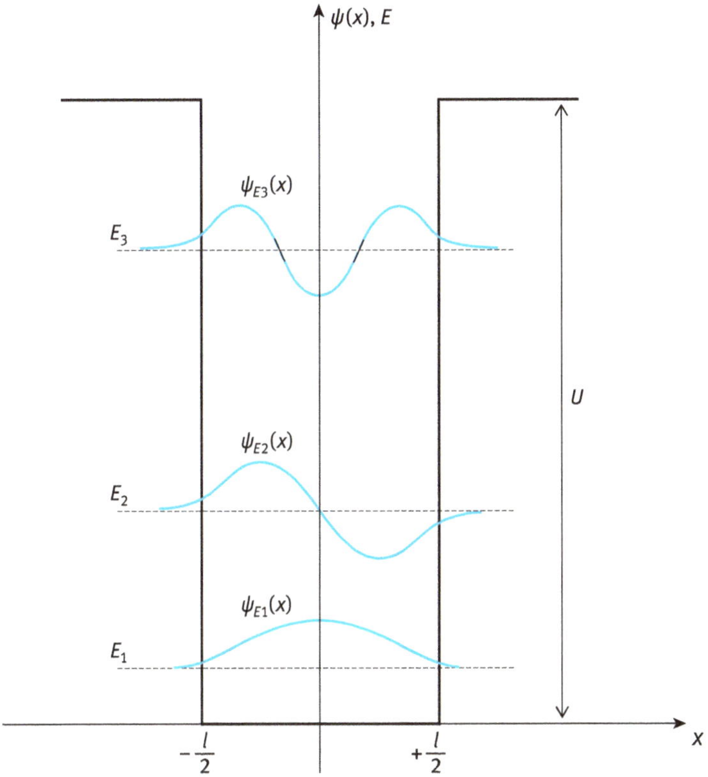

Abb. V-2.17: Energieniveaus und Wellenfunktionen beim endlich tiefen Potenzialtopf.

Im Gegensatz zum unendlich tiefen Potenzialtopf besitzt nun das Teilchen auch außerhalb des Topfes eine endliche Aufenthaltswahrscheinlichkeit (Abb. V-2.17). Wir sehen hier wieder, dass die Energieeigenwerte E_i jene Werte des freien Energieparameters in der Schrödingerschen Wellenfunktion $\psi(x)$ sind, die durch die Rand- und Stetigkeitsbedingungen „ausgelesen" werden; nur mit diesen Werten erfüllt $\psi(x)$ die Rand- und Stetigkeitsbedingungen.

Ist die Energie E des Teilchens größer als U, dann erhält man in allen drei Bereichen als Lösungen nach links oder nach rechts fortschreitende Wellen mit $k_1 = k_3 < k_2$, die gemäß den Stetigkeitsbedingungen an den Bereichsgrenzen zu verbinden sind. Im Bereich 3 existiert nur die in der $+x$-Richtung fortschreitende, hindurchgegangene Welle (vgl. auch den folgenden Abschnitt 2.4.2.1). Im Gegensatz zu einem klassischen Teilchen, das über den Potenzialtopf hinwegläuft – im Bereich $[0,l]$ mit größerer Geschwindigkeit als außerhalb –, wird ein Mikroteilchen gemäß des stetigen Übergangs der Funktion ψ_1 an der Grenze zwischen Bereich 1 und 2 mit einer gewissen Wahrscheinlichkeit reflektiert, sodass bei einem Strom vieler einfallender Teilchen auch ein in Bereich 1 zurücklaufender Teilchenstrom existiert. Es tritt also nur ein Teil des einfallenden Stroms in den Bereich 3 über, obwohl $E > U$ ist (Transmissionskoeffizient $T \leq 1$)! Dies entspricht genau dem Verhalten einer Lichtwelle beim Durchgang durch ein Fabry-Perot-Interferometer (siehe Band III, Kapitel „Wellenoptik", Abschnitt 1.5.4.2) – der Luftraum zwischen den beiden Glasplatten entspricht dem Potenzialtopf des Bereichs 2. Aufgrund konstruktiver Interferenz im Luftspalt der Dicke l tritt der gesamte Lichtstrom dann durch das Interferometer hindurch, wenn $l = n \cdot \frac{\lambda}{2}$ gilt (Abschnitte 1.5.4.1 und 1.5.4.2, mit Brechungsindex 1 und Einfallswinkel 0). Die gleiche Erscheinung – „Resonanzdurchgang" – tritt auch im quantenmechanischen Fall eines auf einen Potenzialtopf mit $E > U$ auftreffenden Teilchenstroms auf: Es treten immer dann alle Teilchen in den Bereich 3 über ($T = 1$), wenn für die dem Teilchenimpuls p_2 entsprechende Wellenlänge $\lambda_2 = \frac{h}{p_2}$ gilt: $n \cdot \frac{\lambda_2}{2} = n \cdot \frac{h}{2p_2} = l$. Für die Energie E_{res} des Resonanzdurchganges folgt mit $p_{2\,res} = \sqrt{2mE_{res}}$

$$E_{res} = \frac{n^2h^2}{8ml^2}, \qquad n = 1,2,3,\ldots . \tag{V-2.115}$$

Beispiel: Für $n = 1$ und $l = 2 \cdot 10^{-10}$ m (Durchmesser des Argonatoms) gilt

$$E_{res}(n = 1) = \frac{(6{,}626 \cdot 10^{-34}\,\mathrm{J\,s})^2}{8 \cdot 9{,}109 \cdot 10^{-31}\,\mathrm{kg} \cdot (2 \cdot 10^{-10}\,\mathrm{m})^2} = 1{,}506 \cdot 10^{-18}\,\mathrm{J} = 9{,}40\,\mathrm{eV}.$$

Argonatome können für langsame e^- in erster Näherung als Potenzialtopf mit einer Tiefe von $U \cong 9{,}3$ eV betrachtet werden. Sehr langsame e^- mit einer kinetischen Energie von $E_{kin} = E_{res}(n = 1) - U = 0{,}1$ eV können das Argongas daher praktisch absorptionsfrei durchdringen, da sie in den Ar-Atomen gerade die geforderte kinetische Resonanzenergie von $E_{res} = 9{,}40$ eV besitzen. Das ist der 1920 von Carl Ramsauer (1879–1955) entdeckte „Ramsauer-Effekt" als Resonanzdurchgang durch einen atomaren Potenzialtopf und damit der erste Hinweis auf die Wellennatur des e^-. Diese Anomalie des Absorptionsverhaltens (des *Absorptionsquerschnitts*) atomarer Gase tritt auch bei Kr, Xe und einigen Metalldämpfen auf.

2.4.2 Der Tunneleffekt

2.4.2.1 Potenzialstufe

Wir betrachten jetzt zwei aneinander grenzende Bereiche, in denen die potenzielle Energie zwar konstant, aber verschieden sei und sich in der Grenzfläche sprunghaft vom einen zum anderen Wert ändere (rechteckiger Potenzialwall, *square well potential*, Abb. V-2.18).

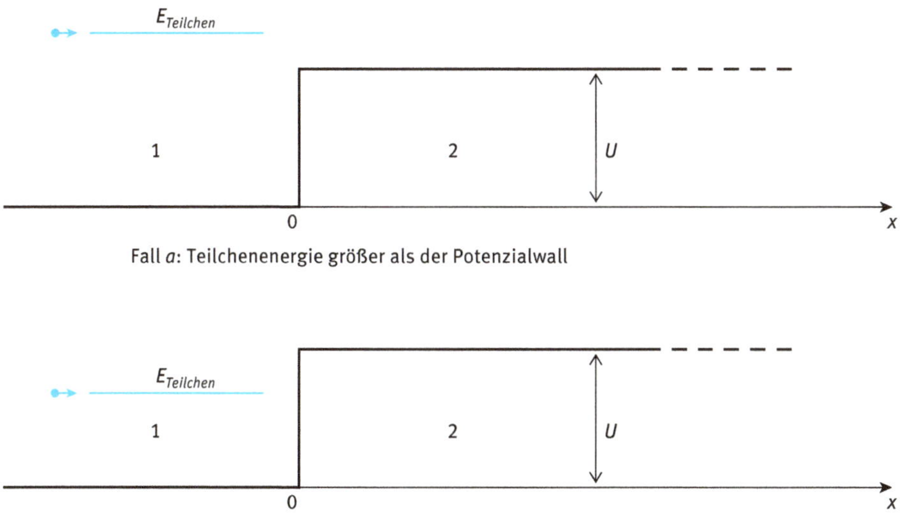

Abb. V-2.18: Rechteckiger Potenzialwall.

Für die Teilchenbewegung in x-Richtung lautet die Schrödingergleichung

$$\frac{d^2\psi}{dx^2} + \frac{2m}{\hbar^2}(E - E_{\text{pot}})\psi = 0\,. \qquad \text{(V-2.116)}$$

Für die potenzielle Energie gilt dabei

$$E_{\text{pot}} = \begin{cases} 0 & \textit{für}\, x \le 0 \\ U = \text{const} & \textit{für}\, x > 0\,. \end{cases} \qquad \text{(V-2.117)}$$

In den beiden Teilbereichen lautet dann die Schrödingergleichung

$$\frac{d^2\psi_1}{dx^2} + \frac{2m}{\hbar^2}E\psi_1 = 0 \qquad \text{im Bereich 1} \qquad \text{(V-2.118)}$$

$$\frac{d^2\psi_2}{dx^2} + \frac{2m}{\hbar^2}(E - U)\psi_2 = 0 \qquad \text{im Bereich 2} \qquad \text{(V-2.119)}$$

bzw. mit $k_1 = \frac{1}{\hbar}\sqrt{2mE} = \frac{1}{\hbar}mv_1 = \frac{2\pi}{\lambda_1}$ und $k_2 = \frac{1}{\hbar}\sqrt{2m(E-U)} = \frac{1}{\hbar}mv_2 = \frac{2\pi}{\lambda_2}$

($\lambda_1 = \frac{h}{p_1}$ und $\lambda_2 = \frac{h}{p_2}$ sind die Wellenlängen der Materiewellen in Bereich 1 bzw. 2)

$$\frac{d^2\psi_1}{dx^2} + k_1^2\psi_1 = 0 \qquad \text{im Bereich 1} \qquad \text{(V-2.120)}$$

$$\frac{d^2\psi_2}{dx^2} + k_2^2\psi_2 = 0 \qquad \text{im Bereich 2.} \qquad \text{(V-2.121)}$$

Die allgemeinen Lösungen dieser gewöhnlichen *DG*'s mit konstanten Koeffizienten lauten

$$\psi_1 = A_1 e^{-ik_1x} + B_1 e^{ik_1x} \qquad \text{im Bereich 1} \qquad \text{(V-2.122)}$$

$$\psi_2 = A_2 e^{-ik_2x} + B_2 e^{ik_2x} \qquad \text{im Bereich 2.} \qquad \text{(V-2.123)}$$

Wir betrachten zunächst den Fall a): $E > U$, die Energie des einfallenden Teilchens ist größer als die potenzielle Energie U im Bereich 2. *Klassisch* bedeutet $U < E$ kein Hindernis, das Teilchen dringt mit Wahrscheinlichkeit 1 in den Bereich 2 ein und setzt seine Bewegung mit der Energie $(E - U)$ fort. Wir wissen aber, dass wir einem Mikroteilchen eine Materiewelle zuordnen müssen. Diese wird an der Potenzialschwelle nur zum Teil in den Bereich 2 eintreten, zum Teil aber in den Bereich 1 reflektiert werden. Daraus ergibt sich für das Teilchen eine bestimmte Wahrscheinlichkeit < 1 für das Eindringen in Bereich 2 und > 0 für die Reflexion in Bereich 1.

Im Bereich 1 breiten sich die einfallende und die reflektierte Welle aus, also $\psi_1 = A_1 e^{-ik_1x} + B_1 e^{ik_1x}$, $I_e = A_1^2$ ist dabei die „Intensität" (das ist die Wahrscheinlichkeitsdichte) der einfallenden Welle, $I_r = B_1^2$ jene der reflektierten. Im Bereich 2 breitet sich nur die transmittierte Welle $\psi_2 = A_2 e^{-ik_2x}$ mit der Intensität $I_t = A_2^2$ aus und es gilt daher $B_2 = 0$. Wir setzen vereinfachend, aber ohne Beschränkung der Allgemeinheit, die Amplitude der einfallenden Welle $A_1 = 1$ und wollen die Amplituden B_1 und A_2 berechnen. Dazu benützen wir die Eigenschaft der Wellenfunktion im ganzen Raum stetig zu sein. Das ergibt im vorliegenden Fall die weitere Bedingung, dass auch ihre erste Ableitung an der Grenzfläche stetig sein muss.[68]

---

68 Zum Beweis ersetzen wir den Potenzialsprung durch ein sich in einem kleinen Raumbereich der Dicke $2d$ linear von 0 auf U änderndes Potenzial (strichliert):

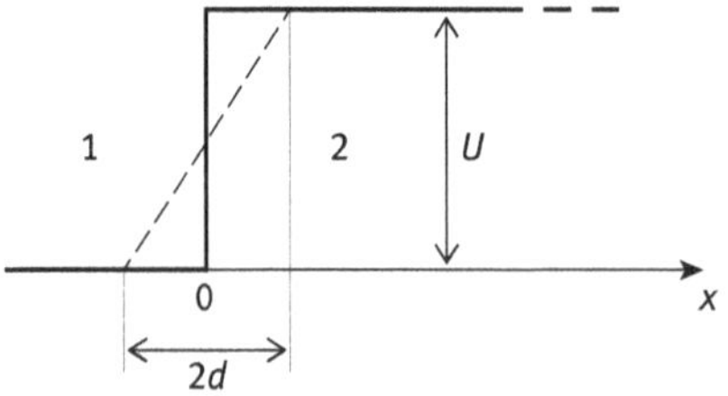

Damit ergibt sich für die zu lösende Schrödingergleichung $\frac{d^2\psi}{dx^2} = -k'^2\psi$, wobei sich k' im Intervall $(-d,+d)$ stetig von k_1 auf k_2 ändert. In diesem Intervall gilt dann $\int_{-d}^{+d} \frac{d^2\psi}{dx^2}dx = \left(\frac{d\psi}{dx}\right)_{+d} - \left(\frac{d\psi}{dx}\right)_{-d}$. Nach

Aus $(\psi_1)_{x=0} = (\psi_2)_{x=0}$ folgt

$$1 + B_1 = A_2 , \tag{V-2.124}$$

aus $\left(\frac{d\psi_1}{dx}\right)_{x=0} = \left(\frac{d\psi_2}{dx}\right)_{x=0}$ ergibt sich mit $B_2 = 0$

$$B_1 - 1 = -\frac{k_2}{k_1} A_2 . \tag{V-2.125}$$

Nach B_1 und A_2 aufgelöst erhalten wir

$$B_1 = \frac{k_1 - k_2}{k_1 + k_2} \quad \text{und} \quad A_2 = \frac{2k_1}{k_1 + k_2} . \tag{V-2.126}$$

Wie in der Wellenoptik können jetzt der Reflexions- und der Transmissionsgrad berechnet werden (vergleiche Band IV, Kapitel „Wellenoptik", Abschnitt 1.4.4).[69] Für den Reflexionsgrad R gilt (einfallende Intensität $I_e = 1$, da $A_1 = 1$, reflektierte Intensität $I_r = B_1^2 = \left(\frac{k_1 - k_2}{k_1 + k_2}\right)^2$, $I_t = A_2^2$)

---

der Mittelwertbildung für Funktionen ($\bar{f} := \frac{1}{b-a}\int_a^b f(x)dx$) folgt für $\int_{-d}^{+d} k'^2\psi \cdot dx = 2\,d\overline{k'^2\psi}$ und damit $\left(\frac{d\psi}{dx}\right)_{+d} - \left(\frac{d\psi}{dx}\right)_{-d} = -2\,d\overline{k'^2\psi}$. Im Grenzübergang $d \to 0$ folgt so $\left(\frac{d\psi_1}{dx}\right)_{x=0} = \left(\frac{d\psi_2}{dx}\right)_{x=0}$.
Der Beweis ist aber nur für einen endlichen Potenzialsprung durchführbar. Wird U unendlich hoch, lässt sich kein $\overline{k'^2}$ mehr definieren und $\psi'(x)$ wird an der unendlich hohen Potenzialschwelle unstetig, wie die Abb. V-2.15 erkennen lässt: Außerhalb des Bereiches $(0,l)$ verschwindet ja ψ, ist also konstant gleich Null.

69 Für die Berechnung des Reflexionsgrades R und des Transmissionsgrades T sind definitionsgemäß die jeweiligen Teilchenströme, das ist die Zahl der Teilchen, die pro Zeiteinheit durch die Flächeneinheit hindurchtritt, also das Produkt aus Teilchendichte (proportional zu den Wahrscheinlichkeitsdichten $A_1^2 = 1$, $A_2^2, B_1^2, B_2^2 = 0$) und Teilchengeschwindigkeit, heranzuziehen. Die Teilchengeschwindigkeiten in den beiden Potenzialbereichen sind zu den Impulsen und daher zu den Werten k_1 und k_2 proportional. Beim Reflexionsgrad kürzt sich k_1 im Zähler und Nenner weg, nicht aber beim Transmissionsgrad. Diese halbklassische Argumentation ist quantenmechanisch korrekt durch die Wahrscheinlichkeitsstromdichte $j_x = \frac{\hbar}{2mi}\left(\psi\frac{\partial\psi^*}{\partial x} - \frac{\partial\psi}{\partial x}\psi^*\right)$, mit $\psi = e^{-ik_1x} + B_1 e^{ik_1x}$ für den Bereich 1 und $\psi = A_2 e^{-ik_2x}$ für den Bereich 2, zu ersetzen. Die einfache Ausrechnung ergibt für den Bereich 1 ($A_1 = 1$): $j_{x,1} = \frac{\hbar k_1}{m}(1 - |B_1|^2)$ und für Bereich 2: $j_{x,2} = \frac{\hbar k_2}{m}|A_2|^2$.

$$R = \frac{I_r k_1}{I_e k_1} = \left(\frac{k_1 - k_2}{k_1 + k_2}\right)^2 . \qquad \text{(V-2.127)}$$

Da wir beim Transmissionsgrad Teilchenströme in den beiden Potenzialbereichen vergleichen, in denen die Materiewelle unterschiedliche Wellenzahlen, das Teilchen daher unterschiedliche Geschwindigkeiten besitzt, gilt mit $v_1 = \frac{\hbar}{m} k_1$ und $v_2 = \frac{\hbar}{m} k_2$ für den Transmissionsgrad T

$$T = \frac{I_t \cdot k_2}{I_e \cdot k_1} = \frac{A_2^2 \cdot k_2}{k_1} = \frac{4\, k_1 k_2}{(k_1 + k_2)^2} . \qquad \text{(V-2.128)}$$

Wie erwartet gilt

$$R + T = \frac{k_1^2 - 2\, k_1 k_2 + k_2^2 + 4\, k_1 k_2}{(k_1 + k_2)^2} = \frac{k_1^2 + 2\, k_1 k_2 + k_2^2}{(k_1 + k_2)^2} = 1 . \qquad \text{(V-2.129)}$$

Setzen wir wieder $k_1 = \frac{1}{\hbar}\sqrt{2mE}$ und $k_2 = \frac{1}{\hbar}\sqrt{2m(E - U)}$ ein, so erhalten wir den Reflexionsgrad R und den Transmissionsgrad T als Funktion des Verhältnisses von potenzieller Energie und Gesamtenergie:

$$R = \left(\frac{1 - \sqrt{1 - U/E}}{1 + \sqrt{1 - U/E}}\right)^2 = \left(\frac{\sqrt{1 - U/E} - 1}{\sqrt{1 - U/E} + 1}\right)^2 ,$$

$$T = \frac{4 \cdot \sqrt{1 - U/E}}{(1 + \sqrt{1 - U/E})^2} . \qquad \text{(V-2.130)}$$

Im Teilchenbild können der Reflexionsgrad und der Transmissionsgrad als Wahrscheinlichkeit dafür interpretiert werden, dass ein Strom von Teilchen von der Potenzialstufe in den Bereich 1 reflektiert wird bzw. in den Bereich 2 eindringt.

Beispiel: Ist die Gesamtenergie des Teilchens doppelt so groß wie die Potenzialstufe, so ergibt sich ein Reflexionsgrad von 0,0294, das entspricht einer Reflexionswahrscheinlichkeit von 3 %. Ist die Gesamtenergie gleich der Höhe der Potenzialstufe, wird die Reflexionswahrscheinlichkeit 1, das Teilchen kann dann nicht mehr in den Bereich 2 eindringen. *Klassisch* würde das Teilchen mit der Wahrscheinlichkeit 1 eindringen, aber dabei seine ganze kinetische Energie verlieren.

Das Ergebnis deckt sich völlig mit jenem von elektromagnetischen Wellen an der Grenzfläche zweier Bereiche mit unterschiedlichem Brechungsindex (unterschiedliche Wellenzahl) für eine einfallende Welle aus dem optisch dünneren Medium und eine gebrochene, eindringende Welle im optisch dichteren.[70]

Fall b): E < U. Wenn die Gesamtenergie des einfallenden Teilchens kleiner ist als die Potenzialstufe, kann es *klassisch* nicht in den Bereich 2 eindringen. Für die Materiewellenfunktion wird jetzt $k_2 = \frac{1}{\hbar}\sqrt{2m(E-U)} = -i \cdot \frac{1}{\hbar}\sqrt{2m(U-E)} = -i \cdot k$ imaginär. Der Reflexionsgrad als definitionsgemäß reelle Größe ergibt sich daher jetzt zu

$$R = \left|\frac{k_1 - ik}{k_1 + ik}\right|^2 = \left(\frac{k_1 - ik}{k_1 + ik}\right) \cdot \left(\frac{k_1 - ik}{k_1 + ik}\right)^* = \frac{(k_1 - ik)(k_1 + ik)}{(k_1 + ik)(k_1 - ik)} = 1 \qquad \text{(V-2.131)}$$

und daher für jenen Fall, dass der Bereich 2 unendlich ausgedehnt ist $T = 1 - R = 0$. Die quantenmechanische Rechnung führt also zum gleichen Ergebnis, wie die klassische, es tritt Totalreflexion ein. Trotzdem ergibt die quantenmechanische Rechnung eine von Null verschiedene Wahrscheinlichkeit für das Auftreten des Teilchens im Bereich 2! Die Lösung der Schrödingergleichung im Bereich 2 wird mit $k_2 = -i \cdot k$ zu

$$\psi_2 = A_2 e^{-ik_2 x} = A_2 e^{-kx} . \qquad \text{(V-2.132)}$$

Das ergibt für die Wahrscheinlichkeit, das Teilchen im Bereich 2 zu finden

$$|\psi_2|^2 = \psi_2 \psi_2^* = A_2^2 e^{-2kx} = A_2^2 e^{-\frac{2}{\hbar}\sqrt{2m(U-E)} \cdot x} , \qquad \text{(V-2.133)}$$

die ungleich Null ist, aber exponentiell mit x fällt. Mikroteilchen können daher im Bereich 2 auftreten, der für makroskopische, klassische Teilchen „verboten" ist.[71]

---

70 Vergleicht man diese Formeln mit jenen für Lichtwellen (elektromagnetische Wellen) bei senkrechter Inzidenz (siehe Band IV, Kapitel „Wellenoptik", Abschnitt 1.4.4, Gln. (IV-1.180) und (IV-1.180), dann sieht man, dass der Ausdruck $\sqrt{1 - \frac{U}{E}} = \frac{\sqrt{E-U}}{\sqrt{E}} = \frac{n_2}{n_1} = n_{21}$ dem relativen Brechungsindex n_{21} entspricht.

71 Das Auftreten von Mikroteilchen im „energetisch verbotenen" Bereich 2 ($E < U$, $E_{\text{kin}} < 0$) kann mit Hilfe der Unschärferelation (siehe Kapitel „Quantenoptik", Abschnitt 1.6.5) verständlich gemacht werden: Im Bereich 2 ist die Wellenfunktion und damit auch die Aufenthaltswahrscheinlichkeit nach Gl. (V-2.133) nur in einem Bereich $\Delta x = x = \frac{1}{k} = \frac{\hbar}{\sqrt{2mE(U-E)}}$ merklich groß ⇒

Die eingedrungenen Teilchen bilden aber in diesem Bereich eine *ruhende Ladungswolke*, die Wahrscheinlichkeitsstromdichte j_x verschwindet ($j_{x,2} = 0$, entsprechend der in Fußnote 69 angegebenen Formel).

Beispiel: Wie groß ist die Wahrscheinlichkeit dafür, ein Elektron eine gewisse Distanz hinter der Grenzfläche im Bereich 2 zu finden, wenn seine Gesamtenergie 1 eV unter der Potenzialstufe liegt? Für eine Distanz von 0,1 nm ergibt sich

$$|\psi_2|^2 = A_2^2 \cdot e^{-\frac{2}{1{,}055\cdot 10^{-34}}\sqrt{2\cdot 9{,}11\cdot 10^{-31}\cdot 1{,}6\cdot 10^{-19}}\cdot 0{,}1\cdot 10^{-9}} = A_2^2 \cdot e^{-1{,}0235} \approx 0{,}36 \cdot A_2^2$$

d. h. immerhin 36 %. Für eine Distanz von 0,5 nm ist die Wahrscheinlichkeit immer noch etwa 0,6 %, also klein, aber noch messbar, für 1 nm wird sie aber mit etwa $3{,}6 \cdot 10^{-3}$ % äußerst klein.

Diese Ergebnisse der Quantenmechanik stimmen mit Theorie und Experiment der Wellenoptik für den Fall der Totalreflexion am Übergang vom optisch dichteren zum optisch dünneren Medium überein. Wenn der Einfallswinkel der elektromagnetischen Strahlung größer als der Grenzwinkel der Totalreflexion ist (vgl. dazu Band IV, Kapitel „Wellenoptik“, Abschnitt 1.4.1), dann dringt das elektromagnetische Wellenfeld etwas in das optisch dünnere Medium ein, wenn auch mit exponentiell abnehmender Amplitude. Es lässt sich aber zeigen, dass im Mittel kein Energiestrom in das optisch dünnere Medium fließt, d. h. Totalreflexion besteht.

2.4.2.2 Potenzialwall endlicher Breite, Tunneleffekt (*tunneling*)

Wir betrachten jetzt einen Potenzialwall endlicher Breite l und unterscheiden daher drei Bereiche der potenziellen Energie (Abb. V-2.19):

$$E_{\text{pot}} = \begin{cases} 0 & \textit{für}\, x \le 0 & \textit{Bereich}\, 1 \\ U = \text{const.} \ne 0\, \textit{für}\, 0 < x < l & & \textit{Bereich}\, 2 \\ 0 & \textit{für}\, x \ge l & \textit{Bereich}\, 3 \end{cases} \qquad \text{(V-2.134)}$$

$\Delta p \ge \frac{\hbar}{\Delta x} = \sqrt{2m(U-E)} \Rightarrow \Delta E \ge \frac{(\Delta p)^2}{2m} = U - E$. Wird diese Unschärfe zur Energie E im Bereich 2 hinzuaddiert, so zeigt sich, dass die Teilchen im verbotenen Bereich 2 eine Energie E größer oder gleich der Höhe der Potenzialstufe U besitzen können.

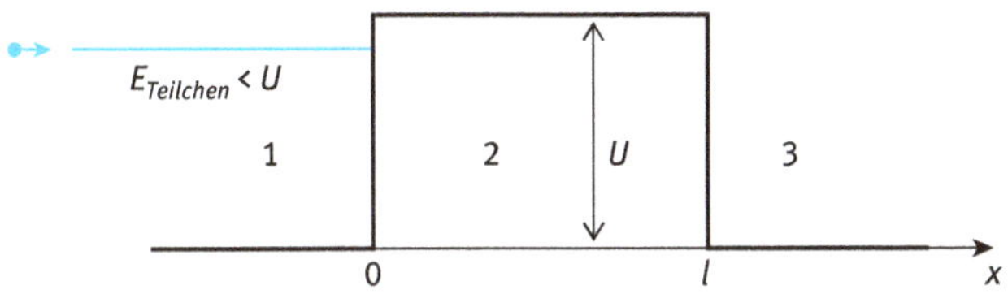

Abb. V-2.19: Potenzialwall endlicher Breite.

Die zugehörigen Schrödingergleichungen lauten

$$\frac{d^2\psi}{dx^2} + \frac{2m}{\hbar^2} E\psi = 0 \quad \text{in den Bereichen 1 und 3} \tag{V-2.135}$$

$$\frac{d^2\psi}{dx^2} + \frac{2m}{\hbar^2} (E - U)\psi = 0 \quad \text{im Bereich 2.} \tag{V-2.136}$$

Jetzt kann die Reflexion der Materiewelle an der Grenzfläche der Bereiche 1/2 *und* 2/3 erfolgen und die allgemeinen Lösungen der Schrödingergleichung in den 3 Bereichen lauten daher

$$\psi_1 = e^{-ik_1x} + B_1 e^{ik_1x}, \qquad \psi_2 = A_2 e^{-ik_2x} + B_2 e^{ik_2x}, \qquad \psi_3 = A_3 e^{-ik_1x}, \tag{V-2.137}$$

wobei wieder $k_1 = \frac{1}{\hbar}\sqrt{2mE}$ und $k_2 = \frac{1}{\hbar}\sqrt{2m(E-U)}$ gilt und die Amplitude der einfallenden Teilchenwelle $A_1 = 1$ gesetzt wurde.

Die Amplituden B_1, B_2, A_2 und A_3 können wieder aus der Bedingung für die Stetigkeit der Wellenfunktion und ihrer ersten Ableitung, diesmal an den Grenzflächen der beiden Bereiche bei $x = 0$ und $x = l$

$$(\psi_1)_{x=0} = (\psi_2)_{x=0}, \qquad (\psi_2)_{x=l} = (\psi_3)_{x=l}, \tag{V-2.138}$$

$$\left(\frac{d\psi_1}{dx}\right)_{x=0} = \left(\frac{d\psi_2}{dx}\right)_{x=0}, \qquad \left(\frac{d\psi_2}{dx}\right)_{x=l} = \left(\frac{d\psi_3}{dx}\right)_{x=l} \tag{V-2.139}$$

berechnet werden:

$$\begin{aligned} &1 + B_1 = A_2 + B_2, \qquad A_2 e^{-ik_2l} + B_2 e^{ik_2l} = A_3 e^{-ik_1l} \\ &-k_1 + k_1B_1 = -k_2A_2 + k_2B_2, \qquad -A_2 e^{-ik_2l} + B_2 e^{ik_2l} = -\frac{k_1}{k_2} A_3 e^{-ik_1l}. \end{aligned} \tag{V-2.140}$$

Durch Auflösung des Gleichungssystems[72] erhält man für die Amplitude A_3 der in den Bereich 3 eindringenden Materiewelle

$$A_3 = \frac{4\,k_1 k_2 e^{ik_1 l}}{(k_1+k_2)^2 e^{ik_2 l} - (k_1-k_2)^2 e^{-ik_2 l}}\,. \tag{V-2.141}$$

Da die einfallende (Bereich 1) und die in den Bereich 3 eindringende Welle die gleiche Wellenzahl k_1 haben, gilt für den Transmissionsgrad jetzt

$$T = |A_3|^2 = A_3^* A_3\,. \tag{V-2.142}$$

Wir betrachten den Fall, dass die Energie des einfallenden Teilchens kleiner als die Potenzialbarriere ist, dass also $E < U$ gilt. Dann ist die Wellenzahl im Bereich 2 rein imaginär und wir setzen wieder
$k_2 = \frac{1}{\hbar}\sqrt{2m(E-U)} = -i \cdot \frac{1}{\hbar}\sqrt{2m(U-E)} = -i \cdot k$. Damit ergibt sich für A_3 und A_3^*

$$A_3 = \frac{4\,ik_1 k e^{ik_1 l}}{(k_1+ik)^2 e^{-kl} - (k_1-ik)^2 e^{kl}}, \qquad A_3^* = \frac{-4\,ik_1 k e^{-ik_1 l}}{(k_1-ik)^2 e^{-kl} - (k_1+ik)^2 e^{kl}} \tag{V-2.143}$$

bzw. unter Benützung von $\cosh x = \frac{e^x + e^{-x}}{2}$ und $\sinh x = \frac{e^x - e^{-x}}{2}$

$$A_3 = \frac{2\,ik_1 k e^{ik_1 l}}{(k_1^2 - k^2)\sinh(-kl) + 2\,ik_1 k\cosh(-kl)}$$

$$A_3^* = \frac{-2\,ik_1 k e^{-ik_1 l}}{(k_1^2 - k^2)\sinh(-kl) - 2\,ik_1 k\cosh(-kl)}\,. \tag{V-2.144}$$

Damit wird der Transmissionsgrad, hier die Wahrscheinlichkeit dafür, das Teilchen im klassisch verbotenen Bereich 3 nach der Potenzialbarriere zu finden[73]

---

72 $B_1 = A_2 + B_2 - 1$, $\quad A_2 = -B_2\frac{k_1-k_2}{k_1+k_2} + \frac{2k_1}{k_1+k_2} = -B_2\frac{e^{ik_2 l}(k_1+k_2)}{e^{-ik_2 l}(k_1-k_2)}$,

$B_2 = \frac{-2k_1 e^{-ik_2 l}(k_1-k_2)}{e^{ik_2 l}(k_1+k_2)^2 - e^{-ik_2 l}(k_1-k_2)^2}$, $\quad A_2 = \frac{2k_1(k_1+k_2)}{e^{-ik_2 l}\left[e^{ik_2 l}(k_1+k_2)^2 - e^{-ik_2 l}(k_1-k_2)^2\right]}$,

$\frac{k_1}{k_2}A_3 = \frac{e^{-ik_2 l}}{e^{-ik_1 l}}A_2 - \frac{e^{ik_2 l}}{e^{-ik_1 l}}B_2$.

73 $\sinh(-x) = -\sinh x$, $\cosh(-x) = \cosh(x)$,

$$T = A_3{}^* A_3 = \frac{4\,k_1^2 k^2}{\left(k_1^2 - k^2\right)^2 \sinh^2(kl) + 4\,k_1^2 k^2 \cosh^2(kl)} \underbrace{=}_{\cosh^2 x - \sinh^2 x = 1}$$

$$= \frac{4\,k_1^2 k^2}{\left(k_1^2 + k^2\right)^2 \sinh^2(kl) + 4\,k_1^2 k^2}\,. \qquad \text{(V-2.145)}$$

Mit der Näherung $\sinh^2 kl = \left(\frac{e^{kl} - e^{-kl}}{2}\right)^2 \cong \frac{1}{4}\,e^{2kl}$ kann der Transmissionsgrad auch so geschrieben werden:[74]

$$T \cong \frac{4}{\frac{1}{4}\left(\frac{k_1}{k} + \frac{k}{k_1}\right)^2 e^{2kl} + 4} = \frac{1}{\frac{1}{16}\underbrace{\left(\frac{k_1}{k} + \frac{k}{k_1}\right)^2}_{\sim 4} e^{2kl} + 1}\,. \qquad \text{(V-2.146)}$$

Unter Vernachlässigung der 1 im Nenner und der Annahme gleicher Größenordnung von k_1 und k ($E \approx U/2$) ergibt sich

$$T \cong 4\,e^{-2kl} \propto e^{-2kl} = e^{-\frac{2l}{\hbar}\sqrt{2m(U-E)}}\,. \qquad \text{(V-2.147)}$$

Entscheidend für den Transmissionsgrad, also die Durchlässigkeit der Potenzialbarriere, ist der Ausdruck im Exponenten. Hier gehen die wesentlichen Größen ein: die Breite l der Barriere, die Masse m des Teilchens und die Energiedifferenz $(U - E)$ *zwischen* Barrierenhöhe und Teilchenenergie.

Die Erscheinung, dass ein Teilchen, das klassisch von der Potenzialschwelle „abprallt", nach der *QM*-Rechnung mit einer gewissen Wahrscheinlichkeit hinter dem Wall weiterfliegen kann, wird als *Tunneleffekt* bezeichnet (Abb. V-2.20). Er spielt eine Rolle bei der Erklärung des α-Zerfalls radioaktiver Stoffe (George Gamow[75], 1928, siehe Kapitel „Subatomare Physik", Abschnitt 3.1.4.2), bei der Erzeu-

---

$k_1^4 \sinh^2(kl) - 2k_1^2k^2 \sinh^2(kl) + k^4 \sinh^2(kl) + 4\,k_1^2k^2 \cosh^2(kl) =$

$= k_1^4 \sinh^2(kl) + 2k_1^2k^2 \sinh^2(kl) + k^4 \sinh^2(kl) + 4\,k_1^2k^2 \left[\cosh^2(kl) - \sinh^2(kl)\right] =$

$= \left(k_1^2 + k^2\right)^2 \sinh^2(kl) + 4\,k_1^2k^2\,.$

74 Z. B. gilt für ein Elektron mit $U - E = 100\,\text{eV}$ und einer Barrierebreite $l = 10^{-10}$ m: $kl = 5{,}12$ und damit $\sinh^2 kl = 6964{,}87$ bzw. $\frac{1}{4}\,e^{2kl} = 6965{,}37$.

75 George Anthony Gamow, 1904–1968, ursprünglich russischer Physiker (heutige Ukraine), 1933 nach USA emigriert und dort als Physiker tätig.

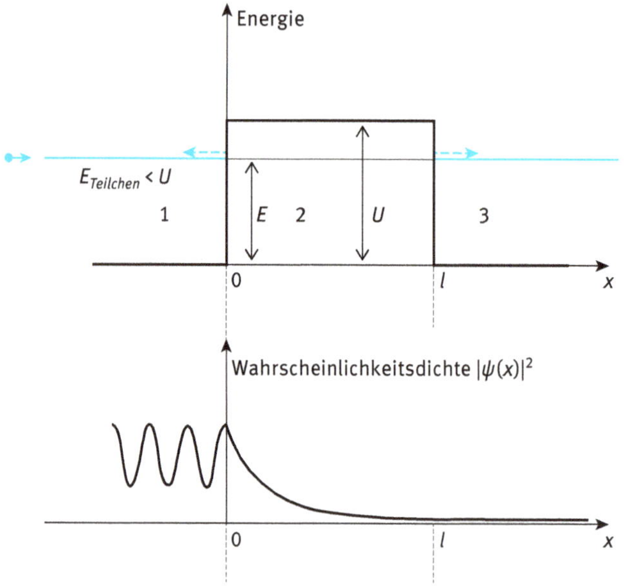

Abb. V-2.20: Schematische Darstellung der Energie und der Aufenthaltswahrscheinlichkeitsdichte $|\psi(x)|^2$ eines Teilchens beim Tunneleffekt. Im Bereich 1 bildet sich durch Reflexion eine (nahezu) stehende Materiewelle aus. Im Barrierenbereich 2 fällt die Wahrscheinlichkeitsdichte exponentiell ab; bei genügend kleiner Barrierenbreite verschwindet die Wahrscheinlichkeitsdichte im klassisch nicht erreichbaren, „verbotenen" Bereich 3 nicht und es ist ein Teilchenstrom in $+x$-Richtung zu beobachten, wenn viele Teilchen gegen die Barriere treffen.[79]

gung höchstfrequenter Schwingungen (bis 100 GHz) mit Tunneldioden[76] (Leo Esaki[77] 1958) mit einer Sperrschicht von nur ≈ 10 nm und bei der „kalten Emission" von e^- aus sehr scharfen Spitzen (hohe Feldstärke!), wie sie als Kathoden bei Ras-

76 *Tunneldioden* sind höchstdotierte p-n-Dioden ($n_p \approx n_n \approx 10^{20}\,\text{cm}^{-3}$ gegenüber $\approx 10^{17}\,\text{cm}^{-3}$ bei normalen Halbleitern), sodass die Fermienergie (siehe dazu Band VI, Kapitel „Statistische Physik", Abschnitt 1.4.4) auf der n-dotierten Seite im Leitungsband liegt und auf der p-dotierten Seite im Valenzband): Unbesetzte Zustände im Valenzband des p-Gebiets kommen dadurch energetisch fast in gleicher Höhe wie das Leitungsband im n-Gebiet zu liegen (vgl. Band VI, Kapitel „Festkörperphysik", Abschnitt 2.6.2.7). Dadurch wird es möglich, dass bei anliegender kleiner Durchlassspannung e^- aus dem n-Leitungsband durch *inneren Tunneleffekt* über die extrem dünne Sperrschicht hinweg in das p-Valenzband gelangen – Einsetzen des „Esakistroms". Bei weiterer Erhöhung der Durchlassspannung verringert sich die Bandüberlappung, wodurch der Esakistrom immer kleiner wird und eine negative Strom-Spannungskennlinie entsteht, die zur Erregung höchstfrequenter Schwingungen genützt werden kann. Bei noch weiterer Steigerung der Durchlassspannung setzt der normale Diffusionsstrom ein (Durchschreiten des Kennlinienminimums – „Talstrom") und die Kennlinie steigt wieder.

77 Leo Esaki, geb. 1925. Für seine Entdeckung von Tunneleffekten in Halbleitern und Supraleitern erhielt er 1973 zusammen mit Ivar Giaever und Brian David Josephson den Nobelpreis.

ter-Elektronenmikroskopen zur Erhöhung der „Monochromasie“ der austretenden e^- und damit zur Steigerung des Auflösungsvermögens Verwendung finden.

Der Transmissionsgrad, d. h. die Wahrscheinlichkeit dafür, das Teilchen im „verbotenen“ Bereich 3 zu finden, hängt empfindlich von der Breite l der Potenzialbarriere ab. „Tunnelt“ das Teilchen durch die Barriere hindurch, so hat es außerhalb dieselbe Energie wie beim Eintritt in den Wall, es verliert beim „Tunneln“ keine Energie![78]

Beispiel: Ein Elektron (e^-) „tunnelt“ durch einen Potenzialwall.

1. $U - E = 5\,\text{eV}$: Für $l = 0{,}1\,\text{nm} = 1 \cdot 10^{-10}\,\text{m}$ ergibt sich $T = e^{-\frac{2l}{\hbar}\sqrt{2m_e(U-E)}} = 0{,}1 = 1 \cdot 10^{-1}$, für $l = 1$ nm allerdings nur mehr $1 \cdot 10^{-10}$.
2. $U - E = 150\,\text{eV}$: Schon für $l = 0{,}1\,\text{nm}$ ergibt sich für den Transmissionsgrad T nur $3{,}6 \cdot 10^{-6}$ und für $l = 1\,\text{nm}$ überhaupt nur mehr $3{,}6 \cdot 10^{-55}$, das Teilchen kommt nicht mehr durch den Wall.

Ist die Energie E des Teilchens größer als die Höhe der Barriere U ($E > U$) – klassisch läuft dann das Teilchen über den Wall hinweg –, dann treten quantenmechanisch dieselben Erscheinungen auf, wie sie im Fall des endlich tiefen Potenzialtopfes besprochen wurden (siehe Abschnitt 2.4.1.3): teilweise Reflexion an der Grenzfläche 1/2 und damit $T < 1$ bzw. für spezielle Impuls(Energie)werte Resonanzdurchgang mit $T = 1$, wenn nämlich $n \cdot \frac{\lambda}{2} = n \cdot \frac{h}{2p} = l$ gilt.

---

78 Klassisch „verboten" ist der Bereich 2, in dem die kinetische Energie negativ wird: $E_{kin} = E - U < 0$. In diesem Bereich existieren klassisch keine Teilchen, wohl aber ihre Wellenfunktionen und es ergibt sich eine bestimmte Aufenthaltswahrscheinlichkeitsdichte $|\psi(x)|^2$; der quantenmechanische Teilchenstrom (Wahrscheinlichkeitsstrom) ist aber Null, da im Bereich 2 (Potenzialwall) die Wellenzahl k_2 imaginär und die Wellenfunktion ψ_2 daher reell ist. Damit verschwindet aber die Wahrscheinlichkeitsstromdichte $j_{x,2}$ wegen $\psi_2 = A_2 e^{-kx}$ und $\psi^\star = A^\star{}_2 e^{-kx}$! Der Ausdruck „Durchgang“ durch den Potenzialwall entspricht daher nicht ganz den physikalischen Tatsachen.

79 Bereich 1: Mit $A_1 = 1$ gilt $\psi_1(x) = 1 \cdot e^{-k_1 x} + B_1 \cdot e^{ik_1 x}$ und $\psi_1^*(x) = 1 \cdot e^{k_1 x} + B_1 \cdot e^{-ik_1 x} \Rightarrow$

$$|\psi_1(x)|^2 = \psi_1^*(x)\psi_1(x) = 1 + B_1^2 + B_1[(e^{ik_1 x})^2 + (e^{-ik_1 x})^2] \underbrace{=}_{\text{Eulersche Formeln}}$$

$$= 1 + B_1^2 + B_1[(\cos k_1 x + i \sin k_1 x)^2 + B_1(\cos k_1 x - i \sin k_1 x)^2] = 1 + B_1^2 + 2B_1(\cos^2 k_1 x - \sin^2 k_1 x) =$$

$$= 1 + B_1^2 + 2B_1 \cos 2k_1 x \quad \text{mit} \quad k_1 = \frac{1}{\hbar}\sqrt{2mE}.$$

Bereich 2: Hier ist k_2 imaginär ($k_2 = -ik$ mit $k > 0$), sodass sich mit $A_2 > B_2$ für $\psi_2(x)$ und $|\psi_2(x)|^2$ eine fallende Exponentialfunkion ergibt.

Bereich 3: Hier ist $\psi_3^*(x) \cdot \psi_3(x) = |\psi_3(x)|^2 = |A_3|^2 = const.$

2.4.2.3 Anwendung des Tunneleffekts: Das Raster-Tunnelmikroskop (*scanning tunneling microscope, STM*)

Binnig und Rohrer[80] zeigten als erste eine Anwendung des Tunneleffekts zur Darstellung der Atome der Oberfläche einer leitfähigen Probe. Eine sehr feine, meist elektrochemisch hergestellte, metallische Spitze wird durch einen piezoelektrischen Antrieb über eine metallische Probe geführt, die Probe wird „abgerastert" (Abb. V-2.21). Dazu werden an die drei Arme des *Piezo-Scanners* aus Quarz entsprechende Potenzialdifferenzen gelegt. Die Genauigkeit der Positionseinstellung im Raum muss besser als 10^{-10} m sein.

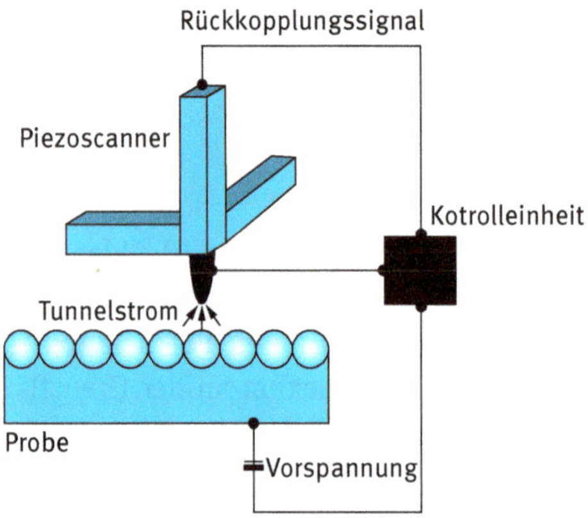

Abb. V-2.21: Schema eines Raster-Tunnelmikroskops (*scannung tunneling microscope, STM*): Eine sehr feine Spitze wird über eine metallische Oberfläche geführt und der „Tunnelstrom" gemessen. (Nach G. Schmitz und J. M. Howe.)[75]

Wenn ein elektrisches Potenzial von einigen Millivolt zwischen Spitze und Probe gelegt wird, fließt ein „Tunnelstrom", sobald der Abstand Spitze-Probe, in diesem Fall die Potenzialbarriere, weniger als ein paar Nanometer beträgt. Da der Tunnelstrom empfindlich von der Distanz Spitze-Probe abhängt, muss für einen gleich bleibend konstanten Tunnelstrom, wie es im Messmodus „*constant current method* (*CCM*)" gefordert wird, der Abstand der Spitze von der Probe durch Änderung der Potenzialdifferenz am entsprechenden Arm verändert werden. Durch Aufzeichnung des entsprechenden Werts der Potenzialdifferenz gegen die laterale Position der Spitze gewinnt man ein Bild der Probenoberfläche mit *atomarer Auflösung*, die einzelnen Atome der Oberfläche werden sichtbar. Die übliche Auflösung der Ab-

---

80 G. Binnig und H. Rohrer, *Helvetica Physica Acta* **55**, 726 (1982). Für Ihre Entwicklung des Raster-Tunnelmikroskops erhielten sie gemeinsam mit Ernst Ruska 1986 den Nobelpreis für Physik.
81 G. Schmitz und J. M. Howe, *High-Resolution Microscopy*, in: *Alloy Physics – A Comprehensive Reference*, W. Pfeiler, Editor. Wiley-VCH, Weinheim 2007, p. 774.

standsänderung Spitze-Probe liegt bei 10 pm = $1 \cdot 10^{-11}$ m. Wie das Bild einer Nickel-Platin-Legierung in Abb. V-2.22 zeigt, sind die *STM*-Bilder erstaunlich klar. Die Kunst der Experimentatoren ist dabei, durch entsprechende Behandlung der Probenoberfläche, einen guten Kontrast zwischen den Atomsorten zu erhalten und herauszufinden, welche Atomsorte dunkel, welche hell erscheint.

Abb. V-2.22: Bild der Oberfläche einer mit 25 Atomprozent Platin legierten Nickellegierung, aufgenommen mit einem Raster-Tunnelmikroskop (*STM*). Es zeigt sich, dass sich ca. 50 % jeder Atomsorte an der Oberfläche befinden. Die Pt-Atome sind dunkel, die Ni-Atome hell. Die weißen Flecken sind unbekannte Fremdatome (Verunreinigungen). Konstanter Tunnelstrom: 7 nA, Spannung zwischen Spitze und Probe: 0,5 mV. Die Atome der Oberfläche zeigen „atomare Nahordnung", alternierende Ketten der beiden Atomsorten, die bis zu 7 Atome lang sind. Bildausschnitt: 12,5 nm · 10 nm. (Nach M. Schmid, H. Stadler and P. Varga, *Physical Review Letters* **70**, 1441 (1993).)

Kurz nach der Entdeckung des Raster-Tunnelmikroskops (*STM*) fanden Binnig und Mitarbeiter[82] heraus, dass man anstelle des Tunnelstroms auch die Wechselwirkungskraft zwischen Spitze und Probe zur Bilddarstellung benützen kann. Dieses „Raster-Kraft-Mikroskop (*atomic force microscope*, *AFM*) hat eine standardmäßige Auflösung im Bereich von Nanometern – mit speziellen Methoden auch atomare Auflösung – und ist auch bei isolierenden Proben anwendbar.

Allgemein fasst man heute unter *Rastersondenmikroskopie* (*scanning probe microscopy*, *SPM*) alle rastermikroskopischen Methoden bis hin zur Auflösung im Subnanometerbereich zusammen: *AFM*, *MFM* (Magnet-Kraft-Mikroskop, *magnetic force microscope*), *EFM* (Elektro-Kraft-Mikroskop, *electric force microscope*), *SNOM* (*scanning near-field optical microscope*), *STM*.

2.4.3 Der quantenmechanische lineare harmonische Oszillator

Für das Potenzial des eindimensionalen (= linearen), harmonischen Oszillators gilt (siehe Band I, Kapitel „Mechanische Schwingungen und Wellen", Abschnitt 5.2.4, Gl. I-5.113)

---

82 G. Binnig, C. F. Quate und C. H. Gerber, *Physical Review Letters* **56**, 930 (1986).

$$E_{pot} = -\int_0^x F dx = -\int_0^x (-kx)\, dx = \frac{1}{2} kx^2 \qquad \text{(V-2.148)}$$

und mit $\omega_0 = \sqrt{\frac{k}{m}}$

$$\Rightarrow \quad E_{pot} = \frac{1}{2} m\omega_0^2 x^2, \qquad \text{(V-2.149)}$$

(Abb. V-2.23).

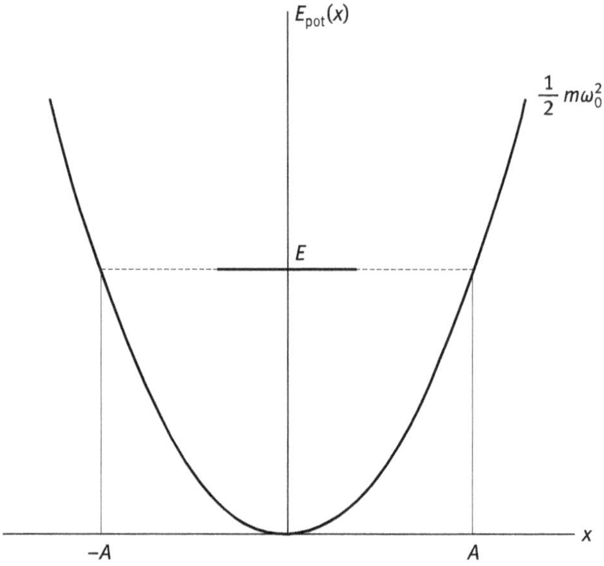

Abb. V-2.23: Potenzielle Energie des klassischen harmonischen Oszillators. Das Teilchen ruht entweder bei $x = 0$ oder es oszilliert zwischen $x = -A$ und $x = +A$ mit der kinetischen Energie $E_{kin} = \frac{1}{2} m\dot{x}^2 = \frac{1}{2} m\omega_0^2 A^2 \sin^2 \omega_0 t$, wenn $x = A \cos \omega_0 t$ genommen wird.

Klassisch ruht das Teilchen entweder im Fall $A = 0$ für alle t bei $x = 0$ im Minimum der potenziellen Energie ($F = -\text{grad}\, E_{pot} = 0$) oder es oszilliert zwischen $x = -A$ und $x = +A$. Im letzteren Fall gilt für seine kinetische Energie (mit $x = A \cos \omega_0 t$)

$$E_{kin} = \frac{1}{2} m\dot{x}^2 = \frac{1}{2} m\omega_0^2 A^2 \sin^2 \omega_0 t. \qquad \text{(V-2.150)}$$

Für die Gesamtenergie $E = E_{\text{pot}} + E_{\text{kin}}$ gilt mit $E_{\text{pot}} = \frac{1}{2}kx^2 = \frac{1}{2}m\omega_0^2 x^2 =$

$= \frac{1}{2}m\omega_0^2 A^2 \cos^2\omega_0 t$

$$E = E_{\text{pot}} + E_{\text{kin}} = \frac{1}{2}m\omega_0^2 A^2(\cos^2\omega t + \sin^2\omega t) = \frac{1}{2}m\omega_0^2 A^2 = \text{const.}, \tag{V-2.151}$$

die Gesamtenergie E ist also zeitlich konstant. Für die Mittelwerte über eine Schwingungsperiode erhalten wir so

$$\bar{E}_{\text{kin}} = \frac{1}{T}\int_0^T \frac{1}{2}m\dot{x}^2\,dt = \frac{1}{T}\int_0^T \frac{m}{2}\omega_0^2 A^2 \sin^2\omega t = \frac{1}{4}m\omega_0^2 A^2$$

$$\bar{E}_{\text{pot}} = \frac{1}{T}\int_0^T \frac{1}{2}m\omega_0^2 A^2\cos^2\omega_0 t dt = \frac{1}{4}m\omega_0^2 A^2. \tag{V-2.152}$$

Für die Summe der mittleren Energien ergibt sich natürlich ebenfalls

$$\bar{E}_{\text{kin}} + \bar{E}_{\text{pot}} = \frac{1}{2}m\omega_0^2 A^2 = E. \tag{V-2.153}$$

Die Gesamtenergie E des Oszillators ist zeitlich konstant und klassisch kann das Teilchen jeden positiven Wert der Gesamtenergie E annehmen.

Wir betrachten das Problem jetzt quantenmechanisch mit Hilfe der stationären Schrödingergleichung (die potenzielle Energie ist ja zeitlich konstant), um die erlaubten Energiewerte des Oszillators zu bestimmen:

$$\frac{d^2\psi(x)}{dx^2} + \frac{2m}{\hbar^2}(E - E_{\text{pot}})\psi(x) = 0 \tag{V-2.154}$$

bzw.

$$-\frac{\hbar^2}{2m}\frac{d^2\psi}{dx^2} + \frac{1}{2}m\omega_0^2 x^2\psi = E\psi. \tag{V-2.155}$$

Im Prinzip geht es hier ja wieder darum, dass das zwischen $-x$ und $+x$ schwingende Teilchen klassisch in einen Raumbereich („Potenzialtopf mit geneigten Wänden“) eingesperrt ist. Die Lösung dieses Problems gestaltet sich deshalb schwieriger als erwartet, weil die potenzielle Energie nicht örtlich konstant ist, sondern sich mit der Position des Teilchens parabolisch ändert ($E_{pot} = \frac{1}{2} m\omega_0^2 x^2$). Damit ändert sich aber auch die Wellenlänge der Materiewelle des Teilchens $\lambda = 2\pi\hbar/\sqrt{2m(E - E_{pot})}$, sie nimmt gegen den Rand hin zu und zur Mitte hin ab. Im Übrigen muss $\psi(x)$ den üblichen Stetigkeitsbedingungen genügen und es muss $\psi(x) = 0$ für $x \to \pm\infty$ gelten, damit ψ normierbar ist ($\int_{-\infty}^{+\infty} \psi^* \psi \, dV = 1$).

Die Lösung des Problems ist in Anhang 2 angegeben, sie zeigt, dass die Eigenfunktionen des linearen harmonischen Oszillators mit den *Hermiteschen Polynomen* H_n verknüpft sind:

$$\psi_n(x) = C_n e^{-\frac{1}{2}\frac{m\omega_0}{\hbar}x^2} H_n\left(\sqrt{\frac{m\omega_0}{\hbar}} \cdot x\right) \qquad \text{(V-2.156)}$$

Eigenfunktionen des quantenmechanischen, linearen harmonischen Oszillators; H_n *... Hermitesches Polynom der Ordnung* n*,* C_n *... Normierungsfaktor.* [83]

Für gerade Werte der Quantenzahl n ist die Wellenfunktion $\psi(x)$ gerade ($\psi(-x) = \psi(x)$), für ungerade Werte n ist sie ungerade ($\psi(-x) = -\psi(x)$).

Es ergibt sich weiters, dass das schwingende Teilchen nur diskrete Energiewerte annehmen kann: [84]

$$E_n = \left(n + \frac{1}{2}\right)\hbar\omega_0 \qquad n = 0,1,2,\ldots \qquad \text{(V-2.157)}$$

Energieniveaus des quantenmechanischen, linearen harmonischen Oszillators.

Die Berechnung der Übergangswahrscheinlichkeiten mit Hilfe der Störungstheorie zeigt, dass nur Übergänge mit $\Delta n = \pm 1$ erlaubt sind: Emission bzw. Absorption *eines* Photons (im Kristallgitter: Emission oder Absorption eines Phonons) der Energie $\hbar\omega_0$.[85]

---

83 $C_n = \frac{1}{\sqrt{2^n \cdot n!}} \sqrt[4]{\frac{m\omega_0}{\pi\hbar}}$, siehe Anhang 2.

84 Nur für die Energiewerte E_n sind die Funktionen $\psi_n(x)$ Lösungen der Schrödingergleichung des harmonischen Oszillators. Wie alle Eigenfunktionen sind auch die $\psi_n(x)$ orthogonal, d. h., es gilt für je zwei $\psi_n(x)$ und $\psi_m(x)$: $\int_{-\infty}^{+\infty} \psi_m^*(x) \cdot \psi_n(x) dx = \delta_{mn}$, wobei $\delta_{mn} = 1$ für $m = n$ und $\delta_{mn} = 0$ für $m \neq n$.

85 Dies gilt nicht mehr für den anharmonischen Oszillator, bei dem die Potenzialfunktion $E_{pot}(x)$ von der Parabelform abweicht; dann gilt – wie z. B. bei den Molekülschwingungen – $\Delta n = \pm 1, \pm 2, \pm 3$, usw. Der Abstand der Energieniveaus ist dann auch nicht mehr konstant, er wird mit wachsender Energie immer kleiner.

Auch hier folgt die Quantelung der Teilchenenergie wie immer aus den Rand- und Stetigkeitsbedingungen der Wellenfunktion.

Die Energieniveaus des harmonischen Oszillators sind äquidistant mit Abstand $\hbar\omega_0$; die Energie des tiefsten Energiezustands, die *Grundzustands-* oder *Nullpunktsenergie* beträgt

$$E_0 = \frac{1}{2}\,\hbar\omega_0 \qquad \textit{Grundzustands- oder Nullpunktsenergie.} \tag{V-2.158}$$

Die Grundzustandsenergie heißt deshalb auch *Nullpunktsenergie*, da sie auch bei $T = 0$ noch vorhanden ist. Dass die Grundzustandsenergie nicht verschwindet, bedeutet, dass das Teilchen auch am absoluten Temperaturnullpunkt noch schwingt und sich mit endlicher Wahrscheinlichkeit auch außerhalb der Schwingungsweite des klassischen Oszillators befinden kann, was klassisch-statistisch unverständlich ist. Das entspricht aber der Unbestimmtheitsrelation, da Ort *und* Impuls des Teilchens ja zugleich bestimmt wären, wenn das Teilchen bei der Temperatur $T = 0$ bei $x = 0$ ruhte. Die Nullpunktsenergie ist daher eine unmittelbare Folge der Unbestimmtheitsrelation, sie ist der kleinste Energiewert, der mit der Unbestimmtheitsrelation vereinbar ist (siehe dazu E. W. Schpolski, *Atomphysik I*, VEB Deutscher Verlag der Wissenschaften, Berlin 1968, § 159).

Die Abbn. V-2.24 und V-2.25 zeigen die Wellenfunktionen $\psi(x)$ und die Aufenthaltswahrscheinlichkeitsdichten $|\psi(x)|^2$ des quantenmechanischen harmonischen Oszillators für die Quantenzahlen $n = 1$ bis $n = 7$.

Im Gegensatz zum klassischen Oszillator hat das Teilchen auch außerhalb des (eigentlichen) Schwingungsintervalls $2A$ eine nicht verschwindende Aufenthaltswahrscheinlichkeit.

Vergleichen wir die klassische Aufenthaltswahrscheinlichkeit eines schwingenden Makroteilchens mit jener eines Mikroteilchens, so ergeben sich wesentliche Unterschiede (Abb. V-2.26): Das Makroteilchen hält sich bevorzugt (= zeitlich am längsten) in einer Randlage auf, wo seine Geschwindigkeit ja Null wird, während sich das Mikroteilchen im Grundzustand am wahrscheinlichsten bei $x = 0$ aufhält. Mit steigender Quantenzahl n nähert sich die Aufenthaltswahrscheinlichkeit des Quantenoszillators aber an jene des klassischen an (Bohrsches Korrespondenzprinzip).

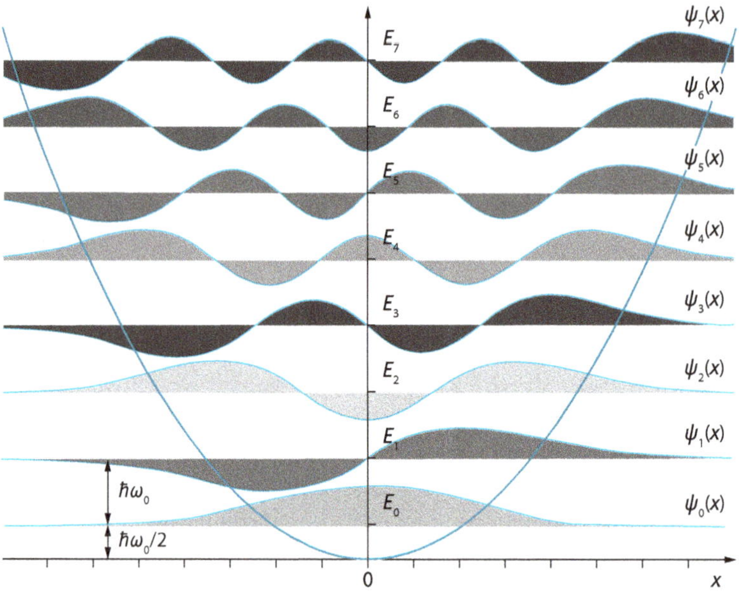

Abb. V-2.24: Wellenfunktionen $\psi(x)$ eines harmonisch schwingenden Mikroteilchens für die Quantenzahlen $n = 1$ bis $n = 7$. (Nach Wikipedia.)

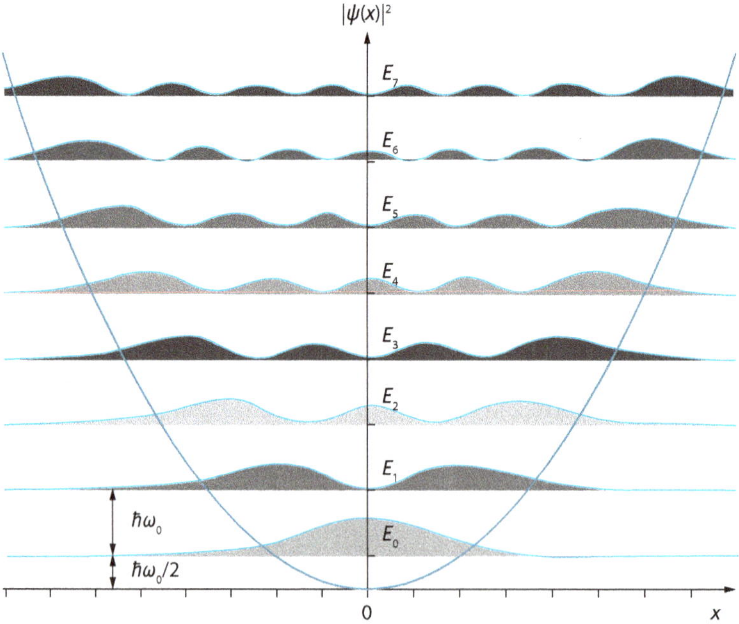

Abb. V-2.25: Aufenthaltswahrscheinlichkeitsdichten $|\psi(x)|^2$ eines harmonisch schwingenden Mikroteilchens für die Quantenzahlen $n = 1$ bis $n = 7$. (Nach Wikipedia.)

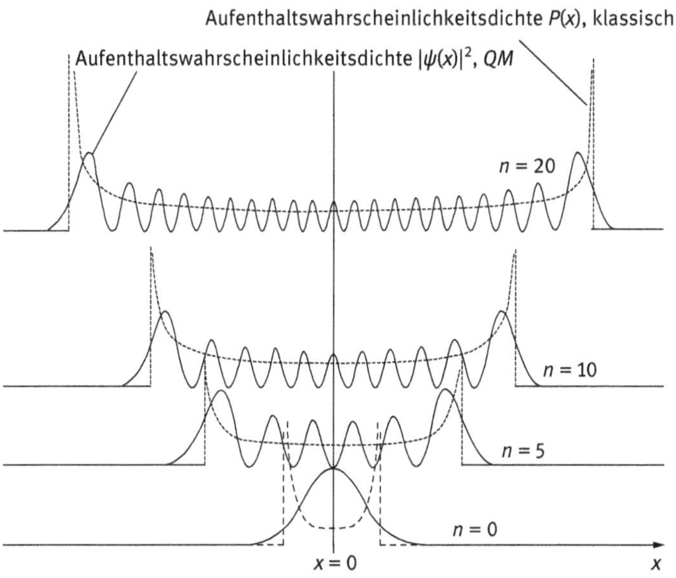

Abb. V-2.26: Klassische (strichliert)[86] und quantenmechanische (ausgezogen) Aufenthaltswahrscheinlichkeitsdichten eines linear harmonisch schwingenden Teilchens für die Quantenzahlen $n = 0, 5, 10, 20$.

---

86 Die klassische Aufenthaltswahrscheinlichkeit dW eines schwingenden Teilchens im Linienelement dx ist der Aufenthaltszeit dt im Linienelement proportional. Aus $\upsilon = \frac{dx}{dt}$ folgt $dW = C \cdot dt = C \cdot \frac{dx}{\upsilon}$; damit ist die Aufenthaltswahrscheinlichkeitsdichte $P\big(x(t)\big) = \frac{dW}{dx} = C \cdot \frac{1}{\upsilon}$ und mit $\upsilon = \dot{x} = -A\omega_0 \sin \omega_0 t$ folgt $P\big(x(t)\big) = C \cdot \frac{1}{-A\omega_0 \sin \omega_0 t}$. Aus $x = A \cdot \cos \omega_0 t$ folgt $\omega_0 t = \arccos\left(\frac{x}{A}\right)$ und damit $P(x) = \frac{-C}{A\omega_0 \sin\left(\arccos\left(\frac{x}{A}\right)\right)} = \frac{-C}{A\omega_0\sqrt{1 - \frac{x^2}{A^2}}} = \frac{-C}{\omega_0\sqrt{A^2 - x^2}}$. Die Konstante C erhält man aus der Normierungsbedingung: $1 = \int_{-A}^{+A} P(x)\,dx = -\frac{C}{\omega_0}\int_{-A}^{+A}\frac{dx}{\sqrt{A^2 - x^2}} = -\frac{C}{\omega_0}\left.\arcsin\left(\frac{x}{A}\right)\right|_{-A}^{+A} = -\frac{C}{\omega_0}\pi \Rightarrow C = -\frac{\omega_0}{\pi}$. Für die klassische Aufenthaltswahrscheinlichkeitsdichte ergibt sich so: $P(x) = \frac{1}{\pi\sqrt{A^2 - x^2}}$. An den Bereichsgrenzen $\pm A$ divergiert P.

2.4.4 ‚Quantum dots' und ‚quantum corrals'

Wir haben gesehen, dass ein e^- in einem Potenzialtopf gefangen gehalten werden kann. Die Entwicklung der Mikrotechnik zur Erzeugung der Mikrochips für die digitale Regel- und Steuerungstechnik und zur Herstellung von Digitalrechnern, ermöglicht die Konstruktion (Atom für Atom) von Potenzialtöpfen, die sich in vieler Hinsicht wie ein künstliches Atom verhalten. Man spricht von *Quanten-Punkten = quantum dots* (Abb. V-2.27). Neben der Bedeutung zur Untersuchung physikalischer Grundlagen haben die *quantum dots* eine wesentliche Bedeutung in der Anwendung als Lichtabsorber und -emitter mit vorgebbarer Wellenlänge.

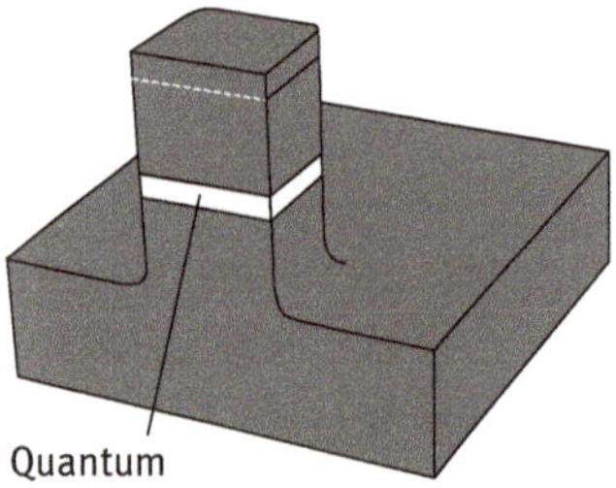

Abb. V-2.27: ‚Quantum dot': Potenzialtopf, in dem ein einzelnes Elektron eingesperrt werden kann. (M. A. Reed, *Scientific American* **268**, 118 (1993).)

Eine Halbleiterschicht (in Abb. V-2.27 hell) ist zwischen zwei verschiedenen, dicken Isolierschichten (dunkel) eingebettet. Die Materialien sind so gewählt, dass die potenzielle Energie eines e^- in der zentralen Schicht kleiner ist als in den beiden Isolierschichten. Damit entsteht ein Potenzialtopf, in dem ein einzelnes e^- gefangen gehalten werden kann.

Mit dem *Raster-Kraftmikroskop* (*AFM, atomic force microscope*, siehe Abschnitt 2.4.2.3) können einzelne Atome der Oberfläche einer Probe aufgenommen und verschoben werden. Damit gelingt es, Atome auf der Oberfläche zu Ringen zu fügen und e^- darin einzusperren. Abb. V-2.28 zeigt, wie Eisen-Atome auf einer sehr gut präparierten Kupfer-Oberfläche solange verschoben werden, bis sie einen Ring bilden.

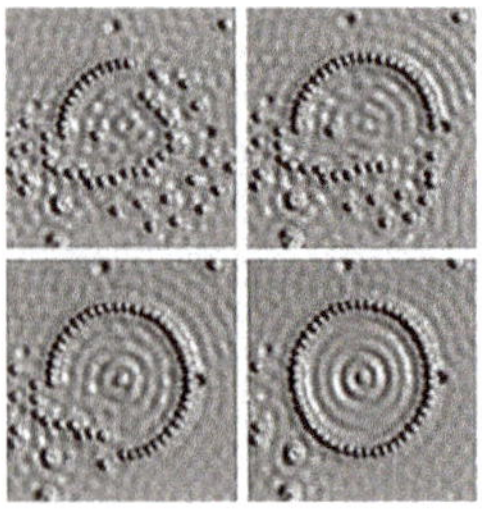

Abb. V-2.28: Durch Verschieben von Eisen-Atomen auf einer sehr gut präparierten, hochreinen Kupferoberfläche werden die Fe-Atome ringförmig angeordnet. (Nach M. F. Crommie, C. P. Lutz, and D. M. Eigler, *Science* **262**, 218 (1993).)

Die 48 ringförmig angeordneten Fe-Atome reflektieren die Materiewellen der Elektronen, die sich im Inneren des Rings befinden und bilden so eine „Quanten Koppel“ (*quantum corral*, Abb. V-2.29).

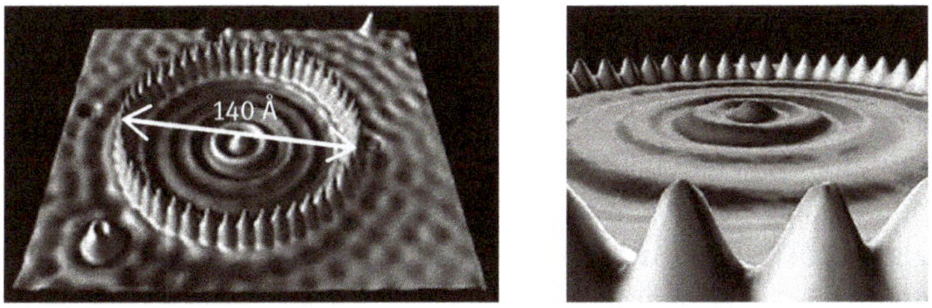

Abb. V-2.29: Das Bild von einem Raster-Tunnelmikroskop zeigt die Aufenthaltswahrscheinlichkeitsdichten der Atome auf einer Metalloberfläche: 48 Eisen-Atome sind auf einer Kupfer-Oberfläche ringförmig angeordnet (Ringdurchmesser: 14 nm) und bilden durch Reflexion der Materiewellen der Elektronen, die sich im Inneren des Rings befinden, eine „Quantenkoppel“ (*quantum corral*). Damit keine störende Atombewegung entsteht, wird die Probe auf einer Temperatur von $T = 4\,\mathrm{K}$ gehalten. Die Ringe im Inneren stammen von stehenden e^--Materiewellen, die sich auf der Oberfläche ausbreiten können und miteinander interferieren. (M. F. Crommie, C. P. Lutz, and D. M. Eigler, *Science* **262**, 218 (1993).)

Die Möglichkeit der Erzeugung von *quantum corrals* öffnete die Tür für die Konstruktion („*design*“) von Quantenzuständen in spezieller räumlicher und energetischer Verteilung auf Metalloberflächen: „Nano-Oberflächendesign“.

2.5 Das Elektron im Coulombpotenzial des Protons: Das Wasserstoffatom

2.5.1 Die Schrödingergleichung für das Wasserstoffatom

Wir haben gesehen, dass das Bohrsche Atommodell weder die Existenz stationärer Zustände wirklich erklären kann noch die Quantelung des Drehimpulses, sondern beides durch *Postulate* einführt (Abschnitt 2.2.4). Über die Intensität von Spektrallinien wird keine Aussage gemacht.

Wir betrachten jetzt ein Wasserstoffatom. Im Coulombfeld des Wasserstoffkerns, des Protons, hat das e^-, das sich mit einer kinetischen Energie $E_{\text{kin}} = \dfrac{p^2}{2m_e}$ bewegt, die potenzielle Energie

$$E_{\text{pot}} = -\frac{1}{4\pi\varepsilon_0}\frac{e^2}{r}\,. \tag{V-2.159}$$

Eigentlich bewegen sich ja e^- und Proton um den gemeinsamen Schwerpunkt und wir müssten im Schwerpunktsystem die Bewegung eines Teilchens mit der reduzierten Masse μ betrachten. In unserem Fall gilt aber (für kleine x kann $(1+x)^{-1} = 1 - x + \ldots$ gesetzt werden)

$$\mu = \frac{m_e \cdot m_p}{m_e + m_p} = m_e\left(1 + \frac{m_e}{m_p}\right)^{-1} \cong m_e\left(1 - \frac{m_e}{m_p}\right), \tag{V-2.160}$$

mit einem „Korrekturterm“ m_e/m_p von ungefähr 1/1836. Das bedeutet, dass der Massenmittelpunkt praktisch genau im Proton liegt und wir in sehr guter Näherung annehmen können, dass sich das e^- um das *ruhende* Proton bewegt.

Da das Potenzial (Coulombfeld des Protons) zeitlich konstant ist, stellen wir die stationäre Schrödingergleichung auf

$$\Delta\psi(\vec{r}) + \frac{2m_e}{\hbar^2}(E - E_{\text{pot}})\psi(\vec{r}) = 0 \tag{V-2.161}$$

bzw.

$$-\frac{\hbar^2}{2m_e}\Delta\psi(\vec{r}) + E_{\text{pot}}\psi(\vec{r}) = E\psi(\vec{r}), \tag{V-2.162}$$

also

$$-\frac{\hbar^2}{2m_e}\left(\frac{\partial^2\psi}{\partial x^2} + \frac{\partial^2\psi}{\partial y^2} + \frac{\partial^2\psi}{\partial z^2}\right) + E_{\text{pot}}\psi = E\psi. \tag{V-2.163}$$

Das Coulombpotenzial ist ein Zentralpotenzial, es hängt nur vom radialen Abstand r des e^- vom Kraftzentrum, dem Proton, ab, mit

$$r = \sqrt{x^2 + y^2 + z^2}. \tag{V-2.164}$$

Das vorliegende Potenzial ist daher kugelsymmetrisch und wir führen daher der bequemen Rechnung halber anstelle der kartesischen Koordinaten *Kugelkoordinaten* (Abb. V-2.30) ein:

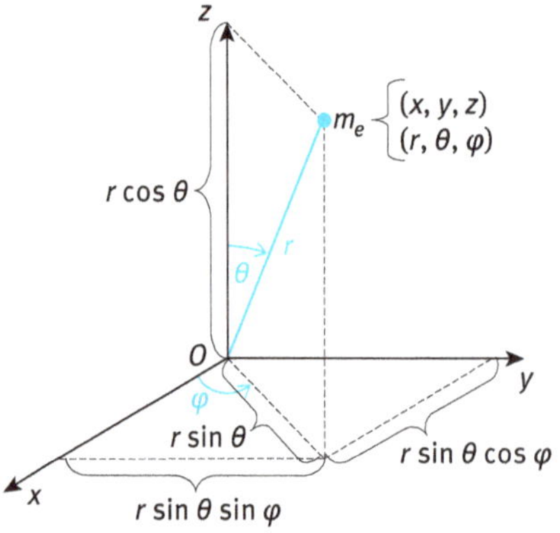

Abb. V-2.30: Zusammenhang zwischen kartesischen Koordinaten und Kugelkoordinaten.

Entsprechend Abb. V-2.30 gilt für die Koordinatentransformation

$$\begin{aligned} x &= r\sin\theta\cos\varphi \\ y &= r\sin\theta\sin\varphi \\ z &= r\cos\theta\,. \end{aligned} \tag{V-2.165}$$

Wir schreiben den Laplace Operator $\Delta = \nabla^2$ in Kugelkoordinaten

$$\Delta\psi = \nabla^2\psi = \underbrace{\frac{1}{r^2}\frac{\partial}{\partial r}\left(r^2\frac{\partial\psi}{\partial r}\right)}_{2r\frac{\partial\psi}{\partial r}+r^2\frac{\partial^2\psi}{\partial r^2}} + \frac{1}{r^2\sin\theta}\frac{\partial}{\partial\theta}\left(\sin\theta\frac{\partial\psi}{\partial\theta}\right) + \frac{1}{r^2\sin^2\theta}\frac{\partial^2\psi}{\partial\varphi^2} \tag{V-2.166}$$

und erhalten so die Schrödingergleichung für das Wasserstoffatom in Kugelkoordinaten

$$\frac{\partial^2\psi}{\partial r^2} + \frac{2}{r}\frac{\partial\psi}{\partial r} + \frac{1}{r^2}\left\{\frac{1}{\sin\theta}\frac{\partial}{\partial\theta}\left(\sin\theta\frac{\partial\psi}{\partial\theta}\right) + \frac{1}{\sin^2\theta}\frac{\partial^2\psi}{\partial\varphi^2}\right\} + \\ + \frac{2m_e}{\hbar^2}\left(E + \frac{1}{4\pi\varepsilon_0}\frac{e^2}{r}\right)\psi = 0 \tag{V-2.167}$$

bzw.

$$-\frac{\hbar^2}{2m_e}\left\{\frac{\partial^2\psi}{\partial r^2} + \frac{2}{r}\frac{\partial\psi}{\partial r} + \frac{1}{r^2}\left[\frac{1}{\sin\theta}\frac{\partial}{\partial\theta}\left(\sin\theta\frac{\partial\psi}{\partial\theta}\right) + \frac{1}{\sin^2\theta}\frac{\partial^2\psi}{\partial\varphi^2}\right]\right\} - \\ -\frac{1}{4\pi\varepsilon_0}\frac{e^2}{r}\psi = E\psi \tag{V-2.168}$$

Schrödingergleichung des Wasserstoffatoms in Kugelkoordinaten.

Die 3 Variablen r, θ und φ können separiert werden, wenn man die Lösungsfunktion $\psi(r,\theta,\varphi)$ als Produkt ansetzt

$$\psi(r,\theta,\varphi) = R(r)\cdot\Theta(\theta)\cdot\Phi(\varphi)\,. \tag{V-2.169}$$

Damit wird die Schrödingergleichung zu

$$\Theta\Phi\frac{d^2R}{dr^2}+\frac{2\Theta\Phi}{r}\frac{dR}{dr}+\frac{1}{r^2}\left\{\frac{R\Phi}{\sin\theta}\frac{d}{d\theta}\left(\sin\theta\frac{d\Theta}{d\theta}\right)+\frac{R\Theta}{\sin^2\theta}\frac{d^2\Phi}{d\varphi^2}\right\}+$$

$$+\frac{2m}{\hbar^2}\left(E+\frac{1}{4\pi\varepsilon_0}\frac{e^2}{r}\right)R\Theta\Phi=0 \qquad \text{(V-2.170)}$$

Der Produktansatz führt auf 3 gewöhnliche *DG*'s, die potenzielle Energie E_{pot} tritt zusammen mit der Gesamtenergie E nur in der *Radialgleichung* für $R(r)$ auf (siehe Anhang 3, Gl. V-2.285).

2.5.2 Quantenzahlen und Energieniveaus

Die Rückführung der Schrödingergleichung durch den Produktansatz auf 3 gewöhnliche *DG's* und deren Lösung unter den geforderten Randbedingungen liefert *drei voneinander unabhängige Quantenzahlen* für die Beschreibung der Zustände des Wasserstoffatoms (siehe auch Anhang 3).

1. *Hauptquantenzahl (= Energiequantenzahl, principal quantum number) n*:
Die Hauptquantenzahl legt die Energie des Atoms fest, sie *quantelt die Energie*:

$$E_n=-\frac{1}{(4\pi\varepsilon_0)^2}\frac{m_e e^4}{2\hbar^2}\cdot\frac{1}{n^2}, \qquad \textit{Energiequantelung des H-Atoms} \qquad \text{(V-2.171)}$$

Wertevorrat: $n = 1, 2, 3, \dots$.

Diese Energie stimmt mit der aus dem Bohrschen Atommodell erhaltenen (Abschnitt 2.2.4, Gl. V-2.32) überein. Die zugehörige Radialfunktion $R_n(r)$ (der Radialteil der Wellenfunktion) bestimmt durch den Ausdruck $R_n^*(r)R_n(r)$ die radiale Wahrscheinlichkeitsdichte des e^-, d. h. die Wahrscheinlichkeit, das e^- in einem gewissen Abstand vom Kern zu finden (siehe Abschnitt 2.5.4).

2. Bahndrehimpulsquantenzahl (Nebenquantenzahl, *azimuthal or orbital or angular momentum quantum number*) *l*:[87]
Die Bahndrehimpulsquantenzahl *l quantelt den Betrag des Bahndrehimpulses* des e^-:

---

87 Siehe auch Anhang 4 „Der Bahndrehimpuls $\vec{L}$ eines Elektrons".

$$\left|\vec{L}\right| = L = \sqrt{l(l+1)} \cdot \hbar, \tag{V-2.172}$$

Wertevorrat: $l = 0, 1, 2, \dots, n-1$, also $l \leq n-1$.

Wir erinnern uns, dass im Bohrschen Atommodell für den Betrag des Drehimpulses galt (Abschnitt 2.2.4, Gl. V-2.22)

$$\left|\vec{L}\right| = n\hbar, \text{ mit } n = 1, 2, \dots$$

$\Rightarrow \quad L_{\text{min}} = \hbar$, während die *QM* $L_{\text{min}} = 0$ liefert.

3. Magnetische Quantenzahl (*magnetic or orbital magnetic quantum number*) m_l :
Die magnetische Quantenzahl m_l gibt die Komponente des Bahndrehimpulses in einer bestimmten, ausgezeichneten Richtung an, sie *quantelt die Richtung des Bahndrehimpulses.*

Im Atom sind ohne äußere Einflüsse alle Richtungen gleichwertig, da das wirkende Coulombpotenzial sphärisch symmetrisch ist. Durch Anlegen z. B. eines Magnetfeldes oder eines elektrischen Feldes kann aber eine spezielle Richtung ausgewählt werden. Zeigt dieses Magnetfeld z. B. in z-Richtung, dann gilt für die z-Komponente des Bahndrehimpulses

$$L_z = m_l \hbar, \tag{V-2.173}$$

Wertevorrat: $m_l = -l, -l+1, -l+2, \dots 0, \dots, l-2, l-1, l$, also $-l \leq m_l \leq +l$.

Beispiel: Wir betrachten den Fall einer Bahndrehimpulsquantenzahl $l = 2$. Dann ergibt sich für den Betrag des gequantelten Bahndrehimpulses $\left|\vec{L}\right| = L = \sqrt{l(l+1)} \cdot \hbar = \sqrt{6} \cdot \hbar$.

Wird jetzt von außen eine Richtung vorgegeben, z. B. die z-Richtung durch Anlegen eines Magnetfeldes in z-Richtung, so können die Komponenten L_z des Drehimpulses 5 Werte annehmen, wodurch sich auch genau 5 verschiedene Möglichkeiten für die Richtung des Bahndrehimpulses relativ zur z-Achse ergeben. *Auch die möglichen Richtungen des Bahndrehimpulses sind daher gequantelt.*

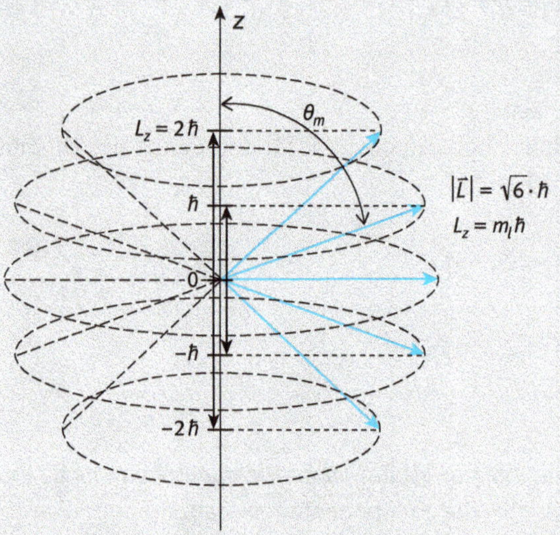

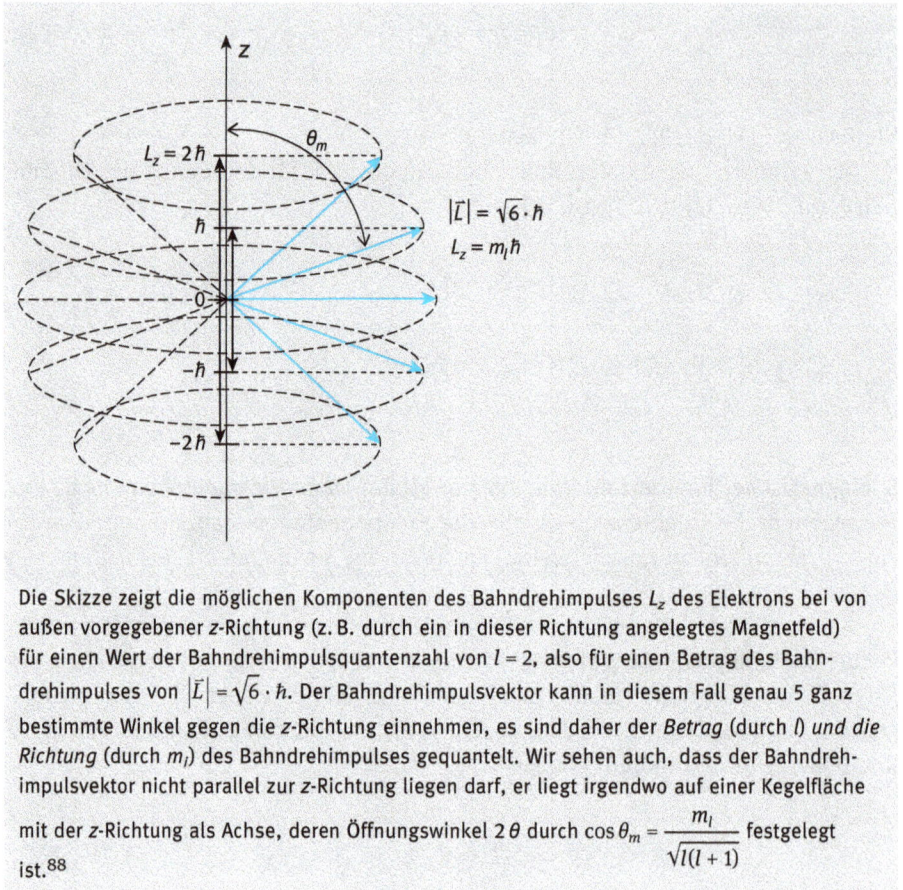

Die Skizze zeigt die möglichen Komponenten des Bahndrehimpulses L_z des Elektrons bei von außen vorgegebener z-Richtung (z. B. durch ein in dieser Richtung angelegtes Magnetfeld) für einen Wert der Bahndrehimpulsquantenzahl von $l = 2$, also für einen Betrag des Bahndrehimpulses von $|\vec{L}| = \sqrt{6} \cdot \hbar$. Der Bahndrehimpulsvektor kann in diesem Fall genau 5 ganz bestimmte Winkel gegen die z-Richtung einnehmen, es sind daher der *Betrag* (durch l) *und die Richtung* (durch m_l) des Bahndrehimpulses gequantelt. Wir sehen auch, dass der Bahndrehimpulsvektor nicht parallel zur z-Richtung liegen darf, er liegt irgendwo auf einer Kegelfläche mit der z-Richtung als Achse, deren Öffnungswinkel 2θ durch $\cos\theta_m = \frac{m_l}{\sqrt{l(l+1)}}$ festgelegt ist.[88]

2.5.3 Die stationären Energie-Niveaus des Wasserstoffatoms: Die „Grobstruktur"

In Anhang 3 wird gezeigt, dass es stabile Zustände des Wasserstoffatoms gibt, wenn die Gesamtenergie des e^- negativ ist (gebundene Zustände).

Wie schauen die Energiewerte der stationären Zustände aus?

---

88 Während der Operator der z-Komponente $\hat{L}_z$ sowie der Operator $\hat{L}^2$ des Drehimpulsquadrats mit dem Hamiltonoperator $\hat{H}$ vertauschbar sind, gilt dies *nicht* für die beiden anderen Komponenten $\hat{L}_x$ und $\hat{L}_y$. $\Rightarrow$ L_z und L besitzen gleichzeitig mit der Energie E einen *festen Wert*, die Werte von L_x und L_y sind dagegen nicht eindeutig festgelegt, sie müssen nur gemeinsam mit dem festen L_z den festen Betrag des Gesamtdrehimpulses L ergeben. Dies wird anschaulich dadurch dargestellt, dass sich der Vektor $\vec{L}$ auf einer Kegelfläche mit der vorgegebenen z-Richtung als Achse befinden kann. Siehe obige Skizze und auch Anhang 5 „Magnetisches Moment und Eigendrehimpuls (Spin) des Elektrons aus der Dirac-Gleichung".

Die potenzielle Energie E_{pot} kommt nur in der *Radialgleichung* für $R(r)$ vor. Die Lösung der Radialgleichung mit $E_{\text{pot}} = -\frac{1}{4\pi\varepsilon_0}\frac{e^2}{r}$ erfolgt mit einem Potenzreihenansatz; die Forderung nach dem Abbruch der Reihe nach endlich vielen Gliedern ergibt die *gequantelten* Energiewerte E_n (Abschnitt 2.5.2, Gl. V-2.171, siehe dazu auch Anhang 3)

$$E_n = -\frac{1}{(4\pi\varepsilon_0)^2}\frac{m_e e^4}{2\hbar^2}\cdot\frac{1}{n^2} \qquad n = 1, 2, 3, \ldots .$$

Das sind, wie wir schon wissen, genau die Werte, die auch das Bohrsche Atommodell lieferte (Abschnitt 2.2.4)

$$E_n = \underbrace{-\frac{1}{(4\pi\varepsilon_0)^2}\frac{m_e e^4}{2\hbar^2}\cdot\frac{1}{n^2}}_{\text{Bohr!}} = -\frac{1}{n^2}\cdot 2\pi\hbar c\cdot R_\infty = -\frac{m_e e^4}{8\varepsilon_0^2 h^2 n^2} = -\frac{13{,}6\,\text{eV}}{n^2}\,. \qquad \text{(V-2.174)}$$

Die nichtrelativistische, quantenmechanische Rechnung ergibt also für ein Einelektronensystem die gleichen Energiewerte wie das Bohrsche Atommodell.

Die Energie ist negativ, das e^- ist daher an den Kern *gebunden*, zu seiner Befreiung muss die *Ionisationsenergie* $E_I = 13{,}6\,\text{eV}$ aufgewendet werden.

Vergleichen wir diese Ionisationsenergie mit der *Ruheenergie* $m_e c^2$ des e^-:

$$m_e c^2 = 9{,}1\cdot 10^{-31}\cdot\left(3{,}0\cdot 10^8\right)^2\cdot 6{,}24\cdot 10^{18} = 5{,}11\cdot 10^5\,\text{eV}\,. \qquad \text{(V-2.175)}$$

Es gilt $E_I \ll m_e c^2$, das heißt die (relativistische) Gesamtenergie $E = E_I + mc^2$ ist praktisch nur durch die *Ruheenergie* mc^2 gegeben, die berechneten Energiewerte E_n sind daher ohne relativistischen Bezug. Es ist daher völlig gerechtfertigt, im vorliegenden Fall die Schrödingergleichung, d. h. eine *nicht-relativistische* Wellengleichung, für das Problem zu verwenden.

Wir sehen, dass in unserem Einelektronensystem des Wasserstoffatoms die Energiewerte nur durch die Hauptquantenzahl n bestimmt sind und nicht von l und m_l abhängen. In Systemen mit mehreren e^- wird die Energie der äußeren „Leuchtelektronen“ durch die Wechselwirkung mit den kernnahen e^- und daher auch durch l mitbestimmt: je kleiner l bei gleichem n, desto kleiner E.[89] Die Quan-

---

89 Kleines l bedeutet eine in der Nähe des Kerns erhöhte e^--Dichte gegenüber großem l, also stärkere Wechselwirkung mit der positiven Kernladung. Im anschaulichen Sommerfeldschen Modell bedeutet ein kleines l schlanke Ellipsen, die mit ihrem Perihel nahe zum Kern gelangen (sogenannte „Tauchbahnen“).

tenzahl m_l kommt erst ins Spiel, wenn eine bestimmte Richtung, z. B. durch ein äußeres elektrisches oder magnetisches Feld, vorgegeben wird.

Zustände mit der Hauptquantenzahl n werden durch die erlaubten Werte der Quantenzahlen l und m unterschieden:

Zu jedem l gibt es $-l \leq m_l \leq +l$, also $2l + 1$ Zustände, außerdem gilt $l \leq n - 1$. Zu jeder Hauptquantenzahl gibt es daher

$$k = \sum_{l=0}^{n-1} (2l + 1) = n^2 \tag{V-2.176}$$

verschiedene Zustände mit n^2 verschiedenen Wellenfunktionen (das entspricht der Summe der Reihe der ungeraden Zahlen, beginnend mit 1 bis $2n - 1$). Im Einelektronensystem haben diese Zustände ohne äußeres Feld alle dieselbe Energie E_n, man sagt, der Zustand E_n ist k-fach *entartet*. Für den *Entartungsgrad k* des Zustands E_n gilt damit

$$k = n^2 . \tag{V-2.177}$$[90]

Damit erhalten wir das *Termschema* des H-Atoms, wie es sich aus der Schrödingergleichung ergibt, man nennt das auch die *Grobstruktur* des Wasserstoffatoms (Abb. V-2.31).

Im Unterschied zum Termschema des Bohrschen Modells ergeben sich unterschiedliche Bahndrehimpulsquantenzahlen zu einer Hauptquantenzahl n: $l = 0, 1, 2, \ldots, n - 1$.

Aus der Beobachtung der Spektrallinien der Alkalimetalle stammt die Bezeichnung $s, p, d, f, \ldots$ für die Linien einer Serie mit bestimmtem l:

sharp,	principal,	diffuse,	fundamental
$l = 0$	$l = 1$	$l = 2$	$l = 3$

ab $l = 4$ geht es dann alphabetisch weiter: g, h, … .

---

90 Beweis:

$$\left.\begin{aligned} 1 + 2 + 3 + \ldots + n &= 1/2 \cdot (n+1) \cdot n \\ 1 + 2 + \ldots + (n-1) &= 1/2 \cdot n \cdot (n-1) \end{aligned}\right\} +$$

$$1 + 3 + 5 + \ldots + (2n - 1) = 1/2 \cdot n^2 + n + 1/2 \cdot n^2 - n = n^2$$

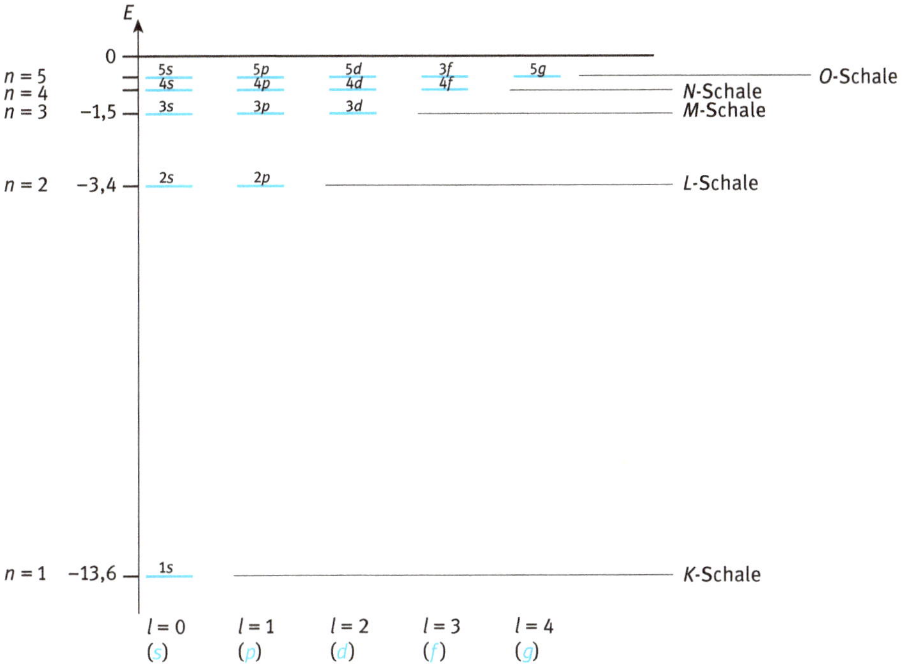

Abb. V-2.31: Gequantelte Energieniveaus = *Grobstruktur* des Wasserstoffatoms: Termschema. Die Niveaus E_n hängen nur von der Hauptquantenzahl n ab, man nennt dieses Schema daher auch „Grobstruktur" des H-Atoms. Zu jedem n gibt es mehrere Werte von l, nämlich $l = 0, 1, 2, \dots, n-1$, und zu jedem dieser Werte wieder $(2l+1)$ mögliche Werte von $m_l = -l, -l+1, \dots, l$. Jedes Energieniveau E_n ist daher n^2-fach „entartet", das heißt, n^2 unterschiedliche Zustände des H-Atoms (Wellenfunktionen) gehören zum selben Energiewert E_n. Vgl. dazu auch das Termschema nach dem Bohrschen Atommodell in Abschnitt 2.2.4, Abb. V-2.13.

Diese Symbolik wurde für die Angabe des Bahndrehimpulses eines Atoms allgemein übernommen. Für den resultierenden Bahndrehimpuls mehrerer e^- eines Atoms werden Großbuchstaben verwendet, für den resultierenden Spin ein großes S. In der Spektroskopie wird ein Energieterm folgendermaßen bezeichnet:

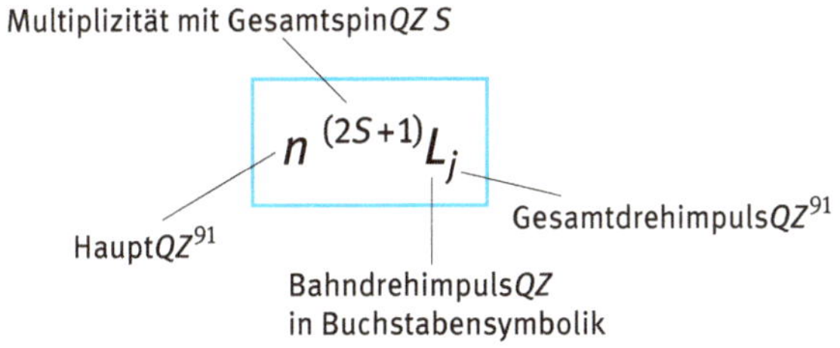

91 Bei Atomen mit mehreren Elektronen wird für n die Haupt*QZ* des höchsten angeregten e^- und statt j die aus der Gesamtbahndrehimpuls*QZ* und der Gesamtspin*QZ* zusammengesetze Gesamtdrehimpuls*QZ* J angegeben.

Beispiel: $4\,^2D_{5/2}$ bedeutet: $n = 4$, $l = 2$, $S = 1/2$, $j = 5/2$.[92]

Nach den ursprünglichen Vorstellungen im Rahmen des Bohrschen Atommodells waren den einzelnen Elektronen ganz bestimmte *Bahnen* zugeordnet, deren Radius quadratisch mit der Hauptquantenzahl n zunahm (siehe Abschnitt 2.2.4, Gl. V-2.25). In diesem Bild nehmen alle e^- mit der Hauptquantenzahl n Bahnen mit einem Radius ein, der alle zu kleinerem n gehörenden Bahnen „schalenförmig" umschließt. Die e^- bewegen sich („kreisen") also in „Schalen", deren Durchmesser durch die Hauptquantenzahl n bestimmt wird: $n = 1$ entspricht die K-Schale, $n = 2$ die L-Schale usf.[93]

Energieübergang zwischen den Niveaus durch Absorption oder Emission (Auswahlregeln)

Wird vom Atom ein Photon emittiert oder absorbiert, so treten, wie wir gesehen haben, für das Atom charakteristische Spektrallinien auf. Die Frequenz ν einer Spektrallinie kann entsprechend dem *Ritzschen Kombinationsprinzip*[94] immer als Differenz zweier Energieniveaus (zweier „Terme") dargestellt werden. Die Umkehrung gilt allerdings im Allgemeinen nicht, nicht jede Termkombination führt zu einer beobachteten Spektrallinie. Die beobachteten Übergänge werden durch *Auswahlregeln* bestimmt, die zuerst empirisch gefunden wurden:

---

92 Die *Multiplizität* $(2S + 1)$ gibt an, in wie viele verschiedene Raumrichtungen sich der Gesamtspin $\vec{S}$ des Atoms im betrachteten Zustand bezüglich des gesamten Bahndrehimpulses einstellen kann (Russell-Saunders-Kopplung), siehe Abschnitt 2.6.1.1) und bestimmt damit die Zahl der *Feinstrukturkomponenten* (siehe Abschnitt 2.5.7 „Spin-Bahn-Kopplung, Feinstruktur, anomaler Zeeman-Effekt"). Bei der spektroskopischen Kennzeichnung werden für die Energiezustände *einzelner* Elektronen die Bahndrehimpulsbezeichnungen $s, p, d, f, \ldots$ verwendet, während für die Terme des *ganzen Atoms* die Großbuchstaben $S, P, D, F, \ldots$ Verwendung finden. Dies gilt auch für die Alkaliatome, bei denen die Energiezustände des einen Außenelektrons mit jenen des Atoms zusammenfallen. Meist ist die Angabe der Hauptquantenzahl eines Atoms mit mehreren e^- nicht möglich, da die e^- unterschiedliche kleinste Hauptquantenzahlen haben können: Im Grundzustand haben zwei der drei e^- des Lithium die Hauptquantenzahl $n = 1$, eines aber $n = 2$. Man gibt daher entweder die Besetzungszahlen der einzelnen inneren Energieniveaus oder die HauptQZ n des energetisch höchsten e^- („Leuchtelektron") an.

93 Die Bezeichnung $K, L, M, \ldots$ für die „Schalen" des Atoms stammt von dem englischen Physiker C. G. Barkla. Die Absorptionslinien des Sonnenlichts, die Fraunhoferschen Linien, wurden nach dem Alphabet, beginnend mit A bezeichnet. Barkla wählte daher um 1911 für die Linien der *charakteristischen Röntgenstrahlung* (siehe Band VI, Kapitel „Festkörperphysik", Abschnitt 2.2.5.1), die mit den innersten Atomschalen (niedrigste Hauptquantenzahlen) verknüpft sind, Buchstaben etwa in der Mitte des Alphabets, also $K, L, M, \ldots$. Charles Glover Barkla, 1877–1944, erhielt 1917 den Nobelpreis für die Entdeckung der charakteristischen Röntgenstrahlung.

94 Nach dem *Kombinationsprinzip* (1908) von Walter Ritz (1878–1909) entspricht die Summe oder Differenz der Frequenzen zweier Spektrallinien (mit Ausnahmen) der Frequenz einer weiteren Linie.

$$\Delta l = \pm 1$$
$$\Delta m_l = 0 \text{ (linear polarisiert, } \pi\text{-Licht)} \tag{V-2.178}$$
$$\text{oder} \quad \Delta m_l = \pm 1 \text{ (links- bzw. rechts-zirkular polarisiert, } \sigma^+\text{- oder } \sigma^-\text{-Licht);}$$

dabei gilt für Δl und Δm_l :

$\Delta m_l = m_l(\text{Endzustand}) - m_l(\text{Anfangszustand})$

$\Delta l = l(\text{Endzustand}) - l(\text{Anfangszustand})$.

Strahlungsübergänge, bei denen sich die Quantenzahlen entsprechend den obigen Regeln ändern, sind *erlaubt*, alle sonstigen Übergänge werden nicht beobachtet, sie sind *verboten*. Bei Berücksichtigung des Elektronenspins, der sich vektoriell zum Bahndrehimpuls addiert und so die Gesamtdrehipulsquantenzahl j ergibt (siehe Abschnitt 2.5.6 und 2.5.7), kommt noch als weitere Bedingung hinzu, dass der Spinzustand ungeändert bleibt und gilt:

$$\Delta s = 0,\ \Delta j = 0,\ \pm 1,\ \Delta m_j = 0,\ \pm 1, \tag{V-2.179}$$

wobei Übergänge mit $j = 0 \to j = 0$ verboten sind und auch solche mit $m_j = 0 \to m_j = 0$ wenn $\Delta j = 0$.

Wie kommt es zu diesen Auswahlregeln? Sie sind eine Folge der Drehimpulserhaltung: Da jedes Photon den Eigendrehimpuls $|\vec{S}| = \hbar$ besitzt (vgl. Kapitel „Quantenoptik“, Abschnitt 1.3.3.1), der gesamte Drehimpuls beim Übergang aber erhalten bleibt, muss das e^- diesen Drehimpuls aufnehmen oder abgeben und damit seinen Bahndrehimpuls entsprechend ändern.[95]

Für die Energieänderung des Atoms und damit für die Frequenz ν einer Spektrallinie gilt die Bohrsche Frequenzbedingung (Abschnitt 2.2.3, Gl. V-2.18):

$$h\nu = \hbar\omega = \frac{hc}{\lambda} = \hbar k \cdot c = E_m - E_n\,. \tag{V-2.180}$$

Beispiel: Wir betrachten ein H-Atom im Magnetfeld B im Grundzustand 1s, d. h. mit $n = 1$, $l = 0$, $m_l = 0$, das durch Absorption eines entsprechenden Photons in den Zustand $n = 2$ übergeht. Für $n = 2$ kann $l = 0$ oder 1 sein, mit nur einem Zustand für $l = 0$: $m_l = 0$ und drei Zuständen für $l = 1$: $m_l = -1, 0, +1$. Für den Drehimpuls des angeregten Atoms (*) gilt

$$\vec{L}_H^* = \vec{L}_H + \vec{S}_{ph}\,.$$

95 Die Auswahlregeln sind letztlich eine Folge der Orthogonalität der Eigenfunktionen des Atoms.

Da das Photon den Drehimpuls $S_{ph} = \hbar$ mit sich führt ($+\hbar$ oder $-\hbar$, je nachdem, ob der Drehimpulsvektor in Ausbreitungsrichtung weist (σ^+-Photon, *L*-Zustand) oder dagegen (σ^--Photon, *R*-Zustand), muss die Komponente des Atomdrehimpulses in der Einfallsrichtung sich um $\hbar$ ändern, das heißt, das Atom ist nach der Anregung im Zustand $l = 1$, $m_l = +1$ (σ^+-Photon, links-zirkular polarisiert) oder $m_l = -1$ (σ^--Photon, rechts-zirkular polarisiert). Es gilt in diesem Fall daher $\Delta l = +1$, $\Delta m_l = \pm 1$.

Die Zeichnung zeigt den analogen Fall eines Strahlungsübergangs vom ersten angeregten Zustand (2*p*) in den Grundzustand (1*s*): Emission eines Photons für den Fall eines anliegenden Magnetfeldes *B*.

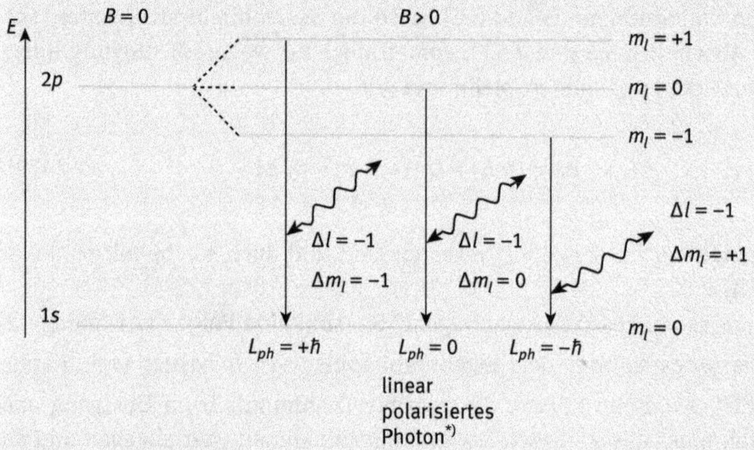

Die Absorption eines σ+-Photons führt also zu $\Delta ml = +1$ des Atoms, bei der Emission eines σ+-Photons ist $\Delta ml = -1$.

*) $L_{ph} = 0$ ist nur möglich, wenn der Photonenzustand eine Mischung von links- und rechtszirkularer Polarisation darstellt.

In erster Näherung kann ein Atom beim Strahlungsübergang als schwingende Ladungswolke angesehen werden, deren oszillierender Ladungsschwerpunkt nicht mit der Kernladung zusammenfällt, sie stellt einen schwingenden Ladungsdipol dar. Die Ladungsoszillationen erfordern Beschleunigungen (positiv und negativ) der Ladung und führen daher zur elektromagnetischen Strahlung, der Dipolstrahlung (vgl. Band III, Kapitel „Wechselstromkreis und elektromagnetische Schwingungen und Wellen", Abschnitt 5.4). Analog führt einfallende elektromagnetische Strahlung zu Oszillationen der Ladungswolke des Atoms und so zur Anregung in einen höheren Energiezustand. Die „Lebensdauer" solcher angeregter Zustände ist kurz, nach ca. 10^{-8} s geht das Atom *spontan*, also ohne äußeres Zutun, unter Strahlungsemission wieder in den Grundzustand über. Die obigen Auswahlregeln zur Bestimmung *erlaubter* und *verbotener* Übergänge gelten für emittierte oder absorbierte Dipolstrahlung, d. h. für *Dipolübergänge.* In Atomen mit mehreren Elektronen kann es aber auch zu *Multipolübergängen* (z. B. Quadrupolstrahlung) kommen, für die $\Delta l = \pm 2, \pm 3, \ldots$ sein kann. Die Wahrscheinlichkeit für das Auftreten dieser „verbotenen" Übergänge ist allerdings im Allgemeinen sehr gering, sodass sie vernachlässigt werden können.[96] Die Lebensdauer solcher verbotener Übergänge ist lang (0,1 s–100 s), die Zustände sind *metastabil,* die Emissionslinien sind gemäß der Unschärferelation $\Delta E \cdot \Delta t \geq h$ sehr scharf (großes Δt bedeutet kleines ΔE).[97]

2.5.4 Die Wellenfunktion im Grundzustand und in den untersten angeregten Zuständen

Die Wellenfunktionen $\psi(r,\theta,\varphi)$ hängen von den Quantenzahlen n, l, m_l ab, daher auch die räumliche Wahrscheinlichkeitsverteilung, da diese durch $|\psi|^2$ gegeben ist. Die nachfolgende Tabelle gibt die Wellenfunktionen $\psi_{n,l,m_l}(r,\theta,\varphi)$ des Wasserstoffatoms, wie sie sich als Lösung der Schrödingergleichung ergeben, also dessen Eigenfunktionen für die Zustände 1*s*, 2*s*, 2*p*, 3*s*, 3*p* und 3*d*.

Dabei ist $a_0 = \dfrac{4\pi\varepsilon_0\hbar^2}{m_e e^2} = 52{,}9\,\text{pm} = r_B$ der Bohrsche Radius (im Grundzustand der Radius mit der größten Aufenthaltswahrscheinlichkeit des e^-). Für „wasserstoffähnliche Atome", d. h. Ionen anderer Elemente mit nur einem e^-, müssen in den Formeln der Tabelle $\dfrac{1}{a_0}$ durch $\dfrac{Z}{a_0}$ und $\dfrac{r}{a_0}$ durch $\dfrac{Zr}{a_0}$ ersetzt werden, wobei Z die Kernladungszahl ist.

---

96 Die *QM* erlaubt nicht nur die Berechnung der stationären Zustände eines Atoms, sondern ermöglicht durch Betrachtung der *zeitabhängigen Schrödingergleichung* auch eine Berechnung der Übergangswahrscheinlichkeit zwischen Zuständen, von denen man die Wellenfunktionen kennt. Die *Intensität* einer Spektrallinie ist aber zu dieser Übergangswahrscheinlichkeit direkt proportional. Damit wird ein weiterer Mangel der Bohrschen Theorie überwunden, es können die *Einsteinkoeffizienten der Strahlungsübergänge* (siehe Kapitel „Quantenoptik, Abschnitt 1.7.2) berechnet werden. Die Übergangswahrscheinlichkeit zwischen den Termen n und m ist durch das dem Übergang zuzuschreibende Dipolmoment („Matrixelement") $M_{nm} = e\int_V \psi_m^* \vec{r}\psi_n dV$ festgelegt. Das Integral („Überlappungsintegral") ist wegen der Orthogonalität der Eigenfunktionen nur für ganz bestimmte Termkombinationen n,m (d. h. bestimmte Wellenfunktionen ψ_n,ψ_m) von Null verschieden und liefert damit die oben angegebenen Auswahlregeln. Für den Einsteinkoeffizienten des spontanen Übergangs $A_{n,m}$ gilt: $A_{n,m} = \dfrac{64\pi^4\nu^3}{3hc^3}|M_{n,m}|^2$, $\nu = \dfrac{E_n - E_m}{h}$. Dieser kann nur mit Hilfe der *QED* berechnet werden.

97 Zahlreiche verbotene Linien werden unter geeigneten Anregungs- und Emissionsbedingungen (äußerst geringe Gasdichte und sehr kleine Hintergrundstrahlung), wie sie im Polarlicht und in den astronomischen Nebeln vorliegen, mit großer Intensität beobachtet. Ein Atomzustand ist *metastabil,* wenn von ihm kein niedrigeres Energieniveau durch Dipolübergang erreichbar ist.

Tabelle der normierten Wellenfunktionen (Eigenfunktionen) des Elektrons im Wasserstoffatom.

	n	l	m_l	Zustand	Wellenfunktion $\psi_{n,l,m_l}(r,\theta,\varphi) = R_{n,l}(r)\cdot\Theta_{l,m_l}(\theta)\cdot\Phi_{m_l}(\varphi)$
K-Schale	1	0	0	1*s*	$\frac{1}{\sqrt{\pi}}\left(\frac{1}{a_0}\right)^{\frac{3}{2}} e^{-\frac{r}{a_0}}$
L-Schale	2	0	0	2*s*	$\frac{1}{4\sqrt{2\pi}}\left(\frac{1}{a_0}\right)^{\frac{3}{2}}\left(2-\frac{r}{a_0}\right) e^{-\frac{r}{2a_0}}$
	2	1	0	2*p*	$\frac{1}{4\sqrt{2\pi}}\left(\frac{1}{a_0}\right)^{\frac{3}{2}}\frac{r}{a_0}\, e^{-\frac{r}{2a_0}}\cos\theta$
	2	1	±1	2*p*	$\mp\frac{1}{8\sqrt{\pi}}\left(\frac{1}{a_0}\right)^{\frac{3}{2}}\frac{r}{a_0}\, e^{-\frac{r}{2a_0}}\sin\theta\cdot e^{\pm i\varphi}$
M-Schale	3	0	0	3*s*	$\frac{1}{81\sqrt{3\pi}}\left(\frac{1}{a_0}\right)^{\frac{3}{2}}\left(27-18\frac{r}{a_0}+2\frac{r^2}{a_0^2}\right) e^{-\frac{r}{3a_0}}$
	3	1	0	3*p*	$\frac{\sqrt{2}}{81\sqrt{\pi}}\left(\frac{1}{a_0}\right)^{\frac{3}{2}}\left(6-\frac{r}{a_0}\right)\frac{r}{a_0}\, e^{-\frac{r}{3a_0}}\cos\theta$
	3	1	±1	3*p*	$\mp\frac{1}{81\sqrt{\pi}}\left(\frac{1}{a_0}\right)^{\frac{3}{2}}\left(6-\frac{r}{a_0}\right)\frac{r}{a_0}\, e^{-\frac{r}{3a_0}}\sin\theta\cdot e^{\pm i\varphi}$
	3	2	0	3*d*	$\frac{1}{81\sqrt{6\pi}}\left(\frac{1}{a_0}\right)^{\frac{3}{2}}\frac{r^2}{a_0^2}\, e^{-\frac{r}{3a_0}}(3\cos^2\theta-1)$
	3	2	±1	3*d*	$\mp\frac{1}{81\sqrt{\pi}}\left(\frac{1}{a_0}\right)^{\frac{3}{2}}\frac{r^2}{a_0^2}\, e^{-\frac{r}{3a_0}}\sin\theta\cos\theta\cdot e^{\pm i\varphi}$
	3	2	±2	3*d*	$\frac{1}{2\cdot 81\sqrt{\pi}}\left(\frac{1}{a_0}\right)^{\frac{3}{2}}\frac{r^2}{a_0^2}\, e^{-\frac{r}{3a_0}}\sin^2\theta\cdot e^{\pm 2i\varphi}$

Für die Wellenfunktion des H-Atoms im Grundzustand 1*s* mit $n = 1$, $l = 0$ und $m_l = 0$ gilt:

$$\psi_{\underbrace{100}_{n,l,m_l}} = \frac{1}{\sqrt{\pi}{a_0}^{3/2}} e^{-r/a_0} \quad \textit{Wellenfunktion des H-Atoms im Grundzustand.} \qquad \text{(V-2.181)}$$

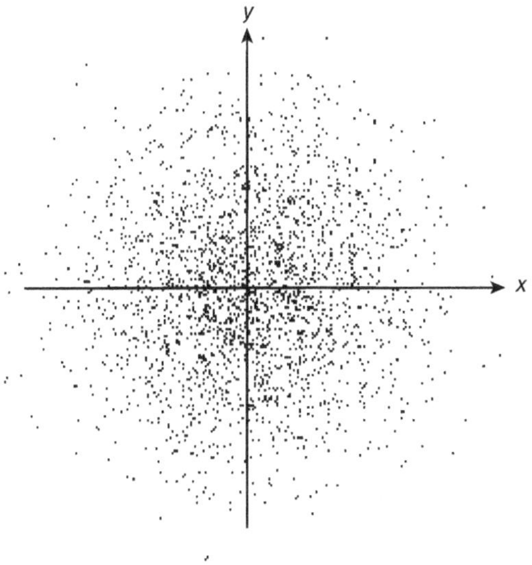

Abb. V-2.32: „Ladungswolke" des Elektrons im Grundzustand des H-Atoms: Ebener Schnitt (x-y-Ebene) durch die Punktdarstellung (*dot plot*) der Aufenthaltswahrscheinlichkeitsdichte $|\psi_{100}|^2$ des e^- im H-Atom im Grundzustand 1s. Sie ist kugelsymmetrisch, maximal am Kernort und nimmt nach außen hin exponentiell ab.

Die räumliche Verteilung der Aufenthaltswahrscheinlichkeitsdichte $|\psi_{100}^*\psi_{100}|$ im Grundzustand hängt nur von r, nicht aber von θ und φ ab, sie ist daher kugelsymmetrisch mit einem Maximum bei $r = 0$, d. h. am Kernort (Abb. V-2.32). Die kugelsymmetrische Wahrscheinlichkeitsdichte, die *Ladungswolke* $e \cdot |\psi_{100}^*\psi_{100}|$, die das e^- in der *QM* im Atom um den Kern bildet, steht im Gegensatz zur Auffassung des Bohr-Sommerfeldschen Modells, bei dem sich das e^- in wohldefinierten *ebenen Bahnen* um den Kern bewegt (im Grundzustand ein Kreis mit dem Radius $r = a_0$). Damit ist aber das Problem des auf seiner Bahn strahlenden e^- beseitigt!

Dass die Aufenthaltswahrscheinlichkeitsdichte des e^- bei $r = 0$, d. h. beim Kern, ein Maximum hat, heißt nicht, dass die Wahrscheinlichkeit, das e^- beim Kern zu finden sehr groß ist, da ja das entsprechende Volumen sehr klein ist; im Grenzfall des als punktförmig angenommenen Kerns ist sie gleich Null. Da die Wahrscheinlichkeitsdichte $|\psi_{100}|^2$ im Grundzustand nur von r abhängt, ist es daher sinnvoller, die *radiale Wahrscheinlichkeitsdichte* $P(r)$ zu betrachten. $|\psi|^2 dV$ ist die Wahrscheinlichkeit, das e^- in einem kleinen Volumenelement dV zu finden. Wir nehmen als Volumenelement das Volumen zwischen zwei konzentrischen Kugelschalen mit den Radien r und $r + dr$

$$dV_r = \underbrace{4\pi r^2}_{\text{Oberfläche}} dr. \tag{V-2.182}$$

Damit ergibt sich

$$\left|\psi_{100}(r)\right|^2 dV_r = \frac{1}{\pi a_0^3} e^{-2r/a_0} \cdot 4\pi r^2\, dr = \frac{4}{a_0^3} e^{-2r/a_0} r^2\, dr = P(r)\, dr. \qquad \text{(V-2.183)}$$

Wir erhalten daher die radiale Wahrscheinlichkeitsdichte $P(r)$ aus der Wahrscheinlichkeit $P(r)dr$, das e^- in der Kugelschale $dV_r = 4\pi r^2 dr$ zu finden und bekommen so für die kugelsymmetrischen Wellenfunktionen

$$P_{n00}(r)\, dr = \left|\psi_{n00}(r)\right|^2 dV_r = \left|\psi_{n00}\right|^2 \cdot 4\pi r^2\, dr \qquad \text{(V-2.184)}$$

und damit

$$P_{100}(r) = 4\pi r^2 \left|\psi_{100}\right|^2 = \frac{4}{a_0^3} r^2 e^{-2r/a_0} \qquad \textit{radiale Wahrscheinlichkeitsdichte des H-Atoms im Grundzustand.} \qquad \text{(V-2.185)}$$

Dabei ist die Normierungsbedingung $\int_0^\infty P(r)\, dr = 1$ erfüllt, das e^- muss sich irgendwo zwischen Kern und $r = \infty$ aufhalten.

Wir suchen das Maximum von $P(r)$, also jene Distanz r_w vom Kern, in der das e^- am wahrscheinlichsten zu finden ist:

$$\frac{dP}{dr} = \frac{8}{a_0^3} r_w e^{-\frac{2}{a_0} r_w} - \frac{8}{a_0^4} r_w^{\,2} e^{-\frac{2}{a_0} r_w} = 0. \qquad \text{(V-2.186)}$$

$$\Rightarrow \qquad \frac{r_w}{a_0} = 1. \qquad \text{(V-2.186a)}$$

Am wahrscheinlichsten ist das e^- im Grundzustand innerhalb der Ladungswolke daher in der Entfernung des Bohrschen Radius a_0 vom Kern zu finden.

Die obige Definition der radialen Wahrscheinlichkeitsdichte gilt nur für die isotropen s-Zustände mit $l = 0$. Für $l \neq 0$ sind die Wellenfunktionen außer von r auch von θ und φ abhängig, deshalb müssen wir das Volumenelement dV zur Berechnung der Aufenthaltswahrscheinlichkeit in der Kugelschale der Dicke dr in Kugelkoordinaten schreiben, d. h. $dV = r^2 dr \sin\theta\, d\theta\, d\varphi$ und die Integrationen über φ und θ ausführen. Damit erhalten wir $P_{n,l}(r)dr = r^2 dr \int_0^{2\pi} d\varphi \int_0^{\pi} \psi^* \psi \sin\theta\, d\theta$. Für die radiale Aufenthaltswahrscheinlichkeit im Grundzustand ergibt sich damit ebenso wie oben $P_{100}(r)dr = \frac{1}{\pi a_0^3} e^{-2r/a_0} r^2 dr \int_0^{2\pi} d\varphi \int_0^{\pi} \sin\theta\, d\theta = \frac{4}{a_0^3} r^2 e^{-2r/a_0}$. Innerhalb der Kugelschale der Dicke dr ist aber jetzt die Aufenthaltswahrscheinlichkeit des e^- im Gegensatz zu den kugelsymmetrischen s-Zuständen nicht mehr konstant, sondern hängt vom Winkel θ ab. Da der Winkel φ in den Wellenfunktionen für $l \neq 0$ immer nur als Faktor $e^{+m_l i\varphi}$ oder $e^{-m_l i\varphi}$ vorkommt und daher bei der Bildung von $\psi^*\psi$ immer nur 1 ergibt, genügt es, die Integration von $\psi^*\psi$ über θ von 0 bis π auszuführen und das Ergebnis entsprechend $\int_0^{2\pi} d\varphi = 2\pi$ mit 2π zu multiplizieren.

In der folgenden Abb. V-2.33 sind die radialen Aufenthaltswahrscheinlichkeitsdichten $P_{n,l}(r)$ für $n = 1,2,3$ als Funktion des Abstands vom Kern dargestellt, wobei als unabhängige Variable in $P_{n,l}(r)$ die dimensionslosen Größe r/a_0 mit $r = a_0$ als Einheit verwendet wurde. Es ist $P_{n,l}(r) = \left[R_{nl}(\xi)\right]^2$ (siehe Anhang 3, Gl. V-2.293) mit $\xi = \frac{2}{n \cdot a_0} \cdot r$ (a_0 = Bohrscher Radius). $R_{nl}(\xi)$ enthält als Faktor die zugeordneten Laguerreschen Polynome $L_{n+l}^{2l+1}(\xi)$, die sich nach dem Abbrechen des Sommerfeldschen Potenzreihenansatzes bei der Hauptquantenzahl n ergeben und so die zugehörigen Energiewerte E_n (Abschnitt 2.5.2, Gl. V-2.171) bestimmen.

Offensichtlich hat das e^- für jeden Satz von Quantenzahlen nur in einem beschränkten Bereich von r eine nichtverschwindende Wahrscheinlichkeitsdichte. Die Pfeile in der Abbildung markieren die räumlichen Mittelwerte (Erwartungswerte) von $P_{n,l}(r)$.[98] Die Erwartungswerte (= Mittelwerte) $\bar{r}$ von r werden im Wesentlichen durch die Hauptquantenzahl n bestimmt, zeigen aber doch eine geringfügige Anhängigkeit von l, der Mittelwert nimmt mit zunehmendem l etwas ab. Für ein gegebenes n zeigt $P_{n,l}(r)$ dann ein einziges, hohes Maximum, wenn l seinen größten Wert annimmt (in Abb. V-2.33 1*s*, 2*p*, 3*d*); für kleinere Werte von l treten zusätzliche, kleinere Maxima auf. Damit verbunden ist, dass für s-Zustände, d. h. Zustände mit $l = 0$, die Wahrscheinlichkeit für das e^-, sich in der Nähe des Kerns aufzuhalten, von allen möglichen Drehimpulsen zu einer Hauptquantenzahl am größten ist[99]: Die genaue Darstellung für sehr kleine Werte von r auf der rechten Seite der Abb. V-2.33 zeigt, dass für den Zustand 2*s* der Aufenthalt in Kernnähe mit einer gewissen Wahrscheinlichkeit auftritt, für 2*p* mit $l = 1$ aber sehr viel unwahrscheinlicher ist,

---

98 Für den *Erwartungswert* $\bar{r}$, das e^- im Abstand r vom Kern zu finden, ergibt sich:

$$\bar{r}_{nl} = \int_0^\infty r \cdot P_{n,l}(r) dr \qquad \text{und damit} \qquad \bar{r}_{nl} = n^2 a_0 \left[1 + \frac{1}{2}\left(1 - \frac{l(l+1)}{n^2}\right)\right].$$

99 Die s-Elektronen mit $l = 0$ sind daher am stärksten im Atom gebunden, was sich in der tiefsten Lage der s-Terme zeigt. Dann folgen die p ($l = 1$), d ($l = 2$) usw. Terme. Dies ist neben der Mitbewegung des Atomkerns (Verwendung der reduzierten Masse, siehe Abschnitt 2.2.4, Gln. (V-2.37) und (V-2.38)) ein weiterer Grund für eine Isotopieabhängigkeit vor allem der s-Terme. Da nämlich die Kernradien (bzw. Kernvolumina) unterschiedlicher Isotope leicht differieren, bewirkt die relativ große Aufenthaltswahrscheinlichkeit der s-Elektronen im positiv geladenen Kernbereich eine sehr kleine Abhängigkeit der Bindungsenergie (Absenkung der s-Terme) in Abhängigkeit von der Massenzahl der Isotope – „Kernvolumen-Isotopieeffekt“.

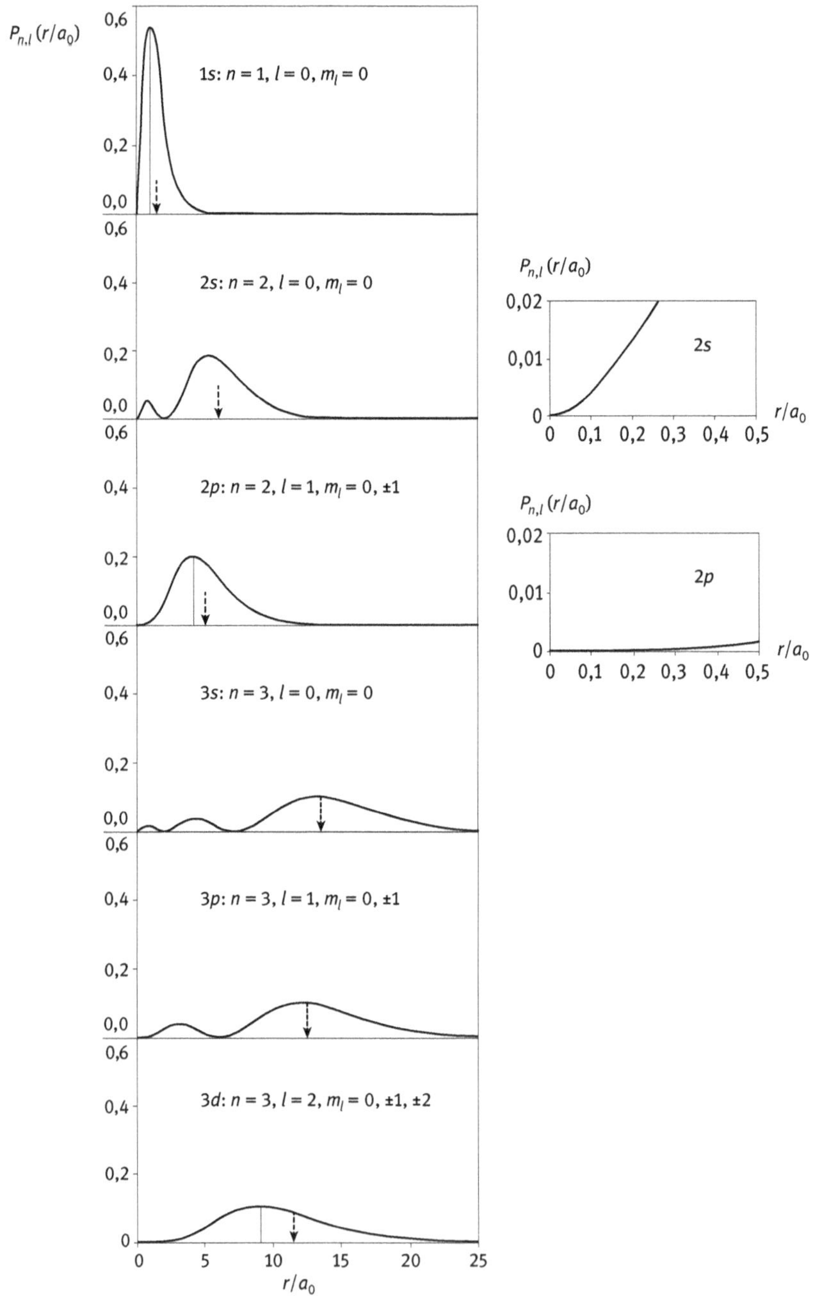

Abb. V-2.33: Radiale Aufenthaltswahrscheinlichkeitsdichte $P_{n,l}(r/a_0)$ des e^- im H-Atom für $n = 1,2,3$ als Funktion des Abstands r/a_0 vom Kern. Der Pfeil gibt den räumlichen Mittelwert $\overline{r}/a_0$ (Erwartungswert) von P. Ein Vergleich der Zustände $l = 0$ und $l = 1$ für kleine Abstände vom Kern zeigt, dass nur für $l = 0$ eine merkliche Wahrscheinlichkeit besteht, dass sich das e^- in Kernnähe befindet. Diese Wahrscheinlichkeit ist sehr viel kleiner für $l = 1$ und noch viel kleiner für $l = 2, 3, \ldots$.

und noch viel unwahrscheinlicher für $l = 2, 3, \ldots$.[100] Diese Eigenschaften gelten auch für die e^- in Atomen mit mehr als einem Elektron und folgen aus der Radialverteilung des Aufenthalts der e^-.

Noch etwas können wir aus der Tabelle der Wellenfunktionen ablesen: Alle s-Zustände ($l = 0$) sind unabhängig von θ und φ, da für $\vec{L} = 0$ keine bevorzugte Achse der Wahrscheinlichkeitsdichte existiert. Daraus folgt:

Alle Zustände mit $l = 0$ (s-Zustände) haben eine kugelsymmetrische Verteilung der Aufenthaltswahrscheinlichkeit, die aber von r abhängt.

Wir wenden uns jetzt der Winkelverteilung der Aufenthaltswahrscheinlichkeitsdichte zu. Dazu muss die Aufenthaltswahrscheinlichkeitsdichte $\psi^*\psi$ (mit $\psi(r,\theta,\varphi) = R_{n,l}(r) \cdot \Theta_{l,m_l}(\theta) \cdot \Phi_{m_l}(\varphi) = R_{n,l}(r) \cdot Y_{l,m_l}(\theta,\varphi)$) über die radiale Komponente r integriert werden: $P_{l,m_l}(\theta,\varphi)d\Omega = d\Omega \int_0^\infty \psi^*\psi\, r^2 dr$. Wir haben schon gesehen, dass $\psi^*\psi$ wegen $\Phi^*\Phi = e^{-m_l i\varphi} \cdot e^{+m_l i\varphi} = 1$ nicht von φ abhängt. Daher wird das dreidimensionale Verhalten von $\psi^*\psi$ nur von der radialen Abhängigkeit und der Abhängigkeit von θ bestimmt. Die Abhängigkeit von θ bringt in der gesamten Winkelverteilung der Aufenthaltswahrscheinlichkeit einen Faktor $1/(2\pi)$.[101] Die Abhängig-

100 Dies ist eine Folge davon, dass sich die Wellenfunktionen für $r \to 0$ proportional zu r^l verhalten $\left(\propto \left(\frac{r}{a_0}\right)^l \cdot e^{-\frac{r}{na_0}}\right.$, siehe die Tabelle der Wellenfunktionen weiter oben, aus der auch die ersten zugeordneten Laguerreschen Polynome entnommen werden können$\left.\right)$ und damit für die Aufenthaltswahrscheinlichkeitsdichte $\psi^*\psi \propto r^{2l}$ gilt. Damit fällt $\psi^*\psi$ in Kernnähe umso langsamer ab, je kleiner l ist: für $r \to 0$ ist $r^0 \gg r^2 \gg r^4$.

101 Zur Bestimmung der Winkelverteilung suchen wir die Wahrscheinlichkeit, das e^- auf einer Kugelzone der Breite $d\theta$ auf einer Kugeloberfläche mit dem Radius $r = 1$ um den Kern zu finden (das Integral $\int_0^\infty \psi^*\psi\, r^2\, dr$ hat auf die Winkelverteilung keinen Einfluss): $P\, d^2\sigma = \psi^*\psi\, d^2\sigma = \psi^*\psi \sin\theta\, d\theta\, d\varphi$, wobei $d^2\sigma$ ein Oberflächenelement der Einheitskugel ist ($d^2\sigma = \sin\theta\, d\theta\, d\varphi$). Für den Winkelanteil der Wellenfunktion kann man schreiben:
$\psi_{(\theta,\varphi)} = Y_{l,m_l} = \Phi_{m_l}(\varphi)\Theta(\theta)_{l,m_l} = \underbrace{N_\varphi}_{\substack{\text{Normierung}\\ \text{für } \Phi_m}} e^{\pm i m_l \varphi} \cdot \Theta(\theta)_{l,m_l}$. Für die Normierung von $\Phi_{m_l}(\varphi)$ muss gelten

$$\int_0^{2\pi} \Phi^*_{m_l}\Phi_{m_l} d\varphi = N_\varphi^2 \int_0^{2\pi} d\varphi = 2\pi N_\varphi^2 = 1 \text{ und daher } N_\varphi = \sqrt{\frac{1}{2\pi}} \quad \Rightarrow \quad \Phi_{m_l}(\varphi) = \frac{1}{\sqrt{2\pi}} e^{i m_l \varphi}.$$

Damit wird die Aufenthaltswahrscheinlichkeit in einer Ringzone der Einheitskugel der Breite $d\theta$ und der Fläche $d\sigma = 2\pi \sin\theta\, d\theta$ zu:

$$P_{l,m_l}(\theta,\varphi)d^2\sigma = \psi^*_{l,m_l}(\theta,\varphi)\psi_{l,m_l}(\theta,\varphi)d^2\sigma = \Theta^*_{l,m_l}(\theta)\Theta_{l,m_l}(\theta) \sin\theta d\theta \cdot \Phi^*_{m_l}(\varphi)\Phi_{m_l}(\varphi)d\varphi$$

Integration über θ von 0 bis 2π ergibt:

keit vom Winkel θ kann gut mit einer *Polardarstellung* (ρ,θ) $(x = \rho \cdot \cos\theta$, $y = \rho \cdot \sin\theta$, $\rho = P_{l,m_l} = \frac{1}{2\pi} \cdot \Theta^*_{l,m_l} \cdot \Theta_{l,m_l})$ gezeigt werden. In der *QM* gibt man im Allgemeinen als Vorzugsrichtung die z-Achse vor. Daher muss man dann den Winkel θ von der z-Achse weg messen. Da keine Abhängigkeit der Wahrscheinlichkeit $P_{lm_l}(\theta)$ vom Winkel φ vorliegt, ergibt, sich die komplette Winkelverteilung durch Drehung der Polardarstellung um die z-Achse um 360°, den Winkelbereich von 2π des Winkels φ.

Die nachfolgende Abb. V-2.34 zeigt die entsprechenden Polardarstellungen für die Werte $l = 0, 1, 2$. Die Darstellungen für $m_l = +(1, 2, ...)$ und $m_l = -(1, 2, ...)$ sind jeweils identisch.

Für $l = 0$ finden wir die erwartete sphärisch symmetrische Wahrscheinlichkeitsdichte. Mit zunehmendem l bei $m_l = 0$ ergibt sich eine große Wahrscheinlichkeitsdichte entlang der z-Achse. Nimmt aber m_l bei gleichem l zu, so dreht sie sich aus der z-Achse mehr und mehr in eine Ebene senkrecht zu z. Dieser Effekt wird mit steigendem l größer, d. h., für sehr große l und damit sehr große Werte des Drehimpulses $|\vec{L}| = \sqrt{l(l+1)} \cdot \hbar$ weist dieser für $m_l = \pm l$ immer mehr in die z-Richtung und die Aufenthaltswahrscheinlichkeitsdichte des e^- ähnelt dann einer „Bohrschen Bahn" in einer Ebene senkrecht zu $\vec{L}$, wie es der klassischen Vorstellung entspricht.

Beispiel: Wir betrachten eine hohe Quantenzahl $n = 45$. Dann ist die größte erlaubte Bahndrehimpulsquantenzahl $l = n - 1 = 44$. In diesem Fall wird die Wahrscheinlichkeitsdichte für $m_l = 44$ praktisch zu einem Ring um die z-Achse nahe zur x-y-Ebene. Der Ringradius $r = n^2 a_0$ hat etwa den Wert des 2000-fachen Bohrschen Radius (siehe Abschnitt 2.2.4, Gl. V-2.26).

Wir betrachten den ersten angeregten Zustand, also $n = 2$. Zur Energie E_2 gibt es insgesamt 4 Zustände, den kugelsymmetrischen Zustand 2*s* und drei Zustände 2*p*, für die die Summe der Aufenthaltswahrscheinlichkeitsdichten wieder symmetrisch ist: Man spricht von den *Subschalen* 2*s* und 2*p* der *Elektronenschale* $n = 2$.

$$P_{l,m_l}(\theta)d\sigma = \Theta^*_{l,m_l} \cdot \Theta_{l,m_l} \sin\theta\, d\theta \int_0^{2\pi} \frac{1}{2\pi} e^{-im_l\varphi} \cdot e^{im_l\varphi} d\varphi = \underbrace{\frac{\Theta^*_{l,m_l}(\theta) \cdot \Theta_{l,m_l}(\theta)}{2\pi}}_{P_{l,m_l(\theta)}} \cdot \underbrace{2\pi \sin\theta\, d\theta}_{d\sigma}.$$

Es ergeben sich folgende Werte für $P_{l,m_l}(\theta)$ aus $Y^*_{l,m_l}(\theta,\varphi) \cdot Y_{l,m_l}(\theta \cdot \varphi) = \Theta^*_{l,m_l}(\theta) \cdot \Theta_{l,m_l}(\theta)$: $l = 0, m_l = 0$: $P_{0,0} = 1/2$; $l = 1, m_l = 0$: $P_{1,0} = (3/2)\cos^2\theta$; $l = 1, m_l = \pm 1$: $P_{1,\pm 1} = (3/4)\sin^2\theta$; $l = 2, m_l = 0$: $P_{2,0} = (5/8)(3\cos^2\theta - 1)^2$; $l = 2, m_l = \pm 1$: $P_{2,\pm 1} = (15/4)\sin^2\theta\cos^2\theta$; $l = 2, m_l = \pm 2$: $P_{2,\pm 2} = (15/16)\sin^4\theta$.

Die $\Theta_{l,m_l}(\theta)$ sind die in der Mathematik als Legendresche Polynome $(m_l = 0)$, die $Y_{l,m_l}(\theta,\varphi) = \Phi_{m_l}(\varphi) \cdot \Theta_{l,m_l}(\theta)$ die als zugeordnete Legendresche Polynome (= Kugelflächenfunktionen, $m_l \neq 0$) bezeichneten Funktionen (Polynome), die sich als Lösungen der *DG* (V-2.284) bzw. (V-2.281) ergeben. Eine Tabelle von $\Theta_{l,m_l}(\theta)$ und $Y_{l,m_l}(\theta,\varphi)$ für die ersten Werte von l ist in Anhang 3 angeführt.

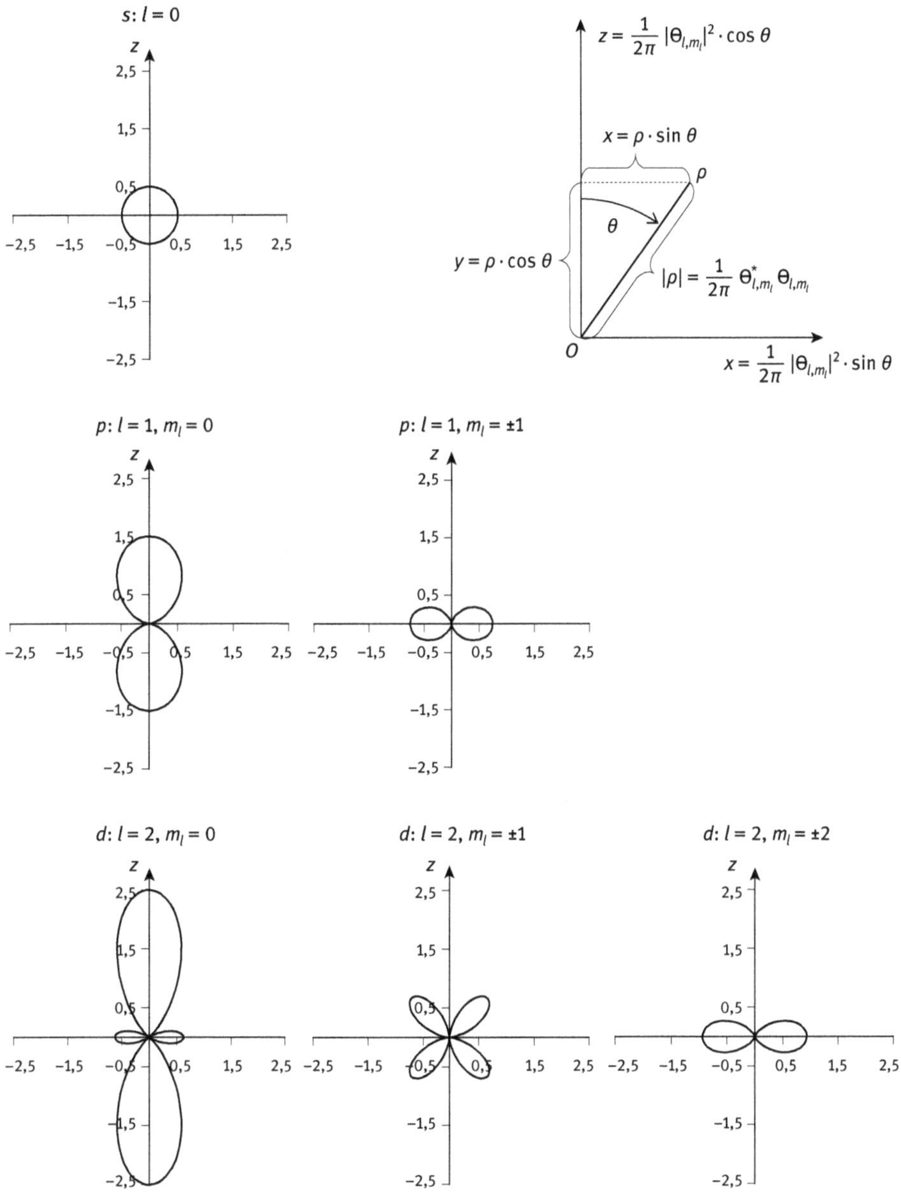

Abb. V-2.34: Polardarstellungen der Winkelverteilung der Aufenthaltswahrscheinlichkeitsdichte $P_{l,m_l}(\theta) = \frac{1}{2\pi}\,\Theta^*_{l,m_l}\cdot\Theta_{l,m_l}$ des e^- im H-Atom. θ wird gegen die z-Achse gemessen. Die gesamte Verteilung ergibt sich durch Rotation um die z-Achse um 360° (Winkelbereich von φ).

	n	l	m_l		
1.	2	0	0	}	s-Zustand: kugelsymmetrisch → s-Subschale
2.	2	1	+1	}	$\sum\lvert\Theta_{l,m_l}\rvert^2$ →kugelsymmetrisch → p-Subschale[102]
3.	2	1	0		
4.	2	1	−1		

Ganz allgemein gilt:

Summiert man die Aufenthaltswahrscheinlichkeitsdichten $\left|\psi_{n,l,m_l}(r,\theta,\varphi)\right|^2$ bei gegebener Hauptquantenzahl über alle erlaubten Werte von l und m_l, so ergibt sich die gesamte Aufenthaltswahrscheinlichkeitsdichte im Zustand n. Sie ist immer kugelsymmetrisch um einen mittleren Radius $\overline{r_n}$ mit exponentiell abfallendem Verlauf ($\propto e^{-\frac{2r}{na_0}}$), man nennt sie die *n-Elektronenschale.* $n = 1$: K-Schale; $n = 2$: L-Schale; $n = 3$: M-Schale usw.

Die Summe über alle erlaubten Werte von m_l zu einem gegebenen Wert von l ergibt wieder eine exponentiell abfallende kugelsymmetrische Aufenthaltswahrscheinlichkeitsdichte einer *Subschale* um einen anderen mittleren Radius $\overline{r_{nl}}$, die nl-Schale. $n = 2$, $l = 0$: 2s-Subschale; $n = 2$, $l = 1$: p-Subschale; $n = 3$, $l = 0$: 3s-Subschale; $n = 3$, $l = 1$: 3p-Subschale; $n = 3$, $l = 2$: 3d-Subschale usf.

2.5.5 Bahndrehimpuls und magnetisches Moment, normaler Zeemaneffekt[103]

Wie verhält sich das Wasserstoffatom im Magnetfeld?

Wir verwenden das übliche, halbklassische Modell des e^- auf einer Kreisbahn (Abb. V-2.35), jedoch mit der Quantenbedingung für den Betrag des Drehimpulses

$$L = \sqrt{l(l+1)}\hbar\,. \tag{V-2.187}$$

102 $\sum_{m_l}\left|Y_{l=1,m_l}\right|^2 = \sum_{m_l}\left|\Theta_{l=1,m_l}\right|^2 = (3/2)\cos^2\theta + 2\cdot(3/4)\sin^2\theta = 3/2 = \text{const.}$ Siehe dazu die Tabellen der $Y_{l,m_l}(\theta,\varphi)$ und $\Theta_{l,m_l}(\theta)$ in Anhang 3.

103 Nach Pieter Zeeman, 1865–1943. Er entdeckte 1896 an den Spektrallinien von Na die Aufspaltung der Linien im Magnetfeld sowie deren Polarisation. Zusammen mit H. A. Lorentz erhielt er 1903 den Nobelpreis für seine außergewöhnlichen Verdienste bei der Erforschung des Einflusses des Magnetismus auf Strahlungserscheinungen.

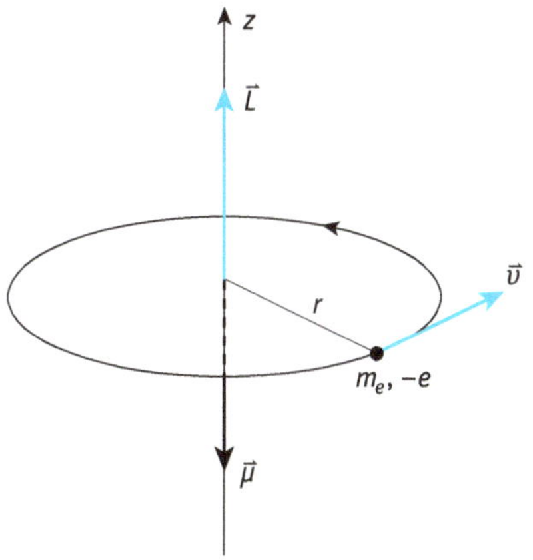

Abb. V-2.35: Das Elektron auf einer Kreisbahn.

Auf einer Kreisbahn mit dem Umfang $2\pi r$ bewegt sich das e^- bei einer Umlaufzeit T mit der Geschwindigkeit $v = \dfrac{2\pi r}{T} = 2\pi r\nu$, seine Frequenz ist daher

$$\nu = \frac{v}{2\pi r}. \tag{V-2.188}$$

Durch die umlaufende Ladung ergibt sich ein elektrischer Strom

$$I = \frac{q}{T} = -e \cdot \nu = -e\,\frac{v}{2\pi r} \tag{V-2.189}$$

und damit ein magnetisches Dipolmoment

$$\vec{p}_m = I \cdot \vec{A} = I \cdot r^2 \pi \vec{n} = -ev \cdot \frac{r}{2}\,\vec{n}. \tag{V-2.190}$$

Dabei ist $\vec{A} = A \cdot \vec{n}$ die orientierte Fläche mit Flächennormalenvektor $\vec{n}$ und Flächeninhalt A.[104]

Im Magnetfeld $\vec{B}$ erfährt das magnetische Moment $\vec{p}_m$ ein Drehmoment

$$\vec{D} = \vec{p}_m \times \vec{B}. \tag{V-2.191}$$

Für den (klassischen) Bahndrehimpuls gilt (Band I, Kapitel „Mechanik des Massenpunktes“, Abschnitt 2.2.2, Gl. I-2.22)

---

104 Wir erinnern uns an das Dipolmoment einer ebenen Leiterschleife (Windungszahl $N = 1$): $\vec{p}_m = I \cdot \vec{A}$ (siehe Band III, Kapitel „Statische Magnetfelder“, Abschnitt 3.1.5, Gl. III-3.42).

$$\vec{L} = m(\vec{r} \times \vec{v}). \qquad \text{(V-2.192)}$$

In unserem Fall können wir die Richtung des Bahndrehimpulsvektors (normal auf $\vec{r}$ und $\vec{v}$) mit Hilfe des Flächennormalenvektors $\vec{n}$ der vom e^- umlaufenen Fläche, der in die z-Richtung weisen möge, schreiben. Damit erhalten wir

$$\vec{L} = m_e r v \vec{n}. \qquad \text{(V-2.193)}$$

Eingesetzt in Gl. V-2.190 ergibt sich so für das magnetische Moment

$$\vec{p}_m^{\,L} = -\frac{e}{2m_e}\vec{L} = \vec{\mu}_e^{\,L} = -\frac{e\hbar}{2m_e}\frac{\vec{L}}{\hbar} = -\mu_B\frac{\vec{L}}{\hbar} \qquad \text{(V-2.194)}$$

magnetisches Moment $\vec{\mu}_e^{\,L}$ [105] *des umlaufenden Elektrons und damit magnetisches Moment des H-Atoms.*[106]

Es ist wegen der negativen Ladung des e^- entgegengesetzt zum Bahndrehimpuls $\vec{L}$ gerichtet, $\vec{\mu}$ und $\vec{L}$ sind antiparallel. Für seinen gequantelten Betrag können wir schreiben, indem wir $L = \sqrt{l(l+1)}\hbar$ einsetzen

$$\left|\vec{\mu}_e^{\,L}\right| = \mu_e^L = \frac{e}{2m_e}L = \frac{\mu_B}{\hbar}L = \frac{\mu_B}{\hbar}\hbar \cdot \sqrt{l(l+1)} = \mu_B\sqrt{l(l+1)}. \qquad \text{(V-2.195)}$$

Der Betrag des magnetischen Moments eines e^- im Coulombfeld des Protons mit einem Bahndrehimpuls $L = \sqrt{l(l+1}\hbar$ (nach Abschnitt 2.5.2, Gl. V-2.172 und Anhang 4, Gl. V-2.209) ist also das $\sqrt{l(l+1)}$-fache von $\mu_B = \frac{e\hbar}{2m_e} = 9{,}274 \cdot 10^{-24}\,\mathrm{A\,m^2}$ bzw. J/T. Ist eine Richtung ausgezeichnet (z. B. die z-Richtung), dann besitzt der Drehimpuls in dieser Richtung den Wert $L_z = m_l\hbar$ und das zugehörige magnetische Moment $\mu_{e,z}^L$ ist ein ganzzahliges Vielfaches von μ_B

105 In der Atom- und Kernphysik bezeichnet man die auftretenden magnetischen Momente mit μ.
106 In der *QM* muss im Unterschied zur obigen klassischen Rechnung an Stelle der ebenen Elektronenbahn eine über den ganzen Raum verteilte mittlere Ladungsdichte $-e\psi^*\psi$ und die mit ihr zusammenhängende Wahrscheinlichkeitsstromdichte $\vec{s} = \frac{\hbar}{im_e}(\psi^*\,\mathrm{grad}\,\psi - \psi\,\mathrm{grad}\,\psi^*)$ betrachtet werden, die von der Drehimpulsquantenzahl m_l des betrachteten Zustands abhängt und eine Stromdichte $\vec{j} = \frac{e}{c}\vec{s}$ zur Folge hat. Die Integration über den gesamten Raum führt auf denselben Ausdruck für das magnetische Moment wie die klassische Rechnung. Siehe dazu E. W. Schpolski, *Atomphysik II*, Berlin: VEB Deutscher Verlag der Wissenschaft, 1967, S. 141.

$$\mu_{e,z}^{L} = -\frac{\mu_B}{\hbar} L_z = -\frac{\mu_B}{\hbar} m_l \hbar = -m_l \mu_B, \qquad m_l = -l, -l+1, \dots, +l-1, +l. \qquad \text{(V-2.196)}$$

μ_B ist daher die elementare Einheit des magnetischen Moments, so wie die Elementarladung e eine kleinste Einheit der Ladung ist. Man nennt diese magnetische Quanteneinheit

$$\mu_B = \frac{e\hbar}{2m_e} \qquad \text{das } \textit{Bohrsche Magneton.}^{107} \qquad \text{(V-2.197)}$$

Besteht im Atom eine ausgezeichnete Richtung, z. B. die z-Richtung, etwa wenn wir sie von außen durch ein Magnetfeld vorgeben oder wenn in einem Atom mit mehreren e^- ein nichtverschwindender Gesamtdrehimpuls $\vec{J}$ existiert, dann ist $\vec{\mu}_{e,z}^{L}$, d. h. die (gequantelte) *Projektion* (also eine Komponente von $\vec{L}$) auf die vorgegebene Richtung, sowohl dem Betrag als auch der Richtung nach definiert und somit messbar.[108]

Wir betrachten jetzt das H-Atom in einem äußeren Magnetfeld $\vec{B}$. Für die potenzielle Energie eines magnetischen Dipols mit dem magnetischen Moment $\vec{p}_m$ im äußeren Feld $\vec{B}$ gilt (Band III, Kapitel „Statische Magnetfelder“, Abschnitt 3.1.5, Gl. III-3.44)

$$E_{\text{pot}} = -\vec{p}_m \cdot \vec{B}. \qquad \text{(V-2.198)}$$

Nach Übereinkunft ist dabei $E_{\text{pot}} = 0$, wenn die Richtung des magnetischen Dipols normal zur Richtung des Magnetfeldes weist und es gilt $E_{\text{pot}} = -p_m \cdot B$ für parallele Richtung (↑↑) und $E_{\text{pot}} = +p_m \cdot B$ für antiparallele Richtung (↑↓). Die parallele Aus-

---

107 Genauer heutiger Wert: μ_B = (9,274 010 0783 ± 0,000 000 0028) · 10^{-24} J/T = (5,788 381 8060 ± ± 0,000 000 0017) · 10^{-5} eV/T.

108 Ohne Vorgabe der Richtung durch einen Feldvektor besitzt $\vec{L}$ zwar einen bestimmten Betrag, nämlich $L = |\vec{L}| = \sqrt{l(l+1)} \cdot \hbar$, aber keine bestimmte Richtung. Erst wenn z. B. die z-Richtung ausgezeichnet wird, ist die Komponente von $\vec{L}$ in dieser Richtung, nämlich $L_z = m\hbar$ (und nur diese Komponente) festgelegt und bestimmt zusammen mit dem Betrag $|\vec{L}|$ die Lage von $\vec{L}$ irgendwo auf einem Kreiskegel mit dem Öffnungswinkel 2θ, wobei $\theta = \arccos \dfrac{m_l}{\sqrt{l(l+1)}}$ ist (siehe Abschnitt 2.5.2, Beispiel ‚Bahndrehimpulsquantenzahl $l = 2$‘ und weiter unten Abb. V-2.37). Das Gleiche gilt wegen der Beziehung $\mu_e^L = -\mu_B \dfrac{\vec{L}}{\hbar}$ auch für das magnetische Moment des e^-.

richtung von $\vec{B}$ und $\vec{p}_m$ ist daher der energetisch günstigere Zustand.[109] Im vorliegenden Fall mit $\mu_e^L < 0$ gilt für eine *Parallelrichtung* von $\vec{p}_m$ und $\vec{L}$ mit Gl. (V-2.194) und (V-2.196)

$$E_{\text{pot}} = -\vec{\mu}_e^L \vec{B} = +\frac{e}{2m_e} \cdot L_B \cdot B\,, \tag{V-2.199}$$

das bedeutet eine Zusatzenergie durch das äußere Magnetfeld.

Nehmen wir an, dass das Magnetfeld $\vec{B}$ in die z-Richtung weist, dann benötigen wir zur Berechnung der Zusatzenergie die Komponente des Bahndrehimpulses L_z in z-Richtung

$$L_z = m_l \cdot \hbar\,. \tag{V-2.200}$$

Dieser Komponente des Bahndrehimpulses entspricht eine Komponente des magnetischen Dipolmoments

$$\mu_e^{L_z} = -\frac{e}{2m_e} L_z = -\frac{e\hbar}{2m_e} m_l = -m_l \mu_B\,.^{110} \tag{V-2.201}$$

Damit wird die Zusatzenergie des Atoms im Magnetfeld nach Gl. (V-2.199) mit $L_B \equiv L_z$

$$\Delta E_{\text{pot}} = \frac{e\hbar}{2m_e} m_l B = m_l \mu_B \cdot B \tag{V-2.202}$$

mit $(-l \leq m_l \leq +l)$. Durch diese Zusatzenergie spalten die Termwerte des Atoms im äußeren Magnetfeld auf, die Entartung bezüglich der Quantenzahl m_l wird aufgehoben:

$$E_{n,l,m_l} = E_{\text{Coul}}(n,l) + m_l \cdot \mu_B \cdot B\,. \tag{V-2.203}$$

Ohne Feld liegen im Energieniveau $E(n,l)$ $(2l+1)$ entartete m_l-Zustände vor. Mit Feld spalten diese Niveaus in $(2l+1)$ Zeeman-Komponenten auf mit dem Abstand

---

109 Um den Dipol aus der parallelen Ausrichtung in die antiparallele zu drehen, muss Arbeit aufgewendet werden.

110 Von $\vec{L}$ und μ_e^L kann jeweils nur die Projektion auf eine von außen vorgegebene Richtung gemessen werden und diese Projektion ist gequantelt. Ist die vorgegebene Richtung die z-Richtung, so gilt: $L_z = m_l\hbar$ und $\mu_z^L = -m_l\mu_B$.

$$\Delta E = E_{nlm_l} - E_{nlm_l-1} = \mu_B B \qquad \textit{„normale“ Zeeman-Aufspaltung.} \qquad \text{(V-2.204)}$$

Diese Aufspaltung der Spektrallinien ist also zum Magnetfeld B proportional, hängt aber nicht von den Quantenzahlen n und l ab.

Für $l = 1$ ergibt sich so ein Aufspaltungstriplett ($m_l = -1, 0, +1$), für $l = 2$ eine Aufspaltung in 5 Linien (Abb. V-2.36):

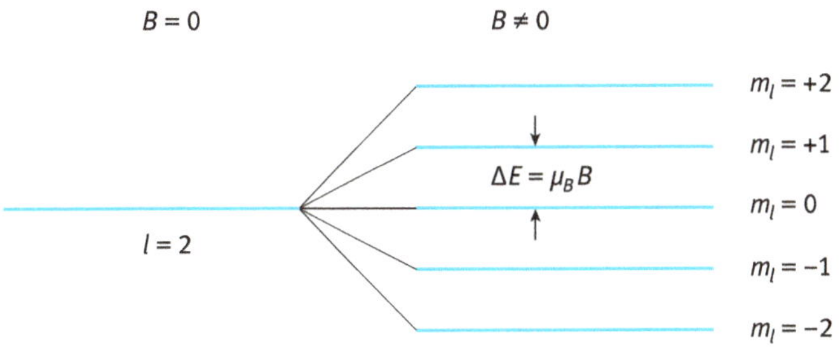

Abb. V-2.36: „Normale Zeeman-Aufspaltung des sonst entarteten Niveaus $l = 2$ bei Spin Null (Singulett-Term).

In klassischer Betrachtungsweise wirkt im homogenen Magnetfeld auf ein magnetisches Dipolmoment ein Drehmoment

$$\vec{D} = \vec{\mu}_e^L \times \vec{B} = \frac{-e}{2m_e}(\vec{L} \times \vec{B}) = \frac{-\mu_B}{\hbar}(\vec{L} \times \vec{B}). \qquad \text{(V-2.205)}$$

Nach der klassischen Beziehung $\frac{d\vec{L}}{dt} = \vec{D}$ (siehe Band I, Kapitel „Mechanik des Massenpunktes“, Abschnitt 2.2.2, Gl. I-2.23) bedeutet dies, dass der Bahndrehimpuls $\vec{L}$, und daher auch das Dipolmoment $\vec{\mu}_e^L$, nicht mehr konstant sind. Da $\vec{D}$ senkrecht auf $\vec{L}$ (bzw. $\vec{\mu}_e^L$) und $\vec{B}$ steht, bleibt für $\vec{B} = \{0,0,B_z\}$ nur L_z zeitlich konstant,[111] das dem Betrage nach konstante $\vec{L}$ ($|\vec{L}| = \sqrt{l(l+1)} \cdot \hbar$) präzediert um die z-Achse mit einem Öffnungswinkel 2θ für den gilt[112]

$$\cos\theta = \frac{L_z}{|\vec{L}|} = \frac{m_l \hbar}{\sqrt{l(l+1)}\hbar} = \frac{m_l}{\sqrt{l(l+1)}} \qquad \text{(V-2.206)}$$

---

111 $\vec{D} = (\mu_{ey}^L \cdot B_z)\vec{e}_x + (\mu_{ex}^L \cdot B_z)\vec{e}_y + 0 \cdot \vec{e}_z \quad \Rightarrow \quad \frac{dL_z}{dt} = D_z = 0 \quad \Rightarrow \quad L_z = \text{const.}$

112 Das entspricht einer halbklassischen Beschreibung; quantenmechanisch ist die Lage von $\vec{L}$ auf dem Kegelmantel nicht festgelegt (siehe Abschnitt 2.5.2, Beispiel ‚Bahndrehimpulsquantenzahl $l = 2$‘).

mit $L_z = m_l \hbar$ und $-l \leq m_l \leq +l$ (Abb. V-2.37).

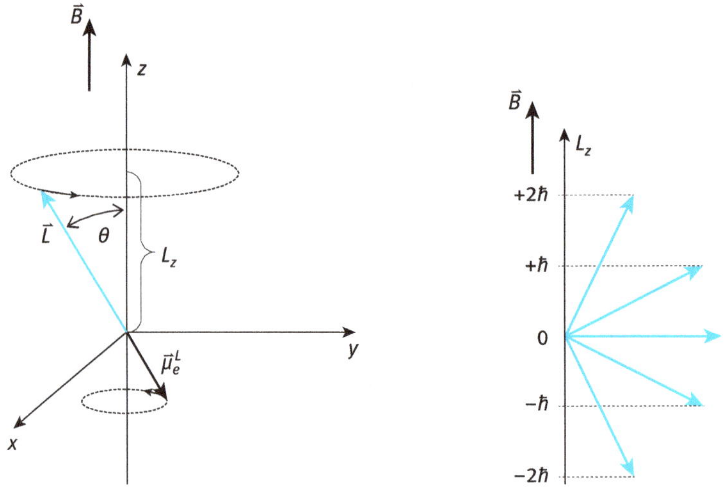

Abb. V-2.37: Präzession (*Larmorpräzession*) von Bahndrehimpuls $\vec{L}$ und zugehörigem magnetischem Dipolmoment $\vec{\mu}_e^L$ eines Elektrons um die Richtung des äußeren, homogenen Magnetfeldes (links) in einer halbklassischen Interpretation. Die Komponente des Bahndrehimpulses in Feldrichtung (hier die z-Richtung) ist gequantelt, hier für eine magnetische Quantenzahl $l = 2$ (rechts).

Die Frequenz (*Larmorfrequenz*) ω_L dieser *Larmorpräzession* (nach Sir Joseph Larmor, 1857–1942) ergibt sich sofort mit[113]

$$d\vec{L} = d\vec{\varphi} \times \vec{L} = \vec{\omega}_L dt \times \vec{L} \tag{V-2.207}$$

und damit

$$\frac{d\vec{L}}{dt} = \vec{\omega}_L \times \vec{L} = \vec{D} = -\frac{\mu_B}{\hbar}(\vec{L} \times \vec{B}) = \frac{\mu_B}{\hbar}(\vec{B} \times \vec{L}) \tag{V-2.208}$$

aus dem Vergleich der Vektoren zu

$$\vec{\omega}_L = \frac{\mu_B}{\hbar}\vec{B} \qquad \textit{Larmor-Winkelgeschwindigkeit;}^{114} \tag{V-2.209}$$

113 Die vektorielle Winkelgröße $d\vec{\varphi} = \vec{\omega}_L\, dt$ zum Winkel φ in Abb. V-2.38 steht immer ⊥ auf der Ebene, in der der Winkel gemessen wird.

114 Für ein Teilchen mit positiver Elementarladung gilt für die Larmor-Winkelgeschwindigkeit: $\vec{\omega}_L = -\frac{\mu_B}{\hbar} \cdot \vec{B}$.

$\vec{\omega}_L$ und $\vec{B}$ sind unabhängig vom Öffnungswinkel θ zwischen Drehimpuls $\vec{L}$ und Magnetfeldrichtung $\vec{B}$.

Auch entsprechend der nachfolgenden Abb. V-2.38

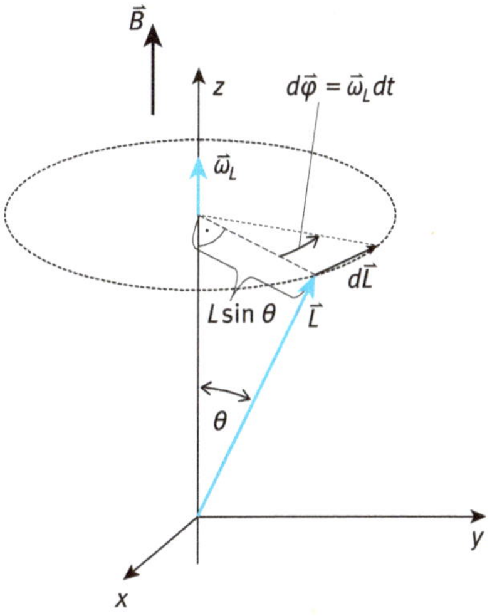

Abb. V-2.38: Zur *Larmorfrequenz* ω_L. Die Änderung $d\vec{L}$ des Bahndrehimpulses $\vec{L}$ im äußeren, homogenen Magnetfeld steht normal auf $\vec{L}$. Für das entsprechende Drehmoment $\vec{D} = \frac{d\vec{L}}{dt}$ gilt daher $\frac{d\vec{L}}{dt} = \vec{\omega}_L \times \vec{L}$. Aus der Zeichnung ist ersichtlich: $dL = L\sin\theta \cdot \omega_L \cdot dt \quad \Rightarrow$ $L\omega_L \sin\theta = \frac{dL}{dt} = D = \underbrace{\mu_e^L \cdot B \cdot \sin\theta}_{=|\mu_e^L \times \vec{B}|} = \frac{\mu_B}{\hbar} L \cdot B \cdot \sin\theta$ und damit $\omega_L = \frac{\mu_B}{\hbar} \cdot B$.

folgt aus

$$dL = L\sin\theta \cdot \omega_L \cdot dt \tag{V-2.210}$$

$$\Rightarrow \quad L\omega_L \sin\theta = \frac{dL}{dt} = D = \underbrace{\mu_e^L \cdot B \cdot \sin\theta}_{=|\mu_e^L \times \vec{B}|} = \frac{\mu_B}{\hbar} L \cdot B \cdot \sin\theta \tag{V-2.211}$$

und damit wieder

$$\omega_L = \frac{\mu_B}{\hbar} \cdot B \qquad \textit{Larmorfrequenz des im } e^- \textit{ homogenen Magnetfeld.} \tag{V-2.212}$$

Im zeitlichen Mittel fällt die zu $\vec{B}$ senkrechte Komponente von $\vec{\mu}_e^L$ (bei halbklassischer Betrachtung) weg und als potenzielle Energie des präzedierenden Dipols bleibt nur der Wert

$$E_{\text{pot}} = -\vec{\mu}_e^L \cdot \vec{B} \cdot \cos(\vec{L},\vec{B}) = -(\vec{\mu}_e^L)_z \cdot B = \mu_B \cdot m_l B = \frac{e\hbar}{2m_e} m_l B \,. \quad \text{(V-2.213)}$$

(Hier wurde das quantenmechanische Resultat bezüglich der z-Komponente des Drehimpulses $L_z = m_l\hbar$ zusammen mit klassischen Argumenten der Mittelwertbildung verwendet – „halbklassische Darstellung").

Beispiel 1: Entstehung des „normalen Zeemantripletts" an Hand eines $3\,^1D_2\,(l = 2) \rightarrow 2\,^1P_1(l = 1)$ Überganges im Magnetfeld.

Der Ausgangsterm D spaltet im Feld B in $2l + 1 = 2 \cdot 2 + 1 = 5$ Terme mit dem Energieabstand $\Delta E = \mu_B B$ auf, der Endterm P in $2l + 1 = 2 \cdot 1 + 1 = 3$ Terme mit dem gleichen Abstand. Als Auswahlregel für die erlaubten Übergänge zwischen diesen Termen gilt (Endzustand minus Ausgangszustand): $\Delta m_l = 0,\pm 1$. Damit ergibt sich das abgebildete Übergangsschema.

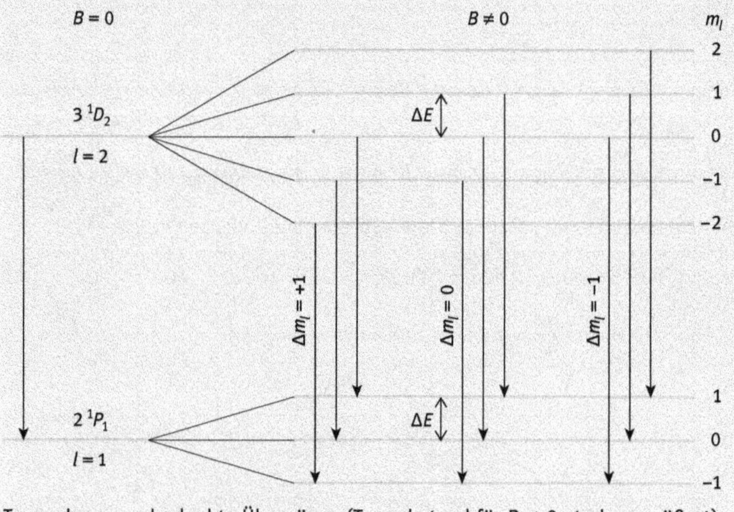

Termschema und erlaubte Übergänge (Termabstand für B ≠ 0 stark vergrößert).

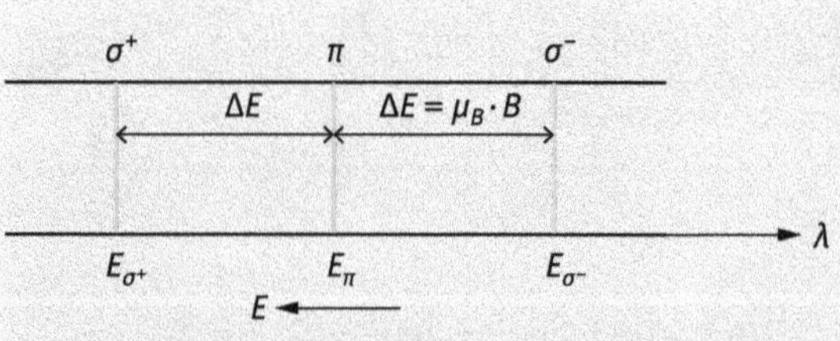

Normales Zeemantriplett: Linienbild im Spektrographen (transversal zu B beobachtet). $E_{\sigma^+} - E_\pi = E_\pi - E_{\sigma^-} = \Delta E = \mu_B \cdot B$

Je drei Linien fallen zusammen, sodass sich nur drei verschiedene Spektrallinien ergeben, das sogenannte *normale Zeemantriplett*. Dies gilt für alle Übergänge zwischen Singulett-Termen ($s = 0$). Die Linien mit $\Delta m_l = 0$ sind parallel zu $\vec{B}$ polarisiert (π-Linien) und bei Blickrichtung in der Feldrichtung nicht beobachtbar („longitudinaler Zeeman-Effekt“); die Linien mit $\Delta m_l = \pm 1$ sind senkrecht zu $\vec{B}$ (σ-Linien) polarisiert, in Blickrichtung von $\vec{B}$ jedoch gegensinnig zirkular polarisiert.

Beispiel 2: Die Aufspaltung im Magnetfeld beträgt

$$\Delta E = \mu_B \cdot B = 9{,}274 \cdot 10^{-24} \cdot B \text{ in J oder } \Delta E = \frac{9{,}274 \cdot 10^{-24}}{1{,}60 \cdot 10^{19}} \cdot B = 5{,}796 \cdot 10^{-5} \cdot B \text{ in eV,}$$

das heißt

$$\frac{\Delta E}{B} = 9{,}274 \cdot 10^{-24}\,\text{J/T oder } 5{,}796 \cdot 10^{-5}\,\text{eV/T.}$$

In einem starken Magnetfeld von 2 T ergibt sich so für die Linienaufspaltung

$$(\Delta E = \hbar\Delta\omega)\ \Delta\nu = \frac{\Delta E}{2\pi\hbar} = \frac{1{,}855 \cdot 10^{-23}}{2\pi \cdot 1{,}055 \cdot 10^{-34}} = 2{,}798 \cdot 10^{10}\,\text{Hz.}$$

Aus $\Delta\nu = \frac{c}{\lambda} - \frac{c}{\lambda_0} = \frac{c\lambda_0 - c\lambda}{\lambda\lambda_0} = \frac{c\Delta\lambda}{\lambda\lambda_0}$ und $\Delta\lambda = \frac{\Delta\nu}{c}\lambda\lambda_0$ folgt für eine Wellenlänge $\lambda = 500\,\text{nm}$ eine relative Wellenlängenverschiebung

$$\frac{\Delta\lambda}{\lambda} = \frac{\Delta\nu}{c}\lambda_0 = \frac{2{,}798 \cdot 10^{10}}{3 \cdot 10^{8}} \cdot 500 \cdot 10^{-9} = 4{,}66 \cdot 10^{-5}$$

und

$$\Delta\lambda = 2{,}33 \cdot 10^{-11}\,\text{m} = 0{,}0233 \cdot 10^{-9}\,\text{m} = 0{,}0233\,\text{nm},$$

das ist etwa der 20 000. Teil einer Wellenlänge. Vom Beobachtungsinstrument ist daher mindestens eine Auflösung $\frac{\lambda}{\Delta\lambda} = 20\,000$ gefordert. Dies ist z. B. mit der Interferenz an planparallelen Platten (Fabry-Perot-Interferometer oder an einer Lummer-Gehrcke-Platte, siehe Band IV, Kapitel „Wellenoptik“, Abschnitte 1.5.4.2 und 1.5.4.3) gut erfüllbar (Auflösungsvermögen $\frac{\lambda}{\Delta\lambda} \geq 10^6$ bzw. $\frac{\lambda}{\Delta\lambda} \geq 10^5$).

Der „normale“ Zeeman-Effekt ist ein Sonderfall, der nur bei Singulett-Linien auftritt, also bei Linien eines Elektronensystems, dessen gesamter Spin Null ist. Im Grenzfall sehr starker Magnetfelder stimmt das beobachtete Aufspaltungsbild aller Elektronensysteme mit dem des normalen Zeeman-Effekts überein (Paschen-Back-Effekt). Im schwachen Feld tritt i. Allg. eine andere Zahl der Komponenten und auch eine andere Aufspaltung als beim normalen Zeeman-Effekt auf. Die Ursache liegt darin, dass in der (nichtrelativistischen) Schrödingergleichung der Spin (Eigendrehimpuls) und das damit verbundene magnetische Dipolmoment des Elektrons nicht enthalten sind. Durch Berücksichtigung des e^--Spins kann die *QM* den „anomalen“ Zeeman-Effekt vollständig erklären (vgl. Abschnitt 2.5.7).

2.5.6 Der Elektronenspin

Wie die genaue Beobachtung zeigt, ist die gelbe Spektrallinie von Natrium aufgespalten, d. h. eine Doppellinie: 588,9951 nm (D_2) und 589,5924 nm (D_1). Auch alle anderen Linien der Hauptserie der Alkalimetalle sind Doppellinien. Dies ist mit den bisherigen 3 Quantenzahlen n, l und m_l, die aus der Schrödingergleichung folgen, nicht vereinbar. Außerdem wurde neben dem „normalen" Zeeman-Effekt im schwachen Magnetfeld weit häufiger eine andere Linienaufspaltung, der „anomale" Zeeman-Effekt, beobachtet, der auch mit den bisherigen Vorstellungen nicht verstanden werden kann. 1925 postulierte Wolfgang Pauli daher eine zusätzliche Quantenzahl, die noch im selben Jahr von Samuel Goudsmit und George Uhlenbeck[115] als Quantenzahl für den *Eigendrehimpuls* = *Spin* des Elektrons beschrieben wurde. Man setzt den Betrag dieses Eigendrehimpulsvektors $\vec{S}$ wie jenen des Bahndrehimpulses mit einer neuen *Eigendrehimpulsquantenzahl* = *Spinquantenzahl s* an:

$$\left|\vec{S}\right| = S = \sqrt{s(s+1)} \cdot \hbar \qquad \text{(V-2.214)}$$

Für die Projektion S_z von $\vec{S}$ auf eine von außen, z. B. durch ein Magnetfeld, vorgegebene Richtung, z. B. die z-Richtung, gilt mit der *magnetischen Eigendrehimpulsquantenzahl* = *magnetische Spinquantenzahl* m_s analog zum Bahndrehimpuls

$$S_z = m_s \cdot \hbar, \qquad \text{(V-2.215)}$$

mit $-s \le m_s \le +s$. So ergeben sich $(2s+1)$ Werte m_s und damit auch ebenso viele Aufspaltungswerte eines Energieniveaus, falls mit dem Spin ein magnetisches Moment verbunden ist und das e^- sich in einem Magnetfeld befindet. Genau zwei Aufspaltungswerte wie für die Doppellinien der Alkalimetalle ergeben sich nur für den Fall

$$s = 1/2 \text{ und damit } m_s = +1/2 \text{ und } -1/2. \qquad \text{(V-2.216)}$$

Der Eigendrehimpuls (= Spin) des e^- beträgt daher in einer vorgegebenen Richtung $S_+ = \frac{1}{2}\hbar$ bzw. $S_- = -\frac{1}{2}\hbar$, während sein Betrag $\left|\vec{S}\right| = \sqrt{s(s+1)}\,\hbar = \sqrt{\frac{1}{2}\cdot\frac{3}{2}}\,\hbar = \frac{\sqrt{3}}{2}\hbar$ ist.

Der Spin des Elektrons ist ein relativistischer Effekt und folgt daher nicht aus der Schrödingergleichung. Er muss bei nicht-relativistischer Rechnung von außen eingeführt werden. Geht man von der relativistischen Dirac-Gleichung aus, so folgt der Elektronenspin zwanglos (siehe Anhang 5).

---

115 George Eugene Uhlenbeck, 1900–1988 und Samuel Abraham Goudsmit, ursprünglich Goudschmidt, 1902–1978, beide US-amerikanische Physiker niederländischer Herkunft.

2.5.6.1 Der Stern-Gerlach-Versuch

Otto Stern[116] und Walther Gerlach (1889–1979) beschäftigten sich mit der Untersuchung von Atomstrahlen. 1921 beobachteten sie die Ablenkung eines Dampfstrahls von Silberatomen im Magnetfeld. Sie fanden eine geringfügige, aber nach entsprechender Verbesserung der Justierung außerhalb der Fehlergrenze liegende Aufspaltung des Atomstrahls bei Durchgang durch ein stark inhomogenes Magnetfeld, wodurch die ausgerichteten Ag-Dipole auch eine ablenkende Kraftwirkung erfahren. Damit glaubten sie die Richtungsquantelung des atomaren Dipolmoments, hervorgerufen durch den vom Bohrschen Atommodell vorausgesagten, gequantelten Bahndrehimpuls $|\vec{L}| = n\hbar$, gefunden zu haben und beglückwünschten Bohr in einer Postkarte, die Photographien des unaufgespalteten Strahls ohne Feld und des eindeutig aufgespalteten Strahls im Magnetfeld zeigten (Abb. V-2.39).

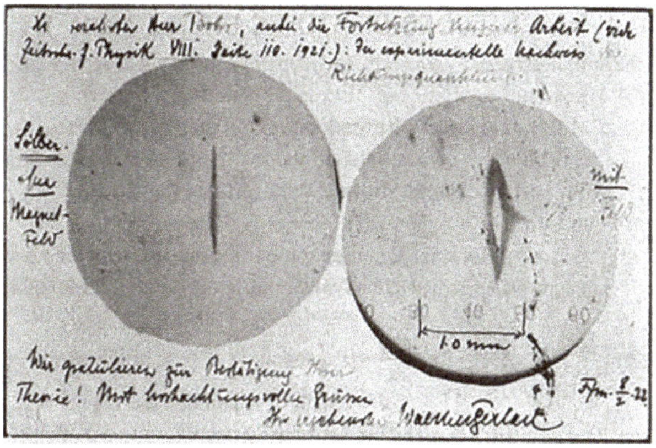

Abb. V-2.39: Postkarte von Walther Gerlach an Niels Bohr, auf der er ihm zur Bestätigung seiner Theorie gratuliert. Die Karte zeigt Photographien des unaufgespalteten Strahls von Silberatomen ohne Magnetfeld (links) und des im inhomogenen Magnetfeld eindeutig aufgespalteten Strahls (rechts). (Nach B. Friedrich und D. Herschbach, *Physics Today* **56**, 53 (2003).)

Es blieb allerdings ein Rätsel, wie die Atome im Magnetfeld in genau zwei unterschiedlich abgelenkte Strahlen aufgespalten werden konnten, wenn das magnetische Moment vor ihrem Eintritt ins Magnetfeld völlig statistisch orientiert war.

Das Silberatom hat von insgesamt 47 Elektronen 46 in 3 vollständig besetzten Elektronenschalen (K,L,M), in 3 vollbesetzten N-Subschalen und nur ein einziges e^- in der O-Schale. Im Grundzustand, d. h. nicht angeregt, ist das Atom folglich im kugelsymmetrischen s-Zustand (Bahndrehimpulsquantenzahl $l = 0$) mit Bahndrehimpuls $L = \sqrt{l(l+1)}\hbar = 0$ und daher auch $\mu_e^L = 0$, hat also aus heutiger Sicht *kein*

116 Otto Stern, 1888–1969. Für seine Untersuchung an Molekularstrahlen erhielt er 1943 den Nobelpreis.

durch den Bahndrehimpuls verursachtes magnetisches Dipolmoment. Stern und Gerlach brachten den Dampfstrahl der Silberatome in ein extrem *inhomogenes* Magnetfeld. Ohne magnetisches Moment der Atome sollten alle Atome nach Durchlaufen des Feldes an derselben Stelle des Schirms auftreffen; dies war auch bei abgeschaltetem Magnetfeld der Fall. Die beobachtete Aufspaltung des Strahls mit Feld erbrachte so nach heutiger Sicht den Nachweis, dass das Silberatom ein magnetisches Moment aufweist, das offenbar von dem äußersten e^- herrühren muss und nicht vom Bahndrehimpuls stammen kann (Abb. V-2.40).[117]

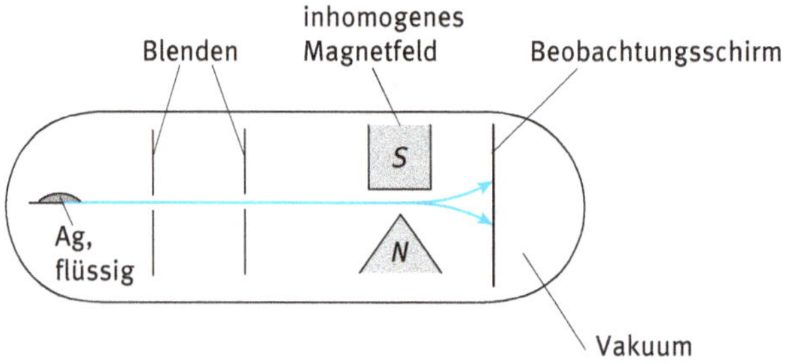

Abb. V-2.40: In einem evakuierten Glasrohr verlässt ein Strahl von Silberatomen die Flüssigkeitsoberfläche, wird durch Blenden gebündelt und tritt durch ein inhomogenes Magnetfeld. Es werden zwei räumlich getrennte Positionen von Silberniederschlag am Schirm beobachtet.

Die genau zwei Ablenkpositionen des Atomstrahls am Schirm nach Durchlaufen des inhomogenen Magnetfeldes rühren offensichtlich von *zwei* Orientierungen des magnetischen Moments der Silberatome her. Dies entspricht genau der Annahme von Goudsmit und Uhlenbeck, dass sich mit der Spinquantenzahl $s = 1/2$ genau *zwei* Einstellmöglichkeiten des Elektronenspins zur vorgegebenen Richtung ergeben müssen (Abb. V-2.41): $m_s = +1/2$ und $m_s = -1/2$ (oder ↑ und ↓). Wenn der Eigendrehimpuls des geladenen e^- mit einem magnetischen Dipolmoment verbunden ist, muss es zur Aufspaltung des Atomstrahls im inhomogenen Magnetfeld kommen. Diese richtige Neuinterpretation des Stern-Gerlach-Versuchs im Lichte des Elektronenspins erfolgte erstaunlicher Weise erst 1927 durch Ronald Fraser[118], der als erster erkannte, dass Silberatome im Grundzustand Bahndrehimpuls Null aufweisen.

---

117 Während im *homogenen* Magnetfeld auf einen magnetischen Dipol $\vec{p}_m$ ein *Drehmoment* wirkt, das den Dipol in Feldrichtung ausrichten will, wirkt im *inhomogenen* Magnetfeld auf den Dipol zusätzlich eine *Kraft*, die ihn aus seiner Bewegungsrichtung ablenkt ($\vec{F} = \underbrace{\underbrace{(\vec{p}_m \cdot \vec{\nabla})}_{\vec{p}_m-\text{Vektorgradient}} \cdot \vec{B}}_{\vec{p}_m-\text{Vektorgradient von } \vec{B}}$, siehe Band III, Kapitel ‚Statische Magnetfelder', Abschnitt 4.1.5, Gl. (III-3.46) und Band I, Kapitel „Deformierbare Körper", Abschnitt 4.3.2).

118 R. G. J. Fraser, *Proceedings of the Royal Society A* **114**, 212 (1927).

1927 wurde der Versuch von Phipps and Taylor[119] auch mit Wasserstoffatomen durchgeführt und ebenso eine Aufspaltung in zwei Strahlen beobachtet.

Mit der Spinquantenzahl $s = 1/2$ folgt für den Betrag des Spins wie im Fall des Bahndrehimpulses (Abb. V-2.41)

$$\left|\vec{S}\right| = S = \sqrt{s(s+1)} \cdot \hbar = \frac{1}{2}\sqrt{3} \cdot \hbar = 0{,}866 \cdot \hbar . \qquad \text{(V-2.217)}$$

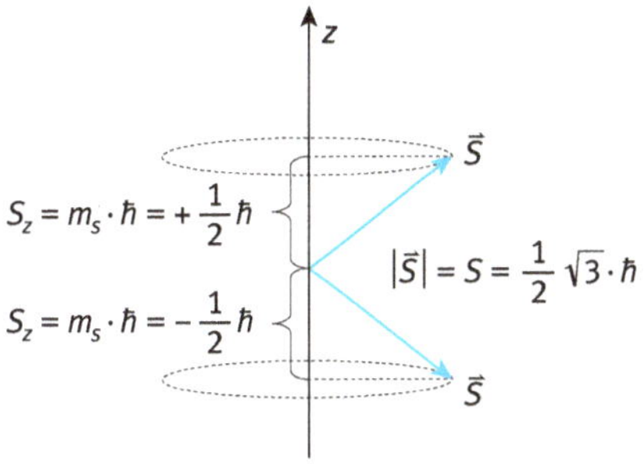

Abb. V-2.41: Bei von außen vorgegebener Vorzugsrichtung z hat der Eigendrehimpuls $\vec{S}$ des e^- genau zwei Einstellmöglichkeiten bezüglich der z-Richtung $+1/2\,\hbar$ und $-1/2\,\hbar$ bzw. „Spin auf" (↑) oder „Spin ab" (↓).

Mit der (relativistischen) Erweiterung durch den Spin des e^- ergeben sich daher folgende Quantenzahlen für das Wasserstoffatom:

1. Die *Hauptquantenzahl* (Energiequantenzahl) $n = 1, 2, 3, \ldots$; sie gibt die *Energiewerte der Grobstruktur* des Wasserstoffatoms an.
2. Die *Bahndrehimpulsquantenzahl* $l = 0, 1, 2, \ldots (n-1)$; sie *quantelt den Betrag des Bahndrehimpulses* des e^-.
3. Die *magnetische Bahndrehimpulsquantenzahl* $m_l = -l, (-l+1), \ldots, 0, \ldots, (l-1), l$; sie *quantelt die Komponente des Bahndrehimpulses in Richtung einer von außen vorgegebenen Vorzugsrichtung.*
4. Die *Eigendrehimpulsquantenzahl* (Spinquantenzahl) *quantelt den Betrag des Eigendrehimpulses* des e^-, sie besitzt nur den einen Wert $s = 1/2$.
5. Die *magnetische Eigendrehimpulsquantenzahl* $m_s = -1/2, +1/2$; sie *quantelt die Komponente des Eigendrehimpulses des e^- in Richtung einer von außen vorgegebenen Vorzugsrichtung*. Diese Komponente kann genau die zwei Werte $S_z = +1/2\,\hbar$ oder $S_z = -1/2\,\hbar$ annehmen.

119 T. E. Phipps and J. B. Taylor, *Physical Review* **29**, 309 (1927).

2.5.6.2 Der Einstein-de Haas-Effekt

1915 führte de Haas[120] ein Experiment durch, das von Albert Einstein vorgeschlagen worden war, um die Verbindung von Drehimpuls und magnetischem Moment einzelner Atome zu zeigen und damit den Festkörpermagnetismus zu erklären (Abb. V-2.42).

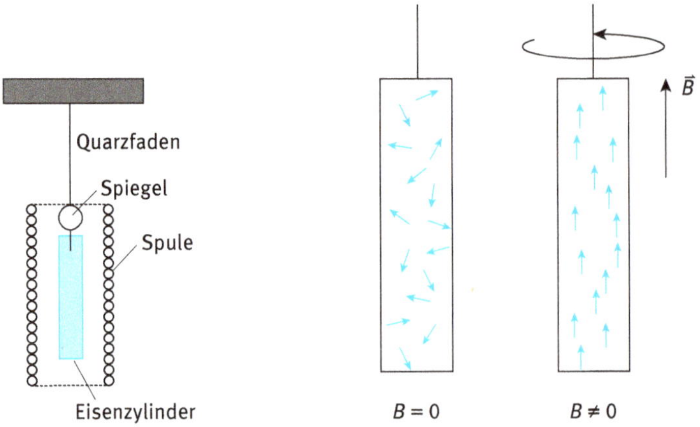

Abb. V-2.42: Zum Einstein-de Haas Experiment. Links: Experimentelle Anordnung. Rechts: Magnetische Dipolmomente im Eisenzylinder ohne Feld (links) und mit Feld (rechts). Stark schematisiert.

Ein unmagnetisierter Eisenzylinder hängt an einem dünnen Quarzfaden im Inneren einer Spule längs ihrer Achse. Fließt kein Strom durch die Spule, so sind die im Eisenzylinder vorhandenen magnetischen Dipolmomente statistisch über alle Raumrichtungen verteilt und es tritt kein Effekt nach außen auf. Fließt aber Strom durch die Spule, so kommt es zur Ausrichtung der magnetischen Dipolmomente im äußeren Magnetfeld, zur Magnetisierung (vgl. Band III, Kapitel „Statische Magnetfelder, Abschnitt 3.4.1). Wenn die magnetischen Momente der Atome, d. h. der gebundenen e^-, an ihren Bahndrehimpuls gekoppelt sind, so sollte die Ausrichtung der magnetischen Momente auch mit einer Ausrichtung der atomaren Drehimpulse verbunden sein, die wegen der negativen Ladung der e^- entgegengesetzt zum angelegten Magnetfeld erfolgen muss. Dies bedeutet aber auch eine Änderung des Drehimpulses der Atome. Da der Gesamtdrehimpuls des Systems in der $\vec{B}$-Richtung erhalten bleiben muss,[121] sollte sich der Zylinder in die entgegengesetzte Richtung

120 Wander Johannes de Haas, 1878–1960. De Haas arbeitete von 1913–1915 als wissenschaftlicher Mitarbeiter an der Physikalisch Technischen Reichsanstalt in Berlin. Dort kam es zum Kontakt mit Einstein, der seit 1. 4. 1914 Direktor des Kaiser-Wilhelm Instituts für Physik war.

121 Das von der Spule auf die atomaren Dipole ausgeübte Drehmoment steht senkrecht auf die $\vec{B}$-Richtung: $\uparrow \vec{D} = \vec{\mu}_e \times \vec{B}$.

der ausgerichteten atomaren Drehimpulse drehen und den Quarzfaden tordieren. Um den sehr kleinen Effekt beobachten zu können, musste de Haas allerdings einen Wechselstrom durch die Spule schicken, dessen Frequenz der Eigenschwingung (Resonanzfrequenz) des aufgehängten Zylinders entsprach (Abb. V-2.43).

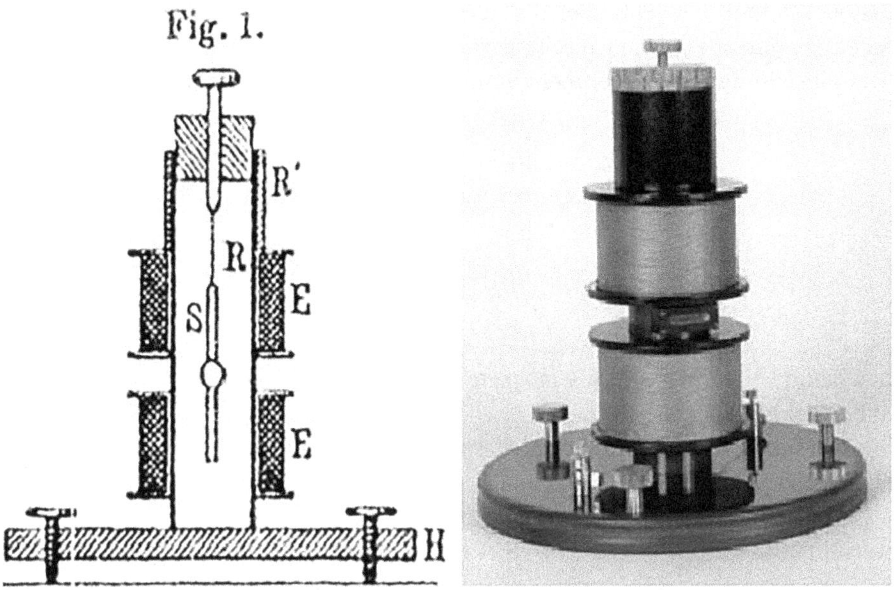

Abb. V-2.43: Originalzeichnung und Nachbau (Physikalisch Technische Bundesanstalt, Berlin) der von Einstein vorgeschlagenen und von de Haas gebauten Apparatur.

Das mit dem *Bahndrehimpuls* der gebundenen e^- verbundene magnetische Dipolmoment ist

$$\vec{\mu}_e^L = \vec{p}_m^L = -\mu_B \frac{\vec{L}}{\hbar}, \tag{V-2.218}$$

und damit der Quotient aus den Beträgen des magnetischen Moments und des Bahndrehimpulses, das *gyromagnetische Verhältnis* γ_L

$$\gamma_L = \frac{\left|\vec{\mu}_e^L\right|}{\left|\vec{L}\right|} = \frac{\mu_B}{\hbar} = \frac{e}{2m_e}. \tag{V-2.219}$$

Aus dem Experiment ergab sich aber für γ ein Wert von $2\frac{\mu_B}{\hbar}$! Die im äußeren Magnetfeld ausgerichteten magnetischen Dipolmomente im Eisenzylinder sind daher *nicht mit dem Bahndrehimpuls* der Atome (der gebundenen Elektronen) verknüpft. Das Ergebnis lässt sich aber mit dem *Eigendrehimpuls* der Elektronen erklären: Im metallischen Eisenzylinder wird der überwiegende Teil des magnetischen Moments durch die magnetischen Dipolmomente verursacht, die an den Eigendrehimpuls der „freien“ Metallelektronen gekoppelt sind. Nur ein sehr kleiner Teil stammt vom Bahndrehimpuls der gebundenen e^-. Das gyromagnetische Verhältnis des magnetischen Dipolmoments zum mechanischen Eigendrehimpuls ergibt sich dann aus dem Einstein-de Haas Experiment doppelt so groß wie beim Bahndrehimpuls

$$\gamma_S = \frac{\left|\vec{\mu}_e^S\right|}{\left|\vec{S}\right|} = 2\frac{\mu_B}{\hbar} = \frac{e}{m_e} = 2\gamma_L \tag{V-2.220}$$

$$\Rightarrow \quad \vec{\mu}_e^S = -2\mu_B \cdot \frac{\vec{S}}{\hbar} = -\frac{e}{m_e}\vec{S}\,. \tag{V-2.221}$$

Der Befund $\gamma_S = 2\gamma_L$ wird als *magnetomechanische Anomalie* (= *gyromagnetische Anomalie*) bezeichnet.

Wenn z. B. die z-Richtung durch ein Magnetfeld ausgezeichnet ist, so gilt für die Komponente des Eigendrehimpulses S_z in dieser Richtung

$$S_z = m_s \cdot \hbar\,.\text{[122]} \tag{V-2.222}$$

Die (messbare) Projektion des mit dem Eigendrehimpuls verknüpften magnetischen Dipolmoments auf die z-Richtung $\mu_e^{S_z}$ ist dann mit $m_s = \pm\frac{1}{2}$

$$\mu_e^{S_z} = -\frac{e}{m_e}S_z = -\frac{e\hbar}{m_e}m_s = \mp\,\mu_B\,, \tag{V-2.223}$$

der Absolutbetrag der Komponente des Spinmoments in z-Richtung $\left|\mu_e^{S_z}\right|$ hat also den Wert des Bohrschen Magnetons μ_B (der derzeit genaueste experimentelle Wert ist $\left|\mu_e^{S_z}\right| = (9{,}284\,764\,7043 \pm 0{,}000\,000\,0028) \cdot 10^{-24}\ \mathrm{JT^{-1}} = (1{,}001\,159\,652\,181\,28 \pm 0{,}000\,000\,000\,000\,18)\ \mu_B$).[123] Dies ist auch genau das Ergebnis der relativistischen Dirac-Theorie, siehe Anhang 5).

---

122 Wie beim Bahndrehimpuls vertauschen nur die z-Komponente des Eigendrehimpulsoperators $\hat{S}_z$ und der Operator des Quadrats seines Gesamtbetrags $\hat{S}^2$ mit dem Hamiltonoperator $\hat{H}$, nicht aber die Operatoren der Komponenten $\hat{S}_x$ und $\hat{S}_y$ (siehe Abschnitt 2.5.2, Fußnote 108). Daher besitzen auch hier nur S_z und S^2 einen festen Wert: $S_z = m_s \cdot \hbar$ bzw. $S = \sqrt{s(s+1)} \cdot \hbar$. Entsprechendes gilt für das mit dem Eigendrehimpuls verknüpfte magnetische Moment.

123 Die experimentelle Differenz zu μ_B kann durch die Quantenelektrodynamik (*QED*) in Erweiterung der Diracschen Theorie erklärt werden; siehe dazu auch den experimentellen Wert des Landé-Faktors weiter unten.

Wir haben beim Zeeman-Effekt gesehen, dass das magnetische Dipolmoment des Atoms, das an den Bahndrehimpuls gekoppelt ist, im Magnetfeld eine Energieänderung der Atomterme bewirkt. In der Literatur wird allgemein für alle geladenen Mikroteilchen angegeben, um wie viel mehr sich das Moment ihres Gesamtdrehimpulses auf die Energie auswirkt als das Moment des Bahndrehimpulses. Der entsprechende Faktor wird als *Landé-Faktor* (= g-Faktor) bezeichnet (nach Alfred Landé, 1888–1976, deutscher Physiker, ab 1930 in den USA; manchmal auch g-Faktor[124]). Ist $\vec{J}$ der Gesamtdrehimpuls eines (ev. zusammengesetzten) Teilchens, z. B. eines Atoms, dann gilt allgemein (vgl. die Gln. V-2.232 und V-2.233)

$$\vec{\mu}_e^J = g_{L,S,J}\left(-\frac{e}{2m_e}\right)\vec{J} = -g_{L,S,J}\frac{\mu_B}{\hbar}\vec{J}, \qquad \text{(V-2.224)}$$

mit $g_{L,S,J}$ als Landé-Faktor. Für diesen gilt:

$$1 \le g_{L,S,J} \le 2. \qquad \text{(V-2.225)}$$

Für das Elektron ergibt sich folgende Zusammenstellung mit $\vec{J}$ als Gesamtdrehimpuls:

Für den Bahndrehimpuls ($\vec{J} = \vec{L}$):

$$\vec{\mu}_e^L = -\mu_B\frac{\vec{L}}{\hbar} = -g_L \cdot \frac{\mu_B}{\hbar}\vec{L} = -\gamma_L\vec{L} \qquad \text{(V-2.226)}$$

mit dem Landé-Faktor $g_L = 1$ und dem gyromagnetischen Verhältnis $\gamma_L = g_L\frac{\mu_B}{\hbar} = \frac{\mu_B}{\hbar}$.

Für den Eigendrehimpuls (Spin, $\vec{J} = \vec{S}$):

$$\vec{\mu}_e^S = -2\mu_B\frac{\vec{S}}{\hbar} = -g_S \cdot \frac{\mu_B}{\hbar}\vec{S} = -\gamma_S\vec{S} \qquad \text{(V-2.227)}$$

mit dem Landé-Faktor $g_S = 2$ und dem gyromagnetischen Verhältnis $\gamma_S = 2\frac{\mu_B}{\hbar}$.

Dies bedeutet, dass die Spinkomponente S_z des Elektrons mit dem doppelten magnetischen Moment verknüpft ist wie eine Bahndrehimpulskomponente L_z gleicher Größe. Der Wert $g_S = 2$ für den Landé-Faktor des Elektrons folgt direkt aus der relativistischen Dirac-Theorie (siehe Anhang 5). Inzwischen haben sehr genaue

124 g-Faktor = gyromagnetischer Faktor.

Messungen für den Landé-Faktor des e^- einen Wert von $g = 2{,}002\,319\,304\,362\,56 \pm 0{,}000\,000\,000\,000\,35$ ergeben. Die Theorie der Quantenelektrodynamik (*QED*), einer Erweiterung der Diracschen Theorie, liefert den Wert von $g = 2{,}0023193048$, das ist eine der besten Übereinstimmungen von Experiment und Theorie in den Naturwissenschaften überhaupt. Wir werden bei der Besprechung des anomalen Zeeman-Effekts den g-Faktor für einen Atomterm berechnen, der sowohl durch einen Spin ($\vec{S}$) als auch durch einen Bahndrehimpuls ($\vec{L}$) bestimmt ist (Abschnitt 2.5.7, Beispiel ‚Der anomale Zeeman-Effekt der kurzwelligen D_2-Komponente des Na-D Dubletts').

2.5.7 Spin-Bahn-Kopplung, Feinstruktur, anomaler Zeeman-Effekt

Wie kommt es zu der experimentell beobachteten Aufspaltung der Spektrallinien des Wasserstoffatoms und der Alkalimetalle in „Dubletts", die zur Forderung des Elektronenspins durch Goudsmit und Uhlenbeck geführt hat? Die Ursache muss in dem zusätzlichen magnetischen Moment des e^- liegen, das mit seinem Eigendrehimpuls $\vec{S}$ verbunden ist. Der Eigendrehimpuls (Spin) des e^- ist ein relativistischer Effekt. Wir stellen uns das Wasserstoffatom daher einmal im *Ruhesystem des e^-* vor: Hier bewegt sich das geladene Proton um das e^- und erzeugt am Ort des e^- ein Magnetfeld, in dem sich das mit dem Eigendrehimpuls des e^- verbundene magnetische Dipolmoment gequantelt einstellen muss. Dafür gibt es genau zwei Orientierungsmöglichkeiten des halbzahligen Spins:

$$S_z^{\uparrow} = +\,1/2\,\hbar \qquad \text{und} \qquad S_z^{\downarrow} = -1/2\,\hbar\,. \tag{V-2.228}$$

Mit diesen beiden Einstellmöglichkeiten des Spins und den damit verbundenen zwei Einstellungen des magnetischen Dipolmoments sind auch zwei unterschiedliche Energieniveaus verknüpft, die bei Strahlungsübergängen von diesen aufgespalteten Zuständen aus zu einer Aufspaltung der Spektrallinien, der *Feinstrukturaufspaltung*, führt. Die Feinstrukturaufspaltung kann daher als Zeeman-Aufspaltung aufgefasst werden, die sich durch die beiden Einstellungen des Spin-Dipolmoments im Magnetfeld am Ort des e^- ergeben, welches durch die Bewegung der positiven Kernladung relativ zum e^- entsteht.

Beispiel: Näherungsweise, halbklassische Berechnung der Feinstrukturaufspaltung eines P-Terms ($n = 2$, $l = 1$, $L = \sqrt{l(l+1)}\hbar = \sqrt{2}\hbar = 1{,}41\,\hbar$) im H-Atom unter der Annahme einer kreisförmigen Elektronenbahn. Vom e^- aus betrachtet bewegt sich der positiv geladenen Kern mit der Geschwindigkeit $v_e = \dfrac{2r\pi}{T}$ auf einer Kreisbahn um das e^- und stellt dadurch einen Strom der Stärke $I = \dfrac{Q}{T} = \dfrac{Q \cdot v_e}{2r\pi}$

dar. Das Magnetfeld dieses Kreisstroms am Ort des e^-, d. h. im Kreiszentrum, kann mit Hilfe des Biot-Savart-Gesetzes (siehe Band III, Kapitel „Statische Magnetfelder", Abschnitt 3.2.1, Gl. III-3.52) berechnet werden:

$$d\vec{B} = \frac{\mu_0}{4\pi}\frac{Id\vec{s}\times\vec{r}}{r^3} = \frac{\mu_0 Q}{8\pi^2 r^4} v d\vec{s}\times\vec{r} = \frac{-\mu_0 e}{8\pi^2 r^4}\underbrace{(\vec{v}\times\vec{r})}_{=-\frac{\vec{L}}{m_e}}ds$$

$d\vec{s}\|\vec{v}$, $d\vec{s}$ ... Kreisbogenelement. Für den gesamten Stromkreis gilt daher:

$$\vec{B} = \frac{\mu_0 e}{8\pi^2 r^4}\cdot\frac{\vec{L}}{m_e}\int_0^{2r\pi} ds = \frac{\mu_0 e}{4\pi r^3 m_e}\vec{L}.$$

In diesem Magnetfeld besitzt das Spin-Dipolmoment $\vec{\mu}_e^S$ des e^- die Energie

$$E_{SL} = -\vec{\mu}_e^S\cdot\vec{B} = -\left(-\frac{e}{m_e}\vec{S}\right)\cdot\vec{B} = \frac{\mu_0 e^2}{4\pi m_e^2 r^3}\vec{L}\cdot\vec{S}.$$

Die genäherte Feinstrukturaufspaltung ΔE_{SL} erhält man hieraus, wenn man für die Spinkomponente in Richtung von $\vec{L}$ die beiden möglichen Werte $\pm\frac{\hbar}{2}$, für $r = a_0 = 0{,}529\cdot 10^{-10}\,\text{m}$, den Bohrschen Radius, einsetzt und die Differenz bildet:

$$\Rightarrow \quad \Delta E_{SL} \cong \frac{\mu_0 e^2}{4\pi m_e^2 a_0^3} L\cdot\hbar \cong \frac{\mu_0 e^2\hbar^2}{4\pi m_e^2 a_0^3} \quad (L = \hbar \text{ gesetzt}).$$

Die Konstanten eingesetzt ergibt dies[125]

$$\Delta E_{SL} = \frac{4\pi\cdot 10^{-7}\cdot\left(1{,}602\cdot 10^{-19}\right)^2\cdot\left(1{,}055\cdot 10^{-34}\right)^2}{4\pi\cdot\left(9{,}109\cdot 10^{-31}\right)^2\cdot\left(0{,}529\cdot 10^{-10}\right)^3} = 2{,}32\cdot 10^{-22}\,\text{J} = 1{,}45\cdot 10^{-3}\,\text{eV}.$$

Zum Vergleich sei die Energie der gemessenen Feinstrukturaufspaltung der Na-*D*-Linie (λ = 589,6 nm, $\Delta\lambda$ = 0,6 nm) angegeben: aus $c = \lambda\cdot\nu$ folgt $\Delta\lambda\cdot\nu + \lambda\Delta\nu = 0 \Rightarrow |\Delta\nu| = \Delta\lambda\cdot\frac{\nu}{\lambda} = \Delta\lambda\cdot\frac{c}{\lambda^2}$;

125 Würde man im Ausdruck für ΔE_{SL} an Stelle von $1/a_0^3$ den quantenmechanischen Mittelwert von $1/r^3$ im Zustand $n = 2$, $l = 1$ einsetzen, reduzierte sich ΔE_{SL} auf ein Achtel des angegebenen Wertes ($\left.\overline{\frac{1}{r^3}}\right|_{n=2,\,l=1} = \frac{1}{2^3 a_0^3}$).

$$\Rightarrow \quad |\Delta\nu| = 0{,}6 \cdot 10^{-9} \frac{3 \cdot 10^8}{\left(589{,}6 \cdot 10^{-9}\right)^2} = 5{,}18 \cdot 10^{11}\,\text{Hz}.$$

$$\Rightarrow \Delta E_{LS}^{\text{Na}D} = h \cdot |\Delta\nu| = 6{,}626 \cdot 10^{-34} \cdot 5{,}18 \cdot 10^{11} = 3{,}43 \cdot 10^{-22}\,\text{J} = 2{,}14 \cdot 10^{-3}\,\text{eV}$$

(Der Na-D-Linie entspricht eine Energiedifferenz der kombinierenden Terme von

$$E_{\text{Na}D} = h \cdot \frac{c}{\lambda_{\text{Na}D}} = 6{,}626 \cdot 10^{-34} \cdot \frac{3 \cdot 10^8}{589{,}6 \cdot 10^{-9}} = 3{,}37 \cdot 10^{-19}\,\text{J} = 2{,}11\,\text{eV}).$$

Die Dublettaufspaltung beträgt also ca. 1 ‰ der Energie der Na-D-Linie.

Besitzt ein atomares System einen Bahndrehimpuls $\vec{L}$ und einen Eigendrehimpuls (Spin) $\vec{S}$, dann können nach einem halbklassischen Vektormodell die Drehimpulse $\vec{L}$ und $\vec{S}$ des e^- vektoriell zu einem *Gesamtdrehimpuls* $\vec{J} = \vec{L} + \vec{S}$ addiert werden mit folgenden Zusatzbedingungen:

1. Der Betrag des Gesamtdrehimpulses $\vec{J} = \vec{L} + \vec{S}$ ist gequantelt, wobei sich $\vec{L}$ und $\vec{S}$ so einstellen müssen, dass der Betrag von $\vec{J}$ die gequantelten Werte $|\vec{J}| = J = \sqrt{j(j+1)} \cdot \hbar$ annimmt; dabei ist j die *Gesamtdrehimpulsquantenzahl* mit $j = l \pm s = l \pm 1/2$ für $l \neq 0$ und $j = s = 1/2$ für $l = 0$, für den Fall des Elektronenspins $s = 1/2$ (H-Atom).[126]
2. $\vec{L}$ und $\vec{S}$ können weder parallel noch antiparallel gerichtet sein, denn mit $|\vec{J}| = \sqrt{j(j+1)}\hbar = \sqrt{(l+s)(l+s+1)}\hbar$ folgen für $j = \begin{cases} l+s \\ l-s \end{cases}$

   die beiden Ungleichungen

   $j = l + s$: $|\vec{J}_+| < |\vec{L}| + |\vec{S}|$ $\quad\Rightarrow\quad$ $\vec{L}$ und $\vec{S}$ können nicht parallel sein[127]
   $j = l - s$: $|\vec{J}_-| > |\vec{L}| - |\vec{S}|$ $\quad\Rightarrow\quad$ $\vec{L}$ und $\vec{S}$ können nicht antiparallel sein.[128]

---

126 Im allgemeinen Fall $s \neq 1/2$ gilt: $j = l + s, l + s - 1, \ldots, l - s$ für $s < l$ oder $j = s + l, s + l - 1, \ldots, s - l$ für $s > l$.

127 Es gilt: $l \cdot s < \sqrt{l(l+1)} \cdot \sqrt{s(s+1)} = \sqrt{l(l+1)s(s+1)}$; Multiplikation mit 2 und Addition von $l(l+1) + s(s+1)$ auf beiden Seiten ergibt

$$l(l+1) + s(s+1) + 2ls < l(l+1) + s(s+1) + 2\sqrt{l(l+1)s(s+1)} = \left(\sqrt{l(l+1)} + \sqrt{s(s+1)}\right)^2$$

$$\Rightarrow \sqrt{l(l+1) + s(s+1) + 2ls} = \sqrt{l^2 + l + s^2 + s + 2ls} = \underbrace{\sqrt{(l+s)(l+s+1)}}_{=\frac{1}{\hbar}|\vec{J}_+|} < \underbrace{\sqrt{l(l+1)}}_{=\frac{1}{\hbar}|\vec{L}|} + \underbrace{\sqrt{s(s+1)}}_{=\frac{1}{\hbar}|\vec{S}|}$$

$$\Rightarrow \quad |\vec{J}| < |\vec{L}| + |\vec{S}|.$$

128 Es ist $\frac{1}{\hbar}|\vec{J}| = \frac{1}{\hbar}J = \sqrt{(l-s)(l-s+1)} \Rightarrow \frac{1}{\hbar^2}J^2 = l^2 + l + s^2 - 2ls - s$;

für $l \geq 1$ gilt $ls + s = (l+1)s < \sqrt{l(l+1)s(s+1)} \quad\Rightarrow\quad -2(ls+s) > -2\sqrt{l(l+1)s(s+1)}$

$\Rightarrow \quad -2ls - s > -2\sqrt{l(l+1)s(s+1)} + s$; eingesetzt in J^2 folgt:

Beispiel: Für die Kombination von $\vec{L}(l=2)$ und $\vec{S}(s=1/2)$ zum Gesamtdrehimpuls $\vec{J}$ ergeben sich zwei Möglichkeiten:
$\left|\vec{J}_+\right| = \sqrt{j^+\,(j^+ + 1)}\hbar$ und $\left|\vec{J}_-\right| = \sqrt{j^-\,(j^- + 1)}\hbar$.

$$j^+ = l + s = \frac{5}{2} \quad \Rightarrow \quad \left|\vec{J}_+\right| = \sqrt{\frac{5}{2}\cdot\frac{7}{2}}\hbar = 2{,}96\,\hbar$$

$$j^- = l - s = \frac{3}{2} \quad \Rightarrow \quad \left|\vec{J}_-\right| = \sqrt{\frac{3}{2}\cdot\frac{5}{2}}\hbar = 1{,}94\,\hbar$$

$$\left|\vec{L}\right| = \sqrt{2\cdot 3}\,\hbar, \quad \left|\vec{S}\right| = \sqrt{\frac{1}{2}\cdot\frac{3}{2}}\hbar = 0{,}87\,\hbar$$

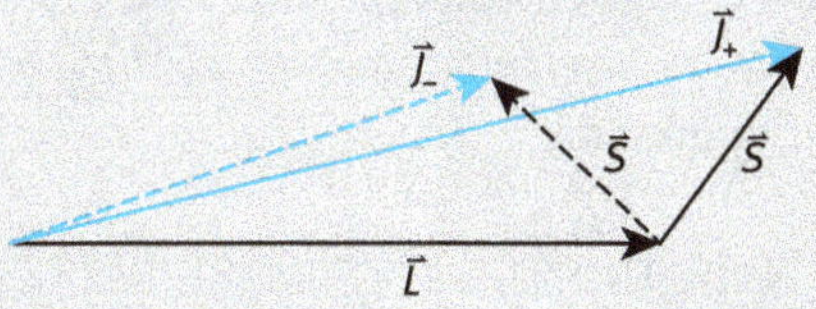

Zusammensetzung von Bahndrehimpuls $\vec{L}$ und Eigendrehimpuls $\vec{S}$ zum Gesamtdrehimpuls $\vec{J}$ für $l = 2$ und $s = 1/2$. Man erkennt, dass $\vec{L}$ und $\vec{S}$ nach der Zusammensetzung nicht parallel sein können.

Wir sehen damit, dass die s-Zustände unaufgespalten bleiben[129], die anderen Niveaus (p, d, f, ...) aber entsprechend der zwei j-Werte in zwei Unterniveaus aufspalten, da die relativistische Rechnung für die Energieterme des H-Atoms nur eine Abhängigkeit von n und j ergibt.[130]

$$\frac{1}{\hbar^2}J^2 > l^2 + l + s^2 + s - 2\sqrt{l(l+1)s(s+1)} = (\underbrace{\sqrt{l(l+1)}}_{=\frac{1}{\hbar}|\vec{L}|} - \underbrace{\sqrt{s(s+1)}}_{=\frac{1}{\hbar}|\vec{S}|})^2$$

$$\Rightarrow \quad \left|\vec{J}\right| > \left|\vec{L}\right| - \left|\vec{S}\right|.$$

129 Sie sind allerdings in ihrem Energiewert durch die relativistische Korrektur leicht verschoben.

130 Die sogenannte „Feinstrukturformel" $E_{nj} = \underbrace{E_n}_{\text{Grobstruktur}} + \frac{\alpha^2 E_n}{n}\left(\frac{1}{j+1/2} - \frac{3}{4n}\right)$

mit $E_n = -\frac{m_e e^4}{8\varepsilon_0^2 h^2}\frac{1}{n^2} = -\frac{1}{(4\pi\varepsilon_0)^2}\frac{m_e e^4}{2\hbar}\frac{1}{n^2}$

und der *Feinstrukturkonstanten* $\alpha = \frac{e^2}{2\varepsilon_0 hc} = \frac{e^2}{4\pi\varepsilon_0\hbar c} = \frac{1}{137{,}04} \cong 7{,}3\cdot 10^{-3}$ folgt direkt aus der relativistischen Dirac-Theorie, in der sich ja der Elektronenspin unmittelbar ergibt. Sie enthält zwei Korrekturterme zur Grobstruktur des H-Atoms aus der Schrödingergleichung: 1. Eine Berücksichtigung der relativistischen Bewegung des e^- im Coulombfeld des Kerns (Rosettenbahn). 2. Die Berücksichtigung der zusätzlichen Wechselwirkungsenergie durch die Spin-Bahn-Kopplung. Man sieht, dass Terme mit gleichem j zusammenfallen, die Diracsche Theorie die Entartung der Energieterme also nicht vollständig aufhebt. Das leistet erst die Berechnung mit Hilfe der *QED*.

Beispiel: Wasserstoffatom. $n = 2$, $l = 0$ oder 1. Das s-Niveau ($l = 0$) bleibt unaufgespalten: $2s_{1/2}$. Das p-Niveau ($l = 1$) spaltet auf: $2p_{3/2}$ für $j = l + 1/2 = 3/2$ und $2p_{1/2}$ für $j = l - 1/2 = 1/2$. Die Unterniveaus $2s_{1/2}$ und $2p_{1/2}$ fallen zusammen, da die Energieaufspaltung nur von der Gesamtdrehimpuls*QZ* j abhängt.[131]

Für die Energieaufspaltung des p-Niveaus ergibt die Rechnung: $\Delta E = 4{,}5 \cdot 10^{-5}$ eV bei einer Ionisierungsenergie des $2p$-Niveaus von 3,37 eV. Die Linienverschiebungen werden in der Spektroskopie in reziproken Wellenlängendifferenzen (Wellenzahldifferenzen) angegeben. Diese ist im vorliegenden Beispiel $\Delta \frac{1}{\lambda} = \frac{\Delta E}{hc} = 36{,}5\ \text{m}^{-1}$ bei einer Wellenzahl von $1/\lambda = 2{,}719 \cdot 10^6\ \text{m}^{-1}$.

Ohne äußeres Feld bleibt der Gesamtdrehimpuls $\vec{J} = \vec{L} + \vec{S}$ zeitlich konstant. Wir betrachten jetzt das Wasserstoffatom im äußeren Magnetfeld. Dazu ordnen wir dem Gesamtdrehimpuls $\vec{J}$ noch eine *magnetische Gesamtdrehimpulsquantenzahl* m_j zu, die seine Projektion auf die Magnetfeldrichtung quantelt

$$m_j = -j,\ (-j+1),\ \ldots\ ,\ (+j-1),\ +j\,, \tag{V-2.229}$$

das sind insgesamt $(2j + 1)$ Werte. Für die Komponente des Gesamtdrehimpulses in Feldrichtung, z. B. die z-Richtung, J_z gilt dann

$$J_z = m_j \cdot \hbar\,. \tag{V-2.230}$$

Ist das äußere Magnetfeld schwächer als das zur Feinstrukturaufspaltung führende innere Magnetfeld durch die Bewegung des e^- im Kernfeld, so ergeben die aufgespalteten Energieniveaus (Multiplett-Terme[132]) mehr Möglichkeiten des Strahlungsübergangs als beim *normalen Zeeman-Effekt*, bei dem immer $\vec{S} = 0$ ist. Man nennt diese Linienaufspaltung von Multiplettlinien mit $\vec{S} \neq 0$ in schwachen Magnetfeldern den *anomalen Zeeman-Effekt*.

---

131 Entgegen der Dirac-Gleichung (siehe Anhang 5) ergibt die genauere Rechnung der Quantenelektrodynamik (*QED*) eine sehr kleine Verschiebung der beiden Niveaus gegeneinander, die auch experimentell beobachtete *Lamb-shift*.

132 Multiplett-Terme ergeben sich immer dann, wenn der Gesamtspin des Elektronensystems (siehe Abschnitt 2.6.1.1, „Russell-Saunders-Kopplung)") von Null verschieden ist: $S = 1/2 \rightarrow$ Dubletts, $S = 1 \rightarrow$ Tripletts, $S = 3/2 \rightarrow$ Quartetts usw., d. h. $(2S + 1)$ Multipletts. *Linien* entstehen erst durch die Übergänge zwischen verschiedenen Multipletts des Termschemas unter Beachtung der Auswahlregeln. Bei den beiden Linien des „Na-Dubletts" ist der Ausgangsterm ein Dublett-Term $(3^2P_{1/2}, 3^2P_{3/2})$, der Endterm ein Singulett-Term $(3^2S_{1/2})$.

Die magnetischen Momente $\vec{\mu}_e^L = -\frac{e}{2m}\vec{L}$ und $\vec{\mu}_e^S = -\frac{e}{m}\vec{S}$ setzen sich zu einem resultierenden magnetischen Moment $\vec{\mu}_e^J$ zusammen, dessen zeitlicher Mittelwert $\langle\vec{\mu}_e^J\rangle = \vec{\mu}_{\text{eff}}^J$ aufgrund der raschen Präzession um das konstante $\vec{J}$ durch die Projektion von $\vec{\mu}_{\text{eff},\vec{B}}^J$ auf die $\vec{J}$-Richtung gegeben ist (Abb. V-2.44)

$$\begin{aligned}\mu_{eff}^J &= \mu_e^L \cos(\vec{L},\vec{J}) + \mu_e^S \cos(\vec{S},\vec{J}) = \\ &= -\mu_B\left[\sqrt{l(l+1)}\cdot\cos(\vec{L},\vec{J}) + 2\sqrt{s(s+1)}\cdot\cos(\vec{L},\vec{J})\right].\end{aligned} \tag{V-2.231}$$

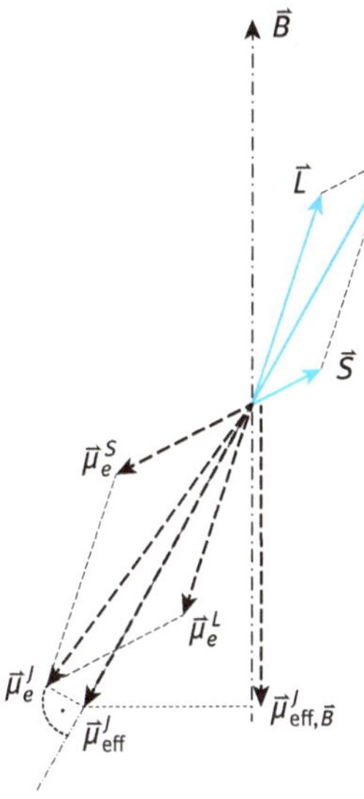

Abb. V-2.44: Zusammensetzung der Drehimpulse und der mit ihnen verbundenen magnetischen Momente im H-Atom nach dem halbklassischen Vektormodell. Es wurde angenommen, dass momentan alle Vektoren in der Papierebene liegen. μ_{eff}^J präzediert um $\vec{B}$. Wegen der magnetomechanischen Anomalie des e^- ist μ_e^J nicht mehr parallel zu $\vec{J}$!

Werden die Kosinus mit Hilfe des Kosinussatzes aus dem von den Vektoren $\vec{L},\vec{S},\vec{J}$ gebildeten Dreieck (siehe Zeichnung in Beispiel ‚Kombination von $\vec{L}(l = 2)$ und $\vec{S}(s = 1/2)$ zum Gesamtdrehimpuls $\vec{J}$‘ weiter oben) berechnet, so erhält man

$$\begin{aligned}\mu_{\text{eff}}^J &= -\mu_B\cdot\frac{3j(j+1)+s(s+1)-l(l+1)}{2\sqrt{j(j+1)}} = -\mu_B\sqrt{j(j+1)}\cdot g(l,s,j) = \\ &= -\mu_B\frac{|\vec{J}|}{\hbar}\,g(l,s,j)\end{aligned} \tag{V-2.232}$$

mit

$$g(l,s,j) = \frac{3j(j+1)+s(s+1)-l(l+1)}{2j(j+1)}\,. \tag{V-2.233}$$

Der Faktor $g(l,s,j)$ wird als *Landé-Faktor* (g-Faktor) im Zustand (l,s,j) bezeichnet.[133] Im schwachen Magnetfeld $\vec{B}$ präzediert $\vec{\mu}^J_{\text{eff}}$ langsam um die $\vec{B}$-Richtung, sodass im zeitlichen Mittel nur die Komponente $\mu^J_{\text{eff},\vec{B}}$ in der $\vec{B}$-Richtung für die energetische Termaufspaltung wirksam ist (Abb. V-2.44)

$$\mu^J_{eff,\vec{B}} = -\frac{e}{2m} g(l,s,j)\frac{|\vec{J}|}{\hbar} \cdot \cos(\vec{J},\vec{B}) = \mu_B \cdot g(l,s,j) \cdot m_j\,, \qquad \text{(V-2.234)}$$

$m_j = -j, -j-1, \ldots, j-1, j$, da der Gesamtdrehimpuls $\vec{J}$ in der vorgegebenen Richtung $\vec{B}$ nur die Werte $m_j \cdot \hbar$ annehmen kann. Damit ergibt sich für jeden Term (l,s,j) eine magnetische Zusatzenergie von $E(l,s,j)_B = \mu_B \cdot g(l,s,j)m_jB$, sodass der Ausgangsterm (l,s,j) in $(2j+1)$ Terme (l,s,j,m_j) aufspaltet. Der Energieabstand zweier Termkomponenten beträgt mit $\Delta m_j = 1$

$$\Delta E(l,s,j) = \mu_B \cdot g(l,s,j) \cdot B \qquad \textit{anomaler Zeeman-Effekt.} \qquad \text{(V-2.235)}$$

Für die Präzessionsfrequenz (*Larmorfrequenz*) ω_L bzw. die Larmor-Winkelgeschwindigkeit $\vec{\omega}_L$ des Gesamtdrehimpulses $\vec{J}$ eines Atoms mit einem Elektron um die Magnetfeldrichtung $\vec{B}$ (Abb. V-2.45) ergibt sich entsprechend früher (Abschnitt 2.5.5, Gln. (V-2.212) und (V-2.209))

$$\omega_L = \gamma(l,s,j) \cdot B = g(l,s,j)\frac{\mu_B}{\hbar} \cdot B \qquad \textit{Larmorfrequenz des H-Atoms} \qquad \text{(V-2.236)}$$

bzw. bei Berücksichtigung der Richtungen von $\vec{\omega}_L$ und $\vec{B}$

$$\vec{\omega}_L = \gamma(l,s,j) \cdot \vec{B} = g(l,s,j)\frac{\mu_B}{\hbar} \cdot \vec{B} \qquad \textit{Larmor-Winkelgeschwindigkeit.} \qquad \text{(V-2.237)}$$

133 Daraus ergibt sich wieder mit $l = 0$, $j = s$ der Landé-Faktor für den Elektronenspin zu $g^e_S = \dfrac{3s(s+1) + s(s+1) - 0}{2s(s+1)} = 2.$

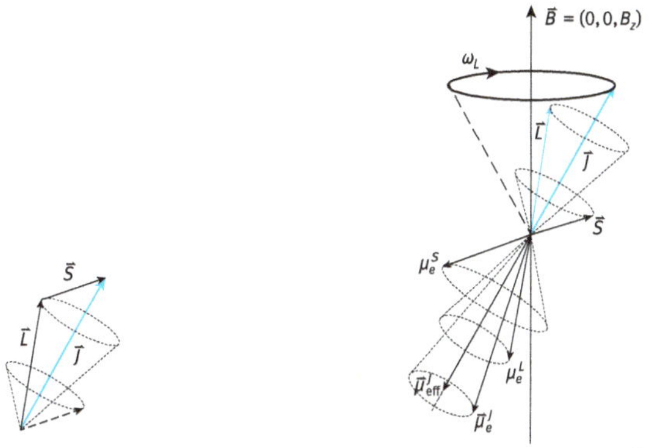

$\vec{L}$ und $\vec{S}$ präzedieren wegen der magnetischen Wechselwirkung von μ_e^L und μ_e^S sehr rasch um das raumfeste $\vec{J}$.

Mit Magnetfeld präzedieren $\vec{J}$ und das zugehörige magnetische Dipolmoment $\vec{\mu}_{eff}^J$ um die Richtung von $\vec{B}$. Dies wird durch den Landé Faktor $g(l,s,j)$ und die Magnetquantenzahl m_j berücksichtigt (siehe auch obige Formel für $\vec{\mu}_{eff,\vec{B}}^J$).

Abb. V-2.45: Kopplung von Bahndrehimpuls $\vec{L}$ und Eigendrehimpuls $\vec{S}$ zu $\vec{J} = \vec{L} + \vec{S}$ (*LS*-Kopplung = Russell-Saunders-Kopplung, siehe Abschnitt 2.6.1.1).
Links: Ohne äußeres Magnetfeld; rechts: Mit äußerem Magnetfeld in *z*-Richtung.

Anmerkung: Wie beim Bahndrehimpuls $\vec{L}$ und beim Eigendrehimpuls (Spin) $\vec{S}$ und den mit ihnen verknüpften magnetischen Dipolmomenten sind auch für $\vec{J}$ und $\vec{\mu}_{eff}^J$ die Projektionen auf eine von außen vorgegebene Richtung, z. B. die Richtung des Magnetfeldes, die wichtigen *messbaren* Größen.

Beispiel 1: Der anomale Zeeman-Effekt der kurzwelligen D_2-Komponente des Na-*D* Dubletts (Na besitzt ein einziges e^- über den beiden abgeschlossenen Schalen *K* und *L*). Diese Linie entsteht durch einen Übergang vom Ausgangsterm $3\,^2P_{3/2}$ $(l = 1, s = 1/2, j = 3/2)_A$ auf den Endterm $3\,^2S_{1/2}$ $(l = 0, s = 1/2, j = 1/2)_E$. Für die entsprechenden Landé-Faktoren ergibt sich nach Gl. V-2.233

$$g_A\left(1, \frac{1}{2}, \frac{3}{2}\right) = \frac{3 \cdot \frac{3}{2} \cdot \frac{5}{2} + \frac{1}{2} \cdot \frac{3}{2} - 1 \cdot 2}{2 \cdot \frac{3}{2} \cdot \frac{5}{2}} = \frac{4}{3}$$

$$g_E\left(0, \frac{1}{2}, \frac{1}{2}\right) = \frac{3 \cdot \frac{1}{2} \cdot \frac{3}{2} + \frac{1}{2} \cdot \frac{3}{2} - 0}{2 \cdot \frac{1}{2} \cdot \frac{3}{2}} = 2.$$

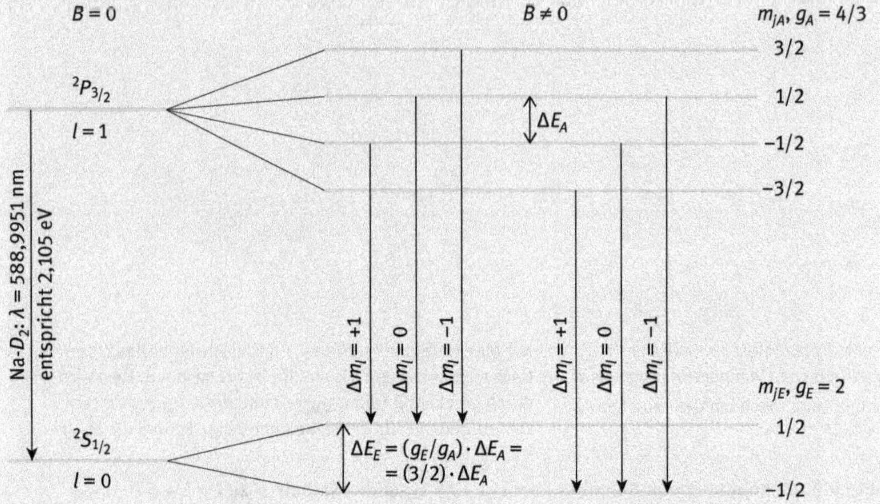

Termschema und erlaubte Übergänge für Na-D_2 (Termabstand für B ≠ 0 stark vergrößert, $\Delta m_l = m_{lE} - m_{lA} = 0, \pm 1$; $\Delta E_A = 7{,}72 \cdot 10^{-5}$ eV für $B = 1\ T$).

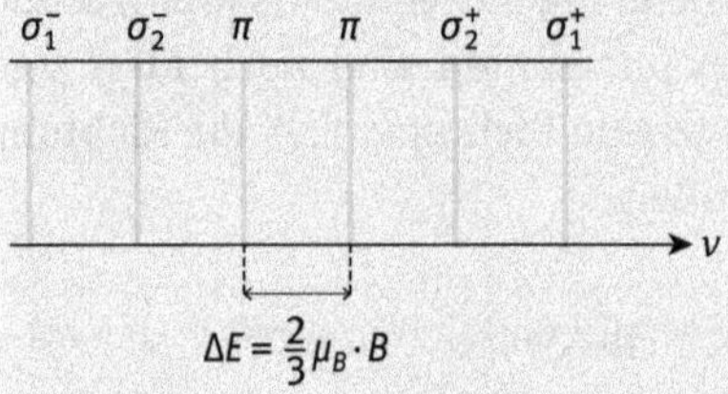

Anomales Zeemanmultiplett: 6 äquidistante Linien im Spektrographen (transversal zu $\vec{B}$ beobachtet). σ^+: $\Delta m_l = -1$; π: $\Delta m_l = 0$; σ^-: $\Delta m_l = +1$; Linienabstand $\Delta E = \frac{2}{3}\mu_B B$.

Der Ausgangsterm spaltet in $2j_A + 1 = (2 \cdot \frac{3}{2} + 1) = 4$ Komponenten, der Endterm in $2j_E + 1 = (2 \cdot \frac{1}{2} + 1) = 2$ Komponenten auf, wobei sich der Abstand der Komponenten im Ausgangs- und Endterm wie 4/3 zu 2 (also wie 2 : 3) verhält. Für optische Übergänge gelten die Auswahlregeln: $\Delta m_j = 0, \pm 1$. $\Delta m_j = 0$ ergibt parallel zu $\vec{B}$ polarisiertes Licht (π-Linien), $\Delta m_j = \pm 1$ ergibt senkrecht zu $\vec{B}$ polarisiertes Licht (σ-Linien), in Blickrichtung von $\vec{B}$ jedoch zirkular polarisiertes Licht.

Beispiel 2: Anomaler Zeeman-Effekt der grünen Hg-Linie. Die grüne Hg-Linie mit λ = 546,074 nm wird beim Übergang $7^3S_1 \rightarrow 6^3P_2$ beobachtet. Das bedeutet für den Ausgangsterm $l = 0$, $s = 1$, $j = 1$ und für den Endterm $l = 1$, $s = 1$, $j = 2$. Für die Landé-Faktoren ergibt sich nach Gl. (V-2.233) $g_A(0,1,1) = 2$ und $g_E(1,1,2) = 3/2$.

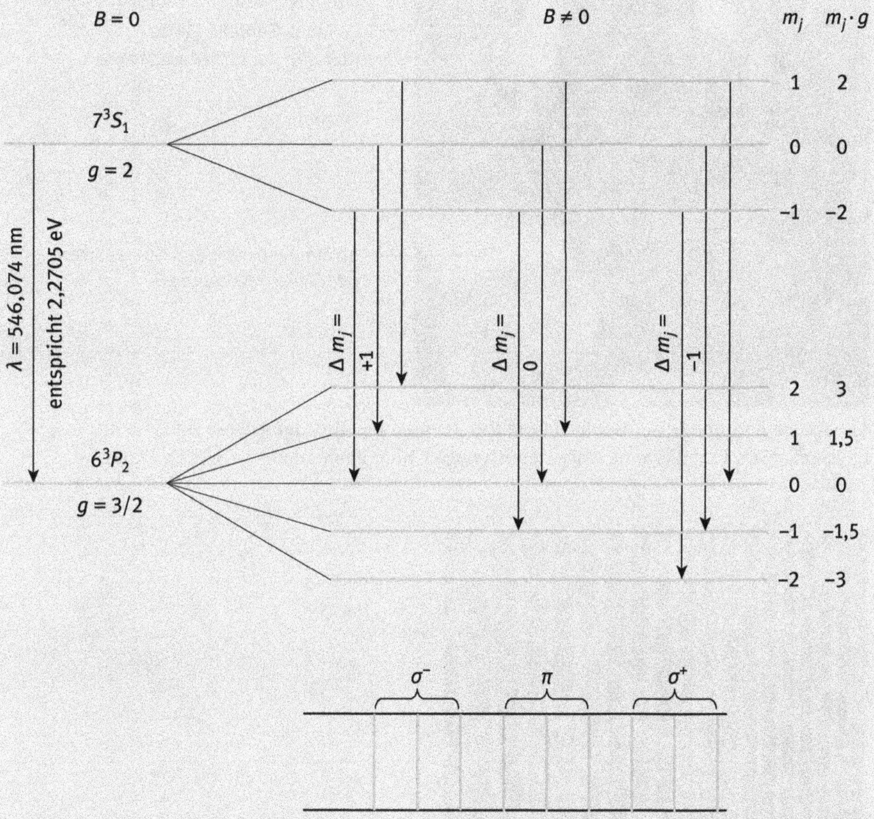

Termschema für die grüne Hg-Linie ($7^3S_1 \rightarrow 6^3P_2$) mit erlaubten Strahlungsübergängen; Termabstand für $B \neq 0$ stark vergrößert. Unten: anomales Zeemanmultiplett (Linienbild im Spektrographen, transversal zu $\vec{B}$ beobachtet). σ^- rechtszirkular, σ^+ linkszirkular polarisiert, π linear polarisiert.

Die Aufspaltung der grünen Hg-Spektrallinie kann im Physikpraktikum gut mit der Lummer-Gehrcke Platte (siehe Band IV, Kapitel „Wellenoptik“, Abschnitt 1.5.4.3) beobachtet werden:

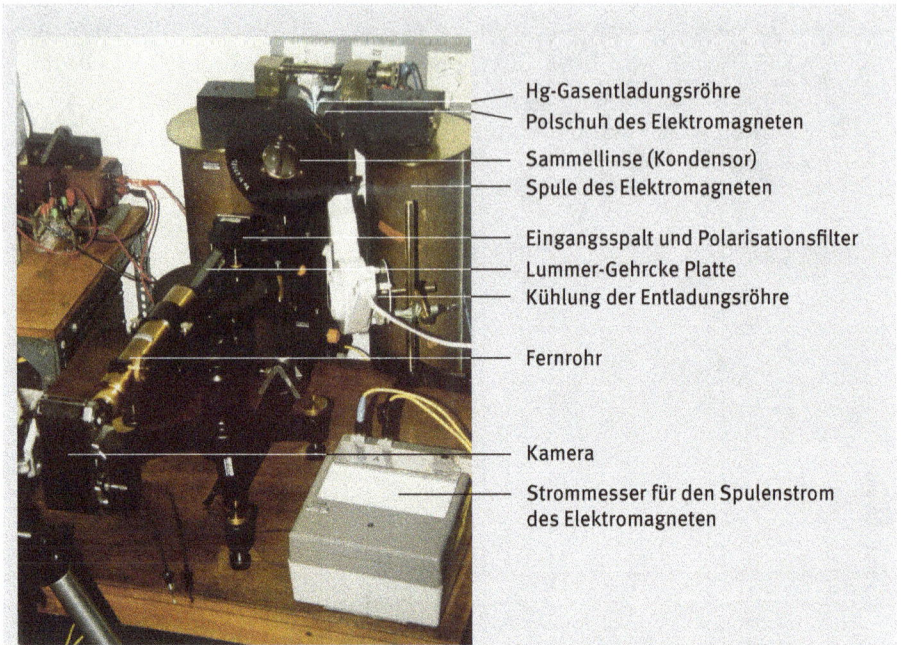

Apparative Anordnung zur Beobachtung des Zeeman-Effektes der grünen Hg-Linie im Physikalischen Praktikum für Vorgeschrittene mit Hilfe einer Lummer-Gehrcke Platte.

Interferenzlinien der grünen Hg-Linie ($\lambda = 546{,}074$ nm) mit der Lummer-Gehrcke Platte.
Oben: Interferenzstreifen ohne Magnetfeld.
Unten: Aufspaltung in die 3 π-Linien im Magnetfeld $B = 1$ T, beobachtet transversal zu B; die σ-Linien sind durch Verwendung eines Polarisationsfilters nicht sichtbar.

Mit der vollständigen Erklärung des anomalen Zeeman-Effekts (als dem viel häufiger auftretenden und damit eher „normalen" Effekt der Aufspaltung der Spektrallinien im Magnetfeld) war ein großes Problem der Physik des beginnenden 20. Jahrhunderts gelöst, das im Rahmen des Bohr-Sommerfeld Modells nicht verstanden werden konnte und Wolfgang Pauli zeitweise großes Kopfzerbrechen bereitet hatte. Die Lösung konnte erst mit der Spineigenschaft des e^- erfolgen, die noch 1925 zur Formulierung des „Ausschließungsprinzips" (Pauli-Verbots) durch Pauli führte (siehe Abschnitt 2.6.2 und Band VI, Kapitel „Statistische Physik", Abschnitt 1.4.1).

2.5.8 Vollständige Beschreibung des Wasserstoffatoms

Wir haben früher gesehen (Abschnitt 2.5.3), dass die Schrödingergleichung des Wasserstoffatoms für jede Hauptquantenzahl n n^2 verschiedene Zustände mit n^2 verschiedenen Wellenfunktionen und n^2 verschiedenen räumlichen Verteilungen der Aufenthaltswahrscheinlichkeit des e^- im Atom liefert.

Die Wellenfunktionen können wir ohne Berücksichtigung des Spins als Produkt dreier Funktionen schreiben, die jeweils nur von einer Koordinate abhängen:

$$\psi(x,y,z) = \psi_{n,l,m_l}(r,\theta,\varphi) = R_{n,l}(r) \cdot \Theta_{l,m_l}(\theta) \cdot \Phi_{m_l}(\varphi)\,. \qquad \text{(V-2.238)}$$

Der Eigendrehimpuls (Spin) ermöglicht dem e^- zwei Einstellmöglichkeiten, wenn eine äußere Richtung vorgegeben ist (z. B. im Magnetfeld). Daraus folgen zwei Realisierungsmöglichkeiten eines jeden bisherigen Atomzustandes. Formal kann dies durch einen Faktor $\chi_{m_s}(S_z)$, die *Spinfunktion*, berücksichtigt werden, der die Projektion $S_z = m_s\hbar$ des Eigendrehimpulses $\vec{S}$ auf die ausgezeichnete Richtung, die *Quantisierungsachse*, angibt.[134] Wir erhalten so als *Gesamtwellenfunktion*

$$\psi(x,y,z,S_z) = \psi_{n,l,m_l}(r,\theta,\varphi) \cdot \chi_{m_s}(S_z) \qquad \text{(V-2.239)}$$

Gesamtwellenfunktion des Wasserstoffatoms.[135, 136]

---

134 Die Spinfunktionen zur Beschreibung des Eigendrehimpulses von Teilchen mit Eigendrehimpulsquantenzahl $s = 1/2$, wie den Elektronen, ergeben sich als 2×2 Matrizen, den *Pauli-Spinmatrizen* σ_i. Siehe dazu auch Abschnitt 2.3.3.

135 In dieser Darstellung ist die Ortsfunktion ψ_{nlm_l} von der Spinfunktion $\chi(S)$ separiert. Dies ist nur möglich, wenn die potenzielle Energie E_{pot} Coulomb-Charakter hat. Für die Kernkräfte trifft dies nicht zu, sie besitzen ein Tensorpotenzial, wodurch sie vom Spin abhängig sind.

136 Da es für ein Elektron (siehe Abschnitt 2.5.7, Gl. V-2.228) zwei Einstellmöglichkeiten (↑) und (↓) des Spins zu einer von außen vorgegebenen Richtung gibt (sie werden mit +1 und −1 bezeichnet, es sind dies Eigenwerte der z-Komponente σ_z des Spinoperators $\hat{\vec{\sigma}}$), gibt es auch zwei *Spinfunktionen* (= *Spineigenfunktionen*), die üblicherweise als Vektoren $\chi^+ = \chi^\uparrow = \begin{pmatrix}1\\0\end{pmatrix}$ und $\chi^- = \chi^\downarrow = \begin{pmatrix}0\\1\end{pmatrix}$ geschrieben werden. Der auf diese Spinfunktionen nach den bekannten Gesetzen der Matrizenmultiplikation wirkende Operator $\hat{\vec{\sigma}}$, der *Spinoperator*, ist ein Vektoroperator, dessen drei Komponenten

Zu jedem Elektronenzustand, der durch die Quantenzahl n, l, m_l und m_s eindeutig bestimmt wird, gehört genau eine Wellenfunktion.

2.6 Vielelektronensysteme und periodisches System

2.6.1 Vielelektronensysteme: Kopplung der Bahn- und Eigendrehimpulse

Hier stellt sich die Frage, wie die Bahn- und Eigendrehimpulse der einzelnen e^- des Atoms miteinander wechselwirken und sich zu einem Gesamtdrehimpuls $\vec{J}$ zusammensetzen. Der Gesamtdrehimpuls abgeschlossener e^--Schalen ist gleich Null; i. a. werden daher nur die e^- teilgefüllter äußerer Schalen angeregt, sind optisch aktiv („Leuchtelektronen" oder auch „Valenzelektronen") und müssen betrachtet werden. Entweder überwiegt die Kopplung der Spins dieser e^- untereinander und die ihrer Bahndrehimpulse untereinander, oder es überwiegt die Spin-Bahn-Kopplung jedes einzelnen e^-. Man unterscheidet entsprechend *als Grenzfälle* die *LS*-Kopplung (Russell-Saunders-Kopplung, normale Kopplung) und die *JJ*-Kopplung.

---

die *Pauli-Spinmatrizen* sind: $\hat{\vec{\sigma}} = \left\{ \underbrace{\begin{pmatrix} 0 & 1 \\ 1 & 0 \end{pmatrix}}_{\sigma_x}, \underbrace{\begin{pmatrix} 0 & -i \\ i & 0 \end{pmatrix}}_{\sigma_y}, \underbrace{\begin{pmatrix} 1 & 0 \\ 0 & -1 \end{pmatrix}}_{\sigma_z} \right\}$. Er steht in der vollständigen, nichtrelativistischen Schrödingergleichung als Summand neben dem Hamiltonoperator. σ_z ergibt auf die Spinfunktionen χ^+ und χ^- angewendet die Eigenwerte des Elektronenspins (nach Multiplikation mit $\hbar/2$), während σ_x und σ_y die Spineigenfunktionen χ^+ und χ^- vertauschen, also „Umklappprozesse" beschreiben. Die Eigenwertgleichungen für σ_z lauten: $\underbrace{\sigma_z \overbrace{\begin{pmatrix} 1 \\ 0 \end{pmatrix}}^{=\chi^+}}_{=\binom{1}{0}} = E^{\uparrow} \overbrace{\begin{pmatrix} 1 \\ 0 \end{pmatrix}}^{=\chi^+} = 1 \cdot \begin{pmatrix} 1 \\ 0 \end{pmatrix}$ und $\underbrace{\sigma_z \overbrace{\begin{pmatrix} 0 \\ 1 \end{pmatrix}}^{=\chi^-}}_{=\binom{0}{-1}} = E^{\downarrow} \overbrace{\begin{pmatrix} 0 \\ 1 \end{pmatrix}}^{=\chi^-} = -1 \cdot \begin{pmatrix} 0 \\ 1 \end{pmatrix}$. Die Eigenwerte für χ^+ und χ^- sind daher +1 und −1, der Drehimpuls entsprechend $\pm\frac{\hbar}{2}$. In der relativistischen Theorie des e^- wird die Wellenfunktion zu einem Vektor mit vier Komponenten $\Psi(\vec{r},t,\sigma) = \{\psi_1, \psi_2, \psi_3, \psi_4\}$, der als *Spinor* bezeichnet wird (siehe auch Abschnitt 2.3.3, Gl. V-2.77). Der von e^--Wellen erfüllte Raum ist somit ein *Spinorfeld*, für welches ein eigenes Spinorkalkül entwickelt wurde.

Ganz allgemein wird der Spin von Fermionen *und* Bosonen durch Spinmatrizen (Operatoren) σ_j mit $(2j + 1)$ Spalten und Zeilen und Eigenvektoren χ_{2j+1} mit $(2j + 1)$ Elementen beschrieben.

2.6.1.1 Die Russell-Saunders[137]-Kopplung (*LS* Kopplung, „normale" Kopplung)

Besonders bei den leichten Atomen mit kleiner Kernladungszahl ($Z \leq 50$) ist die gesamte elektrostatische Wechselwirkung zwischen allen e^- groß gegen die Summe aller Spin-Bahn-Wechselwirkungen der einzelnen e^- und somit

$$\sum_{i>j} \frac{e^2}{4\pi\varepsilon_0 r_{ij}} \gg \sum_i \text{const.} \cdot \vec{L}_i \cdot \vec{S}_i . \qquad \text{(V-2.240)}$$

Dadurch wird die Spin-Bahn-Wechselwirkung jedes einzelnen e^- durch die starke elektrostatische Wechselwirkung aufgebrochen. Stattdessen koppeln die Bahndrehimpulse $\vec{L}_i$ und die Spindrehimpulse $\vec{S}_i$ getrennt zum Gesamtdrehimpuls $\vec{J}$. Das heißt

$$\vec{L} = \sum_i \vec{L}_i \text{ und } \vec{S} = \sum_i \vec{S}_i \rightarrow \vec{J} = \vec{L} + \vec{S} = \sum_i \vec{L}_i + \sum_i \vec{S}_i . \qquad \text{(V-2.241)}$$

Kopplungsvorgang: $[\vec{L}_1, \ldots, \vec{L}_N][\vec{S}_1, \ldots., \vec{S}_N] \rightarrow [\vec{L}, \vec{S}] \rightarrow \vec{J}$.

Im allgemeinen Fall ergeben sich damit $(2S + 1)$ Möglichkeiten der Einstellungen von S und L und damit folgende *Multiplizität* der Terme für $L > S$:

$2\,e^-$: $S = 0$ (Singulett) oder $S = 1$ (Triplett);
$3\,e^-$: $S = 1/2$ (Dublett) oder $S = 3/2$ (Quartett);
$4\,e^-$: $S = 0$ (Singulett), $S = 1$ (Triplett) oder $S = 2$ (Quintett);
$5\,e^-$: $S = 1/2$ (Dublett), $S = 3/2$ (Quartett) oder $S = 5/2$ (Sextett);
usw.

Beispiel 1: Zweielektronensystem He.

Für den gesamten Bahndrehimpuls $\vec{L}$ gilt

$$\vec{L} = \vec{L}_1 + \vec{L}_2 \quad \text{mit } \left|\vec{L}\right| = \sqrt{l'(l' + 1)} \cdot \hbar$$
$$\text{und } \left|\vec{L}_1\right| = \sqrt{l_1(l_1 + 1)} \cdot \hbar \text{ und } \left|\vec{L}_2\right| = \sqrt{l_2(l_2 + 1)} \cdot \hbar .$$

Wie meist in der Literatur üblich, bezeichnen wir hier die zusammengesetzten *QZ* für den Bahndrehimpuls, den Spin und den Gesamtdrehimpuls mit großen Buchstaben L, S, J und benützen für den Betrag der entsprechenden Drehimpulsvektoren die Betrag-Striche. Für die gesamte Bahndrehimpuls*QZ* L sind folgende Werte möglich:

$$L = l_1 + l_2, l_1 + l_2 - 1, \ldots, l_1 - l_2 , \qquad \text{mit } l_1 \geq l_2 .$$

137 Nach Henry Norris Russell, 1877–1957, US-amerikanischer Astronom und Frederick Albert Saunders, 1875–1963, kanadischer Physiker.

Für den Gesamtspin $\vec{S}$ gilt analog

$$\vec{S} = \vec{S}_1 + \vec{S}_2 \qquad \text{mit } \left|\vec{S}\right| = \sqrt{S(S+1)} \cdot \hbar$$

und es sind daher folgende Werte für die *QZ* S möglich:

Spins parallel ($m_{s1} = m_{s2}$): $S = s_1 + s_2 = 1$ und
Spins antiparallel ($m_{s1} = m_{s2}$): $S = s_1 - s_2 = 0$

Für die Zusammensetzung zum Gesamtdrehimpuls $\vec{J}$ gilt

$$\vec{J} = \vec{L} + \vec{S} \qquad \text{mit} \left|\vec{J}\right| = \sqrt{J(J+1)} \cdot \hbar,\ \left|\vec{L}\right| = \sqrt{L(L+1)} \cdot \hbar,\ \left|\vec{S}\right| = \sqrt{S(S+1)} \cdot \hbar .$$

Aus

$$J = L + S, L + S - 1, \dots, L - S$$

ergeben sich für jeden Wert der Gesamtbahndrehimpuls*QZ* L die möglichen Werte für die Gesamtdrehimpuls*QZ* J

$$J = L \text{ für } S = 0 \qquad \text{oder } J = L + 1, \quad L, \quad L - 1 \text{ für } S = 1 .$$

Die Multiplizität $2S + 1$, die die Zahl der Feinstrukturkomponenten im Strahlungsspektrum angibt, ist gleich 1 für $S = 0$, ergibt also eine Einzellinie (Singulett), ist aber gleich 3 für $S = 1$, ergibt also eine Aufspaltung in 3 Spektrallinien (Triplett).

Wir betrachten jetzt He im Grundzustand ($1s^2$), beide e^- mit den Quantenzahlen $n_1 = n_2 = 1$, $l_1 = l_2 = 0$, $s_1 = s_2 = 1/2$.

Setzen wir jetzt die Drehimpulse nach den obigen Regeln zusammen:

1. $L = 0$, $S = 0$ ($m_{s1} = -m_{s2}$) $\Rightarrow J = 0$; Singuletterm 1^1S_0, wird beobachtet.
2. $L = 0$, $S = 1$ ($m_{s1} = m_{s2}$) $\Rightarrow J = +1, 0, -1$; Triplett mit der Termbezeichnung 1^3S_1, *wird nicht beobachtet*! Der Grund ist eine Verletzung des Pauli-Verbots, nach dem 2 Elektronen in einem Atom nicht gleichzeitig denselben Quantenzustand besetzen, also nicht in allen *QZ* übereinstimmen dürfen (siehe dazu Abschnitt 2.6.2). Das Fehlen dieses Triplettzustands im He-Spektrum war der Hauptgrund, der Wolfgang Pauli zur Formulierung seines „Ausschließungsprinzips (Pauli-Verbot)“ führte.

Jetzt betrachten wir ein angeregtes He-Atom ($1s^1 2s^1$), bei dem ein e^- in den Zustand mit der Haupt*QZ* $n = 2$ gehoben wurde, also $n_1 = 1$, $n_2 = 2$, $l_1 = l_2 = 0$, $s_1 = s_2 = 1/2$.

1. $L = 0$, $S = 0$ ($m_{s1} = -m_{s2}$) $\Rightarrow J = 0$; Singuletterm 2^1S_0, wird beobachtet.
2. $L = 0$, $S = 1$ ($m_{s1} = m_{s2}$) $\Rightarrow J = +1, 0, -1$; Triplett mit der Termbezeichnung 2^3S_1, wird beobachtet!

Beispiel 2: Magnesium, Atom mit 12 Elektronen (Elektronenkonfiguration: $1s^2 2s^2 2p^6 3s^2$).

Die K- und die L-Schale sind voll besetzt (2 e^- in der K-Schale und 8 e^- in der L-Schale). Sind die beiden äußersten e^- in der M-Schale beide im $3s$-Zustand ($n_1 = n_2 = 3$, $l_1 = l_2 = 0$, $s_1 = s_2 = 1/2$), so ist wegen des Pauli-Verbots der einzig mögliche Wert für den Gesamtdrehimpuls $J = 0$ (also $m_{s1} = -m_{s2} \Rightarrow S = 0$ und damit $J = 0$) und es ergibt sich ein Singulett-Term 3^1S_0.

Bei einem angeregten Zustand mit $3s3p$ in der M-Schale sind dagegen $l_1 = 1$, $l_2 = 0$. Für die Gesamtbahndrehimpuls QZ ergibt sich somit $L = 1$ und J kann die Werte $J = 1$ für S = 0 bzw. $J = 2, 1, 0$ für $S = 1$ annehmen. Damit ergeben sich der Singulett-Term 3^1P_1 und das Termtriplett 3^3P_2, 3^3P_1, 3^3P_0.

Werden die Außenelektronen in noch höhere Zustände der gleichen Elektronenschale M ($n = 3$) gehoben, z. B. $l_1 = 2$ (d-Zustand), $l_2 = 1$ (p-Zustand), so ergeben sich mehr Möglichkeiten für Kombinationen zu Termen:

$$L = 3\ (F\text{-Term}),\ L = 2\ (D\text{-Term}),\ L = 1\ (P\text{-Term})$$

Für jeden dieser Terme sind zwei Gruppen von Werten für J möglich:

1. $J = L$ für $S = 0$

ergibt die Singulett-Terme 3^1P_1, 3^1D_2, 3^1F_3

2. $J = L + 1, L, L - 1$ für $S = 1$

ergibt Triplett-Terme
3^3P_2, 3^3P_1, 3^3P_0;
3^3D_3, 3^3D_2, 3^3D_1;
3^3F_4, 3^3F_3, 3^3F_2.

Die Regeln für die Ermittlung der Werte der zusammengesetzten QZ S, L und J werden oft in Anlehnung an die Vektoraddition durch Vektordiagramme wiedergegeben, wobei die Längen der Vektoren proportional zu den QZ sind. Hier in unserem Beispiel mit $l_1 = 2$ und $l_2 = 1$ ergibt sich folgende Zusammensetzungen für S und L:

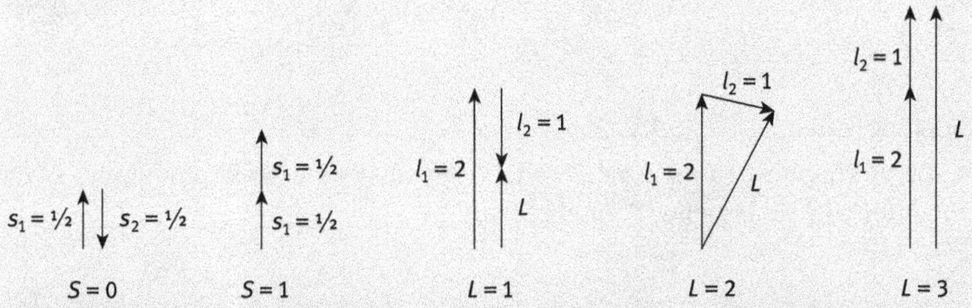

Vektordiagramm zur Bestimmung der gesamten QZ S des Eigendrehimpulses und L des Bahndrehimpulses für $l_1 = 2$ und $l_2 = 1$.

Insgesamt ergeben sich damit wie oben 12 unterschiedliche Kombinationen für die Gesamtdrehimpuls*QZ* J. Mit $S = 0$ wird $J = L$ mit den 3 Singulett-Termen $J = 1, 2, 3$. Von den möglichen Triplett-Termen greifen wir jenen mit $L = 2$ und $S = 1$ heraus:

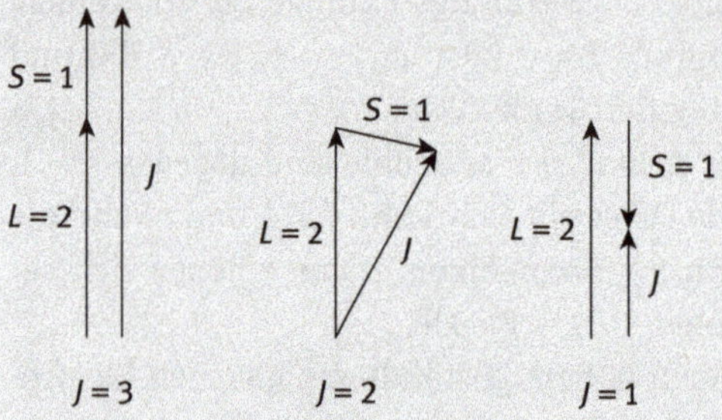

Vektordiagramm zur Bestimmung der Gesamtdrehimpuls*QZ* J für den Fall $L = 2$ und $S = 1$.

Die Vektordiagramme für alle 12 Kombinationen sind in R. Eisberg und R. Resnick, *Quantum Physics of Atoms, Molecules, Solids, Nuclei, and Particles*, John Wiley & Sons, 1985, p. 357 aufgeführt.

2.6.1.2 Die *JJ*-Kopplung

Besonders für sehr schwere Atome ist die Spin-Bahn-Wechselwirkung der einzelnen e^- groß gegen die elektrostatische Wechselwirkung:

$$\sum_i \text{const.} \cdot \vec{L}_i \vec{S}_i \gg \sum_{i>j} \frac{e^2}{4\pi\varepsilon_0 r_{ij}}. \tag{V-2.242}$$

In diesem Fall koppeln die Drehimpulse der einzelnen e^- (jedes e^- erfährt also seine eigene Spin-Bahn-Wechselwirkung) und ihre Gesamtdrehimpulse setzen sich zu einem Gesamtdrehimpuls des Atoms zusammen:

$$\vec{J}_i = \vec{L}_i + \vec{S}_i \qquad \text{und} \qquad \vec{J} = \sum_i \vec{J}_i. \tag{V-2.243}$$

Kopplungsvorgang: $\left[(\vec{L}_1,\vec{S}_1), \dots, (\vec{L}_N,\vec{S}_N)\right] \rightarrow \left[\vec{J}_1, \dots, \vec{J}_N\right] \rightarrow \vec{J}$.

Die *JJ*-Kopplung ist die für die Kernteilchen maßgebliche Kopplungsart, in der Atomhülle tritt sie in reiner Form nicht auf.

2.6.1.3 Theoretische Modelle für Vielelektronensysteme

Schon für ein System mit zwei e^-, dem Heliumatom, ist die Schrödingergleichung nicht mehr exakt lösbar, da das Potenzial vom Ort der beiden miteinander wechselwirkenden e^- abhängt: Das Potenzial ist dadurch nicht mehr sphärisch symmetrisch und die Wellenfunktion kann nicht mehr in einen Radialteil und einen Winkelanteil zerlegt werden. Die Wellenfunktionen der Zustände in einem Vielelektronensystem unterscheiden sich daher von den entsprechenden Wellenfunktionen des Wasserstoffatoms, da die potenzielle Energie eines bestimmten e^- durch alle anderen e^- aufgrund der Wechselwirkung mitbestimmt wird. Die Lösung der Schrödingergleichung ist aufwändig und daher nur mehr in Näherungen und numerisch möglich: Die zeitunabhängige Schrödingergleichung wird unter der Annahme gelöst, dass sich die Z Elektronen im Atom in einem radialsymmetrischen Feld *voneinander unabhängig* bewegen. Hiezu wird das Vielelektronenatom mit Z Elektronen in Z Einelektronensysteme aufgelöst und die Einelektronen-Schrödingergleichung der sich *unabhängig voneinander* bewegenden Elektronen mit einem durch die $(Z-1)$ übrigen e^- gebildeten effektiven sphärisch-symmetrischen Potenzial $V_{\text{eff}}(r)$ numerisch gelöst. In dieser Näherung kann das gesamte Potenzial $V_{\text{eff}}(r)$ des Vielelektronenatoms, das nur von der radialen Koordinate r abhängt, als Summe der Z Potenziale $V_i(r)$ betrachtet werden. Dadurch kann die Schrödingergleichung des Gesamtsystems in Z zeitunabhängige Schrödingergleichungen separiert werden, die jeweils die Bewegung eines Elektrons im sphärisch-symmetrischen Potenzial $V_{\text{eff}}(r)$ aller anderen beschreibt.

Beginnend 1928 berechneten D. Hartree (Douglas Rayner Hartree, 1897–1958) und Mitarbeiter für viele Atome das effektive Potenzial $V_{\text{eff}}(r)$ in einem Iterationsverfahren, indem sie von plausiblen Annahmen ausgehend in einem ersten Schritt ein $V_{1,\text{eff}}(r)$ festlegten:

$r \longrightarrow 0$: wenn sich das Elektron (Ladung: $-e$) in Kernnähe befindet, ist die gegen die starke Wechselwirkung mit dem Kern (Ladung: $+Z \cdot e$) schwache Wechselwirkung mit den anderen Elektronen vernachlässigbar, sie wird durch die e^--Wolke nicht abgeschirmt, und als effektives Potenzial ergibt sich $\underset{r\to 0}{V_{\text{eff}}(r)} = -\frac{1}{4\pi\varepsilon_0}\frac{Ze^2}{r}$ (siehe Band III, Kapitel „Elektrostatik“, Abschnitt 2.3, Beispiel ‚Potenzial einer Punktladung‘);

$r \longrightarrow \infty$.: wenn sich das Elektron im Atom weit außen befindet, wird die Kernladung durch die Elektronenwolke der $(Z-1)$ anderen Elektronen bis auf eine Elementarladung $+e$ abgeschirmt und als effektives Potenzial ergibt sich $\underset{r\to\infty}{V_{\text{eff}}(r)} = -\frac{1}{4\pi\varepsilon_0}\frac{e^2}{r}$;
die Zwischenwerte werden entsprechend sinnvoll interpoliert angenommen.

Durch Lösung der Einelektronen-Schrödingergleichung (durch numerische Integration) für ein typisches Elektron in einem effektiven Potenzial $V_{1,\text{eff}}(r)$ entsprechend den obigen Annahmen als Startwert erhielten sie in einem ersten Schritt die Wellenfunktionen („Elektronenzustände") $\psi_i(r)$ für die einzelnen Elektronen mit unterschiedlichen Energiewerten E_i.[138] Um den Grundzustand des Atoms zu erhalten, besetzten sie diese mit dem kleinsten Energiewert beginnend nach dem *Pauli-Prinzip* (siehe Abschnitt 2.6.2 und Band VI, Kapitel „Statistische Physik", Abschnitt 1.4.1) mit jeweils einem e^- der insgesamt Z Elektronen.[139] Dann berechneten sie die Ladungsverteilungen im Atom entsprechend den Aufenthaltswahrscheinlichkeiten $\psi_i^* \psi_i$. Die gesamte Ladungsverteilung im Atom erhält man dann aus der Summe der Ladungsverteilungen der (Z – 1) Elektronen und der Punktladung $+Ze$ im Kern. Hieraus ergibt sich mit Hilfe des Gaußschen Gesetzes der Elektrostatik (vgl. Band III, Kapitel „Elektrostatik", Abschnitt 1.2.2) zunächst die elektrische Feldstärke, die von der gesamten Ladungsverteilung erzeugt wird und daraus durch Integration (siehe Band III, Kapitel „Elektrostatik", Abschnitt 2.3, Gl. (III-1.27) bzw. (III-1.35)) ein neues Potenzial $V_{2,\mathrm{eff}}(r)$, das mit dem ursprünglich angenommenen $V_{1,\mathrm{eff}}(r)$ verglichen wird. Nun wird mit dem neuen $V_{2,\mathrm{eff}}(r)$ die Rechnung wiederholt, was zu $V_{3,\mathrm{eff}}(r)$ führt. Das Verfahren wird so lange fortgesetzt, bis innerhalb einer vorgegebenen Grenze Übereinstimmung zwischen dem zuletzt berechneten $V_{n,\mathrm{eff}}(r)$ und dem vorhergehenden $V_{n-1,\mathrm{eff}}(r)$ gefunden wird (*Selbstkonsistenz-Bedingung*). Damit ist der Zustand ψ_i der einzelnen e^- und der Energiezustand des ganzen Atoms bestimmt (Hartree-Fock[140]-Verfahren): $\psi_{\mathrm{Atom}} = \psi_1 \cdot \psi_2 \cdot \ldots \cdot \psi_Z$; $E_{\mathrm{Atom}} = E_1 + E_2 + \ldots + E_Z$.

Die Rechnungen mit dem Hartree-Fock-Verfahren brachten ein interessantes Ergebnis: Die so ermittelten Wellenfunktionen für ein Vielelektronenatom sind weitgehend analog zu jenen eines Einelektronenatoms (Wasserstoffatom) und können auch analog geschrieben werden (vergleiche Abschnitt 2.5.8, Gl. V-2.238)

---

138 Die Eigenfunktionen besitzen wegen des Faktors $\Theta_{l,m_l}(\theta)$ i. Allg. *keine* Kugelsymmetrie! Wenn aber die e^- des Multielektronenatoms im Grundzustand die niedrigsten Energieniveaus einnehmen, dann sind die m_l-Zustände fast aller Schalen (die oberste vielleicht ausgenommen) vollständig besetzt und ihre Wahrscheinlichkeitsdichte daher sphärisch-symmetrisch. Ist das oberste Niveau nicht vollständig besetzt, dann liefert das Hartree-Verfahren mit seinem sphärischen Potenzial $V_{\mathrm{eff}}(r)$ nur eine – wenn auch sehr gute – Näherung (vgl. z. B. R. Eisberg und R. Resnick: *Quantum Physics of Atoms, Molecules, Solids, Nuclei and Particles*; 2nd edition. New York: John Wiley & Sons, 1985, S. 323).

139 Dem Pauli-Prinzip wird in dieser Näherung dadurch Rechnung getragen, dass jeder Energiewert nur von einem e^- besetzt wird; es werden aber keine total antisymmetrischen Wellenfunktionen verwendet, wie es die strenge Formulierung des Pauli-Prinzips fordern würde. Dies ergibt keinen wesentlichen Fehler bei der Berechnung des Grundzustandes, da die mittlere Elektronen-Ladungsverteilung im Atom im Wesentlichen dadurch unverändert bleibt. Für die Berechnung angeregter Zustände dagegen müssen total antisymmetrische Wellenfunktionen verwendet werden.

140 Wladimir Alexandrowitsch Fock (auch *Fok*), 1898–1974. Fock hat das von Hartree entwickelte Verfahren durch Anwendung des strengeren Pauli-Prinzips verfeinert, was aber nur durch einen sehr großen Rechenaufwand möglich war.

$$\psi_{n,l,m_l,m_s}(r,\theta,\varphi) = R_{n,l}(r) \cdot \Theta_{l,m_l}(\theta) \cdot \Phi_{m_l}(\varphi) \cdot \chi_{m_s}\,; \qquad \text{(V-2.244)}$$

sie können daher durch den gleichen Satz an Quantenzahlen wie das Wasserstoffatom charakterisiert werden und diese Quantenzahlen hängen auch wie früher zusammen. So sind die Spinfunktion χ_{m_s} und die Winkelfunktionen $\Theta_{l,m_l}(\theta)$ und $\Phi_{m_l}(\varphi)$ exakt den entsprechenden Funktionen des H-Atoms gleich. Dies liegt daran, dass die zeitunabhängige Schrödingergleichung für ein Elektron im sphärisch-symmetrischen effektiven Potenzial V_{eff} bezüglich der Koordinaten θ und φ mit jener eines Elektrons im sphärisch-symmetrischen Coulombpotenzial übereinstimmt. Nur die Abhängigkeit von der radialen Distanz $R_{n,l}(r)$ eines Vielelektronenatoms stimmt *nicht* mit jener eines Einelektronenatoms überein, da das effektive Potenzial $V_{\mathrm{eff}}(r)$ nicht die gleiche r-Abhängigkeit aufweist wie das Coulombpotenzial. Trotzdem weisen die Aufenthaltswahrscheinlichkeiten $P_{n,l}(r)$ für alle e^- mit gleicher Quantenzahl n aber verschiedenem l wieder große Werte nur in einem engen Bereich von r auf, es sind Elektronen einer *Schale*, jene mit gleichem n und l bilden eine *Subschale*. Damit bildeten die Ergebnisse der Rechnungen mit der Hartree-Fock-Methode die Grundlage zum Verständnis des Periodensystems der Elemente (siehe Abschnitt 2.6.2).

Die aktuellsten Verfahren zur iterativen Lösung der Schrödingergleichung für Vielelektronensysteme wurden im Rahmen der *Dichtefunktionaltheorie* (*DFT*) entwickelt.[141] Hier wird die Vielteilchenwechselwirkung der Elektronen als Funktion (Funktional[142]) der (eindeutigen) ortsabhängigen *Elektronendichte* dargestellt und dadurch die zentrale Rolle der Wellenfunktion der wechselwirkenden Elektronen durch die Elektronendichte ersetzt. Damit muss nicht mehr die vollständige Schrödingergleichung des Vielelektronensystems gelöst werden. Stattdessen werden die wesentlich einfacheren „Schrödingergleichungen" der Einelektronensysteme in einem *effektiven Wechselwirkungspotenzial* (die *Kohn-Sham-Gleichungen*) gelöst. Dieses Wechselwirkungspotenzial (das *Austausch-Korrelationspotenzial*) wird mit Näherungsmethoden meist iterativ bestimmt, bis sich eine stabile Lösung der Kohn-Sham-Gleichungen ergibt. Diese Methode erlaubt es inzwischen, Materialeigenschaften mit hoher Genauigkeit *ab-initio*, *parameterfrei*, d. h. ohne Verwendung empirischer Daten (siehe dazu auch Band VI, Kapitel „Festkörperphysik", Abschnitt 2.6.2.9.3) zu berechnen.

141 P. Hohenberg und W. Kohn, *Physical Review B* **136**, 864 (1964), W. Kohn und L. J. Sham, *Physical Review A* **140**, 1133 (1965). Walter Kohn, US-amerikanischer theoretischer Physiker, 1923–2016, geb. in Wien, erhielt 1998 den Nobelpreis für Chemie für seine Entwicklung der Dichtefunktionaltheorie.

142 Als *Funktional* bezeichnet man eine Funktion, die von Funktionen abhängt (eine „Funktion auf Funktionen").

2.6.1.4 Magnetische Eigenschaften der Atome

(Siehe dazu auch Band III, Kapitel „Statische Magnetfelder“, Abschnitte 3.4.2 und 3.4.3)

So wie sich die Drehimpulse der e^- vektoriell zu einem Gesamtdrehimpuls addieren, erhält man auch das gesamte magnetische Dipolmoment eines Atoms mit mehreren e^- durch Vektoraddition der magnetischen Dipolmomente aus Bahnbewegung und Spin der einzelnen e^-, wobei aber die geeignete Art der Zusammensetzung (Russell-Saunders-Kopplung bzw. *JJ*-Kopplung) zu beachten ist. Damit bestimmt der Gesamtdrehimpuls des Atoms sein magnetisches Verhalten und seine Übergangswahrscheinlichkeit bei Strahlungsprozessen. Ist der gesamte Bahndrehimpuls $\vec{L}$ und der gesamte Eigendrehimpuls (Spin) $\vec{S}$ Null, so ist auch das magnetische Moment des Atoms gleich Null und es ist *diamagnetisch.*[143] Gilt dagegen $\vec{J} \neq 0$, so hat das Atom ein magnetisches Moment und ist *paramagnetisch.* Da das magnetisches Dipolmoment aufgrund des Spins doppelt so groß ist wie jenes aufgrund des Bahndrehimpulses, weist das resultierende magnetische Dipolmoment *nicht* mehr in Richtung $-\vec{J}$, sondern bildet mit $-\vec{J}$ einen Winkel (siehe Abschnitt 2.5.7, Abb. V-2.44). Man nennt die Komponente der Vektorsumme der einzelnen Dipolmomente in Richtung $-\vec{J}$ oft *effektives magnetisches Dipolmoment* $\vec{\mu}^J_{\text{eff}}$.

Die Vektorsummen $\vec{J}$ und $\vec{\mu}^J_{\text{eff}}$ für die e^- der abgeschlossenen Schalen sind Null, und daher bleibt in vielen Atomen oft nur ein einzelnes Valenz e^- über, das für den Magnetismus verantwortlich ist. Im äußeren Magnetfeld werden die atomaren magnetischen Dipole orientiert, ein Vorgang, der mit der Wärmebewegung in Konkurrenz steht, die dieser Orientierung entgegenwirkt. Dies führt zu den beobachtbaren temperaturabhängigen *paramagnetischen* Eigenschaften.

2.6.2 Das periodische System

Zwei wichtige Eigenschaften der Atome sind:

- Sieht man von den radioaktiven Atomen ab, deren Atomkern instabil ist, so sind Atome stabil: praktisch alle Atome bestehen seit den Anfängen des Universums.
- Die physikalischen und chemischen Charakteristika der Atome verändern sich systematisch und periodisch mit ihrer Kernladung: Die Eigenschaften der Atome zeigen durch 6 Perioden des Periodensystems ein ähnliches Verhalten in periodischer Aufeinanderfolge (Abb. V-2.46).

---

143 $\vec{J} = 0$ bedeutet *nicht unbedingt* $\mu_{\text{Atom}} = 0$, denn aus $\vec{J} = \vec{L} + \vec{S} = 0$ mit $\vec{L} \neq 0$ und $\vec{S} \neq 0 \Rightarrow \vec{L} = -\vec{S}$ $\Rightarrow \mu_{\text{Atom}} = -\mu_B \frac{\vec{L}}{\hbar} + 2\mu_B \frac{\vec{L}}{\hbar} = \mu_B \frac{\vec{L}}{\hbar} \neq 0$, z. B.: $\vec{L}\downarrow\uparrow\vec{S} \Rightarrow \vec{J} = 0$, aber $\mu_L \uparrow\downarrow \mu_S \Rightarrow \downarrow\mu_{\text{Atom}} \neq 0$.

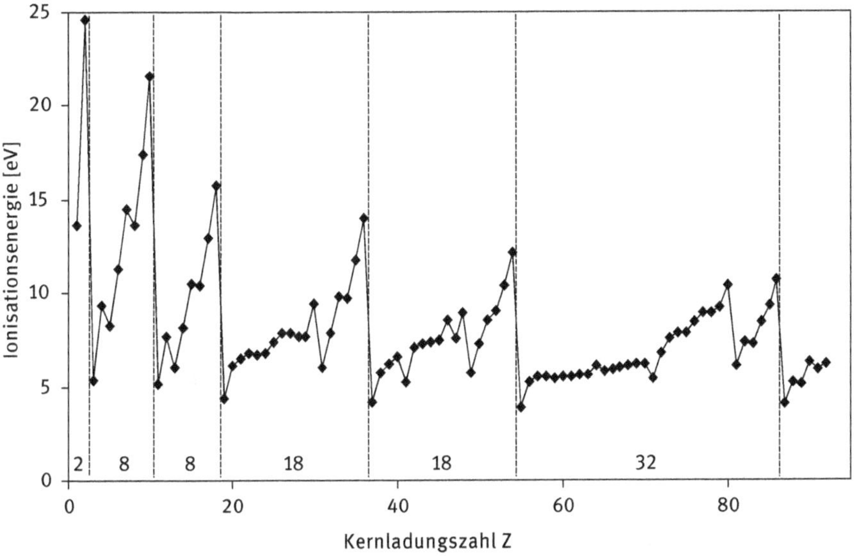

Abb. V-2.46: Ionisationsenergie der stabilen Elemente als Funktion der Kernladungszahl *Z*, d. h. der Elektronenzahl der neutralen Atome: Es zeigt sich eine periodische Wiederholung des Betrags der Ionisationsenergie. Die Zahlen in den Abschnitten geben die Anzahl der Elemente in den Perioden. In ähnlicher Weise variieren andere physikalische Eigenschaften.

Die Erklärung der Systematik des Periodischen Systems der Elemente (siehe Anhang 6), das unabhängig voneinander von Mendelejew (Dimitrij Iwanowitsch Mendelejew, 1834–1907) und Lothar Meyer (Julius Lothar Meyer, 1830–1895) in den Jahren 1864–1872 entwickelt wurde, basiert auf zwei Grundlagen, den *Quantenzahlen* und dem *Pauli-Prinzip.*

Der Zustand eines Atomelektrons (und damit eines Atoms) wird durch vier Quantenzahlen angegeben: n, l, j, und m_j. Die Zustände mit gleichem n, l und j, aber verschiedenen m_j sind jedoch ohne äußeres Feld entartet und entsprechen dem gleichen Energiewert. Im schwachen Magnetfeld wird jedes Niveau von j in $(2j + 1)$ Unterniveaus aufgespalten, während ein starkes Feld die Spin-Bahnkopplung zerreißt und damit die Quantenzahl j ihre Bedeutung verliert. Dann ist jeder Einelektronenzustand durch die Quantenzahlen n, l, m_l, und m_s bestimmt. Alle nur möglichen Zustände werden daher erfasst, wenn man zur Charakterisierung der Zustände die Quantenzahlen n, l, m_l und m_s benützt.

Das auf den experimentellen Beobachtungen der Atomspektroskopie beruhende *Pauli-Prinzip* besagt, dass die Wellenfunktion von mehreren Teilchen mit halbzahligem Spin (*Fermionen*), z. B. von e^- in einem Atom, *antisymmetrisch* ist.[144] Da-

144 Dies ist das allgemeine (strenge) Pauli-Prinzip: Eine Mehrteilchenwellenfunktion ist *antisymmetrisch*, wenn sie bei Vertauschung der Koordinaten zweier beliebiger Teilchen ihr Vorzeichen ändert, sie ist *symmetrisch*, wenn sich das Vorzeichen hierbei nicht ändert. Das ist eine Folge der

raus ergibt sich unmittelbar das *Pauli-Verbot* (siehe Band VI, Kapitel „Statistische Physik“, Abschnitt 1.4.1)

> Zwei Fermionen dürfen in einem Atom (System wechselwirkender Teilchen) nicht gleichzeitig einen Zustand mit denselben Quantenzahlen besetzen (im selben Einteilchenzustand sein), also die gleiche Wellenfunktion Ψ besitzen. *Pauli-Verbot* (1925)[145]

Das heißt, zwei e^- desselben Atoms müssen sich durch mindestens eine Quantenzahl unterscheiden. Man erkennt unmittelbar, dass jeder Zustand mit den drei gleichen Quantenzahlen n, l und m_l von maximal zwei e^- besetzt sein kann, da m_s genau die zwei Werte $+1/2$ und $-1/2$ annehmen kann. Weiters kann es genau $2 \cdot (2l+1)$ e^- mit gleichem n und l geben, d. h. zwei s-Elektronen ($l = 0$), sechs p-Elektronen ($l = 1$), zehn d-Elektronen ($l = 2$) usw. Die Maximalzahl der e^- mit gleicher Hauptquantenzahl n ist $2n^2$. Das ist genau die Anzahl der Elemente in den ersten *Reihen* des periodischen Systems. Für $n = 1$ sind genau zwei e^- möglich, für $n = 2$ sind es 8, für $n = 3$ sind es 18 usw.[146]

Die $2n^2$ Zustände mit gleicher Hauptquantenzahl n bilden eine *Elektronenschale* (*Orbit*), die $2 \cdot (2l+1)$ m_l-Zustände mit den gleichen Quantenzahlen n und l bilden eine *Subschale*. Der gesamte Bahndrehimpuls $\vec{L}$ und der gesamte Eigendrehimpuls $\vec{S}$ einer Subschale ist Null $\Rightarrow$ jede Subschale ist unmagnetisch. Alle Zustände einer Subschale haben ohne Magnetfeld die gleiche Energie (sie sind entartet), die theoretisch nur durch n und praktisch in geringerem Ausmaß durch l bestimmt wird.

Zahl der Elektronen in den Schalen und Subschalen.

n/Schale	**e^--Zahl in den Subschalen**									**max. e^--Zahl pro Schale**
	$l = 0$		**1**		**2**		**3**		**4**	
	s		***p***		***d***		***f***		***g***	
1/*K*	2									2
2/*L*	2	+	6							8
3/*M*	2	+	6	+	10					18
4/*N*	2	+	6	+	10	+	14			32
5/*O*	2	+	6	+	10	+	14	+	18	50

Ununterscheidbarkeit identischer Teilchen. Siehe dazu auch Band VI, Kapitel „Statistische Physik“, Abschnitt 1.4.1.

145 Dies ist die ursprünglich von Pauli formulierte (weiche) Fassung seines „Verbots-Prinzips“.

146 Wenn aus energetischen Gründen eine neue Schale begonnen wird, ohne die untere vollständig aufzufüllen (z. B. bei $_{19}$K und $_{37}$Rb), dann wird die systematische Auffüllung der Schalen verlassen.

Die Minimierung der Gesamtenergie des Atoms im Grundzustand zusammen mit dem Pauli-Verbot erklärt die Periodizität des Systems der Elemente so: Jedes zusätzliche e^- besetzt einen Zustand mit kleinstmöglicher Energie, wodurch das in der Tabelle angegebene, ideale Auffüllungsschema nicht immer eingehalten werden kann. Zunächst wird die Schale mit $n = 1$ aufgefüllt. Bei $2n^2e^- = 2e^-$ ist die Schale voll. Elemente mit voller Schale (bzw. Subschale) haben eine sehr stabile Struktur, es sind die äußerst reaktionsträgen *Edelgase*. Das nächste e^- beginnt eine neue Schale, es ist nur leicht gebunden, das Atom ist ein Alkalimetall.

Das leichteste Element ist der Wasserstoff. Sein e^- hat im Grundzustand die Quantenzahlen $n = 1$, $l = 0$, $m_l = 0$, das e^- im Wasserstoffatom ist daher ein 1s-Elektron. Man schreibt $1s^1$ und meint, dass sich im Zustand 1s genau ein e^- befindet.

Das neutrale Heliumatom mit zwei Protonen (Kernladungszahl $Z = 2$) hat $2e^-$. Beide e^- besetzen die K-Schale ($n = 1$, $l = 0$), die damit bereits voll besetzt ist. Für ein e^- gilt $m_s = +1/2$, für das andere $m_s = -1/2$. Damit sind sowohl der Gesamtspin als auch der Gesamtdrehimpuls des Atoms gleich Null. Für die Elektronenkonfiguration schreibt man $1s^2$. Die Ionisationsenergie von Helium ist 24,6 eV, damit ist es das stabilste aller Elemente.

Lithium[147] mit 3 Protonen ($Z = 3$) besitzt $3e^-$. Da die K-Schale bereits durch $2e^-$ besetzt ist, muss das dritte e^- in eine neue Schale, in die L-Schale mit $n = 2$. Die Elektronenkonfiguration ist $1s^2\,2s^1$. Das dritte e^- „sitzt" also in der 2s-Subschale der L-Schale. Die Ionisationsenergie von Lithium ist mit 5,37 eV wie bei allen Alkalimetallen recht klein.

Beryllium ($Z = 4$) hat 4 e^- und die Elektronenkonfiguration $1s^2\,2s^2$. Damit ist die 2s-Unterschale mit $l = 0$ aufgefüllt.

Bor ($Z = 5$) hat mit 5 e^- die Elektronenkonfiguration $1s^2\,2s^2\,2p^1$. Die 2p-Unterschale ist erst mit einem e^- besetzt. Diese Unterschale mit $l = 1$ fasst aber insgesamt 6 e^-: Es gibt 3 Werte für m_l (−1, 0, +1) und jeweils 2 Werte m_s (± 1/2) für jedes m_l.

Die 6 Elemente der 2p-Unterschale der L-Schale sind: Bor ($1s^2\,2s^2\,2p^1$), Kohlenstoff ($1s^2\,2s^2\,2p^2$), Stickstoff ($1s^2\,2s^2\,2p^3$), Sauerstoff ($1s^2\,2s^2\,2p^4$), Fluor ($1s^2\,2s^2\,2p^5$) und Neon ($1s^2\,2s^2\,2p^6$). Neon hat daher insgesamt $10e^-$, davon 8 in der L-Schale, die damit vollständig besetzt ist. Neon ist daher sehr stabil, es ist ein Edelgas mit 21,5 eV Ionisationsenergie.

Natrium ($Z = 11$) eröffnet mit dem 11. e^- die 3s-Unterschale der M-Schale mit der Konfiguration $1s^2\,2s^2\,2p^6\,3s^1$. Sein e^- ist wieder sehr leicht gebunden, seine Ionisationsenergie ist nur 5,12 eV. Dann geht es normal weiter mit Magnesium ($Z = 12$) $1s^2\,2s^2\,2p^6\,3s^2$, Aluminium ($Z = 13$) $1s^2\,2s^2\,2p^6\,3s^2\,3p^1$, Silizium ($Z = 14$) $1s^2\,2s^2\,2p^6\,3s^2\,3p^2$, Phosphor ($Z = 15$) $1s^2\,2s^2\,2p^6\,3s^2\,3p^3$, Schwefel ($Z = 16$) $1s^2\,2s^2\,2p^6\,3s^2\,3p^4$, Chlor ($Z = 17$) $1s^2\,2s^2\,2p^6\,3s^2\,3p^5$ und dem stabilen Edelgas Argon ($Z = 18$) $1s^2\,2s^2\,2p^6\,3s^2\,3p^6$ mit der Ionisationsenergie 15,7 eV.

---

147 Sprich: „Litium", nicht „Lizium"; aus gr. lithos = Stein, Gestein.

Ein Vergleich der idealisierten Auffüllung nach dem bisherigen Schema und der tatsächlichen Anordnung im periodischen System zeigt, dass die tatsächliche Auffüllung der Schalen für die Kernladungszahlen $Z = 19$ (Kalium) und $Z = 20$ (Kalzium) und später für $Z = 37$ (Rubidium) und $Z = 38$ (Strontium) von der idealen abweicht und sich dadurch eine andere Reihenfolge der Auffüllung der Subschalen ergibt:

$$1s, 2s, 2p, 3s, 3p, \mathbf{4s}, 3d, 4p, \mathbf{5s}, 4d, \mathbf{5p}, \mathbf{6s}, 4f, 5d, \mathbf{6p}, \mathbf{7s}, 5f, 6d, \ldots$$

Hier macht sich die Abschirmung der positiven Kernladung durch die e^- bemerkbar und führt zu etwas niedereren Energiewerten für höhere Quantenzahlen. So wird das 19. Elektron nicht in die 3 d-Unterschale ($l = 2$) der M-Schale eingebaut, sondern als erstes e^- in die 4 s-Unterschale der N-Schale. Damit passt das Alkalimetall Kalium mit seiner geringen Ionisationsenergie von 4,32 eV genau ins Periodensystem. Analog wird das 20. e^- des Calcium in das $4s$-Niveau eingebaut, das energetisch etwas günstiger ist als $3d$. Danach werden wieder die $3d$-Zustände normal besetzt. Ähnliche Ausnahmen sind Rubidium und Strontium.

Diese Änderungen in der Auffüllung führt dazu, dass die *Perioden* des Periodensystems (die waagrechte Zeilen nennt man *Perioden*, die senkrechten Reihen nennt man *Gruppen*) nicht den Quantenzahlen („Schalen") des Wasserstoffatoms entsprechend 2, 8, 18, 32 Elemente enthalten, sondern 2, 8, 8, 18, 18, 32, wie es der chemisch-physikalischen Verwandtschaft entspricht.

Ein Periodensystem findet sich im Anhang 6 am Ende dieses Kapitels.

Weiterführende Literaturempfehlung:

E. W. Schpolski, *Atomphysik I* und *Atomphysik II*, Berlin: VEB Deutscher Verlag der Wissenschaft, 1967.

R. Eisberg und R. Resnick: *Quantum Physics of Atoms, Molecules, Solids, Nuclei and Particles*; 2nd edition. New York: John Wiley & Sons, 1985.

Zusammenfassung

1. Die Streuexperimente mit geladenen Teilchen der Gruppe um Rutherford zeigen, dass die überwiegende Masse des Atoms in seinem Zentrum (Kern) konzentriert sein muss. Die Elektronen, die die positive Ladung dieses Kerns in einer „Hülle" neutralisieren, spielen für die Atommasse nur eine untergeordnete Rolle.
2. „Freie" Elektronen sind aus der Gasentladung und dem Ladungstransport in Flüssigkeiten und in Metallen bekannt.
3. Die Systematik der Spektrallinien und die Ergebnisse des Franck-Hertz-Versuchs führen zu den Bohrschen Postulaten und zum Bohrschen Atommodell: Das Atom existiert in gewissen stationären Energiezuständen zwischen denen

Übergänge durch Strahlungsabgabe oder -aufnahme erfolgen können. Es ergibt sich die Grobstruktur des Wasserstoffatoms, seine Spektrallinien können in einer ersten Näherung erklärt werden.

4. In der Quantenmechanik wird aus der nichtrelativistischen Dispersionsrelation

$$\frac{E_{\text{kin}}}{\hbar} = \omega = \frac{\hbar}{2m}\left(k_x^2 + k_y^2 + k_z^2\right)$$

der Materiewellen eine Wellengleichung der Materiewellen entwickelt. Das ist die Schrödingergleichung zur Bestimmung der Wellenfunktion Ψ:

$\frac{\hbar^2}{2m}\Delta\Psi(\vec{r},t) = i\hbar\frac{\partial\Psi(\vec{r},t)}{\partial t}$	*zeitabhängige Schrödingergleichung für ein freies Teilchen.*
$\Delta\psi(\vec{r}) + \frac{2m}{\hbar^2}E_{\text{kin}}\psi(\vec{r}) = 0$	*stationäre (zeitunabhängige) Schrödingergleichung für ein freies Teilchen.*
$\Delta\psi(\vec{r}) + \frac{2m}{\hbar^2}\left[E - E_{\text{pot}}(\vec{r})\right]\psi(\vec{r}) = 0$	*stationäre (zeitunabhängige) Schrödingergleichung für ein Teilchen im Potenzialfeld.*
$\left[\frac{\hbar^2}{2m}\Delta - E_{\text{pot}}(\vec{r})\right]\Psi(\vec{r},t) = i\hbar\frac{\partial\Psi(\vec{r},t)}{\partial t}$	*zeitabhängige Schrödingergleichung für ein Teilchen in einem Kraftfeld mit dem zeitunabhängigen Potenzial* $E_{\text{pot}}(\vec{r})$.
$\left[\frac{\hbar^2}{2m}\Delta - E_{\text{pot}}(\vec{r},t)\right]\Psi(\vec{r},t) = i\hbar\frac{\partial\Psi(\vec{r},t)}{\partial t}$	*allgemeine, zeitabhängige Schrödingergleichung – Grundgleichung der QM.*

5. Ausgehend von der relativistischen Dispersionsrelation kann eine relativistische Wellengleichung für die Materiewellen entwickelt werden, die Dirac-Gleichung, die auch den Eigendrehimpuls des Elektrons und das entsprechende magnetische Moment liefert.
6. Die Lösung der Schrödingergleichung unter den gegebenen Randbedingungen liefert die komplexe Wellenfunktion $\Psi(\vec{r},t)$ deren Absolutquadrat $|\Psi|^2 = \Psi^*\Psi$ die Aufenthaltswahrscheinlichkeitsdichte des Teilchens an einem bestimmten Ort angibt, wenn die Wellenfunktion mit $\int_{-\infty}^{+\infty}\Psi^*\Psi\,dV = 1$ normiert ist.
7. Im unendlich tiefen Potenzialtopf der Breite l ergeben sich die möglichen Energiewerte durch die räumliche Einschränkung gequantelt:

$$E_n = \frac{\hbar^2 \pi^2}{2ml^2} \cdot n^2 \qquad n = 1,2,3, \ldots .$$

8. Der Tunneleffekt zeigt, dass Materiewellen (Mikroteilchen) in Potenzialbarrieren eindringen und sie bei entsprechend geringer Dicke auch durchdringen können. Der Effekt findet seine Anwendung in der Raster-Tunnelmikroskopie.
9. Für den quantenmechanischen harmonischen Oszillator ergeben sich die gequantelten Energieniveaus zu

$$E_n = \left(n + \frac{1}{2}\right)\hbar\omega_0 \qquad n = 0,1,2, \ldots$$

Energieniveaus des quantenmechanischen, linearen harmonischen Oszillators.

10. Für das Wasserstoffatom wird das Elektron im kugelsymmetrischen Coulombfeld des Protons betrachtet und zur Lösung für dieses Problem die Schrödingergleichung in Kugelkoordinaten aufgestellt:

$$-\frac{\hbar^2}{2m_e}\left\{\frac{\partial^2\psi}{\partial r^2} + \frac{2}{r}\frac{\partial\psi}{\partial r} + \frac{1}{r^2}\left[\frac{1}{\sin\theta}\frac{\partial}{\partial\theta}\left(\sin\theta\frac{\partial\psi}{\partial\theta}\right) + \frac{1}{\sin^2\theta}\frac{\partial^2\psi}{\partial\varphi^2}\right]\right\}$$
$$-\frac{1}{4\pi\varepsilon_0}\frac{e^2}{r}\psi = E\psi .$$

Mit dem Separationsansatz $\psi(r,\theta,\varphi) = R(r) \cdot \Theta(\theta) \cdot \Phi(\varphi)$ ergeben sich drei gewöhnliche *DG*'s in r, θ und φ, die aufgrund der vorgegebenen Randbedingungen auf drei voneinander unabhängige Quantenzahlen führen.

11. Die Quantenzahlen des H-Atoms, wie sie die Schrödingergleichung liefert: **Hauptquantenzahl *n*** mit $n = 1,2,3, \ldots$. Sie quantelt die Energie des *H*-Atoms = Bindungsenergie des Elektrons und gibt die „Grobstruktur" (Termschema):

$$E_n = -\frac{1}{(4\pi\varepsilon_0)^2}\frac{m_e e^4}{2\hbar^2} \cdot \frac{1}{n^2} = -13{,}6\,\text{eV} \cdot \frac{1}{n^2} .$$

Für $n = 1$ ergibt sich die Ionisationsenergie des H-Atoms zu $E_{\text{ion}} = 13{,}6\,\text{eV}$. Jedes dieser Energieniveaus ist n^2-fach entartet, da es aufgrund der weiteren Quantenzahlen l und m_l zu jedem n bzw. E_n n^2 unterschiedliche Wellenfunktionen (Zustände des Atoms) gibt. Die Entartung wird erst bei nicht punktförmiger

Zentralladung (Mehrelektronenatom) teilweise aufgehoben, da die Energieterme E_n nun auch von der Bahndrehimpuls-*QZ* l abhängen. Die vollständige Aufhebung der Entartung erfolgt erst im äußeren Magnetfeld $\vec{B}$, wenn zu jedem m_l ein eigener Energiewert gehört.

Bahndrehimpulsquantenzahl l mit $l = 0, 1, 2, \ldots, n-1$, d. h. $l \le n-1$. Sie quantelt den Betrag des Bahndrehimpulses:

$$\left|\vec{L}\right| = L = \sqrt{l(l+1)} \cdot \hbar .$$

Magnetische Quantenzahl m_l mit $m_l = -l, -l+1, -l+2, \ldots 0, \ldots, l-2, l-1, l$, also $-l \le m_l \le +l$. Sie quantelt die Komponente des Bahndrehimpulses in Richtung einer von außen vorgegebenen Vorzugsorientierung auf $(2l+1)$ Werte, z. B. durch ein Magnetfeld:

$$L_z = m_l \hbar .$$

12. Wegen der Drehimpulserhaltung (für das Photon gilt $\left|\vec{S}_{ph}\right| = \hbar$) gelten für die Strahlungsübergänge zwischen den Energieniveaus eines Atoms „Auswahlregeln“:

$$\Delta l = \pm 1$$

$\Delta m_l = 0$ (linear polarisiert, π-Licht)

oder $\Delta m_l = \pm 1$ (zirkular polarisiert, σ^+- oder σ^--Licht)

und in Mehrelektronensystemen (wegen der Erhaltung des Gesamteigendrehimpulses $\vec{S}$)

$$\Delta s = 0,\ \Delta j = 0,\ \pm 1,\ \Delta m_j = 0,\ \pm 1,$$

wobei Übergänge mit $j = 0 \to j = 0$ verboten sind und auch solche mit $m_j = 0 \to m_j = 0$ wenn $\Delta j = 0$.

13. Das bewegte Elektron (Bahndrehimpuls $\vec{L} \neq 0$) besitzt ein magnetisches Dipolmoment

$$\vec{\mu}_e^L = -\frac{e}{2m_e}\vec{L} = -\mu_B \frac{\vec{L}}{\hbar}$$

mit

$$\mu_B = \frac{e\hbar}{2m_e}$$ *Bohrsches Magneton, elementare Einheit des magnetischen Moments.*

Dieses Dipolmoment stellt sich im äußeren Magnetfeld richtungsgequantelt ein und besitzt deshalb unterschiedliche Energie. Das führt zur Aufspaltung der Spektrallinien im äußeren Feld → Zeeman-Effekt (ohne Berücksichtigung des Spins ergibt sich der normale Zeeman-Effekt).

14. Wegen der Feinstrukturaufspaltung der Spektrallinien und des Stern-Gerlach-Experiments wird der Eigendrehimpuls (Spin) des Elektrons eingeführt (bzw. er ergibt sich aus der Dirac-Geichung). Sein Betrag ist

$$\left|\vec{S}\right| = S = \sqrt{s(s+1)} \cdot \hbar = \frac{1}{2}\sqrt{3} \cdot \hbar = 0{,}866 \cdot \hbar$$

mit der Spinquantenzahl $s = 1/2$. Seine Projektion $\mathbf{S_z}$ auf eine von außen z. B. durch ein Magnetfeld vorgegebene Richtung ist mit der **magnetischen Eigendrehimpulsquantenzahl = magnetische Spinquantenzahl $\boldsymbol{m_s}$** gequantelt

$$S_z = m_s \cdot \hbar = \pm 1/2\,\hbar$$

mit $-s \leq m_s \leq +s$ und $\Delta m_s = 1$, d. h. $m_s = \pm 1/2$.

15. Mit dem Eigendrehimpuls des Elektrons ist ein weiteres magnetisches Dipolmoment verknüpft:

$$\vec{\mu}_e^S = -\frac{e}{m_e}\vec{S} = -2\mu_B \cdot \frac{\vec{S}}{\hbar},$$

das im Vergleich zum magnetischen Moment durch den Bahndrehimpuls doppelt so groß ist, wenn beide magnetischen Momente auf den gleichen Drehimpuls bezogen werden (Landé-Faktor $g = 2$).

16. Im Ruhesystem des Elektrons erzeugt das sich dann bewegende Proton ein Magnetfeld, in dem sich das magnetische Dipolmoment, das mit dem Spin des Elektrons verknüpft ist, gequantelt einstellen muss (Spin-Bahn-Kopplung). Das erklärt die vom Spin verursachte Feinstrukturaufspaltung der Spektrallinien der Grobstruktur.

17. Im Vektormodell ergibt sich der Gesamtdrehimpuls eines Atoms zu

$$\vec{J} = \vec{L} + \vec{S}.$$

Der Gesamtdrehimpuls ist mit der Gesamtdrehimpuls-*QZ* j gequantelt:

$$\left|\vec{J}\right| = J = \sqrt{j(j+1)} \cdot \hbar.$$

Für ein einzelnes Elektron ist die Gesamtdrehimpulsquantenzahl
$j = l \pm s = l \pm 1/2$ *für* $l \neq 0$ und $j = s = 1/2$ für $l = 0$.
Für ein Mehrelektronensystem (Atom) mit Russell-Saunders Kopplung (zuerst Zusammensetzung der einzelnen Bahn- und Spindrehimpulse aller Elektronen; normale Kopplung für nicht zu schwere Atome) und $\left|\vec{S}\right| \leq \left|\vec{L}\right|$ gilt $j = l + s, l + (s-1), \ldots l - (s-1), l - s$, das sind $(2s+1)$ j-Werte.
Für die Komponente des Gesamtdrehimpulses in einer von außen vorgegebenen Richtung z gilt dann

$$J_z = m_j \cdot \hbar$$

mit $m_j = -j, (-j+1), \ldots, (+j-1), +j$.

18. Das Periodensystem der Elemente wird durch die Minimierung der Gesamtenergie entsprechend der vier Quantenzahlen n, l, m_l, und m_s sowie durch das Pauli-Verbot bestimmt. Ab $Z = 19$ weicht die Auffüllung vom idealen Schema der Energieniveaus des Einelektronensystems wegen der Abschirmung der Kernladung teilweise ab.

Übungen:

1. Berechne die Wellenlängen der ersten 4 Linien der Lyman-Serie (beginnend von $m = 1$, das heißt von der Energiequantenzahl $n = 1$). Rydberg-Konstante $R_H = 1{,}0968 \cdot 10^7\ \text{m}^{-1}$.
2. Wie groß ist im Bohrschen Atommodell die Bahngeschwindigkeit eines Elektrons, das sich im niedrigsten Quantenzustand im Wasserstoffatom befindet? Wie ist das Verhältnis dieser Geschwindigkeit zur Lichtgeschwindigkeit c und welche wichtige physikalische Konstante ergibt sich daraus in Einheiten von c?
3. Bestimme im Bohrschen Atommodell die Bahnradien und Energien für ein *myonisches Wasserstoffatom* (ein Proton als Atomkern und ein *Myon* als Teilchen der Hülle das Elektron ersetzend; Masse des Myons[148]: $m_\mu = 105{,}658\ \text{MeV}/c^2$)
   a) zunächst ohne Berücksichtigung der Masse des Protons,
   b) mit Berücksichtigung der Protonenmasse.

---

148 In der subatomaren Physik gibt man die Massen der Teilchen meist entsprechend der Ruheenergie $E_0 = m \cdot c^2$ in der Einheit $[m] = \frac{[E]}{c^2} = \frac{\text{eV}}{c^2}$ oder in atomaren Masseneinheiten (*AME*) u an ($1\,\text{u} = 1{,}66054 \cdot 10^{-27}\ \text{kg} \mathrel{\hat{=}} 1/12$ der Atommasse ^{12}C). Siehe dazu Kapitel „Subatomare Physik“, Abschnitt 3.1.2.1.

4. Ein Elektron der Masse $m_e = 9{,}11 \cdot 10^{-31}$ kg sei in einem eindimensionalen Potenzialkasten der Länge
   a) $L = 1$ cm,
   b) $L = 1$ Ångström = 1 Å = 0,1 nm eingesperrt. Wie groß ist jeweils der Abstand benachbarter Energieniveaus?
5. Die Wellenfunktionen $\psi_{n,l,m_l}(r,\theta,\varphi)$ zu den drei Zuständen des Wasserstoffatoms mit den Quantenzahlen $n = 2$, $l = 1$ und $m_l = 0, +1, -1$ sind

$$\psi_{2,1,0}(r,\theta,\varphi) = \frac{1}{4\sqrt{2\pi}}\left(\frac{1}{a_0}\right)^{\frac{3}{2}}\frac{r}{a_0}\,e^{-\frac{r}{2a_0}}\cos\theta$$

$$\psi_{2,1,+1}(r,\theta,\varphi) = \frac{1}{8\sqrt{\pi}}\left(\frac{1}{a_0}\right)^{\frac{3}{2}}\frac{r}{a_0}\,e^{-\frac{r}{2a_0}}\sin\theta\cdot e^{+i\varphi}$$

$$\psi_{2,1,-1}(r,\theta,\varphi) = \frac{1}{8\sqrt{\pi}}\left(\frac{1}{a_0}\right)^{\frac{3}{2}}\frac{r}{a_0}\,e^{-\frac{r}{2a_0}}\sin\theta\cdot e^{-i\varphi}$$

   a) Berechne zu jeder Wellenfunktion die Aufenthaltswahrscheinlichkeitsdichte und stelle sie qualitativ graphisch dar.
   b) Addiere die drei Wahrscheinlichkeitsdichten und zeige, dass die Summe kugelsymmetrisch ist.
6. Betrachte die chemischen Elemente Selen (Se, $Z = 34$), Brom (Br, $Z = 35$) und Krypton (Kr, $Z = 36$). In diesem Teil des Periodensystems werden die Unterschalen der Elektronenzustände in der Reihenfolge 1*s*, 2*s*, 2*p*, 3*s*, 3*p*, 4*s*, 3*d*, 4*p* aufgefüllt. Welche ist bei den angegebenen Elementen die höchste voll besetzte Unterschale und wie viele Elektronen befinden sich jeweils in ihr?

Anhang 1 Die Sommerfeldsche Erweiterung des Bohrschen Atommodells

Die Quantisierungsbedingungen für die zulässigen Ellipsenbahnen wurden von Sommerfeld mit Hilfe der kanonisch-konjugierten Variablen[149] p_k, q_k allgemein formuliert:

$$\oint p_k dq_k = nh, \tag{V-2.245}$$

149 Sind die Koordinaten q_k z. B. die Kugelkoordinaten (r,θ,φ), dann wird zunächst die kinetische Energie durch die Geschwindigkeitskomponenten $(\dot{r},\dot{\theta},\dot{\varphi})$ dargestellt: $E_{\text{kin}} = E_{\text{kin}}(\dot{r},\dot{\theta},\dot{\varphi})$. Die kanonisch konjugierten Impulskomponenten ergeben sich dann zu $p_r = \frac{\partial E_{\text{kin}}}{\partial \dot{r}}$, $p_\theta = \frac{\partial E_{\text{kin}}}{\partial \dot{\theta}}$, $p_\varphi = \frac{\partial E_{\text{kin}}}{\partial \dot{\varphi}}$.

wobei das Integral über einen vollständigen Bahnumlauf zu erstrecken ist (Phasenintegral).

Für die Bewegung des e^- auf einer Kreisbahn im Zentralfeld gilt wegen seiner konstanten Umlaufgeschwindigkeit $r\dot{\varphi}$ (p_φ ist der Drehimpuls)

$$p_k = p_\varphi = mr^2\dot{\varphi} = \text{const.} \tag{V-2.246}$$

Mit

$$dq_k = d\varphi \tag{V-2.247}$$

folgt

$$\oint p_k dq_k = \underbrace{mr^2\dot{\varphi}}_{\text{const.}} \int_0^{2\pi} d\varphi = \underbrace{mr^2\dot{\varphi}}_{p_{\varphi,n}} \cdot 2\pi = nh\,; \tag{V-2.248}$$

und daraus

$$p_{\varphi,n} = n\hbar\,. \tag{V-2.249}$$

Im Falle einer Kreisbahn ist $p_{r,n} = 0$ (da r konstant ist, hängt E_{kin} nur von $\dot{\varphi}$ ab, daher $\frac{\partial E_{\text{kin}}}{\partial \dot{r}} = 0$) und liefert keine neue *QZ*. Es gilt

$$L_n = m\left|\vec{r}_n \times \vec{v}_n\right| = m\left|\vec{r}_n \times \left(\vec{v}_{\varphi,n} + \vec{v}_{r,n}\right)\right| = mr_n \cdot r_n\dot{\varphi} = p_{\varphi,n} = n\hbar\,, \tag{V-2.250}$$

wie bei der Bohrschen Drehimpuls-Quantelungsregel.

Für den räumlichen Fall der Kugelkoordinaten r,θ,φ werden die Impulskoordinaten p_r, p_θ, p_φ nach der angegeben Regel quantisiert. Hiebei zeigt sich, dass die Bohrschen Energiestufen E_n unverändert bleiben, zu jedem E_n aber n verschiedene Ellipsenbahnen mit derselben Hauptachse, aber mit unterschiedlicher Exzentrizität und damit unterschiedlichem Bahndrehimpuls $L_l = l\hbar$ ($l = 1, 2, \ldots, n$) gehören. Da der Energiewert E_n mit n verschiedenen Quantenzahlen l verbunden ist, also mit n verschiedenen Quantenbahnen, sagt man, er sei n-fach „entartet". n heißt jetzt *Hauptquantenzahl*, l *Drehimpulsquantenzahl.* Die Quantisierung des Impulses $p_\varphi = l\hbar$ bezüglich einer physikalisch vorgegebenen Richtung ergibt $2l + 1$ verschiedene Beträge $m\hbar$ mit $m = -l, -l+1, \ldots, l-1, l$ und somit $2l + 1$ Einstellungsmöglichkeiten der Bahnnormalen zu der vorgegebenen Richtung (z. B. äußeres Magnetfeld $\vec{B}$). Dadurch wird die Lage der Bahn festgelegt, m heißt deshalb auch *Richtungsquantenzahl.* Für den Winkel α zwischen der Bahnnormalen, d. h. der Richtung des

Gesamtdrehimpulses $\vec{p}_\varphi = \vec{L}_l$ (mit $|\vec{L}_l| = l \cdot \hbar$) und der vorgegeben Richtung $\vec{B}$, d. h. der Richtung der z-Achse bzw. der Impulskomponente $\vec{p}_{\varphi,B}$ ($|\vec{p}_{\varphi,B}| = m\hbar$) gilt daher

$$\cos(\vec{B},\vec{L}_{n,l}) = \cos\alpha = \frac{|\vec{p}_{\varphi,B}|}{|\vec{p}_\varphi|} = \frac{m}{l}. \quad \text{(V-2.251)}$$ [150]

Werden die Spektrallinien mit hochauflösenden Spektrometern untersucht, dann stellt man bei allen Linien eine mehr oder weniger große Zahl von diskreten Komponenten fest, die in ihrer Summe als die *Feinstruktur* der Linie bezeichnet werden. Es müssen daher auch die Energieterme, die die Frequenz einer Linie bestimmen, von den Quantenzahlen des Terms abhängen, also aufgespalten sein. Zur Erklärung führte Sommerfeld eine relativistische Korrektur für den Impuls des sehr rasch umlaufenden e^- ein, wodurch die n-fache Entartung der Energiewerte E_n aufgehoben wird. Während mit diesen Erweiterungen die *Feinstruktur des* H-*Atoms* erklärt werden konnte, versagte das Bohr-Sommerfeld-Modell bei der Erklärung der Spektren von Atomen mit mehreren e^-.[151]

Anhang 2 Der quantenmechanische, lineare harmonische Oszillator

Die Schrödingergleichung für ein Mikroteilchen, das eine lineare, harmonische Schwingung ausführt (linearer harmonischer Oszillator), lautet

---

150 Sommerfeld verwendete noch nicht den quantenmechanisch korrekten Wert für den Betrag des Drehimpulses $|\vec{L}| = \sqrt{l(l+1)}\hbar$, sondern $|\vec{L}| = l\hbar$.

151 Es gilt als eine der auffälligsten Zufälligkeiten der Physikgeschichte, dass Sommerfeld, ausgehend von der falschen Bahnvorstellung des e^- und in Unkenntnis des Elektronenspins, nur durch Anwendung der „relativistischen Massenkorrektur" auf das mit variabler Geschwindigkeit um den Kern laufende e^-, die Feinstruktur des Wasserstoffatoms *quantitativ richtig* berechnen konnte. Vorausgesetzt wurde nur $l \neq 0$ und $\Delta l \pm 1$ für einen Emissionsübergang zwischen zwei Termen. Heute wird die Feinstruktur mit Hilfe der relativistischen Dirac-Gleichung, die den Elektronenspin berücksichtigt, berechnet (siehe Abschnitt 2.3.3 und Anhang 5). Die äußerst geringe Lamb-shift als Wechselwirkung des e^- mit den inneratomaren Vakuum-Feldquanten kann aber nur mit Hilfe der Quantenelektrodynamik (*QED*) berechnet werden. Die Lamb-shift $\Delta\nu_{LB}$ der Wasserstoff-Terme hängt von der Drehimpulsquantenzahl l ab, sodass die nach der Dirac-Theorie zusammenfallenden Terme mit gleichem Gesamtdrehimpuls des e^- aufspalten (= Lamb-shift). Dies führt bei der 1. Balmer-Linie H_α zu einer Frequenzaufspaltung von $\Delta\nu_{Lb,H_\alpha} = 1057\,\text{MHz} \mathrel{\hat{=}} 4{,}37 \cdot 10^{-6}\,\text{eV}$, die im Jahre 1945 (nach vorherigen spektroskopischen Hinweisen von Houston und Pasternack im Jahre 1939) von Lamb (Willis Eugene Lamb Jr., 1913–2008, und Retherford (Robert Curtis Retherford, 1912–1981) mit der Mikrowellentechnik an einem H-Atomstrahl gemessen wurde.

$$-\frac{\hbar^2}{2m}\frac{d^2\psi}{dx^2}+\frac{1}{2}m\omega_0^2x^2\psi=E\psi\,. \tag{V-2.252}$$

Wir multiplizieren die Gleichung mit $\frac{2}{\hbar\omega_0}$ und führen folgende dimensionslose Größen ein:

$$x_0=\sqrt{\frac{\hbar}{m\omega_0}},\qquad \xi=\frac{x}{x_0}\,,\qquad \lambda=\frac{2E}{\hbar\omega_0}\,. \tag{V-2.253}$$

Damit ergibt sich mit $\frac{d^2\psi}{dx^2}=\frac{1}{x_0^2}\frac{d^2\psi}{d\xi^2}$ folgende Differentialgleichung (*DG*):

$$-\frac{\hbar^2}{2m}\frac{m\omega_0}{\hbar}\frac{d^2\psi}{d\xi^2}+\frac{1}{2}m\omega_0^2\frac{\hbar}{m\omega_0}\xi^2\psi-\frac{1}{2}\lambda\hbar\omega_0\psi=0 \tag{V-2.254}$$

und damit letztlich

$$\frac{d^2\psi}{d\xi^2}+\left(\lambda-\xi^2\right)\psi=0\,. \tag{V-2.255}$$

Für ψ setzen wir

$$\psi(\xi)=\upsilon(\xi)\cdot e^{-\xi^2/2} \tag{V-2.256}$$ [152]

woraus folgt

$$\frac{d\psi}{d\xi}=\frac{d\upsilon}{d\xi}e^{-\xi^2/2}-\upsilon\xi e^{-\xi^2/2} \tag{V-2.257}$$

und

$$\frac{d^2\psi}{d\xi^2}=\frac{d^2\upsilon}{d\xi^2}e^{-\xi^2/2}-\frac{d\upsilon}{d\xi}\xi e^{-\xi^2/2}-\left(\frac{d\upsilon}{d\xi}\xi+\upsilon\right)e^{-\xi^2/2}+\upsilon\xi^2e^{-\xi^2/2}=$$
$$=\frac{d^2\upsilon}{d\xi^2}e^{-\xi^2/2}-2\xi\frac{d\upsilon}{d\xi}e^{-\xi^2/2}-\upsilon\left(e^{-\xi^2/2}-\xi^2e^{-\xi^2/2}\right). \tag{V-2.258}$$

---

152 Der Faktor $e^{-\xi^2/2}$ sichert, wie sich später zeigen wird, das Verschwinden von $\psi(\xi)$ für $\xi\rightarrow\infty$, wie es von den Standardbedingungen für eine gültige Wellenfunktion ψ gefordert wird.

Wird für $\dfrac{d^2\psi}{d\xi^2} = -(\lambda - \xi^2)\psi$ aus Gl. (V-2.255) eingesetzt, so kürzt sich der Faktor $e^{-\xi^2/2}$ weg und wir erhalten für die noch unbekannte Funktion $\upsilon(\xi)$ folgende nichtlineare *DG*

$$\frac{d^2\upsilon}{d\xi^2} - 2\xi\frac{d\upsilon}{d\xi} - \upsilon\left(1 - \xi^2\right) + \left(\lambda - \xi^2\right)\upsilon = 0 \qquad \text{(V-2.259)}$$

bzw.

$$\frac{d^2\upsilon}{d\xi^2} - 2\xi\frac{d\upsilon}{d\xi} + (\lambda - 1)\,\upsilon = 0\,. \qquad \text{(V-2.260)}$$

Das ist eine *Hermitesche Differentialgleichung* (nach Charles Hermite, 1822–1901, französischer Mathematiker).[153] Die Lösungen setzt man als Potenzreihe an,[154] wobei der niedrigste Exponent noch offen gelassen wird

$$\upsilon(\xi) = a_\nu\xi^\nu + a_{\nu+1}\xi^{\nu+1} + a_{\nu+2}\xi^{\nu+2} + \ldots = \sum_{k=\nu}^{\infty} a_k\xi^k, \qquad a_\nu \neq 0\,. \qquad \text{(V-2.261)}$$

Wir bilden die erste und zweite Ableitung:

$$\frac{d\upsilon}{d\xi} = \sum_{k=\nu}^{\infty} a_k k\xi^{k-1} = a_\nu\nu\xi^{\nu-1} + a_{\nu+1}(\nu + 1)\xi^\nu + \ldots \qquad \text{(V-2.262)}$$

$$\frac{d^2\upsilon}{d\xi^2} = \sum_{k=\nu}^{\infty} a_k k(k-1)\xi^{k-2} = a_\nu\nu(\nu - 1)\xi^{\nu-2} + a_{\nu+1}(\nu + 1)\nu\xi^{\nu-1} + \ldots \qquad \text{(V-2.263)}$$

und setzen in die umgeformte *DG* (V-2.260)

$$\frac{d^2\upsilon}{d\xi^2} = 2\xi\frac{d\upsilon}{d\xi} - (\lambda - 1)\upsilon \qquad \text{(V-2.264)}$$

153 Die allgemeine *Hermitesche Differentialgleichung* lautet: $y'' - cxy' + ny = 0$ mit $n = 0, 1, 2, \ldots$, $c = 1$ oder 2. Sie hat die *Hermiteschen Polynome* H_n als Lösungsfunktionen:
$H_n(x) = (-1)^n e^{x^2}\dfrac{d^n}{dx^n}e^{-x^2}$.

154 Die „Sommerfeldsche Polynommethode" wurde von Sommerfeld und Rubinowicz (Wojciech Adalbert Rubinowicz, 1889–1974) zur Lösung von Differentialgleichungen entwickelt.

ein

$$\begin{aligned}&a_\nu\nu(\nu-1)\xi^{\nu-2}+a_{\nu+1}(\nu+1)\nu\xi^{\nu-1}+a_{\nu+2}(\nu+2)(\nu+1)\xi^\nu+\ldots=\\&=\left[2\xi a_\nu\nu\xi^{\nu-1}-(\lambda-1)a_\nu\xi^\nu\right]+\left[2\xi a_{\nu+1}(\nu+1)\xi^\nu-(\lambda-1)a_{\nu+1}\xi^{\nu+1}\right]+\ldots=\\&=\left[2\nu-(\lambda-1)\right]a_\nu\xi^\nu+\left[2(\nu+1)-(\lambda-1)\right]a_{\nu+1}\xi^{\nu+1}+\ldots.\end{aligned}\tag{V-2.265}$$

Diese Gleichung muss für alle ξ erfüllt sein, daher müssen die Koeffizienten der Terme mit gleicher Potenz von ξ auf beiden Seiten der Gleichung gleich sein. Der Term mit $\xi^{\nu-2}$ links hat rechts keine Entsprechung, sein Koeffizient muss daher verschwinden:

$$a_\nu\nu(\nu-1)=0 \quad\Rightarrow\quad \nu(\nu-1)=0 \quad\Rightarrow\quad \nu=0 \quad \text{oder} \quad \nu=1. \tag{V-2.266}$$

Ebenso muss der Koeffizient von $\xi^{\nu-1}$ verschwinden und wir erhalten wieder $\nu=0$ oder zusätzlich $\nu=-1$. Die Lösung (Gl. V-2.261) für $\nu=-1$ beginnt mit ξ^{-1} und geht daher für $\xi=0$ gegen ∞, sie ist somit auszuschließen. Aus dem weiteren Vergleich der Koeffizienten zu gleicher Potenz von ξ erhalten wir eine Rekursionsformel für die a_i [155]

$$a_{i+2}=\frac{2i+1-\lambda}{(i+1)(i+2)}\,a_i\,. \tag{V-2.267}$$

Die Formel liefert zwei Reihen mit geradzahligen (Beginn mit $i=0$) und ungeradzahligen (Beginn mit $i=1$) Exponenten von ξ für $\upsilon(\xi)$, die partikuläre Lösungen der obigen Hermiteschen *DG* sind:

$$a_0+a_2\xi^2+a_4\xi^4+\ldots \quad \text{und} \quad a_1\xi+a_3\xi^3+a_5\xi^5+\ldots. \tag{V-2.268}$$

Die Lösungen der ursprünglichen *DG* (V-2.255) $\dfrac{d^2\psi}{d\xi^2}+(\lambda-\xi^2)\psi=0$ sind dann nach Gl. (V-2.256) noch mit $e^{-\xi^2/2}$ zu multiplizieren ($\psi(\xi)=\upsilon(\xi)\cdot e^{-\xi^2/2}$). Da die Reihen $\upsilon(\xi)$ für wachsendes ξ über alle Grenzen gehen (sie verhalten sich, wie sich durch Quotientenbildung aufeinanderfolgender Koeffizienten zeigen lässt, für große ξ wie e^{ξ^2}), genügen diese Lösungen nicht den von uns geforderten Randbedingungen $\psi=0$ für $x\to\pm\infty$. Dies ist nur der Fall, wenn die Reihe abbricht, also nur eine endliche Anzahl von Gliedern besitzt und daher ein Polynom darstellt, da dann wegen des Faktors $e^{-\xi^2/2}$ für $\xi\to\infty$ $\psi=0$ wird. Wir müssen daher jene Werte von

---

155 Wir ersetzen im Folgenden dort, wo es um den Aufbau der Polynome geht, den Index ν durch den Index i.

λ auswählen, für die die Reihen bei einem gewissen Glied abbrechen. *Diese Auswahl gewisser Werte von* $\lambda = \frac{2E}{\hbar\omega_0}$ *führt zur Quantelung der Energie*! Unsere entsprechend der Rekursionsformel $a_{i+2} = \frac{2i+1-\lambda}{(i+1)(i+2)} a_i$ erzeugten Reihen $v(\xi)$ bilden dann ein Polynom H_n n-ten Grades, wenn für λ gilt

$$\lambda = 2n + 1 \qquad \text{mit } n = 0,1,2,\ldots, \tag{V-2.269}$$

da dann der Koeffizient a_{n+2} $(i = n)$ und alle weiteren verschwinden.

Damit ergibt sich aus $E = \frac{\lambda}{2}\hbar\omega_0$ unmittelbar die Energiequantelung für den harmonischen Oszillator (vgl. Abschnitt 2.4.3, Gl. V-2.157)

$$E_n = \left(n + \frac{1}{2}\right)\hbar\omega_0 \qquad n = 0,1,2,\ldots. \tag{V-2.270}$$

Das heißt, nur jene Funktionen ψ_n, sind Lösungen der Schrödingergleichung des harmonischen Oszillators, die den Randbedingungen des Problems genügen und somit die *diskreten Energiewerte* des schwingenden Teilchens als Eigenwerte E_n besitzen. Befindet sich der Oszillator in einem Zustand mit dem Eigenwert E_n, dann verbleibt er unbegrenzt lange in diesem Zustand, falls keine Einwirkung von außen erfolgt.

Es zeigt sich hier wieder:

i Nicht die Schrödingergleichung selbst führt zur Quantelung physikalischer Größen im mikroskopischen Bereich, sondern die Randbedingungen, unter denen sie zu lösen ist (denen ihre Lösungen genügen müssen).

Mit den obigen Randbedingungen und den Werten ξ und x_0 (Gl. V-2.253) ergeben sich als Wellenfunktionen des linearen harmonischen Oszillators:

$$\psi_n(x) = C_n e^{-m\omega_0 x^2/2\hbar} H_n(\xi). \tag{V-2.271}$$

Die $H_n(\xi)$ sind die *Hermiteschen Polynome*

$$H_n(\xi) = (-1)^n e^{\xi^2} \frac{d^n\left(e^{-\xi^2}\right)}{d\xi^n}, \tag{V-2.272}$$

als die sich die abgebrochenen Reihen $v(\xi)$ mit den Koeffizienten a_i aus der angegebenen Rekursionsformel (V-2.267) darstellen lassen.[156] Die C_n sind Normierungsfaktoren, damit die ψ_n der Normierungsbedingung $\int_{-\infty}^{+\infty} \psi_n^2(x) = 1$ genügen:

$$C_n = \frac{1}{\sqrt{2^n x_0 n! \sqrt{\pi}}} = \frac{1}{\sqrt{2^n \cdot n!}} \sqrt[4]{\frac{m\omega_0}{\pi\hbar}}. \qquad \text{(V-2.273)}$$

Damit ergeben sich die ersten Eigenfunktionen des linearen harmonischen Oszillators zu

$$\psi_0(x) = \frac{1}{\sqrt{x_0 \sqrt{\pi}}} e^{-\frac{x^2}{2x_0^2}} = \sqrt[4]{\frac{m\omega_0}{\pi\hbar}} \cdot e^{-\frac{1}{2}\frac{m\omega_0}{\hbar}x^2}$$

$$\psi_1(x) = \frac{1}{\sqrt{2x_0\sqrt{\pi}}} e^{-\frac{x^2}{2x_0^2}} \cdot 2\frac{x}{x_0} = \sqrt[4]{\frac{2}{\pi}\left(\frac{m\omega_0}{\hbar}\right)^3} \cdot e^{-\frac{1}{2}\frac{m\omega_0}{\hbar}x^2} \cdot x$$

$$\psi_2(x) = \frac{1}{\sqrt{2^2 \cdot 2x_0\sqrt{\pi}}} e^{-\frac{x^2}{2x_0^2}}\left(4\frac{x^2}{x_0^2} - 2\right) =$$

$$= \sqrt[4]{\frac{m\omega_0}{4\pi\hbar}} \cdot e^{-\frac{1}{2}\frac{m\omega_0}{\hbar}x^2} \cdot \left(2\frac{m\omega_0}{\hbar}x^2 - 1\right). \qquad \text{(V-2.274)}$$

Der Vergleich mit der graphischen Darstellung der Wellenfunktion in Abschnitt 2.4.3, Abb. V-2.24) zeigt, dass die Quantenzahl n die Anzahl der Nullstellen angibt, zwischen denen Maxima und Minima der Gesamtzahl $(n + 1)$ liegen.

Anhang 3 Lösung der Schrödingergleichung für das Wasserstoffatom

Wenn wir vereinfachend annehmen, dass sich das Elektron (e^-) um das *ruhende* Proton bewegt, so suchen wir Lösungen der stationären Schrödingergleichung (Abschnitt 2.3.2, Gl. V-2.60)

156 Die ersten vier Hermiteschen Polynome lauten: $H_0(\xi) = 1$, $H_1(\xi) = 2\xi$, $H_2(\xi) = 4\xi^2 - 2$, $H_3(\xi) = 8\xi^3 - 12\xi$.

$$-\frac{\hbar^2}{2m_e}\Delta\psi(\vec{r}) + E_{\text{pot}}\psi(\vec{r}) = E\psi(\vec{r})\,. \tag{V-2.275}$$

Da das Coulombpotenzial nur vom Abstand des e^- vom Kraftzentrum (Proton) abhängt und daher kugelsymmetrisch ist, vereinfacht sich der Lösungsvorgang, wenn zu Kugelkoordinaten übergegangen wird (Abschnitt 2.5.1, Gl. V-2.168)

$$-\frac{\hbar^2}{2m_e}\left[\frac{1}{r^2}\frac{\partial}{\partial r}\left(\frac{r^2\partial\psi}{\partial r}\right) + \frac{1}{r^2\sin\theta}\frac{\partial}{\partial\theta}\left(\sin\theta\,\frac{\partial\psi}{\partial\theta}\right) + \frac{1}{r^2\sin^2\theta}\frac{\partial^2\psi}{\partial\varphi^2}\right] + E_{\text{pot}}(r)\psi = E\psi\,. \tag{V-2.276}$$

Mit dem Produktansatz $\psi(r,\theta,\varphi) = R(r)\cdot\Theta(\theta)\cdot\Phi(\varphi)$ können die drei Variablen r, θ und φ separiert werden

$$-\frac{\hbar^2}{2m_e}\left[\frac{1}{r^2}\frac{\partial}{\partial r}\left(r^2\frac{\partial(R\Theta\Phi)}{\partial r}\right) + \frac{1}{r^2\sin\theta}\frac{\partial}{\partial\theta}\left(\sin\theta\,\frac{\partial(R\Theta\Phi)}{\partial\theta}\right) + \frac{1}{r^2\sin^2\theta}\frac{\partial^2(R\Theta\Phi)}{\partial\varphi^2}\right] +$$
$$+E_{\text{pot}}(r)R\Theta\Phi = E\cdot(R\Theta\Phi)\,. \tag{V-2.277}$$

Wir führen die partiellen Differentiationen aus (vgl. Abschnitt 2.5.1, Gl. (V-2.170)

$$-\frac{\hbar^2}{2m_e}\left[\frac{\Theta\Phi}{r^2}\frac{d}{dr}\left(r^2\frac{dR}{dr}\right) + \frac{R\Phi}{r^2\sin\theta}\frac{d}{d\theta}\left(\sin\theta\,\frac{d\Theta}{d\theta}\right) + \frac{R\Theta}{r^2\sin^2\theta}\frac{d^2\Phi}{d\varphi^2}\right] +$$
$$+E_{\text{pot}}(r)R\Theta\Phi = E\cdot(R\Theta\Phi)\,, \tag{V-2.278}$$

multiplizieren mit $-(2m_e r^2\sin^2\theta/(\hbar^2 R\Theta\Phi)$ und ordnen um

$$\frac{\sin^2\theta}{R}\frac{d}{dr}\left(r^2\frac{dR}{dr}\right) + \frac{\sin\theta}{\Theta}\frac{d}{d\theta}\left(\sin\theta\,\frac{d\Theta}{d\theta}\right) + \frac{1}{\Phi}\frac{d^2\Phi}{d\varphi^2} =$$
$$= -\frac{2m_e r^2\sin^2\theta}{\hbar^2}(E - E_{\text{pot}})\,. \tag{V-2.279}$$

Das können wir aber auch so schreiben

$$\frac{1}{\Phi}\frac{d^2\Phi}{d\varphi^2} = -\frac{\sin^2\theta}{R}\frac{d}{dr}\left(r^2\frac{dR}{dr}\right) - \frac{\sin\theta}{\Theta}\frac{d}{d\theta}\left(\sin\theta\,\frac{d\Theta}{d\theta}\right) -$$
$$-\frac{2m_e r^2\sin^2\theta}{\hbar^2}(E - E_{\text{pot}})\,. \tag{V-2.280}$$

Es ist uns gelungen, den Term mit der Variablen φ auf der linken Seite der Gleichung zu separieren: Die linke Seite der Gleichung hängt *nicht* von r und θ ab, die rechte *nicht* von φ. Die Gleichung kann nur dann für alle r, θ und φ gelten, wenn beide Seiten einer Konstanten gleich sind. Wir nehmen als *Separationskonstante* $-m_l^2$. Das ergibt für die linke Seite eine *gewöhnliche DG* und – wie weiter unten und in Anhang 4 gezeigt wird – eine *Quantenzahl* m_l

$$\frac{d^2\Phi}{d\varphi^2} = -m_l^2\Phi. \qquad \text{(V-2.281)}$$

Für die rechte Seite muss ebenso gelten

$$-\frac{\sin^2\theta}{R}\frac{d}{dr}\left(r^2\frac{dR}{dr}\right) - \frac{\sin\theta}{\Theta}\frac{d}{d\theta}\left(\sin\theta\frac{d\Theta}{d\theta}\right) - \frac{2m_e r^2\sin^2\theta}{\hbar^2}(E - E_{\text{pot}}) = -m_l^2. \qquad \text{(V-2.282)}$$

Wir dividieren durch $\sin^2\theta$ und ordnen um

$$\frac{1}{R}\frac{d}{dr}\left(r^2\frac{dR}{dr}\right) + \frac{2m_e r^2}{\hbar^2}(E - E_{\text{pot}}) = \frac{m_l^2}{\sin^2\theta} - \frac{1}{\Theta\sin\theta}\frac{d}{d\theta}\left(\sin\theta\frac{d\Theta}{d\theta}\right). \qquad \text{(V-2.283)}$$

Es ist wieder eine Separation gelungen, die linke Seite der Gleichung hängt *nicht* von θ ab, die rechte nicht von r. Wir nehmen als *Separationskonstante* $l(l+1)$ und erhalten zwei weitere gewöhnliche *DG's* (die rechte Seite wird mit Θ multipliziert, die linke mit R/r^2)

$$-\frac{1}{\sin\theta}\frac{d}{d\theta}\left(\sin\theta\frac{d\Theta}{d\theta}\right) + \frac{m_l^2\Theta}{\sin^2\theta} = l(l+1)\Theta \qquad \text{(V-2.284)}$$

und

$$\frac{1}{r^2}\frac{d}{dr}\left(r^2\frac{dR}{dr}\right) + \frac{2m_e}{\hbar^2}(E - E_{\text{pot}})R = l(l+1)\frac{R}{r^2} \quad \textit{Radialgleichung.} \qquad \text{(V-2.285)}$$

Die Gleichungen (V-2.281), (V-2.284) und (V-2.285) sind drei voneinander unabhängige *DG's* für die Variablen φ, θ und r. Gleichung (V-2.281) kann analytisch gelöst werden, die Gln. (V-2.284) und (V-2.285) durch Potenzreihenansatz. Damit erhält man die gesuchten Lösungsfunktionen $\Phi(\varphi)$, $\Theta(\theta)$ und $R(r)$, wenn die Standardbedingungen für die drei Funktionen erfüllt werden: Die Lösungen der Schrödingergleichung, die Teilchenwellenfunktionen, müssen eindeutig, stetig und im ganzen Raum endlich sein.

Die normierten Lösungen von Gl. (V-2.281) sind (siehe dazu auch Abschnitt 2.5.4, Fußnote 101)

$$\Phi_{m_l}(\varphi) = \frac{1}{\sqrt{2\pi}}\, e^{im_l\varphi}\,. \tag{V-2.286}$$

Da die Lösung eindeutig sein muss und φ von 0 bis 2π läuft, muss die Lösung für alle $\varphi = 0,\ 2\pi,\ \ldots$ gleich sein:

$$e^{im_l 0} = e^{im_l 2\pi}\,. \tag{V-2.287}$$

Das kann nur erfüllt werden, wenn $m_l = 0, \pm 1, \pm 2, \ldots$ ist, d. h. ganzzahlig.

Die Lösungen der Gln. (V-2.284) und (V-2.285) führen wie beim harmonischen Oszillator auf Potenzreihen und tabellierte Polynome (*Legendresche* und *Laguerresche Polynome*), die Auswahl der Lösung erfolgt wie dort nach der geforderten Randbedingung, der Eindeutigkeit bzw. $R(r) \to 0$ für $r \to \infty$.

Die Lösungen Θ von Gl. (V-2.284) sind nur dann eindeutig, wenn l ganzzahlig ist mit Werten $|m_l|, |m_l + 1|, |m_l + 2|$, ... usf., das heißt wenn gilt

$$l \geq |m_l|\,. \tag{V-2.288}$$

Da die speziellen Lösungen der Gleichung (V-2.284) von l und m_l abhängen, werden sie als $\Theta_{l,m_l}(\theta)$[157] bezeichnet und heißen *zugeordnete Kugelfunktionen*:

$$\Theta_{l,m_l}(\theta) = P_l^{|m_l|}(\cos\theta) \tag{V-2.289}$$

zugeordnete Kugelfunktionen $\Theta_{l,m_l}(\theta)$ *bzw. zugeordnete Legendresche Polynome* $P_l^{|m_l|}(\cos\theta)$.

157 Die Separationskonstante $l(l+1)$ in Gleichung (V-2.284) und (V-2.285) ist mit Bedacht so gewählt, da dann die Lösungen der *DG* (V-2.284) die eindeutigen, stetigen und endlichen zugeordneten Kugelfunktionen $\Theta_{l,m_l}(\theta)$ sind, die somit die wesentlichen Bedingungen einer Eigenfunktion erfüllen (siehe dazu auch Anhang 4, Fußnote 161). In Abschnitt 2.5.4 stellen in den Funktionen $\psi_{n,l,m_l}(r,\theta,\varphi)$ die von r unabhängigen Winkelfunktionen das Produkt $\Phi(\varphi)\cdot\Theta(\theta) = \frac{1}{\sqrt{2\pi}}\, e^{im_l\varphi}\,\Theta_{l,m_l}(\theta)$ dar (siehe auch Fußnote 101 dort).

Tabelle der zugeordneten Kugelfunktionen $\Theta_{l,m_l}(\theta)$ für $l = 0, 1, 2$ beim Wasserstoffatom.

l	m_l	$\Theta_{l,m_l}(\theta)$
0	0	$\Theta_{0,0} = \sqrt{\frac{1}{2}}$
1	0	$\Theta_{1,0} = \sqrt{\frac{3}{2}}\cos\theta$
1	±1	$\Theta_{1,\pm1} = \mp\sqrt{\frac{3}{4}}\sin\theta$
2	0	$\Theta_{2,0} = \sqrt{\frac{5}{8}}(3\cos^2\theta - 1)$
2	±1	$\Theta_{2,\pm1} = \mp\sqrt{\frac{15}{4}}\sin\theta\cos\theta$
2	±2	$\Theta_{2,\pm2} = \sqrt{\frac{15}{16}}\sin^2\theta$

Die zugeordneten Kugelfunktionen können aus den *Legendreschen Polynomen* $P_l(\cos\theta)$ durch Differentiation gewonnen werden. Es gilt mit $\cos\theta = \xi$:

$$P_l^{|m_l|}(\xi) = (1-\xi^2)^{\frac{|m_l|}{2}} \cdot \frac{d^{|m_l|}}{d\xi^{|m_l|}} P_l(\xi)\,. \qquad \text{(V-2.290)}$$

Die Legendreschen Polynome $P_l(\xi)$ sind die Lösungen der einfacheren Legendreschen *DG*

$$\frac{1}{\Theta\cdot\sin\theta}\cdot\frac{d}{d\theta}\left(\sin\theta\,\frac{d\Theta}{d\theta}\right) + l(l+1) = 0\,, \qquad l > 0\,,\ \text{ganz} \qquad \text{(V-2.291)}$$

Legendresche DG.

Die nicht von r abhängigen Funktionen

$$Y_{l,m_l}(\theta,\varphi) = \Theta_{l,m_l}(\theta)\cdot\Phi_{m_l}(\varphi) \qquad \text{werden } \textit{Kugelflächenfunktionen (spherical harmonics)} \qquad \text{(V-2.292)}$$

genannt.

Tabelle der Kugelflächenfunktionen $Y_{l,m_l}(\theta,\varphi) = \Theta_{l,m_l}(\theta) \cdot \Phi_{m_l}(\varphi)$, des Winkelanteils der Wellenfunktion des Wasserstoffatoms, für $l = 0, 1, 2$.

l	m_l	$Y_{l,m_l}(\theta)$
0	0	$Y_{0,0} = \sqrt{\frac{1}{4\pi}}$
1	0	$Y_{1,0} = \sqrt{\frac{3}{4\pi}}\cos\theta$
1	±1	$Y_{1,\pm1} = \mp\sqrt{\frac{3}{8\pi}}\sin\theta \cdot e^{\pm i\varphi}$
2	0	$Y_{2,0} = \sqrt{\frac{5}{16\pi}}(3\cos^2\theta - 1)$
2	±1	$Y_{2,\pm1} = \mp\sqrt{\frac{15}{8\pi}}\sin\theta\cos\theta \cdot e^{\pm i\varphi}$
2	±2	$Y_{2,\pm2} = \sqrt{\frac{15}{16}}\sin^2\theta$

Die Gl. (V-2.285) wird ähnlich wie im Fall der Hermiteschen *DG* des harmonischen Oszillators (siehe Anhang 2) durch einen Sommerfeldschen Potenzreihenansatz $R(r) = e^{-r/2}\upsilon(r)$ mit $\upsilon(r) = r^\beta \sum_{p=0}^{\infty} c_p r^p$ gelöst. Die Rechnung zeigt, dass die Potenzreihe $\upsilon(r)$ dann abbricht, wenn für den freien Energieparameter E der Wert $E = -\frac{1}{(4\pi\varepsilon_0)^2}\frac{m_e e^4}{2\hbar^2}\cdot\frac{1}{n^2}$ mit $n = 1, 2, 3, \ldots$ gewählt wird. Dann verschwindet $R(r)$ für $r \to \infty$, wie es für eine Eigenfunktion sein muss. Dieser Wert von E ist aber genau der Balmersche Term für wasserstoffähnliche Spektren, wie er aus dem Bohrschen Atommodell gewonnen wurde (vgl. Abschnitt 2.2.4, Gl. V-2.32).

Mit $N_{n,l}$ als Normierungsfaktor lauten nun die Lösungen der *Radialgleichung* (V-2.285):

$$R_{n,l}(\xi) = N_{n,l} \cdot e^{-\frac{\xi}{2}} \cdot \xi^l \cdot L_{n+l}^{2l+1}(\xi) \tag{V-2.293}$$

mit $\xi = \frac{2Z}{n \cdot a_0} \cdot r$ (a_0 = Bohrscher Radius).

Dabei ist $L_{n+l}^{2l+1}(\xi)$ das zu $(n+l)$ *zugeordnete Laguerresche Polynom*. Es kann ähnlich wie die zugeordneten Kugelfunktionen (Gl. V-2.289) durch $(2l+1)$-fache

Differentiation des *Laguerreschen Polynoms* $L_{n+l}(\xi)$ gewonnen werden, welches der einfacheren Laguerreschen *DG* genügt:

$$\xi y'' + (1 - \xi)y' + (n + l)y = 0 \qquad \textit{Laguerresche DG.} \qquad \text{(V-2.294)}$$

Die vollständigen Eigenfunktionen der stationären Schrödingergleichung des Wasserstoffatoms können deshalb so geschrieben werden (vgl. Abschnitt 2.5.8, Gl. V-2.238):

$$\psi_{n,l,m_l}(r,\theta,\varphi) = R_{n,l}(r) \cdot Y_{l,m_l}(\theta,\varphi) = R_{n,l}(r) \cdot \Theta_{l,m_l}(\theta) \cdot \Phi_{m_l}(\varphi)\,. \qquad \text{(V-2.295)}$$

Zur Vervollständigung sind in der nachfolgenden Tabelle die Werte für $R_{n,l}\,(r)$ für $n = 1$, 2 angeführt. Durch Multiplikation mit den entsprechenden $Y_{l,m_l}(\theta,\varphi)$ erhält man die normierten Wellenfunktionen des Wasserstoffatoms, wie sie in der Tabelle in Abschnitt 2.5.4 angegeben sind.

Tabelle des Radialanteils $R_{n,l}(r)$ der Wellenfunktion des Wasserstoffatoms für $n = 1$ und 2.

n	***l***	$R_{n,l}(r)$
1	0	$R_{1,0} = 2\left(\frac{1}{a_0}\right)^{3/2} e^{-r/a_0}$
2	0	$R_{2,0} = \left(\frac{1}{2a_0}\right)^{3/2} e^{-r/2a_0}\left(2 - \frac{r}{a_0}\right)$
2	1	$R_{2,1} = \frac{1}{\sqrt{3}}\left(\frac{1}{2a_0}\right)^{3/2} e^{-r/2a_0}\,\frac{r}{a_0}$

Wir betrachten die *Radialgleichung* (V-2.285) noch genauer:

$$\frac{1}{r^2}\frac{d}{dr}\left(r^2\frac{dR}{dr}\right) + \frac{2m_e}{\hbar^2}\left(E - E_{\text{pot}}\right)R = l(l+1)\frac{R}{r^2}$$

bzw.

$$\frac{d^2R}{dr^2} + \frac{2}{r}\frac{dR}{dr} + \frac{2m_e}{\hbar^2}\left(E - E_{\text{pot}}\right)R = l(l+1)\,\frac{R}{r^2}\,. \qquad \text{(V-2.296)}$$

Umgeformt und für E_{pot} eingesetzt erhalten wir

$$\frac{d^2R}{dr^2}+\frac{2}{r}\frac{dR}{dr}+\frac{2m_e}{\hbar^2}\left[E+\frac{1}{4\pi\varepsilon_0}\frac{e^2}{r}-\frac{l(l+1)\hbar^2}{2m_e r^2}\right]R=0\,. \qquad \text{(V-2.297)}$$

Diese eindimensionale Gleichung enthält ein *effektives Potenzial*

$$E_{\text{pot}}^{\text{eff}}=-\frac{1}{4\pi\varepsilon_0}\frac{e^2}{r}+\frac{\hbar^2}{2m_e r^2}\,l(l+1)\,, \qquad \text{(V-2.298)}$$

die Gleichung beschreibt also eine Situation, in der sich das e^- eindimensional im effektiven Potenzial $E_{\text{pot}}^{\text{eff}}$ bewegt. Das Potenzial $\frac{\hbar^2}{2m_e r^2}\,l(l+1)$, das hier zusätzlich zum Coulombpotenzial auftritt, ist immer positiv oder Null. Das heißt, dass die zugehörige Kraft als negativer Gradient dieses Potenzials das e^- vom eigentlichen Kraftzentrum, dem Proton, abzustoßen versucht. Dieser Term wird deshalb *Zentrifugalpotenzial* (= *Zentrifugalbarriere*) genannt. Im e^- „sitzend" spüren wir die attraktive Coulombkraft des Protons und eine abstoßende Zentrifugalkraft (Abb. V-2.47).

Für große r geht das effektive Potenzial mit $1/r^2$ gegen 0. Bei großen Abständen vom Zentrum überwiegt daher das negative, attraktive Coulombpotenzial, $E_{\text{pot}}^{\text{eff}}<0$, bei sehr kleinen Abständen dagegen das positive abstoßende Potenzial. Da die Abstoßung mit $1/r^2$ geht, die Anziehung aber nur mit $1/r$, kann sich für ein klassisches Teilchen ein Gleichgewichtsabstand einstellen, wenn sich die den beiden Potenzialen entsprechenden Kräfte gerade kompensieren.

Für $E>0$ gibt es keine gebundenen Zustände des e^-, es wird am Kern gestreut. Für gebundene Zustände des Wasserstoffatoms muss daher $E<0$ gelten.

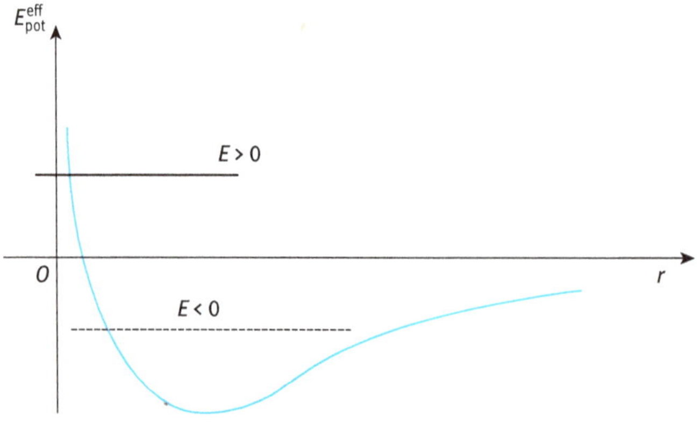

Abb. V-2.47: Effektives Potenzial $E_{\text{pot}}^{\text{eff}}(r)$ als Summe von Coulomb- und Zentrifugalpotenzial. Für gebundene Zustände des Wasserstoffatoms muss $E<0$ gelten.

Anhang 4 Der Bahndrehimpuls $\vec{L}$ eines Elektrons

Klassisch gilt für den Bahndrehimpuls $\vec{L} = \vec{r} \times \vec{p}$; quantenmechanisch ist der Impuls $\vec{p}$ durch den Impulsoperator $\hat{\vec{p}} = -i\hbar\vec{\nabla}$ zu ersetzen. Das Zeichen „^“ über einem Symbol zeigt in der *QM* einen Operator an, d. h. eine auf die ψ-Funktion anzuwendende Rechenvorschrift;[158] $\hat{\vec{p}}$ ist also ein Differentialoperator, denn $\vec{\nabla} = \vec{e}_x \frac{\partial}{\partial x} + \vec{e}_y \frac{\partial}{\partial y} + \vec{e}_z \frac{\partial}{\partial z}$. Für den Bahndrehimpulsoperator ergibt sich so

$$\hat{\vec{L}} = -\,i\hbar(\vec{r} \times \vec{\nabla}) \qquad \textit{Bahndrehimpulsoperator;} \qquad \text{(V-2.299)}$$

in Komponenten:

$$\hat{L}_x = -i\hbar\left(y\frac{\partial}{\partial z} - z\frac{\partial}{\partial y}\right);\ \hat{L}_y = -i\hbar\left(z\frac{\partial}{\partial x} - x\frac{\partial}{\partial z}\right);\ \hat{L}_z = -i\hbar\left(x\frac{\partial}{\partial y} - y\frac{\partial}{\partial x}\right). \qquad \text{(V-2.300)}$$

Wird mit den Transformationsformeln Gl. (V-2.165) von Abschnitt 2.5.1

$$x = r\sin\theta\cos\varphi, \qquad y = r\sin\theta\sin\varphi, \qquad z = r\cos\theta$$

die Komponente $\hat{L}_z$ auf Kugelkoordinaten transformiert, dann ergibt sich eine sehr einfache Beziehung, denn (siehe auch Abschnitt 2.5.1, Abb. V-2.30)

$$\begin{aligned}\frac{\partial\psi}{\partial\varphi} &= \frac{\partial\psi}{\partial x}\cdot\frac{\partial x}{\partial\varphi} + \frac{\partial\psi}{\partial y}\cdot\frac{\partial y}{\partial\varphi} + \underbrace{\frac{\partial\psi}{\partial z}\cdot\frac{\partial z}{\partial\psi}}_{=0} = \\ &= \frac{\partial\psi}{\partial x}\underbrace{(-r\sin\theta\sin\varphi}_{-y} + \frac{\partial\psi}{\partial y}\underbrace{(r\sin\theta\cos\varphi)}_{x} = x\frac{\partial\psi}{\partial y} - y\frac{\partial\psi}{\partial x}.\end{aligned} \qquad \text{(V-2.301)}$$

Also gilt

$$-i\hbar\left(x\frac{\partial}{\partial y} - y\frac{\partial}{\partial x}\right) = -i\hbar\frac{\partial}{\partial\varphi} = \hat{L}_z \qquad \begin{array}{l}\textit{z-Komponente des}\\ \textit{Bahndrehimpulsoperators}\\ \textit{in Kugelkoordinaten.}\end{array} \qquad \text{(V-2.302)}$$

Wenn man auch die beiden anderen Komponenten $\hat{L}_x$ und $\hat{L}_y$ auf Polarkoordinaten transformiert (siehe z. B. E. W. Schpolski, *Atomphysik II*, Berlin: VEB Deutscher Verlag der Wissenschaft, 1967, § 176), dann erhält man für das Drehimpulsquadrat $\hat{\vec{L}}^2 = \hat{L}_x^2 + \hat{L}_y^2 + \hat{L}_z^2$ den von r unabhängigen Operator

158 Nicht zu verwechseln mit den ebenfalls mit „^“ über dem Symbol bezeichneten *Vierervektoren*!

$$\hat{L}^2 = -\hbar^2 \left[\frac{1}{\sin\theta} \frac{\partial}{\partial\theta} \left(\sin\theta \frac{\partial}{\partial\theta} \right) + \frac{1}{\sin^2\theta} \frac{\partial^2}{\partial\varphi^2} \right] = \hbar^2 \hat{\Lambda} ; \qquad \text{(V-2.303)}$$

$$\hat{\Lambda}(\theta, \varphi) = -\left[\frac{1}{\sin\theta} \frac{\partial}{\partial\theta} \left(\sin\theta \frac{\partial}{\partial\theta} \right) + \frac{1}{\sin^2\theta} \frac{\partial^2}{\partial\varphi^2} \right]$$

heißt *Legendrescher Operator.* (V-2.304)

Dieser Operator tritt mit $\frac{1}{2m_e r^2}$ multipliziert in der Schrödingergleichung als „tangentialer" Energieterm auf.

Um die Eigenwerte und die Eigenfunktionen von $\hat{L}^2$ zu erhalten, separieren wir die Wellenfunktion $\psi(r,\theta,\varphi)$ in einen nur von r abhängigen Teil $R(r)$ und einen von den Winkelvariablen θ und φ abhängigen Teil $Y(\theta,\varphi) = \Phi(\varphi) \cdot \Theta(\theta)$

$$\psi(r,\theta,\varphi) = R(r) \cdot Y(\theta,\varphi) . \qquad \text{(V-2.305)}$$

In die Schrödingergleichung (Gl. V-2.276) eingesetzt, erhält man mit der Separationskonstanten $k = l(l+1)$ einerseits die Radialgleichung (V-2.285) von Anhang 3, andererseits die uns interessierende, nur die Winkelvariablen enthaltende Gleichung

$$\underbrace{-\frac{1}{\sin\theta} \frac{\partial}{\partial\theta} \left(\sin\theta \frac{\partial Y}{\partial\theta} \right) - \frac{1}{\sin^2\theta} \frac{\partial^2 Y}{\partial\varphi^2}}_{\hat{\Lambda} \cdot Y} - Y \cdot l(l+1) = 0 \,, \qquad \text{(V-2.306)}$$

[159]

159 Mit der zunächst noch unbestimmten Separationskonstanten k an Stelle von $l(l+1)$ ist Gl. (V-2.306) die *DG* der Kugelflächenfunktionen, die – in kartesischen Koordinaten – der Laplace-Gleichung $\frac{\partial^2 u}{\partial x^2} + \frac{\partial^2 u}{\partial y^2} + \frac{\partial^2 u}{\partial z^2} = 0$ genügen. In Kugelkoordinaten lautet sie

$\frac{\partial}{\partial r}\left(r^2 \frac{\partial u}{\partial r} \right) + \frac{1}{\sin\theta} \frac{\partial}{\partial\theta}\left(\sin\theta \frac{\partial u}{\partial\theta} \right) + \frac{1}{\sin^2\theta} \frac{\partial^2 u}{\partial\varphi^2} = 0$. Die Lösung ist ein Polynom l-ten Grades:

$u = r^l \cdot Y(\theta,\varphi) \Rightarrow \frac{\partial u}{\partial r} = l \cdot r^{l-1} \cdot Y(\theta,\varphi) \Rightarrow r^2 \frac{\partial u}{\partial r} = l \cdot r^{l+1} \cdot Y(\theta,\varphi) \Rightarrow \frac{\partial}{\partial r}\left(r^2 \frac{\partial u}{\partial r} \right) = l \cdot (l+1) \cdot r^l \cdot Y(\theta,\varphi)$.

Damit lautet die *DG* für die Kugelflächenfunktionen nach Kürzung durch r^l

$l(l+1)Y + \frac{1}{\sin\theta} \frac{\partial}{\partial\theta}\left(\sin\theta \frac{\partial Y}{\partial\theta} \right) + \frac{1}{\sin^2\theta} \frac{\partial^2 Y}{\partial\varphi^2} = 0$. Durch Vergleich ergibt sich $k = l(l+1)$.

und damit

$$\hat{\Lambda}(\theta,\varphi) \cdot Y(\theta,\varphi) = l(l+1) \cdot Y(\theta,\varphi)\,. \tag{V-2.307}$$

Multiplikation mit $\hbar^2$ ergibt

$$\hbar^2\hat{\Lambda}(\theta,\varphi) \cdot Y(\theta,\varphi) = \hat{L}^2 \cdot Y(\theta,\varphi) = \hbar^2 \cdot l(l+1)Y(\theta,\varphi)\,. \tag{V-2.308}$$

Dies ist aber die Eigenwertgleichung für das Drehimpulsquadrat mit den Eigenfunktionen $Y(\theta,\varphi)$ und den Eigenwerten

$$\hat{L}^2 = \hbar^2 l(l+1) \quad \text{bzw.} \quad L = \left|\vec{L}\right| = \sqrt{l(l+1)}\hbar\,, \quad ;l = 0, 1, 2, \dots, n-1.^{160} \tag{V-2.309}$$

Die Eigenfunktionen $Y(\theta,\varphi)$, d. h. die Lösungen der Gleichung (V-2.306), sind die oben (Anhang 3, Gl. V-2.292) definierten Kugelflächenfunktionen (siehe Tabelle in Anhang 3), die auch in den Wellenfunktionen des H-Atoms (siehe Tabelle der Wellenfunktionen in Abschnitt 2.5.4) auftreten.

Hätten wir die Separationskonstante k nicht zu $l(l+1)$ gewählt, dann wären *keine* akzeptablen Eigenfunktionen erhalten worden! Um die Eigenfunktionen $Y(\theta,\varphi)$ mit unserer Wahl der Separationskonstanten k zu berechnen, separieren wir die Funktion $Y(\theta,\varphi)$ weiter in $Y(\theta,\varphi) = \Theta(\theta) \cdot \Phi(\varphi)$. Eingesetzt in Gl. (V-2.306) oben erhalten wir mit der weiteren Separationskonstanten $-m_l^2$ die beiden schon von Anhang 3 bekannten Gln. (V-2.281) und (V-2.284). Die Gl. (V-2.284) ist die allgemeine Legendresche *DG*, deren Lösungen die eindeutigen, stetigen und endlichen zugeordneten Kugelfunktionen $P_l^{|m_l|}(\cos\theta) = \Theta_{l,m_l}(\theta)$ sind (Anhang 3, Gl. V-2.289). Damit rechtfertigt sich die Wahl der Separationskonstanten $k = l(l+1)$.

Die Lösungen der Gl. (V-2.281) erhält man mit dem Ansatz $\Phi(\varphi) = e^{i\lambda\varphi}$

$$\frac{\mathrm{d}^2\Phi}{\mathrm{d}\varphi^2} = -\lambda^2\Phi = -m_l^2\Phi\,, \tag{V-2.310}$$

also $\lambda = \pm m_l$ und damit

$$\Phi_{m_l}(\varphi) = e^{\pm i m_l \varphi}\,. \tag{V-2.311}$$

---

160 Der Potenzreihenansatz zur Lösung der Radialgleichung (V-2.285) ergibt mit der üblichen Forderung des Abbrechens bei einem bestimmten Reihenindex n_r für die möglichen Werte von l bei vorgegebenem n: $l = 0, 1, 2, \dots, n-1$. Siehe z. B. W. Schpolski, *Atomphysik II*, Deutscher Verlag der Wissenschaften, Berlin 1967, § 148.

Damit die Funktion $\Phi_{m_l}(\varphi)$ eine akzeptable Lösung darstellt, muss noch die Eindeutigkeitsforderung im gesamten Variablenbereich von φ erfüllt sein, es muss daher gelten

$$e^{\pm i m_l \varphi} = e^{\pm i m_l (\varphi + 2n\pi)}, \qquad n \text{ ganz.} \tag{V-2.312}$$

$$\Rightarrow \quad 1 = e^{\pm i m_l n 2\pi} \quad \Rightarrow \quad m_l = 0, \pm 1, \pm 2, \dots, \pm l \tag{V-2.313}$$

Damit haben wir die eindeutigen, stetigen und endlichen (noch nicht normierten) Eigenfunktionen $Y(\theta,\varphi)$ von $\hat{\vec{L}}^2$ gefunden:

$$Y(\theta,\varphi) = e^{i m_l \varphi} \cdot P_l^{|m_l|}(\cos\theta). \tag{V-2.314}$$

Für die Eigenwerte von $\hat{L}_z = -i\hbar \dfrac{\partial}{\partial\varphi}$ folgt daraus

$$\hat{L}_z Y(\theta,\varphi) = -i\hbar \frac{\partial Y(\theta,\varphi)}{\partial\varphi} = -i\hbar \cdot (i \cdot m_l) \cdot Y(\theta,\varphi) = m_l \hbar Y(\theta,\varphi) \tag{V-2.315}$$

und damit

$$L_z = m_l. \cdot \hbar \qquad \text{mit} \qquad m_l = 0, \pm 1, \pm 2, \dots, \pm l.^{161} \tag{V-2.316}$$

Da die Operatoren $\hat{H}$, $\hat{\vec{L}}^2$ und $\hat{L}_z$ wechselseitig vertauschbar sind, ergeben die Regeln der *QM*, dass sowohl $\vec{L}^2$ als auch L_z gleichzeitig mit der Energie E bestimmte Werte besitzen können. Für L_x und L_y gilt dies aber nicht, was hier aber nicht gezeigt werden soll (siehe auch Abschnitt 2.5.3, Fußnote 88).

---

161 Dies folgt aus der Eigenwertgleichung $\hat{L}_z\psi = L_z\psi$ mit $\hat{L}_z = -i\hbar\dfrac{\partial}{\partial\varphi}$, also $-i\hbar\dfrac{\partial\psi}{\partial\varphi} = L_z\psi$ und $\psi = e^{\frac{i}{\hbar}L_z\varphi}$. Wegen der Eindeutigkeit von ψ muss gelten: $e^{\frac{i}{\hbar}L_z\varphi} = e^{\frac{i}{\hbar}L_z(\varphi+2\pi)}$ und daher $1 = e^{\frac{i}{\hbar}L_z\cdot\pi}$. Daraus folgt: $\dfrac{L_z}{\hbar} = \pm m_l$ (ganz), also $L_z = \pm m_l \cdot \hbar$ mit $m_l = 0, \pm1, \pm2, \dots, \pm l$. $(\hat{\vec{L}}^2)$ und $\hat{L}_z$ sind kommutativ und es können daher L^2 und L_z gleichzeitig feste Werte annehmen!

Anhang 5 Magnetisches Moment und Eigendrehimpuls (Spin) des Elektrons aus der Dirac-Gleichung

Wir haben gesehen, dass die Arbeiten von P. Dirac zur Aufstellung einer linearen, relativistischen Wellengleichung für Materiewellen auf folgende Lorentz-invariante Gleichung für die Spinor-Wellenfunktion Ψ eines freien Elektrons führten (Abschnitt 2.3.3, Gl. V-2.76):

$$i\hbar\frac{\partial\Psi}{\partial t}=\frac{\hbar}{i}c\left(\alpha_1\frac{\partial\Psi}{\partial x}+\alpha_2\frac{\partial\Psi}{\partial y}+\alpha_3\frac{\partial\Psi}{\partial z}\right)+\beta mc^2\Psi.$$

Um das magnetische Moment μ und den Eigendrehimpuls (= Spin) des e^- zu finden, wird die relativistische Energie-Impuls-Beziehung (bzw. die die Gesamtenergie beschreibende Hamiltonfunktion H) für den Fall der Bewegung im zeitlich veränderlichen elektromagnetischen Feld erweitert und dann nach Dirac wie im Fall der freien Bewegung mit Hilfe der Matrizen α_i und β eine Linearisierung vorgenommen. Das elektromagnetische Feld wird durch zwei Potenzialfunktionen beschrieben (siehe Band III, Kapitel „Elektrostatik", Abschnitt 1.3 und Kapitel „Statische Magnetfelder", Abschnitt 3.2.6), das skalare elektrostatische Potenzial Φ und das Vektorpotenzial $\vec{A}$, sodass für die beiden Feldvektoren $\vec{E}$ und $\vec{B}$ gilt (vgl. Gln. (III-1.32 und (III-4.8))

$$\vec{E}=-\text{grad}\Phi-\frac{\partial\vec{A}}{\partial t} \qquad \text{(V-2.317)}$$

und (Gl. III-3.91)

$$\vec{B}=\text{rot}\,\vec{A}. \qquad \text{(V-2.318)}$$

Damit lautet nun die relativistische Energie-Impuls-Beziehung (E ist jetzt wieder die Gesamtenergie)

$$\frac{1}{c^2}(E-e\Phi)^2=\left(p_x-\frac{e}{c}A_x\right)^2+\left(p_y-\frac{e}{c}A_y\right)^2+\left(p_z-\frac{e}{c}A_z\right)^2+m^2c^2. \qquad \text{(V-2.319)}$$

Wie im Falle des freien Teilchens erhält man daraus wieder die Dirac-Gleichung, indem man E und p_i durch die entsprechenden Operatoren $i\hbar\frac{\partial}{\partial t}$ bzw. $-i\hbar\frac{\partial}{\partial x_i}$ ersetzt und die obige Beziehung (V-2.319) mit Hilfe der Dirac-Matrizen α_1, α_2, α_3, β gemäß Gl. (V-2.74) als Produkt zweier linearer Funktionen darstellt. Eine dieser Funktionen – die andere folgt wieder durch Vorzeichenumkehr der Operatoren α_i und β und bringt daher nichts Neues – lautet:

$$\underbrace{\frac{1}{c}\left(i\hbar\frac{\partial}{\partial t}-e\Phi\right)}_{P_4}\Psi=\alpha_1\underbrace{\left(-i\hbar\frac{\partial}{\partial x}-\frac{e}{c}A_x\right)}_{P_1}\Psi+\alpha_2\underbrace{\left(-i\hbar\frac{\partial}{\partial y}-\frac{e}{c}A_y\right)}_{P_2}\Psi+$$

$$+\alpha_3\underbrace{\left(-i\hbar\frac{\partial}{\partial z}-\frac{e}{c}A_z\right)}_{P_3}\Psi+\beta mc\Psi$$

linearisierte Dirac-Gleichung des Elektrons im elektromagnetischen Feld. (V-2.320)

Diese *allgemeine Dirac-Gleichung* hat die gleiche mathematische Form wie jene für das freie e^-. Da aber nun die Operatoren P_i im Unterschied zum freien e^- *nicht mehr kommutieren*, ergibt die Multiplikation von $(P_4-\alpha_1P_1-\alpha_2P_2-\alpha_3P_3-\beta mc)\cdot(P_4+\alpha_1P_1+\alpha_2P_2+\alpha_3P_3+\beta mc)$ unter strenger Beachtung der Kommutierungsregeln für die α_i sowie β und P_i nicht mehr die obige relativistische Energie-Impuls-Beziehung (V-2.319); es treten vielmehr zusätzlich zu dieser zwei weitere Energieterme auf, die zu $-\text{grad}\Phi=\vec{E}$ bzw. $\text{rot}\vec{A}=\vec{B}$ proportional sind. Der zu $\vec{B}$ proportionale Term stellt im Falle eines sehr langsam bewegten e^- ($E_{\text{kin}}\ll m_0c^2$) die Energie eines *magnetischen Dipols* der Größe μ_B (Bohrsches Magneton, siehe Abschnitt 2.5.5) im magnetischen Feld $\vec{B}$ dar. Für die Projektion des Dipolmoments auf die $\vec{B}$-Richtung (= z-Achse) ergibt sich (vgl. mit Gl. V-2.223)

$$\left|\mu_e^{S_z}\right|=\frac{e\hbar}{2m_e}=\mu_B$$

Komponente des magnetischen Dipolmoments des e^- in Feldrichtung (= magnetisches Eigenmoment des e^-) für die Spinprojektion $\pm m_s\hbar=\pm\frac{1}{2}\hbar$.[162] (V-2.321)

Der zu $\vec{E}$ proportionale Term ist um den Faktor $\left(\frac{v}{c}\right)^2$ kleiner als der elektrostatische Energieterm $e\Phi$ und kann daher im Allgemeinen vernachlässigt werden. Er

162 Zur Erinnerung:
magnetisches Spinmoment des e^-:

$$\vec{\mu}_e^s=-\frac{e}{m_e}\vec{S},\ \left|\mu_e^S\right|=2\mu_B\sqrt{s(s+1)}=\mu_B\sqrt{3},\ \text{mit } s=1/2;$$

magnetisches Bahnmoment des e^-:

$$\vec{\mu}_e^L=-\frac{e}{2m_e}\vec{L},\ \left|\mu_e^L\right|=-\mu_B\sqrt{l(l+1)}.$$

ist eine Folge des Relativitätsprinzips, demzufolge ein bewegter magnetischer Dipol mit einem elektrischen Dipol verknüpft ist und wegen der relativistischen Invarianz des gesamten Energieausdrucks notwendig ist. Dieser Term ist letztlich für die Feinstruktur der Spektrallinien verantwortlich, da er die Spin-Bahn-Wechselwirkungsenergie beschreibt.[163]

Nicht nur das magnetische *Eigenmoment* des e^- folgt notwendig aus der allgemeinen Dirac-Gleichung, sondern auch sein *Spin* (= *Eigendrehimpuls*) $\vec{S}$. In einem Zentralfeld ist der *Bahndrehimpuls* $\vec{L}$ eines Teilchens, d. h. auch jede seiner Komponenten, zeitlich konstant (siehe Band I, Kapitel „Mechanik des Massenpunktes", Abschnitt 2.2.2). Daher gilt z. B. für die x-Komponente

$$\frac{dL_x}{dt} = \frac{d}{dt}(yp_z - zp_y) = 0\,. \qquad \text{(V-2.322)}$$

In der Quantenmechanik ist die zeitliche Änderung des Drehimpulsoperators $\hat{L}_x = -i\hbar\left(y\frac{\partial}{\partial z} - z\frac{\partial}{\partial y}\right)$ gegeben durch

$$\frac{\partial \hat{L}_x}{\partial t} = \frac{1}{i\hbar}\left(\hat{L}_x\hat{H} - \hat{H}\hat{L}_x\right) = \left[\hat{L}_x, \hat{H}\right],^{164} \qquad \text{(V-2.323)}$$

also durch den „Kommutator" von $\hat{L}_x$ mit dem Hamiltonoperator $\hat{H}$ aus der Dirac-Gleichung (mit dem Potenzial $\Phi = \Phi(R)$ und $\vec{A} = 0$, d. h. für ein e^- im elektrischen Zentralfeld ohne Magnetfeld und mit konstanter Gesamtenergie E)

$$\hat{H} = c \cdot [\alpha_1 p_1 + \alpha_2 p_2 + \alpha_3 p_3 + \beta mc] + e\Phi\,. \qquad \text{(V-2.324)}$$

Die Durchführung der Rechnung zeigt, dass $\hat{L}_x$ (und ebenso $\hat{L}_y$ und $\hat{L}_z$) mit $\hat{H}$ *nicht kommutiert* und damit *keine* Bewegungskonstanten sind. Da dies aber in einem Zentralfeld zu fordern ist, kann das angegebene L_x nicht der vollständige Drehimpuls sein. Um die zeitliche Konstanz sicherzustellen, muss zum Bahndrehimpuls $\vec{L}$ des Elektrons noch eine, dem magnetischen Moment $\vec{\mu}$ antiparallele Drehimpulskomponente

---

163 Nur wenn diese beiden Terme im Energieausdruck auf der linken Seite der Energie-Impuls-Beziehung (V-2.319) als neue Energieausdrücke berücksichtigt werden, kann die Linearisierung der quadratischen Form wie angegeben durchgeführt und damit die lineare Dirac-Gleichung im elektromagnetischen Feld erhalten werden.

164 Allgemein gilt für jeden Operator $\hat{F}$: $\frac{\partial \hat{F}}{\partial t} = [\hat{F},\hat{H}]$.

$$\vec{S}_e = -\sqrt{s(s+1)}\hbar \frac{\vec{\mu}_e^S}{\left|\vec{\mu}_e^S\right|} \quad \text{der } \textit{Spin des Elektrons,} \tag{V-2.325}$$

mit

$$s = \frac{1}{2} \quad \text{als } \textit{Spinquantenzahl,} \tag{V-2.326}$$

hinzugefügt werden, sodass sich für den gesamten Drehimpuls des e^- ergibt

$$\vec{L}_{e^-} = \vec{L}_{e,\mathrm{Bahn}} + \vec{S}_e \tag{V-2.327}$$

mit

$$\left|\vec{S}_e\right| = S_e = \sqrt{s(s+1)} \cdot \hbar = \frac{1}{2}\sqrt{3} \cdot \hbar = 0{,}866 \cdot \hbar \tag{V-2.328}$$

Spinbetrag des Elektrons.

Damit gilt für den Spinvektor

$$\vec{S}_e = -\frac{1}{2}\sqrt{3} \cdot \hbar \cdot \frac{\vec{\mu}_e^S}{\mu_e^S}. \tag{V-2.329}$$

In einer ausgezeichneten Richtung, z. B. durch ein Magnetfeld $\vec{B}$, ergibt sich die Projektion von $\vec{S}_e$ zu $S_e^B = \pm m_s\hbar = \pm\frac{1}{2}\hbar$ (siehe die Abschnitte 2.5.6, Gln. (V-2.215), (V-2.2156) und 2.5.7, Gl. (V-2.228)).

Anhang 6: Das Periodische System der Elemente

Atommasse $_{Z}$Symbol Name (deutsch) name (english) e^--Konfiguration

Übergangsreihen (Gruppen 3–10)

Gruppen: obere Zeile ← alt, untere Zeile ← neu

Perioden ↓	I a 1	II a 2	III b 3	IV b 4	V b 5	VI b 6	VII b 7	VIII b 8	VIII b 9	VIII b 10	I b 11	II b 12	III 13	IV 14	V 15	VI 16	VII 17	0 18
1	1,0079 $_{1}$H Wasserstoff (Hydrogen) $1s^1$																	4,0026 $_{2}$He Helium $1s^2$
2	6,941 $_{3}$Li Lithium $[He]\,2s^1$	9,0122 $_{4}$Be Beryllium $[He]\,2s^2$											10,811 $_{5}$B Bor (Boron) $[He]2s^2 2p^1$	12,0107 $_{6}$C Kohlenstoff (Carbon) $[He]2s^2 2p^2$	14,0067 $_{7}$N Stickstoff (Nitrogen) $[He]2s^2 2p^3$	15,9994 $_{8}$O Sauerstoff (Oxygen) $[He]2s^2 2p^4$	18,9984 $_{9}$F Fluor (Fluorine) $[He]2s^2 2p^5$	20,1797 $_{10}$Ne Neon $[He]2s^2 2p^6$
3	22,9897 $_{11}$Na Natrium (Sodium) $[Ne]3s^1$	24,305 $_{12}$Mg Magnesium $[Ne]3s^2$											26,9815 $_{13}$Al Aluminium $[Ne]3s^2 3p^1$	28,0855 $_{14}$Si Silicium (Silicon) $[Ne]3s^2 3p^2$	30,9738 $_{15}$P Phosphor (Phosphorus) $[Ne]3s^2 3p^3$	32,065 $_{16}$S Schwefel (Sulphur) $[Ne]3s^2 3p^4$	35,453 $_{17}$Cl Chlor (Chlorine) $[Ne]3s^2 3p^5$	39,948 $_{18}$Ar Argon $[Ne]3s^2 3p^6$
4	39,0983 $_{19}$K Kalium (Potassium) $[Ar]4s^1$	40,078 $_{20}$Ca Kalzium (Calcium) $[Ar]4s^2$	44,9559 $_{21}$Sc Scandium $[Ar]3d^1 4s^2$	47,867 $_{22}$Ti Titan (Titanium) $[Ar]3d^2 4s^2$	50.9415 $_{23}$V Vanadium $[Ar]3d^3 4s^2$	51,9961 $_{24}$Cr Chrom (Chromium) $[Ar]3d^5 4s^1$	54,938 $_{25}$Mn Mangan (Manganese) $[Ar]3d^5 4s^2$	55,845 $_{26}$Fe Eisen (Iron) $[Ar]3d^6 4s^2$	58,9332 $_{27}$Co Kobalt (Cobalt) $[Ar]3d^7 4s^2$	58,6934 $_{28}$Ni Nickel $[Ar]3d^8 4s^2$	63,546 $_{29}$Cu Kupfer (Copper) $[Ar]3d^{10} 4s^1$	65,39 $_{30}$Zn Zink (Zinc) $[Ar]3d^{10} 4s^2$	69,723 $_{31}$Ga Gallium $[Ar]3d^{10} 4s^2 4p^1$	72,64 $_{32}$Ge Germanium $[Ar]3d^{10} 4s^2 4p^2$	74,9216 $_{33}$As Arsen (Arsenic) $[Ar]3d^{10} 4s^2 4p^3$	78,96 $_{34}$Se Selen (Selenium) $[Ar]3d^{10} 4s^2 4p^4$	79.904 $_{35}$Br Brom (Bromine) $[Ar]3d^{10} 4s^2 4p^5$	83.8 $_{36}$Kr Krypton $[Ar]3d^{10} 4s^2 4p^6$
5	85,4678 $_{37}$Rb Rubidium $[Kr]5s^1$	87,62 $_{38}$Sr Strontium $[Kr]5s^2$	88,9059 $_{39}$Y Yttrium $[Kr]4d^1 5s^2$	91,224 $_{40}$Zr Zirkon (Zirconium) $[Kr]4d^2 5s^2$	92,9064 $_{41}$Nb Niob (Niobium) $[Kr]4d^4 5s^1$	95,94 $_{42}$Mo Molybdän (Molybdenum) $[Kr]4d^5 5s^1$	98,9063 $_{43}$Tc Technetium $[Kr]4d^6 5s^1$	101,07 $_{44}$Ru Ruthenium $[Kr]4d^7 5s^1$	102,9055 $_{45}$Rh Rhodium $[Kr]4d^8 5s^1$	106,42 $_{46}$Pd Palladium $[Kr]4d^{10} 5s^0$	107,8682 $_{47}$Ag Silber (Silver) $[Kr]4d^{10} 5s^1$	112,411 $_{48}$Cd Cadmium $[Kr]4d^{10} 5s^2$	114,818 $_{49}$In Indium $[Kr]4d^{10} 5s^2 5p^1$	118,71 $_{50}$Sn Zinn (Tin) $[Kr]4d^{10} 5s^2 5p^2$	121,76 $_{51}$Sb Antimon (Antimony) $[Kr]4d^{10} 5s^2 5p^3$	127,6 $_{52}$Te Tellur (Tellurium) $[Kr]4d^{10} 5s^2 5p^4$	126,9045 $_{53}$I Jod (Iodine) $[Kr]4d^{10} 5s^2 5p^5$	131,293 $_{54}$Xe Xenon $[Kr]4d^{10} 5s^2 5p^6$
6	132,9055 $_{55}$Cs Cäsium (Caesium) $[Xe]\,6s^1$	137,327 $_{56}$Ba Barium $[Xe]\,6s^2$	*)	178,49 $_{72}$Hf Hafnium $[Xe]4f^{14} 5d^2 6s^2$	180,9479 $_{73}$Ta Tantal (Tantalum) $[Xe]4f^{14} 5d^3 6s^2$	183,84 $_{74}$W Wolfram (Tungston) $[Xe]4f^{14} 5d^4 6s^2$	186,207 $_{75}$Re Rhenium $[Xe]4f^{14} 5d^5 6s^2$	190,23 $_{76}$Os Osmium $[Xe]4f^{14} 5d^6 6s^2$	192,217 $_{77}$Ir Iridium $[Xe]4f^{14} 5d^7 6s^2$	195,078 $_{78}$Pt Platin (Platinum) $[Xe]4f^{14} 5d^9 6s^1$	196,9665 $_{79}$Au Gold $[Xe]4f^{14} 5d^{10} 6s^1$	200,59 $_{80}$Hg Quecksilber (Mercury) $[Xe]4f^{14} 5d^{10} 6s^2$	204,3833 $_{81}$Tl Thallium $[Xe]4f^{14} 5d^{10} 6s^2 6p^1$	207,2 $_{82}$Pb Blei (Lead) $[Xe]4f^{14} 5d^{10} 6s^2 6p^2$	208,9804 $_{83}$Bi Wismuth (Bismuth) $[Xe]4f^{14} 5d^{10} 6s^2 6p^3$	209,98 $_{84}$Po Polonium $[Xe]4f^{14} 5d^{10} 6s^2 6p^4$	210 $_{85}$At Astatium (Astatine) $[Xe]4f^{14} 5d^{10} 6s^2 6p^5$	222 $_{86}$Rn Radon $[Xe]4f^{14} 5d^{10} 6s^2 6p^6$
7	223,0197 $_{87}$Fr Francium $[Rn]\,7s^1$	226,0254 $_{88}$Ra Radium $[Rn]7s^2$	*)	261,1087 $_{104}$Rf Rutherfordium $[Rn]5f^{14} 6d^2 7s^2$	262,1138 $_{105}$Db Dubnium $[Rn]5f^{14} 6d^3 7s^2$	263,1182 $_{106}$Sg Seaborgium $[Rn]5f^{14} 6d^4 7s^2$	262,1229 $_{107}$Bh Bohrium $[Rn]5f^{14} 6d^5 7s^2$	277 $_{108}$Hs Hassium $[Rn]5f^{14} 6d^6 7s^2$	268 $_{109}$Mt Meitnerium $[Rn]5f^{14} 6d^7 7s^2$	281 $_{110}$Ds Darmstadtium $[Rn]5f^{14} 6d^9 7s^1$	280 $_{111}$Rg Röntgenium $[Rn]5f^{14} 6d^{10} 7s^1$	277 $_{112}$Uub Ununbium $[Rn]5f^{14} 6d^{10} 7s^2$	287 $_{113}$Uut Ununtrium $[Rn]5f^{14} 6d^{10} 7s^2 7p^1$	289 $_{114}$Uuq Ununquadium $[Rn]5f^{14} 6d^2 7s^2 7p^{10}$	288 $_{115}$Uup Ununpentium $[Rn]5f^{14} 6d^{10} 7s^2 7p^3$	289 $_{116}$Uuh Ununhexium $[Rn]5f^{14} 6d^{10} 7s^2 7p^4$	291 $_{117}$Uus Ununseptium $[Rn]5f^{14} 6d^{10} 7s^2 7p^5$	294 $_{118}$Uuo Ununoctium $[Rn]5f^{14} 6d^{10} 7s^2 7p^6$

*)	138,9055 $_{57}$La Lanthan (Lanthanum) $[Xe]5d^1 6s^2$	140,116 $_{58}$Ce Cer (Cerium) $[Xe]4f^2 5d^0 6s^2$	140,9077 $_{59}$Pr Praseodymium $[Xe]4f^3 5d^0 6s^2$	144,24 $_{60}$Nd Neodym (Neodymium) $[Xe]4f^4 5d^0 6s^2$	146,9151 (^{147}Pm) $_{61}$Pm Promethium $[Xe]4f^5 5d^0 6s^2$	150,36 $_{62}$Sm Samarium $[Xe]4f^6 5d^0 6s^2$	151,964 $_{63}$Eu Europium $[Xe]4f^7 5d^0 6s^2$	157,25 $_{64}$Gd Gadolinium $[Xe]4f^7 5d^1 6s^2$	158,9253 $_{65}$Tb Terbium $[Xe]4f^9 5d^0 6s^2$	162,5 $_{66}$Dy Dysprosium $[Xe]4f^{10} 5d^0 6s^2$	164,9303 $_{67}$Ho Holmium $[Xe]4f^{11} 5d^0 6s^2$	167,259 $_{68}$Er Erbium $[Xe]4f^{12} 5d^0 6s^2$	168,9342 $_{69}$Tm Thulium $[Xe]4f^{13} 5d^0 6s^2$	173,04 $_{70}$Yb Ytterbium $[Xe]4f^{14} 5d^0 6s^2$	174,967 $_{71}$Lu Lutetium $[Xe]4f^{14} 5d^1 6s^2$
**)	227,0278 $_{89}$Ac Actinium $[Rn]6d^1 7s^2$	232,0381 $_{90}$Th Thorium $[Rn]5f^0 6d^2 7s^2$	231,0359 $_{91}$Pa Protactinium $[Rn]5f^2 6d^1 7s^2$	238,0289 $_{92}$U Uran (Uranium) $[Rn]5f^3 6d^1 7s^2$	237,0482 $_{93}$Np Neptunium $[Rn]5f^4 6d^1 7s^2$	244,0642 $_{94}$Pu Plutonium $[Rn]5f^6 6d^0 7s^2$	243,0614 $_{95}$Am Americium $[Rn]5f^7 6d^0 7s^2$	247,0703 $_{96}$Cm Curium $[Rn]5f^7 6d^1 7s^2$	247 $_{97}$Bk Berkelium $[Rn]5f^8 6d^1 7s^2$	251 $_{98}$Cf Californium $[Rn]5f^{10} 6d^0 7s^2$	252 $_{99}$Es Einsteinium $[Rn]5f^{11} 6d^0 7s^2$	257,0951 $_{100}$Fm Fermium $[Rn]5f^{12} 6d^0 7s^2$	258 $_{101}$Md Mendelevium $[Rn]5f^{13} 6d^0 7s^2$	259 $_{102}$No Nobelium $[Rn]5f^{14} 6d^0 7s^2$	260,1053 $_{103}$Lr Lawrencium $[Rn]5f^{14} 6d^1 7s^2$

3 Subatomare Physik

Einleitung: In der subatomaren Physik wenden wir uns zunächst der Physik des Atomkerns zu. Es geht um den Radius und die Masse des Kerns, seinen Aufbau aus Protonen und Neutronen, seine Bindungsenergie und den Kernmagnetismus.

Da es keine umfassende Theorie zur Beschreibung des Atomkerns gibt, werden verschiedene experimentelle Befunde durch verschiedene Kernmodelle beschrieben: Das Tröpfchenmodell dient zur Erklärung der Bindungsenergie pro Nukleon; das Fermigas-Modell beschreibt die Abhängigkeit der Stabilität von Kernen von der Zahl seiner Protonen und Neutronen; das Einzelteilchen-Schalenmodell erklärt die „magischen" Nukleonenzahlen und die Eigenschaften der entsprechenden Atomkerne; das kollektive Kernmodell, eine Kombination aus Schalen- und Tröpfchenmodell, dient zur Beschreibung der Kernspaltung.

Radioaktive Kerne (Radionuklide) wandeln sich spontan unter Aussendung von α- (^{4}He-Kerne) oder β-Strahlen (Elektronen oder Positronen und Neutrinos) in andere Kerne um bzw. senden hochenergetische elektromagnetische Strahlung, die γ-Strahlung, aus. Die Zerfallsrate und die Anzahl der zu einem bestimmten Zeitpunkt noch nicht zerfallenen Kerne beschreibt das radioaktive Zerfallsgesetz. Mit dem quantenmechanischen Tunneleffekt (Kapitel „Atomphysik") kann erklärt werden, dass ein α-Teilchen den Atomkern verlassen kann. Der β-Zerfall ist mit der Umwandlung der Nukleonen in die jeweils andere Art ($p \to n$ oder $n \to p$) verbunden. Durch Aussendung von Photonen – der elektromagnetischen γ-Strahlung – geht ein Kern von einem höher angeregten Zustand in einen niedrigeren über.

Beim Stoß mit elementaren Teilchen oder leichten Kernen werden Atomkerne angeregt und in andere Kerne umgewandelt oder auch gespalten (Kernreaktionen). Dabei schränken die Erhaltungssätze (Energie, Impuls, Ladung, Nukleonenzahl, Leptonenzahl, Parität) die möglichen Kernreaktionen stark ein. Die Spaltung schwerer Kerne durch Neutroneneinfang ist die Basis der Energiegewinnung durch Kernspaltung.

Eine Verschmelzung von Atomkernen wird bei normalen Temperaturen wegen der Gleichnamigkeit ihrer Ladung durch die Coulomb-Barriere verhindert; erst bei sehr hohen Temperaturen kann die thermonukleare Fusion von Atomkernen erfolgen. Die Strahlungsenergie der Sterne entsteht im Verlaufe von thermonuklearen Fusionsprozessen durch Umwandlung von Masse in Energie.

Für den Umgang mit radioaktiver Strahlung sind die Kenntnis der zulässigen Strahlungsdosen und die Möglichkeiten der Abschirmung wichtig. Die biologische Wirkung unterschiedlicher Strahlungsarten wird durch die Äquivalentdosis H (Einheit: 1 Sievert) berücksichtigt.

Im Rahmen des Standardmodells der Elementarteilchen lässt sich die Materie aus einer geringen Anzahl fundamentaler Teilchen aufbauen: aus Leptonen (Elektronen, Myonen[1] und Tauonen sowie den ihnen jeweils zugeordneten Elektron-,

1 Ursprünglich als „μ-Mesonen" bezeichnet.

https://doi.org/10.1515/9783110675726-003

Tau- und My-Neutrinos) und Quarks (*up* und *down*, *strange* und *charm*, *bottom* und *top*). So sind Neutronen und Protonen, die den Atomkern bilden, aus jeweils drei Quarks zusammengesetzt ($p^+ = (up,up,down)$, $n^0 = (up,down,down)$), die die Spin*QZ* $s = 1/2$ und die Ladung $Q = 2/3\,e$ bzw. $Q = -1/3\,e$ besitzen (für u, c, t ist $Q = 2/3\,e$, für d,s,b ist $Q = -1/3\,e$). Zu jedem Teilchen gibt es außerdem ein Antiteilchen; die Mesonen bestehen z. B. aus einem Quark-Antiquark-Paar. Alle diese Materieteilchen sind Fermionen mit Spin*QZ* $s = 1/2$. Analog können den fundamentalen Wechselwirkungen Übertragungsteilchen zugeordnet werden: das Photon für die elektromagnetische Wechselwirkung, die Teilchen W^+, W^-, Z^0 und das Higgs-Boson für die schwache und 8 Gluonen für die starke Wechselwirkung. Nach einem „Graviton“, einem Teilchen, das die Gravitations-Wechselwirkung überträgt, wird noch gesucht. Alle diese Wechselwirkungsteilchen sind Bosonen (sog. Eichbosonen) mit Spin*QZ* $s = 1$ bzw. $s = 0$ für das Higgs-Boson.

Zur Erzeugung einiger Elementarteilchen sind sehr hohe Energien notwendig; solche und noch höhere Energien müssen auch in den Anfängen unseres Universums vorhanden gewesen sein, als dieses auf einen vergleichsweise sehr kleinen Raumbereich beschränkt war. Durch Beobachtung sehr weit entfernter Objekte mit Hilfe der rotverschobenen Spektrallinien, z. B. von Quasaren, kann in der Zeit „zurück“ geschaut werden: Der am weitesten entfernte Quasar (das sind extrem leuchtkraftstarke Objekte mit vermutlich einem schwarzen Loch im Zentrum, ihre Leuchtkraft entspricht etwa der von 1000 Galaxien) ist $\sim 13 \cdot 10^9$ Lichtjahre von der Erde entfernt, sein Licht braucht daher 13 Milliarden Jahre bis zu uns. Bei einem Alter des Universums von 13,8 Milliarden Jahren heißt das, dass die von ihm ausgesandte elektromagnetische Strahlung aus den Anfängen des Universums stammt.

Die Beobachtung der Rotation von Galaxien lässt darauf schließen, dass nur ein Teil der Materie, die sich an der Gravitations-Wechselwirkung beteiligt, sichtbar ist, während ein weitaus größerer Anteil aus „dunkle Materie“ besteht. Um die derzeitige beschleunigte Expansion des Universums zu verstehen, wird neben der sichtbaren (4,8 %) und der dunklen Materie (31,5 %), die anziehend wirken, noch zusätzlich die Wirkung von „dunkler Energie“ mit abstoßender Gravitationswirkung (63,7 %) an genommen.

Das heute beobachtbare Universum enthält insgesamt mindestens 10^{80} Atome und etwa 10^9 mal so viele Photonen, etwa $5 \cdot 10^{22}$ Sterne in $8 \cdot 10^{10}$ Galaxien. Der derzeitige Durchmesser des sichtbaren Universums beträgt etwa 93 Mrd. Lj, das entspricht einem Kugelvolumen von etwa $4{,}2 \cdot 10^{32}$ $(\mathrm{Lj})^3$. Es gibt aber kein „außerhalb“, da die angegebenen Dimensionen eine Folge der universellen Raumkrümmung sind, die nach der Allgemeinen Relativitätstheorie mit Massendichte verbunden ist, und daher aus der Struktur des Raumes selbst folgen.

3.1 Kernphysik

3.1.1 Entwicklung und Terminologie

Der erste Hinweis auf die Existenz von Atomkernen erfolgte 1896 als Henri Becquerel[2] die Radioaktivität entdeckte: Er stellte fest, dass lichtgeschützte Photoplatten in der Nähe von Uranerz (UO_2) geschwärzt werden. Die Strahlung musste also Materie durchdringen können. Er nannte die Erscheinung „Radioaktivität“. Schon 1898 schlugen Elster und Geitel (siehe Abschnitt 3.1.4.1, Fußnote 68) als Erklärung für die Radioaktivität eine Elementumwandlung vor. Von Rutherford[3] stammt die Einteilung der radioaktiven Strahlung in α, β und γ-Strahlung entsprechend ihrer Fähigkeit Materie zu durchdringen und Luft zu ionisieren sowie ihrer Ablenkbarkeit im elektromagnetischen Feld (für α- und β-Strahlen in unterschiedlicher Richtung) bzw. ihrer Nichtablenkbarkeit (für γ-Strahlen):

α-Strahlen: geringstes Eindringungsvermögen, aber größte Ionisierung; im Magnetfeld wie Kanalstrahlen ablenkbar, d. h. positiv geladen (^{4}He-Kerne, mit 2 Protonen ($2p$) und 2 Neutronen ($2n$))

β-Strahlen: größeres Durchdringungsvermögen, aber geringe Ionisation; im Magnetfeld wie Kathodenstrahlen ablenkbar, also negativ geladen (Elektronen, β^-, später auch Positronen, β^+)

γ-Strahlen: größtes Durchdringungsvermögen, aber geringste Ionisierungswirkung; im Magnetfeld nicht ablenkbar, d. h. ungeladen (hochenergetische Photonen).

Rutherford, Geiger und Marsden stellten durch Streuung von α-Teilchen an den Atomen einer dünnen Goldfolie 1911 fest, dass zwar der größte Teil unabgelenkt hindurchging, einige α-Teilchen aber um große Winkel gestreut wurden (siehe Band I, Kapitel „Mechanik des Massenpunktes“, Anhang A2.4.1). Daraus schlossen sie, dass das Atom einen massiven Kern besitzt, der wesentlich kleiner ist als das Atom selbst. Später stellte sich heraus, dass dieser „Kernradius“ 1–10 fm groß ist[4] und die „e^--Wolke“ des Atoms um ihn herum einen Abstand von etwa 100 000 fm = 0,1 nm hat. Damit ergibt sich das Kernvolumen ($V_K \approx 10^{-45}\,\text{m}^3$) als etwa 10^{15} mal kleiner als das Atomvolumen ($V_A = 10^{-30}\,\text{m}^3$)! Daraus entwickelte Rutherford 1911 sein Atommodell, das das „Rosinenkuchenmodell“ von J. J. Thomson[5] ablöste (siehe Kapitel „Atomphysik“, Abschnitt 2.1.1).

2 Antoine Henri Becquerel, 1852–1908. Er erhielt 1903 zusammen mit Pierre und Marie Curie den Nobelpreis für seine Entdeckung der „spontanen Radioaktivität“.

3 Sir Ernest Rutherford, 1. Baron Rutherford of Nelson, 1871–1937. Er erhielt 1908 den Nobelpreis für Chemie für seine Untersuchungen zum Zerfall der Elemente und der Chemie radioaktiver Substanzen.

4 1 Femtometer = 1 Fermi = 1 fm = 10^{-15} m.

5 Sir Joseph John Thomson, 1856–1940. Für seine theoretischen und experimentellen Untersuchungen zur Elektrizitätsleitung in Gasen erhielt er 1906 den Nobelpreis.

Bei den Streuexperimenten von Geiger und Marsden mit niederenergetischen α-Teilchen ($E_\alpha < 10$ MeV) von Präparaten aus Radium und Radon (ursprünglich „Radium Emanation“ genannt) drangen die Teilchen wegen der Coulomb-Abstoßung nicht in den Kern ein und konnten daher keinen Aufschluss über die Kraft geben, die den Kern zusammenhält („*Kernkraft*“). Bei Teilchen mit einer Energie > 25 MeV stellten sie aber Abweichungen von der Rutherfordschen Streuformel (siehe Band I, „Mechanik des Massenpunktes“, Anhang A2.4.2, Gl. I-2.207) fest, die später auch von Chadwick[6] an He-Kernen gefunden wurde, und die auch nicht durch die quantenmechanische Streuungsrechnung erklärt werden konnte, die von Neville Mott[7] durchgeführt wurde. 1919 beschoss Rutherford Stickstoffatome $^{14}_{7}N$ mit α-Teilchen und beobachtete die Umwandlung in einen schweren Sauerstoffkern $^{17}_{8}\mathrm{O}$ des nächstfolgenden Elements. Bei diesen Experimenten entdeckte er das entstehende positiv geladene Kernteilchen und nannte es Proton[8].

Durch Ablenkversuche ionisierter Atome im elektrischen und magnetischen Feld fand J. J. Thomson heraus, dass manche Elemente Kerne mit verschiedenen Massenzahlen besitzen, d. h. in verschiedenen *Isotopen*[9] vorkamen. Eine Ursache konnte sein, dass im Atomkern außer den positiv geladenen Protonen noch eine unterschiedliche Anzahl von ungeladenen, neutralen Teilchen vorhanden war. 1932 gelang Chadwick beim Beschuss von Berylliumatomen mit α-Teilchen die Entdeckung des „Neutrons“:

$$^{9}_{4}\mathrm{Be} + \underbrace{(2p, 2n)}_{\alpha\text{-Teilchen}} \longrightarrow {}^{13}_{6}\mathrm{C}^{*} \longrightarrow {}^{12}_{6}\mathrm{C} + n.^{10} \qquad \text{(V-3.1)}$$

Um die Energie der Stoßteilchen zu erhöhen, begann man geladene Teilchen, zunächst Elektronen, später Protonen, im elektrischen Feld zu beschleunigen. Das führte zur Entwicklung des elektrostatischen Kaskadenbeschleunigers durch Cockcroft und Walton[11] und in der Folge 1932 zur ersten Kernumwandlung leichter Ker-

---

6 Sir James Chadwick, 1891–1974. Für die Entdeckung des Neutrons erhielt er 1935 den Nobelpreis.

7 Sir Nevill Francis Mott, 1905–1996. Er erhielt 1977 zusammen mit Philip Warren Anderson und John Hasbrouck van Vleck den Nobelpreis für die grundlegenden theoretischen Untersuchungen der elektronischen Struktur magnetischer und ungeordneter Systeme.

8 *πρωτον*, gr., „das Erste“.

9 *ισοσ τοποσ*, gr. „gleicher Ort“. Der Begriff bezeichnet den gleichen Ort von Isotopen eines Elements im Periodensystem. Er stammt von Frederick Soddy (1877–1956), der für seine Beiträge zur Kenntnis der Chemie radioaktiver Substanzen und seine Untersuchungen zum Ursprung und der Natur der Isotope 1921 den Nobelpreis (für Chemie) bekam.

10 Der Stern am C-Symbol bedeutet einen angeregten Atomkern. Diese Reaktion (Gl. V-3.1) war lange Zeit die wichtigste Quelle für Neutronen, die sogenannte „Radium-Beryllium-Quelle“, da die α-Teilchen vom Radium stammen.

11 Sir John Douglas Cockcroft, 1897–1967, Ernest Thomas Sinton Walton, 1903–1995. Für ihre bahnbrechenden Arbeiten zur Kernumwandlung durch künstlich beschleunigte Teilchen erhielten sie 1951 den Nobelpreis.

ne (Li und B) durch auf bis zu 3 MeV beschleunigte Protonen, die wegen ihrer einfachen Ladung vom Kern weniger abgestoßen werden, als die doppelt geladenen α-Teilchen:

$$ {}^{7}_{3}\mathrm{Li}(3p,4n) + p \longrightarrow \underbrace{\left({}^{8}_{4}\mathrm{Be}^{*}\right)}_{\substack{\text{angeregter}\\ \text{Zwischenkern}}} \longrightarrow \underbrace{(2p,2n)}_{\alpha} + \underbrace{(2p,2n)}_{\alpha} + \underbrace{Q}_{17{,}26\,\mathrm{MeV}} \,. \tag{V-3.2} $$

Beispiel: Die kinetische Energie des einfach geladenen Protons p muss groß genug sein, um gegen das abstoßende Coulombpotenzial des 3-fach geladenen Lithiumkernes ${}^{7}_{3}\mathrm{Li}$ bis in die Nähe des Kernradius $R(\mathrm{Li})$ anlaufen zu können. Mit dem Kernradius $R = R_0 \cdot A^{1/3} = 1{,}2 \cdot 10^{-15} \cdot \sqrt[3]{A}\,\mathrm{m}$ (siehe Abschnitt 3.1.2.1, Gl. V-3.7) ergibt sich so als Mindestwert der kinetischen Energie:

$$ E_{\mathrm{kin}}(p) \geq U_{\mathrm{pot}}(\mathrm{Li}, r_0) = \frac{3e^2}{4\pi\varepsilon_0 \cdot R(\mathrm{Li})} = \frac{3(1{,}60 \cdot 10^{19})^2}{4\pi \cdot 8{,}85 \cdot 10^{-12} \cdot 1{,}2 \cdot 10^{-15} \cdot \sqrt[3]{7}} = $$

$$ = 3{,}01 \cdot 10^{-13}\,\mathrm{J} = 1{,}88\,\mathrm{MeV}\,. $$

Da der Kernradius keinen scharf definierten Wert besitzt (siehe Abschnitt 3.1.2.1, Abb. V-3.6), genügt zum Einsetzen der Reaktion eine Annäherung an den Kern, die einer Energie des Protons von ca. 0,5 MeV entspricht (Annäherung auf etwa $\frac{1{,}88}{0{,}5} R = 3{,}76 R$).

Diese Kernumwandlung war auch die erste experimentelle Prüfung der Äquivalenz von Masse und Ruheenergie ($E_0 = m \cdot c^2$) nach Einsteins spezieller Relativitätstheorie (siehe Band II, Kapitel „Relativistische Mechanik“, Abschnitt 3.9.3, Gl. II-3.156), da die Massendifferenz zwischen dem ${}^{7}_{3}\mathrm{Li}$-Kern plus dem Proton und den zwei α-Teilchen gerade 17,3 MeV ergibt.[12]

Die erste „echte“ Kernreaktion und damit die Entdeckung der künstlichen Radioaktivität gelang 1933 I. Joliot-Curie[13] und F. Joliot mit der Reaktion ${}^{27}_{13}\mathrm{Al} + \alpha \longrightarrow {}^{30}_{15}\mathrm{P} + n$ (siehe Abschnitt 3.1.4).

---

12 Nukleonenmasse von ${}^{7}_{3}\mathrm{Li} = 7{,}016004\,\mathrm{u}$, $m_p = 1{,}007276\,\mathrm{u}$, $m_\alpha = 4{,}002602\,\mathrm{u} \Rightarrow \Delta m = 0{,}018076\,\mathrm{u}$, das entspricht $\Delta E = 0{,}018076 \cdot 931{,}5\,\mathrm{MeV} = 16{,}83\,\mathrm{MeV}$; bei einer Energie der einfallenden Protonen von $E_p = 0{,}5\,\mathrm{MeV}$ ergibt sich $Q = 17{,}3\,\mathrm{MeV}$. $1\,\mathrm{u} = m({}^{12}\mathrm{C})/12 = 1{,}66054 \cdot 10^{-27}\,\mathrm{kg}$, das enspricht einer Energie von $(1\,\mathrm{u}) \cdot c^2 = 931{,}5\,\mathrm{MeV}$. (siehe dazu Abschnitt 3.1.2.1, genauer derzeitiger Wert von u in Fußnote 38)

13 Irène Joliot-Curie (1897–1956), Tochter von Marie und Pierre Curie; für ihre Synthese neuer radioaktiver Elemente erhielt sie zusammen mit ihrem Mann Jean Frédéric Joliot (1900–1958) 1935 den Nobelpreis für Chemie.

Insgesamt zeigte sich aus der Analyse zahlreicher Kernreaktionen sowie massenspektrometrischer Messungen, dass der Atomkern aus *Nukleonen*[14] besteht, den *Protonen* (p) mit der elektrischen Ladung $+e$, und den *Neutronen* (n), die ungeladen und nur 0,02 % schwerer sind als die Protonen. Die heutige Auffassung ist, dass die Nukleonen in zwei Zuständen existieren, dem Zustand p und dem Zustand n.[15] Man ordnet diesen beiden Zuständen daher (in Anlehnung an die Spin*QZ* des e^-) eine *Quantenzahl* zu, den *Isospin* I (manchmal auch Isotopenspin oder Isobarenspin genannt), wobei dessen Komponente I_3 (vgl. S_z des e^-) beim Proton den Wert $I_3 = 1/2$ und beim Neutron den Wert $I_3 = -1/2$ besitzt.[16]

Bezeichnungen

Z: *Protonenzahl* = Kernladungszahl = Ordnungszahl (*atomic number*)

A: *Massenzahl* = Nukleonenzahl (*total number of nucleons*) $A = Z + N$

N: *Neutronenzahl* (*number of neutrons*) $N = A - Z$[17]

Nuklid (*nuclide*): In der Kernphysik werden die Atomsorten (Elemente) durch die Nukleonen ihres Atomkerns charakterisiert. Als *Nuklid* bezeichnet man einen durch die Protonenzahl Z und die Massenzahl A eindeutig bestimmten Atomkern, besonders wenn man sich für seine Eigenschaften als Vertreter einer bestimmten Kernart interessiert. Man schreibt für ein Nuklid: ${}^{A}_{Z}X$, manchmal auch ${}^{A}X^{Z}$. Das X steht dabei für das Elementsymbol im Periodensystem.

Beispiel: ${}^{197}_{79}\mathrm{Au}$. Die Neutronenzahl N ergibt sich unmittelbar: $N = A - Z = 197 - 79 = 118$.

Isotope (*isotopes*):[18] Nuklide mit gleicher Protonenzahl Z aber unterschiedlicher Neutronenzahl N und damit auch unterschiedlicher Massenzahl A.

---

14 Von *nucleus*, lat. „Kern"

15 Die *starke Wechselwirkung*, die für den Zusammenhalt des Kerns verantwortlich ist, *wirkt ladungsunabhängig*, sie wirkt auf p und n gleich! 1932 zog Werner Heisenberg (1901–1976) daher den Schluss, dass Proton und Neutron zwei Ladungszustände desselben Teilchens darstellen.

16 Siehe Abschnitt 3.2.2.4.

17 Vor der Entdeckung der Neutronen sollte der Kern aus A Protonen und N „Kernelektronen" bestehen, sodass sich die richtige Kernladungszahl $Z = A - N$ ergab. Heute wissen wir, dass aufgrund der Unschärferelation $\Delta x \cdot \Delta p \geq h$ ($\Delta x \approx R_0 \approx 10^{-15}\,\mathrm{m}$) die Impulsunschärfe Δp der Elektronen im Kernbereich viel zu groß ist, um eine Bindung an die Protonen durch die Coulombkraft zu ermöglichen: Im extrem relativistischen Bereich $pc \gg mc^2$ gilt mit $p \cong \underbrace{\left(m + \frac{E_{\mathrm{kin}}}{c^2}\right)}_{m_{\mathrm{gesamt}}} \cdot c^2 \cong \frac{E_{\mathrm{kin}}}{c}$
$\Delta E_{\mathrm{kin}} = \Delta p \cdot c \cong \frac{hc}{R_0} \cong 1000\,\mathrm{MeV} \gg m_e c^2 = 0{,}5\,\mathrm{MeV}$.

18 Von *ισοσ τωποσ*, gr. „gleicher Ort" (nämlich im Periodensystem). Siehe auch Fußnote 9.

Beispiele: $^{235}_{92}U$ mit $N=143$, $^{238}_{92}U$ mit $N=146$; $^{12}_{6}C$ mit $N=6$, $^{14}_{6}C$ mit $N=8$.

Da die Protonenzahl und damit die Ordnungszahl (Kernladungszahl) von Isotopen gleich ist und sie auch die gleichen chemischen Eigenschaften besitzen, die ja durch die gleiche Zahl der Hüllelektronen bestimmt wird, führen sie auch das gleiche Elementsymbol. Die *Kerneigenschaften* von Isotopen desselben Elements sind aber i. Allg. *sehr verschieden.*

Das Element Gold hat 32 Isotope – von $^{173}_{79}Au$ bis $^{204}_{79}Au$ –, aber nur $^{179}_{79}Au$ ist stabil, die 31 anderen Goldisotope sind *radioaktiv*, es sind *Radionuklide*, sie gehen durch radioaktiven Zerfall in ein anderes Nuklid über, indem sie ein Teilchen ausstrahlen.

Isobare[19] (*isobars*): gleiche Massenzahl A, verschiedene Protonenzahl Z und Neutronenzahl N

Beispiel: $^{14}_{6}C$, $^{14}_{7}N$

Isotone[20] (*isotones*): gleiche Neutronenzahl N, verschiedene Protonenzahl Z und Massenzahl A

Beispiel: $^{14}_{6}C$, $^{15}_{7}N$, $^{16}_{8}O$, alle mit $N=8$.

Spiegelkerne (*mirror nuclei*): Kerne, bei denen die Werte von Z und N vertauscht sind und die daher dieselbe Massenzahl A besitzen.

Beispiel: $\underbrace{^{3}_{1}H}_{1p,2n}$, $\underbrace{^{3}_{2}He}_{2p,1n}$; $\underbrace{^{13}_{6}C}_{6p,7n}$, $\underbrace{^{13}_{7}N}_{7p,6n}$

Isomere[21] (*isomers*): langlebige, angeregte Kernzustände, also Kerne mit gleichen Werten von Z und N (und daher auch gleichem A), aber in verschiedenen Energiezuständen.

Alle bekannten Atomkerne sind in einer Nuklidkarte (*table of nuclides, chart of nuclides*) als $Z=Z(N)$ zusammengefasst (Abb. V-3.1):

19 Von *ισοσ βαροσ*, gr. „gleich schwer".
20 Von *Isotop* durch Ersetzen des p durch n.
21 Von *ισοσ μεροσ*, gr. „gleicher Teil".

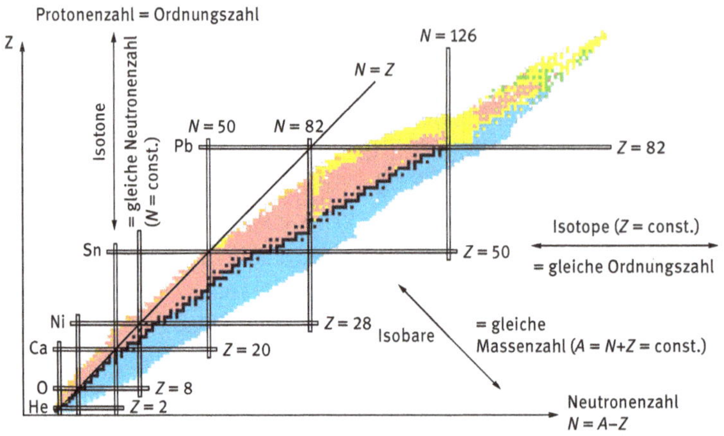

Abb. V-3.1: Ordnungszahl Z gegen Neutronenzahl $N = A - Z$ für die bekannten Nuklide (Nuklidkarte). Stabile Nuklide (schwarz) in der Mitte des Bandes ($Z \leq 83$) sind von Radionukliden umgeben; oben β^+-Zerfall oder e^--Einfang (rosa), unten β^--Zerfall (blau). Für Kerne mit $Z > 20$ weicht das Band der stabilen Nuklide von der Geraden $N = Z$ zu höheren Neutronenzahlen ab ($N > Z$). Bei gewissen Kernen, besonders den sehr schweren, tritt α-Zerfall auf (gelb). Doppellinien: „Magische Kerne" mit hoher Stabilität. Isotope: auf waagrechten Geraden; Isotone: auf senkrechten Geraden; Isobare: auf Geraden, die unter 45° geneigt sind. (Nach „Karlsruher Nuklidkarte".)

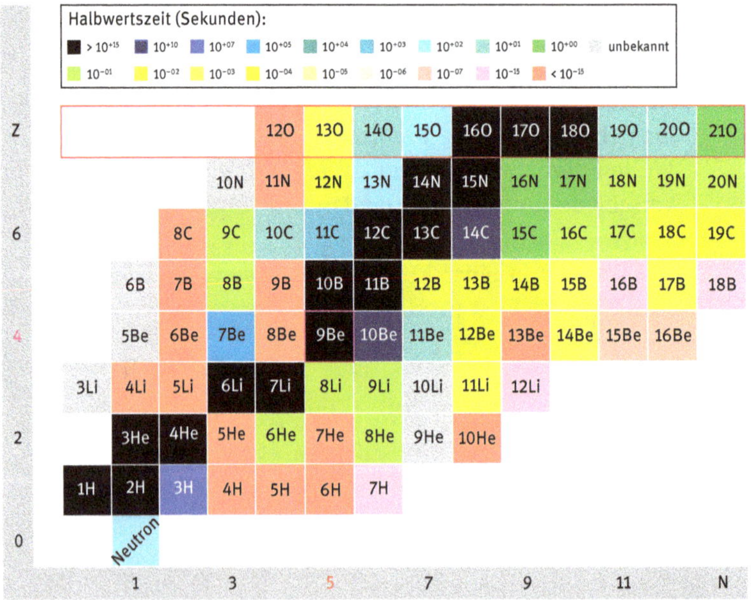

Abb. V-3.2: Ausschnitt aus dem Beginn der Nuklidkarte bis $Z = 8$ und $N = 13$, also bis $^{21}_{8}O$. Stabile Nuklide: schwarze Felder. Halbwertszeit der Radionuklide entsprechend der Tabelle. (Quelle: *National Nuclear Data Center, Brookhaven National Laboratory, USA*)

Abb. V-3.2 zeigt einen Ausschnitt aus dem Beginn der Nuklidkarte ($Z \leq 8$, $N \leq 13$); die stabilen Nuklide (schwarze Felder) sind auf beiden Seiten von Radionukliden umgeben.

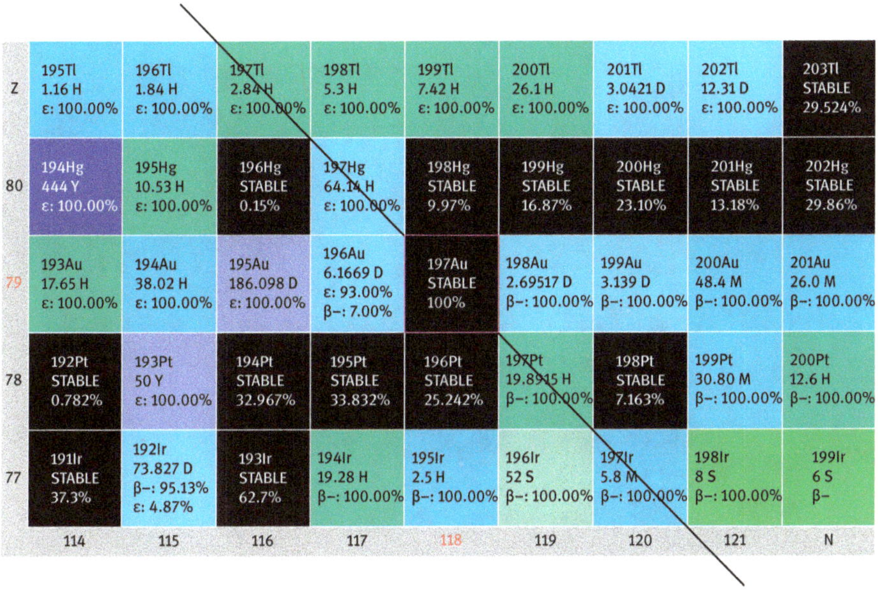

Abb. V-3.3: Ausschnitt aus der Nuklidkarte mit $^{197}_{79}Au$ im Zentrum. Stabile Nuklide schwarze Felder mit Angabe der relativen Häufigkeit. Die schwarze Linie zeigt ein Beispiel für eine Isobarenlinie: konstante Massenzahl $A = 197$. (Quelle: *National Nuclear Data Center, Brookhaven National Laboratory, USA*)

Abb. V-3.3 zeigt einen Ausschnitt aus der Nuklidkarte mit dem stabilen Nuklid $^{197}_{79}Au$ im Zentrum und ein Beispiel für eine Isobarenlinie mit konstanter Massenzahl $A = 197$.

Die Radionuklide zerfallen durch Emission von Elektronen (β^--Zerfall), Positronen (β^+-Zerfall) oder Emission von α-Teilchen (α-Zerfall): Der β^--Zerfall führt ein Feld nach links und eines nach oben; die Masse des Kerns bleibt gleich, ein Kernneutron zerfällt in ein Kernproton und ein Elektron. Der β^+-Zerfall und der e^--Einfang (*K*-Einfang)[22] führen ein Feld nach rechts und eines nach unten; die Masse bleibt gleich, ein Kernproton zerfällt in ein Kernneutron und ein Positron bzw. wird

22 *K*-Einfang: Ein radioaktiver Kern kann zur Erhöhung seiner Stabilität ein Elektron aus einer inneren Schale des Atoms „einfangen" (*electron capture*). In der Nuklidkarte wird diese Art von Radioaktivität mit *EC* oder ε bezeichnet. Der e^--Einfang wurde 1935 von H. Yukawa vorausgesagt und 1937 von L. W. Alvarez nachgewiesen. Beim *K*-Einfang ist die *schwache WW* wirksam.

in ein Kernneutron umgewandelt.[23] Der α-Zerfall führt zwei Felder nach links und zwei Felder nach unten, da ein Heliumkern aus dem Atomkern emittiert wird, d. h., der Kern hat um zwei Protonen und zwei Neutronen weniger. Halbwertszeiten, Zerfallsmöglichkeiten und relative Häufigkeiten der Isotope sind in der Nuklidkarte unter den Elementsymbolen eingetragen (Abb. V-3.4).

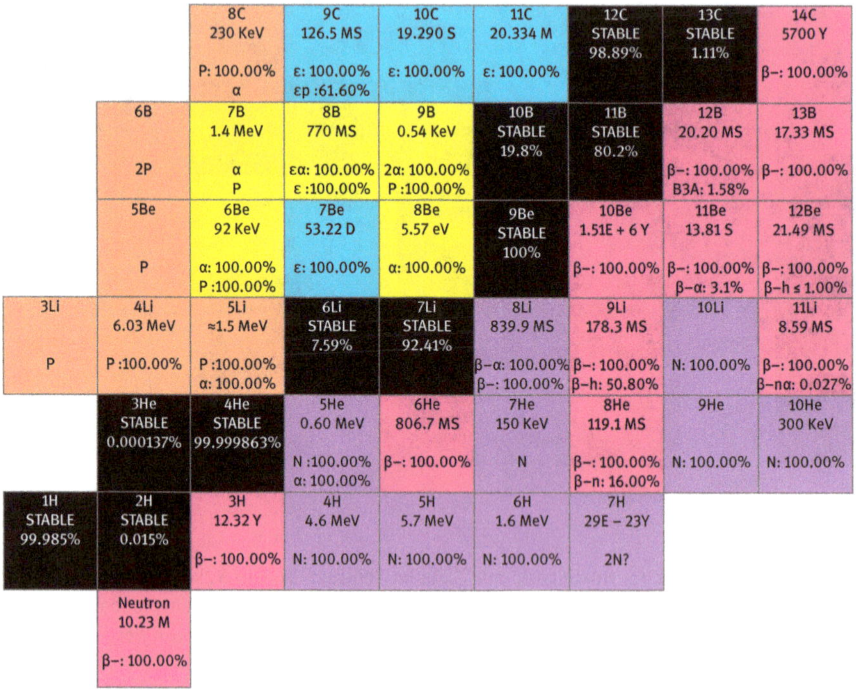

Abb. V-3.4: Detailausschnitt aus der Nuklidkarte für $Z = 1$ (Wasserstoff) bis $Z = 6$ (Kohlenstoff).
Angaben in den Feldern:
1. Zeile: Massenzahl $A = Z + N$ und Elementsymbol.
2. Zeile: Angabe über die Stabilität des Nuklids: stabil (hier schwarzes Feld) oder instabil, dann ist entweder die Halbwertszeit oder die Energie der α- oder β-Strahlung angegeben.
3. Zeile: Relative Häufigkeit des Isotops in % bei natürlichem Vorkommen.
4. und 5. Zeile: Zerfallsmöglichkeiten mit Wahrscheinlichkeitsangabe.
(Quelle: *National Nuclear Data Center, Brookhaven National Laboratory, USA*)

Für die leichten Nuklide bis ca. Ordnungszahl 20 ist die Zahl der Neutronen im Kern etwa gleich der Zahl der Protonen $Z \cong N$, für größere Ordnungszahlen biegt das Band der stabilen Nuklide von der 45°-Gerade zu höheren Neutronenzahlen

23 Aus Gründen der Energie-, Impuls- und Drehimpulserhaltung wird beim β^--Zerfall auch gleichzeitig ein Anti-Elektronneutrino $\bar{\nu}_e$, beim β^+-Zerfall ein Elektronneutrino ν_e emittiert (siehe Abschnitt 3.1.4.3).

ab. Z. B. hat ${}^{197}_{79}\mathrm{Au}$ 79 Protonen, aber 118 Neutronen, d. h. einen Überschuss von 39 Neutronen. Der Grund dafür liegt darin, dass die Coulomb-Abstoßung mit Z^2 steigt und es zum Aufrechterhalten der Bindung zwischen den Nukleonen notwendig wird, immer mehr Neutronen in den Kern einzubauen als Protonen. Für $Z \geq 83$ (Wismut) kann dann die Coulomb-Wechselwirkung (*WW)* durch die sehr kurzreichweitige Kernkraft zwischen den Nukleonen nicht mehr aufgewogen werden; daher enden die stabilen Nuklide mit ${}^{208}_{82}\mathrm{Pb}$.

3.1.2 Kerneigenschaften

3.1.2.1 Kernradius und Kernmasse

Angaben über die Größe eines Atoms sind im Prinzip möglich, diese wird durch das äußerste e^- bestimmt, dessen Aufenthaltswahrscheinlichkeit wegen der bekannten Coulomb-*WW* berechnet werden kann. Da die zwischen den Nukleonen wirkende Kraft nicht so einfach angegeben werden kann, muss die Größe des Atomkerns experimentell bestimmt werden.

Zunächst kann eine grobe obere Grenze der Kerngröße durch Streuexperimente mit α-Teilchen niederer Energie (Rutherford-Streuung) bestimmt werden.[24] Unter der Annahme einer radialsymmetrischen Kernladung werden dazu nur jene Teilchen zur Auswertung verwendet, die unter einem Winkel von 180° zurückgestreut werden, da diese Teilchen bis zum kleinsten Abstand vom Kern vordringen, wenn man annimmt, dass das α-Teilchen nicht *in* den Kern eindringen kann. In diesem Fall ergibt sich als minimaler Abstand vom Kern aus dem Energiesatz ($E_{\text{kin}} = E_{\text{pot}} = \dfrac{2Ze^2}{4\pi\varepsilon_0 r_0^{\text{min}}}$; Ladung des α-Teilchens: $2e$; Kernladung $Z \cdot e$)

$$r_0^{\text{min}} = \frac{1}{4\pi\varepsilon_0}\,\frac{2Ze^2}{E_{\text{kin}}^{\alpha}}\,.^{25} \qquad \text{(V-3.3)}$$

Für eine Energie der α-Teilchen von 5 MeV und eine Kernladungszahl $Z = 10$ (Neon) des Targetkerns kann damit eine obere Grenze des Kernradius R abgeschätzt werden

$$R \leq r_0^{\text{min}} = 9 \cdot 10^9 \cdot \frac{2 \cdot 10 \cdot \left(1{,}6 \cdot 10^{-19}\right)}{5 \cdot 10^6 \cdot 1{,}6 \cdot 10^{-19}}\ \text{m} \approx 6 \cdot 10^{-15}\ \text{m} = 6\ \text{fm}\,. \qquad \text{(V-3.4)}$$

---

24 Siehe dazu Band I, Kapitel „Mechanik des Massenpunktes“, Anhang 2 „Stoßprozesse und Streuung“, Anhang A2.4.

25 Der Wert für $2Ze^2/E_{\text{kin}}^{\alpha}$ ergibt sich experimentell aus der Rutherfordschen Streuformel (Band I, Kapitel „Mechanik des Massenpunktes“, Anhang 2, Gl. I-2.207) mit $\theta = 180°$.

Distanzen in dieser Größenordnung werden meist in *femtometer* (fm) angegeben ($1\,\mathrm{fm} = 1\,\mathrm{Fermi} = 10^{-15}\,\mathrm{m}$).[26]

Auch auf die Atomspektren hat die Ausdehnung des Kerns wegen der Änderung des Coulombpotenzials in der Nähe des Koordinatenursprungs gegenüber einer Punktladung einen, wenn auch sehr kleinen, aber gut messbaren Einfluss: Der „Volumen-Isotopieeffekt" – nicht zu verwechseln mit dem Isotopieeffekt, der auf der Änderung der Rydbergkonstante beruht (siehe Kapitel „Atomphysik", Abschnitt 2.2.4). Der Volumen-Isotopieeffekt ist besonders ausgeprägt bei Myon-Atomen[27] (= Myonischen Atomen), weil sich das schwere Myon viel näher beim Kern bewegt als ein Elektron.

Verwendet man dagegen hochenergetische, künstlich beschleunigte Teilchen, so dringen diese weiter in den Kern vor. Solche Streuexperimente wurden von R. Hofstadter[28] und Mitarbeitern mit beschleunigten Elektronen (ca. 500 MeV) systematisch durchgeführt. Da Elektronen nur durch die Coulomb-*WW* beeinflusst werden und die Kernkraft, die zwischen den Nukleonen wirkt, nicht spüren, wurde mit diesen Experimenten die elektrische Struktur des Kerns bestimmt. Abweichungen vom Streuverhalten einer Punktladung ergaben, dass die Ladung des Kerns und auch die der Nukleonen, also von Proton und Neutron (!), nicht punktförmig ist, sondern sich über einen gewissen Raumbereich erstreckt.[29] Der Radius der gefundenen Ladungsverteilung kann als Maß für die Ausdehnung des Kerns bzw. der Nukleonen benützt werden.

Die folgende Abb. V-3.5 zeigt die experimentell bestimmte radiale Ladungsverteilung innerhalb der Nukleonen. Obwohl das Neutron nach außen hin neutral ist, besitzt es im Inneren doch radialsymmetrische Ladungen entgegengesetzten Vorzeichens.

---

26 Nach Enrico Fermi, 1901–1954. Für seine Entdeckung neuer radioaktiver Elemente durch Neutronenbestrahlung und seine damit verbundene Entdeckung von Kernreaktionen durch langsame Neutronen erhielt er 1938 den Nobelpreis.

27 Das negativ geladene Myon kann wie ein Elektron an einen Atomkern gebunden sein.

28 Robert Hofstadter, 1915–1990. Für seine bahnbrechenden Untersuchungen der Streuung von Elektronen in Atomkernen und die dabei gemachte Entdeckung der Struktur der Nukleonen erhielt er 1961 zusammen mit Rudolf Mößbauer den Nobelpreis.

29 Bei einer Energie der e^- von 500 MeV ergibt sich für die Elektronenwellenlänge mit $\lambda = \frac{h}{p}$ und der relativistischen Energie-Impulsbeziehung (relativistischer Energiesatz) $E^2 = (pc)^2 + (mc^2)^2$ mit $E = E_{\text{kin}} + mc^2 \rightarrow \lambda = \frac{hc}{\sqrt{E_{\text{kin}}^2 + 2E_{\text{kin}} m_e c^2}} \approx 2{,}5 \cdot 10^{-15}\,\mathrm{m}$. Die Wellenlänge ist daher von der Größenordnung der Kernausdehnung und es treten daher Beugungserscheinungen auf.

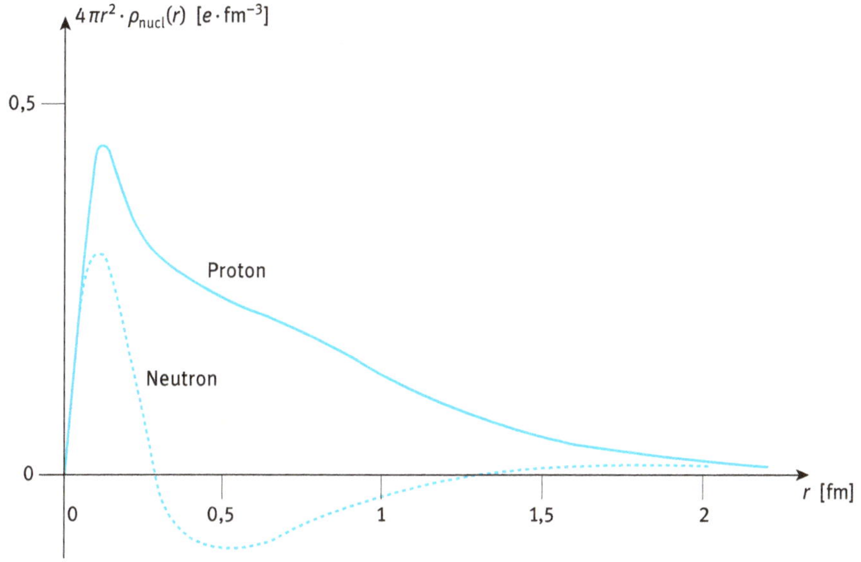

Abb. V-3.5: Ladungsverteilung der Nukleonen (Ladung in einer Kugelschale der Einheitsdicke, Ladungsdichte $\rho(r)$ in $e \cdot \text{fm}^{-3}$): Radiale Ladungsdichte von Proton (volle Linie) und Neutron (punktiert). Die Kurven zeigen, dass es sich nicht um punktförmige Teilchen handelt und dass im Neutron positive und negative Ladungen vorhanden sind (nach R. M. Littauer, H. F. Schopper und R. R. Wilson, *Physical Review Letters* **7**, 144 (1961)). Eine detaillierte Analyse aus dem Jahr 2007 (G. A. Miller, *Physical Review Letters* **99**, 112001 (2001)) ergibt, dass das Neutron einen negativen Kern hat (der in der Abb. noch nicht aufscheint), der zunächst von einer positiven Ladung umgeben ist, aber außen wieder eine negative Schale besitzt.

Verwendet man zur Streuung hochenergetische Teilchen, die auch auf die Kernkraft (starke *WW*) reagieren wie Protonen oder Pionen (= π-Mesonen), dann kann die Coulomb-*WW* vernachlässigt werden. Sehr oft reagieren solche Teilchen direkt mit dem Kern und werden aus dem Teilchenstrahl absorbiert. Dies führt wieder zu Beugungserscheinungen, aus denen der Kernradius bestimmt werden kann.

Zur Beschreibung der radialsymmetrischen Ladungsdichteverteilung $\rho^e(r)$ und auch der Massenverteilung, die durch Neutronen-Streuexperimente am Kern bestimmt werden kann, eignet sich für Kerne mit $A > 16$ sehr gut die Fermi-Verteilung:[30]

$$\rho^e(r) = \rho_0^e \cdot \frac{1}{1 + e^{(r - R_{1/2})/a}} \,. \tag{V-3.5}$$

30 Siehe Band VI, Kapitel „Statistische Physik“, Abschnitt 1.4.4.

Dabei ist ρ_0^e die Ladungsdichte im Zentrum des Kerns,[31] $R_{1/2}$ der Radius bei dem die Ladungsdichte auf den halben Wert abgenommen hat (*mittlerer Kernradius*) und a ein Maß für die Breite der Randzone, das für alle Kerne den Wert $a = 0{,}54$ fm besitzt (Abb. V-3.6). Die Randzone ist das Übergangsgebiet von der Kernmaterie zum Außenraum und hat für alle Kerne unabhängig von der Massenzahl A eine Dicke von $d = 4{,}4\,a = 2{,}4$ fm.

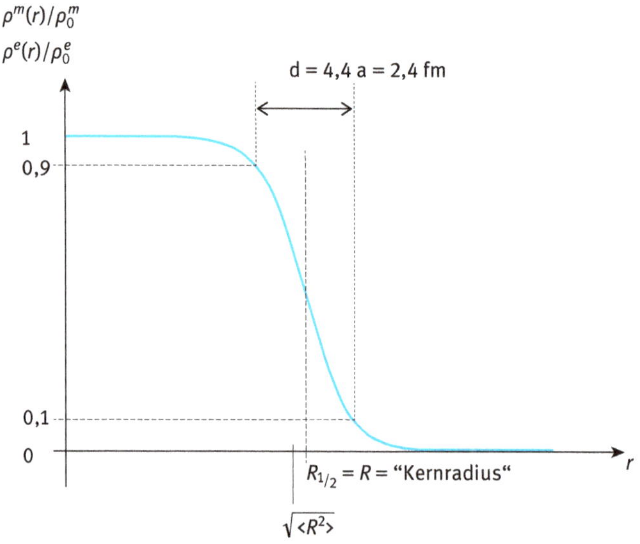

Abb. V-3.6: Schematische Darstellung der Ladungs- und Massenverteilung ($\rho^e(r)$, $\rho^m(r)$) im Atomkern, beschrieben durch eine Fermiverteilung (volle Kurve). $R_{1/2}$: $\rho^e/\rho_0^e = \frac{1}{2}$; $\langle R^2\rangle$: mittlerer quadratischer Radius.

Für den *mittleren quadratischen Kernradius* gilt

$$\langle R^2\rangle = R_{\mathrm{rms}}^2 = \frac{\int_V r^2\rho^e(r)dV}{\int_V \rho^e(r)dV} = \frac{\int_0^\infty r^2\rho^e(r)4\pi r^2dr}{\int_0^\infty \rho^e(r)4\pi r^2dr}\,. \qquad \text{(V-3.6)}$$

31 Denn: $\rho^e(0) = \rho_0^e \dfrac{1}{1+e^{-R_{1/2}/a}} \approx \rho_0^e$ für $a \ll R_{1/2}$.

Für eine Kugel homogener Dichte mit Radius R erhält man damit

$$\langle R^2\rangle = \frac{\int_0^R r^4 dr}{\int_0^R r^2 dr} = \frac{3}{5}R^2 .$$

Obwohl sich der Atomkern also nicht wie eine homogen geladene Kugel mit einem scharfen Rand verhält und außerdem viele Kerne wesentlich von der Kugelform in der Art von Ellipsoiden abweichen,[32] zeigen die Analysen der verschiedenen Streumessungen, dass man dem Kern einen effektiven Wirkungsradius zuordnen kann. Es ergibt sich eine sehr einfache Beziehung für die radiale Ausdehnung des nicht scharf begrenzten Atomkerns als Funktion seiner Massenzahl:

$$R = R_{1/2} = R_0 \cdot A^{1/3} \cong 1{,}2 \cdot 10^{-15} \cdot A^{1/3}\,\mathrm{m} = 1{,}2 \cdot A^{1/3}\,\mathrm{fm}. \qquad \text{(V-3.7)}$$

Es zeigt sich damit, dass das *Kernvolumen* proportional zur Massenzahl A, d. h. zur Nukleonenzahl, und damit (weitgehend) unabhängig von deren Zusammensetzung aus Protonen (Z) und Neutronen (N) ist. Für den Raumbereich, den ein einzelnes Nukleon im Kern einnehmen kann, erhalten wir so unter der Voraussetzung eines kugelförmigen Kerns

$$V_{\mathrm{Nukl}} = \frac{4\pi R^3}{3} \cdot \frac{1}{A} = \frac{4\pi R_0^3}{3} \approx 7\,\mathrm{fm}^3 . \qquad \text{(V-3.8)}$$

Wegen des kleinen Kernvolumens sind die Nukleonen im Kern sehr dicht gepackt (Abstand der Nukleonen $\approx 2R_0 = 2{,}4\,\mathrm{fm}$), es herrscht im Kern eine sehr hohe Massendichte; praktisch befindet sich ja die Gesamtmasse des Atoms im Kern. Mit der Masse eines Nukleons von $m_{\mathrm{Nukl}} = 1{,}674 \cdot 10^{-24}$ kg folgt:

$$\rho_{\mathrm{Kern}} = \frac{m_{\mathrm{Nukl}} \cdot A}{V_{\mathrm{Kern}}} = \frac{m_{\mathrm{Nukl}} \cdot A}{\frac{4\pi R_0^3 A}{3}} = \frac{3.1{,}674 \cdot 10^{-27}}{4\pi\left(1{,}2 \cdot 10^{-15}\right)^3} = \frac{5{,}022 \cdot 10^{-27}}{2{,}171 \cdot 10^{-44}} = \qquad \text{(V-3.9)}$$

$$= 2{,}3 \cdot 10^{17}\,\mathrm{kg/m^3}.$$

---

32 Die Abweichung von der Kugelform, also das Verhältnis $\varepsilon = \frac{a-b}{b}$ (a,b Hauptachsen des Rotationsellipsoids) beträgt im Allgemeinen nur wenige Prozent und wächst mit dem Kernspin I. Mit der Ellipsoidform des Kerns ist immer ein elektrisches Quadrupolmoment verbunden, das besonders groß bei den Kernen $^{176}_{71}\mathrm{Lu}$ ($I = 7/2$) und $^{167}_{68}\mathrm{Er}$ ($I = 7/2$) ist, für das $b/a = 0{,}5$ beträgt!

Dagegen beträgt die (makroskopische) Dichte von Blei nur $\rho_{\text{Blei}} = 11{,}3 \cdot 10^3\,\text{kg/m}^3$.

Die Thomson-Methode zur Bestimmung der spezifischen Ladung e/m des Elektrons (siehe Band III, Kapitel „Statische Magnetfelder", Abschnitt 3.1.4.1) kann auch zur Bestimmung der Atommasse benützt werden. Die Methode wurde zunächst durch Aston[33], später durch Bainbridge (Kenneth Tompkins Bainbridge, 1904–1996, US-amerikanischer Physiker), Mattauch (Josef Mattauch, 1895–1976, österreichischer Physiker, geb. in Mährisch-Ostrau) und andere durch die Möglichkeit zur Fokussierung der Teilchen gleicher Masse und Ladung aber unterschiedlicher Geschwindigkeiten und Flugrichtungen zum *doppelfokussierenden Massenspektrometer* weiterentwickelt. Die Atome der zu untersuchenden Substanz werden zunächst verdampft, dann ionisiert und in einem elektrischen Feld beschleunigt. Der so entstandene Teilchenstrahl (*Kanalstrahlen*) wird jetzt zuerst durch ein geeignetes radiales, energiedispersives elektrisches Feld, dann durch ein massendispersives und richtungsfokussierendes magnetisches Sektorfeld nach dem Verhältnis von Atommasse zur Ladung des Ions räumlich aufgespaltet (Abb. V-3.7). Durch diese *Doppelfokussierung* (Geschwindigkeits- und Richtungsfokussierung) gelang es neue Isotope zu identifizieren, ihr natürliches Vorkommen zu untersuchen und die Nuklidmassen sehr genau zu messen. Das Auflösungsvermögen beträgt etwa $\frac{\Delta m}{m} \approx 10^{-7}$!

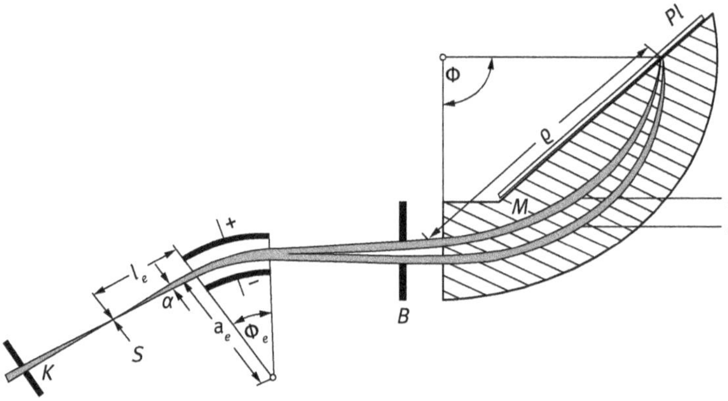

Abb. V-3.7: Doppelfokussierendes Massenspektrometer nach Mattauch und Herzog. Die Ionen (Kanalstrahlen) kommen mit leicht unterschiedlicher Geschwindigkeit und Richtung zunächst in ein radiales, elektrisches Sektorfeld (zylindrischer Kondensator) und anschließend in ein magnetisches Sektorfeld (in der Skizze schraffiert), nach dessen Durchlaufen sie auf einer Photoplatte oder einem Detektor fokussiert werden (achromatische Abbildung). Abhängig von der Masse treffen diese fokussierten Strahlen auf verschiedenen Punkten der Platte auf. Gezeichnet sind zwei um den Winkel α divergierende Ionenstrahlen gleicher Masse m, aber verschiedener Geschwindigkeit υ und $\upsilon + \Delta\upsilon$. (Nach J. Mattauch und R. Herzog, *Zeitschrift für Physik* **89**, 786 (1934).)

33 Francis William Aston, 1877–1945; für seine Entdeckungen mit Hilfe seines Massenspektrometers erhielt er 1922 den Nobelpreis für Chemie.

Atom- und Kernmassen werden meist in *atomaren Masseneinheiten* (*AME* = *amu*, *unified atomic mass unit*) u angegeben:

$$1\,\text{u} = 1{,}66054 \cdot 10^{-27}\,\text{kg} \mathrel{\hat{=}} 1/12 \text{ der Atommasse } {}^{12}\text{C}\,.^{34} \tag{V-3.10}$$

Die atomare Masseneinheit wird mit der *Atommasse* des neutralen Kohlenstoffatoms $^{12}C = 12\,u$ definiert.[35] Um daraus die reine Kernmasse zu gewinnen, muss man die Masse der Elektronen ($Z \cdot m_e$) abziehen. Die Massenzahl A gibt die Masse des jeweiligen Atoms in *AME*, aber gerundet auf die nächste ganze Zahl. So hat z. B. ^{197}Au, das natürlich vorkommende, stabile Goldisotop, eine Atommasse von 196,966569 u.

Die *Bindungsenergie* eines in einem System (z. B. Atomkern) gebundenen Teilchens ist jene Energie (Arbeit), die aufgewendet werden muss, um das Teilchen aus dem System (Kern) zu befreien und an einen Ort mit $U_{pot} = 0$ zu bringen, im Allgemeinen also unendlich weit weg. Andererseits wird diese Energie frei, wenn vorher ungebundene Teilchen sich in einem System (z. B. im Atomkern) vereinigen. Nach der speziellen Relativitätstheorie ist die Masse eines Teilchens einem bestimmten Energiebetrag mc^2, seiner Ruheenergie E_0 äquivalent

$$E_0 = m \cdot c^2 .^{36} \tag{V-3.11}$$

Für die bei Reaktionen (z. B. bei der Bildung eines Atomkerns) freiwerdende Bindungsenergie $Q = \Delta E$ tritt daher in analoger Weise im System ein entsprechender *Massendefekt* Δm auf:[37]

$$Q = \Delta m \cdot c^2 . \tag{V-3.12}$$

Q ist dabei jene Energie, die in einer Reaktion einzubringen ist oder frei wird, wobei sich die Masse im geschlossenen System (z. B. im Kern) um Δm ändert. Die im Atomkern gebundenen Teilchen haben daher insgesamt eine kleinere Masse als die Summe der Massen der ungebundenen Teilchen. In Kernreaktionen kann dieser Massendefekt Δm als Energie Q freigesetzt oder verbraucht werden. Entsprechend kann der *AME* ein *Energieäquivalent* zugeordnet werden:

---

34 Genauer heutiger Wert: $1\,u = (1{,}660\,539\,066\,60 \pm 0{,}000\,000\,000\,50) \cdot 10^{-27}\,kg$. Im englischen Sprachraum wird diese Einheit auch manchmal als *Dalton* (Da) bezeichnet, d. h. 1 u = 1 Da.

35 Man beachte: Auch die 12 Elektronen werden bei der Masse von ^{12}C „mitgewogen"!

36 Siehe Band II, Kapitel „Relativistische Mechanik", Abschnitt 3.9.3, Gl. (II-3.156).

37 Dies gilt auch im Falle chemischer Reaktionen, z. B. der Knallgasreaktion $2\,H_2 + O_2 \rightarrow 2\,H_2O + Q$, nur ist der entsprechende Massendefekt wegen der Kleinheit von Q nicht messbar. Im vorliegenden Beispiel ist $Q = 485\,kJ/(Mol\ O_2) = 5{,}03\,eV/(Molekül\ O_2)\ 5{,}39 \cdot 10^{-12}\,kg/(Mol\ O_2)$.

$$1\,\mathrm{u} = 931{,}5\,\mathrm{MeV}/c^2 \qquad \textit{Energieäquivalent.}^{38} \qquad \text{(V-3.13)}$$

Für die Massen der Nukleonen ergibt sich so ein heutiger Wert von

$$\begin{aligned} m_p &= (1{,}672\,621\,923\,69 \pm 0{,}000\,000\,000\,51) \cdot 10^{-27}\,\mathrm{kg} = \\ &= (1{,}007\,276\,466\,621 \pm 0{,}000\,000\,000\,053)\,\mathrm{u} = \\ &= (938{,}272\,088\,16 \pm 0{,}000\,000\,29)\,\mathrm{MeV}/c^2 \\ m_n &= (1{,}674\,927\,498\,04 \pm 0{,}000\,000\,000\,95) \cdot 10^{-27}\,\mathrm{kg} = \\ &= (1{,}008\,664\,915\,95 \pm 0{,}000\,000\,000\,49)\,\mathrm{u} = \\ &= (939{,}565\,420\,52 \pm 0{,}000\,000\,54)\,\mathrm{MeV}/c^2.^{39} \end{aligned} \qquad \text{(V-3.14)}$$

Zum Vergleich die Massen des Elektrons und des Wasserstoffatoms (H-Isotop ${}^1_1H$, „Protium"):

$$\begin{aligned} m_e &= (9{,}109\,383\,7015 \pm 0{,}000\,000\,0028) \cdot 10^{-31}\,\mathrm{kg} = \\ &= (5{,}485\,799\,090\,65 \pm 0{,}000\,000\,000\,16) \cdot 10^{-4}\,\mathrm{u} \\ &= (0{,}510\,998\,950\,00 \pm 0{,}000\,000\,000\,15)\,\mathrm{MeV}/c^2 \end{aligned}$$

$m_{1\mathrm{H}} = 1{,}673\,532\,838\,33 \cdot 10^{-27}\,\mathrm{kg} = 1{,}007\,825\,032\,24\,\mathrm{u} =$
$= 938{,}783\,073\,803\,74\,\mathrm{MeV}/c^2$ (wird für die Berechnung des Massendefekts benötigt).

3.1.2.2 Die Bindungsenergie des Atomkerns

Die *Kern-Bindungsenergie* E_B ist die Gesamtenergie, um den Kern in seine Nukleonen, Protonen und Neutronen, zu zerlegen, ist also die Energie (Arbeit), die zur Überwindung der anziehenden Kräfte notwendig ist. Wir wählen als Nullpunkt der potenziellen Energie den Zustand völlig getrennter, unendlich weit voneinander entfernter Nukleonen. Damit wird die Energie des Kerns als System der gebundenen Nukleonen negativ, der Bindungsenergie E_B entspricht damit eine Massenabnahme (Massendefekt):

$$\Delta M = \frac{E_B}{c^2} \qquad \textit{Massendefekt (mass deficit).} \qquad \text{(V-3.15)}$$

38 Genauer heutiger Wert: $1\,\mathrm{u} = (931{,}494\,102\,42 \pm 0{,}000\,000\,0028)\,\mathrm{MeV}/c^2 =$ $= (1{,}660\,539\,066\,60 \pm 0{,}000\,000\,000\,50) \cdot 10^{-27}\,\mathrm{kg}$.

39 Nach: National Institute of Standards and Technology (NIST), The References on Constants, Units, and Uncertainty. CODATA Internationally recommended 2014 values of the Fundamental Physical Constants.

Der Massendefekt beschreibt, dass die Masse des Kerns kleiner ist als die gesamte Masse seiner einzelnen Nukleonen. Damit ergibt sich für die Bindungsenergie

$$E_B = \Delta M \cdot c^2 \quad \textit{Kern-Bindungsenergie (nuclear binding energy).}^{40} \qquad \text{(V-3.16)}$$

Die Kernmasse M_K ergibt sich damit aus der Massensumme der einzelnen Nukleonen abzüglich des Massendefekts

$$M_K = \sum m_p + \sum m_n - \Delta M \quad \textit{Kernmasse (nuclear mass).} \qquad \text{(V-3.17)}$$

Während die Bindungsenergie der Elektronen im Atom von der Größenordnung eV ist (z. B. 13,6 eV für den Grundzustand des H-Atoms), sind die Bindungsenergien der Nukleonen im Atomkern von der Größenordnung MeV. Wir bilden dazu für die stabilen Nuklide die *mittlere Bindungsenergie pro Nukleon*, indem wir die gesamte Bindungsenergie des Kerns durch seine Massenzahl (die Zahl der Nukleonen) dividieren

$$E_b = \frac{E_B}{A} \quad \textit{mittlere Bindungsenergie pro Nukleon (binding energy per nucleon).} \qquad \text{(V-3.18)}$$

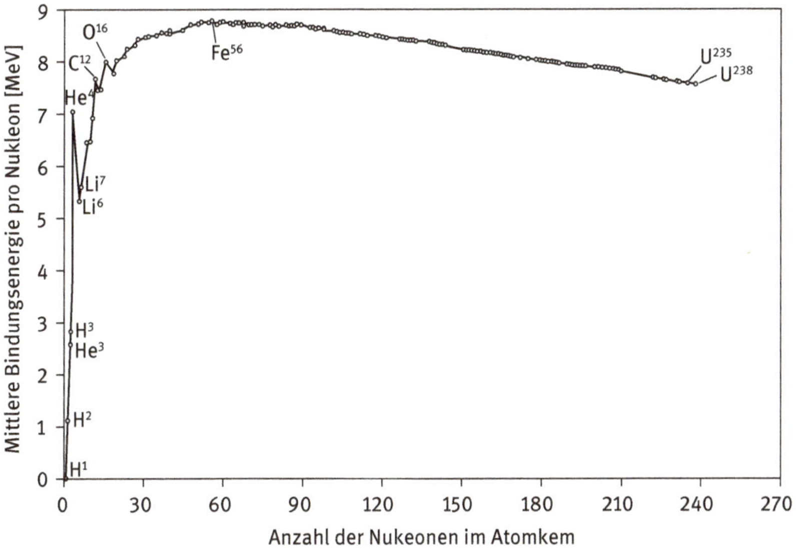

Abb. V-3.8: Mittlere Bindungsenergie als Funktion der Nukleonenzahl in den stabilen Nukliden.

40 Da die Massen der Atomkerne durch die Untersuchung neutraler Atome (genauer: schwach ionisierter Atome) mit dem Massenspektrographen (siehe Abschnitt 3.1.2.1) bestimmt werden, beziehen sich die Isotopenmassen immer auf die Massen neutraler Atome einschließlich ihrer Elektro-

Wir entnehmen der Abb. V-3.8, dass die mittlere Bindungsenergie pro Nukleon E_b mit steigender Massenzahl (Anzahl der Nukleonen) zunächst stark ansteigt, bei $A \approx 60$ ein flaches Maximum bei etwa 8,5 MeV erreicht und für hohe Massenzahlen mit A stetig abnimmt.[41] Im Bereich mittlerer Massenzahlen weisen die Nukleonen eine deutlich höhere Bindungsenergie auf, als im Bereich ganz niederer und sehr hoher Massenzahlen. Hier liegt die Ursache für die mögliche Freisetzung von Bindungsenergie durch Kernspaltung und Kernfusion:

Kernspaltung

Wird ein Nuklid mit hoher Massenzahl in zwei Nuklide mit mittlerer Massenzahl (bei gleicher Gesamtmassenzahl) gespalten, so ist die Summe der Bindungsenergien der beiden neuen Kerne größer als die Bindungsenergie des Ausgangskerns. Dieser ist dann *schwerer*, als die Summe der Massen der neuen Kerne. Die entsprechende Massendifferenz wird als Energie frei.

Kernfusion

2 Nuklide kleiner Masse werden zu einem Nuklid mittlerer Masse verschmolzen. Ein Nuklid mittlerer Masse weist eine höhere Bindungsenergie auf als die Summe der zwei Nuklide kleinerer Masse (wieder bei gleicher Gesamtmassenzahl). Der neue, fusionierte Kern ist daher *leichter* als die Summe der Massen der beiden Ausgangskerne. Die entstandene Massendifferenz wird wieder als Energie frei. Prozesse der Kernfusion laufen fortwährend im Inneren der Sonne (und der anderen Sterne) ab und sind die Ursache für ihre enorme Energieabstrahlung.[42]

Die Kerne mit $A > 60$ sind daher energetisch instabil gegen Zerfall durch Aussendung eines α-Teilchens oder gegen spontane Spaltung. Dass sie dennoch nicht zerfallen, d. h. metastabil sind, liegt an dem hohen Potenzialwall: Die Aktivierungsenergie, die aufzubringen ist, steht im Allgemeinen erst bei den größten Massen zur Verfügung.

3.1.2.3 Nukleonen und Kernniveaus, Kernmagnetismus, die Kernkraft

Nukleonen und Kernniveaus

Im Atomkern bilden die Nukleonen ein quantenmechanisch wechselwirkendes System: Protonen und Neutronen sind im Potenzialtopf der Kernkraft, die ja unab-

---

nen. Die *Kern-Bindungsenergie* müsste daher entsprechend der Bindungsenergie der Elektronen eigentlich korrigiert werden. Außer bei den sehr schweren Kernen ist dieser Beitrag aber immer vernachlässigbar klein.

41 Die verschiedenen Faktoren, die dies bewirken, sind in Abschnitt 3.1.3.1 („Tröpfchenmodell und Kernbindungsenergie") beschrieben.

42 Da die positiv geladenen Kerne sich vor dem Verschmelzen mit einer sehr großen Coulombkraft abstoßen, ist zur Einleitung einer Fusionsreaktion eine sehr große kinetische Energie der Teilchen, in der Sonne und in den Sternen eine sehr hohe Temperatur, erforderlich. Die Verschmelzung von Protonen zu Helium beginnt bei einer Temperatur von ca. $5 \cdot 10^6$ K einzusetzen, alle anderen Fusionsreaktionen benötigen noch höhere Temperaturen.

hängig von der Ladung wirkt („Ladungsunabhängigkeit“, *charge independence*), eingeschlossen. Wegen der sehr kurzen Reichweite der Kernkraft in der Größenordnung des Kernradius, also etwa 10^{-15} m, kann für die *WW* eines Nukleons mit allen anderen ein einfaches Kastenpotenzial verwendet werden (*Fermigas-Modell*, siehe Abschnitt 3.1.3.2). Die Energie der Nukleonen ist dann jedenfalls gequantelt (vgl. Kapitel „Atomphysik“, Abschnitt 2.4.1.2), die Einheit der Energieskala liegt aber im MeV-Bereich, nicht im eV-Bereich wie im Atom. Außerdem rücken die Niveaus im dreidimensionalen Potenzialtopf immer enger zusammen, je mehr Teilchen enthalten sind. Zwei wechselwirkende Nukleonen sind Fermionen mit Spinquantenzahl $i = 1/2$ (d. h. $m_i = \pm 1/2$) und dürfen nach dem Pauli-Verbot jeweils nicht in allen Quantenzahlen übereinstimmen. Daher können zwei gleiche Nukleonen nur mit entgegengesetztem Spin das gleiche Energieniveau besetzen (Abb. V-3.9). Daraus ergibt sich unmittelbar, dass die Gesamtenergie eines Kerns aus z. B. 2 Protonen und 2 Neutronen deutlich geringer ist als die eines Kerns mit 4 Protonen.

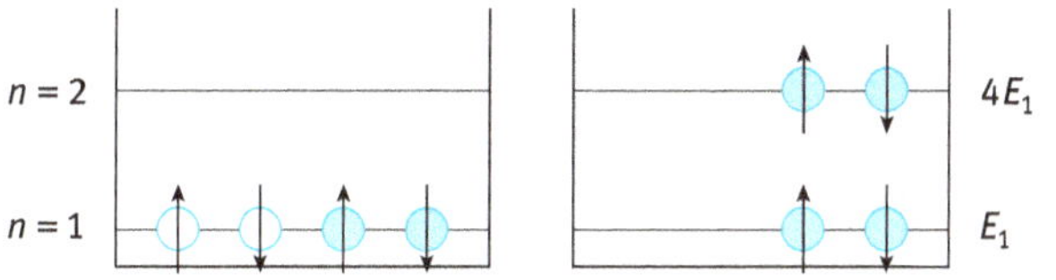

Abb. V-3.9: Links: 2 Neutronen ○ und zwei Protonen ● im Kastenpotenzial des Atomkerns mit jeweils unterschiedlichem Spin. Alle 4 Nukleonen können denselben Energiezustand einnehmen. Rechts: 4 Protonen müssen zumindest zwei unterschiedliche Energieniveaus besetzen.

Da das Coulombpotenzial proportional zu Z^2 wächst, macht sich mit zunehmender Kernladungszahl die Abstoßung der Protonen bemerkbar und erhöht etwas das durch die Kernkraft verursachte Potenzial (verringert die Tiefe des Potenzialtopfes) gegenüber jenem der Neutronen um die Coulombenergie E_C (Abb. V-3.10).[43]

Bei vorgegebener Nukleonenzahl (Massenzahl A) wächst daher die Gesamtenergie am geringsten, wenn jeweils 2 Protonen und 2 Neutronen in jedes Energieniveau hinzufügt werden, bis das oberste gefüllte Niveau erreicht ist (*Fermienergie* ε_F). Das führt, wie schon früher erwähnt, zu einer Bevorzugung von Kernen mit $N = Z$, bis wegen der zunehmenden Coulomb-Abstoßung ab $Z > 20$ Besetzungen mit $N > Z$ energetisch vorteilhafter werden.

---

43 Zwei getrennte Systeme gleich vieler Neutronen und Protonen würden wegen der ladungsunabhängigen Kernkraft und des für beide geltenden Pauli-Prinzips das gleiche Termschema besitzen, das Protonensystem muss aber um die Coulombenergie E_C höher liegen. Beim Zusammenfügen (beide Teilchensorten können sich durch β-Zerfall ineinander umwandeln) werden daher Protonen durch β^+-Prozess in die energetisch günstigeren Neutronenniveaus wechseln, bis der „Fermisee“ die konstante Höhe ε_F besitzt. Als Folge davon gibt es im Kern immer mehr Neutronen als Protonen. Da die Nukleonen auf ihren Termen „festsitzen“, repräsentiert das nachfolgende Schema die „Nullpunktsenergie“, also den Grundzustand (energetisch tiefsten möglichen Zustand) des Kerns.

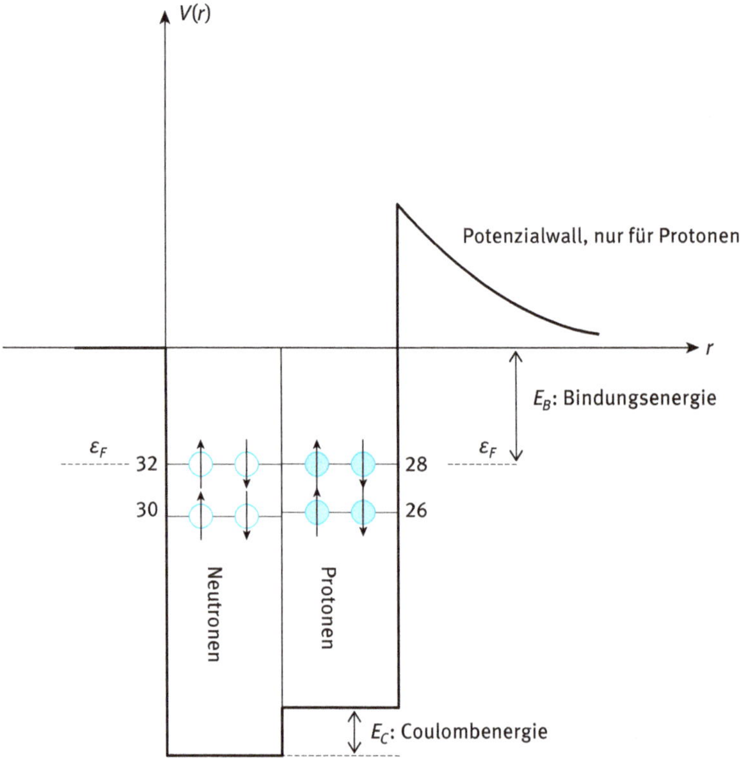

Abb. V-3.10: Niveaus der am schwächsten gebundenen Nukleonen in einem mittelschweren Atomkern, hier $^{60}_{28}$Ni (Fermigas-Modell). Protonen und Neutronen bilden zwei verschiedene Termsysteme, die aber – wie die von der Ladung unabhängige Bindungsenergie E_B der obersten Nukleonen zeigt – gleiche Fermienergie ε_F (= höchstes besetztes Energieniveau) besitzen. Die Tiefe der beiden Potenzialtöpfe ist für leichte Kerne etwa gleich, der Unterschied wächst aber stetig mit der Zahl A der Nukleonen; der Neutronentopf ist immer um die Coulombenergie des Protonensystems tiefer.

Kernspin und Kernmagnetismus

Aus den Spektren des Wasserstoffmoleküls („Hyperfeinaufspaltung", siehe weiter unten) konnte die Spinquantenzahl i für den Spin $|\vec{I}_p| = I_p = \sqrt{i(i+1)}\,\hbar$ des Protons zu $i = 1/2$ bestimmt werden. Zu einer beliebigen, aber vorgegebenen Richtung, weist dieser Eigendrehimpuls wie beim Elektron genau zwei Einstellmöglichkeiten $m_i\hbar = \pm\frac{1}{2}\hbar$ auf („Spin auf" (↑) oder „Spin ab" (↓)). Die Spinquantenzahl des Neutrons ergab sich aus den experimentellen Befunden des Deuterons $^2_1$H ebenfalls zu $i = \frac{1}{2}$. Beide Nukleonen sind daher *Fermionen* und gehorchen der Fermi-Dirac Statistik. Da jedes geladene Teilchen ein mit seinem Spin gekoppeltes magnetisches Dipolmoment besitzen muss (vgl. Kapitel „Atomphysik", Abschnitt 2.5.6.2), muss auch das Proton ein magnetisches Moment aufweisen. In Anlehnung an das magnetische Moment des Elektrons, das in Einheiten des Bohrschen Magnetons

$$\mu_B = \frac{e\hbar}{2m_e} = 9{,}274 \cdot 10^{-24}\ \mathrm{J/T} \qquad (\text{bzw. Am}^2) \qquad \text{(V-3.19)}$$

angegeben wird (siehe Kapitel „Atomphysik, Abschnitt 2.5.5, Gl. V-2.197), gibt man die magnetischen Momente der Nukleonen und der Kerne in „Kernmagnetonen" an, wobei an die Stelle der Elektronenmasse die Masse des Protons tritt:

$$\mu_N = \frac{e\hbar}{2m_p} = 5{,}0508 \cdot 10^{-27}\ \mathrm{J/T}\left(\text{oder Am}^2\right) = 3{,}1525 \cdot 10^{-8}\,\mathrm{eV/T} = \frac{\mu_B}{1836} \qquad \textit{Kernmagneton.}^{44} \qquad \text{(V-3.20)}$$

Das Kernmagneton ist daher um den Faktor $\frac{m_e}{m_p} \cong \frac{1}{1836}$ kleiner als das Bohrsche Magneton.

Das magnetische Moment des Protons hat einen vergleichsweise großen Wert

$$\mu_p = +2{,}7928\,\mu_N \qquad \textit{magnetisches Moment des Protons.}^{45} \qquad \text{(V-3.21)}$$

Für das gyromagnetische Verhältnis seines magnetischen Moments zum mechanischen Eigendrehimpuls (vgl. Kapitel „Atomphysik", Abschnitt 2.5.6.2, Gl. V-2.219) ergibt sich

$$\gamma_p = \frac{\mu_p}{I_p} = \frac{2{,}7928}{1/2}\frac{\mu_N}{\hbar} = g_p \cdot \frac{\mu_N}{\hbar} = 5{,}5857\,\frac{\mu_N}{\hbar},^{46} \qquad \text{(V-3.22)}$$

obwohl wie beim Elektron ($\gamma_S = 2\frac{\mu_B}{\hbar}$) $\gamma_p = 2\frac{\mu_N}{\hbar}$ erwartet worden war.

Noch überraschender stellte sich heraus, dass auch das ungeladene Neutron ein magnetisches Moment besitzt

---

44 Heutiger Wert:
$\mu_N = (5{,}050\,783\,7461 \pm 0{,}000\,000\,0015) \cdot 10^{-27}\ \mathrm{J/T} = (3{,}152\,451\,258\,44 \pm 0{,}000\,000\,000\,96) \cdot 10^{-8}\ \mathrm{eV/T}$.

45 Heutiger Wert:
$\mu_p = (1{,}410\,606\,797\,36 \pm 0{,}000\,000\,000\,60) \cdot 10^{-26}\ \mathrm{J/T} = (2{,}792\,847\,344\,63 \pm 0{,}000\,000\,000\,82)\,\mu_N$.

46 Genauer heutiger Wert für den Protonen g-Faktor: $g_p = 5{,}585\,694\,6893 \pm 0{,}000\,000\,0016$.

$$\mu_n = -1{,}9130\,\mu_N \qquad \textit{magnetisches Moment des Neutrons}.^{47} \qquad \text{(V-3.23)}$$

Sein gyromagnetisches Verhältnis ist daher

$$\gamma_n = \frac{\mu_n}{I_n} = -\frac{1{,}9130}{1/2}\frac{\mu_N}{\hbar} = g_n \cdot \frac{\mu_N}{\hbar} = -3{,}8261\,\frac{\mu_N}{\hbar}.^{48} \qquad \text{(V-3.24)}$$

Damit war klar, dass die Nukleonen keine unteilbaren Teilchen sein können, sondern eine innere Struktur aufweisen müssen: Sie sind aus elementareren Teilchen (den *Quarks*) so zusammengesetzt, dass sich beim Proton die positive Elementarladung ergibt, die Ladungen sich aber beim Neutron gerade kompensieren.

Der Kerndrehimpuls ergibt sich analog zum Drehimpuls der Atomhülle aus den Spin- und Bahndrehimpulsen der einzelnen Nukleonen: Proton und Neutron haben Spinquantenzahl $i = 1/2$. Der gesamte resultierende Kerndrehimpuls wird meist als Kernspin I bezeichnet. I gibt in Einheiten von $\hbar$ den Maximalwert der Projektion des Drehimpulsvektors $\vec{I}$ auf eine beliebige vorgegebene Richtung an. Aus der quantenmechanischen Behandlung des atomaren Drehimpulses wissen wir, dass der Bahndrehimpuls von Mikroteilchen (im Atom des e^-) nur ganzzahlige Werte in Einheiten von $\hbar$ annehmen kann, der Spin der Nukleonen ist aber halbzahlig. Der Spin (Gesamtdrehimpuls) des Atomkerns setzt sich als Vektorsumme der Gesamtdrehimpulse der Nukleonen zusammen. Es ist leicht zu sehen, dass Kerne mit gerader Massenzahl A, d. h. gerader Nukleonenzahl, ganzzahligen Spin haben müssen (gerade Anzahl an Nukleonen mit halbzahligem Spin ergibt in Summe einen ganzzahligen Spin). Die Gesamtwellenfunktion solcher Kerne ist symmetrisch, es handelt sich daher um *Bosonen* und diese Kerne unterliegen der Bose-Einstein Statistik. Dabei haben Kerne mit geradem Z und geradem N („*gg*-Kerne") stets den Spin 0. Das weist darauf hin, dass sich Neutronen für sich und Protonen für sich in Paaren mit antiparallelem Spin anordnen. Andererseits haben Kerne mit ungerader Massenzahl A halbzahligen Spin, ihre Gesamtwellenfunktion ist antisymmetrisch, es sind *Fermionen* und sie gehorchen der Fermi-Dirac Statistik. *ug*- und *gu*-Kerne haben jeweils den Spin des „ungepaarten" Nukleons, eventuell vermehrt um einen ganzzahligen Gesamtbahndrehimpuls. *uu*-Kerne haben wieder ganzzahligen Spin, wobei der Wert $I = 0$ kaum vorkommt.[49] Kerne mit einem Kernspin $I > 1/2$ besitzen keine kugelsymmetrische Ladungsverteilung mehr; sie haben ein Quadrupolmoment, ihre Gestalt ähnelt einem Rotationsellipsoid (siehe dazu Band III, Kapitel „Elektrostatik", Anhang 3).

---

47 Heutiger Wert: $\mu_n = (-0{,}966\,236\,51 \pm 0{,}000\,000\,23) \cdot 10^{-26}$ J/T $= (-1{,}913\,042\,73 \pm 0{,}000\,000\,45)\,\mu_N$.

48 Genauer heutiger Wert für den Neutronen g-Faktor: $g_n = -3{,}826\,085\,45 \pm 0{,}000\,000\,90$.

49 Diese Darlegungen gelten für Kerne im Grundzustand.

Beispiel: Kernspin $I = |\vec{I}|$: Vektorsumme des Spins aller Protonen und aller Neutronen im Kern plus Summe aller Bahndrehimpulse. Für die meisten Kerne ist der Gesamtbahndrehimpuls im Grundzustand gleich Null. Beim Deuteron ^2_1H ordnen sich Proton und Neutron im Grundzustand mit parallelen Spins an.

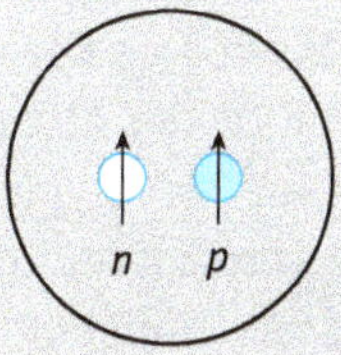

uu-Kern:

Deuteron ^2_1H $\sum L = 0 \quad \Rightarrow \quad I = \sum I_p + \sum I_n = \frac{1}{2} + \frac{1}{2} = 1$

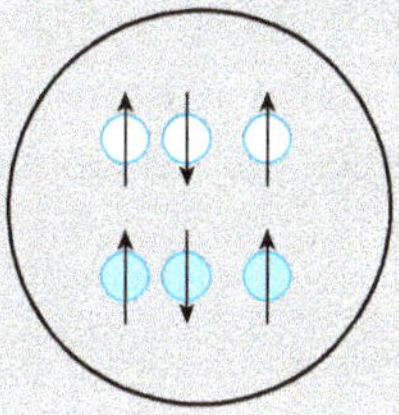

uu-Kern:

Lithium ^6_3Li $\sum L = 0 \quad \Rightarrow \quad I = \frac{1}{2} + \frac{1}{2} = 1$

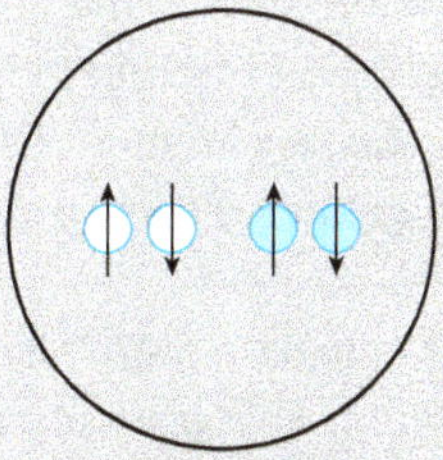

gg-Kern:

Helium ^4_2He $\sum L = 0 \quad \Rightarrow \quad I = 0$

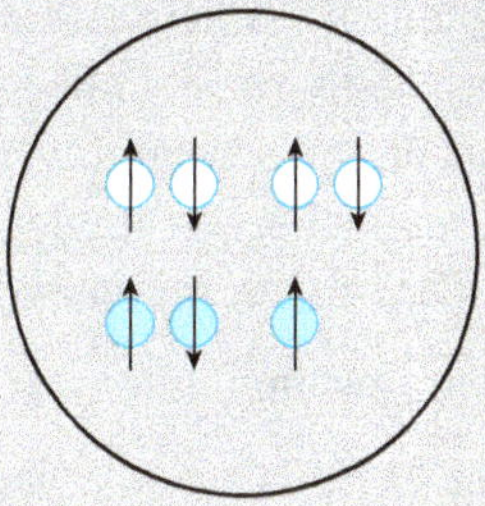

ug-Kern: Lithium ^7_3He erwartet: $I = \frac{1}{2}$

Experiment:

$I = \frac{3}{2} \quad \Rightarrow \quad \sum L = 1\hbar$

Wie wir schon beim Proton und Neutron gesehen haben, besteht im Gegensatz zur Elektronenhülle im Kern kein einfacher Zusammenhang zwischen Kernspin I und magnetischem Moment μ_I. Dieses muss vielmehr stets experimentell bestimmt werden. Analog zum magnetischen Moment der Elektronenhülle schreibt man auch hier für den Fall eines Kerns mit Spin $\vec{I}$

$$\vec{\mu}_I = g_I \, \frac{\mu_N}{\hbar} \, \vec{I} \qquad \text{(V-3.25)}$$

mit g_I als dem *Kern-Landé-Faktor* (= Kern-g-Faktor). Er beträgt aus experimentellen Messungen für das Proton ($i = 1/2$) $g_p = 5{,}5857$ und für das Neutron ($i = 1/2$) $g_n = -3{,}8261$ (genaue Werte siehe Fußnoten 46 und 48).

Das mit dem Kerndrehimpuls verbundene magnetische Moment ist zwar sehr klein (für das Kernmagneton gilt ja $\mu_N = \frac{m_e}{m_p}\,\mu_B \cong \frac{1}{1836}\,\mu_B$), seine *WW* mit dem magnetischen Momenten des Atoms (*Hyperfeinwechselwirkung*) führt jedoch zu einer weiteren Aufspaltung der Spektrallinien der *Hyperfeinaufspaltung*. Der Kerndrehimpuls kann deshalb unter anderem aus einer sehr genauen Analyse der Atomspektren bestimmt werden. Die Differenz zwischen den Energieniveaus der Hyperfeinaufspaltung, die auf Unterschiede in der Orientierung des Kernmoments im Magnetfeld des Atoms am Kernort zurückzuführen sind, sind von der Größenordnung von 10^{-7} eV. Auch aus dem Intensitätswechsel der Linien im Rotationsspektrum biatomarer Moleküle mit identischen Atompartnern kann auf den Kernspin geschlossen werden, da die Intensität aufeinanderfolgender Linien im Verhältnis $\frac{I}{I+1}$ steht. Für $I = 0$ fällt daher jede zweite Linie aus.

Eine andere, sehr genaue Methode zur Bestimmung des Kernmoments ist die Molekularstrahl-Magnetresonanzmethode nach Rabi,[50] eine Weiterentwicklung des Stern-Gerlach-Versuchs (siehe Kapitel „Atomphysik“, Abschnitt 2.5.6.1). Schon 1933 gelang es Otto Stern nachzuweisen, dass das Proton ein magnetisches Moment besitzt. Rabi modifizierte die Stern-Gerlach-Apparatur nun in folgender Weise (Abb. V-3.11).

Es werden drei statische Magnetfelder verwendet, zwei inhomogene Stern-Gerlach-Felder mit gleich großem, aber entgegengesetzt gerichtetem Feldgradienten (*A* und *B* Magnet in Abb. V-3.11), und einem dazwischen liegenden, starken, homogenen Feld (Magnet *C*). Im Bereich des homogenen Feldes kann zusätzlich ein schwaches hochfrequentes magnetisches Wechselfeld normal dazu überlagert werden. Weisen die Teilchen des Atomstrahls, deren Hülle kein magnetisches Moment besitzt, ein magnetisches Kernmoment μ auf, so erfahren sie im ersten inhomogenen Feld eine Ablenkung infolge der Kraft $F_{\mu z} = \mu_z \cdot \frac{\partial B_z}{\partial z}$, die im zweiten inhomogenen Feld aber wieder rückgängig gemacht wird. Gleichzeitig tritt in allen Magnetfeldern aufgrund des auf das Kernmoment μ wirkenden Drehmoments eine Präzession des Atoms um die Magnetfeldrichtung (z-Achse) auf, wobei die B-Komponente von μ gequantelt ist (siehe Kapitel „Atomphysik“, Abschnitt 2.5.5). Das dem starken, konstanten Feld in C überlagerte magnetische Hochfrequenzfeld B_{Hf} mit der festen Frequenz ω_{Hf} steht in Resonanz mit der dort vorliegenden Präzessionsfrequenz (Larmorfrequenz, siehe Kapitel „Atomphysik“, Abschnitt 2.5.7, Gl. V-2.236)

---

50 Isidor Isaac Rabi, 1898–1988; für seine Resonanzmethode zur Aufzeichnung der magnetischen Eigenschaften der Atomkerne erhielt er 1944 den Nobelpreis.

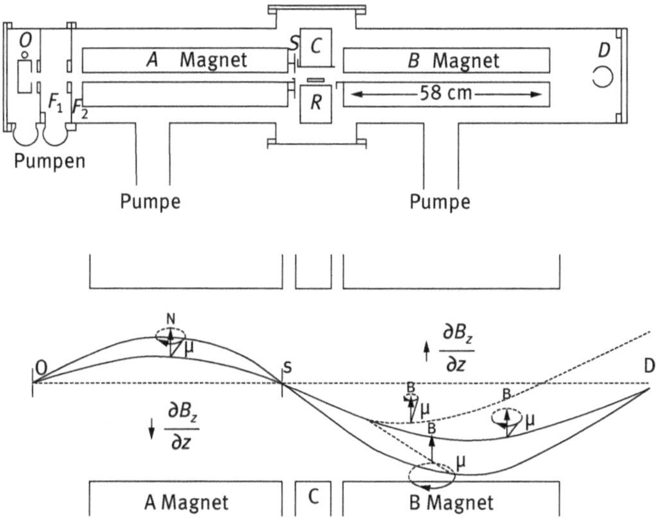

Abb. V-3.11: Schematische Zeichnung der ersten Molekularstrahl-Magnetresonanzapparatur von Rabi (I. I. Rabi, S. Millman, P. Kusch, J. R. Zacharias, Physical Review **55**, 526 (1939)). Die zwei durchgezogenen Kurven zeigen Laufwege von zwei Atomen mit unterschiedlichen Komponenten μ_z des magnetischen Moments in $\vec{B}$-Richtung und unterschiedlichen Geschwindigkeiten, die sich aber beim Durchlaufen der Apparatur (inhomogene Magnete *A* und *B*) nicht ändern (kleiner Präzessionskreisel bei einer Kurve). Diese Atome erreichen den Detektor *D*. Erfahren die magnetischen Momente andererseits im Bereich des homogenen Magnetfelds *C* durch das überlagerte magnetische Hochfrequenzfeld eine Änderung ihrer Orientierung (strichlierte Bahnen), so erreichen sie den Detektor *D* nicht.

$\omega_L = B_C \cdot \frac{\mu}{I}$, das durch Veränderung von B_C an das feste ω_{Hf} angeglichen werden kann; dann gilt also $\omega_L = \omega_{Hf}$ und B_{Hf} kann so quantenhafte Richtungsänderungen des Kernmoments μ hervorrufen. Die Teilchen, die von einem solchen Übergang betroffen sind, erreichen den Detektor nicht, da das zweite inhomogene Magnetfeld jetzt die durch das erste verursachte Ablenkung nicht mehr (vollständig) rückgängig macht. Am Detektor wird in der Strahlintensität als Funktion der Stärke des Magnetfeldes B_C bei festgehaltener Frequenz des alternierenden Magnetfeldes ein scharfes Minimum (Resonanzkurve) beobachtet, wenn eine Maximalzahl der Kerne zu magnetischen Übergängen angeregt wurde, wenn also $B_{C,\mathrm{res}}$ der Beziehung $B_{C,\mathrm{res}} = \frac{I \cdot \omega_{Hf}}{\mu}$ gehorcht (Abb. V-3.12). Aus der Feldstärke $B_{C,\mathrm{res}}$ kann das gyromagnetische Verhältnis $\gamma = \mu/I$ berechnet werden und bei Kenntnis des Kernspins I auf das magnetische Kernmoment μ geschlossen werden.

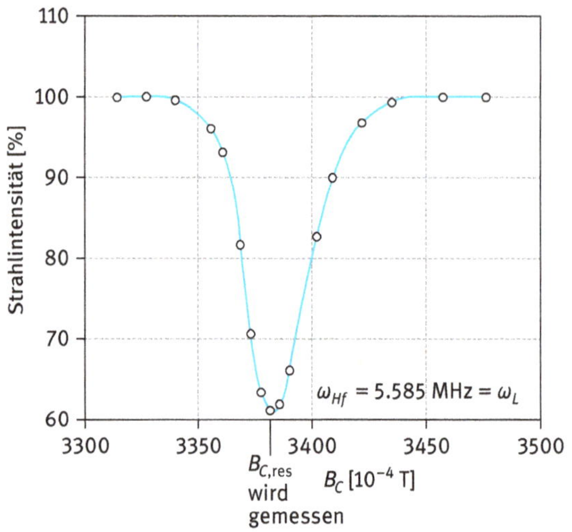

Abb. V-3.12: Messung der magnetischen Resonanzlinie des Atomkerns von $^7_3$Li nach I. I. Rabi et al. 1939. Der Atomstrahl besteht aus $^7_3$Li-Ionen, die eine Edelgasschale und daher kein Hüllmoment besitzen.

Beispiel: Kernspinresonanz (*NMR* = *nuclear magnetic resonance*) an Wasserstoffatomen. Protonen haben ein magnetisches Moment $\vec{\mu}_p$, das wegen ihrer positiven Ladung parallel zum Eigendrehimpuls liegt, d. h. $\vec{\mu}_p \uparrow\uparrow \vec{S}_p$. Bringen wir das Proton, z. B. eines H_2O-Moleküls, in ein Magnetfeld $\vec{B}$, das z. B. in z-Richtung weist, so ist die z-Komponente μ_z^p des magnetischen Moments quantisiert mit 2 Einstellungsmöglichkeiten zur Feldrichtung: parallel oder antiparallel (↑↑ oder ↑↓). Die beiden Einstellungsmöglichkeiten unterscheiden sich um eine Energiedifferenz $\Delta E = 2\mu_z^p B$ (siehe Kapitel „Atomphysik“, Abschnitt 2.5.5). Ist dem Magnetfeld ein elektromagnetisches Wechselfeld der Frequenz ν überlagert, so führt das zu „Spin-flips“: Protonen im niederen Energiezustand $\vec{\mu}_p \uparrow\uparrow \vec{B}$ können durch Änderung ihrer Spinausrichtung in den höheren Zustand $\vec{\mu}_p \uparrow\downarrow \vec{B}$ übergehen. Die dafür notwendige Feldfrequenz ist

$$h\nu = 2\mu_z^p B$$ *Kernspinresonanz (= Magnetresonanz, MR, nuclear magnetic resonance, NMR).*

Die für die Kernspinresonanz verbrauchte Energieabsorption kann gemessen werden.

Mit einem bei diesen Messungen üblichen sehr starken Magnetfeld von 1,4 T ergibt sich für die Energieaufspaltung ΔE

$$\Delta E = 2\mu_z^p \cdot B = 2 \cdot 2{,}79 \cdot \mu_N \cdot B = 2 \cdot 2{,}79 \cdot 5{,}05 \cdot 10^{-27} \cdot 1{,}4 = 3{,}95 \cdot 10^{-26}\,\text{J} =$$
$$= 2{,}46 \cdot 10^{-7}\,\text{eV}.$$

Für die Resonanzfrequenz erhalten wir

$$\nu = \frac{\Delta E}{h} \cong 60\,\text{MHz},$$

sie liegt daher im *UKW*-Bereich der Radiowellen.

Eigentlich muss neben dem äußeren Magnetfeld B_{ext} auch noch das durch die magnetischen Momente der Atome und Kerne in der Nähe des Protons verursachte interne Magnetfeld B_{int} berücksichtigt werden, d. h. $h\nu = 2\mu_z^p(B_{\text{ext}} + B_{\text{int}})$.

Zur ortsaufgelösten *Kernspin-Tomographie* (= *Magnetresonanz-Tomographie, MRT*) wird dem homogenen Resonanzfeld noch ein inhomogenes Magnetfeld überlagert, wodurch die Resonanzfrequenz ortsabhängig wird; das Resonanzsignal enthält dann eine Information über den Ort der resonierenden Protonen.

Das Verfahren der Kernspinresonanz findet in der Chemie eine Anwendung zur Identifizierung unbekannter Verbindungen und in der Medizin zur modernen Diagnostik: Der Computer setzt die gewebeabhängigen Spin-flip-Signale (unterschiedliche lokale Umgebungen, also unterschiedliches B_{int}, des Protons in den verschiedenen Gewebearten) zu einem Bild um.

Die Kernkraft (starke Wechselwirkung)

Die Elektronen sind im Atom durch die elektromagnetische *WW* gebunden. Die Bindung der Nukleonen an den Atomkern muss aber völlig anders geartet sein, ganz ohne Analogie zu den klassischen Kräften der Gravitation und der elektromagnetischen *WW*:

Die *WW* muss so stark attraktiv sein, dass die Coulomb-Abstoßung der Protonen im Kerninneren eine untergeordnete Rolle spielt. Sie wirkt weiters in gleicher Weise auf Protonen und Neutronen, sie ist daher *ladungsunabhängig* und bindet die Nukleonen in das sehr kleine Kernvolumen. Die Reichweite ist sehr kurz (10^{-15}–10^{-14} m), da ihr Einfluss schon in sehr geringer Entfernung von der „Kernoberfläche“ völlig verschwindet. Außerdem ist die Bindungsenergie pro Nukleon annähernd unabhängig von der Größe des Kerns. Das bedeutet, dass die Kernkraft „sättigt“, das heißt, jedes Nukleon kann nur mit einer beschränkten Anzahl nahe benachbarter Nukleonen wechselwirken,[51] sodass die gesamte Bindungsenergie des Kerns der Massenzahl A proportional ist. Es führt daher die Anfügung weiterer Nukleonen zum Kern nur zu einer Volumszunahme, nicht aber zu einem Anstieg

51 Würde jedes Nukleon im Kern mit jedem anderen wechselwirken, dann wäre die Bindungsenergie dem Ausdruck $\frac{1}{2}A(A-1) \propto A^2$ proportional – entgegen der Erfahrung.

der mittleren Bindungsenergie pro Teilchen. Streuexperimente mit sehr energiereichen Teilchen haben weiters gezeigt, dass die sonst anziehend wirkende Kernkraft bei sehr, sehr kleinen Abständen abstoßend wird und so bewirkt, dass der Kern nicht in sich zusammenstürzt. Das ist andererseits ein weiteres Indiz für eine Substruktur der Nukleonen.

Die Kernkräfte hängen stark von der Orientierung der Spins der wechselwirkenden Nukleonen ab; dies konnte durch Streuung „kalter" Neutronen ($T \leq 20\,\mathrm{K} \Rightarrow \lambda_n \gg$ Molekülradius von H_2) an Ortho-H_2 (Spins der beiden H-Kerne $\uparrow\uparrow$) und Para-H_2 (Spins $\uparrow\downarrow$) gezeigt werden: Es ergab sich eine 30 mal stärkere Streuung an Ortho-H_2 als an Para-H_2. Das Potenzial der Kernkraft wird daher durch ein Tensorpotenzial beschrieben, in das die Spinorientierung der beiden wechselwirkenden Kerne eingeht.[52]

Da Teilchen mit niederen Energien nicht weit ins Kerninnere vordringen, kann die abstoßende Wirkung der Kernkraft in sehr guter Näherung vernachlässigt werden, wenn es nur um die niederenergetische Struktur des Kerns geht. Wenn man annimmt, dass es sich um eine konservative Kraft handelt, dann kann das Kernkraftpotenzial in einer ersten, phänomenologischen Näherung (wie bereits in Abschnitt 3.1.2.3 verwendet) durch ein endlich hohes Kastenpotenzial beschrieben werden. In seinem Inneren bewegen sich die Nukleonen (ähnlich wie die Leitungselektronen in einem Metallblock, siehe Band VI, Kapitel „Festkörperphysik", Abschnitt 2.6.1.2.1) kräftefrei, da dort das Potenzial konstant ist.[53]

Abb. V-3.13 zeigt die potenzielle Energie der Nukleonen in der Näherung des Potenzialtopf-Modells. Bei Protonen wirkt außerhalb des Topfes das Coulomb-Potenzial. Bei sehr kleinen Abständen vom Zentrum des Atomkerns wird eine Abstoßung wirksam.

---

52 Der Grund liegt in der starken Spin-Spin Wechselwirkung der Quarks, aus denen die Nukleonen aufgebaut sind.

53 1935 lieferte Hideki Yukawa (1907–1981; für seine Voraussage der Existenz von Mesonen durch theoretische Arbeiten zu den Kernkräften erhielt er 1949 den Nobelpreis) den ersten theoretisch begründeten Ansatz zur Erklärung der (spinunabhängigen) Kernkraft, die Mesonenfeldtheorie. Danach ist die Kernkraft eine Austauschkraft ähnlich zur Valenzkraft der kovalenten Molekülbindung (vgl. Band VI, Kapitel „Festkörperphysik", Abschnitt 2.1.1.2). Yukawa fand für das anziehende Potenzial (das *Yukawa-Potenzial*) eines Nukleons die Beziehung $U(r) = -U_0 \dfrac{e^{-r/d}}{r/d}$, die für Entfernungen $r \geq 1\,\mathrm{fm}$ gilt; U_0 ist ein Maß für die Tiefe des Potenzialtopfes. An die Stelle des Kastenpotenzials tritt ein „abgeschirmtes" Coulombpotenzial. Für den Abschirmparameter d wird der Wert $d = 1{,}4\,\mathrm{fm}$ gewählt.

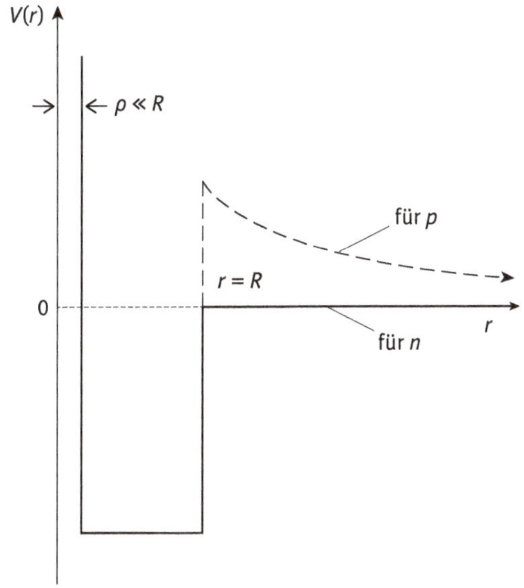

Abb. V-3.13: Potenzial eines Nukleons (durchgezogen für ein Neutron, strichliert für ein Proton) als Funktion des Abstands vom Zentrum des Kerns. Die Abstoßung wird erst bei sehr kleinen Abständen $\rho \ll R$ wirksam.

Gegenwärtige Sicht der Kernkraft:

Die Kraft, die die Nukleonen bindet, ist keine fundamentale *WW*, sondern ein Überschuss der *„starken Wechselwirkung“* (*strong force*),[54] die die *„Quarks“* zu Nukleonen (Neutronen und Protonen) bindet (siehe Abschnitt 3.2.4.3).

3.1.3 Kernmodelle

Die Entwicklung der Atomphysik im Rahmen der Quantenmechanik zeigt, dass die Formulierung einer physikalischen Theorie schwierig ist, selbst wenn die genaue Kraftwirkung, in diesem Fall die elektromagnetische *WW* (Coulomb-*WW*) bekannt ist. Entsprechend schwieriger gestaltet sich eine umfassende Theorie zur Beschreibung des Atomkerns. Deshalb wurde versucht, gewisse Teile der experimentellen Befunde durch ein jeweils entsprechendes Kernmodell zu beschreiben.

54 Die *starke WW* ist eine der vier fundamentalen Wechselwirkungen: Gravitation, elektromagnetische *WW*, schwache *WW*, starke *WW*. Sie wirkt zwischen den *Quarks*, aus denen die Nukleonen aufgebaut sind durch Austausch von Wechselwirkungsteilchen („Eichbosonen“), den *Gluonen*.

3.1.3.1 Tröpfchenmodell und Kernbindungsenergie

Das Tröpfchenmodell wurde von Weizsäcker und Bethe[55] 1935 entwickelt und dient speziell zur Beschreibung der Kurve der Bindungsenergie pro Nukleon (siehe Abschnitt 3.1.2.2), aber auch zum Verständnis bestimmter Kernreaktionen und der Kernspaltung. Der Ansatzpunkt für dieses Modell ist, dass ein (schwerer) Kern, der aus einer großen Zahl von Nukleonen zusammengesetzt ist, mit einem Flüssigkeitstropfen verglichen werden kann, in dem die Flüssigkeitsmoleküle ebenfalls durch kurzreichweitige, sättigbare Kräfte zusammengehalten werden, sodass die Dichte der Tröpfchen unabhängig von ihrer Größe ist und die Erscheinung der Oberflächenspannung auftritt. Die Moleküle können sich aber im Tropfen bewegen; sie stoßen häufig mit den Nachbarmolekülen zusammen, sodass ihre mittlere freie Weglänge deutlich kleiner ist als der Tropfenradius. Ausschlaggebend für dieses Kernmodell waren die Beobachtungen einer annähernd konstanten Massendichte für alle Kerne und der annähernden Proportionalität der gesamten Bindungsenergie der Kerne zu ihren Massen, woraus sich eine annähernd konstante Bindungsenergie pro Nukleon ergibt. Dieser Befund ist sehr ähnlich zu jenem von Flüssigkeitsmolekülen in einem Tropfen. Dies deutet darauf hin, dass die Kernkräfte sättigen, die anziehende Kernkraft daher nur bis zu den nächsten Nachbarnukleonen reicht. Da der Kernradius R proportional zu $A^{1/3}$ ist, sind das Kernvolumen wie auch die Kernmasse proportional zu A, d. h. es kann die Dichte im Inneren des „Kerntropfens" als konstant angenommen werden. Sie fällt an der Oberfläche dann sehr rasch auf Null. Wie beim Tropfen wird nun angenommen, dass der Atomkern im Inneren eine Verteilung von Nukleonen aufweist, für die die Kernkraft völlig gesättigt ist, also über das betrachtete Nukleon hinaus keine weitere Anziehung wirkt und so einen teilchen- bzw. volumenproportionalen Anteil zur Bindungsenergie liefert (*Volumsterm*). An der Oberfläche haben die Nukleonen weniger Nachbarn und sind daher schwächer gebunden, die Kernkraft ist hier nicht völlig abgesättigt. Daraus ergibt sich wie beim Tropfen eine Oberflächenspannung, d. h. eine Kraftwirkung auf die Nukleonen in der Oberfläche, die ins Kerninnere gerichtet ist (*Oberflächenterm*). Zusätzlich wird beim Tröpfchenmodell für die Berechnung der Bindungsenergie dann noch die abstoßende Coulombkraft der positiven Ladung der Protonen im Kern berücksichtigt (*Coulombterm*) sowie das Verhältnis der Neutronen zu den Protonen (*Asymmetrieterm*) und ob es sich um einen *gg*-, *ug*- oder *uu*-Kern handelt (*Paarungsterm*). Die Masse $M(Z,A)$ eines Kerns als Funktion der Kernladungszahl Z und der Massenzahl A ergibt sich dann aus der Summe von

---

55 Carl Friedrich Freiherr von Weizsäcker, 1912–2007, deutscher Physiker und Philosoph.
Hans Albrecht Bethe, 1906–2005. Ursprünglich deutscher Physiker, emigrierte 1933 zuerst nach England, anschließend in die USA. Für seine Beiträge zur Theorie von Kernreaktionen, speziell seiner Entdeckungen zur Energieproduktion in Sternen, erhielt er 1967 den Nobelpreis.

6 Beiträgen, den (getrennten) Nukleonenmassen und 5 Beiträgen, die durch den Einfluss der Bindungsenergie entstehen:

$$M(Z,A) = Z \cdot m_p + (A - Z) \cdot m_n + E_B/c^2 =$$

$$= Z \cdot m_p + (A - Z) \cdot m_n + \underbrace{\mathit{Volumsterm}}_{\text{Kernkraft}} + \underbrace{\mathit{Oberflächenterm}}_{\text{Kernkraft}} +$$

$$+ \mathit{Coulombterm} + \mathit{Asymmetrieterm} + \mathit{Paarungsterm}\,. \qquad \text{(V-3.26)}$$

Der Hauptteil der Bindungsenergie (≙ Massendefekt), der Volumenanteil E_{B1}, muss proportional zur Massenzahl A sein ($V = \frac{4R^3\pi}{3} \propto A$); er verringert die Kernmasse, da die Bindungsenergie bei der Kernbildung abgegeben wird:

$$E_{B1} = -a_1 \cdot A\,. \qquad \text{(V-3.27)}$$

Er wird durch die Anziehung der Nukleonen durch die Nachbarnukleonen bewirkt, wobei zunächst angenommen wird, dass alle A Nukleonen die gleiche Umgebung besitzen.

Der Oberflächenterm E_{B2} ist proportional zur Kernoberfläche ($O = 4R^2\pi \propto A^{2/3}$) und reduziert die Gesamtbindungsenergie, erhöht wegen der schwächeren Bindung der Oberflächenkerne am Ende daher die Kernmasse wieder:

$$E_{B2} = +a_2 A^{2/3}\,. \qquad \text{(V-3.28)}$$

Der Coulombterm E_{B3} ist proportional zu $\frac{Z^2}{R} = \frac{Z^2}{A^{1/3}}$ und schwächt etwas den Zusammenhalt durch die Kernkraft, bewirkt also ebenfalls eine Erhöhung der Kernmasse:

$$E_{B3} = +a_3 \frac{Z^2}{A^{1/3}}\,. \qquad \text{(V-3.29)}$$

Ohne den Coulombterm würde es keinen α-Zerfall und keine Kernspaltung geben!

Wenn man von der Coulomb-*WW* zwischen den Protonen absieht, sollten stabile Kerne eine gleiche Anzahl von Neutronen und Protonen besitzen, d. h. $N = Z$ sein, was für leichte Kerne auch weitgehend erfüllt ist (siehe die Nuklidkarte in Abschnitt 3.1.1, Abb. V-3.1). Die entsprechende Abweichung berücksichtigt der Asymmetrieterm E_{B4}

$$E_{B4} = +\frac{a_4 (Z - A/2)^2}{A} \underset{\text{mit } A = Z+N}{=} +\frac{a_4}{A}\left(\frac{Z}{2} - \frac{N}{2}\right)^2 = \frac{a_4}{4A}(Z - N)^2\,, \qquad \text{(V-3.30)}$$

der für $N = Z$ verschwindet, aber mit zunehmender Abweichung von $N = Z$ einen zunehmend positiven Beitrag zur Kernmasse liefert und so auch vom Volumsterm abzuziehen ist.[56]

Für den Paarungsterm E_{B5} gilt schließlich:[57]

$$E_{B5} = \delta \cdot a_5 A^{-1/2} \tag{V-3.31}$$,

wobei $\delta = \begin{pmatrix} -1 \\ 0 \\ +1 \end{pmatrix}$, je nachdem ob es sich um einen *gg*-Kern ($\delta = -1$), einen *gu*- bzw. *ug*-Kern ($\delta = 0$) oder einen *uu*-Kern handelt ($\delta = +1$).[58] Der E_{B5}-Term führt zur Aufspaltung der Energiefläche $M = M(Z,A)$ in drei Schalen, wie aus den Schnitten durch diese Flächen in Abschnitt 3.1.3.2, Abb. V-3.16, ersichtlich ist.

Die Proportionalitätskoeffizienten a_1 bis a_5 der 5 Beiträge des Tröpfchenmodells (Abb. V-3.14) sind dabei Fitparameter, um die so berechneten Werte von $M(Z,A)$ an die experimentell bestimmten Kernmassen anzupassen.

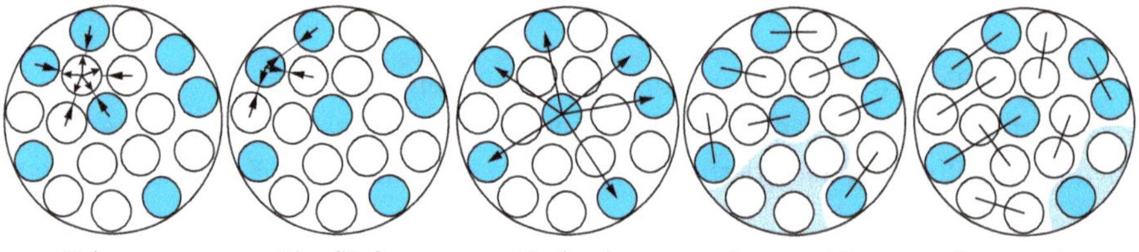

Abb. V-3.14: Schematische Darstellung der 5 Beiträge zur empirischen Bethe-Weizsäcker-Formel für die Masse des Atomkerns (Protonen: blau, Neutronen: weiß). (Nach Wikipedia, Daniel FR.)

Insgesamt liefert diese semi-empirische Formel für die Bindungsenergie

$$E_B = -a_1 A + a_2 A^{2/3} + a_3 \frac{Z^2}{A^{1/3}} + \frac{a_4 (Z - A/2)^2}{A} + \delta \cdot a_5 A^{-1/2}. \tag{V-3.32}$$

---

56 Dass dennoch für alle schweren Kerne $N > Z$ ist, liegt daran, dass der Beitrag des Asymmetrieterms durch das langsamere Wachsen des Coulombterms überkompensiert wird.

57 Der Paarungseffekt kann als Bildung gebundener Nukleonenpaare, analog zu den ^{3}He-Paaren beim supraflüssigen ^{3}He und den Cooperpaaren der e^- bei der Supraleitung (siehe Band VI, Kapitel „Statistische Physik", Anhang 3) interpretiert werden.

58 Die Bedeutung des Paarungsterms kann an der Verteilung der 274 *stabilen* Nuklide veranschaulicht werden: Davon sind: 162 *gg*-Nuklide, 56 *gu*-Nuklide, 52 *ug*-Nuklide und nur 4 *uu*-Nuklide ($^2_1$H, $^6_3$Li, $^{10}_5$B, $^{14}_7$N, also nur leichte Nuklide).

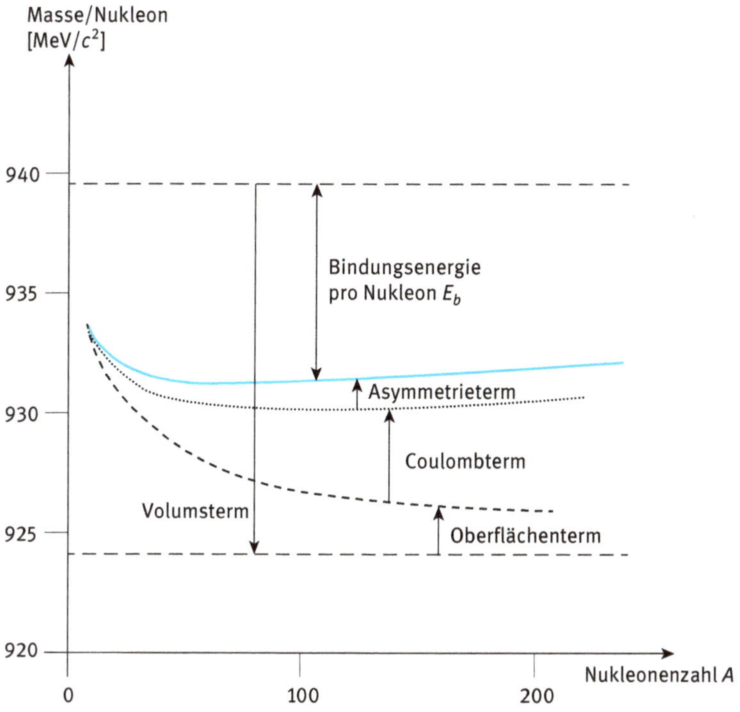

Abb. V-3.15: Die Terme der Bethe-Weizsäcker Massenformel des Atomkerns im Tröpfchenmodell.

Daraus ergibt sich die semi-empirische Formel für die Massen der Nuklide:

$$M(Z,A) = Z \cdot m_p + (A - Z) \cdot m_n -$$
$$- \frac{1}{c^2}\left\{ a_1 A - a_2 A^{2/3} - a_3 \frac{Z^2}{A^{1/3}} - \frac{a_4 \left(Z - A/2\right)^2}{A} - \delta \cdot a_5 A^{-1/2} \right\} \qquad \text{(V-3.33)}$$

Bethe-Weizsäcker Massenformel.[59]

Sie gilt auch für instabile Nuklide. Abb. V-3.15 zeigt die einzelnen Beiträge zur Massenformel als Funktion der Nukleonenzahl A.

Für die Konstanten erhält man aus der Anpassung[60]

---

59 Oft wird der Asymmetrieterm so angesetzt: $E_{B4} = + \frac{a_4'(N - Z)^2}{A}$. Dadurch ergibt sich ein Faktor 4 gegen die obige Formel und für die Konstante a_4' ist daher nur 1/4 des hier angeführten Wertes zu nehmen.

60 Nach James William Rohlf, *Modern Physics from α to Z^0*, John Wiley & Sons, 1994.

$$\begin{aligned} a_1 &= 0{,}01691\,\mathrm{u} &&= 15{,}75\ \mathrm{MeV/c^2},\\ a_2 &= 0{,}01911\,\mathrm{u} &&= 17{,}8\ \mathrm{MeV/c^2},\\ a_3 &= 0{,}000763\,\mathrm{u} &&= 0{,}711\ \mathrm{MeV/c^2},\\ a_4 &= 0{,}10175\,\mathrm{u} &&= 94{,}78\ \mathrm{MeV/c^2},\\ a_5 &= 0{,}012\,\mathrm{u} &&= 11{,}18\ \mathrm{MeV/c^2}. \end{aligned} \qquad \text{(V-3.34)}$$

Für Isobare (Nuklide mit gleicher Massenzahl A) ergibt die Massenformel eine annähernd quadratische Funktion (Parabel) der Kernmasse, d. h. auch der Bindungsenergie in Abhängigkeit von der Protonenzahl Z, die *Massenparabel* (siehe Abschnitt 3.1.3.2, Abb. V-3.16) mit einem ausgeprägten Minimum nahe einer bestimmten Ladungszahl Z.

3.1.3.2 Das Fermigas-Modell

Das Fermigas-Modell beschreibt die Nukleonen ähnlich wie die Elektronen im Modell des „freien Elektrons" eines metallischen Festkörpers (Sommerfeldmodell, siehe Band VI, Kapitel „Festkörperphysik", Abschnitt 2.6.1.2.1), bei dem die Elektronen im Raumbereich des Potenzialkastens des Metallkristalls als frei beweglich angesehen werden. Im Fermigas-Modell werden jetzt die Nukleonen als System nicht-wechselwirkender Teilchen in einem Kastenpotenzial beschrieben, das die Bindung aller Nukleonen im Kernvolumen bewirkt. Als Fermionen können die Nukleonen (wie die e^-) jeden zur Verfügung stehenden Quantenzustand nur einmal besetzen und füllen alle Energiezustände im Potenzialtopf bis zur *Fermienergie* auf (siehe Band VI, Kapitel „Statistische Physik", Abschnitt 1.4.4 und Kapitel „Festkörperphysik", Abschnitt 2.6.1.2.1). Das bedeutet aber, dass nur solche Nukleon-Nukleon Stöße im Grundzustand möglich sind, bei denen zwei Nukleonen ihre Quantenzustände austauschen. Für ununterscheidbare Mikroteilchen führt ein solcher Stoß wieder zum *selben* Zustand des Systems. Wenn man von der kleinen Anzahl von Nukleonen absieht, die sich in den nur teilweise gefüllten obersten Energiezuständen befinden, können sich die Nukleonen daher im Grundzustand innerhalb des Kerns frei bewegen. Da Experimente zeigen, dass die Bindungsenergie der obersten (am schwächsten gebundenen) Nukleonen ladungsunabhängig, also für Neutronen und Protonen gleich ist, muss die Fermieenergie ε_F für Neutronen und Protonen gleich sein (siehe Abschnitt 3.1.2.3, Abb. V-3.10 für ^{60}Ni).

Beispiel: Berechnung der Fermienergie und der Tiefe des Kernpotenzials für einen Atomkern. Für die Fermienergie ε_F einer beliebigen Zahl N von Fermionen im Volumen V erhält man (siehe Band VI, Kapitel „Festkörperphysik", Abschnitt 2.6.1.2.3):

$$\varepsilon_F = \frac{\hbar^2}{2\mathrm{m}}\left(3\pi^2 n_F\right)^{2/3}.$$

Dabei ist $n_F = N/V$ die Teilchendichte der N Fermionen im Volumen V.

Wir betrachten Neutronen in einem als kugelförmig angenommenen Kern mit Radius $R = R_0 \cdot A^{1/3}$ mit $R_0 = 1{,}2 \cdot 10^{-15}\,\text{m} = 1{,}2\,\text{fm}$. In einem typischen, nicht zu leichten Kern mit leichtem Neutronenüberschuss gilt für die Zahl der Neutronen $N \approx 0{,}6 \cdot A$. Damit wird die Neutronendichte n_n zu

$$n_n = \frac{0{,}6 \cdot A}{\frac{4}{3} R^3 \pi} = \frac{0{,}6 \cdot A}{\frac{4}{3} R_0^3 \pi \cdot A} = \frac{0{,}6}{4{,}189 \cdot \left(1{,}2 \cdot 10^{-15}\right)^3} = 8{,}289 \cdot 10^{43}\,\text{m}^{-3}.$$

Daraus ergibt sich die Fermienergie zu

$$\varepsilon_F = \frac{\hbar^2}{2\text{m}} \left(3\pi^2 n_F\right)^{2/3} = \frac{\left(1{,}055 \cdot 10^{-34}\right)^2}{2 \cdot 1{,}675 \cdot 10^{-27}} \left(29{,}609 \cdot 8{,}289 \cdot 10^{43}\right)^{2/3} =$$
$$= 6{,}045 \cdot 10^{-12}\,\text{J} = 37{,}8\,\text{MeV}.$$

Die gesamte Tiefe des Potenzialtopfes der Kernkraft setzt sich aus der Energie der obersten Neutronen im Topf, d. h. der Fermienergie, und der Bindungsenergie E_{nb}, die nach der Kurve der Bindungsenergien pro Nukleon (Abschnitt 3.1.2.2, Abb. V-3.8) etwa $E_{nb} = 8\,\text{MeV}$ beträgt, zusammen. Damit ergibt sich eine Gesamttiefe des Potenzialtopfes von

$$V_0 = \varepsilon_F + E_{nb} \cong 38\,\text{MeV} + 8\,\text{MeV} = 46\,\text{MeV}.$$

Ein sehr ähnliches Potenzial ergibt sich für die Protonen im Kern, das aber durch die langreichweitige Coulomb-Wechselwirkung der Protonen untereinander leicht angehoben ist.

Zur Erinnerung: Die Bindungsenergie des Elektrons im Wasserstoffatom im Grundzustand ist 13,6 eV!

Wie wir schon in Abschnitt 3.1.2.3 gesehen haben, gibt das Fermigas-Modell eine einfache Erklärung für die Tendenz stabiler Kerne zu $N = Z$, wenn man von der Coulomb-Abstoßung der Protonen absieht: Die Gesamtenergie des Kerns wird minimal, wenn die Energieniveaus für Protonen und Neutronen mit $N = Z$ aufgefüllt werden. Damit kann auch der β^-- bzw. β^+-Zerfall von Kernen mit zu hoher Neutronen- oder Protonenzahl verstanden werden, da dadurch Kerne mit höherer Stabilität entstehen (siehe Abschnitt 3.1.4.3): Entsprechend der Bethe-Weizsäcker-Massenformel des Tröpfchenmodells (Gl. V-3.33) ergibt sich für eine gegebene Massenzahl A eine quadratische Abhängigkeit der Nuklidmasse von der Ladungszahl Z. Trägt man daher die Kernmasse (oder die negative Bindungsenergie) als dritte Koordinate für alle Nuklide senkrecht zur Nuklidkarte auf, so ergibt sich

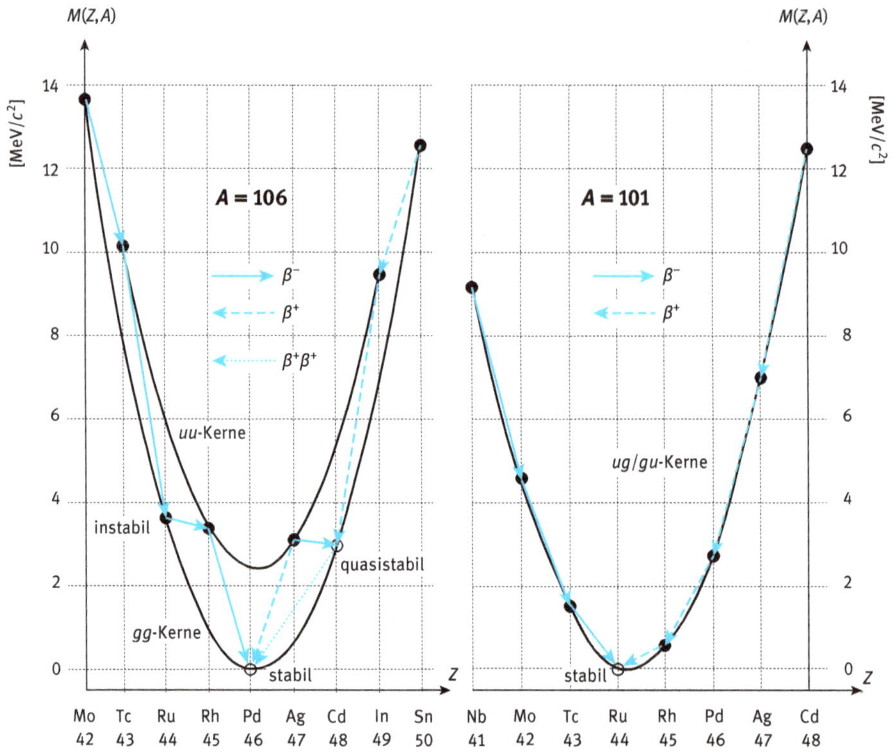

Abb. V-3.16: Isobarenschnitt durch das „Tal der Nuklide" („Massenparabel") für die Massenzahlen $A = 106$ und $A = 101$. Aufgetragen ist die Kernmasse M (in MeV/c^2, jeweils bezogen auf das stabile Nuklid) als Funktion der Kernladungszahl Z. Die instabilen Nuklide (voller Kreis) gehen durch β^--(→) oder β^+-Zerfall (←) in ein stabiles Nuklid über (offener Kreis). Ist das Energieniveau eines durch β^--Zerfall entstandenen Kerns höher als das eines durch β^+-Zerfall entstandenen benachbarten Kerns wie z. B. bei. $_{48}$Cd, so kann ersterer durch Doppel-β-Zerfall (←··· $\beta^+\beta^+$) in diesen übergehen (was allerdings äußerst unwahrscheinlich ist). Wird ein einziges β-Teilchen emittiert, muss sich der Kernspin um $\hbar/2$ ändern, was im Widerspruch dazu steht, dass *uu*- und *gg*-Kerne ganzzahligen Kernspin besitzen ⇒ es muss noch (mindestens) ein Teilchen mit Spin*QZ* 1/2 emittiert werden.

das „Tal der Nuklide" (Abb. V-3.16): Die Talsohle ist von den stabilen Nukliden besetzt, links und rechts von der Talsohle befinden sich dann instabile Nuklide, für die die Neutronenzahl $N = (A - Z)$ von jener der stabilen Isotope zu kleineren oder größeren Werten abweicht. Diese instabilen Nuklide gehen durch β^-- oder β^+-Zerfall in die entsprechenden stabilen Nuklide über (die Massenzahl bleibt ja bei einem β-Übergang erhalten). Man erkennt, dass bei ungeradem A (*gu*- bzw. *ug*-Kerne) nur ein Isotop stabil ist, während bei *gg*-Kernen im Allgemeinen mehrere Isotope stabil sind (*Mattauchsche Isobarenregel*). Stabile *uu*-Kerne können nur am Beginn des Tales (kleines A) auftreten, wo die Wände sehr steil sind. Dabei muss der *uu*-Kern von zwei höher liegenden *gg*-Kernen flankiert sein.

Die Bindungsenergiekurve (Abschnitt 3.1.2.2, Abb. V-3.8) stellt den Verlauf der Talsohle des „Tals der Nuklide“ (allerdings „auf den Kopf gestellt“) in Abhängigkeit von A dar. Diese Kurve kann für $A > 16$ aus der Bethe-Weizsäcker-Formel mit 1 % Genauigkeit berechnet werden.

3.1.3.3 Das Einzelteilchen-Schalenmodell

Das Pauli-Prinzip und die Energieminimierung führen bei der Auffüllung von e^- im Atom zum Periodensystem der Elemente und es ergibt sich nach Auffüllung aufeinanderfolgender Schalen gemäß dem Periodensystem eine „Schalenstruktur“ mit jeweils insgesamt 2, 10, 18, 36, 54, 86 Hüllelektronen (Differenz und damit Inhalt der einzelnen Schalen: 2, 8, 8, 18, 18, $32e^-$, siehe Kapitel „Atomphysik“, Abschnitt 2.6.2). Atome mit diesen „magischen Zahlen“ zeigen besondere Eigenschaften: Es sind die chemisch inerten Edelgase, die eine sehr hohe Stabilität (hohe Bindungsenergie) aufweisen. Alle ihre e^- sind „gepaart“ (Spin ↑ und Spin ↓) und sie haben daher kein „Valenzelektron“ für eine chemische Bindung zur Verfügung; ihr Drehimpuls ist Null. Die Atomkerne zeigen ebenso „magische Zahlen“[61], bei denen ein sehr stabiler Kernzustand beobachtet wird, was daher eventuell auf abgeschlossene Nukleonenschalen hinweist. Es sind dies die Kerne mit

$$Z \text{ und/oder } N = 2,\ 8,\ 20,\ 28,\ 50,\ 82,\ 126\,.$$

Jedes Nuklid mit einer Protonenzahl Z oder Neutronenzahl N aus der obigen Liste ist besonders stabil.

Beispiel: $\underbrace{{}^{4}_{2}\text{He}}_{2p,2n}$ weist eine außerordentliche Stabilität auf, es ist so stabil, dass kein weiteres Teilchen gebunden wird: Es gibt kein stabiles Nuklid mit $A = 5$!

Weitere Beispiele für sehr stabile Nuklide mit magischen Zahlen sind:

$$\underbrace{{}^{16}_{8}\text{O}}_{8p,8n}\,,\ \underbrace{{}^{40}_{20}\text{Ca}}_{20p,20n}\,,\ \underbrace{{}^{92}_{42}\text{Mo}}_{50n},\ \underbrace{{}^{208}_{82}\text{Pb}}_{82p,126n}\,.$$

${}^{4}_{2}\text{He}$, ${}^{16}_{8}\text{O}$, ${}^{40}_{20}\text{Ca}$ und ${}^{208}_{82}\text{Pb}$ haben eine „doppelt magische“ Schale mit magischer Protonen- *und* Neutronenzahl.

Weitere Eigenschaften magischer Kerne:

Es gibt mehr stabile Isotope als sonst, viele Isotone (gleiche Neutronenzahl zu verschiedenen Ordnungszahlen), große natürliche Häufigkeit der chemischen Elemente, die ersten angeregten Zustände sind besonders hoch, bei magischer Neutronenzahl ist der Einfangquerschnitt für Neutronen besonders klein. Es zeigt

61 Da diese Zahlen und die damit verbundenen Eigenschaften mit den zunächst entwickelten Kernmodellen nicht erklärt werden konnten, wurden sie als „magisch“ bezeichnet.

sich außerdem, dass Kerne, die gerade ein Nukleon mehr aufweisen als einer magischen Zahl entspricht, besonders geringen Zusammenhalt aufweisen. Offenbar kann ein Teilchen außerhalb der Schale relativ leicht entfernt werden, während sehr viel Energie gebraucht wird, um es aus einer vollen Schale zu entfernen. Die *QM* kann sehr gut den Schalenaufbau der e^- in der Atomhülle erklären; man kann daher versuchen, für die Energiezustände des Kerns ähnlich vorzugehen, wobei aber zu beachten ist, dass die Schalen mit zwei verschiedenen Teilchensorten, nämlich p und n, aufgefüllt werden.

Wie im Fermi-Modell betrachten wir die Nukleonen als voneinander unabhängig (*independent particle model*) und gehen wieder von der Annahme aus, dass jedes Nukleon in einem bestimmten Quantenzustand im Kern verbleibt und i. Allg. keine Stöße ausführt.[62] Schon 1932 stellte James H. Bartlett (1904–2000, US-amerikanischer Physiker) fest, dass bei der Auffüllung mit Nukleonen bei den natürlich vorkommenden Isotopen bei ^{16}O und ^{36}Ar eine Änderung auftritt. Bis ^{16}O wird, von ^{4}He ausgehend, abwechselnd mit Neutronen und Protonen aufgefüllt ($^4\text{He} + n + p + n + p + \ldots$), von ^{16}O bis ^{36}Ar werden jeweils zunächst $2n$, dann $2p$ usw. aufgefüllt ($^{16}\text{O} + n + n + p + p + \ldots$). Die Vermutung lag nahe, dass die Änderungen mit dem Auffüllen von Nukleonenschalen durch Neutronen und Protonen mit einer bestimmten Bahndrehimpuls*QZ* l zusammenhängen, wobei $(2l + 1)$ Teilchen jeder Art für jedes l eingebaut werden können: In die erste Schale mit Bahndrehimpulsquantenzahl $l = 0$ (s-Schale) gehen gerade 2 Neutronen und 2 Protonen, es ergibt sich ^{4}He. In die p-Schale ($l = 1$) passen $6n$ und $6p$, man kommt zu ^{16}O. Die d-Schale ($l = 2$) fasst $10n$ und $10p$ und ergibt ^{36}Ar. Die Zahl der Nukleonen jeder Sorte, die eine Schale aufnimmt, ergibt sich so (wie im Atom) zu $2(2l + 1)$. So kommt man allerdings zur Folge von Nukleonen in vollen Schalen von 2, 8, 18, 32, 50 usw. und damit nicht zu den wirklich beobachteten „magischen Zahlen“.

Als nächstes versuchte man die Schrödingergleichung für das System der Nukleonen im Kastenpotenzial zu lösen, ähnlich wie für das Vielelektronensystem im Atom (siehe Kapitel „Atomphysik“, Abschnitt 2.6.1.3, Hartree-Fock-Methode). Damit ergab sich folgende Abfolge der Energieniveaus

$$1s,\ 1p,\ 1d,\ 2s,\ 1f,\ 2p,\ 1g,\ \ldots$$

und damit die Nukleonenzahl bei abgeschlossenen Schalen mit $2(2l + 1)$

$$2,\ 8,\ 18,\ 20,\ 34,\ 40,\ 58,\ \ldots$$

---

62 Es wird zunächst angenommen, dass die Energiezustände durch den Spin nicht beeinflusst werden, dass also *keine* Spin-Bahn-Kopplung vorliegt. Diese würde, wie in der Hüllenphysik, zu einer weiteren Aufspaltung der Energieterme unter Einführung einer neuen Quantenzahl $j = l + s$ (vektorielle Addition der Drehimpulse!) führen (siehe Kapitel „Atomphysik“, Abschnitt 2.5.7, Beispiel ‚Kombination von $\vec{L}$ und $\vec{S}$ zum Gesamtdrehimpuls $\vec{J}$‘).

Die „magischen Zahlen“ 50, 82, 126 treten so aber offenbar auf keine natürliche Weise auf und können nur durch Weglassen von Niveaus z. B. 2*s* und 2*p* erzwungen werden.

1950 schlugen unabhängig voneinander Maria Göppert-Mayer und Haxel, Jensen und Suess[63] vor, dass für die Kernteilchen eine starke *Spin-Bahn-Kopplung* (siehe Kapitel „Atomphysik“, Abschnitt 2.5.7) vorliegt, wodurch die Energieniveaus der Zustände mit Drehimpuls $l \neq 0$ stark aufspalten. Wenn diese Aufspaltung ähnlich groß ist wie die Energiedifferenz der l-Niveaus selbst, so kann sich die Abfolge der Energieniveaus und damit die Füllung der Schalen entscheidend ändern. Die nachfolgende Tabelle zeigt die so gefundenen Zustände $(n\ l\ j)$, wobei die Zahl der Nukleonen pro Schale durch $(2j+1)$ gegeben ist (mit $\vec{J} = \vec{L} + \vec{S}$; l, j Quantenzahlen für $\vec{L}$ und $\vec{J}$, $s = 1/2$ und $j = l \pm s$ bzw. $j = s$, wenn $l = 0$):[64]

Zustand	$1s_{1/2}$	$1p_{3/2}$ $1p_{1/2}$	$1d_{5/2}$ $1d_{3/2}$ $2s_{1/2}$	$1f_{7/2}$	$2p_{3/2}$ $1f_{5/2}$ $2p_{1/2}$ $1g_{9/2}$	$1g_{7/2}$ $2d_{5/2}$ $2d_{3/2}$ $3s_{1/2}$ $1h_{11/2}$	$1h_{9/2}$ $2f_{7/2}$ $3p_{3/2}$ $2f_{5/2}$ $3p_{1/2}$ $1i_{13/2}$
gesamte Nukleonenzahl	2	8	20	28	50	82	126

Man beachte: Im Kern gilt nicht mehr $l \leq n - 1$ wie in der Hülle!

Abb. V-3.17 zeigt die Auffüllung der Nukleonen im Potenzialtopf des Atomkerns entsprechend dem Schalenmodell.

Das Schalenmodell kann nicht nur die magischen Zahlen erklären, sondern auch den Gesamtdrehimpuls fast aller Kerne im Grundzustand. Die doppelt magischen Kerne $^{16}_{8}O$, $^{40}_{20}Ca$ und $^{208}_{82}Pb$ z. B. haben vollständig mit Neutronen und Protonen gefüllte Schalen. Das Pauli-Prinzip verlangt nun, dass sich die Eigendrehimpuls- und Bahndrehimpulsvektoren aller Neutronen und aller Protonen zu einem

63 Maria Goeppert-Mayer, 1906–1972 und Johannes Hans Daniel Jensen, 1907–1973: Für ihre Entdeckung der Schalenstruktur des Atomkerns erhielten sie zusammen mit Eugene Paul Wigner 1963 den Nobelpreis. Otto Haxel, 1909–1998, deutscher Physiker; Hans Eduard Suess, 1909–1993, österreichischer Physiker.

64 Als Merksatz für die Abfolge der Zustände wird allgemein folgender Satz benützt: „spuds if pug dish of pig“, was soviel heißt wie „(Iss) Kartoffel wenn das Schweinefleisch schlecht ist“. Wenn alle Vokale bis auf das letzte *i* weggelassen werden, ergibt sich *spdsfpgdshfpig*.
Man beachte, dass die Quantenzahl *n* in der Kernphysik zwar mit jener der Atomphysik verwandt, aber nicht mit ihr identisch ist. Für das Kastenpotenzial der Kernphysik ist es günstiger, die sogenannte *radiale Knotenquantenzahl* zu benützen, die die Zahl der Knoten der Wellenfunktion im Inneren des Potenzialtopfes angibt.

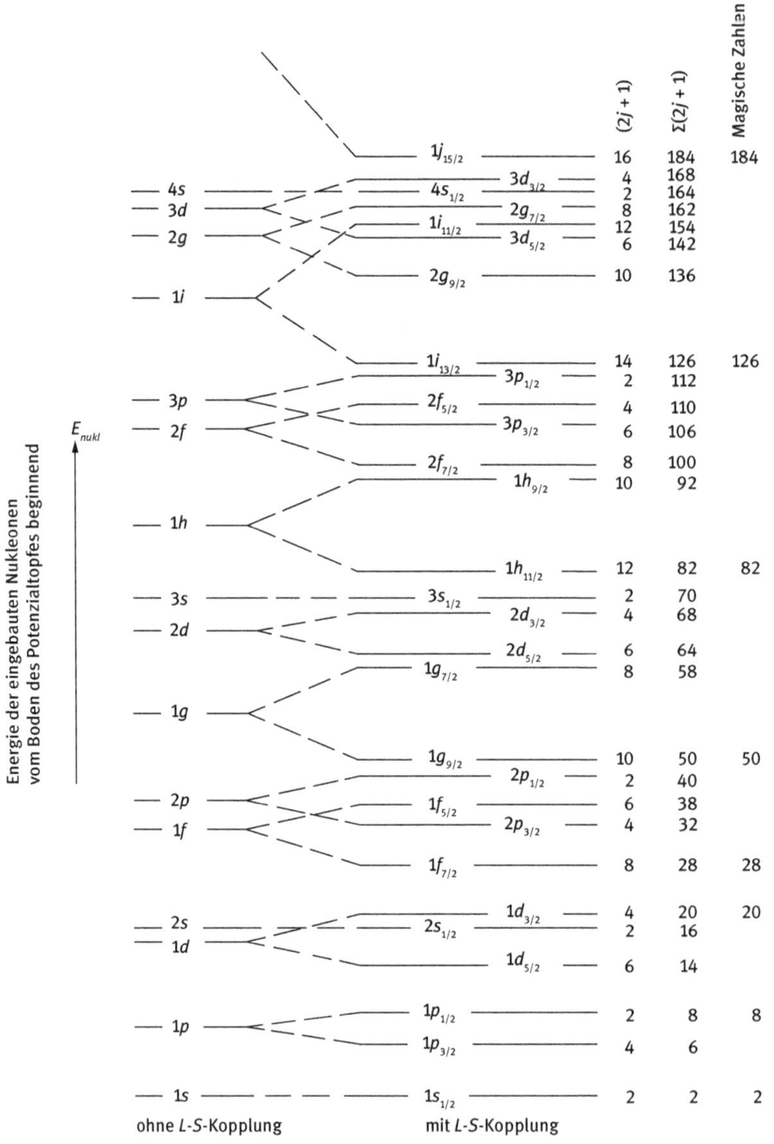

Abb. V-3.17: Auffüllung der Nukleonen in einem (abgerundeten) Potenzialtopf. Links: Ohne Spin-Bahn-Kopplung (unaufgespaltene Niveaus). Mitte: Aufspaltung durch starke Spin-Bahn-Kopplung. Rechts: Die Spalte ($2j + 1$) gibt an, wie viele gleiche Nukleonen ein Energieniveau besetzen können, ohne das Pauli-Verbot zu verletzen; $\Sigma(2j + 1)$ zeigt fortlaufend die Gesamtzahl der Nukleonen an, die in allen bisher besetzten Niveaus enthalten sind. Man sieht deutlich die Energielücken (den großen Energieabstand) nach jeder magischen Zahl, die sich durch die starke Spin-Bahn-*WW* ergibt (großer Energieabstand der Terme ($1d_{5/2}$, $1d_{3/2}$), ($1g_{9/2}$, $1g_{7/2}$), ($1h_{11/2}$, $1h_{9/2}$), ($1i_{13/2}$, $1i_{11/2}$)). Die in der Atomhülle geltende Auswahlregel ($l \leq n - 1$) für l gilt im Kern nicht (kein Zentralfeld). (Nach R. Eisberg und R. Resnick, *Quantum Physics of Atoms, Molecules, Solids, Nuclei, and Particles*, John Wiley & Sons, 1985).)

Gesamtdrehimpuls Null addieren. Das stimmt mit der für diese Kerne experimentell gefundenen GesamtdrehimpulsQZ $i = 0$ überein.

Da die magnetischen Momente mit den Gesamtdrehimpulsen zusammenhängen, sollte das Schalenmodell auch die magnetischen Dipolmomente der Kerne erklären. Hier stößt das Schalenmodell allerdings an seine Grenze. Das liegt daran, dass im Schalenmodell angenommen wird, dass das Kernmoment *nur* von den ungepaarten Nukleonen herkommt. Es stimmt aber offenbar nicht, dass alle anderen Nukleonen im Kern stets gepaart auftreten und sich ihr Gesamtdrehimpuls und damit auch ihr magnetisches Moment aufhebt. Diese Annahme genügt nur zur Erklärung des *gequantelten* Gesamtdrehimpulses, aber nicht für das Kerndipolmoment, dessen Betrag nicht gequantelt ist.

3.1.3.4 Das kollektive Kernmodell

Im kollektiven Kernmodell wird versucht, gewisse Eigenschaften des Schalenmodells mit jenen des Tröpfchenmodells zu verbinden. Das Modell geht zum Teil auf Aage Bohr[65], den Sohn von Niels Bohr zurück, der mit seinem Kollegen Ben Mottelson und nach Vorstellungen von James Rainwater ein Modell entwickelte, um die kollektiven Anregungen von Atomkernen zu beschreiben, die zur Kernspaltung führen.

In diesem Modell wird angenommen, dass sich die obersten Nukleonen außerhalb der gefüllten Schalen völlig unabhängig voneinander bewegen, also Einteilchenzustände in einem effektiven Potenzial besetzen, das vom Kernzentrum der gefüllten Schalen, dem *Core*, gebildet wird. Dieses Potenzial ist allerdings nicht mehr sphärisch symmetrisch und statisch wie im Schalenmodell. Durch Berücksichtigung der *WW* der äußeren Nukleonen mit dem Core werden Deformation, Rotation und Schwingung des Cores möglich. Die kollektiven Bewegungen des Cores bestimmen dann wie beim Tröpfchenmodell weitgehend das Verhalten des Kerns.

Während das Schalenmodell bei der Erklärung des elektrischen Quadrupolmoments der Atomkerne völlig versagt, beschreibt das kollektive Kernmodell dieses richtig und ermöglicht es außerdem, die Spaltung schwerer Kerne zu verstehen, die durch Schwingungen des Cores eingeleitet werden (siehe Abschnitt 3.1.5.2.4).

---

65 Aage Niels Bohr, 1922–2009; Benjamin Roy Mottelson, geb. 1926; Leo James Rainwater, 1917–1986; für ihre Entdeckung des Zusammenhangs zwischen kollektiver Bewegung und Teilchenbewegung in Atomkernen und der Entwicklung der auf diesem Zusammenhang basierenden Theorie der Struktur des Atomkerns bekamen sie 1975 den Nobelpreis.

3.1.4 Der radioaktive Zerfall

Die von H. Becquerel im Jahr 1896 an Uran entdeckte und von M. und P. Curie[66] eingehend untersuchte Radioaktivität schien zunächst eine durch chemisch-physikalische Einwirkungen beeinflussbare Erscheinung zu sein (was sich aber später als falsch herausstellte), die sich zuerst nur an einer kleinen Zahl der schwersten Atome zeigte. Da sich die Tochterkerne der radioaktiv zerfallenden Kerne i. Allg. selbst wieder als radioaktiv erwiesen, konnte man bald vier Familien radioaktiver Elemente zusammenstellen, die radioaktiven Zerfallsreihen, die durch fortgesetzten α- bzw. β-Zerfall auseinander hervorgehen (α-Zerfall verschiebt die „Tochter" im Periodensystem um zwei Stellen nach links, β-Zerfall um eine Stelle nach rechts: Fajans-Soddyscher-Verschiebungssatz[67]):

1. Die „Thorium-Reihe": Sie geht von ${}^{232}_{90}\mathrm{Th}$ ($t_{1/2} = 1{,}39 \cdot 10^{10}\,\mathrm{a}$) aus und endet bei ${}^{208}_{82}\mathrm{Pb}$ mit Atomen der Massenzahlen $A = 4 \cdot n$, $n = 58$ bis 52.
2. Die „Neptunium-Reihe": Sie geht von ${}^{237}_{93}\mathrm{Np}$ ($t_{1/2} = 1{,}20 \cdot 10^{6}\,\mathrm{a}$) aus und endet bei ${}^{209}_{83}\mathrm{Bi}$ mit $A = (4n + 1)$, $n = 60$ bis 52.
3. Die „Uran-Radium-Reihe": Sie geht von ${}^{238}_{92}\mathrm{U}$ ($t_{1/2} = 4{,}498 \cdot 10^{9}\,a$) aus und endet bei ${}^{206}_{82}\mathrm{Pb}$ mit $A = (4n + 2)$, $n = 59$ bis 51.
4. Die „Uran-Aktinium-Reihe": Sie geht von ${}^{235}_{92}\mathrm{U}$ ($t_{1/2} = 8{,}91 \cdot 10^{8}\,\mathrm{a}$) aus und endet bei ${}^{207}_{82}\mathrm{Pb}$ mit $A = (4n + 3)$, $n = 58$ bis 51.

Alle in den vier Familien vorkommenden radioaktiven Elemente sind *natürlich* vorkommende Elemente. Wismut ${}^{209}_{83}\mathrm{Bi}$ erwies sich als das schwerste, nicht radioaktive Element. Durch Beschuss von Aluminium mit den energiereichen α-Teilchen des Isotops ${}^{214}_{84}\mathrm{Po}$ (= RaC′), ein Tochterkern von Ra ($E_\alpha = 7{,}68\,\mathrm{MeV}$), konnten I. Joliot-Curie und F. Joliot im Jahr 1934 das erste künstlich erzeugte radioaktive Isotop ${}^{30}_{15}\mathrm{P}$ gemäß folgender Reaktion erzeugen:

$$ {}^{27}_{13}\mathrm{Al} + {}^{4}_{2}\mathrm{He} \longrightarrow {}^{30}_{15}\mathrm{P} + n\,; \qquad {}^{30}_{15}\mathrm{P} \underbrace{\longrightarrow}_{\beta^+,\,t_{1/2}\,=\,2{,}5\,\mathrm{min}} {}^{30}_{14}\mathrm{Si}\,. \tag{V-3.35} $$

Neben den natürlich vorkommenden radioaktiven Isotopen (34 „primordiale" Radionuklide, die schon vor der Entstehung unseres Sonnensystems existierten, und weitere ca. 50 Radionuklide als deren Tochterkerne oder durch die Höhenstrahlung auf der Erde erzeugt), gibt es heute mehr als 2000 künstlich hergestellte radioakti-

---

66 Marie Skłodowska Curie (1867–1934); für ihre Studien zur spontanen radioaktiven Strahlung erhielt sie gemeinsam mit ihrem Mann Pierre Curie (1859–1906) und Henri Becquerel 1903 den Nobelpreis für Physik, für ihre umfangreichen Arbeiten zur Radioaktivität erhielt sie 1911 den Nobelpreis für Chemie.

67 Nach Kasimir Fajans (1887–1975) und Frederick Soddy (1877–1956, Student von Ernest Rutherford; für seine Beiträge zur Kenntnis der Chemie radioaktiver Stoffe und seinen Untersuchungen zu Ursprung und Natur der Isotope erhielt er 1921 den Nobelpreis für Chemie).

ve Kerne mit meist sehr kurzen Lebensdauern, von denen einige eine weitreichende Anwendung in Medizin und Technik finden. Zum Vergleich: Es gibt 256 natürliche stabile Nuklide.

3.1.4.1 Das radioaktive Zerfallsgesetz[68]

Die Nuklidkarte Abb. V-3.1 in Abschnitt 3.1.1 zeigt, dass die meisten bekannten Nuklide radioaktiv sind. Radioaktive Nuklide emittieren ein Teilchen und wandeln sich durch α- oder β-Zerfall in andere Nuklide um, sie wechseln dabei auch den Platz auf Nuklidkarte (vgl. Abschnitt 3.1.1, Abb. V-3.4 und Text davor).

Der radioaktive Zerfall eines Nuklids ist ein *statistischer Prozess*, es kann nicht vorausgesagt werden, zu welchem Zeitpunkt ein spezieller Kern zerfällt, es kann nur die für jeden Kern eines bestimmten Radionuklids gleiche Zerfallswahrscheinlichkeit angegeben werden, die besagt, wie viele Teilchen dN einer sehr großen Ausgangsmenge N in der Zeiteinheit zerfallen.

Zur Zeit t seien N radioaktive Kerne vorhanden. Die Anzahl der Kerne, die im Zeitintervall dt zerfallen, ist dann proportional zu N und zu dt. Für die Abnahme der Kerne gilt, wenn N die Zahl der gerade vorhandenen Kerne ist:

$$dN = -\lambda N dt \qquad \text{bzw.} \qquad -\frac{dN}{dt} = \lambda N . \tag{V-3.36}$$

Die Proportionalitätskonstante λ mit der Dimension [s^{-1}] nennt man *Zerfallskonstante*, sie ist für jedes Radionuklid charakteristisch. Sie gibt die Wahrscheinlichkeit des Zerfalls in einer Sekunde an (Zerfallswahrscheinlichkeit) – unabhängig davon, wie lange das Teilchen schon existiert!

Die obige *DG* kann durch Trennung der Variablen integriert werden

$$\frac{dN}{N} = -\lambda dt \qquad \Rightarrow \qquad \ln N = -\lambda t + C \tag{V-3.37}$$

und damit

$$N = e^{-\lambda t + C} = \underbrace{e^{C}}_{N_0} \cdot e^{-\lambda t} . \tag{V-3.38}$$

Zum Zeitpunkt $t = 0$ gilt $N = e^{C} = N_0$, für die Anzahl N der zur Zeit t noch nicht zerfallenen Kerne ergibt sich so

$$N = N_0 e^{-\lambda t} \qquad \textit{radioaktives Zerfallsgesetz.} \tag{V-3.39}$$

---

68 Formuliert durch die beiden Physiklehrer und Freunde Julius Johann Phillipp Ludwig Elster, 1854–1920, und Hans Friedrich Geitel, 1855–1923.

Für die *Zerfallsrate*, das ist die Zahl R der Zerfälle pro Zeiteinheit (= *Aktivität A*) gilt dann

$$R = -\frac{dN}{dt} = \lambda \cdot N = \lambda N_0 e^{-\lambda t} = R_0 e^{-\lambda t}. \qquad \text{(V-3.40)}$$

Dabei ist $R_0 = \lambda N_0$ die Zerfallsrate bei $t = 0$.

Ist die Zerfallskonstante λ eines radioaktiven Nuklids bekannt, so kann man seine *mittlere Lebensdauer* berechnen. Die Zahl der Atome dN, die im Zeitintervall $t + dt$ zerfallen, die also bis zur Zeit t „gelebt" haben und dann im Intervall dt zerfallen, ist $dN = \lambda \cdot N \cdot dt$. Die Summe der Lebensdauern dieser dN Atome ist $t \cdot \lambda \cdot N \cdot dt$. Die Summe der Lebensdauern *aller* N_0 Atome, die zum Zeitpunkt $t + 0$ vorhanden waren und erst nach unendlich langer Zeit verschwunden sind, beträgt dann

$$\int_0^\infty t \cdot \lambda \cdot N \cdot dt. \qquad \text{(V-3.41)}$$

Für die mittlere Lebensdauer $\overline{\tau}$ ergibt sich damit

$$\overline{\tau} = \frac{1}{N_0}\int_0^\infty t \cdot \lambda \cdot N \cdot dt \underbrace{=}_{\lambda N = \lambda N_0 e^{-\lambda t}} \lambda \int_0^\infty t \cdot e^{-\lambda t} dt = \frac{1}{\lambda} \quad \textit{mittlere Lebensdauer.}^{69} \qquad \text{(V-3.42)}$$

Nach der Zeitdauer $\overline{\tau} = \frac{1}{\lambda}$ hat sich die Zahl der radioaktiven Kerne nach Gl. (V-3.39) auf $\frac{1}{e} \mathrel{\hat{=}} 37\,\%$ verringert.

Nach Ablauf der *Halbwertszeit* $t_{1/2}$ ist die Zahl der Atome auf die Hälfte gesunken. Wir setzen $t = t_{1/2}$ und $N = \frac{N_0}{2}$ in das Zerfallsgesetz ein und erhalten

$$\frac{N_0}{2} = N_0 e^{-\lambda t_{1/2}} \qquad \text{(V-3.43)}$$

und damit

---

69 Mit $\int x \cdot e^{ax} dx = \frac{e^{ax}}{a^2}(ax - 1)$ gilt:

$$\overline{\tau} = \frac{1}{N_0}\int_0^\infty t\lambda N_0 e^{-\lambda t} dt = \lambda \int_0^\infty t \cdot e^{-\lambda t} dt = \lambda \left| -\frac{e^{-\lambda t}}{\lambda} t - \frac{e^{-\lambda t}}{\lambda^2} \right|_0^\infty = \lambda\left(0 + \frac{1}{\lambda^2}\right) = \frac{1}{\lambda}.$$

(vgl. auch Kapitel „Quantenoptik", Abschnitt 1.7.2.3, Gl. V-1.124)

$$\frac{1}{2} = e^{-\lambda t_{1/2}} \quad \Rightarrow \quad \underbrace{\ln 1}_{0} - \ln 2 = -\lambda t_{1/2} \tag{V-3.44}$$

bzw.

$$t_{1/2} = \frac{\ln 2}{\lambda} = \overline{\tau} \cdot \ln 2 \qquad \textit{Halbwertszeit.} \tag{V-3.45}$$

Die Halbwertszeiten radioaktiver Kerne liegen zwischen 10^{-3} s und 10^{16} a (Jahren).

Die Einheit der Radioaktivität, d. h. der radioaktiven Aktivität bzw. der Zerfallsrate einer Substanz, ist das Becquerel:

$$[A] = 1 \text{ Becquerel} = 1 \text{ Bq} = 1 \text{ Zerfall pro Sekunde.} \tag{V-3.46}$$

Die historische Einheit der Radioaktivität ist das Curie, das ist die Anzahl der α-Zerfälle in 1 g Radium:

$$1 \text{ Curie} = 1 \text{ Ci} = 3{,}7 \cdot 10^{10} \text{ Zerfälle}/s = 3{,}7 \cdot 10^{10} \text{ Bq}. \tag{V-3.47}$$

Der radioaktive Zerfall ist ein statistischer Prozess, bei dem im kleinen Zeitintervall Δt zum Zeitpunkt t von den vorhandenen $N(t)$ Kernen *im Mittel* $\Delta N = N(t) \cdot \lambda \Delta t$ Kerne zerfallen. In einem Experiment stellt man immer mehr oder weniger, vielleicht auch gar keine Zerfälle in Δt fest. Die Wahrscheinlichkeit $W(n)$, dass im Zeitintervall Δt gerade $n \gtreqless \Delta N$ Zerfälle beobachtet werden, ist durch eine Poisson-Verteilung gegeben (Abb. V-3.18; siehe auch Band VI, Kapitel „Statistische Physik“, Abschnitt 1.1.4):

$$W_N(n) = \frac{(\Delta N)^n}{n!} e^{-\Delta N}. \tag{V-3.48}$$

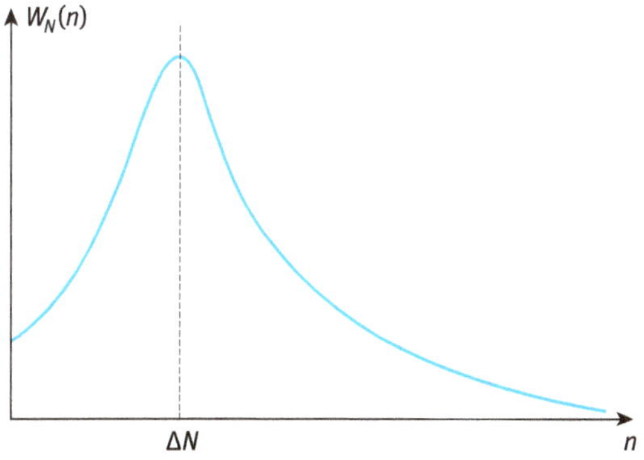

Abb. V-3.18: Die Wahrscheinlichkeit $W(n)$ des Zerfalls in n Teilchen im Zeitintervall Δt ist durch eine Poisson-Verteilung gegeben mit $\Delta N = N(t)\ \lambda\ \Delta t$.

Beispiel: Zerfall von $^{238}_{92}$U. Gegeben sei 1 mg metallisches Uran $^{238}_{92}$U. Entsprechend der Avogadroschen Zahl $N_A \cong 6 \cdot 10^{23}$/Mol und 1 $\text{Mol}_{\text{Uran}} = 238$ g sind in 1 mg Uran

$$\frac{6 \cdot 10^{23}}{238 \cdot 10^3} = 2{,}5 \cdot 10^{18}$$

Atome enthalten.

Uran ist ein α-Strahler mit einer Halbwertszeit von $t_{1/2} = 4{,}5 \cdot 10^9$ a. Die Kerne in der Probe existieren praktisch vom Anbeginn des Universums an (noch bevor unser Sonnensystem entstand, siehe den Abschnitt 3.2.6 über Kosmologie) als ^{238}U-Kerne. Da die Wahrscheinlichkeit λ des Zerfalls eines Kerns in einer Sekunde durch $\lambda = \frac{\ln 2}{t_{1/2}}$ gegeben ist (Gl. V-3.45), so zerfallen in jeder Sekunde im statistischen Mittel 12 Kerne in der Probe $\left(\frac{\ln 2 \cdot 2{,}5 \cdot 10^{18}}{3600 \cdot 24 \cdot 365 \cdot 4{,}5 \cdot 10^9} = 12{,}21\right)$ und senden ein α-Teilchen (^{4}He-Kern) aus; dadurch wandeln sie sich in $^{234}_{90}$Th um.

Es kann in keiner Weise vorausgesagt werden, ob ein gegebener Kern in der Probe in der nächsten Sekunde zerfällt oder nicht. Alle Kerne haben die gleiche Zerfallswahrscheinlichkeit $\lambda = (\ln 2)/t_{1/2}$!

3.1.4.2 Der α-Zerfall

Beim α-Zerfall wird ein α-Teilchen, das ist ein $^4_2$He-Kern, spontan aus einem (schweren) Kern emittiert. Im Prinzip spaltet sich also der Mutterkern spontan in zwei Tochterkerne mit sehr ungleichen Massen auf. Alle schweren Kerne mit Kernladungszahl $Z > 83$ sind instabil gegen α-Zerfall, da die Masse der Kerne größer ist als die Summe der Zerfallsprodukte.

Ist der Mutterkern ursprünglich in Ruhe, so muss wegen der Energieerhaltung gelten (Zweikörperzerfall):

$$M_{\text{Mutter}} \cdot c^2 = M_{\text{Tochter}} \cdot c^2 + E_{\text{kin}}^{\text{Tochter}} + M_\alpha \cdot c^2 + E_{\text{kin}}^{\alpha} \tag{V-3.49}$$

bzw.

$$\begin{aligned} E_{\text{kin}}^{\text{Tochter}} + E_{\text{kin}}^{\alpha} &= (M_{\text{Mutter}} - M_{\text{Tochter}} - M_\alpha) \cdot c^2 = \\ &= [M(A,Z) - M(A-4, Z-2) - M(4,2)] \cdot c^2 = \\ &= \Delta M \cdot c^2 = Q\,. \end{aligned} \tag{V-3.50}$$

Damit ergibt sich für die E_{kin} des Teilchens unter Verwendung des klassischen Impulssatzes (v_α, $v_{\text{Tochter}} \ll c$)

$$E_{\text{kin}}^{\alpha} = \frac{M_{\text{Tochter}}}{M_{\text{Tochter}} + M_{\alpha}} \cdot Q = \frac{Q}{1 + \dfrac{M_{\alpha}}{M_{\text{Tochter}}}}.^{70} \qquad \text{(V-3.51)}$$

Da die kinetische Energie des α-Teilchens nicht negativ sein kann, ist die Bedingung für einen α-Zerfall, dass $Q \geq 0$ und damit $\Delta M \geq 0$ ist was auch sofort aus Gl. (V-3.50) folgt, da die kinetischen Energien auf der linken Gleichungsseite nicht negativ sein können.

Beispiel: $^{238}U \rightarrow {}^{234}Th + {}^{4}He$

Wir betrachten die Massenbilanz ($1\,u = 1{,}661 \cdot 10^{-27}$ kg, siehe Abschnitt 3.1.2.1, Gl. V-3.10):

^{238}U:	238,050783 u
^{234}Th:	234,043601 u
^{4}He:	4,002602 u
ΔM:	0,00458 u

Die verbleibende Massendifferenz ΔM wird zur kinetischen Energie (Energieäquivalent $(1\,u) \cdot c^2 = 931{,}5$ MeV, siehe 3.1.2.1, Gl. V-3.13) des α-Teilchens und des Th-Atoms (Rückstoß):

$$Q = \Delta M \cdot c^2 = 0{,}00458\,u = 4{,}266\,\text{MeV}.$$

Daraus ergibt sich die Energie des von ^{238}U ausgesandten α-Teilchens zu

$$E_{\text{kin}}^{\alpha} = \frac{Q}{1 + \dfrac{M_{\alpha}}{M_{\text{Tochter}}}} = \frac{4{,}266}{1 + \dfrac{4{,}002602}{234{,}043601}} = 4{,}194\,\text{MeV}.$$

70 War der Mutterkern wie angenommen anfangs in Ruhe, müssen Tochterkern und α-Teilchen wegen der Impulserhaltung in entgegengesetzte Richtungen mit gleichen Impulsbeträgen auseinanderlaufen: $M_{\text{Tochter}} \cdot v_{\text{Tochter}} = M_{\alpha} \cdot v_{\alpha}$ und damit $v_{\text{Tochter}} = (M_{\alpha}/M_{\text{Tochter}}) \cdot v_{\alpha}$. Damit ergibt sich für die Summe der kinetischen Energien der Produkte:

$$E_{\text{kin}}^{\text{Tochter}} + E_{\text{kin}}^{\alpha} = \frac{1}{2} M_{\text{Tochter}} v_{\text{Tochter}}^2 + \frac{1}{2} M_{\alpha} v_{\alpha}^2 = \frac{1}{2} M_{\text{Tochter}} \left(\frac{M_{\alpha}}{M_{\text{Tochter}}} v_{\alpha} \right)^2 + \frac{1}{2} M_{\alpha} v_{\alpha}^2 =$$

$$= \frac{1}{2} M_{\alpha} v_{\alpha}^2 \left(\frac{M_{\alpha}}{M_{\text{Tochter}}} + 1 \right) = E_{\text{kin}}^{\alpha} \left(\frac{M_{\alpha} + M_{\text{Tochter}}}{M_{\text{Tochter}}} \right)$$

und damit, da ja $E_{\text{kin}}^{\text{Tochter}} + E_{\text{kin}}^{\alpha} = Q$: $E_{\text{kin}}^{\alpha} = \left(\dfrac{M_{\text{Tochter}}}{M_{\text{Tochter}} + M_{\alpha}} \right) \cdot Q$.

Abb. V-3.19: Nebelkammeraufnahme von α-Teilchen, die bei der Umwandlung von radioaktivem $^{214}_{84}$Po in $^{210}_{82}$Pb ausgesandt werden ($E_\alpha = 7{,}69$ MeV). Die einzelne, längere Spur stammt von einem energiereicheren α-Teilchen, das vom angeregten Zustand eines $^{214}_{84}$Po Kerns aus emittiert wurde, der daher auch eine größere Masse besitzt. (Nach W. Finkelnburg, *Einführung in die Atomphysik*, Springer, Berlin 1967).)

Jedes aus einem bestimmten Radionuklid ausgesandte α-Teilchen hat daher die gleiche E_{kin}, aber aufgrund der statistischen Stoßvorgänge bei der Abbremsung nur annähernd die gleiche Reichweite in einem bestimmten Medium (Abb. V-3.19).

Genaue Experimente zeigten allerdings, dass beim α-Zerfall leicht unterschiedliche Energiewerte beobachtet werden, die auf unterschiedliche Werte von Q hinweisen. Geringere α-Energien werden dann beobachtet, wenn der Tochterkern zunächst in einen angeregten und damit massereicheren Zustand übergeht. Diese Anregungsenergie wird dann bei der Rückkehr des Tochterkerns in den Grundzustand als hochenergetisches Photon (γ-Quant) emittiert. Erfolgt die α-Emission von einem angeregten Kern aus, so werden α-Teilchen mit überlanger Reichweite emittiert (siehe Abb. V-3.19, einzelne Spur).

Es erhebt sich die Frage: Warum wird gerade ein α-Teilchen emittiert und warum ist der ^{238}U-Kern nicht schon viel früher zerfallen? Die Erklärung gab George Gamow (1904–1968, ursprünglich russischer Physiker, der 1933 nach USA emigrierte) 1928: Der α-Zerfall ist der *Tunnelprozess* eines α-Teilchens, das sich wegen seiner großen Bindungsenergie bereits im Kern gebildet hat und als Ganzes mit einer gewissen Wahrscheinlichkeit jenseits der Coulomb-Barriere gefunden wird. Die Bindungsenergie eines α-Teilchens beträgt 28,3 MeV und ist größer als die Summe der Bindungsenergien von jeweils zwei getrennten Protonen und zwei getrennten Neutronen im obersten Energieniveau schwerer Kerne. Damit wird bei der Bildung des α-Teilchens im Kern soviel Energie frei, dass es auf ein hohes Energieniveau $E(\alpha)$ gehoben wird, bei dem die Dicke des Potenzialwalls bereits eine nicht-verschwindende Tunnelwahrscheinlichkeit zulässt (Abb. V-3.20).

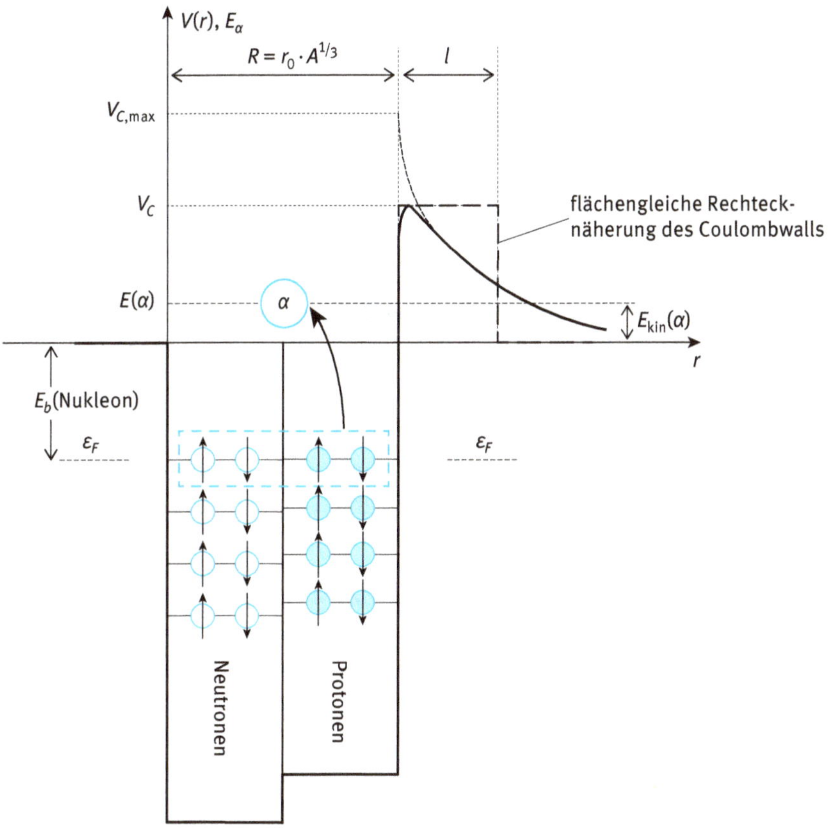

Abb. V-3.20: Bei schweren Kernen ist die Bindungsenergie eines α-Teilchens größer als die Summe der Bindungsenergien von einem Neutronen- und einem Protonenpaar im obersten Energieniveau. Damit bildet sich mit einer gewissen Wahrscheinlichkeit ein α-Teilchen, das eine positive Gesamtenergie E_α besitzt und so durch die Coulombbarriere durchtunneln kann. Im äußeren, abstoßenden Coulombfeld wird dann die potenzielle Energie $E(\alpha)$ des α-Teilchens in kinetische Energie umgewandelt („Herabrollen am Potenzialberg").

Für den Transmissionsgrad T ergibt sich, wenn man die Coulomb-Barriere durch eine flächengleiche Rechteckbarriere (Höhe V_C, Breite l) nähert[71] (siehe Kapitel „Atomphysik", Abschnitt 2.4.2.2, Gl. V-2.147):

71 Für den Kernradius (Reichweite der Kernkräfte) gilt: $R = r_0 \cdot A^{1/3}$. Damit tritt die Spitze des Coulombwalls etwa bei $R = r_0\left(A_1^{1/3} + A_2^{1/3}\right)$ auf; dabei ist $A_1 = 4$ die Massenzahl des α-Teilchens und A_2 jene des Tochterkerns. Für die Höhe der Barriere ergibt sich:

$$V_C = \frac{1}{4\pi\varepsilon_0}\,\frac{2Ze^2}{R} = 1{,}2\,\frac{2Z}{\left(A_1^{1/3} + A_2^{1/3}\right)}\ \text{MeV}\,.$$

Am Rande des Tochterkerns von ${}^{238}_{92}\text{U}$ beträgt die Höhe des Potenzialwalls V_C daher:

$$T \propto e^{-\frac{2l}{\hbar}\sqrt{2m[V_C - E(\alpha)]}}. \qquad \text{(V-3.52)}$$

Der Exponent im Transmissionsgrad, der für die Durchlässigkeit der Barriere verantwortlich ist, heißt *Gamow-Faktor*. Die Durchlässigkeit wird also hauptsächlich durch die Masse m des Teilchens und seine Energie $E(\alpha)$ bestimmt.

Auch die spontane Kernspaltung (siehe Abschnitt 3.1.5.2.3), d. h. der spontane Zerfall eines Kerns in zwei etwa gleich schwere Nuklide, kann zumindest in erster Näherung nach diesen Vorstellungen beschrieben werden. In diesem Fall ist die Höhe des Potenzialwalls durch die Verformung des Cores durch „Kernschwingungen" stark herabgesetzt. Die spontane Spaltung begrenzt die Lebensdauer der schwersten Kerne, der *Transurane*.

Beispiel: Abschätzung der mittleren Lebensdauer eines α-Strahlers. Eine grobe Abschätzung mit $V_C = 14$ MeV und $E^{\alpha}_{\text{kin}} = 4$ MeV ergibt für den Transmissionsgrad des α-Teilchens den außerordentlich kleinen Wert von $T \approx 4 \cdot 10^{-40}$. Niederenergetische α-Teilchen können daher im Streuversuch nicht in den Kern eindringen. Die gesamte kinetische Energie des α-Teilchens *im Kernpotenzial* ist aber bei einer Tiefe des Topfes von 46 MeV (siehe Abschnitt 3.1.3.2, Beispiel ‚Berechnung der Fermienergie und der Tiefe des Kernpotenzials für einen Atomkern') $E_\alpha \cong (46 + 4) = 50$ MeV. Im Kern hat das α-Teilchen daher eine Geschwindigkeit von

$$v_\alpha = \sqrt{\frac{2E_\alpha}{M_\alpha}} = c\sqrt{\frac{2E_\alpha}{M_\alpha \cdot c^2}} = \sqrt{\frac{2 \cdot 50\,\text{MeV}}{3728\,\text{MeV}}} \cong 0{,}16\,c\,.$$

Bei einem Kernradius von etwa $6 \cdot 10^{-15}$ m (vgl. Abschnitt 3.1.2.1, Gl. V-3.4) „klopft" das α-Teilchen daher mit einer Frequenz von etwa

$$\nu_\alpha = \frac{v_\alpha}{2R} \cong \frac{0{,}16 \cdot 3 \cdot 10^8\,\text{ms}^{-1}}{2 \cdot 6 \cdot 10^{-15}\,\text{m}} = 4 \cdot 10^{21}\,\text{s}^{-1}$$

gegen die Coulomb-Barriere. Bei jedem „Anklopfen" ist der Transmissionsgrad T durch den obigen Wert gegeben, er stellt die Tunnelwahrscheinlichkeit für ein einzelnes „Anklopfen" an die Potenzialwand dar. Die Tunnelwahrscheinlichkeit P_α pro Sekunde kann daher so abgeschätzt werden:

$V_C(\alpha, {}^{234}_{90}\text{Th}) = 27{,}87$ MeV ($Z_1 = 2$; $Z_2 = 90$; $A_1 = 4$; $A_2 = 234$; $r_0 = 1{,}2 \cdot 10^{-15}$ m).

Durch die nicht scharf definierten Kernradien (siehe Abschnitt 3.1.2.1) verrundet der Potenzialwall an seiner höchsten Stelle, wodurch sich $V_{C,\text{max}}$ zum tatsächlichen V_C etwa halbiert.

$$P_\alpha = \frac{\upsilon_\alpha}{2R} \cdot T = 4 \cdot 10^{21} \cdot 4 \cdot 10^{-40}\,\text{s}^{-1} = 1{,}6 \cdot 10^{-18}\,\text{s}^{-1}\,.$$

Das ist identisch mit der Zerfallskonstanten λ, aus der sich für die mittlere Lebensdauer $\bar{\tau} = 1/\lambda$

$$\bar{\tau} = \frac{1}{1{,}6 \cdot 10^{-18}\,\text{s}^{-1}} = 6{,}25 \cdot 10^{17}\,\text{s} \approx 2 \cdot 10^{10}\,\text{a}$$

ergibt. Diese Lebensdauer stimmt recht gut mit experimentell gefundenen Werten überein (z. B. ^{232}Th: $\bar{\tau} = 1{,}39 \cdot 10^{10}\,\text{a}$)

Für die Tunnelwahrscheinlichkeit P_α gilt (siehe obiges Beispiel)

$$P_\alpha = \frac{\upsilon_\alpha T}{2R}\,. \tag{V-3.53}$$

$$\Rightarrow \quad \log P_\alpha = \log \upsilon_\alpha + \log T - \log R - \log 2 = \log \upsilon_\alpha + \log T + C\,. \tag{V-3.54}$$

Das kann für $V_C \gg E_\alpha$ so angenähert werden[72]

$$\log P_\alpha \propto (\log E_\alpha + \text{const.}) \tag{V-3.55}$$

und erklärt so die schon früh experimentell gefundene Geiger-Nuttallsche Regel $\log \lambda \propto (\log R_\alpha + \text{const.})$, wobei R_α die Reichweite der α-Teilchen ist, für die gilt: $R_\alpha \propto \upsilon^3 \propto E_\alpha^{3/2}$, womit sich wieder die obige Beziehung zwischen P_α und E_α ergibt.

3.1.4.3 Der β-Zerfall

Beim β-Zerfall emittiert ein Atomkern spontan ein e^- (Elektron, β^--Zerfall) oder ein e^+ (Positron, β^+-Zerfall). Der β-Zerfall tritt bei Kernen auf, die zu viele Neutronen (β^-) oder zu wenige Neutronen im Verhältnis zur Protonenzahl besitzen (β^+), um stabil zu sein. Die Massenzahl A des Kerns bleibt unverändert, die Ladungszahl Z wird beim β^--Zerfall um 1 erhöht, beim β^+-Zerfall um 1 erniedrigt. Eine andere Möglichkeit, die Zahl der Neutronen zu erhöhen, besteht für den Kern darin, aus

---

72 $\upsilon_\alpha = \left(\frac{2E_\alpha}{M_\alpha}\right)^{1/2} \quad \Rightarrow \quad \log \upsilon_\alpha = \frac{1}{2}\log E_\alpha + C_1$. Weiters gilt $T \propto e^{-\frac{2l}{\hbar}\sqrt{2M_\alpha(V_C - E_\alpha)}}$

$\Rightarrow$ unter Verwendung von $\log x = 1 - x$ für $x \ll 1$ und $E_\alpha \ll V_C$

$$\log T \propto k\sqrt{V_C - E_\alpha} = k \cdot \sqrt{V_C}\left(1 - \frac{E_\alpha}{V_C}\right)^{1/2} \cong k\sqrt{V_C}\left(1 - \frac{E_\alpha}{2V_C}\right) = k_1 \cdot \log \frac{E_\alpha}{2V_C} = k_1 \log E_\alpha + C_2\,.$$

$\log \upsilon_\alpha$ und $\log T$ in die obige Gleichung für $\log P_\alpha$ eingesetzt ergibt die Geiger-Nutallsche Regel.

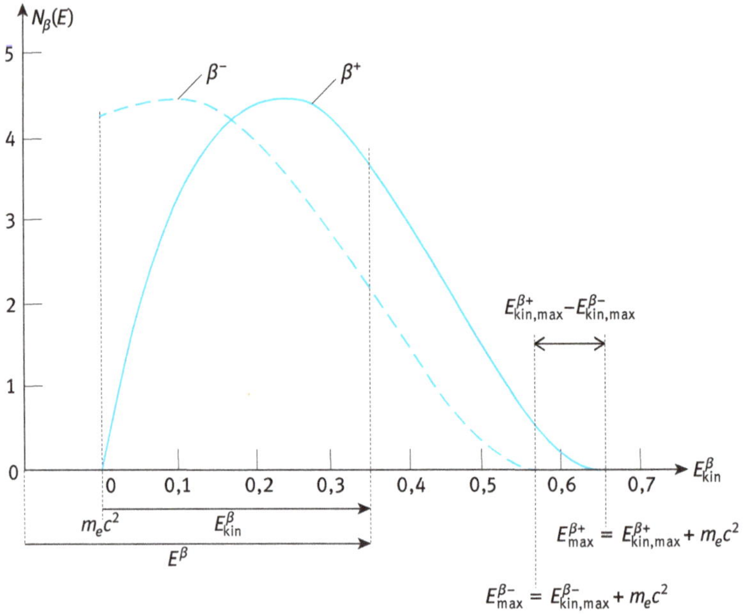

Abb. V-3.21: Kontinuierliche Energieverteilung der β-Strahlung (Energiespektrum) am Beispiel von ^{64}Cu (nach R. D. Evans, The Atomic Nucleus, McGraw-Hill, New York 1955): Der β-Zerfall kann daher kein Zweikörperzerfall sein! Unter der Annahme, dass alle mit der Energiebilanz verträglichen Emissionsprozesse von e und ν in unterschiedliche Richtungen unter Beachtung des Impulssatzes gleich wahrscheinlich sind, kann die Energieverteilung durch $N_\beta(E) \propto E^\beta \sqrt{(E^\beta)^2 - (m_e c^2)^2} \cdot (E^\beta_{max} - E^\beta)^2$ beschrieben werden.

der innersten e^--Schale, der K-Schale, ein Hüll-e^- zu absorbieren, „einzufangen". Man nennt diesen Prozess daher „K-Einfang" (*K-capture*). Er tritt bevorzugt bei großer Ladungszahl Z auf, da dann die Aufenthaltswahrscheinlichkeit der K-Elektronen am Kernort größer ist. Durch das Nachrücken der äußeren e^- kommt es dabei zur Emission verschieden energetischer Röntgenquanten.

Wie der α-Zerfall ist auch der β-Zerfall ein statistischer Prozess mit einer bestimmten Zerfallsenergie und einer Halbwertszeit. Allerdings wird keine feste Energie der β-Teilchen beobachtet, sondern ein *Energiespektrum* (Abb. V-3.21), was bedeutet, dass es sich nicht wie beim α-Zerfall um einen Zweikörperzerfall handeln kann, sondern dass noch (mindestens) ein weiteres Teilchen beteiligt sein muss.

Da keine begleitende γ-Strahlung beobachtet wird, forderte W. Pauli daher 1930 die Existenz eines neuen, ungeladenen, praktisch masselosen Teilchens, das die restliche Energie mit sich führt, aber nicht mit seiner Umgebung in Wechselwirkung tritt. Pauli nannte das Teilchen ursprünglich „Neutron", von Fermi stammt die Bezeichnung „Neutrino" nach der Entdeckung des neutralen Nukleons durch Chadwick 1932. Wegen seiner geringen Wechselwirkung mit Materie galt der Nachweis des Neutrinos praktisch als unmöglich und Bethe sagte einmal: „Niemand kann dieses Teilchen je nachweisen!“. Das Neutrino wurde dann auch erst 1956 durch Clyde L. Cowan (1919–1974) und Frederick Reines[73] beim inversen β-Zerfall des Neutrons[74] experimentell nachgewiesen. Die Neutrinos sind in unserem Universum die häufigsten Teilchen; es gibt ca. 10^{89} Neutrinos, das sind etwa 10^9mal soviel wie Protonen und Neutronen zusammengenommen.

Weitere Eigenschaften des Neutrinos (ν) außer seiner Ladungsneutralität folgen aus der Energie- und Drehimpulserhaltung: Da die maximale Energie der emittierten β-Teilchen mit dem Massendefekt des Prozesses im Rahmen der Messgenauigkeit übereinstimmt, muss das Neutrino praktisch masselos sein; außerdem ändert sich die Zahl der Nukleonen beim β-Zerfall nicht, das β-Teilchen als Fermion führt aber den Eigendrehimpuls $\frac{\hbar}{2}$ mit sich, daher muss auch das Neutrino ein Fermion mit Spin $\frac{\hbar}{2}$ sein.[75] Ein weiterer Erhaltungssatz (*Erhaltung der Leptonenzahl*, siehe Abschnitt 3.2.2.1) verlangt, dass beim β^--Zerfall ein Anti-Elektronneutrino $\bar{\nu}_e$ („Antiteilchen“[76] des Elektronneutrinos) beteiligt ist und beim β^+-Zerfall ein Elektronneutrino ν_e.

Beispiele für einen β-Zerfall sind:

$$\beta^-: \quad {}^{32}_{15}\mathrm{P} \longrightarrow {}^{32}_{16}\mathrm{S} + e^- + \bar{\nu}_e \qquad (t_{1/2} = 14{,}3\,\mathrm{d},\ E^{\beta^-}_{\max} = 0{,}78\,\mathrm{MeV})$$

$$\beta^+: \quad {}^{64}_{29}\mathrm{Cu} \longrightarrow {}^{64}_{28}\mathrm{Ni} + e^+ + \nu_e \qquad (t_{1/2} = 12{,}7\,\mathrm{h},\ E^{\beta^+}_{\max} = 0{,}65\,\mathrm{MeV})$$ [77]

---

73 Frederick Reines, 1918–1998. Für den experimentellen Nachweis des Neutrinos erhielt er zusammen mit Martin L. Perl (Entdecker des Tauons) 1995 den Nobelpreis.

74 Beim „inversen β-Zerfall“ $\bar{\nu}_e + p = n + e^+$ entstehen die vergleichsweise leicht zu beobachtenden Teilchen n und e^+.

75 Zur Helizität des Neutrinos: Unter der Helizität h versteht man die Komponente des Spins in Impulsrichtung (Bewegungsrichtung), d. h. $h = \vec{S} \cdot \frac{\vec{p}}{|\vec{p}|}$ (siehe dazu auch die Skizze „Polarisiertes Licht im Photonenmodell“, Kapitel „Quantenoptik, Abschnitt 2.3, Abb. V-1.9 und 2.3.3.1, Abb. V-1.13). Für die ursprünglich masselos gedachten Neutrinos nahm man an, dass die Helizität stets negativ sei (Linksschraube), für die Antineutrinos stets positiv (Rechtsschraube). Heute wird allgemein angenommen, dass Neutrinos *nicht masselos* sind, sondern eine nichtverschwindende Ruhemasse besitzen (vgl. Fußnote 79). Neutrinos bewegen sich also *nicht* mit Lichtgeschwindigkeit und man muss daher annehmen, dass es auch rechtshändige Neutrinos und linkshändige Antineutrinos gibt.

76 Eine der aus den experimentellen Befunden der Kern- und Elementarteilchenphysik abgeleiteten Regeln besagt: *Zu jedem Teilchen gibt es ein Antiteilchen.* Das „Teilchen“ kommt in der uns umgebenden Materie als konventionelles Teilchen vor, das „Antiteilchen“ weist die entgegengesetzten additiven Quantenzahlen (Ladung, Leptonenzahl, Baryonenzahl, usw.) auf. Beispiele: Elektron (e^-, Leptonenzahl +1)/Positron (e^+, Leptonenzahl −1), ν (Leptonenzahl +1)/$\bar{\nu}$ (Leptonenzahl −1). Erlaubt ist, dass Teilchen und Antiteilchen identisch sind (Beispiel: Photon).

77 Die Kernstruktur des Nuklids ${}^{64}_{29}\mathrm{Cu}$ ermöglicht neben dem Elektroneneinfang sowohl die Emission von e^+ (in 19 % der Zerfälle) mit $E_{e^+} = 0{,}65\,\mathrm{MeV}$ als auch die Emission von e^- (in 39 % der Zerfälle) mit $E_{e^-} = 0{,}57\,\mathrm{MeV}$ (vgl. dazu auch Abb. V-3.21).

Elektrische Ladung und Nukleonenzahl sind beim β-Zerfall erhalten:

$$^{32}_{15}\text{P} \longrightarrow {}^{32}_{16}\text{S} + e^- + \bar{\nu}_e \qquad \text{(V-3.56)}$$

$$\begin{aligned} (+15e) &= (+16e) + (-1e) + (0) \quad && \text{Ladungserhaltung} \\ (32) &= (32) + \underbrace{(0) + (0)}_{\text{keine Nukleonen}} && \text{Nukleonenzahlerhaltung.} \end{aligned}$$

Der Kern enthält nur Nukleonen, also Neutronen und Protonen. Es stellt sich somit die Frage, wie e^-, e^+ und ν_e bzw. $\bar{\nu}_e$ emittiert werden können. Offenbar bilden sich diese Teilchen erst beim β-Zerfall, so wie das Photon im Atom erst beim Strahlungsübergang entsteht. Wir müssen daher annehmen, dass sich beim β-Zerfall ein Neutron in ein Proton umwandelt oder ein Proton in ein Neutron:[78]

$$\left.\begin{aligned} &\beta^-\textit{-Zerfall}: && n \longrightarrow p + e^- + \bar{\nu}_e \\ &\beta^+\textit{-Zerfall}: && p \longrightarrow n + e^+ + \nu_e \\ &\textit{K-Einfang}: && p + e^- \longrightarrow n + \nu_e \end{aligned}\right\} \quad \beta\textit{-Prozesse.} \qquad \text{(V-3.57)}$$

Es stellt sich wieder heraus (vgl. Abschnitt 3.1.2.3), dass Neutronen und Protonen keine fundamentalen, nicht weiter teilbaren Teilchen sind!

Da das Neutron etwas schwerer als das Proton ist, kann ein freies Neutron durch β^--Zerfall in ein Proton übergehen. Die Halbwertszeit dieses Zerfalls ist $t_{1/2,n} \approx 15\,\text{min}$, wobei das entstehende β^--Teilchen eine maximale Energie von $E_{\beta^-,n} = 0{,}782\,\text{MeV}$ mitführt. Umgekehrt ist die Masse des Protons etwas kleiner als jene des Neutrons ($\Delta m \approx 2{,}5\,m_e$); die entsprechende Umwandlung des Protons durch β^+-Zerfall kann daher nur innerhalb des Kerns ablaufen und zwar nur dann, wenn das entstehende n ein tieferes Energieniveau als das zerfallende p einnehmen kann.

Die Abbn. V-3.22 und V-3.23 zeigen schematisch die energetischen Verhältnisse beim β^-- bzw. beim β^+-Zerfall.

Aus der Untersuchung des Energiespektrums beim β-Zerfall am oberen Ende des Spektrums lässt sich eine obere Grenze für die Masse des Neutrinos von $2 \cdot 10^{-5}\,m_e$, d. h. $m_{\nu_e} < 1{,}8 \cdot 10^{-35}\,\text{kg}$ bzw. $< 10\,\text{eV}/c^2$ bestimmen, sie ist daher vernachlässigbar klein.[79] Die mittlere freie Weglänge eines energiereichen Neutrinos, das

---

78 Für ein *freies* Proton ist dieser Zerfall nicht möglich, da das Neutron um etwa $2{,}5\,m_e$ schwerer ist als das Proton

79 Die internationale Forschungsgemeinschaft unternimmt große Anstrengungen, die Neutrinomasse zu bestimmen. Als obere Grenze der Neutrinomasse gilt derzeit für die Summe aus allen 3 Neutrinos (ν_e, ν_μ, ν_τ) $\Sigma m_\nu < 0{,}3\text{eV}/c^2$. Es wird überwiegend angenommen, dass die Neutrinos nicht masselos sind. Dafür sprechen die sog. *Neutrinooszillationen*, das sind Umwandlungen von Neutrinos einer Leptonfamilie in solche einer anderen (z. B. Elektronneutrino in Myonneutrino oder Tauonneutrino).

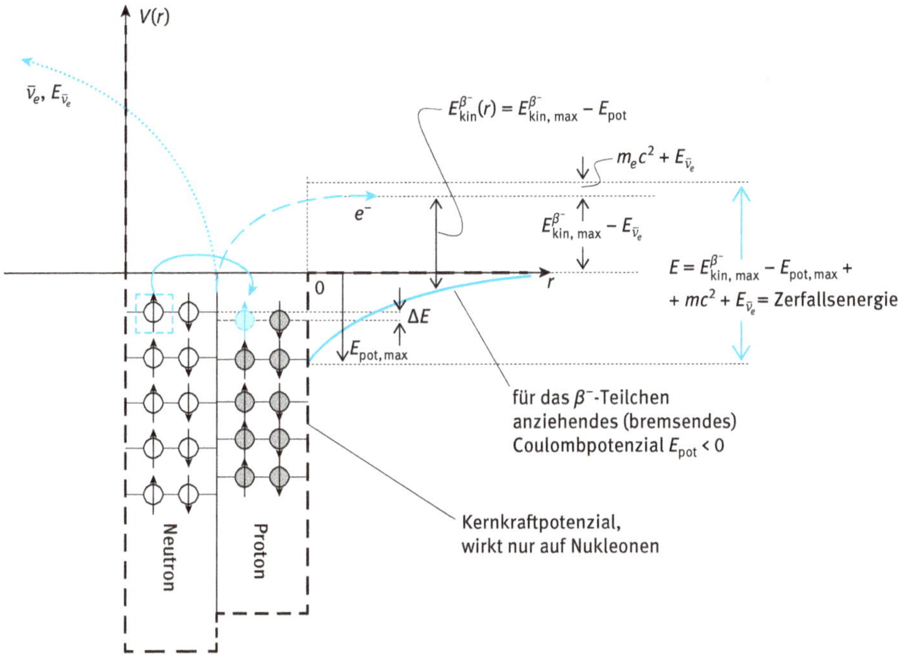

Abb. V-3.22: β^--Zerfall: Umwandlung eines Neutrons in ein Proton unter Emission eines Elektrons und eines Anti-Elektronneutrinos ($n \rightarrow p + e^- + \bar{\nu}_e$). Die Zerfallsenergie $E = E^{\beta^-}_{kin,max} - E_{pot,max} + mc^2 + E_{\bar{\nu}_e}$ muss durch die Nukleonenumwandlung aufgebracht werden. $E^{\beta^-}_{kin,max} - E_{\bar{\nu}_e} = E^{\beta^-}_{kin}(\infty)$ ist die kinetische Energie des β^--Teilchens in unendlich großer Entfernung vom Kern. Hier ist ein *Fermi-Übergang* gezeigt, bei dem das sich umwandelnde Nukleon keine Spinänderung erfährt und die beiden in die gleiche Richtung emittierten Leptonen e^- und $\bar{\nu}_e$ antiparallele Spins besitzen.

ist die Zeit zwischen seiner Entstehung und seiner ersten Reaktion mit Materie, berechnet sich so in H_2O zu einigen tausend Lichtjahren!

Die Neutrinos, die noch vom „Urknall" (siehe Abschnitt 3.2.6.1) übrig sind, sind die häufigsten Teilchen im Universum. Milliarden von ihnen durchdringen in jeder Sekunde völlig spurlos unseren Körper.

Am 24. Februar 1987 beobachteten Astronomen eine Sternexplosion (Supernova)[80] in der Großen Magellanschen Wolke, einer unserem Milchstraßensystem[81] benachbarten Galaxie am südlichen Himmel. Das Licht von dort erreicht die Erde erst nach 168 000 Jahren. Dabei wurden nach Modellrechnungen 10^{58} Neutri-

80 Es war die Supernova SN 1987A, die erste im Jahre 1987 beobachtete Supernova.

81 Der Begriff „Milchstraße" steht einerseits für das helle Band am Nachthimmel, das durch Sterne unserer Galaxie gebildet wird, und wird andererseits umgangssprachlich als Bezeichnung für unsere Galaxie (nach *γάλα*, gr.: Milch) verwendet (siehe dazu auch Abschnitt 3.2.6.5, Fußnote 199).

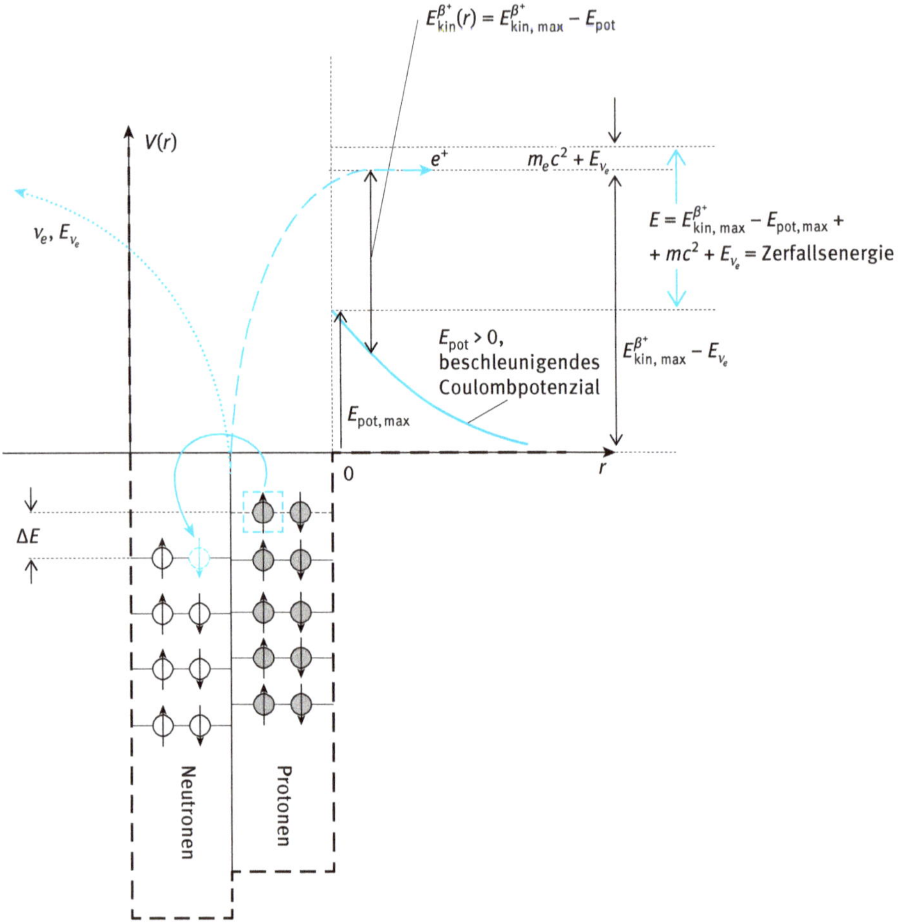

Abb. V-3.23: β^+-Zerfall: Umwandlung eines Protons in ein Neutron auf einem tieferen Energieniveau unter Emission eines Positrons und eines Elektronneutrinos ($n \rightarrow p + e^+ + \nu_e$). Die Zerfallsenergie $E = E^{\beta^+}_{kin,max} - E_{pot,max} + mc^2 + E_{\nu_e}$ muss durch die Nukleonenumwandlung aufgebracht werden. $E^{\beta^+}_{kin,max} - E_{\nu_e} = E^{\beta^+}_{kin}(\infty)$ ist die kinetische Energie des β^--Teilchens in unendlich großer Entfernung vom Kern. Hier ist ein *Gamow-Teller-Übergang* gezeigt, bei dem das sich umwandelnde Nukleon eine Spinänderung erfährt und die beiden in entgegengesetzte Richtung emittierten Leptonen e^+ und ν_e parallele Spins besitzen.

nos mit einer Gesamtenergie von 10^{46} J erzeugt. Auf der Erde wurde die Supernova im „Kamiokande II Detektor“[82] als scharfes Maximum von etwa 11 Anti-Elektronneutrinos pro 10 s über einem Untergrund von 1 ν in 10 s nachgewiesen.

---

82 Das Kamioka Observatorium (Institute for Cosmic Ray Research) ist ein Untersuchungslabor für die Eigenschaften der Neutrinos. Zur Abschirmung befindet es sich tief im Erdboden in einer stillgelegten Mine nahe dem Stadtteil Kamioka der Stadt Hida in Japan. Kamiokande (*Kamioka Nu-*

Beispiel: Energiebilanz beim β-Zerfall.
1. Zerfall eines freien Neutrons.
Mittlere Lebensdauer: $\bar{\tau}_n = (880{,}0 \pm 0{,}9)\,\mathrm{s}$.
$n \longrightarrow p + e^- + \bar{\nu}_e$. Massenbilanz ($m_{\bar{\nu}_e}$ vernachlässigt):

$$m_n = 1{,}008\,665\,\mathrm{u}$$
$$m_p = 1{,}007\,276\,\mathrm{u}$$
$$m_e = 0{,}000\,549\,\mathrm{u}$$

$$\Delta m = m_n - m_p - m_e = 0{,}000\,840\,\mathrm{u} \quad \Rightarrow \quad Q = 0{,}78\,\mathrm{MeV} = E^{\beta}_{\mathrm{kin}} + E_{\bar{\nu}}\,.$$

Im Kern steht dieser Energiebetrag Q für das e^- und das $\bar{\nu}_e$ zur Verfügung, also ist beim β-Zerfall $E^{\beta}_{\mathrm{k,max}} = Q$ am Rand des Kerns. In stabilen Nukliden zerfällt das Neutron nicht, da das dann entstehende Proton in ein noch unbesetztes, hohes Energieniveau kommen und dadurch die Gesamtenergie des Kerns erhöhen würde.

2. β^--Zerfall von ${}^{32}_{15}\mathrm{P} \longrightarrow {}^{32}_{16}\mathrm{S} + e^- + \bar{\nu}_e$.
Für die Atommassen m^A gilt: $m^A_{^{32}P} = 31{,}973\,907\,29\,\mathrm{u}$, $m^A_{^{32}S} = 31{,}972\,071\,75\,\mathrm{u}$.

Da hier ein e^- aus dem Kern emittiert wird, müssen wir die Massendifferenz (wieder unter Vernachlässigung der Neutrinomasse) zunächst mit Kernmassen m^N ansetzen (der Hochindex „N" weist auf „Nukleus" hin):

$$\Delta m = m^N_P - (m^N_S + m_e)\,.$$

Wenn wir auf der rechten Seite 15 e^- addieren und wieder subtrahieren, erhalten wir die Differenz der Atommasse zu

$$\Delta m = \underbrace{(m^N_P + 15\,m_e)}_{m^A_P} - \underbrace{(m^N_S + 16\,m_e)}_{m^A_S} = m^A_P - m^A_S\,.$$

Für die frei werdende Energie ergibt sich somit

$$Q = \Delta m \cdot c^2 = (31{,}973\,907\,29 - 31{,}972\,071\,75)\,\mathrm{u} \cdot c^2 =$$
$$= 0{,}001\,835\,54 \cdot 931{,}494\,102\,42\,\mathrm{MeV} = 1{,}7098\,\mathrm{MeV} = E^{\beta^-}_{\mathrm{kin,max}}\,,$$

cleon Decay Experiment) ist ein riesiger Wassertank im Erdinneren (3000 t H_2O), der mit etwa 1000 Photomultipliern mit 50 cm Durchmesser umgeben ist. Der derzeitige *Super Kamiokande* Detektor enthält 50 000 t H_2O in einem Zylinder von 39,3 m Durchmesser und 41,4 m Höhe und ist von 11 200 Photomultipliern umgeben.

das stimmt sehr gut mit dem experimentellen Wert von (1,710 66 ± 0,000 04) MeV überein.[83] Die tatsächliche Energie des emittierten e^- ist praktisch immer kleiner als dieser Wert $E^{\beta}_{\text{kin,max}}$, den Rest trägt das Neutrino mit sich.

3. β^+-Zerfall von ${}^{11}_{6}\text{C} \rightarrow {}^{11}_{5}\text{B} + e^+ + \nu_e$.
   $m^A_{^{11}C} = 11{,}011\,433\,57\,\text{u}$, $m^A_{^{11}B} = 11{,}009\,305\,37\,\text{u}$.

$$\Delta m = \underbrace{(m^N_C + 6\,m_e)}_{\text{neutrales Atom}} - (\underbrace{m^N_B + 6\,m_e}_{\text{negatives Ion}} + \underbrace{m_e}_{m_{e^-} = m_{e^+}}) = m^A_C - m^A_B - 2\,m_e =$$

$$= \frac{Q}{c^2} = \frac{E^{\beta^+}_{\text{kin,max}}}{c^2}$$

bzw. mit $m^A_{^{11}C} - m^A_{^{11}B} = 0{,}002\,1282\,\text{u}$

$$Q + 2\,m_e \cdot c^2 = E^{\beta^+}_{\text{kin,max}} + 1{,}022\,\text{MeV} = \left(m^A_C - m^A_B\right) c^2 =$$
$$= 0{,}002\,1282 \cdot 931{,}494\,102\,42\,\text{MeV} = 1{,}9824\,\text{MeV}\,,$$

also

$E^{\beta^+}_{\text{kin,max}} = 0{,}9604\,\text{MeV}$ (experimenteller Wert:
$E^{\beta^+}_{\text{kin,max}} = 0{,}9602\,\text{MeV}$ [84]).

Das heißt: Während beim β^--Zerfall die gesamte Differenz der Atommassen als $E^{\beta}_{\text{kin,max}}$ auftritt, muss die Atommassendifferenz beim β^+-Zerfall noch für zwei Elektronenmassen aufkommen. Die kinetische Energie $E^{\beta}_{\text{kin,max}}$, die auf die beiden Teilchen e^+ und ν_e aufgeteilt werden kann, ist daher um $2\,m_e \cdot c^2 = 1{,}022$ MeV gegen die insgesamt zur Verfügung stehende Atommassendifferenz verringert.[85]

Die schwache Wechselwirkung

Als Erklärung dafür, dass die Massenzahl für die leichten Kerne doppelt so groß ist wie die Kernladungszahl und die Differenz $A - Z$ für schwere Kerne mit steigender

83 Nach Christian Ouellet und Balraj Singh, in: Evaluated Nuclear Structure Data File (ENSDF), Brookhaven National Laboratory.

84 Nach F. Ajzenberg-Selove und J. H. Kelley, *Nuclear Physics* A506, 1 (1990).

85 Der Unterschied zwischen β^-- und β^+-Prozess ist nur eine Folge der Verwendung der Atommassen zur Berechnung des Massendefekts. Bei Verwendung der Kernmassen würde kein Unterschied bestehen.

Massenzahl immer größer wird, wurde ursprünglich angenommen, dass sich im Atomkern neben A Protonen noch $(A-Z)$ Elektronen befinden. Damit ergeben sich aber neben anderen Problemen (siehe Abschnitt 3.1.1, Fußnote 17) für Kerne mit geradem A, aber ungeradem Z Diskrepanzen zu den experimentell bestimmten Werten des Kernspins.[86] Rutherford vermutete schon einige Jahre vor der Entdeckung des Neutrons (1932), dass sich im Kern neben den Protonen auch noch ungeladene Teilchen befinden. Nach heutigem Stand der Kenntnis befinden sich jedenfalls im Atomkern nur Protonen und Neutronen und die beim β-Zerfall emittierten Teilchen entstehen, wie schon oben erwähnt, erst bei der Umwandlung eines Neutrons in ein Proton bzw. eines Protons in ein Neutron.

Freie Neutronen zerfallen zwar entsprechend einem β^--Zerfall in Protonen, Elektronen und Anti-Elektronneutrinos (siehe obiges Beispiel 1), aber ihre Lebensdauer ist mit $\tau_n \approx 900\,\text{s}$ viel länger als die Zeiten, die mit (direkten[87]) Kernreaktionen ($\approx 10^{-23}\,\text{s}$) oder elektromagnetischen Prozessen ($\approx 10^{-16}\,\text{s}$) verbunden sind. Der β-Zerfall scheint daher weder mit der „Kernkraft" (der starken Wechselwirkung) noch mit der elektromagnetischen *WW* zu tun zu haben. Fermi postulierte daher die Existenz einer neuen fundamentalen Kraftwirkung, die für den β-Zerfall verantwortlich ist. Da diese neue Kraft schwächer als die starke *WW* und auch schwächer als die elektromagnetische *WW* sein muss, nannte er sie *schwache Wechselwirkung*. Sie besitzt eine Reichweite von ca. $10^{-18}\,\text{m}$, d. h. nur 0,0004 der Reichweite der Kernkraft von etwa $2{,}5 \cdot 10^{-15}\,\text{m}$. Sie wirkt auf alle Elementarteilchen mit Ausnahme der Photonen. Die Schwäche dieser *WW* ist für die vergleichsweise langen Lebensdauern beim β-Zerfall verantwortlich. Etwa so wie im Atom das Photon eines Strahlungsübergangs z. B. durch Dipolwechselwirkung mit dem elektromagnetischen Feld entsteht, entstehen die neuen Teilchen beim β-Zerfall im Atomkern durch *WW* der Nukleonen mit dem schwachen Kraftfeld. Die Tatsache, dass das e^- (e^+) und das $\bar{\nu}_e$ (ν_e) den zerfallenden Kern ungehindert verlassen können, zeigt, dass offenbar die starke *WW* auf diese Teilchen (sie gehören zu den *Leptonen*) *nicht wirkt*.

Der β-Zerfall weist noch eine Besonderheit auf: Bei diesem Prozess ist die (*räumliche*) *Parität* (*parity*) *nicht* erhalten. Unter räumlicher Parität P_r versteht man das Verhalten der Teilchenwellenfunktion bei Anwendung des Paritätsoperators, das heißt bei „Spiegelung am Ursprung", sodass alle räumlichen Koordinaten das Vorzeichen umkehren (Rauminversion). Ändert die Wellenfunktion dabei ihr Vorzeichen nicht, ist ihre Parität $P = 1$, im andern Fall ist $P = -1$.[88] Rauminversion

---

86 Beispiel: $^{14}_{7}\text{N}$: 14 Protonen, 7 Elektronen, damit 21 Fermionen mit Spin*QZ* 1/2. Damit ergibt sich auch bei Berücksichtigung eines Drehimpulses (ganzzahlige *QZ*) ein halbzahliger Gesamtdrehimpuls in Widerspruch zum Experiment (A gerade $\Rightarrow$ ganzzahliger Gesamtdrehimpuls).

87 Ohne Bildung eines Zwischenkerns ablaufende Reaktionen, siehe Abschnitt 3.1.5.1.

88 Aus den Experimenten mit Elementarteilchen muss geschlossen werden, dass alle Teilchen mit nichtverschwindender Masse eine *innere Parität* (*intrinsic parity*) als Teilcheneigenschaft besitzen. Für das e^-, das μ-Teilchen und die Baryonen ist $P = +1$ („gerade Teilchen"), für die Mesonen gilt $P = -1$ („ungerade Teilchen"); die jeweiligen Antiteilchen haben das andere Vorzeichen. Die Parität eines Systems mehrerer Teilchen ist das Produkt der einzelnen Paritäten. Neben dieser inneren

bedeutet zugleich den Übergang von einem rechtshändigen in ein linkshändiges Koordinatensystem. Physikalische Gesetze sollten von der Wahl des Koordinatensystems unabhängig sein, daher sollte diese Symmetrieänderung keinen Einfluss auf den Ablauf physikalischer Prozesse haben. Es wurde daher zunächst angenommen, dass die Parität bei allen Teilchen- und Kernprozessen erhalten sein sollte. Schon 1956 aber fanden Lee und Yang[89] bei einem systematischen Vergleich aller bekannten Zerfälle mit schwacher *WW*, dass hier eine derartige Abhängigkeit physikalischer Gesetze vom Koordinatensystem vorliegen könnte und schlugen entsprechende Experimente zur Überprüfung vor. Noch im selben Jahr führte Chien-Shiung Wu (1912–1997, amerikanische Physikerin chinesischer Herkunft) eines der vorgeschlagenen Experimente durch und fand, dass die Parität beim β-Zerfall von ${}^{60}_{27}\mathrm{Co}$ nicht erhalten ist[90]. Würde auch beim β-Zerfall, der durch die schwache *WW* verursacht ist, die Parität erhalten bleiben, so müssten stets ebenso viele e^- mit Linkshelizität ($\vec{S}\uparrow\downarrow\vec{p}$) wie mit Rechtshelizität $\vec{S}\uparrow\uparrow\vec{p}$) auftreten ($\vec{S}$ ... Spin, $\vec{p}$ ... Impuls). Tatsächlich zeigte sich aber beim β^--Zerfall von ${}^{60}_{27}\mathrm{Co}$ überwiegend Linkshelizität der ausgesandten e^-. Der Grund liegt in der Eigenheit der beim β^--Zerfall gleichzeitig ausgesandten Antineutrinos, die vorwiegend Rechtshelizität zeigen.

3.1.4.4 Der γ-Zerfall

Beim γ-Zerfall wird spontan ein Photon aus dem Atomkern emittiert. Dabei geht der Kern von einem angeregten Zustand in einen Zustand geringerer Energie über.

Beispiel: Berechnung der typischen Wellenlänge der γ-Strahlung. Die Differenzen der Kern-Energieniveaus liegen zwischen 0,01 MeV und 1 MeV. Nehmen wir als Beispiel $\Delta E = 0{,}5\,\mathrm{MeV} = 500\,\mathrm{keV}$.

$$\Delta E = h\nu = h\,\frac{c}{\lambda}$$

$$\Rightarrow \quad \lambda = \frac{hc}{\Delta E} = \frac{1{,}241 \cdot 10^{-6}\,\mathrm{eV\,m}}{500 \cdot 10^{3}\,\mathrm{eV}} \approx 2{,}5 \cdot 10^{12}\,\mathrm{m} = 2{,}5\,\mathrm{pm}\,.$$

Die Wellenlängen der γ-Strahlung liegen daher in der Größenordnung von pm, sie sind etwa 1000-mal kleiner als die Röntgenwellenlängen.

Parität gibt es noch eine mit dem Bahndrehimpuls des Teilchens zusammenhängende Parität, die entsprechend berücksichtigt werden muss.

89 Tsung-Dao Lee, geb. 1926 und Chen Ning Yang, geb. 1922, amerikanische Physiker chinesischer Herkunft. Für ihre durchschlagenden Untersuchungen zu den Gesetzen der Parität, die zu wichtigen Entdeckungen in der Elementarteilchenphysik geführt haben, erhielten sie 1957 den Nobelpreis.

90 ${}^{60}_{26}\mathrm{Co} \rightarrow {}^{60}_{27}\mathrm{Ni} + e^- + \bar{\nu}_e\,.$

Der γ-Zerfall ist sehr oft mit α- oder β-Zerfall verbunden; dabei entsteht bei einem Zerfallsprozess zuerst ein Tochterkern in einem angeregten Zustand, der dann durch γ-Zerfall in den Grundzustand „abgeregt“ wird. Die mittlere Lebensdauer der angeregten Zustände liegt zwischen 10^{-10} und 10^{-17} s. Die γ-Strahlung ist wie die Strahlung der Atomhülle eine Multipolstrahlung und zwar bei Änderung der Drehimpuls QZ um $\Delta I = 1$ als Dipolstrahlung, bei $\Delta I = 2$ als Quadrupolstrahlung usw. Bei Zunahme der Multipolordnung um 1 nimmt die Übergangswahrscheinlichkeit um etwa 10^{-3} ab. Daher sind auch γ-Übergänge mit großen Lebensdauern und entsprechend kleiner Übergangswahrscheinlichkeit bekannt, die besonders dann auftreten, wenn die Spindifferenz des Ausgangs- und Endzustands sehr groß ist. Man spricht dann von „isomeren Zuständen“, „isomeren Kernen“ oder einfach von „Isomeren“. Die mittlere Lebensdauer solcher Isomere kann einige Stunden aber auch viele Tage betragen, diese angeregten Kernzustände sind also metastabil; die ausgesandte γ-Strahlung ist extrem „scharf“, was erst die Beobachtung des Mößbauer-Effekts ermöglicht (siehe Anhang A1.4).

3.1.4.5 Radioaktive Altersbestimmung

Wenn die Halbwertszeit $t_{1/2}$ und die Ausgangsmenge N_0 eines bestimmten Radionuklids bekannt ist, so kann der Zerfall zur Messung von Zeitintervallen benutzt werden. Insbesondere können in der Geochronologie und der Archäologie langlebige Nuklide zur Altersbestimmung von historisch interessanten anorganischen und organischen Materialien verwendet werden, es kann damit die Zeit Δt seit ihrer Entstehung angeben werden. Auf die Möglichkeit einer radioaktiven Datierung wies schon Rutherford 1905 hin, die erste radioaktive Altersbestimmung von Gesteinen erfolgte dann 1913 durch Arthur Holmes (1890–1965; englischer Geologe) basierend auf der Uran-Blei-Zerfallsreihe. Genaue Datierungen konnten allerdings erst nach der Entdeckung der Isotopie und einer genauen Bestimmung der Isotopenverhältnisse erfolgen. So wurde dann 1953 von Clair Cameron Patterson (1922–1995; US-amerikanischer Geochemiker) für das maximale Alter von Gestein, das von der Erde bzw. von Meteoriten aus dem Planetensystem stammte, übereinstimmend $4{,}5 \cdot 10^9$ Jahre gefunden, das heute allgemein als Erdalter akzeptiert ist.

Beispiel: Altersbestimmung durch den Zerfall von ^{40}K.

Der Anteil von $^{40}_{19}$K in natürlichem Kalium beträgt 0,0117 %. Es zerfällt mit einer Halbwertszeit $t_{1/2} = 1{,}25 \cdot 10^9$ Jahre durch β^--Zerfall (89 %, Zerfallskonstante $\lambda_\beta = 0{,}58 \cdot 10^{-10}\,\mathrm{a}^{-1}$) oder K-Einfang (11 %, Zerfallskonstante $\lambda_K = 4{,}962 \cdot 10^{-10}\,\mathrm{a}^{-1}$) in $^{40}_{20}$Ca bzw. $^{40}_{18}$Ar.

$$^{40}_{19}\mathrm{K} \longrightarrow {}^{40}_{20}\mathrm{Ca} + e^- \quad (+\bar{\nu}_e) \quad \beta^-\text{-Zerfall mit } E = 1{,}311\,\mathrm{MeV},\ 89\,\%$$

$$^{40}_{19}\mathrm{K} + e^- \longrightarrow {}^{40}_{18}\mathrm{Ar} + \gamma \quad (+\nu_e) \quad K\text{-Einfang mit } E = 1{,}505\,\mathrm{MeV},\ 11\,\%.$$

Zur Altersbestimmung wird nicht das häufig vorkommende und daher schlecht zuzuordnende ${}^{40}_{20}\mathrm{Ca}$ verwendet, sondern das seltene ${}^{40}_{18}\mathrm{Ar}$. Zunächst wird der gesamte Kaliumgehalt des fraglichen Gesteins z. B. durch Atomemissionsspektroskopie bestimmt und daraus der Anteil an ${}^{40}_{19}\mathrm{K}$ berechnet.[91] Dann wird es geschmolzen und der Anteil an ${}^{40}_{18}\mathrm{Ar}$ im dabei austretenden Gas bestimmt. Das Alter Δt des Gesteins kann nach dem radioaktiven Zerfallsgesetz (Zerfallskonstanten λ_β, λ_K und $\lambda = (\lambda_\beta + \lambda_K)$) aus dem Verhältnis $\frac{N_{{}^{40}_{18}\mathrm{Ar}}(t)}{N_{{}^{40}_{19}\mathrm{K}}(t)}$ bestimmt werden:

${}^{40}_{19}\mathrm{K}$ zerfällt nach dem radioaktiven Zerfallsgesetz $N_{{}^{40}_{19}\mathrm{K}}(t) = N^0_{{}^{40}_{19}\mathrm{K}} \cdot e^{-\lambda t}$.[92] Da nur 11 % der ermittelten ${}^{40}_{19}\mathrm{K}$-Kerne in der Zeit t seit der Bildung des Gesteins in ${}^{40}_{18}\mathrm{Ar}$ zerfallen, gilt mit $N^0_{{}^{40}_{19}\mathrm{K}} = N_{{}^{40}_{19}\mathrm{K}}(t) \cdot e^{\lambda t}$

$$N_{{}^{40}_{18}\mathrm{Ar}}(t) = 0{,}11 \cdot \left(N^0_{{}^{40}_{19}\mathrm{K}} - N^0_{{}^{40}_{19}\mathrm{K}} \cdot e^{-\lambda t}\right) = 0{,}11 \cdot N_{{}^{40}_{19}\mathrm{K}}(t) \cdot \left(e^{\lambda t} - 1\right)$$

bzw. mit $\lambda = \frac{\ln 2}{t_{1/2}}$

$$N_{{}^{40}_{18}\mathrm{Ar}}(t) = 0{,}11 \cdot N_{{}^{40}_{19}\mathrm{K}}(t) \cdot \left(e^{\frac{\ln 2}{t_{1/2}} \cdot t} - 1\right)$$

$$\Rightarrow \quad 0{,}11 \cdot N_{{}^{40}_{19}\mathrm{K}}(t) \cdot e^{\frac{\ln 2}{t_{1/2}} \cdot t} = N_{{}^{40}_{18}\mathrm{Ar}}(t) + 0{,}11 \cdot N_{{}^{40}_{19}\mathrm{K}}(t)$$

und damit

$$e^{\frac{\ln 2}{t_{1/2}} \cdot t} = 1 + \frac{N_{{}^{40}_{18}\mathrm{Ar}}(t)}{0{,}11 \cdot N_{{}^{40}_{19}\mathrm{K}}(t)}.$$

Logarithmieren ergibt schließlich

$$t = \frac{t_{1/2}}{\ln 2} \ln\left(1 + \frac{N_{{}^{40}_{18}\mathrm{Ar}}(t)}{0{,}11 \cdot N_{{}^{40}_{19}\mathrm{K}}(t)}\right).$$

Dabei sind $N_{{}^{40}_{19}\mathrm{Ar}}(t)$ und $N_{{}^{40}_{19}\mathrm{K}}(t)$ die gegenwärtig ermittelten Kernzahlen und t ist die seit der Bildung des Gesteins verstrichene Zeit.

---

91 Aus massenspektroskopischen Messungen ergab sich ein Anteil von 0,0117 % ${}^{40}_{19}\mathrm{K}$ im natürlich vorkommenden Kalium mit dem Hauptisotop ${}^{39}_{19}\mathrm{K}$ (93,3 %).

92 Es gilt: $-dN_1 = \lambda_\beta \cdot N_{{}^{40}_{19}\mathrm{K}}(t)dt$ und $-dN_2 = \lambda_K \cdot N_{{}^{40}_{19}\mathrm{K}}(t)dt \quad \Rightarrow$

$-(dN_1 + dN_2) = -dN = (\lambda_\beta + \lambda_K)N_{{}^{40}_{19}\mathrm{K}}(t)dt \quad \Rightarrow \quad \frac{-dN}{N_{{}^{40}_{19}\mathrm{K}}(t)} = (\lambda_\beta + \lambda_K) \cdot dt \quad \Rightarrow$

$N_{{}^{40}_{19}\mathrm{K}}(t) = N^0_{{}^{40}_{19}\mathrm{K}} \cdot e^{-\overbrace{(\lambda_\beta + \lambda_K)}^{\lambda}t} \quad \Rightarrow \quad N^0_{{}^{40}_{19}\mathrm{K}} = N_{{}^{40}_{19}\mathrm{K}}(t) \cdot e^{-\lambda t}.$

Die Halbwertszeiten des Uran-Zerfalls ($7{,}038 \cdot 10^8$ Jahre für ^{235}U und $4{,}468 \cdot 10^9$ Jahre für ^{238}U) und des Kalium-Zerfalls ($1{,}248 \cdot 10^9$ Jahre) erlauben die Altersbestimmung nur für Gesteine, die älter als etwa 100 000 Jahre sind. Für die Altersbestimmung jüngeren, kohlenstoffhaltigen, insbesondere biologischen Materials eignet sich deshalb besser die *Radiokarbon-Methode* mit einer Halbwertszeit des $^{14}_{6}$C-Isotops von 5730 Jahren, die 1946 von W. F. Libby[93] entwickelt wurde:

$^{14}_{6}$C wird in der oberen Atmosphäre mit konstanter Rate durch Beschuss von Stickstoff mit Neutronen der kosmischen Strahlung erzeugt und vermischt sich mit normalem $^{12}_{6}$C, der in der Atmosphäre als CO_2 vorhanden ist $\left(\frac{^{12}_{6}C}{^{14}_{6}C} \approx 10^{12}\right)$. Zwischen Erzeugung und radioaktivem Zerfall von ^{14}C bildet sich in der Atmosphäre ein Gleichgewicht aus, sodass der ^{14}C-Gehalt der Atmosphäre über lange Zeiträume annähernd konstant ist. Auf ca. 10^{13} Atome ^{12}C kommt 1 Atom ^{14}C. Lebewesen und Pflanzen nehmen durch die Photosynthese oder die Atmung während ihres Lebens fortwährend atmosphärischen Kohlenstoff auf, d. h., das Verhältnis ^{14}C/^{12}C in lebenden Organismen gleicht dem der Atmosphäre.[94] Sobald der Organismus stirbt, stoppt dieser Austausch mit der Atmosphäre und es erfolgt keine Erneuerung von ^{14}C mehr, er zerfällt daher mit seiner Halbwertszeit. Die Altersbestimmung kann somit durch Messung der Radioaktivität der Menge des Kohlenstoffs pro g des abgestorbenen Organismus erfolgen.

Lange Zeit wurde der ^{14}C-Gehalt so wie von Libby durch Messung der radioaktiven Zerfälle mit einem Zählrohr bestimmt, was große Probenmengen (bis zu 1 kg) erfordert und besonders bei alten Proben ($\Delta t \geq 50\,000$ Jahre) wegen des sehr geringen ^{14}C-Gehalts an die Nachweisgrenze führt. Heute kann man durch die *Beschleuniger-Massenspektrometrie*[95] noch Isotopenverhältnisse bis zu 10^{-15} gesichert auflösen und damit auch bei sehr kleinen Probenmengen (ca. 1 mg) geringe Fehler in der Altersbestimmung (ca. 40 Jahre) erzielen.[96] Ein Problem der ^{14}C-Methode sind die natürlichen zeitlichen Schwankungen des ^{12}C/^{14}C-Verhältnisses im betrachteten

93 Willard Frank Libby, 1908–1980, US-amerikanischer Chemiker. Für seine Methode ^{14}C zur Altersbestimmung in der Archäologie, Geologie, Geophysik und anderen Wissenschaftsbereichen zu verwenden erhielt er 1960 den Nobelpreis für Chemie.

94 Im lebenden Organismus ergeben sich etwa 13,56 Zerfälle/Minute und *g* ^{12}C und damit eine natürliche innere Strahlenbelastung: $^{14}_{6}C \rightarrow {}^{14}_{7}N + \beta^- + 0{,}156\,\text{MeV}$.

95 Beschleuniger-Massenspektrometrie (*AMS = Accelerator Mass Spectrometry*) ist ein an einen Teilchenbeschleuniger angeschlossenes Massenspektrometer. Werden im Beschleuniger nur negative Ionen beschleunigt, so ist eine Auftrennung von ^{14}C und ^{14}N nicht mehr notwendig, da keine negativen Stickstoffionen existieren. Dadurch wird die sehr hohe Auflösung für das Isotopenverhältnis ^{14}C/^{12}C von 10^{-15} möglich.

96 Die Fehler durch die zeitlich nicht vollständig konstante Erzeugungsrate von ^{14}C infolge der Nichtkonstanz der Höhenstrahlung steigt mit dem Alter der Probe und kann bis zu ±100 Jahre betragen.

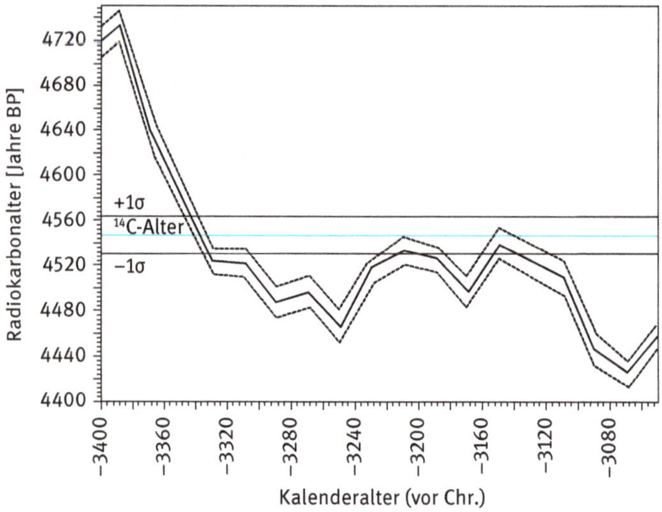

Abb. V-3.24: Beispiel für eine Kalibrierkurve durch Baumringe. Die Altersdatierung des Mannes vom Hauslabjoch („Ötzi“) mit der ^{14}C-Methode ergibt (4546 ± 17) *BP* (angegeben in Jahre *BP* = „before present“). Die Kalibrierkurve zeigt einen nicht-linearen Zusammenhang zwischen dem ^{14}C-Alter und dem Kalenderalter des „Eismannes“. Die drei horizontalen Linien geben das ^{14}C-Alter und die 1σ-Standardabweichung an. Die strichlierten Linien zeigen das entsprechende ±1σ Abweichungsband der Kalibrierkurve an. Daraus resultiert eine Wahrscheinlichkeits-Dichtefunktion für das Kalenderalter von „Ötzi“, die Maxima bei ca. 3340, 3210 und 3150 Jahren v. Chr. hat. (Nach G. Bonani, S. D. Ivy, I. Hajdas, T. R. Niklaus und M. Suter, *Radiocarbon* **36**, 247 (1994).)

Zeitraum.[97] Dies wird durch eine Kalibrierkurve berücksichtigt, in der unter anderem die Datierung von sehr langlebigen oder bereits abgestorbenen Bäumen oder auch entsprechenden Holzstücken mit ihren Jahresringen verglichen werden (Dendrochronologie). Es bleibt aber oft eine gewisse Unsicherheit, wenn die Kalibrierkurve in einem größeren Bereich (Plateau) keine Änderung des ^{14}C-Wertes zeigt (Abb. V-3.24).

3.1.5 Kernreaktionen, Kernspaltung, Kernenergie

3.1.5.1 Direkte Kernumwandlungen, Erhaltungssätze, Wirkungsquerschnitt

Unter Kernreaktionen versteht man inelastische Stöße von elementaren Teilchen sowie leichten Kernen wie z. B. $^4_2$He mit Atomkernen, bei denen die Kerne angeregt und in andere Kerne umgewandelt oder gespalten werden. Als Projektile werden meist Elektronen (e^-), Positronen (e^+), Protonen (p), Neutronen (n), α-Teilchen (α) oder Deuteronen (d) verwendet. Ganz allgemein schreibt man:

97 Die ^{14}C-Produktion ist langfristigen und kurzfristigen Schwankungen unterworfen, die vor allem auf Sonnenflecken zurückzuführen sind.

$$a + X \longrightarrow Y + b\ (+\ Q)$$

oder in der Kurzform

$$X(a,b)Y\ (+\ Q)\,. \tag{V-3.59}$$

Dabei sind a das stoßende Teilchen, X der gestoßene Targetkern, Y der entstehende Tochterkern und b ein im Verlauf der Kernreaktion ausgesandtes Teilchen. Q gibt die Wärmetönung der Reaktion, bedeutet daher eine exotherme Reaktion für $Q > 0$ und eine endotherme Reaktion für $Q < 0$.

Bei energiereichen Stößen von Stoßteilchen mit Nukliden setzt ab einer gewissen Schwellenergie die *Erzeugung* von Teilchen ein. So erzeugen Protonen ab 300 MeV Protonenenergie zunächst Pionen (*Pi*-Mesonen, π^+, π^-, π^0), ab 2 GeV werden Nukleonen erzeugt. Bei Energien des einfallenden Teilchens von etwa $E \geq 300$ MeV kann auch *Kernzertrümmerung* auftreten, die von Marietta Blau und Hertha Wambacher[98] mit Teilchen der Höhenstrahlung entdeckt wurde; es treten sogenannte „Zertrümmerungssterne" auf (Abb. V-3.25).

Auch durch Absorption von γ-Strahlung kann der Kern so stark angeregt werden, dass er Nukleonen emittiert – sogenannter Kernphotoeffekt. Die erste Reaktion dieser Art, der (γ,n)-Prozess, wurde 1934 von Chadwick und Goldhaber[99] entdeckt.

Die im Folgenden betrachteten Kernreaktionen liegen unter der Energieschwelle der Teilchenerzeugung, die Produktteilchen entstehen durch die *WW* der einfallenden Teilchen mit den Nukleonen des Kerns.

Wird die Kernreaktion unmittelbar vom stoßenden Teilchen eingeleitet, ohne dass ein angeregter Zwischenkern entsteht, spricht man von *direkter Kernreaktion*. Das einfallende Teilchen tritt mit den Nukleonen in Wechselwirkung und kann selbst, falls es zusammengesetzt ist, ein Nukleon abgeben (z. B. (d,p)), oder eines aufnehmen (z. B. (p,d)), es kann ein anderes Nukleon den Kern verlassen (z. B. (p,n)), es können zwei Nukleonen abgegeben werden (z. B. (p,pn)) usw. Die Reaktionszeit liegt bei direkten Kernreaktionen in der Größenordnung von 10^{-23} s, d. h. etwa der Reaktionszeit, die der starken *WW* entspricht.[100]

98 Marietta Blau, 1884–1979, österreichische Kernphysikerin, entwickelte die photographische Methode zum Nachweis von Elementarteilchen; Hertha Wambacher, 1903–1950, österreichische Kernphysikerin.

99 Maurice Goldhaber (geb. als Moritz Goldhaber in Lemberg, 1938 nach USA emigriert), 1911–2011, US-amerikanischer Physiker.

100 Es ist dies etwa die Zeit, in der ein virtuelles π-Meson, das die Kernkräfte als Austauschteilchen erzeugt, aufgrund der Heisenbergschen Unschärferelation zwischen Energie und Zeit existieren kann, ohne den Energiesatz zu verletzen. Es gilt als Grenzwert ($m_\pi = 273\ m_e$)

$$\Delta E \cdot \Delta t = h \quad \Rightarrow \quad \Delta t = \frac{h}{\Delta E} = \frac{h}{m_\pi^{\pm} c^2} = \frac{h}{273 \cdot m_e \cdot c^2} = \frac{6{,}626 \cdot 10^{-34}}{273 \cdot 9{,}109 \cdot 10^{-31} \cdot 9 \cdot 10^{16}} = 3 \cdot 10^{-23}\ \mathrm{s}\,.$$

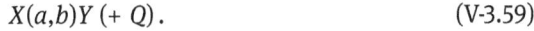

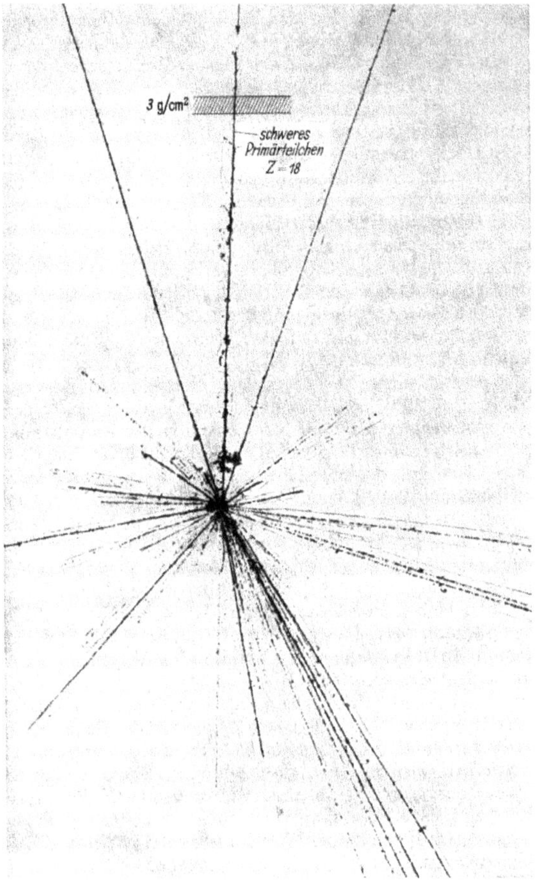

Abb. V-3.25: Zertrümmerungsstern, erzeugt durch ein schweres Primärteilchen ($Z = 18$) aus der Höhenstrahlung. (Nach: W. Finkelnburg, *Einführung in die Atomphysik*, Berlin: Springer, 1967).)

Beispiel: Kernreaktionen

$$^{14}_{7}\mathrm{N}(n,p)^{14}_{6}\mathrm{C}$$

In dieser Reaktion werden durch energiereiche Neutronen aus einem Kernreaktor Protonen erzeugt. Sie findet auch in der oberen Atmosphäre durch Neutronen der Höhenstrahlung statt und liefert den radioaktiven Kohlenstoff ^{14}C für die Altersbestimmung.

$$^{9}_{4}\mathrm{Be}(p,n)^{9}_{5}\mathrm{B}$$

Durch Protonen aus einem Teilchenbeschleuniger (Zyklotron oder Synchrotron) werden Neutronen erzeugt.

$$^{27}_{13}\mathrm{Al}(d,\alpha)^{25}_{12}\mathrm{Mg}$$

Als Stoßteilchen wird ein Deuteron ($^2_1$H) aus einem Teilchenbeschleuniger verwendet, es werden α-Teilchen erzeugt.

Intensive Quellen schneller Neutronen erhält man durch *Spallation*, im Prinzip eine (p,n)-Reaktion. Dabei werden schwere Kerne (Pb oder Bi) mit schnellen Protonen aus einem Beschleuniger beschossen. Aus den hoch angeregten Targetkernen werden dann Nukleonen, meist Neutronen, „abgedampft".

Oft können für einen Targetkern und ein Stoßteilchen mehrere unterschiedliche Reaktionen ablaufen, besonders dann, wenn es sich nicht um eine direkte Kernreaktion handelt, sondern ein Zwischenkern (Compoundkern) gebildet wird (siehe Abschnitt 3.1.5.2.1). In der Kernphysik spricht man deshalb bei Kernreaktionen von *Reaktionskanälen*, dem *Eingangskanal* $X + a$ und verschiedenen *Ausgangskanälen*, $Y_i + b_i$. Welche Ausgangskanäle für einen Eingangskanal *offen* sind, welche Kernreaktionen also ablaufen und daher auch experimentell gefunden werden und welche nicht, wird von *Erhaltungssätzen* geregelt:

1. **Energiesatz**: Die relativistische Gesamtenergie bleibt erhalten.
2. **Impulssätze**:
   a) Der lineare Gesamtimpuls und
   b) der Gesamtdrehimpuls bleiben erhalten.
3. **Ladungserhaltung**: Die gesamte Ladung bleibt erhalten.
4. **Erhaltung der Nukleonenzahl**: Unterhalb der Schwelle der Teilchenerzeugung bleibt die Gesamtzahl der beteiligten Nukleonen erhalten.
5. **Erhaltung der (räumlichen) Parität**: Die Parität bleibt bei Kernreaktionen erhalten. Die Parität P beschreibt das Verhalten der Wellenfunktion bei der Spiegelung aller Koordinaten am Ursprung, das heißt beim Übergang von einem rechtshändigen auf ein linkshändiges Koordinatensystem oder umgekehrt.

Die Erhaltungssätze schränken die Kernreaktionen, die aus rein energetischen Gründen möglich wären, stark ein.

Wirkungsquerschnitt

Für die Angabe der Wahrscheinlichkeit, mit der Kernreaktionen ablaufen, wird meist das Konzept des Wirkungsquerschnitts benützt (siehe dazu auch Band I, Kapitel „Mechanik des Massenpunktes", Anhang A2.4.2). Als Wirkungsquerschnitt eines Prozesses bezeichnet man eine virtuelle Kreisfläche um den Targetkern: Jedes diese Fläche treffende Teilchen führt zu einer Kernumwandlung.

Ist j die Teilchenstromdichte der einfallenden Teilchen, d. h. die Zahl der Teilchen, die pro Flächen- und Zeiteinheit einfällt und $N(E)$ die Anzahl der pro Zeiteinheit stattfindenden Kernreaktionen, so gilt

$$\sigma(E) = \frac{N(E)}{j} \quad \textit{Wirkungsquerschnitt für ein Nuklid}; \qquad (V\text{-}3.60)$$

Einheit: $[\sigma] = m^2$.

σ liegt üblicherweise in der Größenordnung des Kernquerschnitts; die Einheit des Wirkungsquerschnitts ist dieser Größe angepasst:

$$1\ \text{barn} = 1\ \text{b} = 10^{-28}\ \text{m}^2 = 100\ \text{fm}^2 \qquad (V\text{-}3.61)$$

Der Wirkungsquerschnitt als Maß der Wahrscheinlichkeit für das Eintreten von Kernreaktionen kann sich stark mit der Energie der stoßenden Teilchen ändern. Ein Beispiel dafür ist die Reaktion ${}^{63}_{29}\text{Cu}\,(d,p){}^{64}_{29}\text{Cu}$, bei der der Wirkungsquerschnitt bis zu einer Energie von etwa 8 MeV des Deuterons stark ansteigt und dann wieder abfällt (Abb. V-3.26):

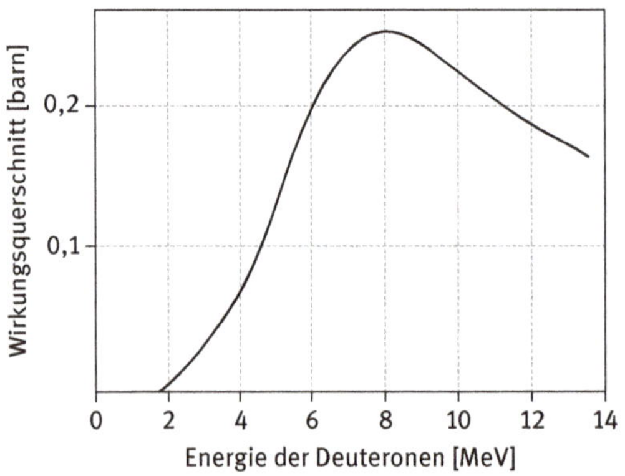

Abb. V-3.26: Wirkungsquerschnitt (in barn) von ^{63}Cu für die Reaktion ${}^{63}_{29}\text{Cu}\,(d,p){}^{64}_{29}\text{Cu}$ als Funktion der Energie (in MeV) der Deuteronen. (Nach: W. Finkelnburg, *Einführung in die Atomphysik*, Berlin: Springer, 1967).)

3.1.5.2 Kernspaltung (Zerfall des Kerns in zwei vergleichbar große Bruchstücke)

3.1.5.2.1 Spaltung leichter Kerne

Die Spaltung leichter Kerne wurde ja schon 1932 durch Cockcroft und Walton in der Reaktion ${}^{7}_{3}\text{Li}(p,2\alpha)$ entdeckt (siehe Abschnitt 3.1.1). Wie kann man sich eine solche stoßinduzierte Spaltung eines Atomskerns vorstellen? Das erste entsprechende Modell stammt von Niels Bohr (1885–1962). Es wird angenommen, dass das Stoßteilchen oder der stoßende Kern mit dem Targetkern zu einem durch die Bindungsenergie hoch angeregten Zwischenkern, dem „Compoundkern“ verschmilzt, der aber wegen seiner hohen inneren Energie wieder zerfällt. Wesentlich ist, dass der angeregte Zwischenkern zum Zeitpunkt seines Zerfalls „vergessen“ hat, wie er entstanden ist, d. h., dass der Zerfall nicht durch den Ausgangszustand beeinflusst wird. Das führt dazu, dass ein Compoundkern durch mehrere Reaktionen erzeugt werden und dann in mehreren Weisen zerfallen kann. Im Compoundkern kann sich die Energie bis zum Zeitpunkt des Zerfalls verteilen, der Prozess einer Kernspaltung dauert daher länger (ca. 10^{-16} s) als bei einer direkten Kernumwandlung (10^{-23} s).

Beispiel: Die Kernspaltung von Cockcroft und Walton.

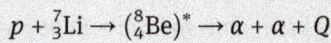

$$p + {}^{7}_{3}\mathrm{Li} \rightarrow ({}^{8}_{4}\mathrm{Be})^{*} \rightarrow \alpha + \alpha + Q$$

$({}^{8}_{4}\mathrm{Be})^{*}$ ist der hoch angeregte Compoundkern. Die freigesetzte Energie Q ist bei einer Energie des Protons von $E_p = 0{,}5\,\mathrm{MeV}$ (siehe Abschnitt 3.1.1, Fußnote 12) $Q = 17{,}26\,\mathrm{MeV}$. Die beiden α-Teilchen haben daher eine Energie von 8,63 MeV, das entspricht 8,3 cm Reichweite in Luft.

3.1.5.2.2 Kernreaktionen mit Neutronen

Neutronen mit hoher kinetischer Energie (> 1 MeV) werden vorwiegend elastisch gestreut, ohne *WW* mit dem Kern. Trotzdem erfolgt eine Energieübertragung durch den elastischen Stoß, sodass der Kern einen Rückstoß erfährt und das Neutron Energie verliert. Viele Stöße führen so zur *Thermalisierung* der Neutronen. Für die

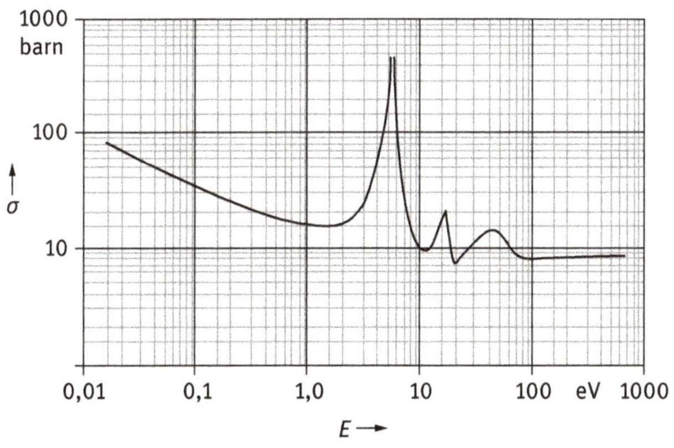

Abb. V-3.27: Neutronen-Absorptionsquerschnitt von Silber (in *barn*) als Funktion der Neutronenenergie (in eV). (Nach H. H. Goldsmith, H. W. Ibser und B. T. Feld, *Reviews of Modern Physics* **19**, 259 (1947), Messungen von L. J. Rainwater, W. W. Havens Jr., C. S. Wu und J. R. Dunning, *Physical Review*, **71**, 65 (1947).)

kinetische Energie thermischer Neutronen gilt $E_{\mathrm{kin}} \approx kT$,[101] d. h., bei Raumtemperatur ($RT = 300\,\mathrm{K}$) ist ihre Energie $E_{\mathrm{kin}} \cong 25\,\mathrm{m\,eV}$. Die Wahrscheinlichkeit für einen *Neutroneneinfang*, also dafür, dass ein n in den Kern eindringt, steigt mit seiner Verweilzeit in Kernnähe und steigt daher mit sinkender Geschwindigkeit, d. h. mit sinkender E_{kin} der n. Oft sind in gewissen, niederen Energiebereichen noch „Resonanzen" überlagert, in denen der Wirkungsquerschnitt Werte bis zu einigen Tausend *barn* erreichen kann (Abb. V-3.27). Diese Resonanzabsorption tritt immer dann auf, wenn die Energie des durch die Neutronenabsorption entstehenden Zwischenkerns mit einem seiner Energieterme zusammenfällt.

3.1.5.2.3 Spontane Kernspaltung (1940)

Für Kernladungszahlen ≥ 92 kann eine *spontane Kernspaltung* ohne äußere Einwirkung erfolgen: Für sehr schwere Kerne kompensiert die durch die starke *WW* zwischen den Nukleonen erzeugte „Oberflächenspannung" des Kerns die abstoßende elektromagnetische *WW* (elektrostatische *WW*) zwischen den Protonen nicht mehr, sodass der Atomkern instabil wird. Die spontane Kernspaltung und der radioaktive α-Zerfall beschränken somit die Kernladungszahl der natürlich vorkommenden Elemente. Es lässt sich abschätzen, dass dies ab einer Kernladungszahl Z eintritt, für die gilt

$$\frac{Z^2}{A} \geq 50\,. \tag{V-3.62}$$

Für $^{238}\mathrm{U}$ ergibt sich

$$\frac{Z^2}{A} = \frac{92^2}{238} = 35{,}6 < 50\,. \tag{V-3.63}$$

Es wurde trotzdem auch für $^{238}\mathrm{U}$ spontane Kernspaltung beobachtet, da die Spaltung wie beim α-Zerfall auch durch den Tunneleffekt erfolgen kann. Die Wahrscheinlichkeit für die spontane Spaltung von $^{238}\mathrm{U}$ ist allerdings sehr viel kleiner als für die Umwandlung durch α-Zerfall, es kommt nur eine spontane Spaltung auf etwa 2 Mio. α Zerfälle ($t_{1/2}^{\mathrm{spontan}} \approx 10^{16}$ Jahre, $t_{1/2}^{\alpha} = 4{,}5 \cdot 10^{9}$ Jahre).

Die Möglichkeit einer spontanen Kernspaltung wurde 1939 von Niels Bohr und John Wheeler (1911–2008) vorhergesagt und ein Jahr später von Flerov (auch Georgi Nikolajewitsch Fljorow, 1913–1990) und Konstantin Antonovich Petrzhak (1907–1998) an natürlichem Uran nachgewiesen.

---

101 Meist werden Neutronen mit einer Energie von $5 \cdot 10^{-3}\,\mathrm{eV} \leq E_n \leq 0{,}5\,\mathrm{eV}$ als *thermische Neutronen* bezeichnet.

3.1.5.2.4 Neutroneninduzierte Spaltung (*nuclear fission*) schwerer Kerne, Modell der Kernspaltung, Massenverteilung der Spaltprodukte

Einige schwere Kerne mit $Z \leq 92$ spalten durch Neutroneneinfang. Diese Kernspaltung wurde zuerst von Otto Hahn und Fritz Strassmann[102] 1939 am Kaiser-Wilhelm-Institut in Berlin beobachtet und kurz später von Lise Meitner (1878–1968, österreichische Physikerin) und ihrem Neffen Otto Frisch (1904–1979) theoretisch gedeutet. Eine mögliche Spaltungsreaktion lautet

$$n + {}^{238}_{92}\mathrm{U} + Q_n \longrightarrow ({}^{239}_{92}\mathrm{U})^* \longrightarrow {}^{144}_{56}\mathrm{Ba} + {}^{89}_{36}\mathrm{Kr} + 3n + E_{Sp} \qquad Q_n \geq 1\,\mathrm{MeV} \quad \text{(V-3.64)}$$

Beim ^{238}U-Kern wird aus einem *gg*-Kern ein *ug*-Zwischenkern, die Bindungsenergie des n ($E_B = 5{,}2\,\mathrm{MeV}$) reicht nicht zur Kernspaltung aus. Für die Spaltung ist eine Neutronenenergie von $E_{\mathrm{kin}} \geq 1$ MeV (schnelle Neutronen) erforderlich. Heute weiß man, dass das von Hahn und Strassmann als Beweis der Spaltung beobachtete Barium durch die Spaltung von ^{235}U hervorgerufen wurde, das neben dem ^{238}U zu 0,72 % auch in der Probe vorhanden war:

$$n + {}^{235}_{92}\mathrm{U} \longrightarrow ({}^{236}_{92}\mathrm{U})^* \longrightarrow {}^{139}_{56}\mathrm{Ba} + {}^{95}_{36}\mathrm{Kr} + 2n + 206\,\mathrm{MeV}. \qquad \text{(V-3.65)}$$

Beim Einbau des n in den ^{235}U-Kerns entsteht ein *gg*-Kern mit einer genügend hohen Bindungsenergie des n ($E_B = 6{,}55\,\mathrm{MeV}$), sodass die Spaltung auch mit thermischen n einsetzen kann.

Beispiel: Vergleich der Massenbilanz der Prozesse ${}^{238}_{92}\mathrm{U} + n \longrightarrow ({}^{239}_{92}\mathrm{U})$ und ${}^{235}_{92}\mathrm{U} + n \longrightarrow ({}^{236}_{92}\mathrm{U})^*$.

$m(^{238}\mathrm{U}) = 238{,}050788247\,\mathrm{u}$, $m(^{239}\mathrm{U}) = 239{,}\ 054293299\,\mathrm{u}$, $m(n) = 1{,}008664916\,\mathrm{u}$

$\Rightarrow \quad \Delta m = m(^{238}\mathrm{U}) + m(n) - m(^{239}\mathrm{U}) = 0{,}005159864\,\mathrm{u}$

$\Rightarrow \quad \Delta E = \Delta m \cdot 931{,}4940954\,\mathrm{MeV} = \underline{4{,}81\,\mathrm{MeV}}$ (wird frei, reicht aber nicht zum Überwindung der Spaltbarriere).

$m(^{235}\mathrm{U}) = 235{,}043929918\,\mathrm{u}$, $m(^{236}\mathrm{U}) = 236{,}045568066\,\mathrm{u}$.

$\Rightarrow \quad \Delta m = m(^{235}\mathrm{U}) + m(n) - m(^{236}\mathrm{U}) = 0{,}007026768\,\mathrm{u}$

$\Rightarrow \quad \Delta E = \Delta m \cdot 931{,}4940954\,\mathrm{MeV} = \underline{6{,}55\,\mathrm{MeV}}$ (wird frei und reicht zum Überwinden der Spaltbarriere).[103]

---

102 Otto Hahn, 1879–1968. Für die Entdeckung der Kernspaltung erhielt er 1944 den Nobelpreis für Chemie. Fritz Strassmann, 1902–1980.

103 Nuklidmassen nach G. Audi, A. H. Wapstra and C. Thibault, *Nuclear Physics* **A729**, 337 (2003).

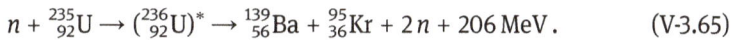

Allgemein können wir für den Endzustand einer Kernspaltungsreaktion schreiben

$$n + \mathrm{X} \longrightarrow \mathrm{Y}_1 + \mathrm{Y}_2 + m \cdot n + x \cdot \beta^{\pm} + y \cdot \gamma + z \cdot \nu\,, \qquad \text{(V-3.66)}$$

wobei m die Zahl der freigesetzten Neutronen angibt, x die der $\beta^{\pm}$-Teilchen, y die der γ-Quanten und z die der Neutrinos (alle pro Spaltung). Y_1 und Y_2 sind die *stabilen* Spaltkerne, in die die beiden primären Spaltprodukte, die oftmals radioaktiv sind, nach einer Reihe weiterer Zerfallsprozesse schließlich übergehen.

Mit der Kernspaltung durch thermische Neutronen konkurriert der Neutroneneinfang im ^{235}U-Kern mit anschließender γ-Emission

$$^{235}\mathrm{U} + n \longrightarrow {}^{236}\mathrm{U} + \gamma\,; \qquad \text{(V-3.67)}$$

die Wirkungsquerschnitte betragen:

$$\sigma_{\mathrm{Spaltung}} = 580\,\mathrm{barn}, \; \sigma_{\mathrm{Einfang}} = 107\,\mathrm{barn}\,. \qquad \text{(V-3.68)}$$

Wir erinnern uns an die Kurve: Mittlere Bindungsenergie pro Nukleon E_b als Funktion der Nukleonenzahl A (Abschnitt 3.1.2.2, Abb. V-3.8). Die Kurve sinkt ab ihrem Maximum leicht: $E_b = 8{,}5$ MeV bei $A = 100$ und $E_B = 7{,}5$ MeV bei $A = 200$. Wenn daher ein Kern mit $A = 200$ in zwei gleiche Teile zu je $A = 100$ zerfällt, so wird die Energie von ca. 1 MeV pro Nukleon frei, d. h. insgesamt etwa 200 MeV pro gespaltenem Kern. Man beachte, dass bei einer üblichen Verbrennungsreaktion pro Sauerstoffmolekül nur etwa ~ 4 eV gewonnen werden; die Energiefreisetzung pro reagierendem Teilchen ist also bei der Kernspaltung $5 \cdot 10^7$ mal so groß![104]

Eine erste Modellvorstellung der Kernspaltung wurde von Niels Bohr und John Wheeler im Rahmen des Tröpfchenmodells für die neutroneninduzierte Kernspaltung entwickelt (siehe Abschnitte 3.1.3.1 und besonders 3.1.3.4, das kollektive Kernmodell, bzw. Abschnitt 3.1.5.2.1):

Beim Neutroneneinfang im ^{235}U fällt das ankommende Neutron in den Potenzialtopf der starken Kernkräfte des Nuklids. Die frei werdende potenzielle Energie des Neutrons, die der Bindungsenergie des Neutrons entspricht, vermehrt um seine kinetische Energie, führt zu einer Anregung des Kerns. In etwa 15 % der Fälle wird diese Energie als γ-Strahlung abgegeben und der Kern geht wieder in den Grundzustand über. Im Rest der Fälle (ca. 85 %) verhält sich der Kern wie ein hochenergetischer, schwingender Flüssigkeitstropfen, bei dem es zu einer Einschnürung kommt. Die Vergrößerung der Oberfläche beim Schwingungseinsatz nach Absorption eines n erfordert einen größeren Arbeitsaufwand, als durch die Verrin-

---

104 Der genaue Wert der freigesetzten Spaltenergie E_{Sp} hängt wesentlich von den beiden entstehenden Spaltnukliden ab und variiert im Extremfall zwischen etwa 100 MeV für sehr unterschiedlich große Spaltnuklide und etwa 200 MeV für etwa gleich große Spaltnuklide.

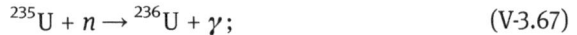

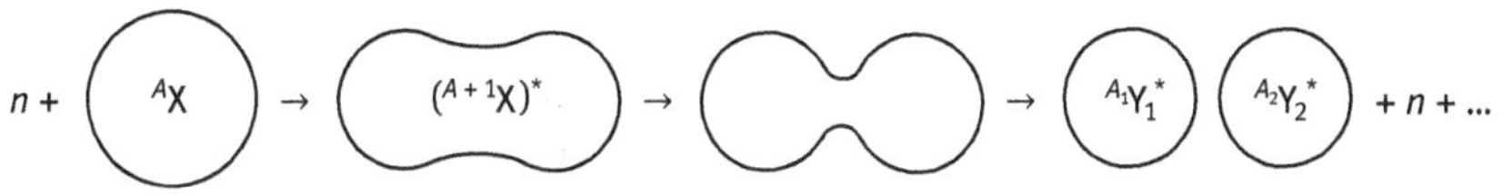

Abb. V-3.28: Modellvorstellung der Kernspaltung im Tröpfchenmodell. Zunächst nimmt der Kern ein Neutron auf (Neutroneneinfang) und bildet dadurch einen angeregten Zwischenkern, der dynamische Schwingungen ausführt. Es kommt zur Einschnürung und zur Bildung von zwei Ladungsschwerpunkten. Durch die Vergrößerung der Oberfläche nimmt die Bindungsenergie des Kerns ab, seine potenzielle Energie daher zu; durch die Verkleinerung der Volumina der beiden Endteile nimmt die potenzielle Energie ebenfalls zu. Es resultiert zunächst bei kleiner Schwingungsamplitude eine Erhöhung der potenziellen Energie des Kerns bis die Coulomb-abstoßung zwischen den neuen Ladungszentren schließlich den Kern zerreißt.

gerung der Coulombenergie bei der Deformation der Kugelform gewonnen wird. Dies führt bei kleinen Deformationen zu einem Anstieg der potenziellen Energie bis zum Wert E_{barr} (siehe weiter unten Abb. V-3.29). Erst wenn diese Barriere von 5–7 MeV durch den Energiegewinn E_b aus der Bindung des n überwunden ist, kann die Schwingung auf Grund der Coulomb-Abstoßung zu einer Spaltung der abgeschnürten Kernfragmente führen (Abb. V-3.28). Die 2 entstandenen Tochterkerne sind meist stark angeregt und fliegen auseinander, wobei sofort 1–3 Neutronen freigesetzt werden.[105]

Wir haben schon oben am Beginn dieses Abschnitts gesehen, dass manche schweren Kerne durch thermische Neutronen spaltbar sind, z. B. $^{235}_{92}\text{U}$ und $^{239}_{94}\text{Pu}$, während dies für andere Kerne z. B. $^{238}_{92}\text{U}$, $^{243}_{95}\text{Am}$ nicht der Fall ist. Der Grund dafür ist die zu geringe Bindungsenergie des Neutrons in den zuletzt genannten Nukliden, die zur Überwindung der Spaltbarriere nicht ausreicht (siehe Abb. V-3.29). Eine wesentliche Rolle bei der Kernspaltung spielt die Deformation des angeregten, schwingenden Kerns, die durch den *Deformationsparameter* ε, ein Maß für die Abweichung des Kerns von der Kugelsymmetrie, beschrieben wird. Solange der Kern noch nicht vollständig gespalten ist (d. h. für $r < r_{\text{zerr}}$, siehe Abb. V-3.29), ist ε proportional zum Abstand r der Ladungszentren. Die Energiedifferenz zwischen dem Anfangs- und dem Endzustand des zerfallenden Kerns ist die Zerfallsenergie Q. Die gesamte E_{pot} geht aber als Funktion des Abstands der (späteren) Spaltprodukte durch ein Maximum $E_{\text{pot}}^{\max} = Q + E_{\text{barr}}$. Die Energiebarriere E_{barr} muss überwunden oder (ähnlich wie beim α – Zerfall) durchtunnelt werden, damit die Spaltung erfolgen kann (Abb. V-3.29). Ohne Tunneleffekt muss also die Energie des einfallenden Neutrons $E_n > E_{\text{barr}}$ sein (siehe auch Beispiel ‚Vergleich der Massenbilanz der Prozesse $^{238}_{92}\text{U} + n \longrightarrow (^{239}_{92}\text{U})$ und $^{235}_{92}\text{U} + n \longrightarrow (^{236}_{92}\text{U})^*$‘).

---

105 Im Mittel entstehen in $^{235}_{92}\text{U}$ 2,47, in $^{233}_{92}\text{U}$ 2,51 und in $^{239}_{94}\text{Pu}$ 2,91 *prompte n* pro thermischer Spaltung. Bei Spaltung mit schnellen n sind die Werte um ca. 8 % größer. Die Energie der Spaltneutronen reicht von 0,1 MeV bis 10 MeV mit einem scharfen Maximum bei 1,98 MeV.

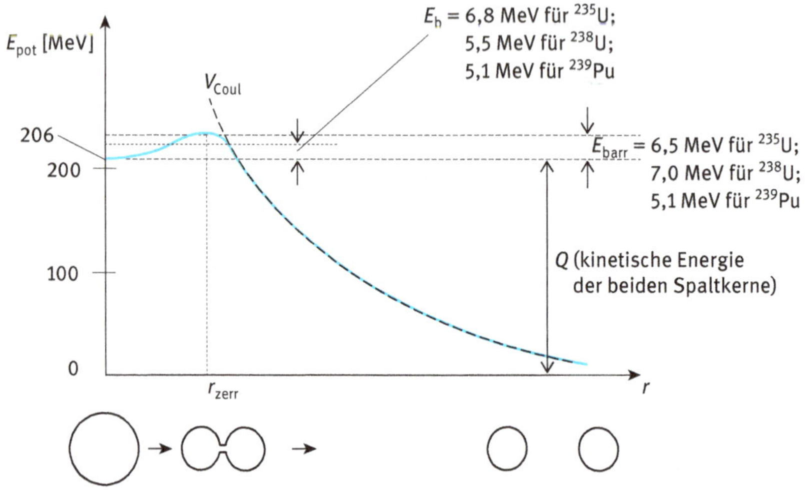

Abb. V-3.29: E_{pot} der Spaltprodukte während der Kernspaltung nach dem Tröpfchenmodell. Q ist die Spaltenergie entsprechend der Massendifferenz der Spaltkerne und dem Ausgangskern. E_b ist die Bindungsenergie des aufgenommenen Neutrons. Wenn die Schwingung des Kerns die Größe r_{zerr}, den Zerreißabstand, erreicht, spaltet sich der Kern. Die „Spaltbarriere" bzw. Aktivierungsenergie E_{barr} muss von der Bindungsenergie des Neutrons aufgebracht oder durchtunnelt werden.

Gilt für die Bindungsenergie des eingefangenen Neutrons $E_B \geq E_{barr}$ (wie im Falle von ^{235}U), dann erfolgt die Spaltung bereits mit thermischen Neutronen, andernfalls muss die Differenz $E_{barr} - E_B$ vom Neutron als kinetische Energie mitgebracht werden, um die Spaltung zu ermöglichen (= *schnelle Spaltung*).

Bei der thermischen Spaltung eines ^{235}U-Kerns werden insgesamt $E_{Sp} = 206$ MeV frei. Diese Energie verteilt sich wie folgt auf die freiwerdenden Teilchen:

E_{kin} der stabilen Spaltkerne:	165 MeV
E_{kin} der Spaltneutronen:	5 MeV
prompte γ-Strahlung:	8 MeV
γ-Strahlung der Spaltprodukte:	7 MeV
β-Strahlung der Spaltprodukte:	9 MeV
Neutrino-Energie:	12 MeV
zusammen:	206 MeV.

Für ^{233}U ist $U_{Sp} = 203$ MeV, für ^{239}Pu ist $U_{Sp} = 213$ MeV.

Bei der Untersuchung der Spaltprodukte z. B. von ^{235}U bei der Spaltung durch thermische Neutronen zeigt sich eine markante Asymmetrie: Die wahrscheinlichste Spaltung führt zu zwei Bruchstücken mit deutlich unterschiedlichen Massen, nämlich $A \approx 100$ und $A \approx 140$ (Abb. V-3.30). Die Verteilung wird umso symmetrischer, je höher die Projektilenergie ist. Diese Erscheinung kann mit dem Tröpfchenmodell nicht erklärt werden und zeigt daher, dass es unzureichend ist.

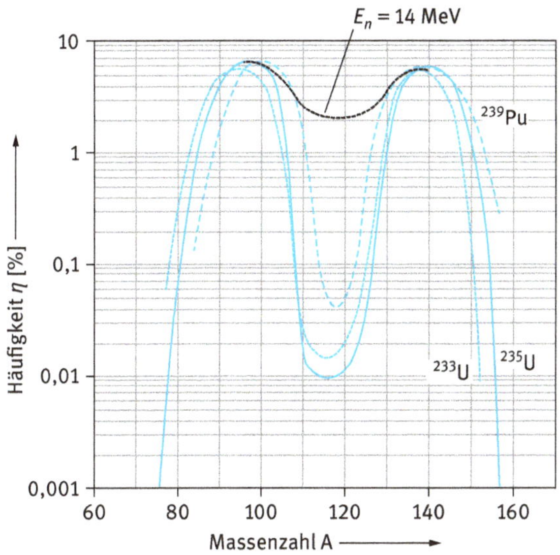

Abb. V-3.30: Häufigkeit der Spaltprodukte η (in %) für die Spaltung von ^{233}U, ^{235}U und ^{239}Pu durch thermische Neutronen als Funktion der Massenzahl A. Es zeigt sich eine deutliche Asymmetrie der Spaltprodukte mit einer Häufung um $A = 100$ und $A = 140$. Schwarz punktiert ist zusätzlich die Häufigkeit der Spaltprodukte für die Spaltung durch 14 MeV-Neutronen eingezeichnet, die eine deutlich symmetrischere Verteilung der Bruchstücke zeigt. Bezüglich der pro Spaltung frei werdenden Neutronen siehe Fußnote 105.

3.1.5.2.5 Der Kernreaktor (nuclear reactor)

Damit Energie in großem Umfang frei wird, muss ein atomarer Spaltprozess weitere Spaltprozesse auslösen (triggern), sodass der Spaltprozess sich im „Kernbrennstoff" wie eine Flamme ausbreitet. Da bei der Kernspaltung mehr n frei werden als für eine weitere Spaltung gebraucht werden, ist im Prinzip eine *Kettenreaktion* möglich.

In einer Kernspaltungsbombe läuft diese Kettenreaktion rasch und unkontrolliert ab. Man verwendet Uran, das zu 90 % an ^{235}U angereichert ist. Die Spaltungen erfolgen durch schnelle Neutronen, die unmittelbar von vorausgehenden Spaltreaktionen stammen. Damit es überhaupt zu einer nuklearen Explosion kommt, dürfen nicht mehr n durch die Oberfläche einer kugelförmig angenommenen ^{235}U- bzw. ^{239}Pu-Masse entweichen, als im Inneren freigesetzt werden. Da das Verhältnis Oberfläche zu Volumen O/V mit $1/r$ kleiner wird, kann diese Bedingung erst ab einer gewissen Mindestgröße bzw. Mindestmasse erfüllt werden. Diese *kritische Masse* hängt außer von O/V noch vom Spaltquerschnitt und der Reinheit der verwendeten Isotope ab. Für ^{235}U beträgt die kritische Masse 10–15 kg, für ^{239}Pu 5–6 kg, was einer Kugel mit einem Radius von 17 cm bzw. 10 cm entspricht. Wird der Sprengstoff von einem Neutronenreflektor aus dem schweren ^{238}U umgeben, dann verringert sich der Kugelradius auf 12 cm bzw. 7,6 cm. Die Explosion wird dadurch eingeleitet, dass unterkritische Massen durch eine konventionelle Explosion bzw. eine Hohlkugel durch eine sehr starke Implosion zu einer kritischen Masse vereinigt werden. Die im zweiten Fall eintretende Verdichtung des Sprengmaterials führt zu einer weiteren beträchtlichen Verkleinerung der kritischen Masse.

In einem Kernreaktor soll die Kernspaltungsreaktion kontrolliert ablaufen. Natürliches Uran enthält nur 0,72 % des mit thermischen Neutronen spaltbaren ^{235}U und 99,3 % ^{238}U. Man verwendet daher heute im Reaktor Uran, das zu etwa 3 % an ^{235}U angereichert ist und führt die Spaltung im Wesentlichen mit thermischen Neutronen durch,[106] was zu einfacheren und kompakteren Strukturen führt.

Unter dem *Vermehrungsfaktor k* versteht man das Verhältnis der Neutronendichte am Anfang einer bestimmten „Generation" von Neutronen und am Anfang der nächsten Generation. Ist $k < 1$, erlischt die Kettenreaktion, ist $k > 1$, wächst die Zahl der n exponentiell an, ist $k = 1$, ist der Reaktor gerade *kritisch*, d. h., die Kettenreaktion wird bei vorgegebenem Neutronenfluss gerade aufrecht erhalten und ermöglicht einen stationären Betrieb auf unterschiedlichem Leistungsniveau (Abb. V-3.31).

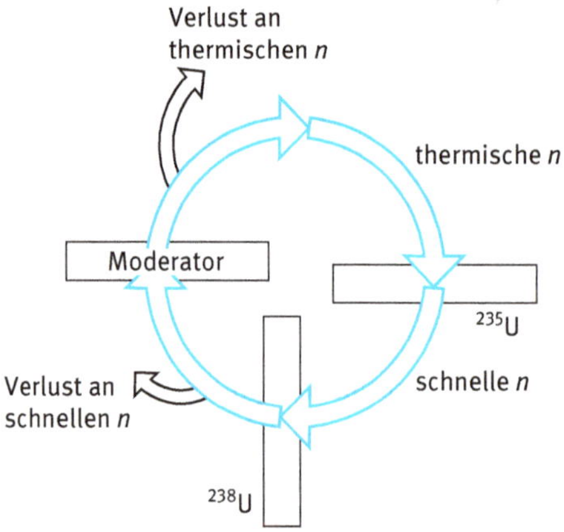

Abb. V-3.31: Die Zahl der thermischen n im Brennstoff ^{235}U soll bei stationärem Reaktorbetrieb konstant sein: Der Verlust an schnellen und thermischen n muss klein gehalten werden, Regelstäbe aus n-absorbierendem Material halten den Vermehrungsfaktor k für thermische n bei $k = 1$.

Bei der Spaltung von ^{235}U ist im Mittel $k = 2{,}5$, außerdem wird durch hochenergetische n auch ^{238}U gespalten, aber mit geringerem Wirkungsquerschnitt. Man muss daher durch Einschieben von *Regelstäben* (= Steuerstäbe, *control rods*) aus neutro-

106 Bei Verwendung geeigneter Moderatoren wie D_2O und Graphit kann ein Reaktor auch mit natürlichem Uran betrieben werden (Schwerwassereaktor, Graphitreaktor) wobei aber wieder nur die 0,72 % ^{235}U der Spaltung durch thermische n unterworfen sind.

nenabsorbierendem Material, z. B. Cadmium oder Bor, die Zahl der Spaltungen pro Zeiteinheit so einstellen, dass $k = 1$ wird. Dies wäre mit den prompten Neutronen allein technisch nicht möglich. Erst das Auftreten von ca. 0,5 % *verzögerten Neutronen* im Mittel ca. 14 s nach der Spaltung macht eine sichere Regelung möglich.

Da ^{235}U einen großen Wirkungsquerschnitt für die Spaltung durch thermische *n* aufweist, müssen die mit ca. 2 MeV emittierten *n* zunächst durch einen *Moderator* thermalisiert werden. Außerdem gehen Neutronen nach außen verloren. Dies kann am wirkungsvollsten durch Erhöhung der Neutronenproduktionsrate kompensiert werden, indem man Uran verwendet, das zu ~ 3 % an ^{235}U angereichert ist.

Zusammenfassend müssen im Reaktor 3 Probleme gelöst werden:

1. Neutronenverlust: Neutronen verlassen den Reaktor und nehmen nicht mehr an den Reaktionen teil. Dieser Verlust ist proportional zur Oberfläche des Reaktorinneren (Core). Da die Neutronenproduktion proportional zur a^3 ist, wenn a die Kantenlänge eines würfelförmigen Reaktorkerns ist, die Oberfläche aber proportional zu $6a^2$, können die prozentuellen Verluste durch eine entsprechende Größe des Reaktorkerns verkleinert werden (Oberflächen-Volumsverhältnis: $\frac{6a^2}{a^3} = \frac{6}{a}$).
2. Neutronenenergie: Nach der Spaltung haben die freigesetzten Neutronen eine Energie von ~ 2 MeV, während der Spaltquerschnitt von ^{235}U ein Resonanzmaximum für thermische *n* (bei ≈ 0,04 eV) hat. Die Abkühlung der Neutronen erfolgt durch Stoßprozesse mit möglichst gleichschweren Teilchen im *Moderator*. Am günstigsten als Moderator sind demnach H-Atome, die gleich schwer sind wie *n* und die ja im Wasser sehr einfach zur Verfügung stehen. Außerdem eignet sich Wasser sehr gut zur Weiterleitung der Reaktionswärme.
3. Neutroneneinfang: Im Energiebereich von 1–100 eV hat ^{238}U einen hohen Neutroneneinfangquerschnitt, die eingefangenen *n* führen aber nicht zur Spaltung (siehe Abschnitt 3.1.5.2.4, Beispiel ‚Vergleich der Massenbilanz der Prozesse $^{238}_{92}U + n \rightarrow (^{239}_{92}U)$ und $^{235}_{92}U + n \rightarrow (^{236}_{92}U)^*$'). Durch räumliche Trennung des Moderators und der Uran-Brennelemente kann man erreichen, dass die Neutronen im kritischen Energiebereich noch im Moderator sind und so die Einfangrate in den Brennelementen gering bleibt.

   Allerdings hat der Wasserstoff in gewöhnlichem H_2O einen hohen Absorptionsquerschnitt für Neutronen. Aus Gründen der Neutronenabsorption wäre es daher besser D_2O („schweres Wasser") oder Graphit für die Moderation der schnellen Neutronen zu verwenden.

Der Brennstoff liegt im Reaktor in Form von Brennstäben vor: ca. 200 Tabletten aus UO_2 in einem verschweißten Hüllrohr aus einer Zirkonlegierung. Meist sind 25 Brennstäbe zu einem Brennelement zusammengefasst, die Betriebstemperatur liegt bei T ≈ 500–600 °C. Im normalen Betrieb arbeitet der Reaktor in einem Bereich mit

k geringfügig >1 (überkritisch) und wird durch die Regelstäbe, die einen großen Absorptionsquerschnitt für n aufweisen (z. B. Cadmium oder Bor) gerade kritisch gehalten.

Beispiel 1: Druckwasserreaktor (heute am meisten verwendeter Typ), arbeitet mit auf ca. 3 % angereichertem $^{235}UO_2$. Im Druckwasserreaktor dient normales Wasser als Moderator, sodass als Brennstoff angereichertes Uran verwendet werden muss. Das Wasser hat eine Temperatur von etwa 340 °C und steht unter 155 bar Druck, um das Sieden des Wassers zu vermeiden. In einem Wärmetauscher wird Sattdampf erzeugt (≈ 270 °C, ≈ 55 bar) und zu einer Turbine für die Stromerzeugung geleitet.[107]
Wesentliche Punkte des Druckwasserreaktors sind:
1. Der primäre Kühlkreislauf ($T \sim 610$ K, $P \approx 150$ bar, Druckwasser) kühlt die Brennelemente und ist vom Turbinenkreislauf getrennt. Radioaktive Substanzen des Primärkreises gelangen nicht in den Turbinenkreislauf.
2. Abgeschlossener Reaktordruckbehälter und Stahlbetonabschirmung (*Containment*) gegen äußere Einwirkungen.
3. H_2O-moderiert: Mit zunehmender Temperatur sinkt die Moderationswirkung (negativer Temperaturkoeffizient), der Reaktor geht bei Überhitzung von selbst in den unterkritischen Bereich; der Reaktor ist *eigenstabil.*

Für 1 GW elektrischer Leistung sind etwa 30 t Uran pro Jahr erforderlich.[108]

Beispiel 2: Graphitmoderierter Siedewasserreaktor (Tschernobyl-Typ). Der Kern des Reaktors besteht aus einem etwa zylindrischen Block aus Graphitziegeln (12 m Durchmesser, 7 m Höhe), in dem Bohrungen für die Brenn- und Regelstäbe vorgesehen sind. Das Wasser-Dampf-Gemisch in den Kühlrohren wird in einen Dampfabscheider geleitet und der Dampf betreibt direkt die Turbine. Der Vorteil besteht darin, dass für den Reaktor kein eigener Druckbehälter vorhanden ist und die Brennelemente daher ohne Abschaltung des Reaktors während des Betriebs getauscht werden können.
Nachteile:
1. Dieser Reaktortyp hat einen positiven Temperaturkoeffizienten:
   Wenn der Reaktor überhitzt und das Kühlmittel H_2O verdampft, werden weniger n absorbiert, während die Graphit-Moderation gleich bleibt. Bei Ausfall der Steuerung zeigt der Reaktor deshalb ein instabiles Verhalten (*nicht eigenstabil* bzw. *labil*)

---

107 Siehe Fußnote 108.

108 Konventionelle Dampfkraftwerke arbeiten mit überhitztem Dampf von $t = 530$ °C und $P = 200$ bar ⇒ der Dampf besitzt eine wesentlich größere Enthalpie pro Volumseinheit, wodurch alle Leitungsquerschnitte und Turbinen viel kleiner werden als im Kernkraftwerk.

2. Durch das sehr große Volumen des Reaktorkerns kann es zu lokaler *n*-Überhöhung kommen.
3. Es fehlen der Reaktordruckbehälter und die Betonabschirmung (Containment).

Die im Kernreaktor entstehenden Spaltprodukte sind zum Teil *n*-Absorber, wodurch die Reaktivität mit der Zeit abnimmt. So hat z. B. ^{135}Xe einen sehr hohen *n*-Einfangquerschnitt ($3{,}5 \cdot 10^6$ barn), zerfällt aber im stationären Reaktorbetrieb nach ca. 3000 s durch die Reaktion

$$^{135}\mathrm{Xe} + n \longrightarrow {}^{136}\mathrm{Xe}^* \underset{\gamma}{\underbrace{\longrightarrow}} {}^{136}\mathrm{Xe} \qquad \text{(V-3.69)}$$

rasch weiter in stabiles ^{136}Xe. Kurz nach dem Einschalten des Reaktors kann es dadurch zu einem Problem kommen und der Reaktor unterkritisch werden, man spricht von Xenonvergiftung.

Verzögerte Neutronen

Die mechanische Regelung mit den Regelstäben würde versagen, wenn *alle* bei der Spaltung freiwerdenden *n* sofort weitere Spaltungen verursachen könnten. Aber „nur" etwa 99 % der *n* werden sofort (innerhalb von 10 fs) frei, der Rest wird von den Spaltprodukten mit einer Verzögerung zwischen 55 s und 0,12 s nach der Spaltung emittiert. Der Anteil dieser *verzögerten Neutronen* beträgt in ^{233}U 0,241 %, in ^{235}U 0,755 % und in ^{239}Pu 0,337 %. Sie entstehen durch den Zerfall hochangeregter Tochterkerne in der Spaltreihe der Zerfallskerne mit der Halbwertszeit des *β*-strahlenden Mutterkerns.

Beispiel: Die Zeit zwischen zwei Spaltungen beträgt im Mittel $\Delta t = 1$ ms. Während dieser Zeitspanne diffundiert das Neutron im Moderator und ist in H_2O nach 18 Stößen thermalisiert; in D_2O nach 24 Stößen und in Graphit nach 110 Stößen. Nehmen wir einen ganz schwach überkritischen Reaktorzustand von $k = 1{,}001$ an. Die Frage lautet nun: Wie lange dauert es, bis sich die Reaktionsrate (Zahl der Spaltungsreaktionen pro *s*) verdoppelt?

Nach *N* „Generationen" gilt mit R_0 als Anfangsreaktionsrate:

$$R_0 \cdot 1{,}001 \cdot 1{,}001 \cdot \ldots = R_0 \cdot (1{,}001)^N ,$$

wenn sich also die Reaktionsrate verdoppeln soll

$$R_0 \cdot (1{,}001)^N = 2R_0$$

$$\Rightarrow \quad N \ln 1{,}001 = \ln 2 \quad \text{bzw.} \quad N = \frac{\ln 2}{\ln 1{,}001} = 693 .$$

Wir brauchen daher bei Verwendung der prompten n 693 Spaltgenerationen bis zur Verdopplung der Anfangsspaltrate, das sind in diesem Fall $t_2 = 693 \cdot \Delta t = 693 \cdot 0{,}001\,\text{s} = 693\,\text{ms} = 0{,}7\,\text{s}$. Das ist aber zu kurz für eine mechanische Regelung.

Wir wissen aber: 0,75 % der n wird mit ca. 14 s Verzögerung emittiert. Damit ergibt sich für die Zeit zwischen zwei Spaltungsgenerationen

$$\Delta t' = 0{,}9925 \cdot 0{,}001\,\text{s} + 0{,}0075 \cdot 14\,\text{s} = 0{,}106\,\text{s}\,,$$

das bedeutet gegen die oben angenommenen 0,001 s eine Zeitdehnung um mehr als einen Faktor 100!

Für die Zeitdauer bis zur Verdoppelung nach 693 Generationen erhalten wir jetzt

$$t' = 693 \cdot \Delta t' = 693 \cdot 0{,}106\,\text{s} = 73{,}5\,\text{s}\,,$$

das reicht für eine mechanische Regelung aus!

Schneller Brüter

Im „schnellen Brüter“ werden Brennstäbe aus einem Uran-Plutonium-Gemisch benützt und die schnellen Spaltneutronen zu weiteren Kernspaltungen von ^{235}U und ^{239}Pu verwendet. Der Grund für die Verwendung schneller Neutronen liegt in der gegenüber thermischer Spaltung um ca. 10 % erhöhten Zahl von Spaltneutronen. Da schnelle n zur Spaltung benützt werden, wird bei diesem Reaktor kein Moderator gebraucht. Es laufen neben der Kernspaltung noch folgende Reaktionen ab:

$$^{238}_{92}\text{U} + n \longrightarrow {}^{239}_{92}\text{U} \underset{23{,}5\,\text{min}}{\overset{\beta^-}{\longrightarrow}} {}^{239}_{93}\text{Np} \underset{2{,}36\,\text{d}}{\overset{\beta^-}{\longrightarrow}} {}^{239}_{94}\text{Pu}\,. \qquad \text{(V-3.70)}$$

Durch Neutroneneinfang kommt es also zur Umwandlung von ^{238}U in ^{239}Np, das mit einer Halbwertszeit von ca. 2,5 Tagen durch β^--Zerfall wieder in durch thermische n spaltbares ^{239}Pu übergeht. Da die Zahl der in dieser Reaktion erzeugten ^{239}U-Atome größer ist als die Zahl der verbrauchten Brennstoffatome, „erbrütet“ sich der Reaktor seinen Brennstoff selbst. Im Mittel werden pro Spaltprozess eines ^{239}Pu-Kerns mit schnellen n 2,8 n frei; davon wird eines für einen neuerlichen Spaltprozess zur Aufrechterhaltung des Reaktorbetriebs gebraucht, etwa 0,5 n gehen durch parasitäre Prozesse und Verlust nach außen verloren, d. h., es stehen etwas mehr als 1 n für die Brutprozesse zur Verfügung. Wird 1 n von einem ^{238}U-Kern eingefangen, so verdoppelt sich der Kernbrennstoff in etwa 7–10 Jahren.

Ein Teil des ^{239}Pu wandelt sich durch α-Zerfall weiter in ^{235}U um

$$^{239}_{94}\mathrm{Pu} \underset{2{,}4\,\cdot\,10^4\,\mathrm{a}}{\overset{\alpha}{\longrightarrow}} {}^{235}_{92}\mathrm{U} + 5{,}14\,\mathrm{MeV}\,, \tag{V-3.71}$$

es wird damit auch Brennstoff für normale Kernreaktoren erbrütet.

Wegen des kleineren Wirkungsquerschnitts für die Kernspaltung durch schnelle verglichen mit thermischen n wird ein höherer Neutronenfluss erforderlich und der Reaktorkern muss mit hoher Spaltstoffkonzentration sehr viel kompakter gebaut sein. Als Kühlmittel verwendet man wegen seines geringen n-Absorptionsquerschnitts und seiner geringeren n-Abbremsung an Stelle von Wasser flüssiges Natrium.

Da bei der Spaltung von $^{235}_{92}$U mit thermischen n 2,47 Spaltneutronen frei werden, kann mit $^{235}_{92}$U als Spaltstoff auch ein *thermischer Brüter* realisiert werden, wobei aus dem reichlich vorhandenen $^{232}_{90}$Th das gut spaltbare $^{233}_{92}$U erbrütet wird:

$$^{232}_{90}\mathrm{Th} + n \longrightarrow {}^{233}_{90}\mathrm{Th} \underset{22\,\mathrm{min}}{\underbrace{\longrightarrow}} \beta^- \, {}^{233}_{91}\mathrm{Pa} \underset{27\,\mathrm{d}}{\underbrace{\longrightarrow}} \beta^- \, {}^{233}_{92}\mathrm{U}\,. \tag{V-3.72}$$

Wegen der Absorption der schnellen Spaltneutronen im Brutstoff muss in allen Fällen der Spaltstoff hoch angereichert sein.

Der Brutreaktor birgt eine Reihe technologischer Nachteile und Gefahren in sich:

1. Eine hohe Betriebstemperatur: Die Temperatur des flüssigen Na (Schmelzpunkt $T_m = 98\,°\mathrm{C}$, Siedepunkt bei 1 atm $T_{Sdp} = 890\,°\mathrm{C}$) im Kühlkreislauf beträgt $T_{\mathrm{ein}} \approx 400\,°\mathrm{C}$ beim Eintritt in den Reaktor und $T_{\mathrm{aus}} \approx 550\,°\mathrm{C}$ beim Austritt. Heißes Na ist aber chemisch sehr aggressiv.
2. Der Schnelle Brüter hat einen positiven Temperaturkoeffizienten der Reaktivität: Bei steigender Betriebstemperatur sinkt die Absorption der n im Kühlmittel und die Zahl der für die Spaltung zur Verfügung stehenden n steigt $\Rightarrow$ Gefahr der Instabilität.
3. Die Zahl der verzögerten Neutronen beträgt nur 0,3 %, damit steht nur eine sehr kurze Zeitspanne zwischen 2 n-Generationen zur Verfügung; das bedeutet Probleme mit der mechanischen Regelung der Absorberstäbe.
4. Die Verwendung von Plutonium birgt ein zusätzliches Gefahrenmoment in sich: Plutonium ist als Schwermetall extrem giftig (toxisch) und äußerst kanzerogen (Krebs erzeugend). Bei Inkorporation genügen kleinste Mengen zur Erzeugung von Krebs an inneren Organen und im Knochenmark. Eingeatmet führen bereits wenige μg Pu zu tödlichem Strahlenkrebs; es zählt zu den gefährlichsten Stoffen überhaupt!

Die Technologie des schnellen Brüters wird daher nur noch sehr beschränkt weiter verfolgt (Russland Belojarsk 4, 800 MW, seit 2014; Indien PFBR, 500 MW, Betrieb geplant für Ende 2021; in China geplant für 2023 und 2026: CFR-600 (Xiapu-1 und Xiapu-2), 600 MW).

Historische Reminiszenz

Der erste Versuchreaktor nach dem Konzept von Enrico Fermi wurde am 2. 12. 1942 im Squash-Court der Universität Chicago unter der Aufsicht seines Entwicklers mit einer Leistung von 0,5 W stationär kritisch. Der Pile (Meiler) hatte die Form eines abgeplatteten Rotationsellipsoids (a = 7,8 m, c = 6,2 m) und war bis zu halber Höhe von einem Holzgerüst gestützt und mit Ballontuch eingehüllt (Abb. V-3.32). Er bestand aus 350 t reinsten Graphits in Ziegelform als Moderator sowie 36,6 t UO_2 (gepresst in Eiform) und 5,36 t reiner Natururanstücke im Zentrum als Kernbrennstoff. Zur Regelung auf $k = 1$ dienten horizontal angeordnete Cd-Blechstreifen (aufgenagelt auf 4 m langen Holzstangen), die von Hand aus bedient wurden. Ein Kühlsystem war wegen der geringen Leistung nicht vorgesehen.[109] Der Versuch wurde nach 33 min. selbständiger Kettenreaktion erfolgreich abgebrochen.

Abb. V-3.32: Chicago Pile Nr. 1 am 2. 12. 1942: Erster Kernreaktor mit sich selbst erhaltender Kettenreaktion. Konzept und Versuchsleitung: Enrico Fermi.

3.1.5.3 Kernfusion

3.1.5.3.1 Thermonukleare Fusion

Aus der Kurve Bindungsenergie pro Nukleon als Funktion der Nukleonenzahl (Abschnitt 3.1.2.2, Abb. V-3.8) ersieht man, dass Bindungsenergie gewonnen wird, wenn zwei leichte Kerne zu einem schweren Kern verschmelzen, man spricht von *Kernfusion*.

---

109 Buchempfehlung: Richard Rhodes, *Die Atombombe oder die Geschichte des 8. Schöpfungstages*, Greno-Verlag, Nördlingen 1988.

Im Normalfall verhindert die Coulomb-Abstoßung zwischen den positiv geladenen Kernen, dass die Kerne in die gegenseitige Reichweite der Kernkräfte kommen und verschmelzen. Die Höhe dieser Coulomb-Barriere hängt von der Ladungszahl und dem Kernradius der wechselwirkenden Kerne ab. Für die Annäherung von 2 Protonen bis zur Berührung ergibt sich eine Energiebarriere von etwa 600 keV. Mit zunehmender Ladungszahl erhöht sich die Barriere.

Soll die Kernfusion in größerem Rahmen zur Energiegewinnung herangezogen werden, so muss die Fusionsreaktion in dichtem Material ablaufen. Dabei muss die Temperatur so hoch sein, dass eine ausreichende Zahl von Teilchen eine so hohe Energie erhält, dass sie die Coulomb-Barriere überwinden kann und es so zur *thermonuklearen Fusion* kommt.

Die Angabe der Temperatur erfolgt in diesem Zusammenhang oft in Einheiten der Energie der wechselwirkenden Teilchen (Boltzmannkonstante $k = 8{,}617333 \cdot 10^{-5}\,\text{eV/K}$):

$$E_{\text{kin},w} = kT \quad \Rightarrow \quad 1\,\text{eV} \mathrel{\hat{=}} 11604{,}5\,\text{K}\,. \tag{V-3.73}$$

Die mit dieser Temperatur ausgedrückte kinetische Energie E_{kin} gehört zur wahrscheinlichsten Geschwindigkeit der wechselwirkenden Teilchen. Rechnet man dagegen mit

$$E_{\text{kin,rms}} = \frac{3}{2}kT \quad \Rightarrow \quad 1\,\text{eV} \mathrel{\hat{=}} 7736{,}3\,\text{K}\,, \tag{V-3.74}$$

so entspricht diese kinetische Energie der mittleren Geschwindigkeit der wechselwirkenden Teilchen.[110]

Wir wissen, dass die Sonne seit etwa 4,6 Mrd. Jahren praktisch gleichmäßig die Strahlungsleistung von $3{,}85 \cdot 10^{26}\,\text{W}$ in den Raum abgibt.[111] Das kann weder durch chemische Prozesse noch durch einen Schrumpfungsprozess im eigenen

---

110 Für die wahrscheinlichste Geschwindigkeit der Maxwellschen Geschwindigkeitsverteilung gilt (siehe Band II, Kapitel „Physik der Wärme", Abschnitt 1.2.5.2, Gl. II-1.66) $v_w = \sqrt{\frac{2kT}{m}} \Rightarrow E_{\text{kin}} = \frac{mv_w^2}{2} = \frac{m}{2} \cdot \frac{2kT}{m} = kT$; nimmt man andererseits die quadratisch gemittelte Geschwindigkeit der Maxwellverteilung (Gl. II-1.70) $v_{\text{rms}}^2 = \frac{3kT}{m}$, so folgt: $\bar{E}_{\text{kin}} = \frac{mv_{\text{rms}}^2}{2} = \frac{3}{2}kT$ in Übereinstimmung mit der Definition der absoluten Temperatur (siehe Band II, Kapitel „Physik der Wärme", Abschnitt 1.2.3, Gl. II-1.43).

111 Kleine Schwankungen – erkennbar an der wechselnden Sonnenfleckendichte – werden als eine der Ursachen für die als „Eiszeiten" bekannten Klimaänderungen angenommen. Wir leben in einer Zwischeneiszeit, einer „Warmzeit".

Gravitationsfeld erklärt werden.[112] Als einzige mögliche Energiequelle kommen daher Kernfusionsprozesse im Sonneninneren in Betracht. Im Sonnenzentrum herrscht eine mittlere Temperatur von etwa $T = 1{,}5 \cdot 10^7\,\mathrm{K}$,[113] das entspricht einer mittleren Teilchenenergie von $E_{\mathrm{kin}} = \bar{E}_{\mathrm{kin}} = \frac{m\bar{v}^2}{2} = \frac{3}{2}kT = 1938\,\mathrm{eV} \cong 2\,\mathrm{keV}$. Es stellt sich daher die Frage, warum in der Sonne überhaupt thermonukleare Reaktionen ablaufen können, wenn doch die Energiebarriere für ein Teilchen mittlerer Energie um mehr als einen Faktor 100 größer ist! Dafür gibt es zwei Antworten:

1. Wir haben für unsere Abschätzung die mittlere Geschwindigkeit der Maxwellverteilung benützt; die Verteilung liefert aber für eine geringe Teilchenzahl auch viel höhere Geschwindigkeiten, also viel höhere Teilchenenergien.
2. Die abgeschätzte Energiebarriere stellt einen Maximalwert dar, die Reaktion kann aufgrund des Tunneleffekts bei deutlich niedrigeren Energien ablaufen, da sich die beiden Protonen zur Verschmelzung nicht berühren müssen.

3.1.5.3.2 Thermonukleare Fusion in Sternen

Wie schon oben erwähnt (Abschnitt 3.1.5.3.1) strahlt die Sonne seit 4,6 Milliarden Jahren praktisch konstant die Strahlungsleistung von $3{,}85 \cdot 10^{26}\,\mathrm{W} = \mathrm{J/s}$ ab. Dabei läuft die Umwandlung von Masse in Energie im Zentralbereich der Sonne in einer Kette von Fusionsreaktionen ab, dem Proton-Proton Zyklus, bei dem im Wesentlichen Wasserstoff zu Helium „verbrennt" (Wasserstoff ist der Brennstoff, He die Asche). Die wichtigste von mehreren Möglichkeiten ist im Folgenden dargestellt. Zunächst läuft die Verschmelzung zweier Protonen zu Deuterium $^2\mathrm{H}$ ab

$$\left.\begin{array}{l} {}^1\mathrm{H} + {}^1\mathrm{H} \rightarrow {}^2\mathrm{H} + e^+ + \nu_e + 0{,}42\,\mathrm{MeV} \\ e^+ + e^- \rightarrow \gamma + \gamma + 1{,}02\,\mathrm{MeV} \end{array}\right\}. \qquad \text{(V-3.75)}$$

Dabei wandelt sich ein Proton durch β^+-Zerfall in ein Neutron um. Das dabei entstehende Positron fängt zunächst ein Elektron ein und bildet ein „Positronium-Atom",[114] das nach einer Lebensdauer von etwa $1 \cdot 10^{-10}\,\mathrm{s}$ zu zwei γ-Quanten mit

---

112 Chemische Prozesse scheiden aus, da bei der hohen Temperatur im Sonneninneren alle Atome vollständig ionisiert sind und daher nicht an chemischen Prozessen teilnehmen können. Auch die Gravitationsenergie, die beim Schrumpfen der Sonne von einer riesigen Gaswolke zum heutigen Durchmesser frei wird, gibt nur etwa $6 \cdot 10^{-3}$ der tatsächlich bis heute freigewordenen Energie von $5{,}6 \cdot 10^{43}\,\mathrm{J}$.

113 Die mittlere Sonnentemperatur beträgt etwa $5 \cdot 10^6\,\mathrm{K}$, die Oberflächentemperatur aber nur etwa 5778 K.

114 Das Positronium-Atom ist einem Wasserstoffatom ähnlich, bei dem das Positron als positiver Kern das Elektron bindet. Je nach Orientierung der beiden Eigendrehimpulse unterscheidet man Orthopositronium (parallelle Spins, d. h. Gesamtspin 1) bzw. Parapositronium (antiparallele Spins, Gesamtspin 0). Parapositronium zerfällt (annihiliert) mit einer Lebensdauer von 0,125 ns in zwei γ-Quanten mit je 0,51 MeV. Orthopositronium kann wegen seines Gesamtspins bei Beachtung des

zusammen 1,02 MeV annihiliert. Insgesamt liefert der Prozess damit eine Energie von 1,44 MeV. Die Fusion zweier Protonen ist wegen der hohen Coulomb-Barriere bei der vorliegenden Temperatur ein sehr seltener Prozess, er tritt nur 1 mal pro 10^{26} *p-p* Stößen auf. Damit steuert er die Rate der Energieproduktion und verhindert wie ein Flaschenhals die Explosion der Sonne. Im Kern der Sonne sind allerdings so viele Protonen vorhanden, dass trotz der Seltenheit des Prozesses die Erzeugungsrate von $^2H = D$ (Deuterium) bei 10^{12} kg/s liegt!

Der im ersten Fusionsprozess entstandene schwere Wasserstoff (*Deuterium*) verschmilzt anschließend mit einem weiteren Proton zu dem nur ein Neutron besitzenden ^{3}He:

$$^2H + {^1H} \longrightarrow {^3He} + \gamma + 5{,}49\,\text{MeV}\,. \tag{V-3.76}$$

Schließlich verschmelzen zwei ^{3}He-Kerne unter Freisetzung von zwei p zu ^{4}He:

$$^3He + {^3He} \longrightarrow {^4He} + {^1H} + {^1H} + 12{,}86\,\text{MeV}\,. \tag{V-3.77}$$

Die Gesamtreaktion der Fusionskette können wir so schreiben:

$$4\,{^1H} + 2e^- + 2e^+ \longrightarrow {^4He} + 2\nu_e + 6\gamma + 26{,}72\,\text{MeV} \tag{V-3.78}$$

Wasserstoffbrennen.

Pro gebildetem ^{4}He-Kern wird insgesamt eine Energie von ≈ 26,7 MeV frei, die Bindungsenergie eines α-Teilchens. Davon nehmen etwa 0,5 MeV die fortfliegenden Neutrinos mit, der Rest von 26,2 MeV (6,55 MeV pro Proton) verbleibt zunächst als thermische Energie im Kern der Sonne, um schließlich zuerst durch Strahlung, weiter außen durch Konvektion, unter ständiger Abkühlung durch Stoßprozesse, an die Oberfläche (Photosphäre) zu gelangen, von wo sie in den Weltraum durch Strahlung verteilt wird (Abb. V-3.33).

Energie- und Impulssatzes nur in eine ungerade Zahl (≥ 3) von γ-Quanten zerfallen; dieser Prozess ist wesentlich unwahrscheinlicher und hat daher eine längere Lebensdauer von 142 ns.

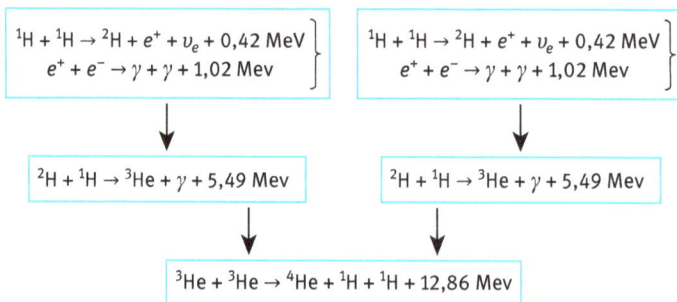

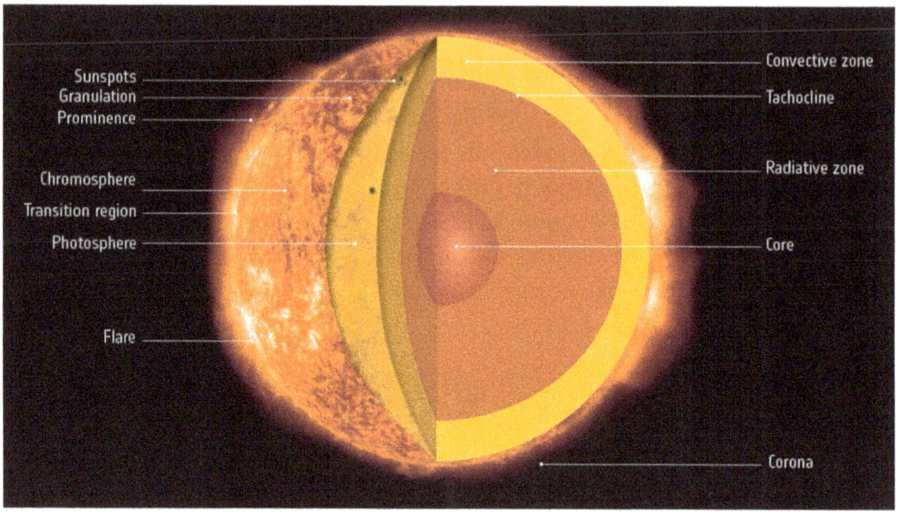

Abb. V-3.33: Schnitt durch unsere Sonne. Im kleinen Zentrum (Core, 15,6 · 10^6 K) findet das zentrale Wasserstoffbrennen statt. Die hier freigesetzte Gammastrahlung wandert langsam durch die Strahlungszone (radiative zone) nach außen. Innerhalb dieser Zone findet keine thermische Konvektion des Sonnengases statt. In der äußeren Schale, der Konvektionszone (convection zone), findet der weitere Abtransport der Energie durch Wärmebewegungen statt. Durch die hohe Dichte im Sonneninneren kommt es fortlaufend zu Stößen der γ-Photonen mit Teilchen des Sonnenplasmas, die zur Abnahme der Strahlungsenergie führen. Die Strahlung, die die dünne, einige 100 km dicke, sichtbare Oberfläche der Sonne, die Photosphäre (photosphere), schließlich verlässt, ähnelt dem kontinuierlichen Spektrum der *schwarzen Strahlung* von etwa 6000 K. An die Photosphäre schließt die etwa 2000 km dicke, weniger dichte Gasschicht der Chromosphäre (chromosphere) an, die dann in die Sonnencorona mit noch geringerer Dichte, aber höheren Temperaturen (bis zu 10^6 K) übergeht. Bild: ESA.

Abb. V-3.33a zeigt die beim Wasserstoffbrennen ablaufenden Reaktionen:

$$\left.\begin{array}{c} {}^1\mathrm{H} + {}^1\mathrm{H} \to {}^2\mathrm{H} + e^+ + \upsilon_e + 0{,}42\ \mathrm{MeV} \\ e^+ + e^- \to \gamma + \gamma + 1{,}02\ \mathrm{Mev} \end{array}\right\} \qquad \left.\begin{array}{c} {}^1\mathrm{H} + {}^1\mathrm{H} \to {}^2\mathrm{H} + e^+ + \upsilon_e + 0{,}42\ \mathrm{MeV} \\ e^+ + e^- \to \gamma + \gamma + 1{,}02\ \mathrm{Mev} \end{array}\right\}$$

$$\downarrow \qquad\qquad\qquad\qquad \downarrow$$

$${}^2\mathrm{H} + {}^1\mathrm{H} \to {}^3\mathrm{He} + \gamma + 5{,}49\ \mathrm{Mev} \qquad {}^2\mathrm{H} + {}^1\mathrm{H} \to {}^3\mathrm{He} + \gamma + 5{,}49\ \mathrm{Mev}$$

$$\downarrow \qquad\qquad \downarrow$$

$${}^3\mathrm{He} + {}^3\mathrm{He} \to {}^4\mathrm{He} + {}^1\mathrm{H} + {}^1\mathrm{H} + 12{,}86\ \mathrm{Mev}$$

Abb. V-3.33a: Proton-Proton Kernfusionskette der Energieproduktion in der Sonne: Pro Zyklus werden 26,72 MeV frei, von denen der Sonne 26,2 MeV als thermische Energie zur Verfügung stehen.

Die Brenndauer der Sonne betrug bisher etwa $5 \cdot 10^9$ Jahre, sie besitzt noch Wasserstoff für weitere etwa $5 \cdot 10^9$ Jahre.[115] Astronomisch bezeichnet man die Sonne als *gelben Zwerg*, sie liegt etwa in der Mitte zwischen einem *weißen Zwerg* und einem *roten Riesen*.[116] Wenn der Wasserstoff im Zentrum weitgehend verbrannt ist, kommt es zur Abkühlung des Sonnenkerns, die zum Sonnenkollaps durch die eigene Schwere führt. Das wieder führt zur Erhitzung des Kerns und zur Ausdehnung der äußeren Schichten – die Sonne wird ein „roter Riese". Bei Sternen mit einer Masse $> 2{,}3\ M_{\mathrm{Sonne}}$ treten im Zentrum weitere Fusionsprozesse ab einer Temperatur von 10^8 K auf. Das *Heliumbrennen* („Salpeterprozess", nach Edwin Ernest Salpeter, 1924–2008, 1939 von Wien zunächst nach Australien emigriert, später in USA arbeitend) fusioniert zunächst 3 bzw. 4 α-Teilchen zu ^{12}C bzw. ^{16}O mit einer Energiefreisetzung von 7,28 MeV bzw. 7,16 MeV. Bei $5 \cdot 10^8$ K können 2 ^{12}C-Kerne zu ^{24}Mg fusionieren und ab $T = 10^9$ K 2 ^{16}O-Kerne zu ^{32}S. Auf diese Weise kann bis $T = 2 \cdot 10^9$ K maximal ^{56}Fe, das stabilste Nuklid, aufgebaut werden. Bei $T = 3 \cdot 10^9$ K stellt sich ein Gleichgewicht zwischen Aufbau durch Fusion und Zerlegung durch Photospaltung ein. Die schweren Nuklide werden hinter der Stoßfront einer Supernovaexplosion eines massereichen Sterns synthetisiert.

3.1.5.3.3 Kontrollierte thermonukleare Fusion: Fusionsreaktor

Die in der Sonne ablaufende *p-p*-Fusion kommt wegen der hohen Coulomb-Barriere von etwa 600 keV $\mathrel{\hat{=}} 4{,}6 \cdot 10^9$ K für eine kontrollierte Kernfusion auf der Erde nicht

115 Die ursprüngliche Sonne bestand aus ca. 90 % H und 10 % He (sowie einem geringen Anteil schwerer Nuklide). Heute beträgt der H-Anteil 45 % (im Sonnenzentrum 35 %), der He-Anteil 55 % (im Zentrum 63 %). Im Zentrum beträgt der Druck $P = 2{,}5 \cdot 10^{16}$ Pa $= 2{,}5 \cdot 10^{11}$ bar, die Dichte $\rho = 160\ \mathrm{g/cm^3} = 160\,000\ \mathrm{kg/m^3}$, die Temperatur $T = 1{,}5 \cdot 10^7$ K.

116 Die Entwicklung von Sternen wird im Hertzsprung-Russell-Diagram dargestellt, in dem die absolute Helligkeit (auf gleiche Entfernung bezogene Helligkeit) gegen die Spektralklasse (Klassifikation nach dem ausgesandten elektromagnetischen Spektrum) aufgetragen ist (Bild nach Wikipedia):

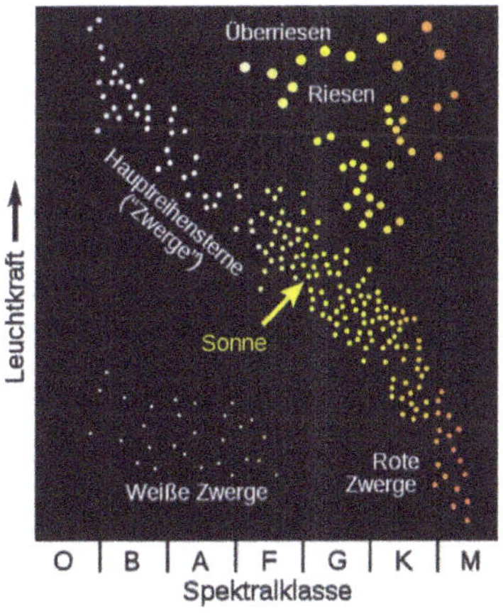

Die Spektralklasse ist eng mit der Oberflächentemperatur des Sterns T_{eff} verbunden.
M: $T_{\mathrm{eff}} = 2480–3200$ K (rot);
G: $T_{\mathrm{eff}} = 4900–6000$ K (gelb);
O: $T_{\mathrm{eff}} = 28\,000–50\,000$ K (blau).

in Frage, der Prozess würde viel zu langsam ablaufen. Mögliche Fusionsreaktionen sind die *d*-*d*-Fusionsprozesse (*d* = *Deuteron*, Nuklid des schweren Wasserstoffs, des *Deuteriums* D), für die man etwa 50 keV ≙ 4 · 10⁸ K braucht:

$$^2_1\mathrm{H} + {}^2_1\mathrm{H} \longrightarrow {}^3_2\mathrm{He} + n + 3{,}27\,\mathrm{MeV} \qquad \text{(V-3.79)}$$

und

$$^2_1\mathrm{H} + {}^2_1\mathrm{H} \longrightarrow {}^3_1\mathrm{H} + {}^1_1\mathrm{H} + 4{,}03\,\mathrm{MeV} \qquad \text{(V-3.80)}$$

sowie die *d*-*t* Fusion (*t* = *Triton*, radioaktives Nuklid[117] des überschweren Wasserstoffs, des *Tritiums* T), für die „nur" etwa 6 keV ≙ $4{,}5 \cdot 10^7$ K notwendig sind

$$^2_1\mathrm{H} + {}^3_1\mathrm{H} \longrightarrow {}^4_2\mathrm{He} + n + 17{,}59\,\mathrm{MeV}\,. \qquad \text{(V-3.81)}$$

Am aussichtsreichsten erscheint daher die *d*-*t*-Fusionsreaktion, bei der aus einem Deuteron und einem Triton ein α-Teilchen und ein Neutron entstehen, wobei sich die freiwerdende Energie umgekehrt zum Massenverhältnis auf die Produktteilchen aufteilt, das α-Teilchen also 3,5 MeV und das Neutron 14,1 MeV erhält. Die freiwerdende Energie ist bei einer Fusionsreaktion zwar kleiner als die bei einer Kernspaltung insgesamt freiwerdende Energie, aber die pro Nukleon freigesetzte Energie ist mit $\frac{E}{A} = 3{,}52\,\mathrm{MeV}$ um einen Faktor 3,5 größer als bei der Spaltung $(\frac{E}{A} \approx 1\,\mathrm{MeV})$. Der größte Teil der Energie wird aber durch die n nach außen geführt, nur die α-Teilchen können im Reaktionszentrum gehalten werden.

Damit die erforderliche Teilchenenergie etwa 10 keV beträgt und die Reaktion ablaufen kann, muss eine Temperatur von etwa $1 \cdot 10^8$ K (100 Millionen Grad!) erzeugt werden, bei der die Materie nur mehr als *Plasma*, d. h. als Gas aus positiven Ionen und Elektronen vorliegt. Daraus ergeben sich die großen Probleme von Fusionsreaktoren:

1. Erzeugung extrem hoher Temperaturen
2. Räumliche Beschränkung (Zusammenhalt) des Plasmas über einen langen Zeitraum
3. Hohe Teilchendichte.

Die höchsten bisher künstlich erzeugten Temperaturen waren kurzfristig $5{,}2 \cdot 10^8$ K 1996 im Rahmen des japanischen JT60 Fusionsprojekts in Naka bei Tokyo und $2 \cdot 10^9$ K 2006 in der „Z-Maschine" der Sandia National Laboratories in New Mexico, USA, das entspricht etwa 30 bzw. 130 mal der Temperatur im Sonnenzentrum. Am

---

117 $^3_1\mathrm{H} \xrightarrow[12{,}32\,\mathrm{a}]{\beta^-} {}^3_2\mathrm{He} + 18{,}61\,\mathrm{keV}\,.$

europäischen Fusionsforschungszentrum Joint European Torus (*JET*) in Großbritannien können über längere Zeitabschnitte $1{,}5 \cdot 10^8\,\mathrm{K}$ erzeugt werden. Derzeit in Bau ist in internationaler Kooperation der Versuchs-Fusionsreaktor „ITER“ (*International Thermonuclear Experimental Reactor*) in Cadarache in Südfrankreich, der bis 2025 fertig gestellt sein soll. Der Reaktor wird nach dem *Tokamak*-Prinzip (siehe weiter unten) funktionieren und die *d-t*-Fusion benützen.

Zur Aufrechterhaltung der Fusionsreaktion muss eine genügend hohe Teilchendichte n für Zeitdauer τ_E, die Einschlusszeit in einem festen Volumen, gewährleistet werden. Für die *d-t*-Fusion findet man die Bedingung

$$n \cdot \tau_E > 10^{20}\,\mathrm{s\,m^{-3}} \qquad \textit{Lawson-Kriterium.}^{118} \qquad \text{(V-3.82)}$$

Damit ergibt sich mit $T = 1 \cdot 10^8\,\mathrm{K}$ die Gesamtforderung

$$n \cdot \tau_E \cdot T > 10^{28}\,\frac{\mathrm{s\,K}}{\mathrm{m^3}}\,. \qquad \text{(V-3.83)}$$

Ist diese Bedingung erfüllt, dann ist die erzeugte Energie größer als die von außen zugeführte (Heiz)Energie, der Fusionsreaktor kann Energie abgeben.

Die Forschung auf dem Gebiet der Kernfusion geht 2 Wege:

1. Magnetischer Einschluss:
   Dabei wird das Plasma in einer ringförmigen, evakuierten Kammer, dem Tokamak[119], durch einen Magnetfeldtorus eingeschlossen („magnetische Flasche“, (Abb. V-3.34)).[120] Das Plasma bildet die Sekundärwicklung eines Transforma-

---

118 Nach John D. Lawson, 1923–2008. Das Lawson Kriterium lautet $n \cdot \tau_E > \dfrac{12\,kT}{\langle v \cdot \sigma \rangle E_R}$, wobei $\langle v \cdot \sigma \rangle$ der Mittelwert des Produkts aus Teilchengeschwindigkeit und zugehöriger Wirkungsquerschnitt ist, E_R die freiwerdende Reaktionsenergie. Werden alle möglichen Verlustprozesse berücksichtigt, so weicht die Einschlusszeit τ_E allerdings um Größenordnungen vom Lawson-Kriterium ab.

119 Die Bezeichnung kommt aus dem Russischen: **то**роидальная **ка**мера в **ма**гнитных **к**атушках (*Toroidale Kammer in Magnetspulen*). Das Konzept stammt von Andrei Sacharow (1921–1989) und Igor Tamm (1895–1971).

120 Für das einschließende Magnetfeld genügt im Prinzip die Überlagerung eines durch Spulen erzeugten toroidalen Magnetfeldes mit dem Magnetfeld, das der elektrische Heizstrom im Plasma („Plasmastrom“) erzeugt („Pinch-Effekt“). Zur Verhinderung von Scherungseffekten, die wegen der Magnetorotationsinstabilität (Balbus-Hawley-Instabilität) zu einer Instabilität der Plasmarotation führen, wird zusätzlich noch ein vertikales Magnetfeld überlagert. Ein zum Tokamak alternativer magnetischer Einschluss, der nur durch äußere, stromdurchflossene Spulen erzeugt wird, ist der *Stellerator* (z. B. Wendelstein 7-X am Max-Planck-Institut für Plasmaphysik in Greifswald, Mecklenburg-Vorpommern); in seinem Plasma fließt kein toroidaler Gesamtstrom.

tors und wird durch einen induzierten Strom von etwa 1,2 MA geheizt. Zusätzlich erfolgt die Heizung noch durch Stöße mit einem Teilchenstrom neutraler Teilchen (in Abb. V-3.34 nicht gezeigt).

Zunächst muss das Lawson-Kriterium erfüllt werden, dann soll es zur Zündung einer thermonuklearen Reaktion kommen. Bisher wurden zwar Fusionsreaktionen erzielt, aber der Energieaufwand war immer größer als der Energiegewinn.

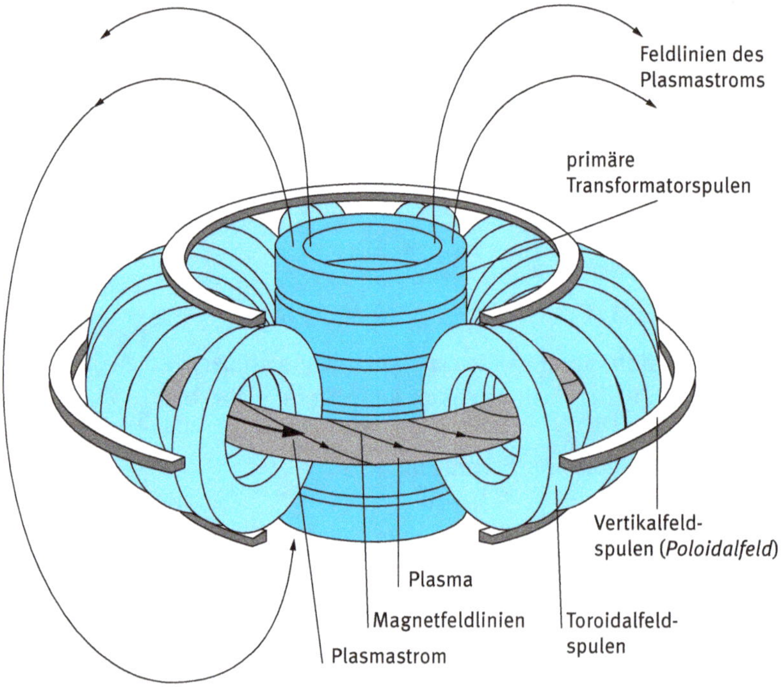

Abb. V-3.34: Prinzip eines TOKAMAK-Reaktors: Die zentralen primären Transformatorspulen induzieren einen elektrischen Kreisstrom im Plasma (Sekundärwicklung), der es aufheizt. Das Plasma wird durch Überlagerung von drei magnetischen Feldern eingeschlossen: Dem toroidalen und dem poloidalen Magnetfeld, die durch Spulen erzeugt werden, und dem Magnetfeld des Plasmastroms selbst („Pinch-Effekt"). Der Tokamak-Reaktor arbeitet zur Zeit noch im Pulsbetrieb; Methoden für einen kontinuierlichen Betrieb, wie er für ein Kraftwerk erforderlich ist, sind in Entwicklung (z. B. Einsatz von Hochfrequenzwellen). (Nach „*European Nuclear Society* (*ENS*)", Rue Belliard 65, 1040 Brussels, Belgium).)

2. Trägheitseinschluss:
   Ein festes (gefrorenes) Gemisch aus Deuterium- und Tritiumeis in Tablettenform wird von allen Seiten mit leistungsstarken Lasern bestrahlt. Das Material an der Oberfläche verdampft und löst eine Schockwelle ins Innere aus. Dabei verdichtet sich der Kern der Probe enorm und die Temperatur wird stark er-

höht. Die Einschlußzeit liegt im Bereich von ns. Im Reaktorbetrieb sollen die Brennstofftabletten dann mit einer Rate von 10–100 s^{-1} explodieren wie kleine Mini-Wasserstoffbomben.

Bisher sind nur Versuchsreaktoren in Betrieb (National Ignition Facility in den USA (2009 fertiggestellt) und *Laser Mégajoule* in Frankreich (Start 2014, Vollausbau bis 2025)).

3.1.5.4 Wechselwirkung von Teilchen mit Materie

In Materie eindringende Teilchen treten entweder mit den Elektronen der Atome oder mit ihren Kernen in Wechselwirkung, die wirkenden Kräfte sind daher elektromagnetischer oder starker Natur. Wir unterscheiden zwischen der *WW* der Materie mit geladenen (p, $e^{\pm}$, $\mu^{\pm}$, $\pi^{\pm}$, α-Teilchen) und ungeladenen Teilchen (n) und mit Photonen (γ-Strahlen).

3.1.5.4.1 Geladene Teilchen

Ein geladenes Teilchen verliert seine Energie beim Durchdringen von Materie durch viele Stoßprozesse (Coulomb-*WW*) meist mit Elektronen, bei sehr hohen Energien auch mit Kernen. Folgende Stoßprozesse sind im Prinzip möglich:

1. Elastische Stöße mit Hüllelektronen
2. Elastische Streuung an Kernen
3. Inelastische Stöße mit e^- (Anregungs- und Ionisierungsstöße); wird genügend Energie auf das e^- übertragen, kann dieses selbst weitere Ionisierungsstöße ausführen (δ-Elektronen). Bei einer Ionisationsenergie von Sauerstoff von etwa 13,6 eV werden im Mittel etwa 70 000 freie e^- erzeugt, wenn der Energieverlust des einfallenden Teilchens 1 MeV ist.
4. Abbremsung durch inelastische Streuung an e^- oder Kernen unter Strahlungsemission (Bremsstrahlung)
5. Strahlungsemission („Tscherenkow-Strahlung“[121])
6. Inelastische Reaktionen mit dem Kern (Anregen und „Aufbrechen des Kerns“)

Die Prozesse 1 und 6 spielen bei schweren geladenen Teilchen – das sind alle geladenen Teilchen außer e^- und e^+ – bis zu mittleren Energien eine vernachlässigbare Rolle, Kernreaktionen erfolgen i. Allg. erst bei sehr hohen Energien (ab 10^8–10^9 eV). Die hauptsächliche Abbremsung geladener Teilchen erfolgt durch Stöße mit ge-

---

121 Nach Pawel Alexejewitsch Tscherenkow (auch Cerenkov bzw. Cherenkov), 1904–1990. Tscherenkow erhielt 1958 für die Entdeckung und Interpretation des Cherenkov-Effekts zusammen mit Il'ja Mikhailovich Frank und Igor Yevgenyevich Tamm den Nobelpreis. Tscherenkow-Strahlung tritt auf, wenn sich ein Teilchen in einem Medium mit einer Geschwindigkeit bewegt, die größer ist als die Phasengeschwindigkeit des Lichts $c_{ph} = \frac{c}{n}$ in diesem Medium (n ist der Brechungsindex des Mediums).

bundenen Elektronen und führt zur Ionisierung der Atome des Materials. Bei hoher Energie schwerer geladener Teilchen erfolgt dabei längs einer großen Weglänge nur ein kleiner Energieverlust pro Stoß, die Teilchenbahn verläuft geradlinig. Durch die große Zahl der e^- kommt es zu einem praktisch kontinuierlichen Abbremsungsprozess. Ein schweres geladenes Teilchen hat eine gut definierte, durch seine Energie festgelegte Reichweite. Dagegen erfahren die leichten e^- oder e^+ bei jedem Stoß eine große Änderung ihres Teilchenimpulses; ihre Bahn und ihre Reichweite weisen daher meist eine große Streuung auf und die Abgabe von Bremsstrahlung ist wahrscheinlicher als bei schweren Teilchen.

Da der differentielle Energieverlust $-\frac{dE_{\text{kin}}}{dx}$ eines ionisierenden Teilchens im Bereich kleiner Energien ($E_{\text{kin}} \ll mc^2$) mit fallender Teilchenenergie anwächst und schließlich ein Maximum erreicht, wird die Energieabnahme geladener Teilchen pro Weglängeneinheit sehr groß, wenn die Teilchenenergie schon klein ist. Dagegen ist für Teilchen mit Energien größer als der Ruheenergie („minimal ionisierende Teilchen) der Energieverlust pro Weglängeneinheit praktisch konstant und ihre Reichweite ist proportional zu ihrer Energie. Maximaler Energieverlust setzt erst am Ende der Teilchenbahn (Reichweite) ein (Bragg-Kurve[122], Abbn. V-3.35 und V-3.36). Dieser Effekt wird in der Nuklearmedizin bei der Strahlenbehandlung benützt: Die Wirkungstiefe im Gewebe kann durch die Energie eingestellt werden (Abb. V-3.37).

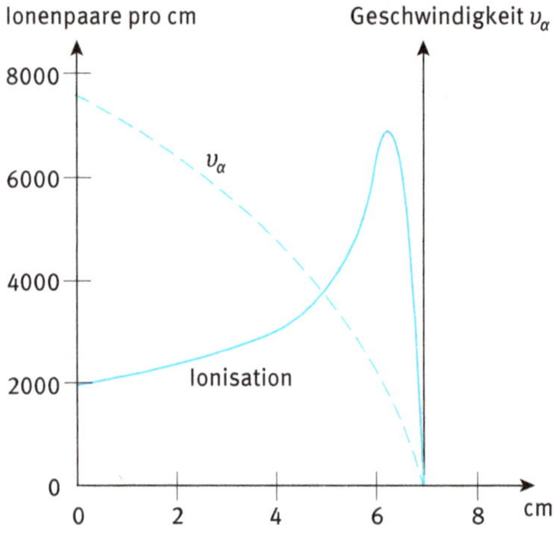

Abb. V-3.35: Bragg-Kurve: Ionisationsvermögen von α-Strahlung als Funktion der in Luft zurückgelegten Wegstrecke.

122 Nach William Henry Bragg, 1862–1942. Er entwickelte mit seinem Sohn William Lawrence Bragg (1890–1971) die Bestimmung der Kristallstruktur aus Röntgenaufnahmen mit Hilfe der *Bragg-Gleichung*. Siehe dazu Band VI, Kapitel „Festkörperphysik“, Abschnitt 2.2.5.2.

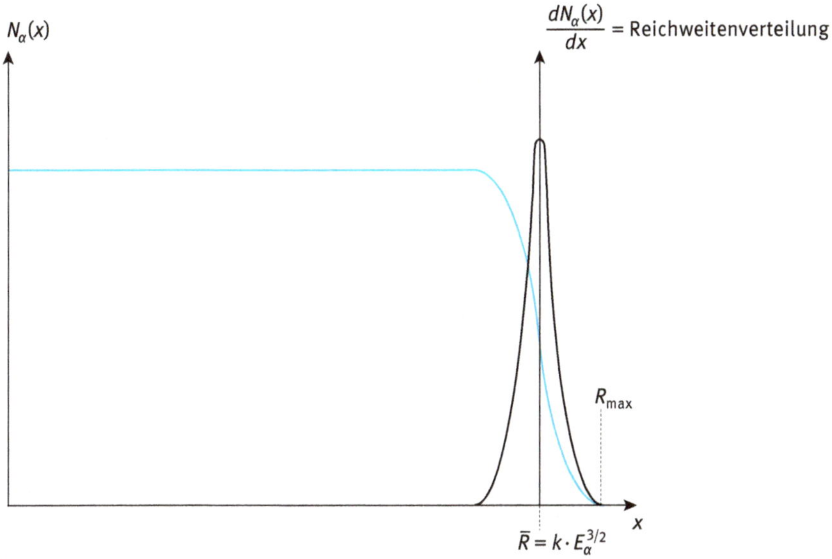

Abb. V-3.36: Verteilung $N_\alpha(x)$ der absorbierten α-Teilchen über den zurückgelegten Weg x (blau) und Reichweitenverteilung $\frac{dN_\alpha(x)}{dx}$ (schwarz).

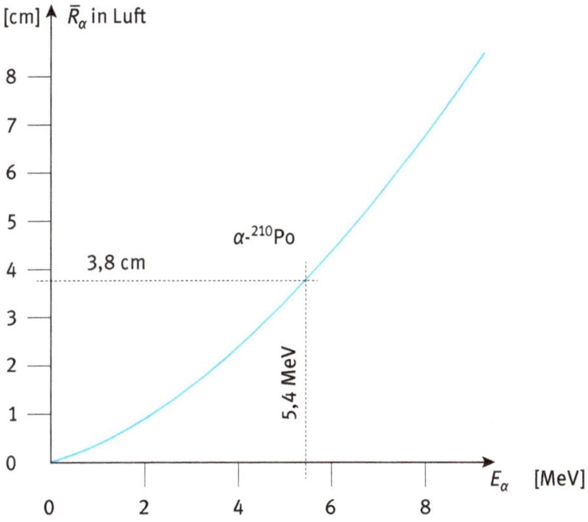

Abb. V-3.37: Abhängigkeit der mittleren Reichweite $\bar{R}_\alpha$ von α-Teilchen der Energie E_α. Es gilt $\bar{R}_\alpha \cong k \cdot E^{3/2}$.

Für die mittlere Reichweite $\bar{R}_T$ anderer, schwerer, geladener Teilchen gilt die Relation

$$\bar{R}_T = \frac{A}{Z^2}\bar{R}_\alpha \tag{V-3.84}$$

$$\Rightarrow \quad \bar{R}_{\text{Deuteron}} = \frac{2}{1^2}\bar{R}_\alpha = 2\bar{R}_\alpha\,,\ \bar{R}_{\text{Proton}} = \frac{1}{1^2}\bar{R}_\alpha = \bar{R}_\alpha. \tag{V-3.85}$$

3.1.5.4.2 Neutronen

Neutronen zeigen keine Wechselwirkung mit den e^- der Materie, die Abbremsung erfolgt durch elastische und inelastische Streuung an den Kernen oder durch Kerneinfang (Absorption durch den Kern und Kernreaktion). Bei großen Energien ($E_{\text{kin}} \gg kT$) kommt es hauptsächlich zu elastischer und inelastischer Streuung. Bei annähernd gleich schweren Stoßpartnern ist die Abbremsung am größten (Moderator), da in diesem Fall praktisch die gesamte Energie bei einem geraden Stoß (*head collision*) an das gestoßene Teilchen übertragen wird. Schnelle Neutronen erzeugen in wasserstoffhältigen Substanzen durch Stoß schnelle Protonen, die in einer Ionisationskammer nachgewiesen werden können. Dies führte 1932 zur Entdeckung der Neutronen einer Ra-Be-Quelle durch Chadwick (siehe Abschnitt 3.1.1). Langsame Neutronen werden über die α-Teilchen nachgewiesen, die bei der Kernreaktion mit $^{10}_{5}B$ entstehen

$$^{10}_{5}B + n \longrightarrow {}^{7}_{3}Li + \alpha\,. \tag{V-3.86}$$

3.1.5.4.3 γ – Strahlung

Die für die γ Strahlung wirksamen Absorptions- und Streuprozesse sind:

1. Photoeffekt: tritt bei kleinen Photonenenergien (E_{ph} <≈ 100 keV) auf
2. Compton-Streuung: wenn die Photonenenergie groß ist gegen die Bindungsenergie der e^- (≈ 100 keV <E_{ph} <≈ 1 MeV)
3. Paarbildung: dazu muss die Photonenenergie größer sein als die doppelte Ruheenergie eines e^- ($E_{ph} > 2m_e c^2 = 1{,}02\,\text{MeV}$). Das Photon erzeugt dann ein e^- und ein e^+ *im Coulombfeld eines Atomkerns* (Abb. V-3.38):

$$\gamma\,(E_{ph} > 1{,}02\,\text{MeV}) \longrightarrow e^- + e^+ \tag{V-3.87}$$

Paarbildung (= *Paarerzeugung, pair production*).

Wegen der Impulserhaltung muss an der Paarbildung ein Atomkern beteiligt sein, der den Rückstoßimpuls (Coulomb-*WW*) übernimmt, *eine Paarbildung im Vakuum ist daher nicht möglich.*[123]

---

123 Dies folgt sofort aus der relativistischen Energie-Impuls-Beziehung $pc = \sqrt{E^2 - E_0^2}$; Für das γ-Quant (Photon) ist die Ruheenergie $E_0 = 0 \Rightarrow p_\gamma c = \sqrt{E_\gamma^2}$; für ein Elektron mit $E_e = \frac{E_\gamma}{2}$ gilt: $p_e c = \sqrt{\frac{E_\gamma^2}{4} - E_{0e}^2}$ mit $E_{0e} = m_e c^2 \neq 0$. Für zwei Elektronen, die parallel zum Photonenimpuls weg-

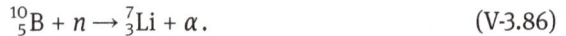

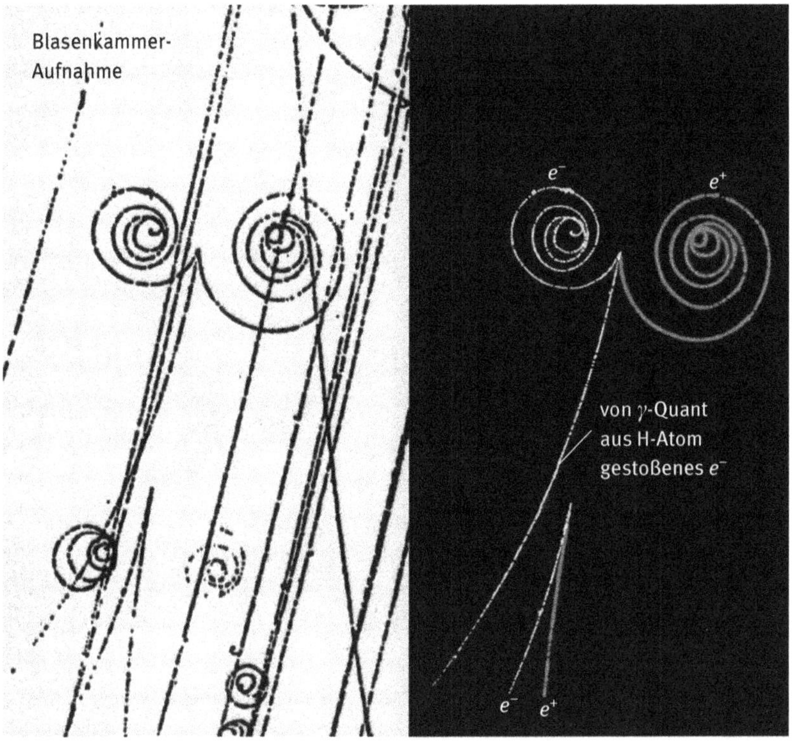

Abb. V-3.38: Paarbildung. Links: Spuren in einer Blasenkammer, die sich in einem starken, homogenen Magnetfeld befindet, das aus der Papierebene herauszeigt. Rechts: Innerhalb der Beobachtungszeit wurden zwei Paarbildungsprozesse registriert, die hier herausgefiltert wurden. Die vom oberen Bildungsprozess nach unten links führende Spur stammt von einem Elektron, das vom erzeugenden γ-Quant aus einem H-Atom gestoßen wurde. (Lawrence Berkeley National Laboratory, USA)

Die Schwächung eines γ-Strahls der Intensität I_0 nach Durchgang einer Schicht der Dicke d ist gegeben durch

$$I(d) = I_0 e^{-\mu d}, \tag{V-3.88}$$

mit dem Absorptionskoeffizienten (= Schwächungskoeffizient) μ, $[\mu] = 1\,\text{m}^{-1}$. μ setzt sich additiv aus den drei obigen Beiträgen zusammen (Abb. V-3.39):

$$\mu = \mu_{\text{Phot}} + \mu_{\text{Compt}} + \mu_{\text{Paar}}. \tag{V-3.89}$$

---

fliegen, gilt: $2p_e c = \sqrt{E_\gamma^2 - 4E_{0e}^2} < p_\gamma c \Rightarrow$ Der Impuls des Photons ist stets größer als der Impuls der beiden nach dem Energiesatz entstehenden Elektronen, Impulserhaltung mit e^- und e^+ allein ist also nicht möglich. Wenn die Elektronen unter einem Winkel gegen den γ-Impuls wegfliegen, gilt die Ungleichung erst recht.

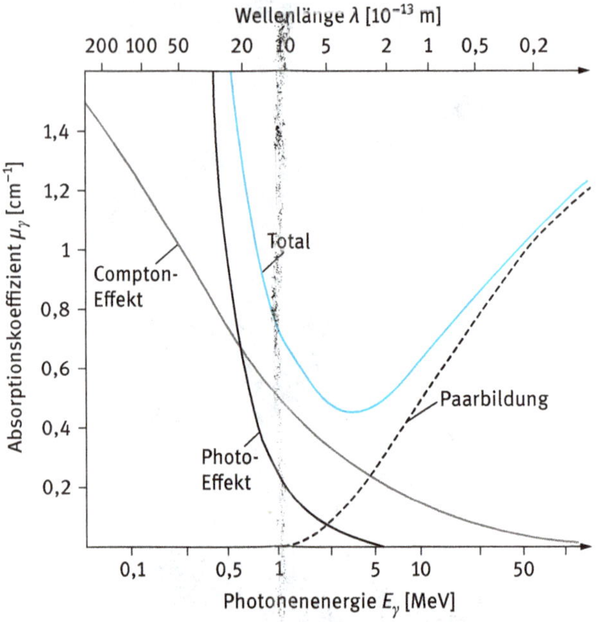

Abb. V-3.39: Absorptionskoeffizient μ_γ der γ-Strahlung in Blei durch Photoeffekt, Compton-Effekt und Paarbildung in Abhängigkeit von der Photonenenergie E_γ. γ-Quanten mittlerer Energie (≈ 3 MeV) werden in Pb am schwächsten absorbiert.

Da μ der Dichte ρ des durchstrahlten Stoffes proportional ist, wird meist der *Massenabsorptionskoeffizient* $\mu_\rho = \dfrac{\mu}{\rho}$, $[\mu_\rho] = 1\,\mathrm{m^2/kg}$, angegeben. Dann gilt

$$I(d) = I_0 e^{-\mu_\rho \cdot (\rho d)}\,; \tag{V-3.90}$$

(ρd) ist die durchstrahlte Masse pro m^2. Da *keine* feste Reichweite existiert (Exponentialgesetz der Schwächung) wird der Wert

$$R_\rho = \frac{1}{\mu_\rho} \qquad \text{bzw.} \qquad R = \frac{1}{\mu} \tag{V-3.91}$$

als *Strahlungslänge* (Schwächung auf $1/e$) definiert. Dies gilt auch für β-Strahlung.

3.1.5.4.4 Dosimetrie und Strahlenschutz

Wichtig für den Umgang mit radioaktiver Strahlung sind die Kenntnis der zulässigen Strahlungsdosen und die Möglichkeiten der Abschirmung. Als *Strahlenbelas-*

tung bezeichnen wir die Einwirkung ionisierender Strahlung auf den Menschen, die über den natürlichen Wert hinausgeht.

Die Einheit des radioaktiven Zerfalls haben wir schon kennengelernt, es ist die *Aktivität A*:

$$[A] = 1\ \text{Becquerel} = 1\ \text{Bq} = 1\ \text{Zerfall pro Sekunde}, \qquad \text{(V-3.92)}$$

sie gibt die gesamte Zerfallsrate eines Radionuklids an. Diese Einheit sagt aber nichts über die biologische Wirkung der Strahlung aus. Die schädigende biologische Wirkung der radioaktiven Strahlung ist weitgehend eine Folge der Ionisation. Schon wenige Ionisationen können ausreichen, einzelne Zellfunktionen zu beeinträchtigen oder die Zellteilungsfähigkeit zu zerstören. Der empfindlichste Teil der Zelle ist der Zellkern, wo es leicht zu Defekten der *DNA* (Desoxyribonukleinsäure, *DNS*, engl. *deoxyribonucleic acid, DNA*)[124] kommen kann. Weiters ergibt sich eine schädigende chemische Wirkung durch die Erzeugung *freier Radikale*, das heißt unabgesättigter Bindungen, durch die „Zerreißung" von Molekülen. Freie Radikale haben eine hohe Reaktivität und können auch die *DNA* schädigen und zur Entstehung von Krebszellen und zur Zerstörung der Reproduktionsfähigkeit der Zellen führen. Bei genügend niedrigen Energien, d. h. Geschwindigkeiten, der einfallenden Teilchen, also am Ende ihrer Bahn, kann es auch zur Wechselwirkung mit den Zellkernen und so zur Störung der Reproduktionsfähigkeit der Zellen kommen. Während „schwach ionisierende Strahlung" (γ-Strahlung und hochenergetische e^-) zu oft reparablen Einzelstrangbrüchen der *DNA*-Helix führen, kommt es bei p- und α-Strahlung zu Doppelstrangbrüchen (bei schweren Ionen sogar zu korrelierten Doppelstrangbrüchen), die zur Entstehung von Krebszellen führen können.

Wesentlich für die gesamte schädigende Wirkung der ionisierenden Strahlung ist die vom Körper aufgenommene Strahlungsenergie. Man definiert daher als *Energiedosis*

$$D = \frac{dE}{dm} \qquad \text{Energiedosis} \qquad \text{(V-3.93)}$$

Einheit: $[D] = 1\ \text{Gray} = 1\ \text{Gy} = 1\ \text{J/kg} = 100\ \text{rad}$.

Dabei ist dE die mittlere Energie, die durch die ionisierende Strahlung auf das Volumenelement dV mit der Masse $dm = \rho dV$ übertragen wird.

Eine kurzzeitige Ganzkörper-γ-Dosis von 3 Gy (= 300 rad) verursacht den Tod von 50 % der exponierten Personen.

---

124 Die *DNA* ist ein biologisches Makromolekül und Träger der Erbinformation in allen Lebewesen.

Die durchschnittliche absorbierte Energiedosis aus natürlichen (Höhenstrahlung, Urgestein etc.) und künstlichen Quellen (Zahnarzt, Flugzeug, alte Farbfernseher etc.) beläuft sich derzeit auf ca. 2–3 mGy pro Jahr.

Unter *Dosisleistung* verstehen wir die pro Zeiteinheit absorbierte Energiedosis, d. h. $\frac{dD}{dt}$, ihre Einheit ist 1 Gy/s.

Die unterschiedlichen Strahlungsarten haben eine unterschiedliche *biologische Wirkung*, auch wenn die gleiche Energie auf ein Massenelement des Körpers übertragen wird. Um das zu berücksichtigen, wird die Energiedosis mit einem Qualitätsfaktor w_R multipliziert, dem *Strahlungswichtungsfaktor* (*RWF* = *RBW*-Faktor, relative biologische Wirksamkeit)

$$H = w_R \cdot D \qquad \textit{Äquivalentdosis} \tag{V-3.94}$$

Einheit: $[H]$ = 1 Sievert = 1 Sv = 1 J/kg = 100 rem.

RWF w_R	**Strahlungsart** ***R***
1	Röntgen, γ, e^-
5	epithermische[125] n (E_n < 10 keV)
10	n mit 10 keV ≤ E_n ≤ 100 keV
20	schnelle n (100 keV ≤ E_n ≤ 2 MeV
10	n mit 2 MeV ≤ E_n ≤ 20 MeV
5	n mit E_n > 20 MeV
5	Protonen, E_p > 2 MeV
20	α-Teilchen, Spaltfragmente, schwere Kerne

Die unterschiedlichen Teile und Organe unseres Körpers reagieren wegen ihrer unterschiedlichen Massendichte und spezifischen Empfindlichkeit unterschiedlich auf das Einwirken ionisierender Strahlung. Wir legen daher zunächst die *Äquivalentdosis* H_T durch die Strahlungsart R im Gewebe oder Organ T fest (T steht für *tissue* = Gewebe):

$$H_{T,R} = w_R \cdot D_{T,R} \qquad \textit{Äquivalentdosis } H_T \tag{V-3.95}$$

bzw. im Falle mehrerer gleichzeitig wirkender Strahlungsarten R

125 Epithermisch bezeichnet in der Neutronenphysik den Bereich oberhalb des thermischen Bereichs von ≈ 1/40 eV.

$$H_{T,R} = \sum_R w_R \cdot D_{T,R}, \tag{V-3.96}$$

wenn die gleichzeitige Einwirkung unterschiedlicher Teilchenstrahlung vorliegt. Dabei ist $D_{T,R}$ die über ein Gewebe oder ein Organ T gemittelte Energiedosis durch die Strahlung R und w_R der Strahlungswichtungsfaktor *RWF*. Die Einheit dieser Äquivalentdosis ist das *Sievert* (Sv). Unter der *effektiven Dosis E* verstehen wir nun die Summe der gewichteten Äquivalentdosen in allen intern und extern belasteten Gewebeteilen und Organen des Körpers

$$E = \sum_T w_T \cdot H_{T,R} = \sum_T w_T \cdot \sum_R w_R D_{T,R} \quad \textit{effektive Dosis.} \tag{V-3.97}$$

Dabei berücksichtigt der *Gewebewichtungsfaktor* w_T die Empfindlichkeit des speziellen Gewebes oder Organs. Die Einheit der effektiven Dosis ist wieder das *Sievert* (Sv).

Gewebe oder Organ	**Gewebewichtungsfaktoren w_T**
Gonaden	0,20
Knochenmark (rot)	0,12
Dickdarm	0,12
Lunge	0,12
Magen	0,12
Blase	0,05
Brust	0,05
Leber	0,05
Speiseröhre	0,05
Schilddrüse	0,05
Haut	0,01
Knochenoberfläche	0,01
Andere Organe oder Gewebe	0,05

Die allgemeine Strahlenschutzverordnung in Österreich vom 22. 5. 2006 (Deutschland vom 20. 7. 2001) schreibt folgende Grenzwerte für die *effektive Dosis* vor:

$\leq$ 1 mSv/Jahr = 1 mJ/kg/a — für Einzelpersonen der Bevölkerung (in besonders begründeten Fällen kann die Behörde einen höheren Wert zulassen, sofern der Mittelwert über 5 Jahre 1 mSv/Jahr nicht übersteigt);

$\leq$ 20 mSv/Jahr — (in begründeten Ausnahmefällen $\leq$ 50 mSv/Jahr, aber $\leq$ 100 mSv/5 Jahre) für beruflich strahlenexponierte Personen.

Strahlenschutz durch Abschirmung

α-Teilchen haben eine nur sehr geringe Eindringtiefe in Materie (10,5 cm in Luft bei $E_\alpha = 10$ MeV). Ihre *direkte Einwirkung* kann daher sehr leicht abgeschirmt werden, ein dickeres Blatt Papier genügt bereits. Zu beachten ist allerdings, dass radioaktive Atome vom α-strahlenden Material auch abdampfen (Sublimation) und so über die Atemwege in den Körper gelangen können. Das ist unter allen Umständen zu vermeiden!

Auch β-Strahlung kann gut abgeschirmt werden; für die Reichweite R_{max} kann eine Faustformel verwendet werden:

$$R_{max}(\text{cm}) = \frac{E(\text{MeV})}{2 \cdot \rho(\text{g/cm}^3)}, \tag{V-3.98}$$

E ist die β-Energie in MeV, ρ die Massendichte des Abschirmmaterials in g/cm^3, die Reichweite R_{max} ergibt sich dann in cm. Daraus finden wir die Reichweite für 1 MeV und 10 MeV β-Strahlung in Blei ($\rho_{Pb} = 11{,}34$ g/cm^3) zu $R_{max}^{1\,\text{MeV}}(\text{Pb}) = 0{,}5$ mm und $R_{max}^{10\,\text{MeV}}(\text{Pb}) = 0{,}44$ cm, für Aluminium zu $R_{max}^{1\,\text{MeV}}(\text{Pb}) = 1{,}9$ mm und $R_{max}^{10\,\text{MeV}}(\text{Al}) = 1{,}85$ cm. Eine 2 cm dicke Al-Platte reicht damit vollständig zur Abschirmung von β-Strahlung bis 10 MeV β-Energie aus.

γ-Strahlung kann auch dicke Abschirmungen durchdringen, man gibt die Halbwertsschicht an, nach der die Intensität der γ-Strahlung auf die Hälfte abgenommen hat. Für H_2O beträgt die Halbwertsschicht für 1 MeV ca. 4 cm, für 100 MeV ca. 40 cm, für Pb 1,75 cm und 12,5 cm. Mit zehn Halbwertsdicken erreicht man so eine Abschwächung um einen Faktor $1/(2^{10}) = 1/1024 = 9{,}8 \cdot 10^{-4}$.

Zur Abschirmung gegen thermische Neutronen werden Materialien verwendet, die Bor oder Cadmium enthalten, die einen großen Absorptionsquerschnitt für thermische n besitzen. Für schnelle n benützt man Ziegel aus Paraffin oder wassergefüllte Tanks.

3.2 Physik der kleinsten Teilchen („Elementarteilchen")

Wir wissen bereits aus Band I, Kapitel „Einleitung", Abschnitt 1.1), dass vier fundamentale Wechselwirkungen (Kräfte) unterschieden werden, die daher auch für die Elementarteilchen, aus denen unsere materielle Welt aufgebaut ist, Geltung haben müssen:

1. Die starke (hadronische) Wechselwirkung (*strong force*); sie ist von sehr kurzer Reichweite ($2{,}5 \cdot 10^{-15}$ m) und wirkt nur auf einen Teil der Teilchen, die *Hadronen*, zu denen auch die Nukleonen p und n gehören. Sie hält den Atomkern zusammen.
2. Die elektromagnetische Wechselwirkung; sie wirkt auf alle *geladenen* Teilchen. Diese *WW* ist gut bekannt und kann berechnet werden.

3. Die schwache Wechselwirkung (*weak force*); sie ist von äußerst kurzer Reichweite (10^{-18} m) und wirkt auf alle Fermionen des Standardmodells, d. h. *alle fundamentalen Materieteilchen* (siehe die Abschnitte 3.2.4.2 und 3.2.5). Sie ist verantwortlich für die Wechselwirkung zwischen e^+, e^- und den Nukleonen, z. B. beim β-Zerfall.
4. Die Gravitation; sie wirkt auf *alle* Teilchen, ist aber in der Kern- und Elementarteilchenphysik gegen die anderen *WW*'s vernachlässigbar.

3.2.1 Klassifikation der Elementarteilchen

Zunächst: Alle Teilchen besitzen einen Eigendrehimpuls = Spin $\vec{S}$, dessen Betrag sich aus der Spinquantenzahl (Spin*QZ*) s mit $|\vec{S}| = \sqrt{s(s+1)}\,\hbar$ berechnet (wir rechnen hier zusammengesetzte Teilchen mit Spin 0 und das Higgs Boson mit Spin 0 dazu). Ist eine bestimmte Richtung von außen vorgegeben (z. B. durch ein äußeres magnetisches oder elektrisches Feld in z-Richtung), so gilt für die Spinkomponente in der vorgegebenen Richtung (z. B. z) $S_z = m_s \cdot \hbar$, wobei die magnetische Spin*QZ* m_s die $(2s+1)$ ganzzahligen, also gequantelten Werte $-s \leq m_s \leq +s$ annehmen kann, d. h. $m_s = -s, -(s+1), \ldots, (s-1), s$.

Die Spinquantenzahl (oft verkürzend „Spin" genannt) kann entweder *halbzahlig* (z. B. $\underbrace{1/2}_{\text{2 Einstell-möglichkeiten}}$, $\underbrace{3/2}_{\text{4 Einstell-möglichkeiten}}$, ...) oder ganzzahlig sein ($\underbrace{0}_{\text{1 Einstell-möglichkeit}}$, $\underbrace{1}_{\text{3 Einstell-möglichkeiten}}$, $\underbrace{2}_{\text{5 Einstell-möglichkeiten}}$, ...). Teilchen mit halbzahligem Spin heißen *Fermionen* (= Fermi-Teilchen, *fermion*); sie unterliegen der *Fermi-Dirac-Statistik* und für sie gilt das *Pauli-Verbot*.[126] Teilchen mit ganzzahligem Spin heißen *Bosonen* (= Bose-Teilchen, *boson*); sie gehorchen der *Bose-Statistik* (siehe auch Band VI, Kapitel „Statistische Physik", Abschnitt 1.4.1), für sie gilt das Pauli-Verbot *nicht*.[127]

Wir unterscheiden im „Zoo der Elementarteilchen" die *Leptonen* (gr.: leicht) mit halbzahliger Spin*QZ*, zu denen unter anderen das Elektron e^- (Antiteilchen e^+, Positron) und das Elektronneutrino ν_e (Antiteilchen $\bar{\nu}_e$, Anti-Elektonneutrino) gehören und die *Hadronen* (gr.: stark). Die Gruppe der Hadronen teilt sich wieder in die schweren *Baryonen* (gr.: schwer) mit halbzahligem Spin, zu denen auch unsere Nukleonen p und n gehören, und die mittelschweren *Mesonen* (von *μέσον*, gr. „das Mittlere") mit ganzzahligem Spin (z. B. das *Pion* = π-Teilchen).

Während die Leptonen *fundamentale Elementarteilchen* sind, d. h. aus heutiger Sicht punktförmig, ohne innere Struktur und nicht weiter teilbar, haben alle Hadro-

---

126 In einem System miteinander wechselwirkender Fermionen dürfen diese nicht in allen *QZ* übereinstimmen bzw. allgemein: Die Wellenfunktion des Fermionensystems ist antisymmetrisch.
127 Die Wellenfunktion des Bosonensystems ist symmetrisch.

nen, also auch die Nukleonen, eine komplexe innere Struktur, sie sind aus anderen fundamentalen Elementarteilchen, den *Quarks* aufgebaut.

Die schwache *WW* wirkt auf alle Teilchen (ausgenommen das Photon), die starke *WW* dagegen, wie schon in Abschnitt 3.2 erwähnt nur auf die Hadronen; auf die Leptonen (e^-, e^+, ν_e, $\bar{\nu}_e$, ...) wirkt daher die starke Wechselwirkung nicht, auf sie wirkt (neben Gravitation und elektromagnetischer *WW*) nur die schwache Wechselwirkung.

Als Regel gilt

Zu jedem Teilchen gibt es ein Antiteilchen.

Teilchen und Antiteilchen unterscheiden sich im Vorzeichen der „additiven" *QZ* (der elektrischen Ladung, Farbladung, Baryonenzahl, Leptonenzahl usw.) während die „nicht-additiven" *QZ*, die ihr Vorzeichen nicht ändern können (wie Spin, Masse, Parität[128] und andere Eigenschaften wie z. B. die Gesamtlebensdauer), gleich sind. Wenn alle additiven *QZ* eines Teilchens Null sind (z. B. Photon, neutrales Pion π^0, Eichboson Z^0), dann ist es sein eigenes Antiteilchen.

Wenn ein Teilchen auf sein Antiteilchen trifft, kann es zur Annihilation beider Teilchen kommen. Die Annihilation (Paarvernichtung) von Elektron und Positron haben wir schon kennengelernt (Abschnitt 3.1.5.3.2), ebenso die Paarbildung (Abschnitt 3.1.5.4.3):

$$e^- + e^+ \leftrightarrow \gamma + \gamma \qquad (Q = 1{,}02\,\text{MeV})\,. \tag{V-3.99}$$

Andererseits kann sich aus Antiteilchen „Antimaterie" bilden, z. B. „Antiwasserstoff" aus dem Antielektron = Positron $\bar{e}^- = e^+$ und dem Antiproton $\bar{p}^+ = p^-$. Nach unserem derzeitigen Wissensstand besteht das Universum hauptsächlich aus Materie und nicht aus Antimaterie. Diese Unsymmetrie zwischen Materie und Antimaterie ist ein noch ungelöstes Rätsel; vielleicht hängt sie mit der Verletzung der *CP*-Invarianz zusammen (siehe Abschnitt 3.2.4, Fußnote 149).

Derzeit sind 38 Baryonen (von 75 maximal möglichen, da das top-Quark zu schnell zerfällt um in Baryonen einen gebundenen Zustand einzugehen; Lebensdauer $\tau_t \approx 5 \cdot 10^{-25}\,\text{s}$) nachgewiesen (20 mit Spin 1/2, 18 mit Spin 3/2), nach 37 weiteren wird noch gesucht. Die wichtigsten Baryonen sind in der nachfolgenden Tabelle mit ihrer Zusammensetzung aus jeweils drei Quarks, ihrer Masse und ihrer Spin*QZ* angeführt. Die verschiedenen Arten der Quarks und ihre Eigenschaften sind in Abschnitt 3.2.3.2 tabellarisch zusammengestellt.

---

128 Die Parität ist multiplikativ, siehe Abschnitt 3.1.4.3, Fußnote 88.

Die wichtigsten Baryonen

Symbol	Quarks („makeup“)	Masse (MeV/c^2)	Spin
p^+	*uud*	938,3	1/2
n^0	*udd*	939,6	1/2
Λ^0	*uds*	1115,7	1/2
Λ_b^0	*udb*	5619,6	1/2
Λ_c^+	*udc*	2286,5	1/2
Σ^+	*uus*	1189,4	1/2
Σ^0	*uds*	1192,6	1/2
Σ^-	*dds*	1197,4	1/2
Ξ^0	*uss*	1314,9	1/2
Ξ^-	*dss*	1321,7	1/2
Ξ_b^-	*dsb*	5797	1/2
Δ^{++}	*uuu*	1232	3/2
Δ^+	*uud*	1232	3/2
Δ^0	*udd*	1232	3/2
Δ^-	*ddd*	1232	3/2
Σ^{*+}	*uus*	1382,8	3/2
Σ^{*0}	*uds*	1383,7	3/2
Σ^{*-}	*dds*	1387,2	3/2
Ξ^{*0}	*uss*	1531,8	3/2
Ξ^{*-}	*dss*	1535	3/2
Ω^-	*sss*	1672,5	3/2

Die mit * gekennzeichneten Teilchen Σ^* und Ξ^* weisen dieselbe Zusammensetzung aus Quarks auf (makeup) wie jene ohne Stern, haben aber Spin*QZ* $s = 3/2$ und deutlich größere Massen als die gleichen Teilchen ohne Stern.[129] Das Teilchen Ξ_b^- („*Cascade b*“) wurde erst 2007 am *Fermilab*[130] entdeckt, es ist äußerst kurzlebig (mittlere Lebensdauer $1{,}42 \cdot 10^{-12}$ s) und ist das erste nachgewiesene Hadron, das sich aus drei verschiedenen Quarks („*down*“-, „*strange*“- und „*bottom*“-Quark) zusammensetzt.

Bis heute wurden mehr als 122 Mesonen beobachtet und es gibt Hinweise auf mindestens weitere 50. Die wichtigsten Mesonen sind in der nachfolgenden Tabelle zusammengestellt, sie werden jeweils aus einem Quark/Antiquark-Paar gebildet.

129 Der Massenunterschied bei gleichem Quark makeup ist eine Folge der Spin-Spin *WW*: Bei Baryonen mit $s = 1/2$ sind zwei Quark-Spins gepaart (↑↑↓), mit $s = 3/2$ sind alle drei Quark-Spins parallel (↑↑↑).

130 Fermi National Accelerator Laboratory, US-amerikanisches Forschungszentrum für Elementarteilchenphysik, 50 km westlich von Chicago. Das *Tevatron* am Fermilab war bis 2009 der energiereichste Teilchenbeschleuniger, der Teilchen bis fast 2 TeV beschleunigen konnte (Bahnumfang: 6 km). Seit 2009 ist der energiereichste Teilchenbeschleuniger der LHC (*Large Hadron Collider*) am Europäischen Kernforschungszentrum *CERN* bei Genf (Bahnumfang: 26,7 km, maximale Teilchenenergie: 14 TeV, 7 TeV pro Teilchen vor dem Zusammenstoß).

Die wichtigsten Mesonen

Symbol	Quarks („makeup“)	Masse (MeV/c^2)	Spin
π^+, $\bar{\pi}^+ = \pi^-$	$u\bar{d}$, $d\bar{u}$	139,6	0
π^0	$(u\bar{u} - d\bar{d})$	135	0
K^+, $\bar{K}^+ = K^-$	$u\bar{s}$, $\bar{u}s$	493,7	0
K^0	$(d\bar{s} + \bar{d}s)$	497,6	0
η^0	$(u\bar{u} + d\bar{d} - 2s\bar{s})$	547,9	0
η'^0	$(u\bar{u} + d\bar{d} + s\bar{s})$	957,8	0
D^+, $\bar{D}^+ = D^-$	$c\bar{d}$, $\bar{c}d$	1869,7	0
D^0	$c\bar{u}$	1864,8	0
D_s^+, $\bar{D}_s^+ = D_s^-$	$c\bar{s}$, $\bar{c}s$	1968,3	0
B^+, $\bar{B}^+ = B^-$	$u\bar{b}$, $\bar{u}b$	5279,3	0
B^0	$d\bar{b}$	5279,7	0
ρ^+, $\bar{\rho}^+ = \rho^-$	$u\bar{d}$, $\bar{u}d$	775,3	1
ρ^0	$(u\bar{u} - d\bar{d})$	775,3	1
ω^0	$(u\bar{u} + d\bar{d})$	782,7	1
φ^0	$s\bar{s}$	1019,5	1
J/ψ	$c\bar{c}$	3096,9	1
Y	$b\bar{b}$	9460,3	1

Einige ladungsneutrale Mesonen kommen als Überlagerungszustände von zwei oder drei Quark-Antiquark-Paaren vor, z. B. π^0, K^0, η^0, η'^0, ρ^0, ω^0. Mesonen mit Gesamtspin*QZ* $j = 0$ nennt man *skalare* (oder *pseudoskalare*) Mesonen, jene mit Gesamtspin*QZ* $j = 1$ *Vektormesonen* (alle Quarks sind Fermionen mit Spin*QZ* $s = 1/2$).

Wir erkennen bei der Durchsicht der beiden Teilchentabellen, dass das *Quarkmodell* (siehe Abschnitt 3.2.3) eine Systematik in den ursprünglich völlig unübersichtlichen „Zoo der Elementarteilchen“ gebracht hat.

3.2.2 Erlaubte und verbotene Teilchenprozesse: Erhaltungssätze

In den Anfängen der Elementarteilchenphysik glaubte man, dass alle in hochenergetischen Stoßprozessen erzeugten neuen „Elementarteilchen“ *fundamentale* Teilchen seien, also punktförmig, ohne weitere innere Struktur. Die Auflösung innerer Strukturen von Teilchen ist allerdings eine Frage, die von der zur Verfügung stehenden Energie der zusammenstoßenden Teilchen abhängt. Wollen wir z. B. Aufschluss über eine Substruktur der Größenordnung von $\Delta x \approx 0{,}1\,\text{fm}$ erhalten, so muss nach der Heisenbergschen Unschärferelation (siehe Kapitel „Quantenoptik“, Abschnitt 1.6.5, Gl. V-1.108) $\Delta x \cdot \Delta p_x \geq h$ gelten[131]

131 In quantenmechanisch strenger Form lautet die Heisenbergsche Unschärferelation: $\sqrt{\overline{\Delta x^2}} \cdot \sqrt{\overline{\Delta p_x^2}} \geq \frac{\hbar}{2}$ (siehe Kapitel „Quantenoptik“, Abschnitt 1.6.5, Fußnote 71).

$$\Delta p_x \geq \frac{h}{\Delta x} = \frac{h \cdot c}{\Delta x \cdot c} = \frac{1240\,\text{MeV} \cdot \text{fm}}{(0{,}1\,\text{fm}) \cdot c} = 12\,400\,\text{MeV}/c = 12{,}4\,\text{GeV}/c\,. \quad \text{(V-3.100)}$$

Das heißt, man braucht beachtliche Energien in der Höhe von einigen GeV um die innere Struktur z. B. der Nukleonen auflösen zu können. Das ist der Grund für den Bau der kostspieligen Teilchenbeschleuniger in den USA und in Europa (siehe Abschnitt 3.2.1, Fußnoten 130 und Abschnitt 3.2.4.2, Fußnote 155).

3.2.2.1 Erhaltung der Leptonenzahl L[132]

Die 3 Familien der 6 Leptonen und ihre Eigenschaften[133]:

Teilchen	m [MeV/c^2]	Q [e]	I_3	$\bar{\tau}$ [s]	Antiteilchen
Elektronneutrino (ν_e)	$< 1 \cdot 10^{-6}$	0	+1/2	stabil	$\bar{\nu}_e$
Elektron (e^-)	0,511	−1	−1/2	stabil	e^+
Myonneutrino (ν_μ)	$< 1 \cdot 10^{-6}$	0	+1/2	stabil	$\bar{\nu}_\mu$
Myon (μ^-)	105,66	−1	−1/2	$2{,}197 \cdot 10^{-6}$	μ^+
Tauonneutrino (ν_τ)	$< 1 \cdot 10^{-6}$	0	+1/2	stabil	$\bar{\nu}_\tau$
Tauon (τ)	1777	−1	−1/2	$2{,}906 \cdot 10^{-13}$	τ^+

Bei folgendem Prozess bleibt die Ladung erhalten und er sollte daher bei genügend hoher Energie ablaufen können:

$$e^- + e^- \longrightarrow \pi^- + \pi^-\,. \quad \text{(V-3.101)}$$

Tatsächlich wird diese Reaktion genauso wie die folgenden Zerfälle (bis jetzt) *nicht* beobachtet:

$$\begin{aligned} &\mu^- \longrightarrow e^- + \gamma \\ &\mu^- \longrightarrow e^- + e^+ + e^-\,. \end{aligned} \quad \text{(V-3.102)}$$

---

132 Während die Gesamtleptonenzahl $\sum_i L_i$ auch aus heutiger Sicht erhalten bleibt, verletzen die sog. *Neutrinooszillationen* (siehe Abschnitt 3.1.4.3, Fußnote 79) die Erhaltung der Leptonenzahl innerhalb einer Familie. Es wird augenblicklich sehr intensiv nach Prozessen gesucht, in denen auch die Gesamtleptonenzahl nicht erhalten bleibt.

133 I_3 ist die „dritte Komponente des Isospins": In jüngerer Zeit hat man (neben dem Isospin der Nukleonen bzw. der Hadronen, dem „starken Isospin") auch für die Leptonen und die Quarks einen („schwachen") Isospin eingeführt. Damit kann man die einzelnen Familien in „Dubletts" anordnen („schwache Isospin Dubletts"). Dabei hat man die Konvention den Isospin von „Teilchenmultipletts" so anzuordnen, dass das Teilchen mit der höheren Ladungszahl auch den höheren Isospin zugeordnet erhält (siehe Abschnitt 3.2.2.4, Fußnote 141), inzwischen darauf erweitert, dass das im Multiplett höhere liegende Teilchen die höhere Ladungszahl trägt.

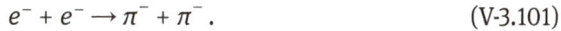

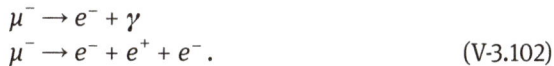

Andererseits wird der folgende Zerfallsprozess des Myons, an dem nur Leptonen beteiligt sind und bei dem daher die starke *WW* nicht beteiligt ist, beobachtet:

$$\mu^- \longrightarrow e^- + \overline{\nu}_e + \nu_\mu \,. \tag{V-3.103}$$

Aus dem Ablaufen verschiedener Reaktionen und dem Ausbleiben anderer kann man schließen, dass man jeder Leptonfamilie eine neue *QZ* zuordnen muss, die bei Teilchenreaktionen erhalten bleibt, die Leptonenzahl L_i:[134]

$$L_i = \begin{cases} +1 & \longrightarrow \text{Teilchen jeder Leptonfamilie (-generation)} \\ 0 & \longrightarrow \text{nicht leptonisches Teilchen} \\ -1 & \longrightarrow \text{Antiteilchen der Leptonfamilien} \end{cases} \tag{V-3.104}$$

Dabei bezeichnet der Index i die entsprechende Leptonfamilie ($i = e$: für e^- und ν_e; $i = \mu$: für μ^- und ν_μ; $i = \tau$: für τ^- und ν_τ):

Es gibt also 3 Leptonfamilien

$$\begin{matrix} e^-/\nu_e & & e^+/\overline{\nu}_e \\ \mu^-/\nu_\mu & \text{mit ihren Antiteilchen} & \mu^+/\overline{\nu}_\mu \,. \\ \tau^-/\nu_\tau & & \tau^+/\overline{\nu}_\tau \end{matrix}$$

Die Leptonenzahl jeder Familie bleibt in allen Teilchenreaktionen erhalten.

Dieser Erhaltungssatz regelt, dass die ersten drei Reaktionen, die am Beginn dieses Abschnitts angeführt wurden (Gln. V-3.101 und V-3.102), verboten sind (das Pion π und das Photon γ sind keine Leptonen, μ^- und e^- entstammen nicht derselben Leptonfamilie), dass aber die vierte Reaktion (Gl. V-3.103) tatsächlich auftritt: μ^- ($L_\mu = 1$) und ν_μ ($L_\mu = 1$) entstammen derselben Leptonfamilie und e^- und $\overline{\nu}_e$ sind Teilchen ($L_e = 1$) und Antiteilchen ($L_\nu = -1$) aus derselben Leptonfamilie, die Leptonenzahl jeder Familie bleibt daher bei dieser Reaktion (Gl. V-3.103) erhalten. Die Ursache, warum bei der Reaktion $\mu^- \longrightarrow e^- + \overline{\nu}_e + \nu_\mu$ zwei Neutrinos emittiert werden, hat daher zwei Gründe: Der erste Grund ist die Erhaltung der Leptonenzahl. Weiters sind an dem Prozess nur Leptonen, alle mit Spin*QZ* $s = 1/2$ beteiligt. Es muss daher wegen der Drehimpulserhaltung eine ungerade Zahl von Teilchen emittiert werden.

Myonen sind instabile, sehr kurzlebige Teilchen (mittlere Lebensdauer $2{,}2 \cdot 10^{-6}$ s) und wurden 1936 von Anderson[135] in der Höhenstrahlung entdeckt (sie-

134 Nach neuester Erkenntnis bleibt allerdings nur die Gesamtleptonenzahl $\sum_i L_i = L_e + L_\mu + L_\tau$ erhalten, während die *Neutrinooszillationen* (siehe Abschnitt 3.1.4.3, Fußnote 79) die Erhaltung der Leptonenzahl L_i einer Familie verletzen.

135 Carl David Anderson, 1905–1991. Für seine Entdeckung der Paarerzeugung mit einer Wilsonschen Nebelkammer im Jahre 1933 erhielt er 1936 (zusammen mit Viktor Hess) den Nobelpreis.

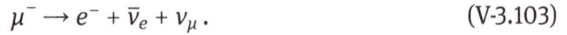

he auch Band II, Kapitel „Relativistische Mechanik", Beispiel zur Zeitdilatation in Abschnitt 3.4.1 und Beispiel zur Längenkontraktion in Abschnitt 3.4.2). Sie sind dem e^- ähnlich, weisen aber die etwa 200-fache Masse des e^- auf ($1{,}8835 \cdot 10^{-28}\,\mathrm{kg} = 105{,}7\,\mathrm{MeV}/c^2 \approx 207\,m_e$). Das Tauon (Symbol τ von gr. $\tau\rho\iota\tau o\nu$, das „dritte") ist das schwerste Lepton ($3{,}167\,54 \cdot 10^{-27}\,\mathrm{kg} = 1776{,}86\,\mathrm{MeV}/c^2 = 3477{,}23\,m_e$). Es wurde bei der Reaktion $e^+ + e^- \longrightarrow \tau^+ + \tau^-$ [136] von Martin Perl[137] bei Experimenten zwischen 1974 und 1977 entdeckt (mittlere Lebensdauer $2{,}9 \cdot 10^{-13}\,\mathrm{s}$).

Da die Leptonen keine *Farbladung* tragen (siehe die Abschnitte 3.2.3.2 und 3.2.4.3), wirkt auf sie die starke *WW* nicht!

3.2.2.2 Erhaltung der Baryonenzahl *B*[138]

Die folgende Reaktion, der Zerfall eines Protons, wird niemals beobachtet, obwohl kein bisheriger Erhaltungssatz verletzt wird:

$$p \longrightarrow e^+ + \nu_e \qquad (+\,Q = 937{,}8\,\mathrm{MeV}) \tag{V-3.105}$$

Dieser Prozess hätte katastrophale Folgen: Die Protonen, ein wesentlicher Bestandteil aller Lebewesen, würden sich mit der Zeit in Positronen umwandeln!

Wir führen deshalb wieder eine neue *QZ* ein, die bei Teilchenreaktionen erhalten bleiben muss, die Baryonenzahl *B*:

$$B = \begin{cases} +1 & \longrightarrow \text{Teilchen ist ein Baryon} \\ 0 & \longrightarrow \text{Teilchen ist kein Baryon} \\ -1 & \longrightarrow \text{Antibaryon}\,. \end{cases} \tag{V-3.106}$$

Damit formulieren wir einen weiteren Erhaltungssatz im Einklang mit den experimentellen Ergebnissen:

In allen Wechselwirkungsprozessen bleibt die Baryonenzahl erhalten.

Dieser Erhaltungssatz garantiert, dass das leichteste Baryon, das Proton, nicht zerfallen kann! Der obige Prozess (Gl. V-3.105) ist wegen Verletzung der Baryonenzahl verboten.

Andererseits wird die Protonenvernichtung (Proton-Antiproton-Annihilation) bei entsprechenden Energien beobachtet:

$$p + \bar{p} \longrightarrow \underbrace{4\pi^+}_{\text{Teilchen}} + \underbrace{4\pi^-}_{\text{Antiteilchen}} + n\pi^0\,. \tag{V-3.107}$$

---

136 Beachte: Die Leptonenzahl ist links und rechts Null, die Erhaltung von L_i ist daher erfüllt.

137 Martin Lewis Perl, (1927–2014). Für seine Entdeckung des Tauons erhielt er zusammen mit Frederick Reines 1995 den Nobelpreis.

138 Warum gibt es keine Erhaltung der Mesonenzahl? Mesonen sind Quark/Antiquark-Paare (siehe Tabelle in Abschnitt 3.2.1) und können so beliebig entstehen und zerfallen.

Da die Masse von p und $\bar{p}$ $2 \cdot 938{,}3\,\mathrm{MeV} = 1876{,}6\,\mathrm{MeV}$ beträgt, entsteht eine Reihe von leichteren Pionen (π-Teilchen). An diesem Prozess sind nur Baryonen (p, $\bar{p}$) und Mesonen (π^+, π^-, π^0), also nur Hadronen beteiligt, die der starken Wechselwirkung unterliegen. Die Zahl n der entstehenden ungeladenen π^0 hängt von der Energie des einfallenden Antiprotons ab. Da die π-Mesonen ja alle die Baryonenzahl $B = 0$ haben, ist die Baryonenzahl bei diesem Prozess erhalten.

Pionen sind instabile Teilchen (Mesonen, mittlere Lebensdauer $\bar{\tau} = 2{,}6 \cdot 10^{-8}\,\mathrm{s}$ ($\bar{\tau}(\pi^0) = 8{,}5 \cdot 10^{-17}\,\mathrm{s}$, zerfällt elektromagnetisch, meist $\pi^0 \rightarrow \gamma + \gamma$) und zerfallen spontan, z. B. in ein Antimyon und ein Myon-Neutrino:

$$\pi^+ \rightarrow \mu^+ + \nu_\mu \,. \qquad \text{(V-3.108)}$$

Beide entstehende Teilchen sind Leptonen, d. h., bei diesem Zerfall ist nur die schwache Wechselwirkung im Spiel.

3.2.2.3 Erhaltung der „Seltsamkeit" *S* (strangeness)

Bisher haben wir folgende Charakterisierungsgrößen der „inneren" Teilcheneigenschaften kennengelernt: Masse, elektrische Ladung, Spin, Leptonenzahl und Baryonenzahl; dazu kommen noch die (mittlere) Lebensdauer und das magnetische Moment. Damit können aber noch nicht alle Eigenschaften der Elementarteilchen beschrieben werden.

Schon bei sehr frühen Untersuchungen der kosmischen Höhenstrahlung[139] zeigte sich, dass manche Teilchen, z. B. K-Mesonen sowie Σ- und Λ^0-Baryonen durch starke Wechselwirkung entstehen, aber durch schwache *WW* zerfallen. Außerdem werden diese Teilchen immer in Paaren erzeugt, nie allein, z. B. K entweder zusammen mit Σ oder Λ^0. So tritt die Reaktion

$$\pi^+ + p \rightarrow K^+ + \Sigma^+ \qquad \text{(V-3.109)}$$

auf, die Reaktion $\pi^+ + p \rightarrow \pi^+ + \Sigma^+$ aber nie, obwohl alle bisherigen Erhaltungssätze erfüllt sind. Diese Beobachtungen „seltsamen" Teilchenverhaltens bewogen Murray Gell-Mann, Abraham Pais und unabhängig davon Kazuhiko Nishijima[140]

---

139 Höhenstrahlung (= kosmische Strahlung, *cosmic rays*) ist die hochenergetische Teilchenstrahlung von etwa 1000 Teilchen pro Quadratmeter und Sekunde, die aus dem Weltall auf die äußere Erdatmosphäre trifft und durch *WW* mit den Kernen der Gasmoleküle der Atmosphäre viele Sekundärteilchen in „Schauern" erzeugt. Die Höhenstrahlung besteht hauptsächlich aus Protonen (ca. 87 %) und α-Teilchen (ca. 12 %). Die Höhenstrahlung wurde von Victor Franz Hess (1883–1964; 1936 erhielt er für die Entdeckung der Höhenstrahlung zusammen mit Carl David Anderson, dem Entdecker des Positrons, den Nobelpreis) 1912 bei Ballonfahrten in der Erdatmosphäre entdeckt.

140 Murray Gell-Mann, (1929–2019). Für seine Beiträge und Entdeckungen zur Klassifikation der Elementarteilchen und zu ihren Wechselwirkungen bekam er 1969 den Nobelpreis. Abraham Pais, 1918–2000. Von Pais stammen die Namen „Lepton" und „Baryon" für die entsprechenden Elementarteilchen. Kazuhiko Nishijima, 1926–2009.

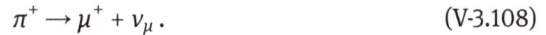

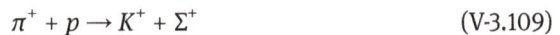

eine neue Quantenzahl einzuführen, die *Seltsamkeit* (*strangeness*) S. Diese „Seltsamkeit“ ist in Prozessen der starken *WW* (d. h. bei der Erzeugung der seltsamen Teilchen) erhalten, bei Prozessen der schwachen *WW* (d. h. ihrem Zerfall) aber nicht (in Prozessen mit schwacher *WW* ändert sich S meist um ±1).

Nach dieser Klassifikation sind p, n, π nicht seltsam und erhalten so $S = 0$, während für K^0 und K^+ $S = +1$ gilt und für Λ^0, Σ^0, Σ^-, Σ^+ $S = -1$. Für die Teilchen Ξ^0 und Ξ^- ist $S = -2$.

In Prozessen der starken *WW* bleibt die Seltsamkeit S erhalten, bei den meisten Prozessen der schwachen *WW* ändert sich S um $\Delta S = \pm 1$.

Die Seltsamkeit ergibt sich im Quarkmodell aus der Zahl der s- bzw. $\bar{s}$ -Quarks (der *strange*-Quarks, siehe Abschnitt 3.2.3.2) im betrachteten Teilchen.

3.2.2.4 Erhaltung des Isospins und Zusammenfassung der Quantenzahlen der Hadronen

Wir haben den Isospin schon am Beginn dieses Kapitels „Subatomare Physik“ kennengelernt (Abschnitt 3.1.1): Da sich die annähernd massegleichen Nukleonen ja bezüglich der ladungsunabhängigen starken *WW* nicht unterscheiden, sondern nur bezüglich der (ladungsabhängigen) elektromagnetischen *WW*, wird dem Nukleon der Isospin als zusätzliche *QZ* zugeteilt und unterscheidet so das Proton vom Neutron auch beim Wirken der starken Kraft. In Übereinstimmung mit der Spin*QZ* $s = 1/2$ und $m_s = \pm 1/2$, ordnet man den Nukleonen den Isospin $I = 1/2$ mit den „Projektionen“ $I_3 = +1/2$ für das Proton und $I_3 = -1/2$ für das Neutron zu.[141] Auch für andere Teilchen mit annähernd gleichen Massen kann ein Isospin angegeben werden, der immer halb- oder ganzzahlig ist:

π-Teilchen (Pion): $I = 1$ (π^+: $I_3 = +1$, π^0: $I_3 = 0$, π^-: $I_3 = -1$)
K-Teilchen (Kaon): $I = 1/2$ (K^+: $I_3 = +1/2$, K^0: $I_3 = -1/2$)
Σ-Teilchen: $I = 1$ (Σ^+: $I_3 = +1$, Σ^0: $I_3 = 0$, Σ^-: $I_3 = -1$)
Λ^0-Teilchen: $I = 0$ ($I_3 = 0$)

In Prozessen der starken *WW* bleibt der Isospin erhalten.[142]

---

141 Diese zu S_z, der Projektion des Eigendrehimpulses (Spin) des e^- auf eine von außen (z. B. durch ein Magnetfeld) vorgegebene Richtung, analoge „Projektion“ des Isospins („dritte Komponente des Isospins“) wird oft auch als I_z bezeichnet. Die Zuordnung der I_3-Komponente des Isospins für ein bestimmtes „Teilchenmultiplett“ (p, n; π^+, π^0, π^- etc.) wird so gewählt, dass das Teilchen mit der höheren Ladungs*QZ* den höheren Wert des Isospins erhält ($p \rightarrow +1/2$, $n \rightarrow -1/2$, usw.). Elementarteilchen (oder auch Kernniveaus), die zu Isospinmultipletts mit $I_3 \geq 1/2$ zusammengefasst werden, besitzen analog zum Gesamtspin S der Elektronenhülle $2I + 1$ „Komponenten“.

142 Bei elektromagnetischen *WW* bleibt nur I_3 erhalten.

Zusammenhang der Quantenzahlen der Hadronen: die Gell-Mann-Nishijima-Formel

Beobachtungen ergaben folgende Beziehung zwischen der elektrischen Ladung Q eines Hadrons und den anderen QZ:

$$Q = I_3 + \frac{B+S}{2} = I_3 + \frac{Y}{2} \qquad \text{(V-3.110)}$$

Gell-Mann-Nishijima-Formel

mit der *starken Hyperladung* (*strong hypercharge*) $Y = B + S$.

Mit der Entdeckung weiterer QZ, den sogenannten *Quark flavours c* (*charm*), *b* (*bottom*) und *t* (*top*) wurde die Gell-Mann-Nishijima-Formel so verallgemeinert, dass sie auch diese QZ enthält (zu den Quark flavours siehe die Tabelle der Quarks in Abschnitt 3.2.3.2):

$$Q = I_3 + \frac{1}{2}(B + S + c + b + t) = I_3 + \frac{Y}{2} \qquad \text{(V-3.111)}$$

erweiterte Gell-Mann-Nishijima-Formel

mit der erweiterten starken Hyperladung $Y = B + S + c + b + t$.

Wir bemerken noch, dass die „Namen“ in vielen Bereichen der Elementarteilchenphysik keine eigentliche Bedeutung haben oder ihre ursprüngliche Bedeutung verloren haben. „Strangeness“ kennzeichnet nicht mehr wirklich eine „seltsame Eigenschaft“, sondern ist der Name einer neuen Quantenzahl der Teilchen, die sich sehr gut bewährt hat. Diese Quantenzahlen folgen nicht aus mathematischen Konzepten und Regeln, sondern sind aus der Beobachtung des Auftretens oder Nichtauftretens von Elementarteilchenreaktionen postuliert worden.

3.2.3 Das Quarkmodell

3.2.3.1 Der „achtfache“ Weg

Um 1960 waren 8 Baryonen mit SpinQZ $s = 1/2$ bekannt. M. Gell-Mann und von ihm unabhängig Y. Neeman[143] fanden eine Systematik dieser Teilchen durch eine geometrische Anordnung, bei der sie die Seltsamkeit (strangeness) gegen die Ladung auftrugen, wobei die Achsen unter 60° gegeneinander geneigt waren: Es ergab sich das Teilchenoktett in einem Sechseck, in dessen Zentrum die zwei restlichen Teilchen angeordnet sind (Abb. V-3.40):

143 Yuval Neeman, 1925–2006; israelischer Physiker und erster Wissenschaftsminister Israels.

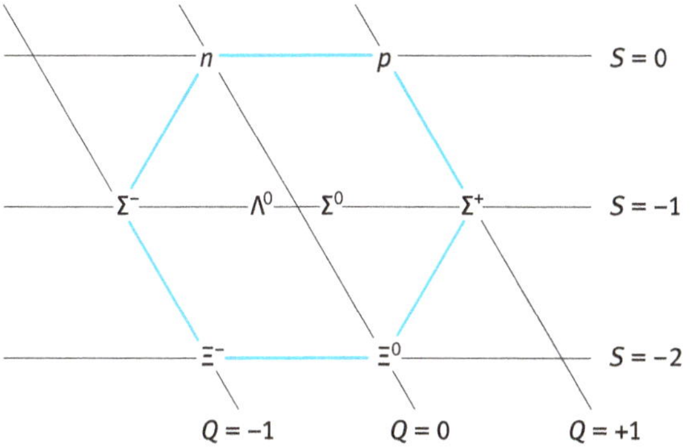

Abb. V-3.40: „Achtfacher Weg“ für die Baryonen mit Spin*QZ* $s = 1/2$.

Wegen der insgesamt 8 beteiligten Teilchen und ihrer Anordnung in einem Oktett nannte Gell-Mann die Anordnung in Anlehnung an den „Edlen Achtfachen Pfad (“noble eightfold path“) des Buddhismus[144] den „Achtfachen Weg“.

Dasselbe Verfahren konnte auch auf die damals bekannten 9 Mesonen mit $s = 0$ angewendet werden, wobei diesmal 3 Teilchen im Zentrum des Sechsecks sitzen (Abb. V-3.41):

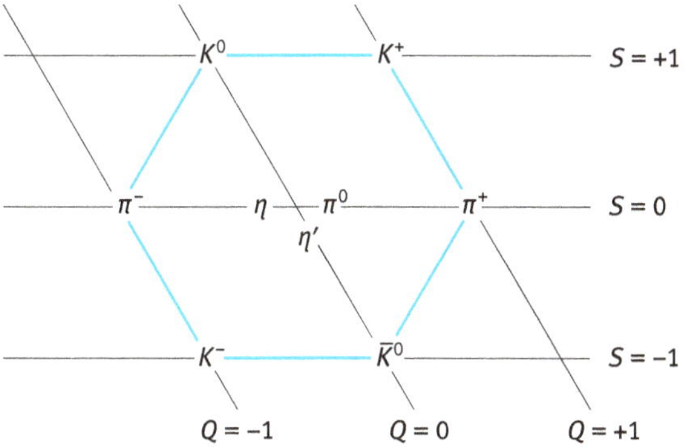

Abb. V-3.41: „Achtfacher Weg“ für die Mesonen mit Spin*QZ* $s = 0$.

Auch der Versuch, die Baryonen mit Spin*QZ* $s = 3/2$ entsprechend anzuordnen, zeigte sich vielversprechend, es ergab sich ein Teilchendecuplet in zentrierter Dreiecksform (Abb. V-3.42):

144 Der „Edle Achtfache Pfad“ steht zentral in der Lehre des Buddhismus; er führt den Menschen aus seinem Leiden im irdischen Dasein hinaus.

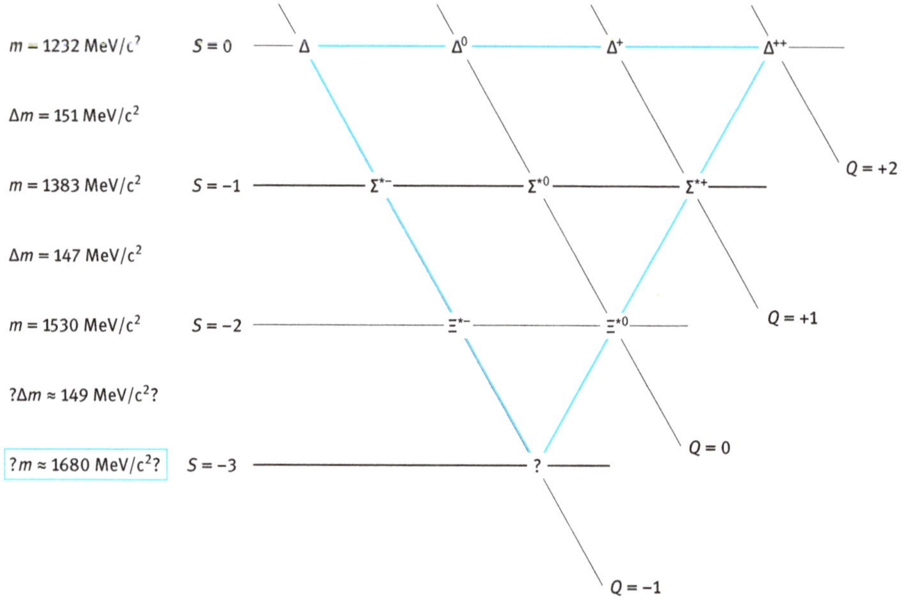

Abb. V-3.42: „Achtfacher Weg" für die Baryonen mit Spin*QZ* $s = 3/2$. Gibt es das fehlende Teilchen mit Ladung $Q = -1$, Seltsamkeit $S = -3$ und Masse $m = 1680\,\text{MeV}/c^2$?

Zur Vollständigkeit der Anordnung fehlte allerdings eines der 10 Teilchen. Aber durch die sinnvolle Anordnung sicher geworden, forderte Gell-Mann 1962 auf der „International Conference on High-Energy Nuclear Physics" in Genf:

> There exists a spin −3/2 baryon with a charge of −1, a strangeness of −3, and a rest energy of about 1680 MeV. If you look for this 'omega minus' particle (as I propose to call it), I think you will find it.

Das vorausgesagte Ω^--Teilchen wurde gesucht und bald danach am Brookhaven National Laboratory von einer Gruppe von Experimentatoren unter der Leitung von N. P. Samios gefunden.[145]

Die symmetrischen Darstellungen (Teilchenmultipletts) entsprechend dem achtfachen Weg haben für die Elementarteilchenphysik eine ähnliche Bedeutung wie das periodische System der Elemente für die Chemie. Das Periodensystem ist ein Beweis, dass die Atome der Elemente nicht die letzten elementaren Bausteine der Materie sind. In ähnlicher Weise stellt der 8-fache Weg dar, dass Mesonen und Baryonen eine innere Struktur haben, mit der ihre Eigenschaften verstanden werden können.

145 V. E. Barnes et al., *Physical Review Letters* **12**, 204 (1964).

3.2.3.2 Das Quarkmodell

Murray Gell-Mann und von ihm unabhängig George Zweig (geb. 1937, US-amerikanischer Physiker) stellten 1964 fest, dass die symmetrischen Darstellungen des achtfachen Weges einfach verstanden werden können, wenn Mesonen und Baryonen aus weiteren, elementareren Teilchen zusammengesetzt seien. Zweig nannte sie „Aces" („Asse"), Gell-Mann nannte sie „Quarks".[146] Ursprünglich verwendete er die Quarks nur als Abstraktion für einen formalen Weg zur Ordnung der Elementarteilchen und glaubte nicht so sehr an wirklich existierende, fundamentale Materieteilchen.

Sogenannte „tief inelastische" Streuexperimente von Elektronen an Protonen und Neutronen durch Henry W. Kendall, Jerome I. Friedman und Richard E. Taylor in den späten 1960er Jahren gaben aber dann deutliche Hinweise auf punktförmige Streuzentren im Inneren der Nukleonen.[147] Bei e^--Energien im GeV-Bereich wird die e^--Wellenlänge deutlich kleiner als der Durchmesser eines Nukleons, z. B. eines Protons. Die Streuversuche von e^- an p am *Stanford Linear Accelerator Center* (*SLAC*, National Accelerator Laboratory, nahe San Francisco, betrieben von der Stanford University, Abb. V-3.43) verliefen ähnlich wie die Rutherfordstreuung von α-Teilchen am Atom: Es wurden zunächst nur kleine Streuwinkel entsprechend einer homogenen Struktur des Protons erwartet. Dies war bei niederen Energien auch der Fall; aber mit zunehmender Energie (abnehmender Wellenlänge) der e^- traten häufig größere Streuwinkel als erwartet auf (Abb. V-3.44). Die Ergebnisse legten nahe, dass das Proton aus weiteren, punktförmigen Teilchen aufgebaut ist, die von Richard Feynman ursprünglich *Partonen* genannt wurden. Es sind die von Gell-Mann postulierten und heute allgemein *Quarks* genannten Teilchen.

Zur Erklärung der symmetrischen Darstellungen des Achtfachen Weges wurde angenommen, dass Baryonen und Mesonen aus Quarks in geeigneter Weise zusammengesetzt sind. Insgesamt kommen die Quarks in 6 verschiedenen *flavours* vor bzw. gibt es 6 verschiedene Quarks, von denen man jeweils 2 in einer *Familie* (Generation) zusammenfasst. Die Darstellung des Achtfachen Weges gelingt mit 3 Quarks (bzw. 3 flavours), dem *up*-Quark (*up* oder einfach *u*) und dem *down*-Quark (*down* = *d*) aus der ersten Familie und dem *strange*strange-Quark (*strange* = *s*) aus der zweiten Fami-

146 Der Name ist der ersten Zeile eines kurzen Gedichts im Roman von James Joyce, ‚Finnegans Wake', entnommen: „Three quarks for Muster Mark". Richard P. Feynman (1918–1988; für seine fundamentalen Arbeiten zur Quanten-Elektrodynamik mit tiefgreifenden Konsequenzen für die Physik der Elementarteilchen erhielt er 1965 zusammen mit Sin-Itiro Tomonaga und Julian Schwinger den Nobelpreis) meinte später humorvoll bei einem Aufenthalt auf der Insel Wangerooge, bei dem er im Supermarkt ein Paket „Quark" („Topfen") entdeckt hatte, dass Deutschland Amerika weit voraus sei: Was in Amerika Gegenstand hochaktueller Forschung sei, gäbe es in Deutschland bereits im Kühlregal zu kaufen.

147 Henry W. Kendall (1926–1999), Jerome I. Friedman (geb. 1930) und Richard E. Taylor (1929–2018) erhielten für ihre Untersuchungen der tief inelastischen Streuung von Elektronen an Protonen und gebundenen Neutronen, die von wesentlicher Bedeutung für die Entwicklung des Quarkmodells in der Teilchenphysik waren, 1990 den Nobelpreis.

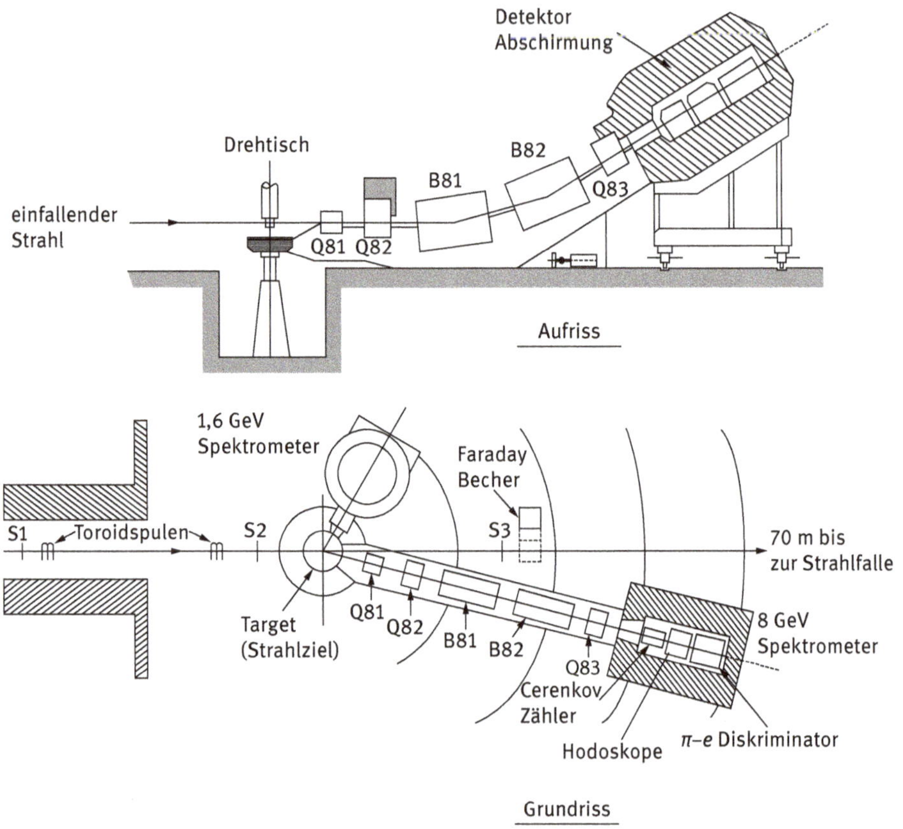

Abb. V-3.43: Auf- und Grundriss des 8 GeV Spektrometers am Stanford Linear Accelerator Center (SLAC). Ein Elektronenstrahl durchläuft ein Target aus flüssigem Wasserstoff; die Energie der unter einem bestimmten Winkel abgelenkten Elektronen wird analysiert. (Nach M. Riordan, SLAC-Publication-5724, April 1992).)

lie. Die Baryonen mit Spin*QZ* $s = 1/2$ bestehen jetzt aus drei Quarks, jedes trägt die Spin*QZ* $s = 1/2$; jeweils zwei davon können antiparallel ($J = 0$) oder parallel ($J = 1$) gepaart sein (Abb. V-3.45). Die nicht-ganzzahligen Ladungen Q dieser drei ersten Quarks können der Quark-Tabelle weiter unten entnommen werden.

Die Mesonen mit Spin*QZ* $s = 0$ müssen aus Quark-Paaren aufgebaut sein, damit sich insgesamt der Spin von 0 ergibt, wobei die Paare immer aus einem Quark und einem Antiquark bestehen (Abb. V-3.46).

Die 10 Baryonen mit Spin*QZ* $s = 3/2$ müssen natürlich auch aus jeweils 3 Quarks zusammengesetzt sein (Abb. V-3.47).

Das heißt:

Baryonen sind Kombinationen aus drei Quarks,
Mesonen sind Quark/Antiquark-Paare.

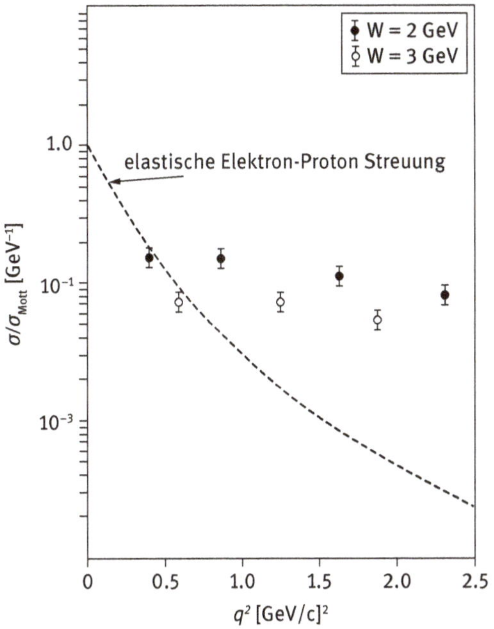

Abb. V-3.44: Quantenmechanischer Wirkungsquerschnitt $\sigma/\sigma_{\text{Mott}}$ als Funktion des Quadrates des Impulsübertrags q^2. Die strichlierte Kurve zeigt den erwarteten Verlauf für elastische Streuung an strukturlosen Protonen. Die Abweichungen von dieser Kurve zeigen, dass punktförmige „harte" Teilchen im Inneren des Protons getroffen wurden. (Nach M. Riordan, SLAC-Publication-5724, April 1992).)

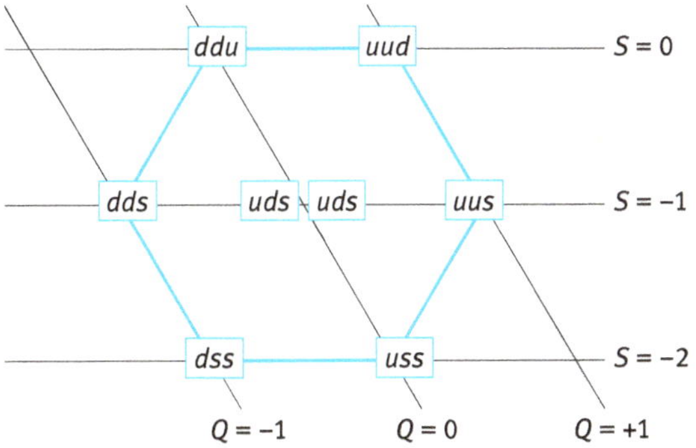

Abb. V-3.45: „Makeup" der Baryonen mit Spin*QZ* $s = 1/2$ aus jeweils drei Quarks. Σ^0 und Λ^0 haben dasselbe Quark-Makeup; Σ^0 gehört zu einem Isospin-Triplet (Σ^0, $\Sigma^{\pm}$) mit $I = 1$ und zerfällt in $\Lambda^0 + \gamma$, wobei Λ_0 den Isospin $I = 0$ besitzt.

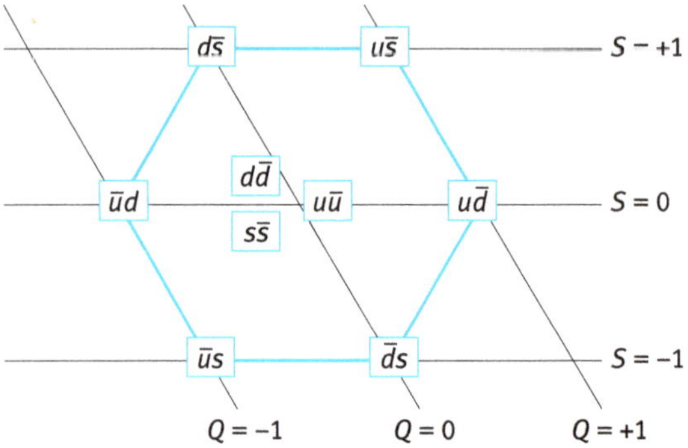

Abb. V-3.46: „Makeup" für die Mesonen mit SpinQZ $s = 0$ aus jeweils einem Quark/Antiquark-Paar. Hier wurde so wie in der ursprünglichen Interpretation für K^0 $d\bar{s}$ (statt wie sich später herausstellte $d\bar{s} + \bar{d}s$) geschrieben, für π^0 $u\bar{u}$ (statt $u\bar{u} - d\bar{d}$) und für η^0 und η'^0 $d\bar{d}$ und $s\bar{s}$ (statt $u\bar{u} + d\bar{d} - 2s\bar{s}$ und $u\bar{u} + d\bar{d} + s\bar{s}$).

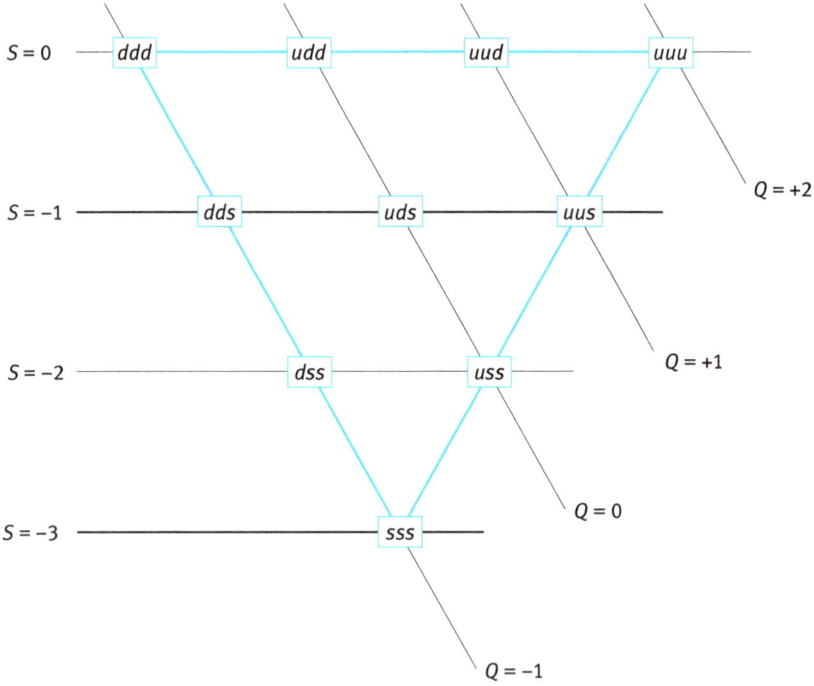

Abb. V-3.47: Quark-Makeup der 10 Baryonen mit SpinQZ $s = 3/2$. Die *strangeness* geht schon auf die Zeit vor der Entdeckung der Quarks zurück und war für die Baryonen mit $s = 1/2$ als $S = -1$ definiert. Diese ursprüngliche Vorzeichenzuordnung wurde auch später beibehalten und führt dazu, dass für die Seltsamkeit $S = n_{\bar{s}} - n_s$ gilt und nicht umgekehrt ($n_{\bar{s}}$, n_s ... Zahl der $\bar{s}$- bzw. s-Quarks).

Zunächst kam man mit den 3 Quarks *u*, *d*, *s* zur Beschreibung der bekannten Mesonen und Baryonen aus, was zur Namensgebung „Quarks“ führte (siehe Fußnote 146). Zur Darstellung weiterer Hadronen durch symmetrische Darstellungen ähnlich jener des Achtfachen Weges wurden aber weitere, schwere Quarks postuliert, die schließlich auch experimentell verifiziert werden konnten. Es stellte sich heraus, dass es insgesamt 6 Quarks (6 Quark flavours) in 3 Familien (Generationen) mit je 2 Quarks gibt, so wie es auch 6 Leptonen in 3 Familien gibt:

up (*u*)/*down* (*d*)
charm (*c*)/*strange* (*s*) *Quarks*
top (*t*)/*bottom* (*b*)

und ihre Antiteilchen

antiup ($\bar{u}$)/*antidown* ($\bar{d}$)
anticharm ($\bar{c}$)/*antistrange* ($\bar{s}$) *Antiquarks.*
antitop ($\bar{t}$)/*antibottom* ($\bar{b}$)

Die leichtesten Quarks, das *u* und das *d* sind als Bausteine der Nukleonen, die die Atomkerne bilden, wesentliche Bestandteile unserer Welt. Die schwereren Quarks aber wandeln sich durch Teilchenzerfälle der schwachen *WW* in die leichteren um und werden daher nur in hochenergetischen Stoßprozessen produziert.

Ein Problem entsteht durch die Annahme, dass sich in den Baryonen drei Quarks befinden, alle drei Fermionen mit Spin*QZ* $s = 1/2$, bei manchen Barionen sogar drei Quarks mit gleichem flavour (z. B. Δ^- (*uuu*) und Δ^{++} (*ddd*)). Bei der bekannten Gesamtspin*QZ* $j = 3/2$ müssen alle drei gleiche Spinorientierung aufweisen. Das Pauli-Verbot verbietet aber, dass Fermionen, die in einem System wechselwirken, in allen *QZ* übereinstimmen. Es muss den Quarks deshalb eine weitere Quantenzahl zur Unterscheidung zugeordnet werden, die *Farbladung*, die auch für ihre Teilnahme an Prozessen der starken *WW* verantwortlich ist: Die Farbladung erzeugt das Kraftfeld der starken *WW* so, wie die elektrische Ladung die Kraftwirkung im elektromagnetischen Feld erzeugt. Jedes Quark kann in einer der 3 Farben rot, grün und blau, jedes Antiquark in den entsprechenden Antifarben antirot, antigrün und antiblau vorkommen. Die zugehörige Theorie der starken *WW*, die zwischen den Quarks wirkt, die *Quanten-Chromodynamik* (*QCD*) besagt, dass gebundene Zustände von Quarks *farbneutral* („weiß“) sein müssen. Das kann bei den Baryonen dadurch erfüllt werden, dass die drei Quarks, die sie aufbauen, jeweils verschiedene Farbladungen tragen (rot + grün + blau = weiß). Bei den Quark/Antiquark-Paaren der Mesonen muss sich eine Farbe mit der jeweiligen Antifarbe neutralisieren.

Die 3 Familien der 6 Quarks mit ihren flavour-Eigenschaften (*B*: Baryonnenzahl; *Q*: elektrische Ladung; I_3: *z*-Komponente des Isospins; *c*: charm, *s*: strangeness, *t*: topness, *b*: bottomness):

Teilchen	m^* **[MeV/c^2]**	*s* **(Spin)**	*B*	*Q* **[*e*]**	I_3	*c*	*s*	*t*	*b*	**Anti-teilchen**
up (*u*)	2,16 ± 0,5	1/2	1/3	+2/3	+1/2	0	0	0	0	$\bar{u}$
down (*d*)	4,67 ± 0,5	1/2	1/3	−1/3	−1/2	0	0	0	0	$\bar{d}$
charm (*c*)	1 270 ± 20	1/2	1/3	+2/3	0	+1	0	0	0	$\bar{c}$
strange (*s*)	93 ± 10	1/2	1/3	−1/3	0	0	−1	0	0	$\bar{s}$
top (*t*)	172 760 ± 300	1/2	1/3	+2/3	0	0	0	+1	0	$\bar{t}$
bottom (*b*)	4 180 ± 30	1/2	1/3	−1/3	0	0	0	0	−1	$\bar{b}$

*) Quelle: P. A. Zyla et al. (Particle Data Group), Prog. Theor. Exp. Phys. **2020**, 083C01 (2020). Es handelt sich hier um die Masse der „nackten Quarks" (auch Stromquarks, *current quarks*). Quarks können nicht frei beobachtet werden (*confinement*, siehe Abschnitt 3.2.4.3) und ihre Massen müssen daher aus theoretischen Modellen bestimmt werden. Diese „nackten Massen" (Stromquarkmassen) sind sehr viel kleiner als die „Konstituentenquarkmassen" der im Kern gebundenen Quarks, in denen Teile der Wechselwirkungsenergie zwischen den Quarks enthalten ist. Für die leichten *u*-, *d*- und *s*-Quarks ergeben sich so viel höhere Massen (ca. 300 und 450 MeV/c^2), bei den schweren Quarks (*c*, *b*, *t*) dominiert aber die „nackte" Stromquarkmasse.

Im Gegensatz zu der anderen Gruppe der fundamentalen, nicht weiter teilbaren, punktförmigen Teilchen, den Leptonen, wirken auf die Quarks alle 4 fundamentalen Kräfte.

Wir betrachten zunächst die Zusammensetzung der Baryonen aus 3 Quarks:

Für die Baryonenzahl *B* gilt:

$$3 \cdot \frac{1}{3} = +1 .$$

Für die gesamte Spin*QZ* ergibt sich bei Antiparallelstellung zweier Spins (↑↑↓): $j = 1/2$.

Die Ladungsquantenzahl *Q* führt z. B.

- für das Proton auf $Q(uud) = \left(+\frac{2}{3}\right) + \left(\frac{2}{3}\right) + \left(-\frac{1}{3}\right) = +1$,
- für das Neutron auf $Q(ddu) = \left(-\frac{1}{3}\right) + \left(-\frac{1}{3}\right) + \frac{2}{3} = 0$,
- für das Σ^--Teilchen auf $Q(dds) = \left(-\frac{1}{3}\right) + \left(-\frac{1}{3}\right) + \left(-\frac{1}{3}\right) = -1$.

Auch für die Seltsamkeit (*strangeness*) liefert das Quarkmodell den richtigen Wert mit der Formel $S = n_{\bar{s}} - n_s$ ($n_{\bar{s}}, n_s$ Zahl der $\bar{s}$- bzw. *s*-Quarks): Die Nukleonen besitzen kein s-Quark, es gilt daher $S = 0$, aber das Ξ^- mit $S = -2$ besitzt $2s$-Quarks und es ergibt sich somit $S = n_{\bar{s}} - n_s = 0 - 2 = -2$.

Auch die Zusammensetzung der Mesonen aus Quark-Antiquark-Paaren führt zu den richtigen Mesoneneigenschaften:

Für die Baryonenzahl der Mesonen gilt $+\frac{1}{3} - \frac{1}{3} = 0$, für ihre gesamte Spinquantenzahl $j = +\frac{1}{2} + \left(-\frac{1}{2}\right) = 0$ und für ihre Ladungsquantenzahl, z. B. für das π^+-Meson, $Q(u\bar{d}) = +\frac{2}{3} + \frac{1}{3} = +1$.

Wir können jetzt auch den β-Zerfall im Quarkmodell erklären, z. B. den Prozess ${}^{32}_{15}P \longrightarrow {}^{32}_{16}S + e^- + \bar{\nu}_e$, bei dem sich ein Neutron in ein Proton umwandelt, also $\underbrace{n}_{udd} \longrightarrow \underbrace{p}_{uud} + e^- + \bar{\nu}_e$. Offenbar wandelt sich ein *down*-Quark in ein *up*-Quark um:

$$d \longrightarrow u + e^- + \bar{\nu}_e \qquad \text{(V-3.112)}$$

β-Zerfall eines Neutrons durch Quarkumwandlung.

Im Quarkmodell können die innere Struktur, die Eigenschaften und die Wechselwirkungsprozesse aller bekannten Hadronen erklärt werden.

1974 wurde das erste Hadron gefunden, das *charm*-Quarks enthält, das 3096,9 MeV/c^2 schwere J/ψ-Meson, das aus einem charm/anticharm-Quarkpaar ($c\bar{c}$) besteht (ein „Charmonium") und die Gesamtspin*QZ* $j = 1$ (parallele Spins von c und $\bar{c}$) aufweist (Lebensdauer ca. 10^{-20} s).[148] Das *bottom*- und das *top*-Quark wurden 1973 von Makoto Kobayashi und Toshihide Maskawa [149] vorausgesagt. 1977 konnte

148 Die Entdeckung gelang 1974 fast gleichzeitig einer Gruppe unter Burton Richter (1931–2018) am Stanford Linear Accelerator Center und einer Gruppe unter Samuel Chao Chung Ting (geb. 1936) am Brookhaven National Laboratory, beide in USA. Für ihre Pionierarbeit zur Entdeckung eines schweren Elementarteilchen neuer Art erhielten Richter und Ting 1976 den Nobelpreis.

149 Makoto Kobayashi (geb. 1944), Toshihide Masukawa (geb. 1940). Für ihre Entdeckung der Ursache der gebrochenen Symmetrie, die die Existenz von wenigstens drei Familien von Quarks in der Natur voraussagt, erhielten sie 2008 zusammen mit Yoichiro Nambu (spontane Symmetriebrechung bei der Supraleitung) den Nobelpreis.

Gebrochene Symmetrie: Unsere Natur ist nicht symmetrisch aufgebaut. So gibt es im Universum praktisch nur Materie und keine Antimaterie. Eine mögliche „Symmetrie" wäre, wenn sich bei gleichzeitiger Spiegelung am Koordinatenursprung (Rauminversion) und Ladungsinversion (Austausch Teilchen – Antiteilchen) an den Teilchenprozessen nichts änderte (sogenannte *CP*-Invarianz, *C* für die Ladung (Coulomb) und *P* für Parität). Diese Symmetrie gilt für alle Prozesse, die mit drei der vier Grundkräften verbunden sind: der Gravitation, der elektromagnetischen *WW* und der star-

das bottom-Quark nachgewiesen werden, aber erst nach langer Suche bei sehr hohen Energien wurde schließlich 1995 das sehr schwere top-Quark gefunden. Besonders der Nachweis des letzten fehlenden Bausteins, des top-Quarks, wird allgemein als glänzende Bestätigung des Quarkmodells angesehen.

3.2.4 Fundamentale Wechselwirkungen und Austauschteilchen (*gauge bosons*)

Wir wissen bereits, dass alle bisher bekannten dynamischen Effekte auf vier fundamentale Kräfte bzw. Wechselwirkungen zurückgeführt werden können: die Gravitation, die elektromagnetische *WW*, die starke und die schwache *WW*. Zunächst waren lange Zeit nur die Gravitation und später die elektrischen und magnetischen Kräfte bekannt. Um das Problem der Fernwirkung zu umgehen, bei der die Kraftwirkung den leeren Raum überspringen muss, führte man den Feldbegriff ein: Jedem Raumpunkt wird z. B. durch Kraftmessung ein Potenzial zugeordnet, sodass die Wirkung auf eine Masse bzw. Ladung „lokal" als Feldgradient des Potenzials angegeben werden kann. In der modernen *Quantenfeldtheorie* (*QFT*) wird die klassische Feldtheorie mit der Quantenmechanik kombiniert und das Feld selbst quantisiert, indem die Kraftwirkung durch „Austauschteilchen" vermittelt wird[150]: Diese werden zwischen den *WW*-Partnern ausgetauscht und vermitteln so deren Wechselwirkung.

3.2.4.1 Elektromagnetische Wechselwirkung

Bisher haben wir angenommen, dass zwei e^- entsprechend der Coulombkraft wechselwirken bzw. dass das eine e^- im elektrischen Feld, das durch das andere e^- erzeugt wird, die Kraftwirkung erfährt. Die entsprechende moderne Feldtheorie, die Quantenelektrodynamik (*QED*), erklärt die elektromagnetische Kraftwirkung so: Jedes e^- „spürt" die Anwesenheit eines anderen durch fortwährenden Austausch von entsprechenden *Austauschteilchen*, den Photonen, die allerdings nicht beobachtet werden können. Es handelt sich bei den Austauschteilchen um *virtuelle Photonen*.

---

ken *WW*. Bei der schwachen *WW* ist die *CP*-Invarianz aber verletzt (siehe auch die Anmerkung zur schwachen *WW* in Abschnitt 3.1.4.3)! Auch der Zerfall der Kaonen (*K*-Mesonen) verletzt die *CP*-Invarianz. Kobayashi und Masukawa konnten zeigen, dass sich die *CP*-Verletzung durch Annahme von drei weiteren Quarks (*c*, *t*, *b*) zu den drei bis dahin bekannten (*u*, *d*, *s*) erklären lässt, die inzwischen auch nachgewiesen werden konnten.

150 Die erste Formulierung einer Kraftwirkung zwischen Nukleonen durch Austauschteilchen erfolgte 1934 von Hideki Yukawa und unabhängig davon durch Ernst Carl Gerlach Stückelberg (1905–1984) für die Kernkraft, also die *WW* zwischen den Nukleonen, für die er den Austausch von Mesonen postulierte (siehe auch Abschnitt 3.1.2.3, Fußnote 53).

Wenn ein ruhendes e^- ein Photon emittiert, selbst aber unverändert bleibt, so ist der Energiesatz bei diesem Prozess verletzt. Einen Ausweg bietet die Unbestimmtheitsrelation

$$\Delta E \cdot \Delta t \geq h.^{151} \tag{V-3.113}$$

Der Photonenaustausch kann dann so interpretiert werden: Wenn das e^- ein Photon der Energie ΔE emittiert, aber innerhalb eines Zeitintervalls von $\Delta t \approx \frac{h}{\Delta E}$ wieder ein Photon der Energie ΔE absorbiert, dann wird die vorübergehende Verletzung des Energiesatzes durch die Unschärferelation verdeckt.

3.2.4.2 Schwache Wechselwirkung

Die „schwache Kraft" ist keine anziehende oder abstoßende Kraft, sondern wandelt Teilchen ineinander um, z. B. beim β-Zerfall. Die Theorie der schwachen *WW* wurde analog zur elektromagnetischen *WW* entwickelt, die Kraft ist aber viel schwächer, etwa nur 10^{-11} der elektromagnetischen *WW*.[152] Nach der Grundidee von S. Glashow 1961 und einer Erweiterung 1967 durch A. Salam und S. Weinberg[153] (*Higgs-Mechanismus*) konnte die elektromagnetische und die schwache Wechselwirkung erfolgreich zur *elektroschwachen WW* vereinheitlicht werden, etwa so, wie Maxwell die Vereinheitlichung der elektrischen und der magnetischen Kraftwirkung gelang. Die Theorie sagt die Austauschteilchen der schwachen *WW* und ihre Eigenschaften voraus: Diese Austauschteilchen sind allerdings nicht masselos wie das Photon, sondern massive Teilchen, „Vektorbosonen" (= Eichbosonen, *gauge bosons*) mit Spin*QZ* $s = 1$:

W^+, W^-	Ladung: $+e$, $-e$,	Masse: 80,4 GeV/c^2
Z^0	Ladung: 0,	Masse: 91,2 Gev/c^2.

Zur Erinnerung: Die Masse des Protons beträgt $m_p = 0{,}938$ GeV/c^2, es handelt sich daher bei diesen Wechselwirkungsteilchen um sehr massive Teilchen! Die Große Masse dieser Wechselwirkungsteilchen erklärt auch die verhältnismäßig langen Le-

---

151 Zur Erinnerung: In quantenmechanisch strenger Form lautet die Heisenbergsche Unschärferelation: $\sqrt{\overline{\Delta x^2}} \cdot \sqrt{\overline{\Delta p_x^2}} \geq \frac{\hbar}{2}$.

152 Dies gilt nur bei niedrigen Energien; bei hohen Energien (≈ 100 GeV) ist sie ähnlich stark wie die elektromagnetische *WW*.

153 Sheldon Lee Glashow (geb. 1932), Abdus Salam (1926–1996) und Steven Weinberg (geb. 1933). Für ihre Beiträge zur Theorie der vereinheitlichten schwachen und elektromagnetischen Wechselwirkung zwischen Elementarteilchen und der Voraussage schwacher neutraler Ströme erhielten sie 1979 den Nobelpreis.

bensdauern jener Teilchen, die durch die schwache *WW* zerfallen ($\bar{\tau}$ ist um 4–5 Größenordnungen größer als bei Zerfällen, die der elektromagnetischen *WW* unterliegen).

1983 gelang es dann Carlo Rubbia und Simon van der Meer[154] und ihrem Team am Proton-Antiproton-Collider beim CERN [155] beide Austauschteilchen zu beobachten: Die gefundenen Massen stimmen mit den Voraussagen überein – eine glänzende Übereinstimmung mit der Theorie.

Zum Vergleich: Bei der Entdeckung des Neutrons 1932 verwendete Chadwick als Geschosse α-Teilchen mit 4,86 MeV aus dem natürlichen radioaktiven Zerfall von $^{226}_{88}$Ra. Für den Nachweis der $W^{\pm}$- und des Z^0-Bosons brauchte man einen Teilchenbeschleuniger mit etwa 7 km Umfang, wobei Protonen und Antiprotonen mit einer Schwerpunktsenergie von 540 GeV (270 GeV je Teilchenstrahl) kollidierten, 2000 Tonnen schwere Detektoren und 130 Physiker aus 12 Instituten und 8 Ländern waren beteiligt.

Ein Problem für die Erklärung der schwachen Wechselwirkung ist die große Masse der Austauschteilchen. Im Rahmen des *Higgs-Mechanismus*[156] wird die Masse dieser und auch der anderen fundamentalen Teilchen durch das *Higgsfeld* erzeugt. Die Masse ist dann keine grundlegende Teilcheneigenschaft mehr, sondern wird erst durch die Wechselwirkung der Teilchen mit dem Higgsfeld erzeugt. Dass Masse auch durch Wechselwirkung entstehen muss, ist von der starken *WW* be-

---

154 Carlo Rubbia (geb. 1934), Simon van der Meer (1925–2011). Für ihre entscheidenden Beiträge zu dem großen Projekt, das zur Entdeckung der Feldteilchen *W* und *Z*, den Boten der schwachen Wechselwirkung, geführt hat, erhielten sie 1984 den Nobelpreis.

155 CERN (*Conseil **E**uropéen pour la **R**echerche **N**ucléaire*) ist die Europäische Organisation für Kernforschung und liegt an der schweizerisch-französischen Grenze bei Genf in der Schweiz. Derzeit sind am CERN 20 Mitgliedstaaten beteiligt und etwa 3400 Mitarbeiter beschäftigt; es ist daher das größte Forschungszentrum der Welt für Teilchenphysik. Im derzeit größten Teilchenbeschleuniger der Welt (Umfang 26,659 km), dem *Large Hadron Collider* (*LHC*), mit seinem Vorbeschleuniger, dem *Super Proton Synchrotron* (*SPS*), können z. B. Protonen auf nahezu Lichtgeschwindigkeit beschleunigt und aufeinander geschossen werden. Bisher wurden zunächst in Phase 1 Protonen mit bis zu 3,5 TeV zur gegenseitigen Kollision gebracht; nach einem zweijährigen Wartungsprozess wurde in Phase 2 mit einer Protonenenergie von 6,5 TeV eine Kollisionsenergie von 13 TeV ermöglicht (8. 4. 2015, physikalische Experimente seit 3. 6. 2015). Nach einer weiteren Wartungs- und Umbaupause mit dem Ziel einer großen Erhöhung der Strahlintensität (*luminosity*) bis 2025, sollen im Laufe von 2021 wieder Experimente mit 14 TeV Kollisionsenergie beginnen, d. h. Bedingungen wie ~10^{-12} s nach dem Urknall ermöglichen. Damit sollen der Higgs-Mechanismus, die dunkle Materie (siehe Abschnitt 3.2.6.3), die Antimaterie (siehe Abschnitt 3.2.1) und das Quark-Gluon Plasma, ein Zustand der Materie bei extrem hoher Temperatur, bei der das Confinement (siehe Abschnitt 3.2.4.3) der Quarks und Gluonen aufgehoben ist, untersucht werden.

156 Nach dem britischen Physiker Peter Higgs (geb. 1929). Gemeinsam mit François Englert erhielt er 2013 den Nobelpreis für die theoretische Entdeckung eines Mechanismus, der zu unserem Verständnis des Ursprungs der Masse subatomarer Teilchen beiträgt und der unlängst durch die Entdeckung des vorausgesagten fundamentalen Teilchens durch die Experimente am LHC des CERN bestätigt wurde.

kannt: Die Massen der Hadronen, die aus u, d und s bestehen, sind deutlich größer als die Summe der Massen der Quarks, die sie aufbauen; offenbar muss hier Masse durch Wechselwirkung erzeugt werden. Im Modell des Higgs-Mechanismus ist für die Erzeugung der Masse der Wechselwirkungsteilchen W^+, W^- und Z^0 der schwachen *WW* ein weiteres Wechselwirkungsteilchen verantwortlich, das Austauschteilchen des Higgs-Feldes, das Higgs Boson H^0. Der Mechanismus wurde ursprünglich 1962 von P. W. Anderson[157] vorgeschlagen und 1964 als relativistische Theorie von drei unabhängigen Gruppen (Robert Brout (1928–2011) und François Englert[158]; Peter Higgs; Gerald Guralnik (1936–2014), Carl Richard Hagen (geb. 1937) und Tom Kibble (Sir Thomas Walter Bannerman Kibble, 1932–2016)) entwickelt. Das noch fehlende Higgs Boson H^0 wurde als ungeladenes Teilchen mit Spin*QZ* $s = 0$, positiver Parität und einer ungefähren Masse zwischen 117 und 153 GeV/c^2 vorausgesagt. Am 4. Juli 2012 wurde am LHC im CERN (siehe Fußnote 155) ein Teilchen mit einer Masse zwischen 125 und 127 GeV/c^2 entdeckt, das diese Eigenschaften besitzt. Nach genauer Überprüfung der Wechselwirkungsprozesse und seines Zerfalls gilt das Higgs Boson seit 14. März 2013 als nachgewiesen. Derzeitiger Wert der Masse: $125{,}10 \pm 0{,}14$ GeV.

3.2.4.3 Starke Wechselwirkung

Die Theorie der starken Wechselwirkung liefert als Austauschteilchen 8 masselose Wechselwirkungsteilchen, man nennt sie *Gluonen* (engl. *glue* = kleben, Kleber). Da die starke *WW* zwischen den roten, grünen und blauen Quarks wirkt (Antiquarks: antirot, antigrün, antiblau),[159] nennt man die starke Kraft, die zwischen den Quarks wirkt, auch *Farbkraft*. Sie wird durch den Austausch von masselosen Gluonen vermittelt, die eine Farbladung zwischen den Quarks übertragen. Die Gluonen tragen auch selbst jeweils eine Farbe und eine andere Antifarbe (Abb. V-3.48); außerdem können sie deshalb auch miteinander wechselwirken („Selbstwechselwirkung“).

Die Theorie der starken *WW*, der Farbkraft, ist die *Quanten-Chromodynamik* (*QCD*). Die Vorstellung dieser *WW* ist folgende: Nimmt z. B. ein Quark mit Farbladung „grün“ das Gluon rot/antigrün auf, so wechselt seine Farbe von „grün“ auf „rot“. Das Gluon löscht mit seiner Antifarbe die augenblickliche Farbe (grün) des Quarks aus und überträgt ihm die neue Farbe (rot). Da die „Summenfarbe“ in den stabilen Teilchen, z. B. den Nukleonen, „weiß“ sein muss, kann die entsprechende *WW*, „die Kernkraft“, im einfachsten Fall nur durch Austausch von Teilchen mit „Farbe/Antifarbe“ möglich sein, das sind die Mesonen, die auch von Yukawa für

---

157 Philip Warren Anderson (1923–2020). Gemeinsam mit Sir Nevill Francis Mott und John Hasbrouck van Vleck erhielt er 1977 den Nobelpreis für die fundamentalen theoretischen Untersuchungen der elektronischen Struktur magnetischer und ungeordneter Systeme,

158 Baron François Englert (geb. 1932). Zusammen mit Peter Higgs erhielt er 2013 den Nobelpreis.

159 Zur Erinnerung: Jedes Quark kann die „Farbladung“ rot, grün oder blau tragen.

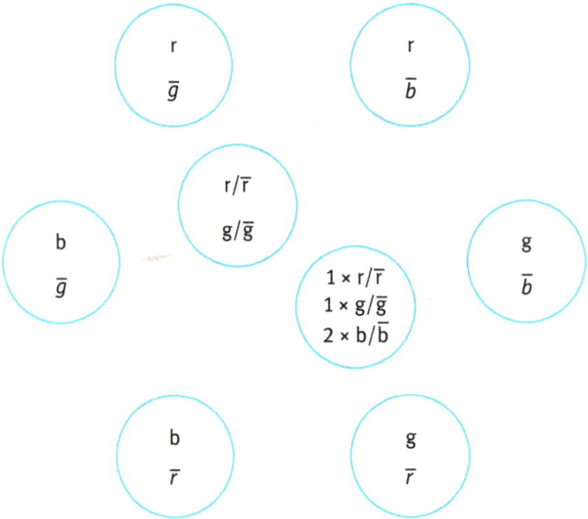

Abb. V-3.48: Die 8 masselosen Gluonen der starken Wechselwirkung mit Spin*QZ* s = 1. r = rot; b = blau; g = grün. Der Querbalken bedeutet: Antifarbe. Jedes der Gluonen trägt „Bruttofarbe“, ist daher nicht vollständig weiß, d. h., es trägt weder alle drei Farbladungen zu gleichen Teilen, noch jeweils Farbe und zugehörige Antifarbe. Die mittleren zwei Gluonen tragen aber keine „Nettofarbe“, d. h., die Farben sind durch die jeweilige Antifarbe kompensiert. Ein weißes Gluon, das z. B. zu gleichen Teilen die Farben rot/antirot, grün/antigrün und blau/antiblau trägt, kommt aber in der Natur nicht vor, da es nicht in einem Hadron gebunden wäre (*confinement*) und damit in Analogie zum Photon eine Komponente der starken *WW* mit unendlicher Reichweite darstellte.

die Erklärung der Kernkraft postuliert wurden. Die leichtesten Mesonen sind die π-Mesonen („Pionen“) mit ca. 140 MeV/c^2, die ja dann auch 1947 durch Cecil Powell[160] in der Höhenstrahlung entdeckt wurden.

Quarks kommen nicht isoliert vor, sondern nur als Bestandteile der Hadronen, d. h. der Mesonen und der Baryonen, in denen sie von der starken *WW*, der Farbkraft, im sogenannten *confinement* eingeschlossen werden („Farbeinschluss“). Die Farbkraft nimmt mit dem Abstand der Quarks zu und geht für nahe Abstände gegen 0, d. h., bei sehr nahen Abständen der Quarks voneinander sind sie dann im gebundenen Zustand fast frei beweglich, man spricht von „asymptotic freedom“.

Wichtig ist: Die Änderung der flavours der Quarks, z. B. $u \rightarrow d$ wie beim β-Zerfall, Gl. V-3.112, wird durch die schwache *WW* verursacht (Austausch von $W^{\pm}$), nicht durch die Farbkraft, die Farbe (Farbladung) aber wird durch die Farbkraft geändert (Austausch von Gluonen), nicht durch die schwache Kraft.

160 Cecil Frank Powell (1903–1969). Für seine Entwicklung der photographischen Methode zum Studium nuklearer Prozesse und seinen Entdeckungen der Mesonen mit dieser Methode erhielt er 1950 den Nobelpreis.

3.2.5 Das Standardmodell der Elementarteilchenphysik

Die Materie der uns umgebenden Welt ist also in derzeitiger Sicht aus folgenden fundamentalen, nicht weiter teilbaren Teilchen aufgebaut: 6 Leptonen (+ ihren 6 Antiteilchen), 6 Quarks (+ ihren 6 Antiteilchen) in jeweils 3 Farbladungen.

Die 4 Wechselwirkungen werden durch 14 Austauschteilchen vermittelt: Dem Graviton (hypothetisches, masseloses Austauschteilchen der Gravitations-*WW* mit Spin*QZ* $s = 2$, Tensorboson); dem Photon der elektromagnetischen *WW* (Vektorboson mit Spin*QZ* $s = 1$); den Eichbosonen W^+, W^-, Z^0 ($s = 1$) und dem Higgs-Boson H^0 ($s = 0$, Skalarboson) der schwachen *WW*; sowie den 8 Gluonen der starken *WW*, alle mit $s = 1$.

Im sogenannten *Standardmodell der Elementarteilchen* wird allerdings das hypothetische Graviton nicht mitgerechnet, es beschreibt daher nur drei der vier fundamentalen *WW*, d. h., es enthält die 12 Materieteilchen und 13 Wechselwirkungsteilchen und damit insgesamt 25 Teilchen (und die jeweiligen Antiteilchen).

Die 12 Materieteilchen des Standardmodells: 6 Leptonen und 6 Quarks, Fermionen mit Spin*QZ* $s = 1/2$.

Materieteilchen	**Familie (Generation)**			**elektrische Ladung**	**Farbladung**
	1	**2**	**3**		
Leptonen	ν_e	ν_μ	ν_τ	0	0
	e^-	μ^-	τ^-	−1	0
Quarks	u	c	t	+2/3	r,g b
	d	s	b	−1/2	r,g,b

Die 13 Wechselwirkungsteilchen des Standardmodells: 12 Vektorbosonen mit Spin*QZ* $s = 1$ und das Higgs-Skalarboson mit $s = 0$.

Wechselwirkung	**Austauschteilchen**	**Masse (GeV/c^2)**
stark	8 Gluonen	0
elektromagnetisch	Photon	0
schwach	W^+, W^-, Z^0, H^0	80, 80, 91, 126

Für die „normale" Materie, die uns umgibt, genügen wenige Teilchen:
- die Elektronen im Atom, die für die chemischen Eigenschaften der Substanzen verantwortlich sind;
- die zwei Quarks (*u* und *d*), aus denen die Nukleonen des Atomkerns zusammengesetzt sind;
- die Neutrinos, die bei radioaktiven Prozessen (beim β-Zerfall) entstehen und die Energieerhaltung sicherstellen.

Das Standardmodell erklärt fast alle Messergebnisse der Elementarteilchenphysik. Es treten allerdings folgende Probleme auf:

1. Das Standardmodell ist unvollständig, es enthält nicht die Gravitations-*WW*.
2. Das Standardmodell ordnet dem Neutrino keine Masse zu und steht damit in Widerspruch zu den neuesten Beobachtungen. Das ist allerdings kein wirkliches Problem, den Neutrinos könnte im Standardmodell eine sehr kleine Masse zugeordnet werden.
3. Die über die Vereinheitlichung der elektromagnetischen und der schwachen *WW* hinausgehende Vereinigung der Grundkräfte führt über das Standardmodell hinaus: die Vereinigung von starker und elektroschwacher *WW* (*Grand Unified Theory* (*GUT*)) und die Vereinheitlichung aller fundamentalen Wechselwirkungen (*Theory of Everything* (*TOE*)).

Die noch offenen Fragen der Elementarteilchenphysik, die nicht durch das Standardmodell gelöst werden, sind:

- Gibt es den Higgs-Mechanismus wirklich? Das vorausgesagte Higgs-Boson wurde mit den prognostizierten Eigenschaften ja inzwischen nachgewiesen. Diese Frage soll in den nächsten Jahren am *LHC*[161] im CERN geklärt werden.
- Am *LHCb*-Detektor sollen die Zerfälle von Mesonen untersucht werden, die ein b- oder ein $\bar{b}$-Quark enthalten. Es gibt seit einiger Zeit Hinweise, dass bei diesen Zerfällen Voraussagen des Standardmodells (die Leptonen-Universalität[162]) verletzt werden und so entweder auf eine zusätzliche 5. fundamentale Wechselwirkung oder auf ein neues Elementarteilchen, das „Lepto-Quark", hindeuten.
- Warum gibt es gerade drei Familien (Generationen) von fundamentalen Fermionen (Leptonen und Quarks) mit je zwei Flavours?
- Wie kann die Tatsache fundamental erklärt werden, dass alle natürlich vorkommenden Teilchen farbneutral (weiß) sind (confinement), weshalb auch keine freien Quarks beobachtbar sein können?
- Sind die Neutrinos ihre eigenen Antiteilchen (wie die Photonen)?
- Das Standardmodell enthält eine große Zahl freier Parameter, die durch Messungen bestimmt werden müssen. Lassen sich diese Parameter (es sind im wesentlichen Teilchenmassen) aus einer allgemeineren Theorie vorhersagen?

---

161 Im Large-Hadron-Collider (*LHC*, 26,659 km Umfang) sollen Hadronen bis nahe der Lichtgeschwindigkeit beschleunigt werden (Ziel: 14 TeV, das entspricht 99,9999991 % c).

162 Im Standardmodell gilt das Theorem der Leptonen-Universalität: Die elektrisch geladenen Leptonen sind – bis auf ihre Massen – Kopien voneinander und verhalten sich in ihren Wechselwirkungen mit anderen Teilchen genau gleich. Beim Zerfall eines B^+-Mesons, bestehend aus einem u- und einem $\bar{b}$-Quark scheint aber ein Unterschied in der *WW* aufzutreten, die den Zerfall bestimmt, je nachdem, welche Leptonen emittiert werden, e^- und e^+ oder μ^- und μ^+. Das könnte z. B. durch ein hypothetisches Lepton-Quark erklärt werden.

3.2.6 Ein kurzer Ausflug in die Kosmologie[163], wo sich das Kleine mit dem Großen verbindet

Die Kosmologie (gr. *κοσμολογια*, die Lehre von der Welt) beschäftigt sich mit dem Ursprung und der Entwicklung des Universums. Die Grundlagen der Kosmologie sind die Allgemeine Relativitätstheorie, die Quantenfeldtheorie sowie die Theorie der Wechselwirkungen. Hierbei gilt das Grundpostulat von der *Universalität der Naturgesetze*, die danach als unabhängig vom Ort und von der Zeit im gesamten Kosmos angesehen werden. Was verbindet diese Erforschung unserer Welt im Großen mit der Erforschung der kleinsten Teilchen, also unserer Welt im Kleinen, die gerade im Mittelpunkt unseres Interesses stand? Wir haben gesehen, dass zur Erzeugung verschiedener Elementarteilchen sehr hohe Energien im Bereich GeV–TeV und noch darüber benötigt werden, die von großen Teilchenbeschleunigern geliefert werden. Wenn wir aber davon ausgehen, dass unser Universum sehr viel früher bei gleicher Gesamtenergie auf einen sehr kleinen Raumbereich beschränkt war, wie es von den modernen kosmologischen Theorien angenommen wird, so muss die Temperatur, d. h. die kinetische Energie der Teilchen, damals sehr hoch gewesen sein, sodass Energien wie die oben angeführten und noch darüber hinaus vorhanden gewesen sein müssen. Schon die Vereinheitlichung der elektroschwachen *WW* zeigte mit den benötigten Energien von ~100 GeV für die Erzeugung der relevanten Teilchen bereits gewisse Grenzen der technischen Machbarkeit auf. Da aber Energien, die für die Untersuchung der weiteren Vereinheitlichung der fundamentalen *WW* notwendig sind, sicher nicht in absehbarer Zeit künstlich aufgebracht werden können, lohnt es sich, durch Beobachtung sehr weit entfernter Objekte im Weltall „in der Zeit zurückzuschauen". Die am weitesten entfernten Objekte sind die *Quasare* (quasi stellare Objekte), praktisch punktförmige, intensive Radioquellen, die in gewissen Wellenlängenbereichen extreme Energien abstrahlen ($10^{12}\times$ heller als die Sonne), vermutlich Kerne von sehr weit entfernten, massiven Galaxien, die ein „supermassives", zentrales „schwarzes Loch" umgeben (Abb. V-3.49).[164] Quasare gehören zu den leuchtkräftigsten Objekten des Universums. Der am weitesten entfernte Quasar ist $\sim 13 \cdot 10^9$ Lichtjahre von der Erde entfernt, sein Licht braucht daher 13 Milliarden Jahre bis zu uns! Seine Rotverschiebung $\frac{\Delta\lambda}{\lambda} = z$ beträgt

163 Aus gr. *κοσμόσ* = Ordnung.

164 Ein *schwarzes Loch* (Abb. V-3.49) ist ein Raumbereich im Universum, dem aufgrund der auf ein extrem kleines Volumen konzentrierten großen Masse und des damit verbundenen extremen Gravitationsfeldes nichts entkommen kann, einschließlich elektromagnetischer Strahlung. Der *Ereignishorizont* trennt beobachtbare von prinzipiell nicht beobachtbaren Ereignissen. Supermassive schwarze Löcher sind die größten schwarzen Löcher in einer Galaxie mit etwa 10^{14} Sonnenmassen. Man nimmt heute an, dass die meisten, wenn nicht überhaupt alle Galaxien ein supermassives schwarzes Loch im Zentrum haben. Solche stellaren schwarzen Löcher sind ihrer Herkunft nach von den primordialen (= ursprünglichen) schwarzen Löchern zu unterscheiden, die kurz nach dem Urknall entstanden sind.

ca. 5 und die Fluchtgeschwindigkeit $v = 0{,}95 \cdot c$ (siehe Abschnitt 3.2.6.1)! Bei einem Alter des Universums von ca. 13,8 Milliarden Jahren heißt das aber, dass wir zu sehr hochenergetischen Prozessen „zurückschauen“ können, wenn wir weit entfernte Objekte studieren; was wir heute an solchen Quasaren beobachten, ist vor mehr als $13 \cdot 10^9$ Jahren passiert. Das also führt Elementarteilchenphysiker und Kosmologen in ihren Interessen zusammen. Wir wollen deshalb auch noch einen kurzen Ausflug in die jüngere Entwicklung der Kosmologie unternehmen.

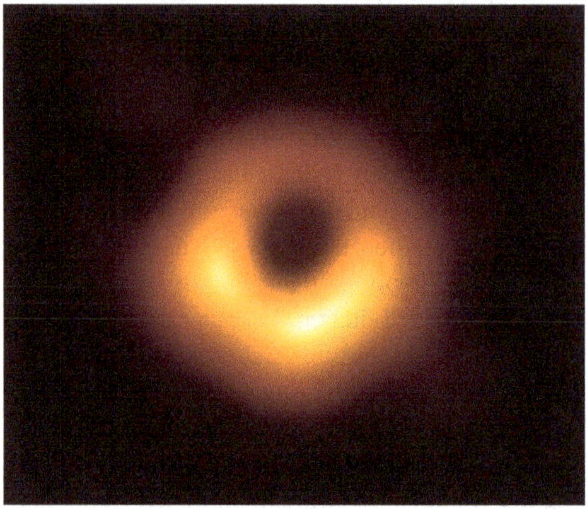

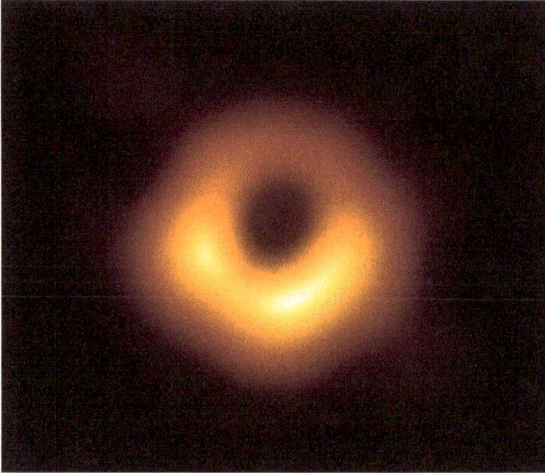

Abb. V-3.49: Schwarzes Loch. Aus Radioteleskopischen Aufnahmen des Event Horizon Telescope (ein Verbund von Radioteleskopen) im April 2019 berechnete Darstellung des supermassiven Schwarzen Lochs M87* im Zentrum der elliptischen Riesengalaxie Messier 87 (M87). Die schwarze Scheibe in der Bildmitte ist etwa 2,5-mal so groß wie der Ereignishorizont (Schwarzschild-Durchmesser ca. $38 \cdot 10^{12}$ m) des supermassereichen Schwarzen Lochs im Zentrum. M87* ist eines der massereichsten Schwarzen Löcher überhaupt. Die Galaxie M87 liegt Richtung Sternbild der Jungfrau nahe dem Zentrum des etwa 55 Mio. Lichtjahre von der Milchstraße entfernten Virgo-Galaxienhaufens und ist eine der stärksten Radioquellen am Himmel.

3.2.6.1 Das Hubble-Gesetz

Die radialen Relativgeschwindigkeiten, mit denen sich andere Galaxien in Bezug auf die Erdposition bewegen, können durch Messung der Rotverschiebung des dort emittierten Lichts bestimmt werden (Abb. V-3.50).

Edwin Hubble[165] beobachtete zusammen mit Milton Humason (1891–1972), dass *alle* weit entfernten Galaxien eine *Rotverschiebung* $z = \frac{\Delta\lambda}{\lambda}$ der emittierten Spektral-

165 Edwin Powell Hubble, 1889–1953. Der Astronom Hubble zeigte als erster (1925) die Existenz anderer Galaxien außerhalb unserer „Milchstraße“ und änderte damit drastisch die Vorstellungen von unserem Universum. Aber schon Kant (Immanuel Kant 1724–1804) hatte in seiner „Allgemeinen Naturgeschichte und Theorie des Himmels“ 1755 die Existenz derartiger Galaxien vorausgesehen.

Absorptionslinien unserer Sonne

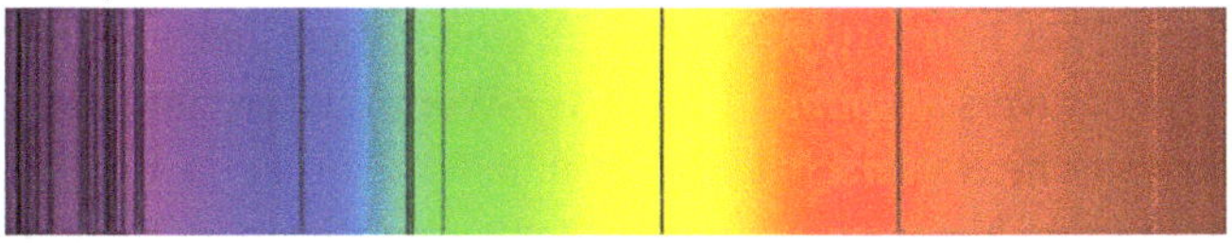

Absorptionslinien des Supergalaxiehaufens BAS11
$v = 0.07c$, $d = 1$ Mrd. Lichtjahre

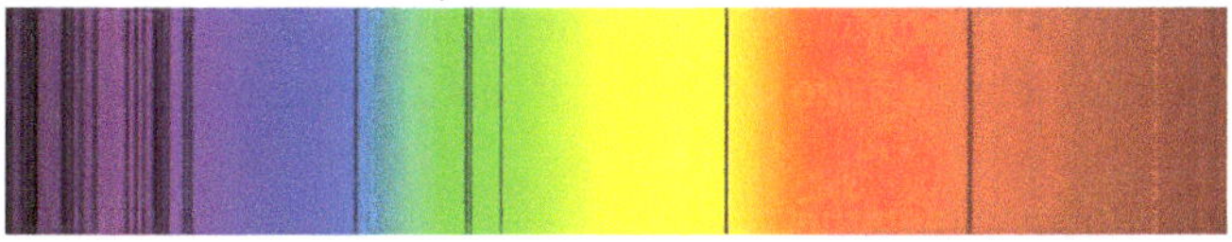

Abb. V-3.50: Computersimulation der Rotverschiebung von Spektrallinien im optischen Spektrum des ca. 1 Mrd. Lichtjahre entfernten Supergalaxiehaufens BAS11 (unten) im Vergleich mit dem Sonnenspektrum (oben). BAS11 enthält mehr als 20 Galaxiecluster und insgesamt mehr als 10 000 Galaxien. Die schwarzen Linien in den Spektren sind Fraunhofersche Linien, die durch Absorption in der äußeren Atmosphäre der Sterne bzw. der Sonne entstehen. (Nach Harold T. Stokes, Department of Physics and Astronomy, Brigham Young University, Provo, Utah 84602, USA).)

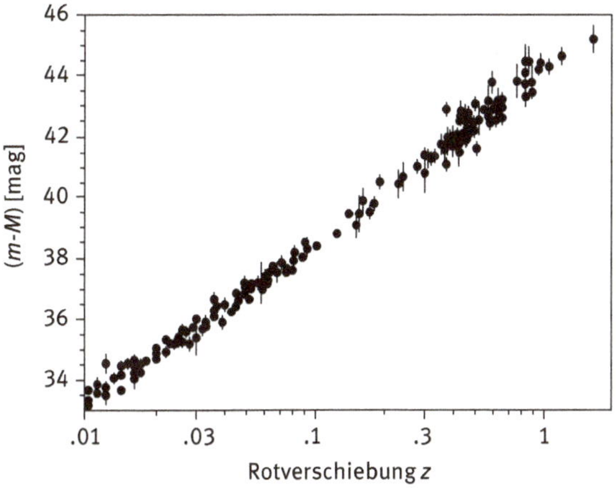

Abb. V-3.51: Hubble Diagramm für Typ *Ia* Supernovae bis $z \approx 1$: Entfernungsmodul $(m - M)$ als Funktion der kosmischen Rotverschiebung z (nach R. P. Kirshner, *Proceedings of the National Academy of Sciences of the United States*, **101**, 8 (2004) unter Verwendung eines Diagramms von Brian P. Schmidt, Australian National University, Weston Creek). Der *Entfernungsmodul* ist die Differenz zwischen scheinbarar Helligkeit (*apparent magnitude*) m und absoluter Helligkeit (*absolute magnitude*) M, die in *Magnituden* (mag) angegeben wird. Für die Umrechnung von $(m - M)$ in mag in eine Distanz d in *Parsec* (pc) gilt: $d = 10^{0,2 \cdot (m - M + 5)}$.

linien zeigen (Abb. V-3.51), was – in nicht zutreffender Weise – als Dopplereffekt einer „Fluchtgeschwindigkeit" v gedeutet werden kann, da der mathematische Formalismus für relativ kleine Rotverschiebungen z vom Dopplereffekt (vgl. Band II,

Kapitel „Relativistische Mechanik", Abschnitt 3.5) übernommen werden kann: Entfernen sich Objekte von unserem Standort, so ergibt sich eine *Rotverschiebung* (*red shift*), bei Annäherung eine *Blauverschiebung*); für große z-Werte ist dies aber nicht mehr zulässig! Die *kosmologische Rotverschiebung* ist nämlich eine Folge der Expansion des Raumes gemäß der *Allgemeinen Relativitätstheorie* (*theory of general relativity*), nach der alle festen Dimensionen x, d. h. auch die Wellenlänge λ, im Laufe der Zeit mit dem Skalenfaktor $R(t)$ zu multiplizieren sind. Der Skalenfaktor $R(t)$ ergibt sich für ein homogenes Universum als Lösung der Einstein-Friedmannschen Feldgleichungen [166] und ist die für die Dynamik des Universums bestimmende Größe; er hat die Dimension einer Länge und wird oft als „Krümmungsradius" bezeichnet.

Für die kosmologische Rotverschiebung gilt

$$z = \frac{\Delta\lambda}{\lambda_0} = \frac{\lambda - \lambda_0}{\lambda_0} = \frac{\lambda}{\lambda_0} - 1 = \frac{R(t)}{R_0} - 1\,; \qquad \text{(V-3.114)}$$

dabei ist R_0 der Skalenfaktor zum Zeitpunkt t_0 der Emission, $R(t)$ jener zum Beobachtungszeitpunkt. Diese Rotverschiebung baut sich erst im Laufe der Lichtausbreitung auf, die Quelle (z. B. die Galaxie A) und der Beobachter (z. B. in Galaxie B) bewegen sich *nicht* gegeneinander (abgesehen von zu vernachlässigenden tatsächlichen räumlichen Bewegungen, den *Pekuliarbewegungen*[167]), sie sind im expandierenden Raum fix![168]

Außerdem vervollständigte Hubble seine eigenen Messungen mit Werten der Rotverschiebungen, die schon vorher beobachtet worden waren. 1929 formulierte er alle diese Beobachtungen in einer Gesetzmäßigkeit

---

166 siehe auch Abschnitt 3.2.6.4.

167 Aus lat. peculiaris = eigen.

168 Im Gegensatz dazu bewegen sich bei der *Dopplerverschiebung* mit $z = \frac{\Delta\lambda}{\lambda} = 1 \pm \frac{v}{c}$ für $v \ll c$ bzw. $z = \frac{\Delta\lambda}{\lambda} = \sqrt{\frac{c \pm v}{c \mp v}} - 1$ für $v \approx c$ Quelle und Beobachter gegeneinander (vgl. dazu Band II, Kapitel „Relativistische Mechanik", Abschnitt 3.5).

Eine weitere Ursache für eine Rotverschiebung ist das Gravitationsfeld eines Sterns, wenn sich die Strahlung aus seinem Wirkungsbereich entfernt (*relativistische Rotverschiebung* = *Gravitationsrotverschiebung*): $\frac{\Delta\lambda}{\lambda} = \frac{\gamma \cdot M}{R_S \cdot c^2}$; dabei ist γ die Gravitationskonstante, M die Sternmasse und R_S der Sternradius. Für Sirius B, einen „weißen Zwerg" mit großem $\frac{M}{R_S}$, beträgt $\frac{\Delta\lambda}{\lambda} = 6{,}6 \cdot 10^{-5}$. Die Gravitationsverschiebung von Photonen, die vom „Ereignishorizont" eines *schwarzen Lochs* (= Schwarzschild-Radius $R_{sL} = \frac{2\gamma M_{sL}}{c^2}$) aus starten, ist unendlich groß, sie sind also nicht mehr beobachtbar.

Ein weit entfernter Beobachter nimmt daher den Ereignishorizont eines schwarzen Lochs als kugelähnliche schwarze Grenzfläche war, aus derem Inneren er keinerlei Information erhalten kann.

$$v = H_0 \cdot r \qquad \text{(V-3.115)}$$

Hubble Gesetz (Hubble's law).

Dabei sind v die radiale Geschwindigkeit, mit der sich die Galaxie relativ zu uns entfernt und r die Entfernung von uns. Der Wert der Konstante H_0, der *Hubble Konstante*, ergab sich nach seinen Messdaten zu 500 km/s/Mpc, ein Wert, der wegen einer fehlerhaften Entfernungsberechnungen viel zu groß ist. Die Dimension der Hubblekonstante wird in Entfernungsgeschwindigkeit (in km/s) pro Distanz (in *Megaparsec*, Mpc) angegeben:[169]

$$1\,\textit{Parsec} = 1\ \text{pc} = 3{,}085\,6776 \cdot 10^{16}\ \text{m} = 3{,}085\,6776 \cdot 10^{13}\ \text{km} = 3{,}261\,5668\ \textit{Lichtjahre}\ (\text{Lj}).$$

$$\Rightarrow \quad 1\ \text{Mpc} = 10^6\ \text{pc} = 3{,}086 \cdot 10^{19}\ \text{km} = 3{,}262 \cdot 10^6\ \text{Lj}.$$

Als Bestwert der Hubblekonstante wurde bis zur Auswertung der Messungen des „Planck-Teleskops" 2001 (siehe Abschnitt 3.2.6.2) von der amerikanischen Raumfahrtbehörde NASA $H_0 = 70{,}8$ km/s/Mpc angegeben.[170]

Inzwischen haben genaue Messungen und theoretische Schlussfolgerungen daraus zu zwei Gruppen von Werten für die Hubble Konstante geführt, die außerhalb ihrer jeweiligen Fehlergrenzen deutlich auseinanderliegen. Es handelt sich dabei einerseits um Auswertungen von Beobachtungen mit dem Hubble Space Teleskop an den Cepheiden in der großen Magellanschen Wolke, also Messungen am derzeitigen Universum (*late universe*), andererseits um Auswertungen, die als Grundlage die Beobachtung der kosmischen Hintergrundstrahlung haben (*cosmic microwave background, CMB*, siehe Abschnitt 3.2.6.2), also auf Messungen eines sehr frühen Zustands des Universums beruhen (*early universe*). Während die *late universe*-Rechnungen einen grob gemittelten Wert von $H_0 = 72{,}7 \pm 2{,}9$ (km/s)/Mpc ergeben (V. Licia et al. „Tensions on the Early and the Late Universe", Kavli Institute of Theoretical Physics, arXiv.1907.10625v1 [astro-phys.CO] July 2019; H_0-Werte zwischen 69,8 und 76,5 (km/s)/Mpc), liegt der aktuelle *early universe*-Wert der

169 Die *Paralaxensekunde* oder *parallaktische Sekunde* ist eine astronomische Längeneinheit zur Entfernungsangabe von Himmelskörpern und wird mit *Parsec* (*pc*) abgekürzt. Ein Parsec ist die Entfernung eines Sterns, der eine jährliche Parallaxe von genau einer Bogensekunde ($1'' = 1°/3600$) aufweist. Eine dazu äquivalente Definition ist: Aus einer Entfernung von einem Parsec erscheint der mittlere Radius der Erdbahn um die Sonne (das ist die *Astronomische Einheit*, 1 AE = $149{,}597870700 \cdot 10^9$ m, exakt) unter einem Winkel von einer Bogensekunde. Für das Parsec gilt daher auch: $1\ \text{pc} = 648\,000/\pi = 206\,264{,}806\ \text{AE} \cong 3{,}085\,677\,581\,491\,37 \cdot 10^{16}$ m. Eine Hubble Konstante von z. B. 70 bedeutet, dass sich das Universum mit 70 km pro Sekunde pro Megaparsec ausdehnt. Ist demnach eine Galaxie 3,3 Mio. Lichtjahre von uns entfernt – das entspricht gerade einem Megaparsec – so, entfernt sie sich aufgrund der Expansion des Universums um 70 km pro Sekunde von uns; mit jeden weiteren 3,3 Mio. Lichtjahren Entfernung kommen weitere 70 km/s dazu.

170 Das ist ein Bestwert aus den Messungen der *Hintergrundstrahlung* mit der Raumsonde *WMAP* (*Wilkinson Microwave Anisotropy Probe*).

Planck-Mission (siehe Abschnitt 3.2.6.2) bei $H_0 = 67{,}4 \pm 0{,}5\,(\text{km/s})/\text{Mpc}$ (Planck 2018 results, arXiv:1807.06209v3 [astro-ph.CO] Sept. 2020]):

$$\begin{aligned} H_{0,\text{late}} &\cong 72{,}7 \pm 2{,}9\,(\text{km/s})/\text{Mpc} \\ H_{0,\text{early}} &= 67{,}4 \pm 0{,}5\,(\text{km/s})/\text{Mpc} \end{aligned} \qquad \textit{Hubble Konstante.} \qquad (\text{V-3.116})$$

Die Hubble-„Konstante“ $H(t)$ ändert sich im Laufe der Zeit, H_0 ist ihr gegenwärtiger Betrag.[171] Die Zeitabhängigkeit wird durch

$$H(t) = \frac{1}{R(t)} \frac{dR(t)}{dt} \qquad (\text{V-3.117})$$

beschrieben; für den gegenwärtigen Zeitpunkt t_0 gilt daher $H_0 = H(t_0) = \dfrac{1}{R_0}\dfrac{dR_0}{dt}$. Dabei ist $R(t)$ der Skalenfaktor zur Zeit t.

Die Hubblesche Entdeckung wird dahingehend interpretiert, dass sich unser Universum ausdehnt und die Geschwindigkeit, mit der sich Galaxien voneinander entfernen, proportional zu ihrer Entfernung ist![172] Das stimmt gut mit der Hypothese überein, dass das Universum vor ca. 15 Milliarden Jahren in einer gewaltigen Explosion, dem sogenannten *Urknall* (*big bang*) entstanden ist.[173] Die Galaxien haben erst viel später – etwa 10^6 Jahre nach dem Urknall – begonnen, sich aus den zuvor entstandenen H- und He-Atomen als Folge der allgemeinen Gravitation zu bilden und bilden sich immer noch.

Die Hubble Konstante H_0 kann auf die Dimension einer reziproken Zeit umgeschrieben werden:

$$\begin{aligned} H_{0,\text{late}} &\cong 2{,}356 \cdot 10^{-18}\,\text{s}^{-1} \\ H_{0,\text{early}} &= 2{,}184 \cdot 10^{-18}\,\text{s}^{-1}. \end{aligned} \qquad (\text{V-3.118})$$

Daraus ergibt sich die *Hubble-Zeit* als grobe Abschätzung für das Alter des Universums zu

---

171 Astrophysiker sprechen deshalb auch vom *gegenwärtigen Hubble-Parameter*.

172 Man kann sich das etwa so vorstellen: Auf einem nur schwach aufgeblasenen Luftballon markiert man „Galaxien“ mit Punkten. Beim weiteren Aufblasen des Ballons entfernen sich die Punkte voneinander annähernd proportional zu ihrem Abstand und zwar unabhängig vom Ort des Beobachters am Ballon.

173 Die Idee eines punktförmigen, heißen Anfangszustandes unseres Universums stammt von Abbé Georges Edouard Lemaître (1894–1966). Auf einem Kongress in London beschrieb er 1931 den Anfang des Universums als „Uratom“ (*primeval atom*), einem „kosmischen Ei“, das im Moment des Schöpfungsbeginns explodierte. Die Bezeichnung *big bang* („Urknall“) entstammt einer sarkastischen Bemerkung von Sir Fred Hoyle (1915–2001), einem Kritiker der Urknalltheorie, der glaubte, dass die Ursache der Expansion eine fortwährende Materieproduktion sei. 1948 entwickelten George Gamow, Ralph A. Alpher und Robert C. Herman eine Theorie der Entstehung unseres Universums aus einem heißen Anfangszustand, die die später gefundene *kosmische Hintergrundstrahlung* voraussagte.

$$t_H = \frac{1}{H_0} = \begin{cases} 4{,}244 \cdot 10^{17}\,\text{s} = 1{,}346 \cdot 10^{10}\,\text{Jahre} = \\ \qquad = 13{,}46\,\text{Mrd. Jahre (late universe)} \\ 4{,}578 \cdot 10^{17}\,\text{s} = 1{,}452 \cdot 10^{10}\,\text{Jahre} = \\ \qquad = 14{,}52\,\text{Mrd. Jahre (early universe)}. \end{cases} \tag{V-3.119}$$ [174]

Ein leeres Universum (Massendichte $\rho_M = 0$) würde sich entsprechend den Feldgleichungen mit konstanter Expansionsrate $\frac{dR(t)}{dt} = \text{const.}$ unbeschränkt ausdehnen (Abb. V-3.52).

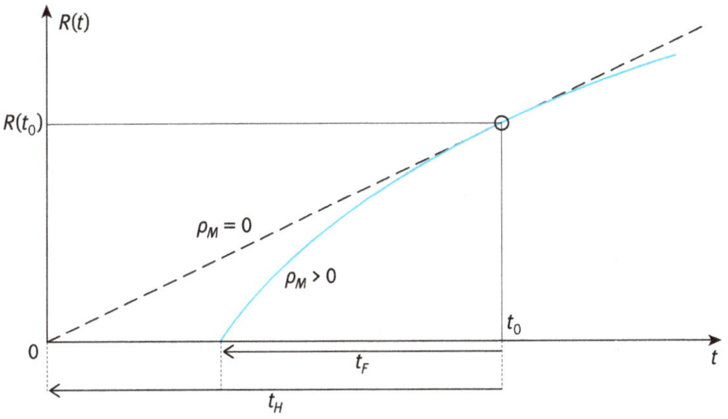

Abb. V-3.52: Ausdehnung des Universums. Strichliert: leeres Universum ($\rho_M = 0$); blau: verzögerte Ausdehnung für $\rho_M > 0$. t_H = Hubble-Alter, t_F = Friedmann-Alter.

Hieraus kann das Hubblealter (= Hubble-Zeit) t_H unter Verwendung der Beziehung $H_0 = \frac{1}{R(t_0)} \underbrace{\frac{dR(t_0)}{dt}}_{=\frac{R(t_0)}{t_H}}$ für die gegenwärtige Hubblekonstante H_0 sofort berechnet werden:

$$R(t_0) = \frac{dR(t_0)}{dt} \cdot t_H = H_0 \cdot R(t_0) \cdot t_H \quad \Rightarrow \quad t_H = \frac{1}{H_0}. \tag{V-3.120}$$

Durch die Massendichte $\rho_M > 0$ wird die ursprüngliche Expansion nach dem Urknall fortlaufend verzögert, bis der Skalenfaktor den heutigen Wert $R(t_0)$ erreicht hat. Das tatsächliche Alter des Universums, das *Friedmann-Alter* t_F, muss daher stets kleiner als das Hubble-Alter t_H sein. Die Krümmung von $R(T)$, und daher auch die Differenz $t_H - t_F$, hängt wesentlich vom Wert der Massendichte ρ_M ab (siehe Abschnitt 3.2.6.4).

174 Den derzeitigen Bestwert für das Alter unseres Universums lieferte die „Planck-Mission" zu $(13{,}787 \pm 0{,}020)$ Mrd. Jahre.

3.2.6.2 Die Kosmische Hintergrundstrahlung (*cosmic background radiation, CBR*)[175]

1965 entdeckten Arno Penzias und Robert Wilson durch Zufall[176] im Mikrowellenbereich eine schwache elektromagnetische Strahlung, deren Intensität von der Antennenrichtung völlig unabhängig war. Diese *kosmische Hintergrundstrahlung* (*cosmic microwave background* (*CMB*) *radiation* (*CBR* oder auch *CMBR*)) konnte daher keiner feststehenden Quelle im Weltraum zugeordnet werden, da sie den ganzen Raum gleichmäßig erfüllt. Offensichtlich ist sie ein integraler Bestandteil unseres Universums selbst, der am Beginn des Universums erzeugt wurde. Sie ist eines der stärksten Argumente für die Urknalltheorie.

Die Abbn. V-3.53 und V-3.54 zeigen den spektralen Verlauf der Intensität der kosmischen Hintergrundstrahlung als Funktion der Frequenz in linearer bzw. logarithmischer Darstellung. Die maximale Intensität der Strahlung[177] liegt bei einer Wellenlänge $\lambda_H \cong 1{,}1\,\mathrm{mm}$ und die spektrale Verteilung entspricht *genau* einer *schwarzen Strahlung von* 2,7 K (bester Wert: $(2{,}725\,48 \pm 0{,}000\,57)\,\mathrm{K}$).

Jeder Kubikzentimeter des Weltraums enthält so etwa 400 Photonen der Hintergrundstrahlung, das entspricht ca. 10^9 Photonen pro H-Atom. Für die Rotverschiebung der Strahlung findet man $z = \dfrac{\lambda_m - \lambda_m(T_E)}{\lambda_m(T_E)} = 1089 \pm 0{,}1$, d. h., dass die Strahlung zu Beginn der Emission mit $\lambda_m(T_E) \ll \lambda_m$ gemäß dem Wienschen Verschiebungsgesetz (siehe Band IV, Kapitel „Wärmestrahlung“, Abschnitt 3.4.1) $\lambda_m \cdot T = 0{,}2898\,\mathrm{cm\,K}$ bei einer maximalen Wellenlänge von $\lambda_m(T_E) = \dfrac{\lambda_m}{z} = \dfrac{0{,}1063}{1089} = 9{,}76 \cdot 10^{-5}\,\mathrm{cm}$ eine Temperatur von $T_E = \dfrac{0{,}2898}{9{,}76 \cdot 10^{-5}} = 2970\,\mathrm{K}$ besessen hat. Aus dieser Rotverschiebung ergibt sich, dass die Strahlung etwa 380 000 Jahre nach dem Beginn des Universums entstand, als dieses plötzlich für elektromagnetische Wellen transparent wurde.[178] Damals entsprach die Strahlung wahrscheinlich einer Temperatur von etwa 3000 K. Mit zunehmender Expansion des Weltalls fiel die Temperatur dann bis auf die heutigen 2,7 K.

---

175 Für ihre Entdeckung der kosmischen Hintergrundstrahlung erhielten Arnold Allan Penzias (geb. 1933) und Robert Woodrow Wilson (geb. 1936) zusammen mit Pyotr Leonidovich Kapitsa 1978 den Nobelpreis.

176 Ein neuer, hochempfindlicher Satellitenempfänger zeigte einen zunächst unerklärlichen Rauschhintergrund, den Robert H. Dicke (1916–1997, siehe auch Band I, Kapitel „Mechanik des Massenpunktes“, Anhang A1.4) kurz danach als die schon 1948 von Gamow, Alpher und Herman vorhergesagte, vom Urknall stammende kosmische Hintergrundstrahlung erkannte (siehe Abschnitt 3.2.6.1, Fußnote 173).

177 In Abb. V-3.53 ist die Intensität der Hintergrundstrahlung in Megajanski pro Steradiant (MJy/sr) angegeben. Das Jansky (Jy) ist eine in der Radioastronomie gebräuchliche Einheit für die spektrale Leistungsflussdichte, das ist die Energie pro Zeit, pro Fläche und pro Frequenzintervall der beim Beobachter eintreffenden Strahlung (nach Karl Guthe Jansky, 1905–1950). $1\,\mathrm{Jy} = 10^{-26}\,\mathrm{W/(Hz \cdot m^2)} = 10^{-26}\,\mathrm{J/(s \cdot m^2 \cdot Hz)}$.

178 Vorher waren die Temperaturen so hoch, dass das Plasma aus Elektronen und Protonen in *WW* mit der elektromagnetischen Strahlung stand (elastische Thomson-Streuung), die aus dem riesigen Feuerball des undurchsichtigen Universums nicht entweichen konnte.

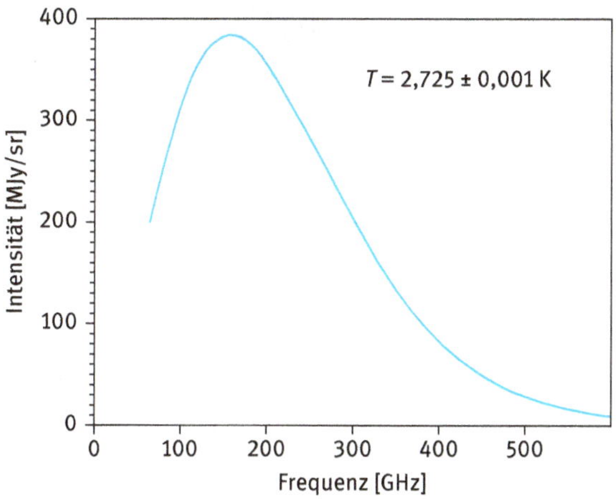

Abb. V-3.53: Spektrum der kosmischen Hintergrundstrahlung (Intensität als Funktion der Frequenz), gemessen mit dem *COBE* (*Cosmic Background Explorer*) *Far Infrared Absolute Spectrophotometer* (*FIRAS*). Die Intensität der Strahlung ist in Megajanski pro Steradiant (MJy/sr) angegeben.

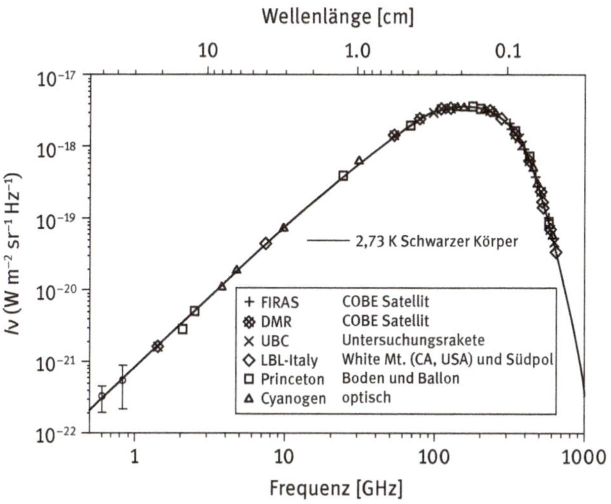

Abb. V-3.54: Intensität der kosmischen Hintergrundstrahlung (in $W\,m^{-2}\,sr^{-1}\,Hz^{-1}$) als Funktion der Wellenlänge bzw. der Frequenz (G. F. Smoot und D. Scott, *Physical Review* **D 54**, 118 (1996)). Das Maximum liegt bei etwa 1,1 mm.

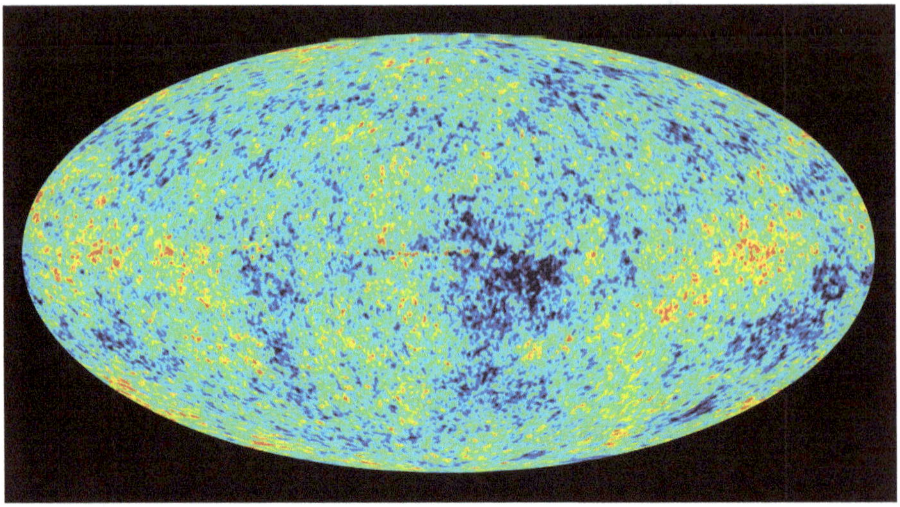

Abb. V-3.55: Temperaturschwankungen in der kosmischen Hintergrundstrahlung, aufgenommen von der Raumsonde *WMAP* (*Wilkinson Microwave Anisotropy Probe*). Die Temperaturdifferenzen dieses „Falschfarbenbildes" zwischen dunkelblau und rot entsprechen $\Delta T \approx 10^{-5}$ K.

Obwohl die Hintergrundstrahlung äußerst homogen ist, zeigt sie doch sehr kleine, messbare Temperaturschwankungen von ca. 0,001 %,[179] die zuerst durch den Satelliten *COBE* (*Cosmic Background Explorer*)[180] (1983) und 2001 durch die Raumsonde *WMAP* (*Wilkinson Microwave Anisotropy Probe*) untersucht wurde (Abb. V-3.55).

Das Bild der *WMAP*-Sonde gibt einen recht guten Eindruck von unserem Universum etwa 380 000 Jahre nach seiner Entstehung, das heißt ein frühestmögliches Bild unseres Universums.[181] Man kann „kühlere" (blaue) und „heißere" (gelb/rot) Bereiche erkennen. Die *kühlen* Bereiche sind mit großer Wahrscheinlichkeit sehr frühe Stadien von Galaxien und Galaxiehaufen, da die Strahlung, die aus dichteren Materiebereichen entweicht, durch die Gravitations-*WW* eine Rotverschiebung erfährt ((Sachs-Wolfe-Effekt, nach Rainer Kurt Sachs (geb. 1932) und Arthur Michael Wolfe (1939–2014)). Die Entstehung der Sterne wird von den Kosmologen erst etwa

---

179 Etwa 0,1 % Schwankung des Mikrowellenhintergrunds in Abhängigkeit von der Beobachtungsrichtung entsteht durch die Bewegung unserer Galaxie (der „Milchstraße") und damit unseres Sonnensystems und der Erde.

180 Für ihre Entdeckung, dass die kosmische Hintergrundstrahlung die gleiche Energieverteilung zeigt wie die Strahlung eines schwarzen Körpers und für die Messung ihrer Anisotropie erhielten John Cromwell Mather (geb. 1946) und George Fitzgerald Smoot III (geb. 1945) stellvertretend für das *COBE*-Team 2006 den Nobelpreis.

181 Da sich nach heutiger Sicht die Gravitationswirkung wie die elektromagnetische *WW* mit Lichtgeschwindigkeit ausbreitet (Gravitationswellen, Graviton), gäbe es die Möglichkeit, durch Messung von Gravitationswellen wesentlich frühere Stadien des Universums zu beobachten, da die Gravitation im Gegensatz zu den Photonen nicht durch das glühende Plasma zurückgehalten wurde.

Abb. V-3.56: Vergleich der Ergebnisse der Messung der Anisotropie der Hintergrundstrahlung der Projekte *COBE* (*Cosmic Background Explorer*, 1983), *WMAP* (*Wilkinson Microwave Anisotropy Probe*, 2001) und Planck (2009) anhand eines Ausschnitts von $d\Omega = (10°)^2$. $(1°)^2 = \left(\frac{2\pi}{360}\right)^2 \text{ sr} = \frac{\pi^2}{32\,400} \text{ sr}; (10°)^2 = 10 \text{ deg}^2 = \frac{\pi^2}{3240}$. (Bilder nach Wikipedia: NASA/JPL-Caltech/ESA.)

1 Mrd. Jahre nach der Entstehung des Universums vermutet, das Bild stellt daher ein sehr frühes Stadium der Entstehung stellarer Objekte dar.

Weitere Details ergaben sich in jüngster Zeit durch das Planck-Weltraumteleskop, eine Raumsonde der Europäischen Weltraumorganisation *ESA*, die am 14. Mai 2009 in den Weltraum gebracht wurde. Die Werte wurden mit nahezu 3-fach höherer Auflösung als jener der *WMAP*-Sonde gemessen (Abb. V-3.56).

Die am 21. März 2013 bekanntgegebene Auswertung des kosmischen Mikrowellenhintergrunds ergab folgendes Bild (Abb. V-3.57).

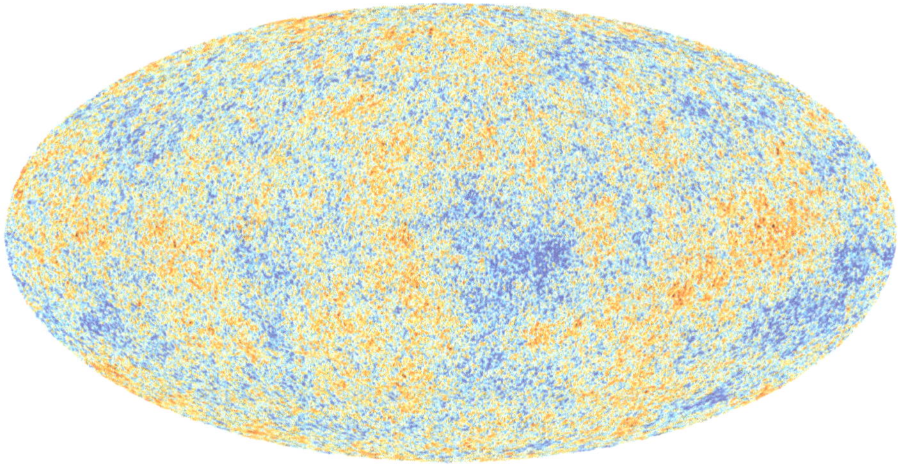

Abb. V-3.57: Anisotropie der kosmischen Hintergrundstrahlung nach Auswertungen der Messungen der „Planck-Mission“ (gestartet 2009). Die Farben zeigen wieder Temperaturdifferenzen von $\Delta T \approx 10^{-5}$ K zwischen dunkelblau und rot.

Dieses Bild zeigt den Zustand des Universums etwa 370 000 Jahre nach dem Urknall. Sehr feine Temperaturschwankungen, die etwa 10^{-30} s nach dem Urknall entstanden sein müssen, könnten die Ursache für die gegenwärtige räumliche Anordnung von Galaxiehaufen und der dunklen Materie sein. Das auswertende Forschungsteam unter europäischer Führung gibt das Alter des Universums aufgrund dieser neuesten Ergebnisse mit $(13{,}787 \pm 0{,}020) \cdot 10^9$ Jahre an. Das Universum enthält $(4{,}8 \pm 0{,}05)$ % gewöhnliche Materie, $(31{,}5 \pm 0{,}25)$ % dunkle Materie und $(63{,}7 \pm 1)$ % dunkle Energie. Für die Hubble Konstante wurde ein Wert von $H_0 = (67{,}4 \pm 0{,}5)$ (km/s)/Mpc ermittelt.

3.2.6.3 Dunkle Materie

Schon 1933 stellte Fritz Zwicky (1898–1974, Schweizer Physiker und Astronom) fest, dass einer der Galaxienhaufen aus mehr als 1000 Einzelgalaxien (der „Coma-Haufen“) nicht durch die Gravitationswirkung der sichtbaren Sterne seiner Galaxien allein zusammengehalten werden kann, sondern dass etwa das 400-fache der sichtbaren Masse notwendig wäre, um den Haufen durch ihre Gravitationswirkung zusammenzuhalten. Sein Vorschlag, die fehlende Masse durch unsichtbare „dunkle“ Materie zu erklären, wurde allerdings nicht ernst genommen. Ab 1960 beobachteten dann Vera Rubin (1928–2016) und Kent Ford (geb. 1931) die Rotationsgeschwindigkeit einiger entfernter Galaxien. Dabei untersuchten sie die Dopplerverschiebung heller Sternhaufen in unterschiedlichem Abstand zum Zentrum der Galaxie bei ihrer Rotation um das Galaxiezentrum. Die Rotationsgeschwindigkeit sollte dabei zunächst wie bei einem ausgedehnten starren Körper von der Mitte aus zunehmen, dann aber für große Distanzen vom Zentrum (> 20 000 Lichtjahre) wieder kleiner werden, wenn die gesamte sichtbare Masse berücksichtigt wird. Sie stellten aber fest, dass die Rotationsgeschwindigkeit ab einer Entfernung von etwa 30 000 Lichtjahren vom Zentrum konstant bleibt!

Die einzige Erklärung, die sich mit der Newtonschen Mechanik in Einklang befindet, ist, dass es in einer typischen Galaxie viel mehr Materie gibt, als man sehen kann. Nur ca. 13 % der gesamten Masse einer Galaxie sind sichtbar! Weitere Hinweise auf die Existenz unsichtbarer Materie ist die Gravitationswirkung auf elektromagnetische Strahlung (Gravitationslinsen) außerhalb sichtbarer Galaxien oder Galaxiehaufen.

Zur Zeit sind 3 Arten von dunkler (besser: transparenter) Materie vorstellbar:[182]

182 2013 schlugen die theoretischen Physiker Robert J. Scherrer und Chiu Man Ho (Department of Physics and Astronomy, Vanderbilt University, Nashville, TN, USA) „anapole“, d. h. nichtpolige, Majorana-Fermionen als Träger der dunklen Materie vor. Majorana-Fermionen sind Teilchen mit halbzahligem Spin, also Fermionen, die ihr eigenes Antiteilchen sind. Anapole Teilchen weisen im Gegensatz zu den elektrischen Ladungen und den magnetischen Dipolen ein toroidales Feld auf, sodass ein elektrisches Feld in diesem Torus eingeschlossen bleibt und sich so nicht nach außen bemerkbar macht.

1. Heiße dunkle Materie (*HDM*): Das könnten z. B. Neutrinos mit ihrer geringen Masse sein, von denen es aber außerordentlich viele gibt. Da diese Teilchen praktisch keine *WW* mit Materie zeigen, muss man sich auf indirekten Nachweis verlassen. Nach heutiger Sicht reichen allerdings die Neutrinos allein nicht zur Erklärung der dunklen Materie aus.
2. Kalte dunkle Materie (*CDM*): Noch unbekannte Elementarteilchen, die nur der Gravitation und der schwachen *WW* unterliegen, sogenannte *WIMPs* (*weakly interacting massive particles*). Hinweise auf neue Dunkle Materie-Teilchen kommen vom DAMA/LIBRA Experiment im Gran Sasso Massiv in Italien, die ab 2022 mit dem COSINUS-Experiment an gleicher Stelle überprüft werden sollen.
3. Baryonische Materie: *MACHOs* (*massive astrophysical compact halo objects*), die das Licht wie eine Gravitationslinse ablenken. Das könnten z. B. schwarze Löcher, ausgebrannte weiße Zwerge oder braune Zwerge von der Größe eines Planeten sein, in denen wegen ihrer zu kleinen Masse keine Fusionsreaktionen ablaufen können und die daher nicht wie ein Stern leuchten.

3.2.6.4 Die kritische Massendichte des Universums

Unter dem kosmologischen Prinzip versteht man die Annahme, dass das Universum in hinreichend großen Raumbereichen homogen und isotrop ist. Demnach gibt es im Universum, von kleinen lokalen Abweichungen abgesehen, keinen ausgezeichneten Punkt, keinen Mittelpunkt und auch keine ausgezeichnete Richtung. Das kosmologische Prinzip ist damit die Grundlage der meisten kosmologischen Modelle und steht bisher im Einklang mit den Beobachtungen im Weltall. Damit wird angenommen, dass unser Universum zu jedem Zeitpunkt überall die gleichen physikalischen Eigenschaften hat und von jedem Punkt in jeder Richtung gleich aussieht.[183]

Auf einer Skala von 10^8 Lichtjahren ist das Universum weder homogen noch isotrop, aber auf einer Skala von $2 \cdot 10^9$ Lichtjahren ist die Verteilung der Galaxien bereits homogen und isotrop.

Wir haben gesehen: Die Hubble-Zeit von 13,8 Mrd. Jahren gibt ein oberes Maß für die Zeit seit der Entstehung unseres Universums (seit dem „Urknall"). Die genaueste Bestimmung durch Messung der Dichte, der Zusammensetzung und der Expansion des Universums durch die Raumsonde *WMAP* und die Planck-Mission ergab für diese Zeit t_0 seit dem Urknall

183 Wird dieses kosmologische Prinzip auch auf die Zeitkoordinate angewendet (vollkommenes kosmologisches Prinzip), dann sollte das Universum auch zu jedem Zeitpunkt denselben Anblick bieten. Das führt zur *steady-state-Theorie* eines stationären Weltalls, in dem wegen der Expansion ständig Materie neu in Erscheinung treten muss (1 H-Atom pro $10\,\text{km}^3$ und Jahr). Diese Theorie von Hermann Bondi, Fred Hoyle und Thomas Gold ist heute weitgehend von der Urknalltheorie abgelöst.

$$t_0 = (1{,}3787 \pm 0{,}0020) \cdot 10^{10}\,\text{Jahre} = (13{,}787 \pm 0{,}020)\,\text{Mrd. Jahre} \qquad \text{(V-3.121)}$$

Zeit seit dem Urknall.

Seither dehnt sich das Universum aus. Die Frage ist nun, ist die Gravitation im Universum stark genug, die Expansion irgendwann zu stoppen? Einstein hat in seiner Allgemeinen Relativitätstheorie ein „statisches Universum" angenommen und zur Kompensation der Gravitations-*WW* die „Kosmologische Konstante" Λ eingeführt, die einen Abstoßungseffekt bewirkt. Die Antwort hängt jedenfalls von der *Massendichte* $\rho_M(t)$ des Universums ab.

Die *kritische Massendichte* ρ_c, für die die Expansion des Universums durch die Gravitationswirkung gerade aufgehoben wird, ergibt sich aus den Einstein-Friedmannschen Feldgleichungen zu[184]

$$\rho_c = \rho_c^0 = \frac{3H_0^2}{8\pi\gamma} = 8{,}533 \cdot 10^{-27}\,\text{kg/m}^3 \approx 1 \cdot 10^{-26}\,\text{kg/m}^3 \mathrel{\hat=}$$
$$\mathrel{\hat=} 5\,\text{H-Atome/m}^3. \qquad \text{(V-3.122)}$$

Wir bezeichnen das Verhältnis der tatsächlichen Massendichte ρ_u unseres Universums zur kritischen Massendichte ρ_c mit $\Omega_m = \frac{\rho_u}{\rho_c}$. Mit diesem Parameter ergeben sich die folgenden *Friedmann-Modelle* des Universums (Abb. V-3.58):

Gilt $\rho_u > \rho_c$, d. h. $\Omega_m > 1$, so kehrt sich die Expansion des Universums irgendwann um und es beginnt zu kollabieren. Am Ende ergibt sich dieselbe Singulariät (*Big Crunch*) wie am Beginn (*Big Bang*). Das Universum ist dann *geschlossen* („sphärisches Universum").

Ist aber $\rho_u < \rho_c$, also $\Omega_m < 1$, so expandiert das Universum unaufhörlich, es handelt sich dann um ein *offenes Universum* („hyperbolisches Universum").

Eine genaue Analyse der Häufigkeit leichter Elemente im Universum (*WMAP* lieferte auch dafür neueste Daten) ist am besten mit $\Omega_m \cong 1$ („flaches Universum", es gilt die euklidische Geometrie, Massendichte $\rho_u = 9{,}9 \cdot 10^{-27}\,\text{kg/m}^3$, das entspricht etwa $8 \cdot 10^{80}$ Atomen im Universum), d. h. $\rho_u \cong \rho_c$, verträglich (mit einem Fehler von etwa 1 %), das würde bedeuten, dass die Expansion des Universums erst im Grenzwert $t \to \infty$ zum Stillstand kommt.

---

184 Nach Albert Einstein (1879–1955) und Alexander Alexandrowitsch Friedmann (1888–1925) Russischer Physiker, Geophysiker und Mathematiker. Für die Berechnung dieser kritischen Dichte $\rho_c = \rho_c^0$ (mit $\rho_c(t) = \frac{3(H_0(t))^2}{8\pi\gamma}$) wurde der gegenwärtige Wert $H_{0,\text{early}} = 67{,}4$ (km/s)/Mpc der Hubble-Konstanten verwendet.

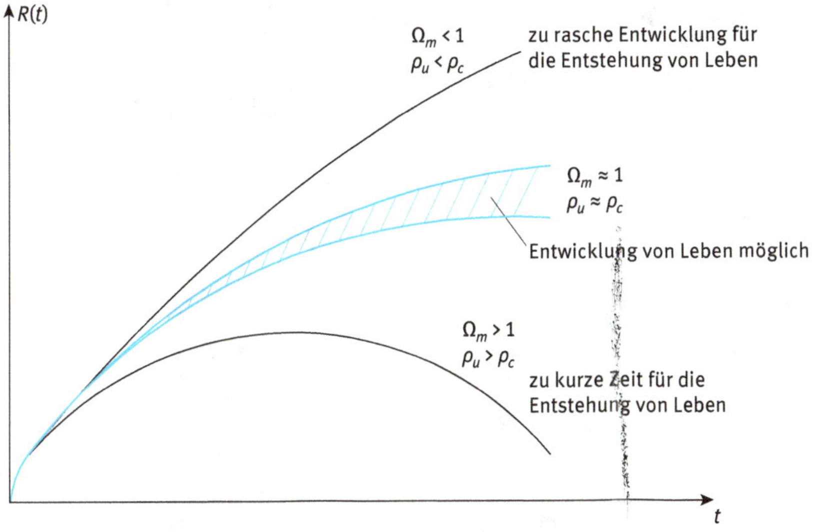

Abb. V-3.58: Friedmann-Modelle des Universums. Parameter: $\Omega_m = \frac{\rho_u}{\rho_c}$, Verhältnis der tatsächlichen Massendichte ρ_u des Universums zur kritischen Massendichte ρ_c.

Derzeit dehnt sich das Universum beschleunigt aus. Die Analysen der *WMAP*- und der Planck-Daten geben unter anderem auch darüber Aufschluss, dass diese Expansion bei $\Omega_m \cong 1$ bei der für uns im Weltall sichtbaren Materie und der aus den Beobachtungen der Galaxierotationen geforderten Dunkle Materie allein nicht zu erklären ist. Es wird deshalb zusätzlich zur sichtbaren und zur Dunklen Materie noch die weitgehend ungeklärte *Dunkle Energie* mit einer abstoßenden Gravitationswirkung gefordert, die den Ausdehnungsprozess gegenüber der Gravitationswirkung beschleunigt. Die Anteile der an der Expansion des Universums beteiligten Prozesse sind nach heutiger Sicht ($\Omega_m = \Omega_b + \Omega_d + \Omega_\Lambda$):

- Die Gravitation durch die „sichtbare“ Massendichte von nur 4,8 %, das entspricht $\Omega_b \cong 0{,}048$ („baryonische“ Materie),
- die Gravitation durch die fast siebenmal häufigere Dunkle Materie, nämlich 31,5 %, d. h. $\Omega_d \cong 0{,}315$ mit ca. 26 % „Kalter Dunkler Materie“ (*cold dark matter, CDM*) ,
- der große Rest und weitaus größte Anteil ist „Dunkle Energie“ mit 63,7 %, also $\Omega_\Lambda \cong 0{,}637$.

Abb. V-3.59 zeigt die derzeitige Vorstellung von der Entwicklung des Universums vom Urknall an, abhängig vom zeitlichen Verhalten der Dunklen Energie.

Als einfachste Lösung des Problems der „Dunklen Energie“ käme eine Kraft in Frage, die genau der Schwerkraft entgegenwirkt und die die beschleunigte Ausdehnung des Universums ermöglicht. Sie könnte durch eine „kosmologische Kon-

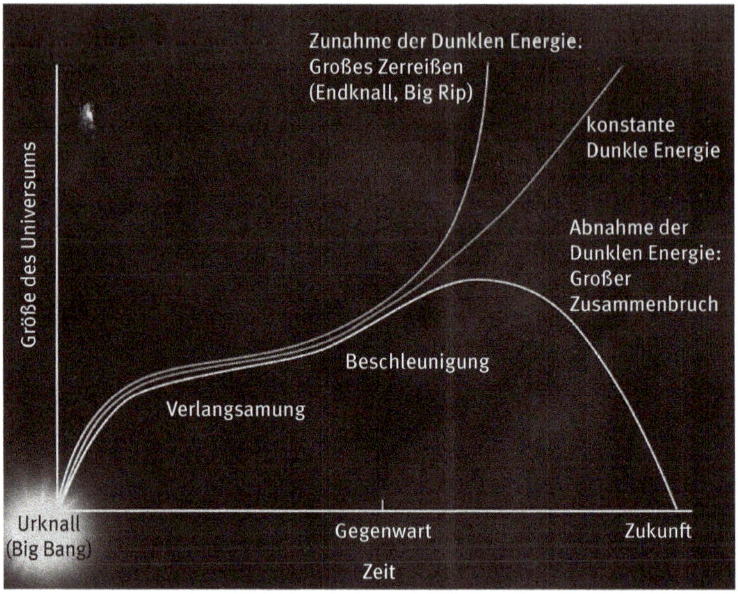

Abb. V-3.59: Entwicklung des Universums in Abhängigkeit von der „Dunklen Energie“: Bleibt die Dunkle Energie konstant, expandiert das Universum weiterhin beschleunigt, nimmt sie zu, kommt es zum „Big Rip“, dem „Großen Zerreißen (Endknall)“, bei dem die Ausdehnung des Raums schließlich so schnell erfolgt, dass sich alle Objekte im Weltraum so schnell voneinander entfernen, dass keine Wechselwirkung zwischen ihnen mehr möglich ist. Nimmt die Dunkle Energie andererseits ab, zieht sich das Universum ab einem bestimmten Zeitpunkt wieder zusammen und es kommt zum „Big Crunch“ („Großer Zusammenbruch“). (Nach NASA/CXC/M. Weiss.)

stante“ berücksichtigt werden, die als konstante Energiedichte des Vakuums interpretiert werden könnte.[185]

3.2.6.5 Das kosmologische Standardmodell

Das derzeitige kosmologische Standardmodell (= Urknall im Standardmodell) geht vom *Urknall* (*Big Bang*) als Beginn unseres Universums aus. Der Urknall selbst ist eine *Singularität*, d. h., für diesen Zeitpunkt sind die physikalischen Gesetze nicht definiert, das „Universum“ ist punktförmig und unendlich heiß. Der Zustand im

185 Albert Einstein hat in seinen Gleichungen der Allgemeinen Relativitätstheorie eine Konstante, die „kosmologische Konstante“ Λ eingeführt, da seine Gleichungen sonst eine ständige Expansion oder Kontraktion des Universums lieferten. Nach der Entdeckung der Expansion des Universums durch Hubble bezeichnete Einstein die Einführung dieser Konstanten als „größte Eselei seines Lebens“. Die heutige Ansicht ist, dass der kosmologischen Konstante ein sehr kleiner positiver Wert zuzuordnen ist. Die kosmologische Konstante wird allerdings nicht mehr als ad-hoc Parameter der relativistischen Feldgleichungen interpretiert, sondern als konstante Energiedichte des Vakuums.

imaginären Zeitpunkt $t = 0$ und etwas danach („Planck-Ära") ist also reine Spekulation. Erst ab der *Planck-Zeit* $t_P = \sqrt{\frac{\hbar \cdot \gamma}{c^5}} \cong 5{,}4 \cdot 10^{-44}\,\mathrm{s}$, zu der das Universum die Ausdehnung der *Planck-Länge* $l_P = c \cdot t_P = \sqrt{\frac{\hbar \cdot \gamma}{c^3}} \cong 1{,}6 \cdot 10^{-35}\,\mathrm{m}$ (γ ... Gravitationskonstante), eine Temperatur von $T_P = 1{,}4 \cdot 10^{32}\,\mathrm{K}$ und die Dichte von $\rho_P = 5 \cdot 10^{96}\,\mathrm{kg/m^3}$ hat, werden die uns bekannten physikalischen Gesetze wirksam, wenn auch die Modellrechnungen erst ab $10^{-15}\,\mathrm{s}$ nach dem Urknall gut begründbare Ergebnisse liefern. Während die vier fundamentalen Wechselwirkungen bis zur Planck-Zeit in einer einzigen Urkraft vereint waren und die *TOE*, die „Theory of Everything" galt,[186] spaltet sich dort die Gravitations-*WW* ab, es gilt die *GUT*, die „Grand Unified Theory".[187]

Etwa $10^{-36}\,\mathrm{s}$ nach dem Urknall ist die Temperatur auf ungefähr $10^{27}\,\mathrm{K}$ gesunken. Da jetzt die schweren *X*-Bosonen[188] nicht mehr gebildet werden können, spaltet sich die starke *WW* von der elektroschwachen *WW* ab. Dies führt als Folge einer Art von verzögertem Phasenübergang zu einer extrem starken Energiefreisetzung, sodass es zu diesem Zeitpunkt zu einer extremen Ausdehnung, der sog. *Inflation* kommt, in der das Universum bis $10^{-33}\,\mathrm{s}$ nach dem Urknall um einen Faktor 10^{50} expandiert.[189] Die Ausdehnung erfolgt mit einer Geschwindigkeit, die größer ist als die Vakuum-Lichtgeschwindigkeit und führt von einer Größe, die viel kleiner als ein Proton ist, zu einer Ausdehnung von etwa 10 cm. Das steht nicht in Widerspruch zur speziellen Relativitätstheorie, die nur Bewegungen *im Raum* auf $v \leq c$ beschränkt, nicht aber die Ausdehnung des Raumes selbst; wenn eine Bewegung mit Überlichtgeschwindigkeit außerhalb des Inertialsystems des Beobachters stattfindet, entsteht kein Widerspruch zur speziellen Relativitätstheorie.[190] Allerdings ist uns seither der größte Teil des Universums nicht mehr zugänglich (siehe die Anmerkung zur derzeitigen Größe des Universums weiter unten).

Etwa $10^{-33}\,\mathrm{s}$ nach dem Urknall und einer *T*emperatur von $T \approx 10^{25}\,\mathrm{K}$ entstehen als erste elementare Materieteilchen Quarks, Antiquarks und Leptonen (Quark Ära). Bei ca. $10^{-12}\,\mathrm{s}$ und $T \approx 10^{16}\,\mathrm{K}$ reicht die mittlere Energie zur Bildung der *Z*- und

---

186 In dieser ersten Ära des Universums, der Planck Ära, waren vermutlich Quanteneffekte der Gravitationskraft ausschlaggebend.

187 Die vereinheitlichte Kraft der *GUT* wird von den *X*-Bosonen mit einer Masse von $10^{15}\,\mathrm{GeV}/c^2$ vermittelt.

188 Die *X*-Bosonen gehören zu den hypothetischen *Leptoquarks*, die gleichzeitig an Quarks und Leptonen koppeln und so die gemeinsame Kraftwirkung der starken und schwachen *WW* vermitteln.

189 In der inflationären Ära wurde die Raumkrümmung so stark verkleinert, dass das Universum bis heute praktisch *flach*, d. h. euklidisch ist.

190 Die Annahme der *Inflation* des Universums ist notwendig zur Erklärung der nahezu vollständig homogenen Hintergrundstrahlung, die auf den äußerst homogenen Zustand des Universums zu diesem Zeitpunkt hinweist: Die Expansion war so rasch, dass keine wesentlichen Inhomogenitäten entstehen konnten, auch nicht in jenen Bereichen des Universums, die in keiner *WW* mehr miteinander stehen konnten.

W-Bosonen nicht mehr aus, sodass sich die elektroschwache *WW* in die schwache und die elektromagnetische *WW* auftrennt; damit wirken jetzt die uns bekannten vier fundamentalen Wechselwirkungen getrennt voneinander. In der nun folgenden Hadronen Ära, etwa 10^{-12} s nach dem Urknall, ist die Temperatur auf 10^{13} K gesunken; diese Energie ist für die Existenz freier Quarks zu niedrig, sie gruppieren sich daher zu Hadronen zusammen, die schwereren zerfallen und es bleiben schließlich nur mehr Protonen und Neutronen und deren Antiteilchen über, wobei auf 10^9 Teilchen-Antiteilchenpaare ein ungepaartes Proton (unter Verletzung der *CP*-Invarianz, vgl. Abschnitt 3.2.3.2, Fußnote 149) entfällt. Die Annihilation der Teilchen mit den Antiteilchen ist der Ursprung der Photonen der Hintergrundstrahlung, während die Protonen letztendlich zur Sternmaterie werden.

Durch die ständige Umwandlung von Neutronen in Protonen und umgekehrt, entsteht eine sehr große Zahl von Neutrinos. Etwa 10^{-4} s nach dem Urknall bei $T \approx 10^{12}$ K und $\rho_u \approx 10^{16}$ kg/m^3 entstehen durch Paarbildung Elektron-Positron-Paare, von denen schließlich die Elektronen „überleben" (Leptonen Ära). Das Universum enthält etwa 1 s nach dem Urknall neben den Photonen die wesentlichen materiellen Bausteine unseres Universums: Protonen, Neutronen und Elektronen. Es überwiegt immer noch die Strahlungsdichte die Materiedichte, der Kosmos ist ein Feuerball.

Etwa 1–10 s nach dem Urknall endet die Leptonen Ära, die mittlere Energie der Photonen reicht nicht mehr zur Paarbildung aus. Bei einer Temperatur von $T \approx 10^9$ K und einer Massendichte von $\rho_u \approx 1$ kg/m^3 beginnen sich aus den Nukleonen die ersten leichten Elemente ^{1}H, ^{2}H, ^{3}He, ^{4}He und ^{7}Li durch Nukleosynthese zu bilden[191] (primordiale Nukleosynthese[192]): Kernreaktionsära. Dieser Vorgang dauert etwa 3 min. Die im Standardmodell berechnete relative Häufigkeit dieser Nuklide entspricht genau jener des heutigen Universums. Die relativen Häufigkeiten dieser Elemente wurden also bereits lange vor der Sternentstehung festgelegt, nur die schwereren Elemente bis $^{56}_{26}$Fe, dem stabilsten Nukleon, entstanden erst viel später im Inneren der Sterne durch Kernfusion; die noch schwereren Kerne über $^{56}_{26}$Fe hinaus, entstanden in den heißen Überresten explodierender Sterne, den Supernovae. Die mittlere Temperatur des Universums ist zu diesem Zeitpunkt (etwa 3 min. nach dem Urknall) immer noch so hoch, dass die Materie in Form von Plasma vorliegt, d. h. vollständig ionisierten Atomkernen, Protonen und Elektronen. Durch Streuprozesse mit dem Plasma ist die elektromagnetische Strahlung gebunden und das Universum ist „lichtundurchlässig".

Erst etwa 370 000 Jahre nach dem Urknall ist die Temperatur so weit gesunken (ca. 3000 K, siehe Abschnitt 3.2.6.2), dass neutrale Atome entstehen können und das Universum „durchsichtig" wird, das heißt, dass sich Strahlung und Materie voneinander lösen; es entsteht die von der Materie entkoppelte kosmische Hintergrundstrahlung. Ab diesem Zeitpunkt überwiegt die Materiedichte die Strahlungsdichte, der Strahlungskosmos wird zum Materiekosmos. Durch die Entkopplung

---

191 Ca. 76 % $^1_1$H, 24 % $^4_2$He und nur wenig $^3_2$He, $^7_3$Li, $^2_1$D, $^3_1$T.

192 Primordial (lat. *primordialis*: von erster Ordnung, ursprünglich): ursprünglich.

von Strahlung und Materie gewinnt die Gravitations-*WW* an Bedeutung und es kommt zur Bildung von zunächst großräumigen Strukturen wie Gaswolken (etwa 10^6 Jahre nach dem Urknall) und in der Folge nach etwa 10^9 Jahren zur Bildung von Sternen und Galaxien.

Das heute beobachtbare Universum enthält insgesamt mindestens 10^{80} Atome und etwa 10^9 mal so viele Photonen, etwa $5 \cdot 10^{22}$ Sterne in $8 \cdot 10^{10}$ Galaxien, die in Galaxiehaufen und Supergalaxiehaufen gruppiert sind. Die „lokale Gruppe“[193], ein Galaxiehaufen, zu dem unsere „Milchstraße“, der größere Andromedanebel,[194] die Magellanschen Wolken und einige weitere, kleinere Zwerggalaxien gehören, umfasst ca. 30 Galaxien. Sie befinden sich in einer Kugel von etwa $5 \cdot 10^6$ Lj Durchmesser und werden durch die Gravitation zusammengehalten. 95 % der Masse befinden sich im Andromedanebel und in der Milchstraße. Die „lokale Gruppe“ ist Mitglied des „lokalen Superhaufens“.

Die Abbn. V-3.60 und V-3.61 zeigen die im kosmologischen Standardmodell zusammengefassten derzeitigen Vorstellungen von der Entwicklung des Universums seit seinem Beginn vor etwa 13,8 Mrd. Jahren.

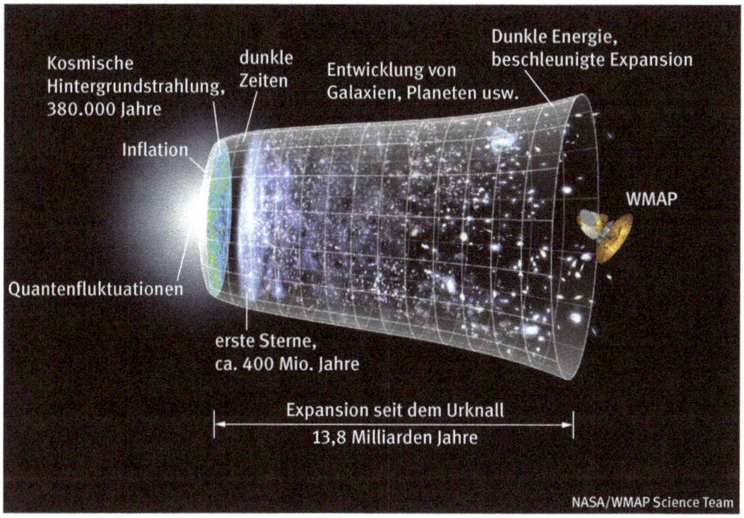

Abb. V-3.60: Entwicklung unseres Universums seit 13,8 Mrd. Jahren. Ganz links zunächst der Urknall, dann die Phase der Inflation; grün die Entstehung der Hintergrundstrahlung. Die Zeitachse ist horizontal, die Ausdehnung des Universums normal dazu aufgetragen. (Nach NASA/WMAP Science Team)

193 Der Begriff wurde 1925 von E. P. Hubble geprägt.

Bemerkung: Durch Ergänzungen hat sich die ursprüngliche Fußnotennummer 193 in dieser 2. Auflage auf die Nr. 199 verschoben. Der Verweis auf die Fußnotennummer 193 in Band 3 bezieht sich daher auf die jetzige Nummer 199.

194 Milchstraße: Durchmesser der Hauptebene: ~ 30 kpc (Kiloparsec); Andromedanebel: Durchmesser ~ 50 kpc.

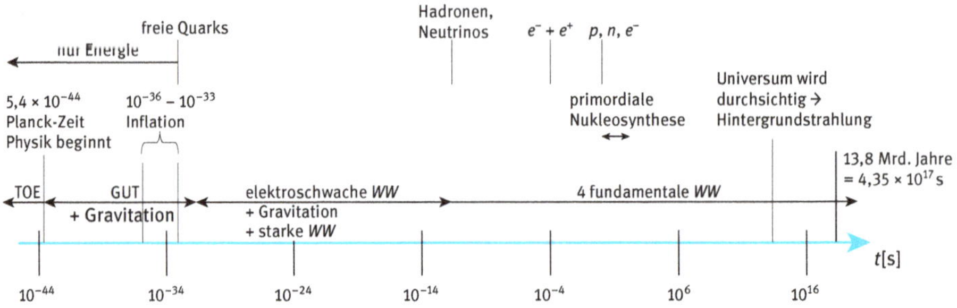

Abb. V-3.61: Die Entwicklung unseres Universums im kosmologischen Standardmodell vom Urknall bis heute. Zur Erklärung siehe Text.

Anmerkung zur derzeitigen Größe des Universums: sichtbares bzw. beobachtbares Universum, Teilchenhorizont

Das Alter unseres Universums ist etwa 13,8 Mrd. Jahre. Die sehr weit entfernten Objekte, Sterne, Galaxien, Quasare, die wir heute aufgrund des vor ca. 13,8 Mrd. Jahren emittierten Lichts sehen, haben sich aber wegen der Expansion des Universums in der Zeit, in der sich die elektromagnetische Strahlung (das „Licht") zu uns bewegt hat, selbst von uns entfernt. Die am weitesten entfernten möglichen Objekte sind daher nicht 13,8 Mrd. Lichtjahre (Lj) entfernt, sondern bereits etwa 46,5 Mrd. Lj und das Universum hat daher zum heutigen Zeitpunkt einen Durchmesser von etwa 93 Mrd. Lj, das entspricht einem Kugelvolumen von etwa $4.2 \cdot 10^{32}\,(\mathrm{Lj})^3$.

Die obigen Werte beziehen sich auf die tatsächlich mit elektromagnetischer Strahlung „sichtbare" Ausdehnung des Universums, d. h. Strahlung nach der Zeit der Entstehung der kosmischen Hintergrundstrahlung, also etwa 370 000 Jahre nach dem Beginn des Universums (*sichtbares Universum* = *Teilchenhorizont*).[195] Dieser Wert stellt damit eine *untere Schranke* für die Ausdehnung des sogenannten *beobachtbaren Universums* dar, das die Auswertung von Signalen seit dem Ende der *Inflation* einschließt (z. B. durch Beobachtung des *Neutrinohintergrunds*[196]) und das um etwa 2 % größer als das *sichtbare* Universum angenommen wird. Wäre es

195 Zu diesem Zeitpunkt hatte das Universum entsprechend der Rotverschiebung der Hintergrundstrahlung von $z = 1089$ einen Durchmesser von $\frac{93 \cdot 10^9}{1089} = 85 \cdot 10^6$ Lj, d. h. „nur" 85 Mio. Lj.

196 In der Zeit nach ihrer Entstehung durch fortwährende Umwandlung von Neutronen in Protonen und umgekehrt, befanden sich die Neutrinos zunächst im thermischen *GG*. Als die Temperatur unter etwa 10^{10} K fiel, war die Erzeugungsrate durch Prozesse wie z. B. $e^+ + e^- \leftrightarrow \nu_e + \bar{\nu}_e$ zu klein, um das *GG* aufrecht zu erhalten (Reaktionsrate der Erzeugungsprozesse kleiner als Expansionsrate des Universums ⇒ die Neutrinos verlassen das thermische *GG*).

möglich in der Zukunft z. B. Information aus den *Gravitationswellen*[197] zu erhalten, so ergäbe sich die Möglichkeit, zeitlich noch weiter zurück und damit in einen noch größeren Raumbereich des Universums zu „schauen". Durch die rasche Ausdehnung des Raumes unmittelbar nach dem Urknall und während der inflationären Ausdehnung (*Inflation*), gibt es vermutlich große Teile des Universums mit denen keine Verbindung mehr besteht, d. h. aus denen wir keine Information erhalten können (vgl. Band II, Kapitel „Relativistische Physik", Abschnitt 3.7.6). Der Begründer der Theorie der inflationistischen Periode des Universums, Alan Guth (geb. 1947) glaubt, dass eine *untere Grenze* für den tatsächlichen Durchmesser unseres Universums einschließlich der nicht beobachtbaren Bereiche wenigstens 10^{23} bis 10^{26} mal so groß sein muss, wie der des beobachtbaren Teils.[198]

Schlussbemerkung

Die Bedeutung der Stellung des Menschen und der Erde in Bezug auf das Universum nimmt im Laufe der Wissenschaftsgeschichte immer mehr ab: Zunächst wurde im *Ptolemäischen Weltbild* (= Geozentrisches Weltbild) die vom Menschen bewohnte Erde als Mittelpunkt der Welt angesehen; diese Sicht wurde vom *Kopernikanischen System* (Heliozentrisches Weltbild) abgelöst. Später erkannte man, dass unser Sonnensystem nur ein kleiner Teil einer Galaxie – der „Milchstraße" – ist und keineswegs im Zentrum dieser Galaxie liegt (Abb. V-3.62), sondern ca. 28 000 Lj vom Zentrum entfernt, nahe der galaktischen Ebene.

---

197 Als *Gravitationswellen* bezeichnet man Transversalwellen in der vierdimensionalen *Raumzeit* (siehe Band II, Kapitel „Relativistische Physik", Abschnitt 3.7.2), die den Raum senkrecht zu ihrer Ausbreitungsrichtung strecken und stauchen, sich mit Lichtgeschwindigkeit ausbreiten und durch beschleunigte Massen verursacht werden. Lange Zeit konnten Gravitationswellen nur indirekt aus dem Energieverlust einander umkreisender Neutronensterne („Doppelpulsare") nachgewiesen werden (Nobelpreis 1993 für Russell Alan Hulse (geb. 1950) und Joseph Hooton Taylor Jr. (geb. 1941)). Am 11. Februar 2016 berichteten Forscher der LIGO-Kollaboration (Laser Interferometer Gravitation Wave Observatory, Mitarbeit von mehr als 1000 Wissenschaftlern aus 40 Instituten) über die direkte Messung von Gravitationswellen im September 2015, die durch die Kollision zweier schwarzer Löcher (siehe Fußnote 164) in einer Entfernung von 1,3 Mrd. Lichtjahren von der Erde verursacht wurden. Am 17. August wurde ein länger anhaltendes Signal registriert, das als Verschmelzung zweier Neutronensterne gedeutet wird. Ein 1,7 Sekunden später registrierter kurzer Gammablitz zeigte, dass sich die Gravitationswellen mit Lichtgeschwindigkeit ausbreiten. Insgesamt wurden bis 2018 zehn Gravitationswellen registriert. 2017 erhielten Rainer Weiss, Barry C. Barish und Kip S. Thorne den Nobelpreis für Physik „für entscheidende Beiträge zum LIGO-Detektor und die Beobachtung von Gravitationswellen".

198 Zum Problem der kosmologischen Horizonte und der Ausdehnung des Universums mit Überlichtgeschwindigkeit siehe auch T. M. Davis und C. H. Lineweaver, *Publications of the Astronomical Society of Australia* (*PASA*), **21**, 97 (2004); (oder Internet-Adresse: arXiv:astro-ph/0310808v2).

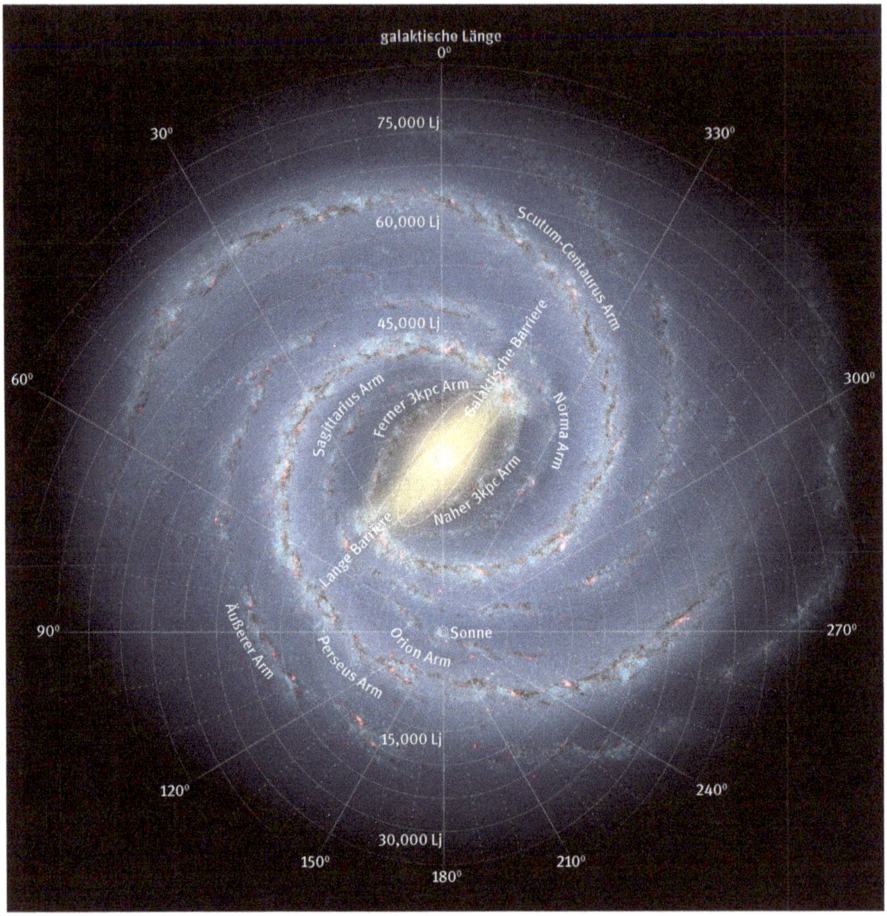

Abb. V-3.62: Unsere „Milchstraßen"-Galaxie vom Weltraum aus gesehen unter Benützung von Aufnahmen des *Spitzer Space Telescope* der NASA. Die roten Bereiche zeigen Gebiete der Sternentstehung. (Nach Wikipedia, Original: NASA/JPL-Caltech/R. Hurt.)

Allein das sichtbare Universum enthält $8 \cdot 10^{10}$ Galaxien, von denen jede viele Milliarden von Sternen enthält (die Milchstraße[199] enthält etwa $3 \cdot 10^{11}$ Sterne). Zu gewissen Teilen des Universums haben wir überhaupt keinen Kontakt. Die bisherige Geschichte der Menschheit ist vernachlässigbar kurz auf der Zeitskala des Universums.

199 Der Durchmesser der Milchstraße in der galaktischen Ebene beträgt ca. 100 000 Lj, der des Kerns ca. 16 000 Lj, die Dicke in der äußeren Scheibenregion 3000 Lj. Die Rotationsgeschwindigkeit besitzt in einer Entfernung von 20 000 Lj vom Zentrum ein Maximum von 225 km/s. Die Sonne befindet sich 28 000 Lj vom Zentrum und 45 Lj nördlich von der galaktischen Ebene entfernt. Sie bewegt sich mit einer Geschwindigkeit von 220 km/s um das Zentrum der Milchstraße.

Außerdem: Hätte sich das Universum nur etwas anders entwickelt, hätte z. B. die Plancksche Konstante h oder die Elementarladung e einen leicht veränderten Wert, so wäre die Entstehung von Leben im Universum sehr wahrscheinlich unmöglich geworden.

Andererseits: Vielleicht ist das Universum gerade so wie es ist, weil wir Menschen dadurch hier sein können, um es zu sehen und zu erkennen; gilt also das anthropische Prinzip[200]?

Am Schluss dieses Kapitels soll ein Wort von Goethe stehen:

> *„Das schönste Geschenk des denkenden Menschen ist,*
> *das Erforschliche erforscht zu haben und das*
> *Unerforschliche zu verehren."*

Un missionnaire du moyen âge raconte qu'il avait trouvé le point
où le ciel et la Terre se touchent...

Abb. V-3.63: „Universum" – Holzschnitt von dem französischen Astronomen Nicolas Camille Flammarion (1842–1925). Der Holzschnitt im Stil des 15. Jhdts. wurde 1888 im Buch *L'Atmosphère. Météorologie populaire* veröffentlicht.

200 Das *Anthropische Prinzip* knüpft die beobachteten Eigenschaften des Universums an die Existenz eines Beobachters und erlaubt so eine „Erklärung" der nicht auf Zufall zurückführbaren Details außerhalb der Theologie.

Zusammenfassung

1. Nuklide ${}^{A}_{Z}X$ sind durch die Protonenzahl Z und die Massenzahl A eindeutig bestimmte Atomkerne. Isotope besitzen gleiche Protonenzahl Z aber unterschiedliche Neutronenzahl $N = A - Z$. In der Nuklidkarte $Z = Z(N)$ sind alle bekannten Atomkerne zusammengefasst.
2. Für die radiale Ausdehnung des nicht scharf begrenzten Atomkerns ergeben die Streumessungen eine einfache Beziehung

$$R = R_0 \cdot A^{1/3} \cong 1{,}2 \cdot 10^{-15} \cdot A^{1/3}\,\mathrm{m} = 1{,}2 \cdot A^{1/3}\,\mathrm{fm}\,;$$

   für das Volumen eines Nukleons und die Kerndichte findet man entsprechend

$$V_{\mathrm{Nukl}} = \frac{4\pi R^3}{3} \cdot \frac{1}{A} \approx 7\,\mathrm{fm}^3\,, \qquad \rho_{\mathrm{Kern}} = \frac{m_{\mathrm{Nukl}} \cdot A}{V_{\mathrm{Kern}}} = 2{,}3 \cdot 10^{17}\,\mathrm{kg/m^3}.$$

3. Atom- und Kernmassen werden in atomaren Masseneinheiten u bzw. deren Energieäquivalent angegeben:

$$\begin{aligned} 1\,\mathrm{u} &= 1{,}66054 \cdot 10^{-27}\,\mathrm{kg} \mathrel{\hat{=}} 1/12\,\text{der Atommasse } \mathrm{C}^{12} = \\ &= 931{,}5\,\mathrm{MeV}/c^2 \end{aligned}$$

4. Der Bindungsenergie E_B der Nukleonen im Kern entspricht eine Massenabnahme, der Massendefekt

$$\Delta M = \frac{E_B}{c^2}\,,$$

   die Kernmasse ergibt sich daher mit den Protonen- und Neutronenmassen m_p und m_n zu

$$M_K = \sum m_p + \sum m_n - \Delta M\,.$$

5. Die mittlere Bindungsenergie pro Nukleon $E_b = \dfrac{E_B}{A}$ steigt zunächst mit steigender Massenzahl stark an und nimmt nach einem flachen Maximum von 8,5 MeV bei $A \approx 60$ (Eisengruppe) für höhere Massenzahlen wieder stetig ab. Hier liegt die Ursache für Freisetzung von Bindungsenergie durch Kernspaltung schwerer und durch Fusion leichter Kerne.

6. Proton und Neutron sind Fermionen mit SpinQZ 1/2 und haben beide ein magnetisches Moment, das in Kernmagnetonen
$\mu_N = \frac{e\hbar}{2m_p} = 5{,}0508 \cdot 10^{-27}$ J/T (oder $A\,\mathrm{m}^2$) $= 3{,}1525 \cdot 10^{-8}$ eV/T angegeben wird:

$$\mu_p = +2{,}7928\,\mu_N \quad \text{und} \quad \mu_n = -1{,}9130\,\mu_N .$$

7. Die Kurve der Kernbindungsenergie pro Nukleon kann in Analogie zur Bindung von Flüssigkeitsmolekülen in einem Tropfen durch das Tröpfchenmodell gut beschrieben werden. Dabei ergibt sich die Masse $M(Z{,}A)$ eines Kerns nach der Bethe-Weizsäcker-Massenformel als Summe von 7 Beiträgen, den Nukleonenmassen und 5 Beiträgen der Bindungsenergie (Volumsterm, Oberflächenterm, Coulombterm, Asymmetrieterm und Paarungsterm):

$$M(Z{,}A) = Z \cdot m_p + (A - Z) \cdot m_n - \frac{1}{c^2}\left\{a_1 A - a_2 A^{2/3} - a_3 \frac{Z^2}{A^{1/3}} - \frac{a_4 (Z - A/2)^2}{A} - \delta \cdot a_5 A^{-1/2}\right\}$$

8. Im Fermigas-Modell werden die Nukleonen als System nicht-wechselwirkender Fermi-Teilchen in einem Kastenpotenzial (Potenzialtiefe ≈ 50 MeV) mit zwei Teilchen pro Energieterm betrachtet.
9. Das Auftreten „magischer Zahlen" für Z und/oder N, für die ein sehr stabiler Kernzustand beobachtet wird, weist in Analogie zur Schalenstruktur der Hüllelektronen auf abgeschlossene Nukleonenschalen hin. Das entsprechende Modell (Schalenmodell) beruht auf einer starken Spin-Bahn-Kopplung für die Nukleonen und kann die magischen Zahlen und den Gesamtdrehimpuls fast aller Kerne im Grundzustand erklären.
10. Für die Anzahl der beim radioaktiven Zerfall zur Zeit t noch nicht zerfallenen Kerne gilt das radioaktive Zerfallsgesetz

$$N = N_0 e^{-\lambda t} .$$

Die Zerfallsrate R (Zerfälle pro Zeiteinheit = Aktivität) ist
$R = -\frac{dN}{dt} = \lambda \cdot N = \lambda N_0 e^{-\lambda t} = R_0 e^{-\lambda t}$, die Zerfallskonstante ist λ, die mittlere Lebensdauer $\overline{\tau} = \frac{1}{\lambda}$ und die Halbwertszeit $t_{1/2} = \frac{\ln 2}{\lambda} = \overline{\tau} \cdot \ln 2$.
11. Beim α-Zerfall wird ein ${}^4_2\mathrm{He}$ -Kern spontan aus einem schweren Kern emittiert. Das α-Teilchen wird schon im Kern gebildet, gewinnt die Bindungsenergie als

E_{kin} ($\approx$ 30 MeV) und kann von diesem Niveau aus die Potenzialbarriere durchtunneln.

12. Beim β-Zerfall emittiert ein Atomkern, der zu viele Neutronen besitzt, spontan ein e^- (β^--Zerfall, Umwandlung eines Neutrons in ein Proton), oder einer, der zu wenige Neutronen besitzt, ein e^+ (β^+-Zerfall, Umwandlung eines Protons in ein Neutron, nur im Kern möglich). Die Massenzahl A bleibt unverändert, die Ladungszahl Z wird um 1 erhöht bzw. erniedrigt. Als Folge des Erhaltungssatzes für Leptonen wird beim β-Zerfall zusätzlich ein Anti-Elektronneutrino $\bar{\nu}_e$ (β^--Zerfall) bzw. ein Elektronneutrino ν_e (β^+-Zerfall) emittiert. Auch beim „K-Einfang", der bevorzugt bei großen Ladungszahlen auftritt, wird die Zahl der Neutronen erhöht: Es wird ein Hüll-e^- aus der K-Schale absorbiert und wandelt ein Proton in ein Neutron um.
13. Beim γ-Zerfall wird aus dem Atomkern spontan ein Photon emittiert und der Kern geht von einem angeregten Zustand in einen mit geringerer Energie über. Die Wellenlängen der γ-Strahlung liegen im Bereich von pm (etwa 1000-mal kürzer als Röntgenwellenlängen).
14. Bei der radioaktiven Altersbestimmung wird das Zerfallsgesetz bei Kenntnis der Halbwertszeit und der Ausgangsmenge einer Substanz zur Messung von Zeitintervallen benützt. Die Radiokarbon-Methode beruht darauf, dass in lebenden Organismen das Verhältnis der Kohlenstoffisotope $^{14}C/^{12}C$ jenem der Atmosphäre gleicht, aber nach dem Absterben keine Erneuerung von ^{14}C mehr erfolgt ($t_{1/2} = 5570$ a).
15. Kernreaktionen sind inelastische Stöße elementarer Teilchen oder leichter Kerne mit Atomkernen, bei denen die Kerne angeregt bzw. in andere Kerne umgewandelt oder gespalten werden. Es gelten als Erhaltungssätze: Energiesatz, Erhaltung des linearen Impulses und des Gesamtdrehimpulses, Ladungserhaltung, Erhaltung der Nukleonenzahl und Erhaltung der Parität. Der Wirkungsquerschnitt $\sigma(E)$ wird in barn (1 barn = 1 b = 10^{-28} m^2 = 100 fm^2) gemessen und ist eine virtuelle Kreisfläche um den Targetkern; wird sie von einem einfallenden Teilchen getroffen, kommt es zur Kernreaktion.
16. Die neutroneninduzierte Spaltung schwerer Kerne wurde zuerst von Hahn und Strassmann 1939 an ^{238}U beobachtet (Neutronenenergie $\geq$ 1 MeV). Für die Spaltung von ^{235}U genügen thermische Neutronen. Die Kernspaltung kann im Tröpfchenmodell durch Schwingung mit Einschnürung des hoch angeregten Zwischenkerns verstanden werden.
17. Die Spaltprodukte bei der Spaltung von ^{235}U zeigen eine markante Asymmetrie mit Häufungspunkten bei $A \approx 100$ und $A \approx 140$.
18. Im Kernreaktor wird eine kontrollierte Kettenreaktion der Spaltung von ^{235}U durch im Moderator (H_2O, D_2O, Graphit) thermalisierte Neutronen und neutronenabsorbierende Regelstäbe (Cadmium, Bor) erzeugt.
19. Während die thermonukleare Fusion von ^1_1H zu ^4_2He im Sonnenkern schon seit 4,6 Mrd. Jahren bei $T_{Kern} \approx 10^7$ K abläuft (praktisch konstante Strahlungsleistung von $3{,}85 \cdot 10^{26}$ W, bis jetzt wurden 53 % des ursprünglich vorhandenen

^1_1H von $0{,}75 \cdot M_{\text{Sonne}}$ zu ^4_2He umgewandelt („verbrannt")), wurden zwar bereits thermonukleare Fusionsreaktionen in Versuchreaktoren erzielt, aber der Energieaufwand zur Erzeugung der hohen Temperaturen und zum Einschluss des Plasmas war bisher immer größer als der Energiegewinn.

20. Die hauptsächliche Abbremsung geladener Teilchen in Materie erfolgt durch Stöße mit gebundenen Elektronen und führt zur Ionisierung der Atome des Materials, die Abbremsung von Neutronen erfolgt durch elastische und inelastische Streuung an den Kernen oder durch Kerneinfang. Die Wechselwirkung von γ-Strahlung mit Materie erfolgt durch den Photoeffekt ($E_{ph} < \approx 100\,\text{keV}$), durch Compton-Streuung (≈ 100 keV $< E_{ph} < \approx 1$ MeV) und durch Paarbildung ($E_{ph} > 2\,m_e c^2 = 1{,}02$ MeV).

21. In der Dosimetrie werden folgende Größen verwendet:
für die Zerfallsrate die

<u>Aktivität</u> A $\quad [A] = 1\,\text{Becquerel} = 1\,\text{Bq} = 1$ Zerfall pro s
(alte Einheit: $1\,\text{Curie} = 1\,\text{Ci} = 3{,}7 \cdot 10^{10}$ Zerfälle pro s);

für die vom Körper aufgenommene Strahlungsenergie die

<u>Energiedosis</u> $D = \dfrac{dE}{dm} \qquad [D] = 1\,\text{Gray} = 1\,\text{Gy} = 1\,\text{J/kg} = 100\,\text{rad};$

für die pro Zeiteinheit absorbierte Energiedosis die

<u>Dosisleistung</u> $\dfrac{dD}{dt}$ in $1\,\text{Gy/s}$;

bei Berücksichtigung der unterschiedlichen biologischen Wirkung die

<u>Äquivalentdosis</u> $H = w_R \cdot D \qquad [H] = 1\,\text{Sievert} = 1\,\text{Sv} = 1\,\text{J/kg} = 100\,\text{rem};$
w_R ... ist der Strahlungswichtungsfaktor
$w_R = 1$ für Röntgen, γ, e^-
$= 5$–20 für Neutronen,
$= 5$ für Protonen
$= 20$ für α-Teilchen, Spaltfragmente, schwere Kerne.

Abschirmung: Die direkte Wirkung von α-Teilchen und β-Strahlung ist wegen ihrer geringen Eindringtiefe leicht zu verhindern (dickeres Papier bei α, 2 cm dickes Al bei β); Einatmen bei Abdampfung ist aber unbedingt zu vermeiden. Für thermische n nimmt man Bor oder Cadmium, für schnelle n Paraffin-Ziegel oder Wassertanks. γ-Strahlung durchdringt auch dicke Abschirmungen; nach Durchdringen der Halbwertsschicht hat die Intensität der Strahlung auf die Hälfte abgenommen (Halbwertsschicht bei 1 MeV γ-Strahlung: 4 cm für H_2O, 1,75 cm für Pb; bei 100 MeV 40 cm für H_2O, 12,5 cm für Pb).

22. Bei den Elementarteilchen unterscheidet man die fundamentalen Leptonen und die Hadronen, zu denen die Baryonen und die Mesonen gehören. Die Leptonen (in den drei Familien e^-, ν_e; μ, ν_μ; τ, ν_τ) sind fundamentale Elementarteilchen (punktförmig, ohne innere Struktur und nicht weiter teilbar), die Hadronen dagegen sind aus den fundamentalen Quarks (u, d; c, s; t, b) aufgebaut, Barionen aus drei Quarks, Mesonen aus Quark-Antiquark-Paaren. Die schwache *WW* wirkt auf alle Teilchen (Ausnahme: Photon), die starke *WW* wirkt dagegen auf die Leptonen nicht. Die Quarks besitzen die Spin*QZ* $s = 1/2$, die elektrische Ladung von u, c, t ist $2/3\ e$, von d, s, b ist sie $-1/3\ e$.
23. Erhaltungssätze der Elementarteilchen:
Die Leptonenzahl L_i (Lepton: +1 , Antilepton: –1, kein Lepton: 0) jeder Familie bleibt erhalten.
In allen *WW*-Prozessen bleibt die Baryonenzahl B (Baryon: +1 , Antibaryon: –1, kein Baryon: 0) erhalten.
In Prozessen der starken *WW* bleibt die Seltsamkeit S erhalten, bei den meisten Prozessen der schwachen *WW* ändert ist $\Delta S = \pm 1$.
In Prozessen der starken *WW* bleibt der Isospin erhalten.
24. Die geometrische Anordnung der 8 Baryonen mit $s = 1/2$ („Achtfacher Weg") führten zu symmetrischen Darstellungen der Baryonen und Mesonen und damit zum Verständnis ihrer Eigenschaften unter Annahme einer inneren Struktur. Zusammen mit „tiefen Streuexperimenten" ergab sich das „Quarkmodell" aus 6 Quarks (*up*, *down*; *charm*, *strange*; *top*, *bottom*) und ihren Antiquarks, mit dem die innere Struktur, die Eigenschaften und die Wechselwirkungsprozesse aller bekannten Hadronen erklärt werden können. Für die Nukleonen ergibt sich: $p = uud$; $n = ddu$.
Die Quarks tragen eine Farbladung (rot, grün, blau oder die entsprechende „Antifarbe"), die das Kraftfeld der starken *WW* erzeugt. Gebundene Zustände von Quarks (z. B. die Nukleonen) müssen in Summe farbneutral („weiß") sein.
25. Alle bisher bekannten dynamischen Effekte können auf vier fundamentale Kräfte zurückgeführt werden, deren Wirkung durch Austauschteilchen (Eichbosonen) vermittelt wird:
   - Gravitation, nach einem entsprechenden Austauschteilchen, dem Graviton, wird noch gesucht;
   - elektromagnetische *WW* mit dem Photon als Austauschteilchen;
   - schwache *WW* mit drei sehr schweren Austauschteilchen W^+, W^- und Z^0 ($\approx$ 80 bzw. $\approx$ 90 GeV/c^2) und dem Higgs Boson H^0 ($\approx$ 126 GeV/c^2), das den Teilchen die Masse verleiht;
   - starke *WW* mit 8 masselosen Gluonen als Austauschteilchen, die Farbladungen zwischen den Quarks übertragen.

26. Nach dem Standardmodell der Elementarteilchen ist die Welt aus folgenden fundamentalen, nicht weiter teilbaren Teilchen aufgebaut:
   - Materieteilchen: 6 Leptonen und 6 Quarks in jeweils 3 Farbladungen, sowie ihre Antiteilchen;
   - Wechselwirkungsteilchen: Photon (elektromagnetische *WW*), Eichbosonen W^+, W^-, Z^0, H^0 (schwache *WW*), 8 Gluonen (starke *WW*). Die Gravitation ist im Modell nicht enthalten.
27. Das Hubble Gesetz beschreibt die fortwährende Ausdehnung unseres Universums; für eine Galaxie in der Entfernung r von der Erde ergibt sich ihre radiale Geschwindigkeit („Fluchtgeschwindigkeit" v zu:

$$v = H_0 r \qquad \text{Hubble Gesetz.}$$

Die Hubble Konstante hat derzeit einen Wert von $H_{0,\text{late}} = 72{,}7$ bzw. $H_{0,\text{early}} = 67{,}4$ (km/s)/Mpc und ist zeitabhängig. Aus ihr kann das Alter des Universums grob abgeschätzt werden:

$$t_H = \frac{1}{H_0} = 13{,}46 \text{ Mrd. Jahre (late universe)}$$

bzw. 14,52 Mrd. Jahre (early universe).

Bestwert für das Alter des Universums: 13,787 ± 0,020 Mrd. Jahre.

28. Die kosmische Hintergrundstrahlung entstand etwa 370 000 Jahre nach dem Beginn des Universums, als es für elektromagnetische Wellen transparent wurde. Sie ist sehr homogen, zeigt aber doch eine feine Struktur, es ist das früheste Bild unseres Universums.
29. Die Untersuchung der Rotationsgeschwindigkeit entfernter Galaxien erlaubt den Schluss, dass nur 5 % der Materie einer Galaxie sichtbar sind, der Rest ist „dunkle Materie". Aus der derzeit beschleunigten Ausdehnung des Universums ergeben sich folgende beteiligte Materie- bzw. Energieanteile:
   - sichtbare Masse (≈ 4,8 %)
   - dunkle Materie (≈ 25,8 %)
   - dunkle Energie (69,4 %).
30. Das kosmologische Standardmodell geht vom Urknall als Beginn des Universums vor etwa 13,8 Mrd. Jahren aus. Ab der Planck-Zeit

$t_P = \sqrt{\dfrac{\hbar \cdot \gamma}{c^5}} \cong 5{,}4 \cdot 10^{-44}$ s ($T_P = 1{,}4 \cdot 10^{32}$ *K*, $\rho_P = 5 \cdot 10^{96}$ kg/m³, Abspaltung der Gravitation) werden die uns bekannten physikalischen Gesetze wirksam (*Grand Unified Theory*, GUT), vorher waren alle vier Kräfte vereint (*Theory of Everything*, TOE). Nach 10^{-36} s spaltet die starke *WW* von der elektroschwachen *WW* ab, es kommt zur Inflation des Universums (Ausdehnung mit Überlichtgeschwindigkeit). Die ersten Materieteilchen (Quarks, Antiquarks und Leptonen) entstehen nach etwa 10^{-33} s. Modellrechnungen liefern erst ab 10^{-15} s nach dem Urknall vernünftige Ergebnisse. Schwache und elektromagnetische *WW* trennen sich nach 10^{-12} s, Quarks lagern sich zu Hadronen zusammen, es entstehen Protonen und Neutronen und ihre Antiteilchen. Durch Annihilation von Teilchen und Antiteilchen entstehen die Photonen der späteren Hintergrundstrahlung. Die ersten leichten Elemente bilden sich durch Nukleosynthese ab ca. 10 s in einigen Minuten. Nach etwa 370 000 Jahren entwickeln sich neutrale Atome, das Universum wird durchsichtig für elektromagnetische Strahlung, es entsteht die kosmische Hintergrundstrahlung. Durch Gravitations-*WW* erscheinen zunächst großräumige Strukturen (nach 10^6 Jahren) später Sterne und Galaxien (nach 10^9 Jahren). Das heutige Universum enthält mehr als 10^{80} Atome und $5 \cdot 10^{22}$ Sterne in $8 \cdot 10^{10}$ Galaxien.

Übungen:

1. Eine Aluminiumfolie streut pro Sekunde 10^3 α-Teilchen in eine bestimmte Richtung und in einen bestimmten Raumwinkel. Wie viele α-Teilchen werden pro Sekunde in die gleiche Richtung und in den gleichen Raumwinkel gestreut, wenn die Aluminiumfolie durch eine Goldfolie gleicher Dicke ersetzt wird?
2. Wie groß ist die mittlere Bindungsenergie pro Nukleon in ${}^4_2\mathrm{He}$, ${}^{59}_{27}\mathrm{Co}$ und ${}^{238}_{92}\mathrm{U}$ in MeV, wenn die massenspektrographisch bestimmten Atommassen folgende Werte haben:
   $m_\mathrm{H} = 1{,}0078286$, $m_n = 1{,}00866653$, $m_\mathrm{He} = 4{,}0025975$, $m_\mathrm{Co} = 58{,}932835$, $m_\mathrm{U} = 238{,}04852$.
   (Atommassen in atomaren Masseneinheiten, ${}^{12}\mathrm{C} = 12{,}00000$)
3. Kernspaltung:
   a) Erkläre die induzierte Spaltung von ${}^{235}\mathrm{U}$ und berechne die freiwerdende Energie mithilfe des Tröpfchenmodells für das folgende Beispiel (Zahlenwerte für die Konstanten des Tröpfchenmodells siehe Abschnitt 3.1.3.1, Gl. V-3.34):
   $$^{235}\mathrm{U} + n \rightarrow {}^{100}\mathrm{Zr} + {}^{134}\mathrm{Te} + 2n + E_\mathrm{kin}\,.$$
   b) Kann nach der Kernspaltung noch weitere Energie freigesetzt werden?
   c) Warum kann ${}^{235}\mathrm{U}$ mit thermischen Neutronen gespalten werden und ${}^{238}\mathrm{U}$ nicht? Welche Rolle spielt der Paarungsterm dabei?
4. a) Wie viele Zerfallsakte finden je Sekunde in 1 g reinem Radiokobalt ${}^{60}\mathrm{Co}$ statt ($T_{1/2} = 5{,}3$ a)?
   b) Wieviel Gramm reines Radiojod ${}_{131}\mathrm{I}$ ($T_{1/2}$ = 8d) stellen die Aktivität $A = 10^8$ Bq dar?

5. Betrachte die Zerfallskette $^{90}Sr \rightarrow {}^{90}Y \rightarrow {}^{90}Zr$ (stabil).
   a) Welche Teilchen werden bei den einzelnen Übergängen (neben γ-Strahlung) emittiert ?
   b) Gib die Anzahl der Atome jeder einzelnen Kernart und die Aktivität des ^{90}Y als Funktion der Zeit an, wobei zur Zeit $t = 0$ durch chemische Abtrennung dafür gesorgt ist, dass nur Sr vorliegt.
6. Tritium zerfällt mit einer Halbwertszeit von 12,32 Jahren durch einen Betazerfall zu ^{3}He.

   Wie groß ist die bei einem Zerfall freiwerdende Energie? (Bindungsenergien von T und ^{3}He: $E_b(T) = -2827{,}3$ keV/Nukleon, $E_b(^{3}He) = -2572{,}7$ keV/Nukleon).
7. Altersbestimmung mit der Radiokohlenstoff-Methode: Die Halbwertszeit von ^{14}C beträgt 5730 Jahre, Konzentrationsverhältnis $^{12}C/^{14}C = 1/1{,}5 \cdot 10^{-12}$.
   a) Wie groß ist die Produktionsrate von ^{14}C in der Atmosphäre pro Sekunde, wenn die ^{14}C-Konzentration im Laufe der Zeit konstant bleibt?
   b) In einem biologischen Material misst man die spezifische Aktivität von ^{14}C zu $A = 15$ Zerfälle pro Minute in 1 g Kohlenstoff. Berechne den Anteil von ^{14}C am gesamten Kohlenstoff.
   c) Wieviel Material davon wird benötigt, um in 1 Stunde 10 000 Zerfälle nachweisen zu können, wenn die Wahrscheinlichkeit einen Zerfall nachzuweisen 50 % beträgt.
   d) Wieviel Material wird benötigt, um 10 000 ^{14}C Atome in einem Massenspektrometer nachweisen zu können, wenn die Wahrscheinlichkeit ein ^{14}C Atom nachzuweisen 5 % beträgt.
8. Welche Energie wird bei der Zerstrahlung (Annihilation) eines Elektron-Positron-Paares frei? Berechne die Wellenlänge der beiden Photonen.
9. Am CERN werden Antiprotonen durch Stöße hochenergetischer Protonen auf ein ruhendes Target (ein Proton) erzeugt:

$$p + p + E_{\text{kin}} \rightarrow p + p + p + \bar{p}.$$

   Wie groß ist die Mindestenergie, die das einfallende Proton haben muss, um ein Proton-Antiproton Paar zu erzeugen? (Hinweis: Achte auf die relativistische Energie- und Impulserhaltung!)
10. Im *LHC* (*Large Hadron Collider*, Teilchenbeschleuniger am Europäischen Kernforschungszentrum CERN bei Genf) bewegen sich Protonen mit einer Energie von 6,5 TeV.
   a) Welche Geschwindigkeit haben die Protonen? 1232 supraleitende Dipolmagnete mit jeweils 15 m Länge halten die Protonen auf einer Kreisbahn mit einem effektiven Umfang von 18,48 km.
   b) Wie groß ist die benötigte magnetische Flussdichte der Magneten? (Hinweis: Für die relativistische Beschreibung der Zentripetalkraft ist der relativistische Impuls zu benützen!)

Anhang 1 Der Mößbauer-Effekt

A1.1 Die natürliche Linienbreite

Wird ein Atom von seinem Grundzustand aus angeregt (z. B. durch Absorption eines geeigneten Energiequants $h\nu = \hbar\omega$ aus dem Strahlungsfeld oder durch einen passenden Stoß), so geht es nach einer für den angeregten Zustand charakteristischen Zeit, seiner *Lebensdauer*, durch Emission wieder in den Grundzustand über. Die Lebensdauer des für den angeregten Zustand des Atoms verantwortlichen Elektrons im angeregten Zustand ist also beschränkt, daher kann die bei der „Abregung" ausgesandte elektromagnetische Welle nicht monochromatisch sein, sondern muss eine spektrale Breite aufweisen, die *natürliche Linienbreite*. Es gilt nach der Heisenbergschen Unschärferelation in der quantenmechanisch strengen Fassung (siehe Kapitel „Quantenoptik", 1.6.5, Fußnote 71 und im aktuellen Kapitel 3.2.2, Fußnote 131)

$$\Delta t \cdot \Delta E \geq \frac{\hbar}{2} \tag{V-3.123}$$

bzw. mit $E = h\nu$

$$\Delta t \cdot \Delta \nu \geq \frac{1}{4\pi}\,. \tag{V-3.124}$$

Ist $\bar{\tau} = \Delta t$ die mittlere Lebensdauer des angeregten Zustands,[201] dann beträgt demnach die Frequenzunschärfe

$$\Delta \nu \geq \frac{1}{4\pi \cdot \bar{\tau}}\,. \tag{V-3.125}$$

Wenn $\Delta\nu = -\dfrac{c}{\lambda^2}\Delta\lambda$ nur durch die Lebensdauer des *ungestörten* Systems (Atoms) bestimmt ist,[202] bezeichnet man das Verhältnis der dann minimalen Frequenz-

201 Für die mittlere Lebensdauer τ des angeregten Zustands E_n eines Atoms, das durch spontanen Strahlungsübergang in den Grundzustand E_m übergehen kann, gilt (siehe Kapitel „Quantenoptik", Abschnitt 1.7.2.3, Gl. V-1.125) $\bar{\tau} = \dfrac{1}{A_{nm}}$, wobei A_{nm} der *Einsteinkoeffizient der spontanen Emission* (= Übergangswahrscheinlichkeit) ist (Einheit: s^{-1}).

202 Aus $\nu = \dfrac{c}{\lambda}$ folgt: $\dfrac{d\nu}{d\lambda} = -\dfrac{c}{\lambda^2} \quad\Rightarrow\quad \dfrac{\Delta\nu}{\nu} = -\dfrac{c}{\nu\lambda^2}\Delta\lambda = -\dfrac{c}{c\cdot\lambda}\Delta\lambda = -\dfrac{\Delta\lambda}{\lambda}$.

unschärfe $\Delta\nu_{\min} = \frac{1}{4\pi\cdot\bar{\tau}}$ zur mittleren Frequenz der Spektrallinie ν als *natürliche Linienbreite einer Spektrallinie*:

$$\frac{\Delta\nu_{\min}}{\nu} = \frac{\Delta\omega_{\min}}{\omega} = -\frac{\Delta\lambda_{\min}}{\lambda} \quad \textit{natürliche Linienbreite.} \tag{V-3.126}$$

Beispiel: Natürliche Linienbreite der gelben Natrium *D*-Linien ($\lambda_{D_1} = 589{,}5924\,\text{nm}$, $\lambda_{D_2} = 588{,}9951\,\text{nm} \quad \Rightarrow \quad \Delta\lambda_{D_1-D_2} = 0{,}5973\,\text{nm}$).

$$\bar{\lambda}_D = 589{,}3\,\text{nm} \quad \Rightarrow \quad \nu = \frac{c}{\lambda} = \frac{3\cdot 10^8\,\text{m/s}}{5{,}893\cdot 10^{-7}\,\text{m}} = 5{,}1\cdot 10^{14}\,\text{s}^{-1} = 5{,}1\cdot 10^{14}\,\text{Hz}$$

$$\Rightarrow \quad \omega = 2\pi\nu = 3{,}2\cdot 10^{15}\,\text{Hz}.$$

Für die typische Lebensdauer eines angeregten Atoms mit Dipolübergang ($\Delta l = \pm 1$) in den Grundzustand gilt $\bar{\tau} = 1\cdot 10^{-8}\,\text{s} \Rightarrow \Delta\nu_{\min} = \frac{1}{4\pi\cdot\bar{\tau}} = 8\cdot 10^6$ | [203]

Damit erhalten wir für die natürliche Linienbreite der beiden Na *D*-Linien:

$$\frac{\Delta\nu_{\min}}{\nu} = \frac{\Delta\omega_{\min}}{\omega} = -\frac{\Delta\lambda_{\min}}{\lambda} = \frac{8\cdot 10^6}{5{,}1\cdot 10^{14}} = 1{,}57\cdot 10^{-8}.$$

$\Rightarrow \quad \Delta\lambda_{\min} = 1{,}57\cdot 10^{-8}\cdot\lambda = 1{,}57\cdot 10^{-8}\cdot 589{,}3\cdot 10^{-9}\,\text{m} = 9{,}25\cdot 10^{-6}\,\text{nm} \quad \Rightarrow$ die natürliche, minimale Unschärfe der Wellenlänge ist also wesentlich kleiner als der Abstand $\Delta\lambda_{D_1-D_2}$ der beiden *D*-Linien.

Manchmal wird in der Literatur auch der Absolutwert $\Delta\nu$ als Linienbreite bezeichnet.

Ist die Spektrallinie um $E = h\nu = \hbar\omega$ zentriert, so ist die minimale *Halbwertsbreite* Γ (Breite der Energieverteilung bei ungestörter Ausstrahlung bei halber Höhe) der ausgestrahlten Energie eines Überganges $n \to m$ mit der *mittleren Lebensdauer* $\bar{\tau}_{nm} = \frac{1}{A_{nm}}$ durch die Beziehung

$$\Gamma = \frac{\hbar}{\bar{\tau}_{nm}} \tag{V-3.127}$$

203 „Verbotene" Übergänge mit $|\Delta l| \geq 2$, ganz (Multipolübergänge) besitzen eine wesentlich längere mittlere Lebensdauer und sind entsprechend „schärfer" (siehe auch Kapitel „Atomphysik", Abschnitt 2.5.3).

verbunden. Damit folgt

$$\frac{\hbar}{\overline{\tau}_{nm}} = 2 \cdot \frac{\hbar}{2\overline{\tau}_{nm}} = 2 \cdot \Delta E = \Gamma\,.^{204} \tag{V-3.128}$$

Oft wird auch diese Energieunschärfe Γ entweder als Absolutwert oder auf die mittlere Energie bezogen, d. h. Γ/E, als „natürliche Linienbreite" der Spektrallinie bezeichnet. Im obigen Fall der Na-D-Linien ergibt sich damit

$$\Gamma = \frac{\hbar}{\overline{\tau}} = \frac{6{,}582 \cdot 10^{-16}\,\text{eV} \cdot \text{s}}{1 \cdot 10^{-8}\,\text{s}} = 6{,}6 \cdot 10^{-8}\,\text{eV}$$

bzw. (mit $\overline{\tau} = \frac{1}{4\pi\Delta\nu}$ nach Gl. V-3.125)

$$\frac{\Gamma}{E} = \frac{\Gamma}{h\nu} = \frac{\hbar}{\overline{\tau} \cdot h\nu} = \frac{h\,4\pi\Delta\nu}{2\pi h\nu} = 2 \cdot \frac{\Delta\nu}{\nu} = 3{,}2 \cdot 10^{-8}\,.$$

Die tatsächliche Breite einer Spektrallinie hängt von der Beeinflussung des strahlenden Atoms ab (siehe Kapitel „Quantenoptik", Abschnitt 1.7.4.3): Bei der *Stoßverbreiterung* (= Druckverbreiterung = homogene Verbreiterung) durch Stöße der Atome, die die Anregungsdauer verkürzen, bleibt das Lorentzprofil der Linie erhalten, bei der *Dopplerverbreiterung* (= inhomogene Verbreiterung) durch die Bewegung der Atome ergibt sich ein Gaußprofil der Spektrallinie.

A1.2 Lichtemission eines angeregten Atoms

Sendet ein (freies) Gasatom bei einem Strahlungsübergang vom angeregten Zustand E_n in den Grundzustand E_m ein Photon aus, so erfährt es einen entsprechenden Rückstoß. Die zur Verfügung stehende Differenzenergie $E_0 = h\nu_0 = \hbar\omega_0 = E_n - E_m$ (ν_0 = *Resonanzfrequenz*) teilt sich dann auf die Energie $E_{ph} = h\nu_{ph} = \hbar\omega_{ph}$ des ausgesandten Photons und die Rückstoßenergie (*recoil energy*) E_{rec} des Atoms mit Masse M auf, wobei der Gesamtimpuls des Systems erhalten bleibt (Impulssatz).

---

204 Begründung: Die Halbwertsbreite $\Delta\nu_{1/2} = \frac{\Delta E}{h}$ des Frequenzspektrums der Amplitude einer gedämpften Welle ist der Dämpfungskonstante proportional (siehe E. W. Schpolski, *Atomphysik I*, Berlin: VEB Deutscher Verlag der Wissenschaft, 1968, § 73, S. 203). Da die Energie der Welle dem Quadrat der Amplitude proportional ist, ist deren Dämpfungskonstante und damit die zugehörige Halbwertsbreite Γ doppelt so groß: $\Gamma = 2\Delta\nu_{1/2}h = 2\Delta E$.

Energiesatz:

$$h\nu_0 = E_0 = E_n - E_m = E_{ph} + E_{\text{rec}} = h\nu_{ph} + E_{\text{rec}}\,. \qquad \text{(V-3.129)}$$

Ist ν_{ph} die Frequenz des emittierten Photons, dann ist der Impuls des ausgesandten Photons $p_{ph} = \frac{h\nu_{ph}}{c}$.[205] Er bestimmt den Rückstoß p_{rec} des Atoms entsprechend dem Impulssatz:

$$p_{\text{rec}} = M \cdot v_{\text{rec}} = p_{ph} = \frac{h\nu_{ph}}{c}\,. \qquad \text{(V-3.130)}$$

Daraus ergibt sich für die Rückstoßenergie E_{rec} des Atoms, die die Energie des tatsächlich ausgesandten Photons verkleinert, in nicht-relativistischer Näherung

$$E_{\text{rec}} = \frac{p_{ph}^2}{2M} = \frac{h^2\nu_{ph}^2}{2Mc^2}\,. \qquad \text{(V-3.131)}$$

Der Energiesatz (Gl. V-3.129) wird damit zu

$$\begin{aligned} h\nu_0 = h\nu_{ph} + \frac{h\nu_{ph}^2}{2Mc^2} &\Rightarrow \Delta\nu = \nu_0 - \nu_{ph} = \frac{h\nu_{ph}^2}{2Mc^2} \\ &\Rightarrow \nu_0 = \nu_{ph}\left(\frac{h\nu_{ph}}{2Mc^2} + 1\right). \end{aligned} \qquad \text{(V-3.131a)}$$

Mit $h\nu_{ph} \ll Mc_2$ wird $\nu_{ph} \cong \nu_0$ und die Frequenzverschiebung $\Delta\nu = \nu_{ph} - \nu_0$ gegenüber der Resonanzfrequenz ν_0 ergibt sich als

$$\Delta\nu = \nu_{ph} - \nu_0 = -\frac{h\nu_0^2}{2Mc^2}\,. \qquad \text{(V-3.132)}$$

Als relative Frequenzverschiebung erhält man

$$\frac{\Delta\nu}{\nu_0} = -\frac{h\nu_0}{2Mc^2}\,. \qquad \text{(V-3.133)}$$

---

205 Für den Impuls eines Photons gilt (siehe Kapitel „Quantenoptik“, Abschnitt 1.3, Gl. V-1.24): $p_{ph} = \frac{E}{c} = \frac{h\nu}{c}$.

Eine analoge Energieverschiebung tritt im Atom bei der Absorption eines Photons auf: Das Atom übernimmt den Photonenimpuls $p_{ph} = \frac{h\nu_{ph}}{c}$ und entzieht dem Photon die Energie $E_{\text{rec}} = \frac{h^2\nu_{ph}^2}{2Mc^2}$, sodass für die Absorption nur mehr die um E_{rec} verkleinerte Photonenenergie $E_{ph} - E_{\text{rec}}$ zur Verfügung steht. Dadurch ist die Resonanzabsorption (siehe Fußnote 207) nur bei entsprechend verbreitertem Absorptionsniveau möglich. Die Emissions- und Absorptionslinien eines Atoms sind daher um $2\Delta\nu$ gegeneinander verschoben.[206] Im optischen Bereich ist die Frequenzverschiebung $\Delta\nu$ klein gegen die natürliche Linienbreite und eine *Resonanzabsorption,*[207] d. h. die Absorption eines von einem identischen Atom emittierten Photons, ist ohne weiteres möglich.

Beispiel: Rückstoßverschiebung der gelben Na D-Linien.
Atommasse: $M = 23\,\text{u} = 23 \cdot 1{,}66 \cdot 10^{-27}\,\text{kg}$.[208]
Wellenlänge: $\bar{\lambda}_D = 589{,}3\,\text{nm} \quad \Rightarrow \quad \nu_0 = \frac{c}{\lambda} = 5{,}1 \cdot 10^{14}\text{s}^{-1}$.

$$\frac{\Delta\nu}{\nu_0} = -\frac{h\nu_0}{2Mc^2} = \frac{6{,}63 \cdot 10^{-34}\,\text{Js} \cdot 5{,}1 \cdot 10^{14}\,\text{s}^{-1}}{2 \cdot 23 \cdot 1{,}66 \cdot 10^{-27}\,\text{kg} \cdot 9 \cdot 10^{16}\,\text{m}^2\,\text{s}^{-2}} = 4{,}92 \cdot 10^{-11}.$$

Für die natürliche Linienbreite erhielten wir oben $\frac{\Delta\nu}{\nu} = 1{,}6 \cdot 10^{-8}$, sodass die Rückstoßverschiebung vernachlässigt werden kann.

A1.3 Emission von γ-Strahlung eines angeregten Atomkerns

Wenn ein „freier" Atomkern γ-Strahlung emittiert, erfährt der Kern einen Rückstoß, sodass die emittierte γ-Strahlung zu einer entsprechend niedereren Energie (längeren Wellenlänge) verschoben ist. Bei der hochenergetischen γ-Strahlung angeregter Atomkerne ist im Gegensatz zur Strahlung angeregter Atome die Frequenz-

---

206 Für Resonanzabsorption muss das einfallende Photon $h\nu$ eine um $E_{\text{rec}} = \frac{h^2\nu_{ph}^2}{2Mc^2}$ gegenüber dem Niveau $h\nu_0$ erhöhte Energie besitzen: $E_{\text{rec}} = h\nu_0 + \frac{h^2\nu_{ph}^2}{2Mc^2} \cong h\nu_0 + \frac{h^2\nu_0^2}{2Mc^2} = h\nu_0 + h\Delta\nu = h(\nu_0 + \Delta\nu)$.

207 Unter *Resonanzabsorption* versteht man die Absorption eines Strahlungsquants $h\nu = E_n - E_0$, das durch den Übergang $E_n \to E_0$ eines Systems (Atom, Kern) entstanden ist und nun die Anregung eines gleichartigen Systems aus dem Grundzustand E_0 in das Niveau E_n ($E_0 \to E_n$) bewirkt.

208 Zur Erinnerung: Atommassen werden meist in AME = u angegeben mit $1\,\text{u} = 1{,}66054 \cdot 10^{-27}\,\text{kg}$. Zur Umwandlung in Energieeinheiten gilt $1\,\text{u} \cdot c^2 = 931\,\text{MeV}$.

verschiebung durch den Rückstoß des Kerns groß gegen die natürliche Linienbreite und es muss daher für die Absorption eines von einem Kern emittierten γ-Quants die doppelte Rückstoßenergie zusätzlich aufgebracht werden, z. B. durch Frequenzerhöhung des mit der Geschwindigkeit v bewegten Strahlers aufgrund des Dopplereffekts: $2\Delta E = h\nu_0 \cdot \frac{v}{c}$.

Beispiel: γ-Strahlung von angeregten ^{57}Fe-Kernen.

Angeregte $^{57}_{26}$Fe-Kerne entstehen durch K-Einfang (siehe Abschnitt 3.1.4.3) aus $^{57}_{27}$Co:

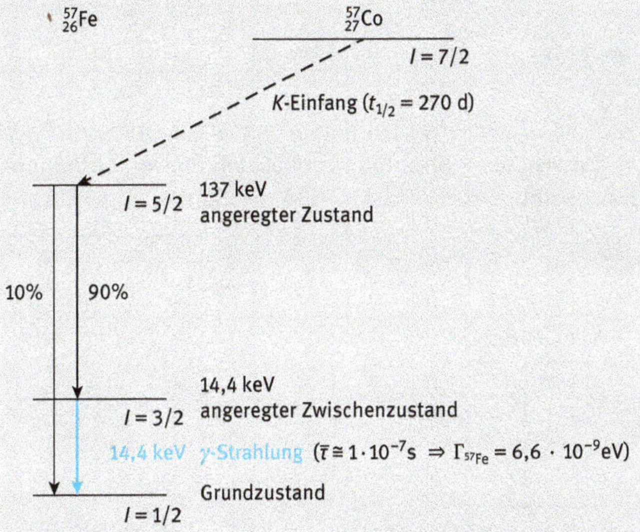

$$h\nu_0 = 14{,}4\,\text{keV} \quad \Rightarrow \quad \nu_0 = \frac{14{,}4 \cdot 10^3\,\text{eV}}{4{,}14 \cdot 10^{-15}\,\text{eV} \cdot \text{s}} = 3{,}48 \cdot 10^{18}\,\text{s}^{-1}.$$

Wieder gilt für die Rückstoßenergie E_{rec} eines Kerns der Masse M in nicht-relativistischer Näherung: $E_{rec} = \frac{h^2\nu_0^2}{2Mc^2} = \frac{E_\gamma^2}{2E_{^{57}Fe}} = \frac{(14{,}4 \cdot 10^3\,\text{eV})^2}{2 \cdot 57 \cdot 931 \cdot 10^6\,\text{eV}} = 1{,}95 \cdot 10^{-3}\,\text{eV}$

und für die relative Frequenzverschiebung $\frac{\Delta\nu}{\nu_0} = \frac{h\nu_0}{2Mc^2} = \frac{14{,}4\,\text{keV}}{2 \cdot 57 \cdot 931\,\text{MeV}} = \frac{14{,}4 \cdot 10^3\,\text{eV}}{1{,}06 \cdot 10^{11}\,\text{eV}} = 1{,}36 \cdot 10^{-7}$.

Für die mittlere Lebensdauer $\bar{\tau}$ des Zwischenzustands wird $\bar{\tau} \cong 1 \cdot 10^{-7}$ s gemessen. Mit $\Delta\nu_{min} = \frac{1}{4\pi \cdot \bar{\tau}} = 8 \cdot 10^5$ ergibt sich so die natürliche Linienbreite zu $\frac{\Delta\nu}{\nu_0} = \frac{8 \cdot 10^5}{3{,}5 \cdot 10^{18}} = 2{,}3 \cdot 10^{-13}$.

Die Frequenzverschiebung infolge des Rückstoßes liegt daher weit außerhalb der natürlichen Linienbreite des Absorptionsniveaus eines ruhenden ^{57}Fe-Kernes: Die von einem ruhenden ^{57}Fe-Atom ausgesandte 14,4 keV γ-Strahlung kann ein anderes ^{57}Fe-Atom *nicht* anregen, Resonanzabsorption ist nicht ohne weiteres möglich. Die Rückstoßenergie kann aber durch eine Bewegung der Quelle (Dopplereffekt) mit $v = c \cdot \frac{E_{\text{rec}}}{E_\gamma} = 3 \cdot 10^8\,\text{ms}^{-1} \cdot \frac{1{,}95 \cdot 10^{-3}\,\text{eV}}{14{,}4 \cdot 10^3\,\text{eV}} = 40{,}6\,\text{ms}^{-1}$ in Ausstrahlungsrichtung kompensiert werden.

A1.4 Der Mößbauer-Effekt (Rudolf Mößbauer 1958)[209]

Beim Mößbauer-Effekt wird im Allgemeinen bei tiefen Temperaturen die *rückstoßfreie Resonanzabsorption* von weicher γ-Strahlung beobachtet, die von bestimmten Nukliden ausgesandt und absorbiert wird,[210] die in ein Kristallgitter eingebaut sind (Abb. V-3.64):

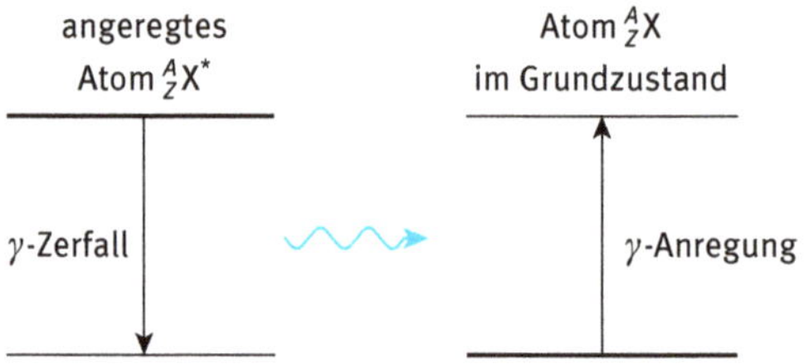

Abb. V-3.64: Resonanzabsorption eines γ-Quants.

Beispiel: In seinem Experiment 1958 verwendete Mößbauer die 129 keV γ-Strahlung des Übergangs von $^{191}_{77}$Ir von seinem ersten angeregten Zustand (gemessene Lebensdauer $\bar{\tau} \cong 1{,}4 \cdot 10^{-10}$ s) in den Grundzustand. Dazu benützte er ein $^{191}_{76}$Os-

209 Nach Rudolf Ludwig Mößbauer (1929–2011). Für seine Untersuchungen der Resonanzabsorption von γ-Strahlung und seine Entdeckung des nach ihm benannten Effektes erhielt er 1961 zusammen mit Robert Hofstadter den Nobelpreis.

210 Derzeit stehen ca. 40 Nuklide für Mößbauer-Untersuchungen zur Verfügung, sogenannte *Mößbauer-Nuklide* (oder auch *Mößbauer-Isotope*). „Mößbauertaugliche" Isotope müssen folgende Bedingungen erfüllen: 1) 10 keV < E_γ < 150 keV; 2) 1 ns < $\bar{\tau}$ < 100 ns; 3) die γ-Linie muss zum Grundzustand des Isotops führen; 4) der Debye-Waller-Faktor ϑ_T (siehe Band VI, Anhang 1, Gl. VI-3.41) für phononenfreie Emission bzw. Absorption muss relativ groß sein, erfordert also hohe Debye-Temperatur θ_D und niedrige Messtemperatur T (Fe: $\theta_{D,\text{Fe}}$ = 470 K; Ir: $\theta_{D,\text{Ir}}$ = 420 K).

Präparat, das durch β^--Zerfall in den angeregten Ir-Zustand übergeht. Die Rückstoßenergie des Kerns und damit der Energieverlust $-\Delta E$ der γ-Strahlung beträgt: $E_{rec} = -\Delta E = \frac{h^2\nu_0^2}{2Mc^2} = \frac{(129\,\text{keV})^2}{2\cdot 191\cdot 931\,\text{MeV}} = 4{,}68\cdot 10^{-2}\,\text{eV}$.

Die natürliche Halbwertsbreite $\Gamma = \frac{\hbar}{\tau}$ der $^{191}_{77}$Ir-Linie ergibt sich dagegen zu $\Gamma = \frac{\hbar}{\tau} = \frac{6{,}58\cdot 10^{-16}\,\text{eV}\cdot\text{s}}{1{,}4\cdot 10^{-10}\,\text{s}} = 4{,}7\cdot 10^{-6}\,\text{eV}$.

Die Frequenzverschiebung durch den Rückstoß ist also sehr viel größer (Faktor 10^4 !) als die Halbwertsbreite der Energieverteilung, innerhalb derer die Anregung eines anderen $^{191}_{77}$Ir-Atoms möglich ist. Die Resonanzabsorption ist in diesem Fall ausgeschlossen!

Mößbauer entdeckte nun im Rahmen seiner Dissertation „*Kernresonanz-Fluoreszenz von Gammastrahlen im Iridium 191*“ am Max-Planck-Institut für medizinische Forschung in Heidelberg, dass der Rückstoß des Kerns bei der Aussendung der γ-Strahlung vermieden wird, wenn der Kern in einem Festkörper gebunden ist: Der Impuls des ausgesandten γ-Quants erzeugt einen gleich großen, entgegengesetzt gerichteten Impuls *des gesamten Festkörpers.*[211] Wegen der großen Masse des Kristalls ist die entsprechende Rückstoßenergie in diesem Fall vernachlässigbar klein.

Beispiel: Rückstoß eines Festkörpers aus $^{191}_{77}$Ir Atomen der Masse 1 g bei Aussendung der 129 keV γ-Strahlung.

$$E_{rec} = -\Delta E = \frac{h^2\nu_0^2}{2Mc^2} = \frac{(129\,\text{keV})^2}{2\cdot\underbrace{\frac{1\cdot 10^{-3}\,\text{kg}}{1{,}66\cdot 10^{-27}\,\text{kg}}}_{1\,\text{u}}\cdot 931\,\text{MeV}} = \frac{(129\,\text{keV})^2}{2\cdot 5{,}6\cdot 10^{26}\,\text{MeV}} =$$

$$= 1{,}5\cdot 10^{-23}\,\text{eV}.$$

Der im Kristall gebundene, emittierende Kern nimmt allerdings an den Gitterschwingungen der Kristallatome teil; wenn es zur gleichzeitigen Emission eines Photons *und* zur Emission (oder Absorption) eines Phonons kommt, ist die für das Photon zur Verfügung stehende Energie trotz der sehr kleinen Rückstoßenergie zu klein (oder zu groß) für eine Resonanzabsorption. Nur wenn im Zuge eines Emissi-

211 Daher ist die Bezeichnung „rückstoßfreie Absorption“ physikalisch inkorrekt: Der wegen der Impulserhaltung auftretende Rückstoß des emittierenden Systems ist aber mit keiner messbaren Energieänderung verbunden.

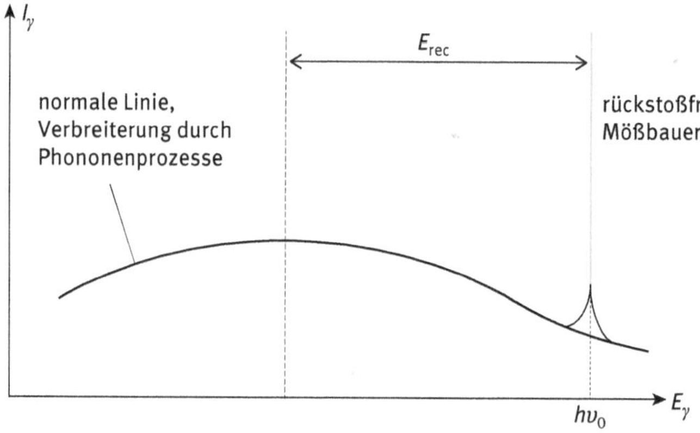

Abb. V-3.65: Schematische Darstellung des γ-Emissionsspektrums. Nur wenn der γ-Emissionsprozess ohne gleichzeitige Emission oder Absorption von Phononen erfolgt, ergibt sich die rückstoßfreie Mößbauer-Linie mit der natürlichen Linienbreite.

ons-/Absorptionsprozesses weder ein Phonon emittiert noch absorbiert wird (Null-Phonon-Prozess, siehe Band VI, Kapitel „Festkörperphysik", Abschnitt 2.4.2), ist eine Resonanzabsorption und damit eine Beobachtung des Mößbauer-Effekts möglich (Abb. V-3.65). Die Wahrscheinlichkeit für Null-Phonon-Prozesse steigt mit sinkender Temperatur (und steigender Debye-Temperatur θ_D, $\theta_D^{^{57}\mathrm{Fe}} = 467\,\mathrm{K}$), während bei hohen Temperaturen die scharfe Mößbauer-Linie durch die große Wahrscheinlichkeit von Phononenprozessen unterschiedlicher Energien nicht auftritt.[212]

Die Beobachtungsmethode von Mößbauer war folgende:

Zum Ausgleich der Rückstoßenergie und der damit verbundenen Resonanzverstimmung montierte Mößbauer die Os-Quelle auf einem Schlitten. Bei einer (kleinen) Relativgeschwindigkeit $\upsilon \ll c$ des Präparats zum Ir-Absorber wird die Energie der γ-Quanten im Bezugssystem des Absorbers, relativ zu dem sich die Quelle mit der Geschwindigkeit υ bewegt, zu (siehe Band I, Kapitel „Mechanische Schwingungen und Wellen", Abschnitt 5.6.8.1 und Band II, Kapitel „Relativistische Mechanik", 3.5.1)[213]

---

212 Der i. Allg. kleine Bruchteil jener Kerne (*recoilless fraction*), die tatsächlich den Rückstoßimpuls in Null-Phonon-Prozessen auf das gesamte Kristallgitter übertragen, wird durch den *Lamb-Mößbauer-Faktor f* beschrieben. Für ^{57}Fe ist bei Raumtemperatur $f = 0{,}06$, was schon als relativ groß gilt, sodass sich hier eine Probenkühlung oft erübrigt.

213 Für $\upsilon \ll c$ ergibt die Entwicklung des longitudinalen, relativistischen Dopplereffekts

$$\frac{\nu}{\nu'} = \frac{E}{E_0} = \frac{\sqrt{1+\beta}}{\sqrt{1-\beta}} = \frac{\sqrt{(1+\beta)(1+\beta)}}{\sqrt{(1-\beta)(1+\beta)}} = \frac{1+\beta}{\sqrt{1-\beta^2}} \cong 1 + \beta = 1 + \frac{\upsilon}{c} \,.$$

$$E = E_0\left(1 + \frac{v}{c}\right) = E_0 + E_0\,\frac{v}{c}\,, \tag{V-3.134}$$

wobei E_0 die γ-Energie im Bezugssystem der ruhenden Quelle und v positiv ist, wenn sich Quelle und Absorber einander nähern. In diesem Falle steigt die γ-Energie, die vom absorbierenden Ir aufgenommen werden kann um $\Delta E = E_0\frac{v}{c}$. Mößbauer zählte mit einem Detektor die durchkommenden, nicht absorbierten Quanten als Funktion der Schlitten- bzw. Präparatgeschwindigkeit und fand ein Minimum (Absorptionsmaximum) bei $v = 0$, er beobachtete daher im Minimum eine *rückstoßfreie Resonanzabsorption* (Abb. V-3.66).

Die Breite der von Mößbauer beobachteten Resonanzabsorptionslinie ist etwa doppelt so groß wie die natürliche Linienbreite, da zwei Kernzustände (Emitter und Absorber) mit der gleichen Lebensdauer von $\bar{\tau} = 1{,}4 \cdot 10^{-10}$ s beteiligt sind und daher eine Halbwertsbreite der Linie von $2 \cdot \Gamma = 2 \cdot 4{,}7 \cdot 10^{-6}$ eV $= 9{,}4 \cdot 10^{-6}$ eV zu erwarten ist.

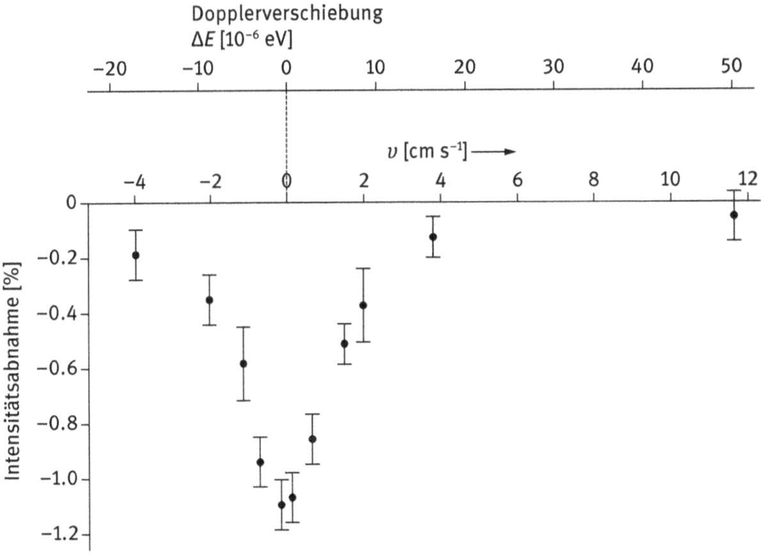

Abb. V-3.66: Resonanzabsorptionslinie von $^{191}_{77}$Ir der Originalarbeit von Rudolf Mößbauer: Abnahme der durchgelassenen γ-Strahlung durch Absorption (in %) als Funktion der Geschwindigkeit (in cm/s) der Quelle ($T = 88$ K). Das Maximum ergab sich für die Schlittengeschwindigkeit $v = 0$ (nach R. L. Mößbauer, *Naturwissenschaften* **45**, 538 (1958)). Zum Vergleich zeigt die obere Skala zusätzlich die Energieverschiebung $\Delta E = E_0\frac{v}{c}$ durch den Dopplereffekt.

Beispiel: Schlittengeschwindigkeiten beim Mößbauer-Experiment. Halbwertsbreite der Mößbauer-Linie von $^{191}_{77}\mathrm{Ir}$: $2 \cdot \Gamma = 9{,}4 \cdot 10^{-6}\,\mathrm{eV}$. Geschwindigkeit der Quelle:

$$v = \frac{\Delta E}{E} \cdot c = \frac{2\Gamma}{129\,\mathrm{keV}} \cdot 3 \cdot 10^{8}\,\mathrm{m/s} = \frac{9{,}4 \cdot 10^{-6}\,\mathrm{eV}}{129 \cdot 10^{3}\,\mathrm{eV}} \cdot 3 \cdot 10^{8}\,\mathrm{m/s} =$$
$$= 0{,}022\,\mathrm{m/s} = 2{,}2\,\mathrm{cm/s}\ .$$

Um die Halbwertsbreite auszumessen, sind also in Übereinstimmung mit der obigen Zeichnung Schlittengeschwindigkeiten zwischen $-2{,}2\,\mathrm{cm/s}$ und $+2{,}2\,\mathrm{cm/s}$ notwendig.

A1.5 Anwendung des Mößbauer-Effekts: Mößbauer-Spektroskopie

Wegen der extremen Schärfe der Mößbauer-Linie und ihrer einfachen Verschiebung durch Ausnützung des Dopplereffekts bei der Bewegung von Quelle oder Absorber kann der Mößbauer-Effekt zur Messung kleiner Änderungen in den Energieniveaus der beteiligten Kerne verwendet werden. Man unterscheidet drei Arten von Wechselwirkung, die zu einer Veränderung der Kernniveaus und damit zu einer Veränderung der Resonanzlinie führen: Isomerieverschiebung (= chemische Verschiebung, *isomer shift, chemical shift*), magnetische Aufspaltung (= Hyperfeinaufspaltung, Kern-Zeemaneffekt, *magnetic splitting, hyperfine splitting, nuclear Zeeman-effect*) und Quadrupolaufspaltung (*quadrupole splitting*).

Isomerieverschiebung

Befinden sich Quelle und Absorber in unterschiedlicher atomarer Umgebung, so kommt es zu einer Energieverschiebung zwischen der Energie der ausgesandten γ-Strahlung und der Absorptionsenergie. Mit der Schlittengeschwindigkeit von Quelle oder Absorber kann die Energieverschiebung gemessen werden. Die Ursache der Verschiebung ist i. Allg. die unterschiedliche Elektronenkonfiguration in der Nähe der emittierenden und absorbierenden Kerne. Da die Wellenfunktionen der s-Subschalen eine merkliche Aufenthaltswahrscheinlichkeit der s-Elektronen in Kernnähe ergeben (siehe dazu Kapitel „Atomphysik", Abschnitt 2.5.4, insbesondere Abb. V-2.33 bzw. die Fußnoten 99 und 100) können diese mit den Protonen des Kerns in Wechselwirkung treten und die Kernniveaus beeinflussen. Der Effekt ist proportional zur Aufenthaltswahrscheinlichkeitsdichte des e^{-} am Kernort und zum Mittelwert des quadratischen Radius der Protonenverteilung im Kern. Wenn die Elektronendichte am Kernort und/oder die Protonenverteilung im Grund- und angeregten

Zustand des Kerns unterschiedlich sind, ergibt sich eine Verschiebung der Mößbauer-Linie.

Magnetische Aufspaltung

Befindet sich z. B. das absorbierende „Mößbauer-Nuklid" im „inneren"Magnetfeld des Festkörpers, wechselwirkt z. B. $^{57}_{26}Fe$ mit dem Magnetfeld von Fe-Atomen der Umgebung, so spalten die Kernniveaus in einem *Kern-Zeemaneffekt* auf: Der Kernspin I von $^{57}_{26}Fe$ im Grundzustand ist $I = \frac{1}{2}$, der des angeregten Zustands $I = \frac{3}{2}$ (Abb. V-3.67). Der Grundzustand spaltet daher in zwei Niveaus auf $\left(-\frac{1}{2}, +\frac{1}{2}\right)$, der angeregte Zustand in vier Niveaus $\left(-\frac{3}{2}, -\frac{1}{2}, +\frac{1}{2}, +\frac{3}{2}\right)$ auf.

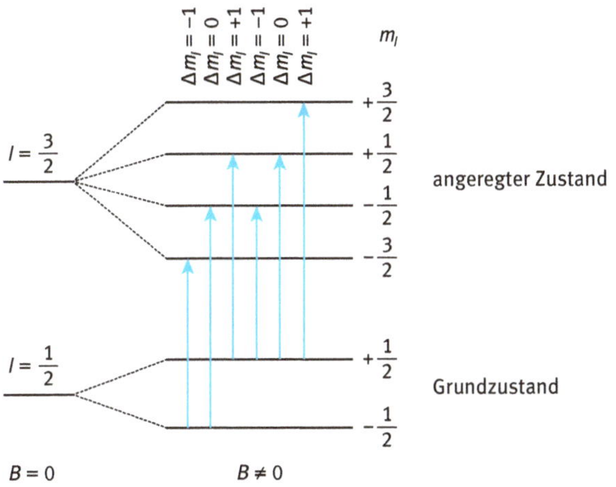

Abb. V-3.67: Aufspaltung der Kernniveaus des Mößbauer-Nuklids $^{57}_{26}Fe$ im Magnetfeld der Fe-Atome seiner Umgebung im Festkörper (Kern-Zeemaneffekt) und die sechs erlaubten Dipol-Strahlungsübergänge (blau).

Wegen der Regel für erlaubte Übergänge $\Delta m_I = 0, \pm 1$ (siehe Kapitel „Atomphysik", Abschnitt 2.5.3) – die „verbotenen" Übergänge mit $\Delta m_I = \pm 2$ haben eine sehr lange Lebensdauer – spaltet das Absorptionsspektrum im Feld magnetischer Nachbaratome (z. B. paramagnetisches Fe_2O_3) in sechs Linien auf, die mit einer bewegten Quelle ausgemessen werden können, wenn die emittierenden $^{57}_{26}Fe$-Kerne in eine unmagnetische Umgebung (z. B. rostfreier Stahl) eingebaut sind (Abb. V-3.68).

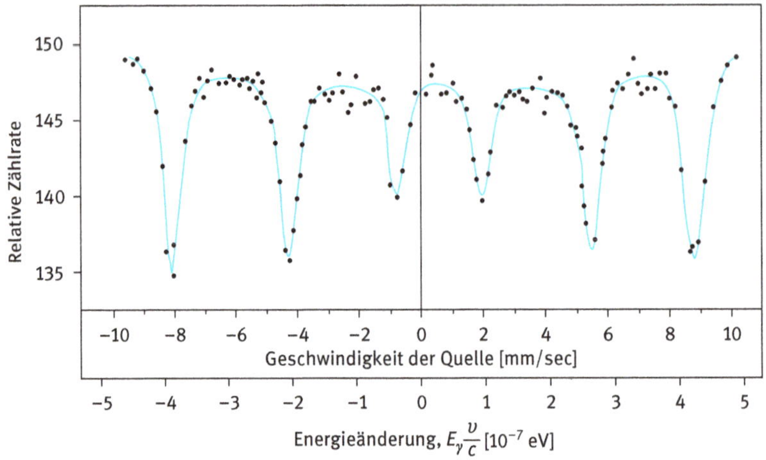

Abb. V-3.68: Absorption der 14,4 keV γ-Strahlung einer bewegten ^{57}Fe-Quelle in rostfreiem Stahl von einem ^{57}Fe-Absorber in Fe_2O_3 als Funktion der Relativgeschwindigkeit von Quelle und Absorber entsprechend Abb. V-3.67. Positive Geschwindigkeit bei Verkleinerung des Quelle-Absorber-Abstandes. Eine geringe Isomerieverschiebung ist ebenfalls zu beobachten. (Nach O. C. Kistner und A. W. Sunyar, *Physical Review Letters* **4**, 412 (1960).)

Elektrische Quadrupolaufspaltung

Bei Nukliden mit einem elektrischen Quadrupolmoment, d. h. einer Ladungsverteilung, die von der Kugelsymmetrie abweicht (GesamtdrehimpulsQZ $I > 1/2$), entsteht am Kernort ein elektrischer Feldgradient, der zu einer Aufspaltung der Kern-Energieniveaus führt. Bei $^{57}_{26}Fe$ führt dies zu einer Aufspaltung des $I = \frac{3}{2}$-Niveaus in ein $I = \frac{1}{2}, \frac{3}{2}$-Dublett.

Anwendung der Mößbauer-Spektroskopie in der Festkörperphysik

Für die meisten Anwendungen wird von den ca. 40 möglichen Mößbauer-Nukliden nur $^{57}_{26}Fe$ mit seiner 14,4 keV γ-Strahlung verwendet. Daneben finden auch noch $^{119}_{50}Sn$ (23,9 keV), $^{121}_{51}Sb$ (37,2 keV) und $^{129}_{53}I$ (28 keV) Verwendung. Entsprechend der Empfindlichkeit der Methode auf die Wechselwirkung des Mößbauer-Isotops mit seiner unmittelbaren Umgebung im Festkörper kann die Mößbauer-Spektroskopie angewendet werden zur Untersuchung der chemischen Bindung, der Verteilung der Elektronendichte und damit zur Untersuchung der Valenzelektronen, von Isomeren[214], Prozesse der Katalyse, Atomdiffusion und Sprungmechanismen, chemi-

214 Als Isomere bezeichnet man in der Chemie das Auftreten von chemischen Verbindungen mit gleicher chemischer Formel und Molekülmasse, aber unterschiedlicher räumlicher Anordnung ihrer Atome („Isomerie“).

sche und magnetische Ordnung, Untersuchung des Phononenspektrums unter Benützung einer durchstimmbaren, brillanten Synchrotronstrahlung als Quelle.

Nachweis des Einsteinschen Äquivalenzprinzips

Nach dem Einsteinschen Äquivalenzprinzip der *Allgemeinen Relativitätstheorie* (siehe dazu auch Band I, Kapitel „Physik des Massenpunktes, Abschnitt 2.2.1, 2. Newtonsches Axiom) werden Photonen in einem Gravitationsfeld (z. B. dem Schwerefeld der Erde) ebenso beeinflusst wie Masseteilchen. Dies konnten Robert Pound (1919–2010) und Glen Rebka (1931–2015) bereits 1960 mit Hilfe des Mößbauer-Effekts aus der Gravitations-Rotverschiebung der 14,4 keV Mößbauer-Linie des ^{57}Fe bei einem Höhenunterschied von Quelle und Absorber von 22,5 m nachweisen (Verstimmung der Resonanzabsorption).

Literatur

Für die Themen aller Bände geeignete Literatur

David Halliday, Robert Resnick, Jearl Walker. 1997. „Fundamentals of Physics, Extended". 5th edition. John Wiley & Sons, New York.

Stephen W. Koch, David Halliday, Robert Resnick, Jearl Walker. 2005. „Physik". Wiley-VCH.

Michael Mansfield, Colm O'Sullivan. 1998. „Understanding Physics". John Wiley & Sons, New York.

Paul A. Tipler. 1994. „Physik". Spektrum Akademischer Verlag, Heidelberg.

Wolfgang Demtröder. 1998. „Experimentalphysik, 1. Mechanik und Wärme". Springer.

Wolfgang Demtröder. 2008. „Experimentalphysik, 2. Elektrizität und Optik". Springer.

Wolfgang Demtröder. 2003. „Experimentalphysik, 3. Atome, Moleküle Festkörper". Springer.

Wolfgang Demtröder. 2009. „Experimentalphysik, 4. Kern-, Teilchen- und Astrophysik". Springer.

Charles Kittel, Walter D. Knight, Malvin A. Ruderman. Berkeley Physik Kurs (Berkeley Physics Course). „Band 1 Mechanik". Vieweg.

Edward M. Purcell. Berkeley Physik Kurs (Berkeley Physics Course). „Band 2. Elektrizität und Magnetismus". Vieweg.

Frank S. Crawford, Jr. Berkeley Physik Kurs (Berkeley Physics Course). „Band 3. Schwingungen und Wellen". Vieweg.

Eyvind H. Wichmann. Berkeley Physik Kurs (Berkeley Physics Course). „Band 4. Quantenphysik". Vieweg.

Frederick Reif. Berkeley Physik Kurs (Berkeley Physics Course). „Band 5. Statistische Physik". Vieweg.

Alan M. Portis. Berkeley Physik Kurs (Berkeley Physics Course). „Band 6. Physik im Experiment". Vieweg.

Christian Gerthsen, Hans Otto Kneser, Helmut Vogel. 1974. „Physik". Springer.

R. W. Pohl. 1941. „Einführung in die Mechanik, Akustik und Wärmelehre". Springer.

R. W. Pohl. 1940. „Einführung in die Elektrizitätslehre". Springer.

R. W. Pohl. 1941. „Einführung in die Optik". Springer.

Bergmann-Schaefer. 1998. „Lehrbuch der Experimentalphysik". Band 1. Mechanik, Relativität, Wärme. De Gruyter, Berlin.

Bergmann-Schaefer. 2008. „Lehrbuch der Experimentalphysik". Band 2. Elektromagnetismus. De Gruyter, Berlin.

Bergmann-Schaefer. 2008. „Lehrbuch der Experimentalphysik". Band 3. Optik. De Gruyter, Berlin.

Bergmann-Schaefer. 2008. „Lehrbuch der Experimentalphysik". Band 4. Bestandteile der Materie. De Gruyter, Berlin.

Bergmann-Schaefer. 2008. „Lehrbuch der Experimentalphysik". Band 5. Gase, Nanosysteme Flüssigkeiten. De Gruyter, Berlin.

Bergmann-Schaefer. 2008. „Lehrbuch der Experimentalphysik". Band 6. Festkörper. De Gruyter, Berlin.

Bergmann-Schaefer. 2008. „Lehrbuch der Experimentalphysik". Band 7. Erde und Planeten. De Gruyter, Berlin.

Bergmann-Schaefer. 2009. „Lehrbuch der Experimentalphysik". Band 8. Sterne und Weltraum. De Gruyter, Berlin.

Georg Joos. 1964. „Lehrbuch der Theoretischen Physik". Akademische Verlagsgesellschaft Leipzig.

https://doi.org/10.1515/9783110675726-004

Speziell für die Themen von Band V geeignete und weiterführende Literatur

Wolfgang Demtröder. 2003. „Experimentalphysik 3. Atome, Moleküle Festkörper". Springer.

Wolfgang Demtröder. 2009. „Experimentalphysik 4. Kern-, Teilchen- und Astrophysik". Springer.

Hermann Haken und Hans Christoph Wolf. 1990. „Atom- und Quantenphysik. Einführung in die experimentellen und theoretischen Grundlagen". Springer.

R. Eisberg und R. Resnick. 1985. „Quantum Physics of Atoms, Molecules, Solids, Nuclei, and Particles". John Wiley & Sons.

Eyvind H. Wichmann. Berkeley Physik Kurs (Berkeley Physics Course). „Band 4. Quantenphysik". Vieweg.

Bergmann-Schaefer. 2008. „Lehrbuch der Experimentalphysik". Band 4. Bestandteile der Materie. De Gruyter, Berlin.

W. Schpolski. 1968. „Atomphysik, Teil 1" und „Atomphysik, Teil 2". Deutscher Verlag der Wissenschaften.

F. K. Richtmyer, E. H. Kennard, T. Lauritsen. 1955. „Introduction to Modern Physics". McGraw-Hill Book Company, New York.

Wolfgang Finkelnburg. 1962. „Einführung in die Atomphysik". Springer.

Leonard I. Schiff. 1955. „Quantum Mechanics". McGraw-Hill Book Comp.

Kurt Baumann und Roman U. Sexl. 1986. „Die Deutungen der Quantentheorie". Vieweg.

Bela A. Lengyel. 1966. „Introduction to Laser Physics". John Wiley and Sons.

F. K. Richtmyer, E. H. Kennard, T. Lauritsen. 1955. „Introduction to Modern Physics". McGraw-Hill Book Company, New York.

K. Bethge, G. Walter und B. Wiedemann. 2001. „Kernphysik. Eine Einführung". Springer.

G. Musiol, J. Ranft, R. Reif, D. Seeliger. 1988. „Kern- und Elementarteilchenphysik". VCH-Verlagsgesellschaft, Weinheim.

Register

https://doi.org/10.1515/9783110675726-005

C

D

E

F

Q

T

U

V

W

www.ingramcontent.com/pod-product-compliance
Lightning Source LLC
Chambersburg PA
CBHW080120220326
41598CB00032B/4909
9783110675641